大气、海洋
无穷维动力系统

郭柏灵　黄代文　著

浙江出版联合集团　浙江科学技术出版社

图书在版编目(CIP)数据

大气、海洋无穷维动力系统 / 郭柏灵,黄代文著.
—杭州:浙江科学技术出版社,2010.12
ISBN 978-7-5341-3912-3

Ⅰ.①大… Ⅱ.①郭… ②黄… Ⅲ.①海洋动力学
Ⅳ.①P731.2

中国版本图书馆 CIP 数据核字(2010)第 232850 号

书 名	大气、海洋无穷维动力系统
著 者	郭柏灵 黄代文
出版发行	浙江科学技术出版社 杭州市体育场路 347 号 邮政编码:310006 联系电话:0571-85164982 E-mail:msn@zkpress.com
排 版	杭州理想广告有限公司
印 刷	浙江新华数码印务有限公司

开 本	787×1092 1/16	印 张	16.75
字 数	258 000		
版 次	2010 年 12 月第 1 版		2010 年 12 月第 1 次印刷
书 号	ISBN 978-7-5341-3912-3	定 价	58.00 元

责任编辑 莫沈茗 刘 燕 **责任美编** 孙 菁
责任校对 张 宁 **责任印务** 田 文

前　言

众所周知，天气预报和气候预测，台风、海啸等突发灾害以及全球变暖等都是涉及我国民生和经济发展的重大问题. 因此，对这些问题进行科学研究是具有重大理论意义和应用价值的. 1979年，我国著名大气物理学家曾庆存院士在文献[209]中对有关大气、海洋运动的数学模型的数学理论做了大量的开创性研究；20世纪80年代起，我国的丑纪范院士及其合作者对强迫耗散的大气原始方程组的全局分析理论做了大量的创新工作；1992年，法国著名数学家Lions J. L.、Temam R.和Wang S.在文献[129]中给出了带耗散的大气原始方程组的新形式，并证明了该方程组弱解的整体存在性，从而引发了许多数学家研究大气、海洋原始方程组的数学理论的兴趣. 我国学者穆穆院士和中国科学院大气物理所李建平教授也在大气动力学的数学理论研究方面做了许多很有意义的工作. 最近，周秀骥院士在文献[200]中提出了研究大气随机动力学的必要性及其重大意义.

近几年来，在国家自然基金委员会的组织和支持下，我们和中国科学院大气物理所、北京大学地球物理系的学者对海陆气非线性偏微分方程组及其无穷维动力系统进行合作研究，取得了一系列成果.

本书主要介绍了有关大气、海洋非线性发展方程及其（随机）无穷维动力系统研究的最新进展，以及我们取得的一些研究成果[82~86, 98~101]. 这里我们要特别感谢曾庆存院士、穆穆院士、刘式适教授、李建平教授等许多专家学者的大力支持、指导和帮助. 我们希望本书的出版有助于了解和研究数学如何与大气、海洋科学进行交叉，并由此探索出一条不同学科真正交叉起来的研究道路.

本书力求以简单明了的形式介绍上述内容. 由于作者水平有限，书中一定有一些不当和错误之处，敬请读者批评指正.

郭柏灵

2009年10月11日

目 录

第一章　描述大气、海洋运动的非线性方程组

人们通常用两种方法实现天气预报和气候预测：第一种，统计方法，即利用天气的历史记录和现在状况以及数值分析来预测将来的天气和全球气候变化；第二种，动力学方法．由于大气是可压缩流体，海洋是不可压缩流体，由流体力学方程组和热力学方程组，再结合大气、海洋运动的特点，就可建立描述大气、海洋运动的数学模型和方程组，再通过偏微分方程、动力系统以及计算数学理论的研究，便可得到大气、海洋运动的一些定性理论和大气、海洋演化过程的数值计算结果．

用第二种方法实现的天气预报，通常称为数值天气预报．数值天气预报是20世纪大气科学的一个重要应用研究成就，它的理论基础是大气动力学．1922年，Richardson首次提出了数值天气预报的概念[170]．他的想法是：通过数值求解描述大气运动的原始方程组(primitive equations)，把大气的演变过程比较准确地模拟出来，从而定量地预报天气．由于当时计算能力比较落后，Richardson 无法实现数值天气预报的梦想．之后，在应用Rossby等人创立的长波理论和尺度分析理论的基础上，Charney建立了二维准地转模型，他与合作者于1950年利用这个模型在普林斯顿的高等研究所的ENIAV计算机上首次成功地作出了24小时的数值天气预报．随着大气科学的蓬勃发展和大型计算机加工处理资料和进行数值计算能力的增强，20世纪60年代中期人们开始转向应用原始方程组进行数值天气预报[102,135,168,204]，从而大大延长了数值天气预报的时效．后来，人们开始应用大气、海洋原始方程组进行长期数值天气预报、气候预测和大气、海洋环流数值模拟．

要实现建立在数学物理方法基础上的数值天气预报、气候预测、大气和海洋环流数值模拟，必须建立合理的大气、海洋动力学模式，即描述大气、海洋运动的非线性偏微分方程(组)以及初边值条件．本章我们主要介绍描述大气、海洋运动的基本方程组和原始方程组及其边界条件．特别地，我们将详细给出第三章、第四章重点研究的大气、海洋原始方程组的推导过程．更加详细的内容可参见文献[209]，也可以参考文献[76，150，192，195，208]．

1.1 大气、海洋的基本方程组

1.1.1 大气的基本方程组

把大气、海洋看做连续介质，人们可以用Euler方法来描述大气、海洋运动. 在惯性坐标系(坐标轴方向相对于恒星是固定的坐标系)下，依据Newton第二定律，得到大气的运动方程：

$$\frac{\mathrm{d}_I \boldsymbol{V}_I}{\mathrm{d}t} = -\frac{1}{\rho}\mathrm{grad}_3 p + g_I + D,$$

其中$\boldsymbol{V}_I$是大气的绝对速度(在惯性坐标系下的速度)；$\dfrac{\mathrm{d}_I \boldsymbol{V}_I}{\mathrm{d}t} = \dfrac{\partial \boldsymbol{V}_I}{\partial t} + (\boldsymbol{V}_I \cdot \boldsymbol{\nabla}_3)\boldsymbol{V}_I$是绝对加速度(在惯性坐标系下的加速度)；$\rho$ 为大气的密度；p为大气的压强；$-\dfrac{1}{\rho}\mathrm{grad}_3 p$是气压梯度力(由于空气压强不均匀，周围空气对空气微团的作用力)；g_I是地心引力；D是分子粘性力(分子摩擦力、耗散力)，它是由于空气的内摩擦或湍流动量传输所导致的耗散力.

通常情况下，人们关心的是大气相对于地球的运动. 所以，我们可以取与地球一起自转的旋转坐标系作为参考坐标系来观察大气的相对运动. 设旋转坐标系的旋转角速度为$\boldsymbol{\Omega}$ (即地球的自转角速度)，$\boldsymbol{V}$是大气的相对速度，$\dfrac{\mathrm{d}\boldsymbol{V}}{\mathrm{d}t}$是大气在旋转坐标系的相对加速度，那么

$$\boldsymbol{V}_I = \boldsymbol{V} + \boldsymbol{\Omega} \times \mathbf{r},$$

$$\frac{\mathrm{d}_I \boldsymbol{V}_I}{\mathrm{d}t} = \frac{\mathrm{d}\boldsymbol{V}_I}{\mathrm{d}t} + \boldsymbol{\Omega} \times \boldsymbol{V}_I,$$

其中$\mathbf{r}$是矢径. 上面两式是力学中常见的公式，第二式的证明见于文献[159]中的1.5节. 根据前面的三式，我们知道：在旋转坐标系中，**大气的运动方程**为

$$\frac{\mathrm{d}\boldsymbol{V}}{\mathrm{d}t} = -\frac{1}{\rho}\mathrm{grad}_3 p + g - 2\boldsymbol{\Omega} \times \boldsymbol{V} + D, \tag{1.1.1}$$

这里$g = g_I + \Omega^2 \mathbf{r}$ 为通常所说的重力(Ω为地球的自转角速度的大小)，$-2\boldsymbol{\Omega}\times\boldsymbol{V}$ 为Coriolis力，$\Omega^2 \mathbf{r}$ 为惯性离心力，

$$\frac{\mathrm{d}}{\mathrm{d}t} = \frac{\partial}{\partial t} + \boldsymbol{V} \cdot \boldsymbol{\nabla}_3$$

称为随体微商或实质导数.

因为大气的内部没有质量的源汇，而且大气可以看做连续介质，所以由质量守恒定律，可以得到**大气的连续性方程**

$$\frac{\mathrm{d}\rho}{\mathrm{d}t} + \rho \mathrm{div}_3 \boldsymbol{V} = 0. \tag{1.1.2}$$

当人们研究地球大气圈内对流层和平流层中宏观的大规模运动的时候，可以把大气看做理想气体，从而得到**大气的状态方程**：

$$p = R\rho T, \tag{1.1.3}$$

这里不考虑大气中的水蒸气，T为大气的绝对温度，$R = 287\ \mathrm{J{\cdot}kg^{-1}K^{-1}}$为干空气的气体常数.

由热力学第一定律，得到**大气的热力学方程**

$$c_v \frac{\mathrm{d}T}{\mathrm{d}t} + p\frac{\mathrm{d}\frac{1}{\rho}}{\mathrm{d}t} = \frac{\mathrm{d}Q}{\mathrm{d}t},$$

这里$c_v = 718\ \mathrm{J{\cdot}kg^{-1}K^{-1}}$ 为空气的定容比热，$\frac{\mathrm{d}Q}{\mathrm{d}t}$为单位时间内单位质量空气从外界得到的热量. 应用(1.1.3)，我们有

$$R\frac{\mathrm{d}T}{\mathrm{d}t} = \frac{\mathrm{d}\frac{p}{\rho}}{\mathrm{d}t} = \frac{1}{\rho}\frac{\mathrm{d}p}{\mathrm{d}t} + p\frac{\mathrm{d}\frac{1}{\rho}}{\mathrm{d}t} = \frac{RT}{p}\frac{\mathrm{d}p}{\mathrm{d}t} + p\frac{\mathrm{d}\frac{1}{\rho}}{\mathrm{d}t}.$$

把前面两式加起来，我们可以得到

$$c_p\frac{\mathrm{d}T}{\mathrm{d}t} - \frac{RT}{p}\frac{\mathrm{d}p}{\mathrm{d}t} = \frac{\mathrm{d}Q}{\mathrm{d}t}, \tag{1.1.4}$$

其中$c_p = c_v + R$为空气的定压比热.

方程组(1.1.1)~(1.1.4)称为**干大气的基本方程组**. 该方程组中的未知函数是V, ρ, p, T. 如果D和$\frac{\mathrm{d}Q}{\mathrm{d}t}$是给定的，那么方程组(1.1.1)~(1.1.4)是封闭的.

当人们必须考虑空气中的水蒸气时，湿大气的状态方程为

$$p = R\rho T(1 + cq), \tag{1.1.5}$$

这里$q = \frac{\rho_1}{\rho}$是空气中水蒸气的混合比，ρ_1是空气中水蒸气的密度. 在本书中，c将代表正的常数并根据具体的位置变化，这里$c = 0.618$. 湿大气的热力学方程为

$$c_p\frac{\mathrm{d}T}{\mathrm{d}t} - \frac{RT(1+cq)}{p}\frac{\mathrm{d}p}{\mathrm{d}t} = \frac{\mathrm{d}Q}{\mathrm{d}t}, \tag{1.1.6}$$

空气中的水蒸气守恒方程为

$$\frac{\mathrm{d}q}{\mathrm{d}t} = \frac{1}{\rho}W_1 + W_2, \tag{1.1.7}$$

其中W_1表示单位体积的水蒸气由于相变而引起的变化率，W_2 表示单位质量的水蒸气由于水平和垂直方向上的水蒸气扩散而引起的体积变化率. 方程组(1.1.1)、(1.1.2)、(1.1.5)~(1.1.7)称为**湿大气的基本方程组**.

1.1.2 海洋的基本方程组

假设海洋内部没有质量的源汇，那么在旋转坐标系中，海洋的基本方程组由如下的方程组成：

运动方程

$$\rho\frac{\mathrm{d}\boldsymbol{V}}{\mathrm{d}t} = -\mathrm{grad}_3 p + \rho g - 2\rho\boldsymbol{\Omega}\times\boldsymbol{V} + D,$$

连续性方程

$$\frac{\mathrm{d}\rho}{\mathrm{d}t} + \rho\mathrm{div}_3\boldsymbol{V} = 0,$$

状态方程

$$\rho = f(T, S, p),$$

热力学方程

$$\frac{\mathrm{d}T}{\mathrm{d}t} = Q_1,$$

盐度守恒方程

$$\frac{\mathrm{d}S}{\mathrm{d}t} = Q_2,$$

其中S是盐度，Q_1为单位时间内单位质量海水从外界得到的热量，Q_2为单位时间内单位质量海水从外界得到的盐量.

由于上面的方程组太复杂，人们必须对它做一定的简化处理．通常情况下，可以取**Boussinesq**近似，即把项ρg和状态方程中的ρ看做未知的函数，但是把其他各处的ρ 均视为常数ρ_0．并且，人们用如下的近似函数代替上面的状态方程

$$\rho = \rho_0[1 - \beta_T(T - T_0) + \beta_S(S - S_0)],$$

其中β_T, β_S为正的常数，T_0, S_0分别为温度和盐度的参考值. 因此，我们可以得到如下的海洋方程组：

$$\rho_0\frac{\mathrm{d}\boldsymbol{V}}{\mathrm{d}t} = -\mathrm{grad}_3 p + \rho g - 2\rho_0\boldsymbol{\Omega}\times\boldsymbol{V} + D, \tag{1.1.8}$$

$$\mathrm{div}_3\boldsymbol{V} = 0. \tag{1.1.9}$$

$$\rho = \rho_0[1 - \beta_T(T - T_0) + \beta_S(S - S_0)], \tag{1.1.10}$$

$$\frac{\mathrm{d}T}{\mathrm{d}t} = Q_1, \tag{1.1.11}$$

$$\frac{\mathrm{d}S}{\mathrm{d}t} = Q_2. \tag{1.1.12}$$

注记 1.1.1 状态方程(1.1.10)是一个经验方程，出现于文献[196]. 更一般的形式为

$$\rho = \rho_0 \left[1 - \beta_T(T - T_0) + \beta_S(S - S_0) + \frac{p}{\rho_0 c_s^2}\right],$$

其中c_s是正的常数，该方程出现于文献[192]的2.4.1小节中.

1.2 球坐标系下的大气、海洋方程组

1.2.1 球坐标系下的大气方程组

大气在旋转的地球表面上运动. 为了研究大气的相对运动，如果不考虑地形的起伏，人们可以用球面来近似地表示地球表面，进而可以在球坐标系中讨论大气运动.

下面，我们来推导球坐标系中的大气基本方程组. 令地心为球坐标的原点，$\theta(0 \leqslant \theta \leqslant \pi)$代表地球的余纬(它与纬度互余)，$\varphi(0 \leqslant \varphi \leqslant 2\pi)$代表地球的经度，$r$ 代表地球上点到地心的距离，$\boldsymbol{e}_\theta$, $\boldsymbol{e}_\varphi$和$\boldsymbol{e}_r$分别是θ, φ, r方向上的单位向量，$\boldsymbol{e}_\theta$的方向为沿着经圈向南，$\boldsymbol{e}_\varphi$的方向为沿着纬圈向东，$\boldsymbol{e}_r$的方向为沿着向径向上，若采用微分几何的符号，则表示为:

$$\boldsymbol{e}_\theta = \frac{1}{r}\frac{\partial}{\partial\theta}, \quad \boldsymbol{e}_\varphi = \frac{1}{r\sin\theta}\frac{\partial}{\partial\varphi}, \quad \boldsymbol{e}_r = \frac{\partial}{\partial r}.$$

按照速度的定义，空气的速度$\boldsymbol{V}$可以表示为

$$\boldsymbol{V} = v_\theta \boldsymbol{e}_\theta + v_\varphi \boldsymbol{e}_\varphi + v_r \boldsymbol{e}_r,$$

其中

$$v_\theta = r\frac{\mathrm{d}\theta}{\mathrm{d}t} = r\dot{\theta},\ v_\varphi = r\sin\theta\frac{\mathrm{d}\varphi}{\mathrm{d}t} = r\sin\theta\dot{\varphi},\ v_r = \frac{\mathrm{d}r}{\mathrm{d}t} = \dot{r}.$$

在球坐标系中，任一量F的随体微商为:

$$\begin{aligned}\frac{\mathrm{d}F}{\mathrm{d}t} &= \lim_{\Delta t\to 0}\frac{1}{\Delta t}[F(t+\Delta t, \theta(t+\Delta t), \varphi(t+\Delta t), r(t+\Delta t)) - F(t, \theta(t), \varphi(t), r(t))] \\ &= \left(\frac{\partial}{\partial t} + \dot{\theta}\frac{\partial}{\partial\theta} + \dot{\varphi}\frac{\partial}{\partial\varphi} + \dot{r}\frac{\partial}{\partial r}\right)F = \left(\frac{\partial}{\partial t} + \frac{v_\theta}{r}\frac{\partial}{\partial\theta} + \frac{v_\varphi}{r\sin\theta}\frac{\partial}{\partial\varphi} + v_r\frac{\partial}{\partial r}\right)F.\end{aligned}$$

因为在球坐标系中，$\boldsymbol{\nabla}_3 = \boldsymbol{e}_\theta\frac{1}{r}\frac{\partial}{\partial\theta} + \boldsymbol{e}_\varphi\frac{1}{r\sin\theta}\frac{\partial}{\partial\varphi} + \boldsymbol{e}_r\frac{\partial}{\partial r}$, 所以，在球坐标系中的随体微商为

$$\frac{\mathrm{d}}{\mathrm{d}t} = \frac{\partial}{\partial t} + \boldsymbol{V}\cdot\boldsymbol{\nabla}_3.$$

利用上式，经过计算，可以得到

$$\frac{\mathrm{d}\boldsymbol{e}_\theta}{\mathrm{d}t} = \frac{v_\varphi\cot\theta}{r}\boldsymbol{e}_\varphi - \frac{v_\theta}{r}\boldsymbol{e}_r,$$

$$\frac{\mathrm{d}\boldsymbol{e}_\varphi}{\mathrm{d}t}=-\frac{v_\varphi\cot\theta}{r}\boldsymbol{e}_\theta-\frac{v_\varphi}{r}\boldsymbol{e}_r,$$
$$\frac{\mathrm{d}\boldsymbol{e}_r}{\mathrm{d}t}=-\frac{v_\varphi}{r}\boldsymbol{e}_\varphi+\frac{v_\theta}{r}\boldsymbol{e}_\theta.$$

因为地球的自转角速度$\boldsymbol{\Omega}=-\Omega\sin\theta\boldsymbol{e}_\theta+\Omega\cos\theta\boldsymbol{e}_r$, 则

$$-2\boldsymbol{\Omega}\times\boldsymbol{V}=2\Omega\cos\theta v_\varphi\boldsymbol{e}_\theta+(-2\Omega\cos\theta v_\theta-2\Omega\sin\theta v_r)\boldsymbol{e}_\varphi+2\Omega\sin\theta v_\varphi\boldsymbol{e}_r.$$

利用球坐标系中的散度公式

$$\mathrm{div}_3\boldsymbol{V}=\boldsymbol{\nabla}_3\cdot\boldsymbol{V}=\frac{1}{r\sin\theta}\frac{\partial v_\theta\sin\theta}{\partial\theta}+\frac{1}{r\sin\theta}\frac{\partial v_\varphi}{\partial\varphi}+\frac{1}{r^2}\frac{\partial r^2v_r}{\partial r},$$

和

$$\begin{aligned}\frac{\mathrm{d}\boldsymbol{V}}{\mathrm{d}t}&=\frac{\mathrm{d}(v_\theta\boldsymbol{e}_\theta+v_\varphi\boldsymbol{e}_\varphi+v_r\boldsymbol{e}_r)}{\mathrm{d}t}\\&=\boldsymbol{e}_\theta\frac{\mathrm{d}v_\theta}{\mathrm{d}t}+\boldsymbol{e}_\varphi\frac{\mathrm{d}v_\varphi}{\mathrm{d}t}+\boldsymbol{e}_r\frac{\mathrm{d}v_r}{\mathrm{d}t}+v_\theta\frac{\mathrm{d}\boldsymbol{e}_\theta}{\mathrm{d}t}+v_\varphi\frac{\mathrm{d}\boldsymbol{e}_\varphi}{\mathrm{d}t}+v_r\frac{\mathrm{d}\boldsymbol{e}_r}{\mathrm{d}t},\end{aligned}$$

我们可以把方程组(1.1.1) ~ (1.1.4)写为如下球坐标系中的大气基本方程组:

$$\begin{aligned}&\frac{\mathrm{d}v_\theta}{\mathrm{d}t}+\frac{1}{r}(v_rv_\theta-v_\varphi^2\cot\theta)=-\frac{1}{\rho r}\frac{\partial p}{\partial\theta}+2\Omega\cos\theta v_\varphi+D_\theta,\\&\frac{\mathrm{d}v_\varphi}{\mathrm{d}t}+\frac{1}{r}(v_rv_\varphi+v_\theta v_\varphi\cot\theta)=-\frac{1}{\rho r\sin\theta}\frac{\partial p}{\partial\varphi}-2\Omega\cos\theta v_\theta-2\Omega\sin\theta v_r+D_\varphi,\\&\frac{\mathrm{d}v_r}{\mathrm{d}t}-\frac{1}{r}(v_\theta^2+v_\varphi^2)=-\frac{1}{\rho}\frac{\partial p}{\partial r}-g+2\Omega\sin\theta v_\varphi+D_r,\\&\frac{\mathrm{d}\rho}{\mathrm{d}t}+\rho\left(\frac{1}{r\sin\theta}\frac{\partial v_\theta\sin\theta}{\partial\theta}+\frac{1}{r\sin\theta}\frac{\partial v_\varphi}{\partial\varphi}+\frac{1}{r^2}\frac{\partial r^2v_r}{\partial r}\right)=0,\\&c_p\frac{\mathrm{d}T}{\mathrm{d}t}-\frac{RT}{p}\frac{\mathrm{d}p}{\mathrm{d}t}=\frac{\mathrm{d}Q}{\mathrm{d}t},\\&p=R\rho T,\end{aligned}$$

其中$D=(D_\theta,D_\varphi,D_r)$是粘性项.

由于人们所研究的大气层的厚度(约120 km)远小于地球的半径($a\approx 6\ 371$ km), 故可将上面方程组中以系数出现的r用a来替代(通常称为取薄层大气近似), 而且对于大尺度的运动, 可略去连续性方程中的项$\dfrac{2v_r}{r}$, 因此我们可以将上面方程组简化为以下形式:

$$\frac{\mathrm{d}v_\theta}{\mathrm{d}t}+\frac{1}{a}(v_rv_\theta-v_\varphi^2\cot\theta)=-\frac{1}{\rho a}\frac{\partial p}{\partial\theta}+2\Omega\cos\theta v_\varphi+D_\theta,\tag{1.2.1}$$
$$\frac{\mathrm{d}v_\varphi}{\mathrm{d}t}+\frac{1}{a}(v_rv_\varphi+v_\theta v_\varphi\cot\theta)=-\frac{1}{\rho a\sin\theta}\frac{\partial p}{\partial\varphi}-2\Omega\cos\theta v_\theta-2\Omega\sin\theta v_r+D_\varphi,\tag{1.2.2}$$
$$\frac{\mathrm{d}v_r}{\mathrm{d}t}-\frac{1}{a}(v_\theta^2+v_\varphi^2)=-\frac{1}{\rho}\frac{\partial p}{\partial r}-g+2\Omega\sin\theta v_\varphi+D_r,\tag{1.2.3}$$
$$\frac{\mathrm{d}\rho}{\mathrm{d}t}+\rho\left(\frac{1}{a\sin\theta}\frac{\partial v_\theta\sin\theta}{\partial\theta}+\frac{1}{a\sin\theta}\frac{\partial v_\varphi}{\partial\varphi}+\frac{\partial v_r}{\partial r}\right)=0,\tag{1.2.4}$$

$$c_p \frac{\mathrm{d}T}{\mathrm{d}t} - \frac{RT}{p}\frac{\mathrm{d}p}{\mathrm{d}t} = \frac{\mathrm{d}Q}{\mathrm{d}t}, \tag{1.2.5}$$

$$p = R\rho T, \tag{1.2.6}$$

其中

$$\frac{\mathrm{d}}{\mathrm{d}t} = \frac{\partial}{\partial t} + \frac{v_\theta}{a}\frac{\partial}{\partial \theta} + \frac{v_\varphi}{a\sin\theta}\frac{\partial}{\partial \varphi} + v_r\frac{\partial}{\partial r}.$$

1.2.2 球坐标系下的海洋方程组

设海水的速度$\boldsymbol{V} = (u, v, w)$，$u, v, w$分别是$\theta$，$\varphi$，$r$ 方向上海水的速度. 类似于上面的推导，我们可以得到：在球坐标系中，Boussinesq近似下的海洋方程组为

$$\frac{\mathrm{d}u}{\mathrm{d}t} + \frac{1}{a}(wu - v^2\cot\theta) = -\frac{1}{\rho_0 a}\frac{\partial p}{\partial \theta} + 2\Omega\cos\theta v + D_u, \tag{1.2.7}$$

$$\frac{\mathrm{d}v}{\mathrm{d}t} + \frac{1}{a}(wv + uv\cot\theta) = -\frac{1}{\rho_0 a\sin\theta}\frac{\partial p}{\partial \varphi} - 2\Omega\cos\theta u - 2\Omega\sin\theta w + D_v, \tag{1.2.8}$$

$$\frac{\mathrm{d}w}{\mathrm{d}t} - \frac{1}{a}(u^2 + v^2) = -\frac{1}{\rho_0}\frac{\partial p}{\partial r} - \frac{\rho}{\rho_0}g + 2\Omega\sin\theta v + D_w, \tag{1.2.9}$$

$$\frac{1}{a\sin\theta}\frac{\partial u\sin\theta}{\partial \theta} + \frac{1}{a\sin\theta}\frac{\partial v}{\partial \varphi} + \frac{\partial w}{\partial r} = 0, \tag{1.2.10}$$

$$\rho = \rho_0[1 - \beta_T(T - T_0) + \beta_S(S - S_0)], \tag{1.2.11}$$

$$\frac{\mathrm{d}T}{\mathrm{d}t} = Q_1, \tag{1.2.12}$$

$$\frac{\mathrm{d}S}{\mathrm{d}t} = Q_2, \tag{1.2.13}$$

其中$D = (D_u, D_v, D_w)$是粘性项，

$$\frac{\mathrm{d}}{\mathrm{d}t} = \frac{\partial}{\partial t} + \frac{u}{a}\frac{\partial}{\partial \theta} + \frac{v}{a\sin\theta}\frac{\partial}{\partial \varphi} + w\frac{\partial}{\partial r}.$$

1.3 静力近似与气压坐标系下的大气方程组

因为描述大气运动的基本方程组含有太多复杂的信息(运动尺度从10 km的小尺度、100 km的中尺度一直到1000 km的大尺度都有)，所以人们目前仍然无法从数值和理论上彻底地解决它. 为此，人们必须略去一些中小尺度的因素，合理地简化描述大气运动的基本方程组，才能实现数值天气预报. 由于全球大气的垂直方向上的尺度比水平方向上的尺度小得多，在精确度要求不高的情况下，最自然的简化方法就是取**静力近似**(hydrostatic approximation)，即把垂直方向上的运动方程用静力平衡方程

$$\frac{\partial p}{\partial r} = -\rho g$$

来代替. 静力平衡方程表明了大气的垂直方向上的气压梯度力与重力之间的平衡关系，它符合大尺度大气的气象观测数据，同时也符合理论上的分析.

这里，我们用尺度分析来简要说明静力近似的合理性. 对于大尺度的大气运动，运动的水平特征长度尺度$L \approx O(10^6)$，运动的垂直特征长度尺度$D \approx O(10^4)$，水平方向的速度的特征尺度$U \approx O(10^1)$，垂直方向的速度的特征尺度$W \approx O(10^{-2})$，$\Omega \approx O(10^{-4})$，气压的特征尺度$P \approx O(10^5)$. 从而，我们知道：在垂直方向上的运动方程中，除了$-\frac{1}{\rho}\frac{\partial p}{\partial r} \approx O(10^1)$, $-g \approx O(10^1)$，其他各项的尺度均不超过$O(10^{-3})$，所以，我们可以用静力平衡方程来代替垂直方向上的运动方程.

由静力平衡方程，我们可以看出气压p是r的单调下降的函数，从而$(\theta, \varphi, r; t)$ 和$(\theta, \varphi, p; t)$ 是一一对应的. 因此，我们可以用气压坐标系$(\theta, \varphi, p; t)$ (也称为等压面坐标系)来代替坐标系$(\theta, \varphi, r; t)$. 记新的气压坐标系为$(\theta^*, \varphi^*, p; t^*)$，则：

$$t^* = t,\ \theta^* = \theta,\ \varphi^* = \varphi,\ p = p(\theta, \varphi, r; t).$$

下面我们来推导球坐标系下大气基本方程组在新的气压坐标系$(\theta^*, \varphi^*, p; t^*)$下的形式. 首先，在气压坐标系中，任一量$F$的随体微商为：

$$\frac{\mathrm{d}F}{\mathrm{d}t^*} = \left(\frac{\partial}{\partial t^*} + \dot{\theta}^* \frac{\partial}{\partial \theta^*} + \dot{\varphi}^* \frac{\partial}{\partial \varphi^*} + \dot{p}\frac{\partial}{\partial p}\right) F = \left(\frac{\partial}{\partial t^*} + \dot{\theta} \frac{\partial}{\partial \theta^*} + \dot{\varphi} \frac{\partial}{\partial \varphi^*} + \dot{p}\frac{\partial}{\partial p}\right) F.$$

为了得到运动方程在新的气压坐标系下的形式，我们只需要求气压梯度力的形式. 在气象学中，通常用高度$z = r - a$来代替r，从而可以把原坐标表示为新坐标的函数$t = t^*$, $\theta = \theta^*$, $\varphi = \varphi^*$, $z = r - a = z(\theta^*, \varphi^*, p; t^*)$，因此，我们有如下的关系式：

$$p = p(\theta, \varphi, a + z(\theta^*, \varphi^*, p; t^*); t).$$

对上面的关系式关于p求微商，得到

$$1 = \frac{\tilde{\partial} p}{\tilde{\partial} r}\frac{\partial r}{\partial p} = \frac{\tilde{\partial} p}{\tilde{\partial} r}\frac{\partial z}{\partial p},$$

这里，为了区别两个坐标系中的求导，我们用$\frac{\tilde{\partial} p}{\tilde{\partial} r}$ 表示p对原来坐标r的求导，用$\frac{\partial z}{\partial p}$ 表示z对新坐标p的求导，本节下面的符号也类似地定义. 对p的关系式关于θ^*和φ^*求微商，我们可以得到

$$0 = \frac{\tilde{\partial} p}{\tilde{\partial} \theta}\frac{\partial \theta}{\partial \theta^*} + \frac{\tilde{\partial} p}{\tilde{\partial} r}\frac{\partial r}{\partial \theta^*} = \frac{\tilde{\partial} p}{\tilde{\partial} \theta} + \frac{\tilde{\partial} p}{\tilde{\partial} r}\frac{\partial r}{\partial \theta^*},$$

$$0 = \frac{\tilde{\partial} p}{\tilde{\partial} \varphi}\frac{\partial \varphi}{\partial \varphi^*} + \frac{\tilde{\partial} p}{\tilde{\partial} r}\frac{\partial r}{\partial \varphi^*} = \frac{\tilde{\partial} p}{\tilde{\partial} \varphi} + \frac{\tilde{\partial} p}{\tilde{\partial} r}\frac{\partial r}{\partial \varphi^*}.$$

利用上面的两个式子和静力平衡方程，得到

$$-\frac{1}{\rho a}\frac{\tilde{\partial} p}{\tilde{\partial}\theta}=-\frac{1}{a}\frac{\partial \Phi}{\partial \theta^*},\quad -\frac{1}{\rho a\sin\theta}\frac{\tilde{\partial} p}{\tilde{\partial}\varphi}=-\frac{1}{a\sin\theta^*}\frac{\partial \Phi}{\partial \varphi^*},$$

其中$\Phi=gz$通常称为地势. 利用式子$1=\dfrac{\tilde{\partial} p}{\tilde{\partial} r}\dfrac{\partial z}{\partial p}$和静力平衡方程，我们可以得到

$$p\frac{\partial \Phi}{\partial p}=-RT,$$

因此，运动方程在新的气压坐标系下的形式为:

$$\frac{\mathrm{d}v_\theta}{\mathrm{d}t^*}-\frac{1}{a}v_\varphi^2\cot\theta^*=-\frac{1}{a}\frac{\partial \Phi}{\partial\theta^*}+2\Omega\cos\theta^* v_\varphi+D_\theta, \tag{1.3.1}$$

$$\frac{\mathrm{d}v_\varphi}{\mathrm{d}t^*}+\frac{1}{a}v_\theta v_\varphi\cot\theta^*=-\frac{1}{a\sin\theta^*}\frac{\partial \Phi}{\partial\varphi^*}-2\Omega\cos\theta^* v_\theta+D_\varphi, \tag{1.3.2}$$

$$p\frac{\partial \Phi}{\partial p}=-RT. \tag{1.3.3}$$

在推导过程中，我们用到了随体微商不随坐标系改变这一知识，又根据Coriolis力不做功的原理略去项$-2\Omega\sin\theta^* v_r$，并且因为对于大尺度的大气运动，v_r很小，我们也略去了$\dfrac{1}{a}v_r v_\theta$，$\dfrac{1}{a}v_r v_\varphi$.

下面，我们来推导连续性方程在新的坐标系下的形式. 由静力平衡方程，可得$\rho=-\dfrac{1}{g}\dfrac{\tilde{\partial} p}{\tilde{\partial} r}$. 将这一式子代入方程(1.2.4)，得到

$$\frac{\tilde{\mathrm{d}}\dfrac{\tilde{\partial} p}{\tilde{\partial} r}}{\tilde{\mathrm{d}}t}+\frac{\tilde{\partial} p}{\tilde{\partial} r}\left(\frac{1}{a\sin\theta}\frac{\tilde{\partial} v_\theta\sin\theta}{\tilde{\partial}\theta}+\frac{1}{a\sin\theta}\frac{\tilde{\partial} v_\varphi}{\tilde{\partial}\varphi}+\frac{\tilde{\partial} v_r}{\tilde{\partial} r}\right)=0. \tag{1.3.4}$$

利用原来坐标下的随体微商的定义

$$\frac{\tilde{\mathrm{d}}}{\tilde{\mathrm{d}}t}=\frac{\tilde{\partial}}{\tilde{\partial} t}+\frac{v_\theta}{a}\frac{\tilde{\partial}}{\tilde{\partial}\theta}+\frac{v_\varphi}{a\sin\theta}\frac{\tilde{\partial}}{\tilde{\partial}\varphi}+v_r\frac{\tilde{\partial}}{\tilde{\partial} r},$$

及

$$\frac{\tilde{\mathrm{d}}p}{\tilde{\mathrm{d}}t}=\frac{\tilde{\partial} p}{\tilde{\partial} t}+\frac{v_\theta}{a}\frac{\tilde{\partial} p}{\tilde{\partial}\theta}+\frac{v_\varphi}{a\sin\theta}\frac{\tilde{\partial} p}{\tilde{\partial}\varphi}+v_r\frac{\tilde{\partial} p}{\tilde{\partial} r},$$

得到

$$\frac{\tilde{\mathrm{d}}\dfrac{\tilde{\partial} p}{\tilde{\partial} r}}{\tilde{\mathrm{d}}t}=\frac{\tilde{\partial}\dfrac{\tilde{\mathrm{d}}p}{\tilde{\mathrm{d}}t}}{\tilde{\partial} r}-\frac{\tilde{\partial} v_\theta}{\tilde{\partial} r}\frac{\tilde{\partial} p}{a\tilde{\partial}\theta}-\frac{\tilde{\partial} v_\varphi}{\tilde{\partial} r}\frac{\tilde{\partial} p}{a\sin\theta\tilde{\partial}\varphi}-\frac{\tilde{\partial} v_r}{\tilde{\partial} r}\frac{\tilde{\partial} p}{\tilde{\partial} r}, \tag{1.3.5}$$

应用气压坐标系与原来坐标系的关系，我们可以得到

$$\frac{\tilde{\partial}}{\tilde{\partial} r}=\frac{\tilde{\partial} p}{\tilde{\partial} r}\frac{\partial}{\partial p},\quad \frac{\tilde{\partial}}{\tilde{\partial}\theta}=\frac{\partial}{\partial\theta^*}+\frac{\tilde{\partial} p}{\tilde{\partial}\theta}\frac{\partial}{\partial p},\quad \frac{\tilde{\partial}}{\tilde{\partial}\varphi}=\frac{\partial}{\partial\varphi^*}+\frac{\tilde{\partial} p}{\tilde{\partial}\varphi}\frac{\partial}{\partial p}.$$

因此，

$$
\begin{aligned}
&\frac{\tilde{\partial}\frac{\tilde{\mathrm{d}}p}{\tilde{\mathrm{d}}t}}{\tilde{\partial}r}=\frac{\tilde{\partial}\dot{p}}{\tilde{\partial}r}=\frac{\tilde{\partial}p}{\tilde{\partial}r}\frac{\partial\dot{p}}{\partial p},\\
&-\frac{\tilde{\partial}v_\theta}{\tilde{\partial}r}\frac{\tilde{\partial}p}{a\tilde{\partial}\theta}+\frac{\tilde{\partial}p}{\tilde{\partial}r}\frac{\tilde{\partial}v_\theta\sin\theta}{a\sin\theta\tilde{\partial}\theta}=-\frac{\tilde{\partial}p}{\tilde{\partial}r}\left(\frac{\tilde{\partial}p}{a\tilde{\partial}\theta}\frac{\partial v_\theta}{\partial p}-\frac{\tilde{\partial}v_\theta\sin\theta}{a\sin\theta\tilde{\partial}\theta}\right)\\
&=-\frac{\tilde{\partial}p}{\tilde{\partial}r}\left[\frac{\tilde{\partial}p}{a\tilde{\partial}\theta}\frac{\partial v_\theta}{\partial p}-\frac{1}{a\sin\theta}\left(\frac{\partial}{\partial\theta^*}+\frac{\tilde{\partial}p}{\tilde{\partial}\theta}\frac{\partial}{\partial p}\right)v_\theta\sin\theta\right]=\frac{\tilde{\partial}p}{\tilde{\partial}r}\left(\frac{\partial v_\theta\sin\theta^*}{a\sin\theta^*\partial\theta^*}\right),\\
&-\frac{\tilde{\partial}v_\varphi}{\tilde{\partial}r}\frac{\tilde{\partial}p}{a\sin\theta\tilde{\partial}\varphi}+\frac{\tilde{\partial}p}{\tilde{\partial}r}\frac{\tilde{\partial}v_\varphi}{a\sin\theta\tilde{\partial}\varphi}=-\frac{\tilde{\partial}p}{\tilde{\partial}r}\left(\frac{\tilde{\partial}p}{a\sin\theta\tilde{\partial}\varphi}\frac{\partial v_\varphi}{\partial p}-\frac{\tilde{\partial}v_\varphi}{a\sin\theta\tilde{\partial}\varphi}\right)\\
&=-\frac{\tilde{\partial}p}{\tilde{\partial}r}\left[\frac{\tilde{\partial}p}{a\sin\theta\tilde{\partial}\varphi}\frac{\partial v_\varphi}{\partial p}-\frac{1}{a\sin\theta}\left(\frac{\partial}{\partial\varphi^*}+\frac{\tilde{\partial}p}{\tilde{\partial}\varphi}\frac{\partial}{\partial p}\right)v_\varphi\right]=\frac{\tilde{\partial}p}{\tilde{\partial}r}\left(\frac{\partial v_\varphi}{a\sin\theta^*\partial\varphi^*}\right),
\end{aligned}
$$

这里在证明第一个等式的过程中用到$\dot{p}=\dfrac{\tilde{\mathrm{d}}p}{\tilde{\mathrm{d}}t}=\dfrac{\mathrm{d}p}{\mathrm{d}t^*}$. 结合上面三个等式，我们可以从(1.3.4)和(1.3.5)推得气压坐标系下的连续性方程：

$$
\frac{\partial\dot{p}}{\partial p}+\frac{1}{a\sin\theta^*}\left(\frac{\partial v_\theta\sin\theta^*}{\partial\theta^*}+\frac{\partial v_\varphi}{\partial\varphi^*}\right)=0, \tag{1.3.6}
$$

气压坐标系下的热力学方程：

$$
c_p\frac{\mathrm{d}T}{\mathrm{d}t^*}-\frac{RT}{p}\dot{p}=\frac{\mathrm{d}Q}{\mathrm{d}t^*}. \tag{1.3.7}
$$

我们把方程组(1.3.1)~(1.3.3)、(1.3.6)和(1.3.7)称为**气压坐标系下的干大气方程组**，其中

$$
\frac{\mathrm{d}}{\mathrm{d}t^*}=\frac{\partial}{\partial t^*}+\dot{\theta}^*\frac{\partial}{\partial\theta^*}+\dot{\varphi}^*\frac{\partial}{\partial\varphi^*}+\dot{p}\frac{\partial}{\partial p}.
$$

由气压坐标系下的随体微商的定义和静力平衡方程，我们可以得到垂直方向上的速度：

$$
\begin{aligned}
v_r=\frac{\mathrm{d}r}{\mathrm{d}t}=\frac{\mathrm{d}z}{\mathrm{d}t}&=\frac{\partial z}{\partial t^*}+\dot{\theta}^*\frac{\partial z}{\partial\theta^*}+\dot{\varphi}^*\frac{\partial z}{\partial\varphi^*}+\dot{p}\frac{\partial z}{\partial p}\\
&=\frac{\partial z}{\partial t^*}+\frac{v_\theta}{a}\frac{\partial z}{\partial\theta^*}+\frac{v_\varphi}{a\sin\varphi^*}\frac{\partial z}{\partial\varphi^*}+\dot{p}\frac{\partial z}{\partial p}\\
&=\frac{\partial z}{\partial t^*}+\frac{v_\theta}{a}\frac{\partial z}{\partial\theta^*}+\frac{v_\varphi}{a\sin\varphi^*}\frac{\partial z}{\partial\varphi^*}-\frac{\dot{p}}{\rho g}.
\end{aligned}
$$

1.4 地形坐标系下的大气方程组

在实际的应用中，人们有时需要考虑地形的起伏. 因为在这种情况下地表面不是一个等压面，所以不能采用气压坐标系，否则人们将难于提出合理的下边界条件. 为此，可以采用如下的地形坐标系$(\theta,\varphi,\zeta;t)$，即

$$t=t^*,\ \theta=\theta^*,\ \varphi=\varphi^*,\ \zeta=\zeta\left(\frac{p}{p_s}\right),$$

其中$p_s(\theta^*,\varphi^*;t^*)$表示地表面的气压，$\zeta$是$\dfrac{p}{p_s}$的严格单调的函数．$\zeta(1)$表示地表面，$\zeta(0)$表示大气的上界．为了简单说明问题，我们假设$\zeta=\dfrac{p}{p_s}$．

下面我们来推导上一节中气压坐标系$(\theta^*,\varphi^*,p;t^*)$ 下的大气方程组在新地形坐标系$(\theta,\varphi,\zeta;t)$ 下的形式．首先，在地形坐标系中，任一量F的随体微商为

$$\frac{\mathrm{d}F}{\mathrm{d}t}=\left(\frac{\partial}{\partial t}+\dot{\theta}\frac{\partial}{\partial\theta}+\dot{\varphi}\frac{\partial}{\partial\varphi}+\dot{\zeta}\frac{\partial}{\partial\zeta}\right)F=\left(\frac{\partial}{\partial t}+\dot{\theta^*}\frac{\partial}{\partial\theta}+\dot{\varphi^*}\frac{\partial}{\partial\varphi}+\dot{\zeta}\frac{\partial}{\partial\zeta}\right)F.$$

其中

$$\dot{\zeta}=\frac{p_s\dot{p}-p\dot{p_s}}{p_s^2}.$$

应用气压坐标系与地形坐标系的关系，可以得到：

$$\frac{\bar{\partial}}{\bar{\partial}p}=\frac{\bar{\partial}\zeta}{\bar{\partial}p}\frac{\partial}{\partial\zeta}=\frac{1}{p_s}\frac{\partial}{\partial\zeta},\tag{1.4.1}$$

$$\frac{\bar{\partial}}{\bar{\partial}\theta^*}=\frac{\partial}{\partial\theta}+\frac{\bar{\partial}\zeta}{\bar{\partial}\theta^*}\frac{\partial}{\partial\zeta}=\frac{\partial}{\partial\theta}-\frac{\zeta}{p_s}\frac{\partial p_s}{\partial\theta}\frac{\partial}{\partial\zeta},\tag{1.4.2}$$

$$\frac{\bar{\partial}}{\bar{\partial}\varphi^*}=\frac{\partial}{\partial\varphi}+\frac{\bar{\partial}\zeta}{\bar{\partial}\varphi^*}\frac{\partial}{\partial\zeta}=\frac{\partial}{\partial\varphi}-\frac{\zeta}{p_s}\frac{\partial p_s}{\partial\varphi}\frac{\partial}{\partial\zeta}.\tag{1.4.3}$$

这里，为了区别两个坐标系中的求导，我们用$\dfrac{\bar{\partial}\zeta}{\bar{\partial}p}$ 表示ζ对原来坐标p的求导，用$\dfrac{\partial}{\partial\zeta}$ 表示对新坐标ζ的求导，下面的符号也类似地定义．利用(1.4.1) 和方程$p\dfrac{\partial\Phi}{\partial p}=-RT$，我们可以得到

$$\zeta\frac{\partial\Phi}{\partial\zeta}=-RT.\tag{1.4.4}$$

为了得到运动方程在新的地形坐标系下的形式，我们只需要求气压梯度力的形式．应用(1.4.2)、(1.4.3)和(1.4.4)，我们得到：

$$-\frac{1}{a}\frac{\bar{\partial}\Phi}{\bar{\partial}\theta^*}=-\frac{\partial\Phi}{a\partial\theta}+\frac{\zeta}{ap_s}\frac{\partial p_s}{\partial\theta}\frac{\partial\Phi}{\partial\zeta}=-\frac{\partial\Phi}{a\partial\theta}-\frac{RT}{ap_s}\frac{\partial p_s}{\partial\theta},$$

$$-\frac{1}{a\sin\theta^*}\frac{\bar{\partial}\Phi}{\bar{\partial}\varphi^*}=-\frac{\partial\Phi}{a\sin\theta\partial\varphi}+\frac{\zeta}{a\sin\theta p_s}\frac{\partial p_s}{\partial\varphi}\frac{\partial\Phi}{\partial\varphi}=-\frac{\partial\Phi}{a\sin\theta\partial\varphi}-\frac{RT}{a\sin\theta p_s}\frac{\partial p_s}{\partial\varphi}.$$

因此，由上面的两个式子，水平方向上的运动方程在新的地形坐标系下的形式为

$$\frac{\mathrm{d}v_\theta}{\mathrm{d}t}-\frac{1}{a}v_\varphi^2\cot\theta=-\left(\frac{\partial\Phi}{a\partial\theta}+\frac{RT}{ap_s}\frac{\partial p_s}{\partial\theta}\right)+2\Omega\cos\theta v_\varphi+D_\theta,\tag{1.4.5}$$

$$\frac{\mathrm{d}v_\varphi}{\mathrm{d}t}+\frac{1}{a}v_\theta v_\varphi\cot\theta=-\left(\frac{\partial\Phi}{a\sin\theta\partial\varphi}+\frac{RT}{a\sin\theta p_s}\frac{\partial p_s}{\partial\varphi}\right)-2\Omega\cos\theta v_\theta+D_\varphi.\tag{1.4.6}$$

下面，我们来推导连续性方程在地形坐标系下的形式. 由$\dot\zeta = \dfrac{p_s\dot p - p\dot{p_s}}{p_s^2}$，可得

$$\dot p = \dot\zeta p_s + \zeta\dot{p_s}.$$

应用(1.4.1)和上式，我们得到

$$\frac{\bar{\partial}\dot p}{\partial p} = \frac{\bar{\partial}\dot\zeta p_s}{\partial p} + \frac{\bar{\partial}\zeta\dot{p_s}}{\partial p} = \frac{\partial\dot\zeta}{\partial\zeta} + \frac{\dot{p_s}}{p_s} + \frac{\zeta}{p_s}\frac{\partial\dot{p_s}}{\partial\zeta}. \tag{1.4.7}$$

由(1.4.2)和(1.4.3)，可得:

$$\begin{aligned}
&\frac{1}{a\sin\theta^*}\left(\frac{\partial v_\theta\sin\theta^*}{\partial\theta^*} + \frac{\partial v_\varphi}{\partial\varphi^*}\right)\\
=&\frac{1}{a\sin\theta}\left[\left(\frac{\partial v_\theta\sin\theta}{\partial\theta} - \frac{\zeta}{p_s}\frac{\partial p_s}{\partial\theta}\frac{\partial v_\theta\sin\theta}{\partial\zeta}\right) + \left(\frac{\partial v_\varphi}{\partial\varphi} - \frac{\zeta}{p_s}\frac{\partial p_s}{\partial\varphi}\frac{\partial v_\varphi}{\partial\zeta}\right)\right]\\
=&\frac{1}{a\sin\theta}\left(\frac{\partial v_\theta\sin\theta}{\partial\theta} + \frac{\partial v_\varphi}{\partial\varphi}\right) - \frac{\zeta}{a\sin\theta p_s}\left(\frac{\partial p_s}{\partial\theta}\frac{\partial v_\theta\sin\theta}{\partial\zeta} + \frac{\partial p_s}{\partial\varphi}\frac{\partial v_\varphi}{\partial\zeta}\right).
\end{aligned} \tag{1.4.8}$$

因为$p_s(\theta^*,\varphi^*;t^*) = p_s(\theta,\varphi;t)$，由地形坐标系下的随体微商的定义，我们可得

$$\dot{p_s} = \frac{\partial p_s}{\partial t} + \frac{v_\theta}{a}\frac{\partial p_s}{\partial\theta} + \frac{v_\varphi}{a\sin\theta}\frac{\partial p_s}{\partial\varphi}, \tag{1.4.9}$$

$$\frac{\zeta}{p_s}\frac{\partial\dot{p_s}}{\partial\zeta} = \frac{\zeta}{p_s}\left(\frac{\partial p_s}{a\partial\theta}\frac{\partial v_\theta}{\partial\zeta} + \frac{\partial p_s}{a\sin\theta\partial\varphi}\frac{\partial v_\varphi}{\partial\zeta}\right). \tag{1.4.10}$$

将(1.4.7)和(1.4.8)代入(1.3.6)，并应用(1.4.9)和(1.4.10)，我们可以推得地形坐标系下的连续性方程:

$$\frac{\partial p_s}{\partial t} = -\frac{\partial p_s\dot\zeta}{\partial\zeta} - \frac{1}{a\sin\theta}\left(\frac{\partial p_s v_\theta\sin\theta}{\partial\theta} + \frac{\partial p_s v_\varphi}{\partial\varphi}\right). \tag{1.4.11}$$

由$\dot p = \dot\zeta p_s + \zeta\dot{p_s}$，可知地形坐标系下的热力学方程为:

$$c_p\frac{\mathrm{d}T}{\mathrm{d}t} - \frac{RT}{\zeta p_s}(\dot\zeta p_s + \zeta\dot{p_s}) = \frac{\mathrm{d}Q}{\mathrm{d}t}. \tag{1.4.12}$$

我们把方程组(1.4.4)~(1.4.6)、(1.4.11)和(1.4.12)称为**地形坐标系下的干大气方程组**，其中

$$\frac{\mathrm{d}}{\mathrm{d}t} = \frac{\partial}{\partial t} + \dot\theta\frac{\partial}{\partial\theta} + \dot\varphi\frac{\partial}{\partial\varphi} + \dot\zeta\frac{\partial}{\partial\zeta} = \frac{\partial}{\partial t} + \frac{v_\theta}{a}\frac{\partial}{\partial\theta} + \frac{v_\varphi}{a\sin\theta}\frac{\partial}{\partial\varphi} + \dot\zeta\frac{\partial}{\partial\zeta}.$$

当人们需要研究一定气压高度(假设大气的上界气压为$p = p_0$，p_0为正的常数)以下的大气运动时，可以采用修正的地形坐标$(\theta,\varphi,\zeta;t)$，其中

$$t = t^*,\ \theta = \theta^*,\ \varphi = \varphi^*,\ \zeta = \zeta(\eta),\ \eta = \frac{p - p_0}{p_s - p_0}.$$

按照上面的方法，也可以推得在修正的地形坐标系下的大气方程组.

1.5 β平面近似与局地直角坐标系下的海洋和大气方程组

对于海洋运动，人们有时关心的不是全球范围的海洋运动问题，而是一个不含有极地且范围不是太大的局部问题．因此，人们就可以把局部地区的地球表面简化为平面，从而可以采用局地直角坐标系．同样地，如果人们研究局部地区的大气运动的性质，或者讨论规模不是太大的大气运动，也可以采用局地直角坐标系．下面我们来讨论在局地直角坐标系下的海洋方程组．

令O为海平面上的一点(所在位置的余纬为θ_0)建立坐标系，x轴的正向指向南，y轴的正向指向东，z轴垂直指向上，局地直角坐标系$\{O;x,y,z\}$的3个坐标方向上的$\boldsymbol{e}_x$，$\boldsymbol{e}_y$ 和$\boldsymbol{e}_z$分别是x,y,z 轴方向上的单位向量．按照速度的定义，海水的速度V可以表示为

$$\boldsymbol{V}=u\boldsymbol{e}_x+v\boldsymbol{e}_y+w\boldsymbol{e}_z,$$

其中

$$u=\frac{\mathrm{d}x}{\mathrm{d}t},\ v=\frac{\mathrm{d}y}{\mathrm{d}t},\ w=\frac{\mathrm{d}z}{\mathrm{d}t}.$$

在局地直角坐标系中，任一量F的随体微商为

$$\begin{aligned}\frac{\mathrm{d}F}{\mathrm{d}t}&=\lim_{\Delta t\to 0}\frac{1}{\Delta t}[F(t+\Delta t,x(t+\Delta t),y(t+\Delta t),z(t+\Delta t))-F(t,x(t),y(t),z(t))]\\&=\left(\frac{\partial}{\partial t}+\dot{x}\frac{\partial}{\partial x}+\dot{y}\frac{\partial}{\partial y}+\dot{z}\frac{\partial}{\partial z}\right)F=\left(\frac{\partial}{\partial t}+u\frac{\partial}{\partial x}+v\frac{\partial}{\partial y}+w\frac{\partial}{\partial z}\right)F.\end{aligned}$$

因为在局地直角坐标系中，梯度算子$\boldsymbol{\nabla}_3=\boldsymbol{e}_x\dfrac{\partial}{\partial x}+\boldsymbol{e}_y\dfrac{\partial}{\partial y}+\boldsymbol{e}_z\dfrac{\partial}{\partial z}$, 所以，在局地直角坐标系中的随体微商为：

$$\frac{\mathrm{d}}{\mathrm{d}t}=\frac{\partial}{\partial t}+\boldsymbol{V}\cdot\boldsymbol{\nabla}_3.$$

为了得到局地直角坐标系中的海洋方程组，我们必须求得Coriolis力$-2\boldsymbol{\Omega}\times\boldsymbol{V}$在局地直角坐标系中的近似形式．在球坐标系下，

$$-2\boldsymbol{\Omega}\times\boldsymbol{V}=2\Omega\cos\theta v\boldsymbol{e}_\theta+(-2\Omega\cos\theta u-2\Omega\sin\theta w)\boldsymbol{e}_\varphi+2\Omega\sin\theta v\boldsymbol{e}_r.$$

因为$2\Omega\sin\theta w\ll 2\Omega\cos\theta u$, $2\Omega\sin\theta v\ll g$, 在一般的情况下，人们可以略去 $2\Omega\sin\theta w$, $2\Omega\sin\theta v$．因此，我们只需求得$2\Omega\cos\theta v$, $2\Omega\cos\theta u$在局地直角坐标系下的近似形式，即我们必须对Coriolis参数$f=2\Omega\cos\theta$做一些处理．把$f=2\Omega\cos\theta$在θ_0处Taylor展开，得到

$$f=2\Omega\cos\theta=2\Omega[\cos\theta_0-(\theta-\theta_0)\sin\theta_0-(\theta-\theta_0)^2\frac{\cos\theta_0}{2!}+(\theta-\theta_0)^3\frac{\sin\theta_0}{3!}+\cdots].$$

当$\theta-\theta_0$比较小时，

$$\theta-\theta_0\approx\frac{x}{a},$$

这里a为地球的半径. 而且，当$\dfrac{y}{a}\ll 1$时，人们可以取

$$f\approx f_0=2\Omega\cos\theta_0,$$

即此时可以把Coriolis参数f看做常数. 当$\dfrac{y}{a}<1$, $(\dfrac{y}{a})^2\ll 1$时，人们可以取

$$f\approx 2\Omega\cos\theta_0-x\frac{2\Omega\sin\theta_0}{a}=f_0-\beta_0x,$$

这里$\beta_0=\dfrac{2\Omega\sin\theta_0}{a}$是Rossby参数$\beta=\dfrac{2\Omega\sin\theta}{a}$在局地直角坐标系原点的值. 人们把上面的式子称为**β平面近似**，即在局地直角坐标系中，Coriolis参数可以看做是x的线性函数.

注记 1.5.1　如果O为海平面上的一点(所在位置的纬度为$\phi_0=\dfrac{\pi}{2}-\theta_0$)，$x$轴的正向指向东，$y$轴的正向指向北，$z$轴垂直指向上，那么人们取的$\beta$平面近似应该为:

$$f=2\Omega\sin\phi\approx 2\Omega\sin\phi_0+y\frac{2\Omega\cos\phi_0}{a}=f_0+\beta_0y.$$

取了Boussinesq近似(除了浮力项和状态方程中的密度外，其他地方的密度均视为常数)和β平面近似后，可以得到局地直角坐标系中的海洋方程组:

$$\frac{\mathrm{d}u}{\mathrm{d}t}=-\frac{1}{\rho_0}\frac{\partial p}{\partial x}+f_\beta v+D_u, \tag{1.5.1}$$

$$\frac{\mathrm{d}v}{\mathrm{d}t}=-\frac{1}{\rho_0}\frac{\partial p}{\partial y}-f_\beta u+D_v, \tag{1.5.2}$$

$$\frac{\mathrm{d}w}{\mathrm{d}t}=-\frac{1}{\rho_0}\frac{\partial p}{\partial z}-\frac{\rho}{\rho_0}g+D_w, \tag{1.5.3}$$

$$\frac{\partial u}{\partial x}+\frac{\partial v}{\partial y}+\frac{\partial w}{\partial z}=0, \tag{1.5.4}$$

$$\rho=\rho_0[1-\beta_T(T-T_0)+\beta_S(S-S_0)], \tag{1.5.5}$$

$$\frac{\mathrm{d}T}{\mathrm{d}t}=Q_1, \tag{1.5.6}$$

$$\frac{\mathrm{d}S}{\mathrm{d}t}=Q_2. \tag{1.5.7}$$

其中$f_\beta=f_0-\beta_0x$，$D=(D_u,D_v,D_w)$是粘性项，

$$\frac{\mathrm{d}}{\mathrm{d}t}=\frac{\partial}{\partial t}+u\frac{\partial}{\partial x}+v\frac{\partial}{\partial y}+w\frac{\partial}{\partial z}.$$

同样地，人们也可以得到局地直角坐标系中的干大气方程组(没有取静力近似):

$$\frac{\mathrm{d}u}{\mathrm{d}t}=-\frac{1}{\rho}\frac{\partial p}{\partial x}+f_\beta v+D_u, \tag{1.5.8}$$

$$\frac{\mathrm{d}v}{\mathrm{d}t} = -\frac{1}{\rho}\frac{\partial p}{\partial y} - f_\beta u + D_v, \tag{1.5.9}$$

$$\frac{\mathrm{d}w}{\mathrm{d}t} = -\frac{1}{\rho}\frac{\partial p}{\partial z} - g + D_w, \tag{1.5.10}$$

$$\frac{\mathrm{d}\rho}{\mathrm{d}t} + \rho(\frac{\partial u}{\partial x} + \frac{\partial v}{\partial y} + \frac{\partial w}{\partial z}) = 0, \tag{1.5.11}$$

$$p = R\rho T, \tag{1.5.12}$$

$$c_p\frac{\mathrm{d}T}{\mathrm{d}t} - \frac{RT}{p}\frac{\mathrm{d}p}{\mathrm{d}t} = \frac{\mathrm{d}Q}{\mathrm{d}t}, \tag{1.5.13}$$

其中$f_\beta = f_0 - \beta_0 x$，$D = (D_u, D_v, D_w)$ 是粘性项.

1.6 层结近似下的大气和海洋方程组

太阳对地球的不均匀加热造成了大气和海洋中显著的密度变化，从而在大气和海洋中都会出现密度层结(statification). 而层结的一个重要观测性质是：在通常的意义下，大气和海洋在大尺度上几乎总是重力稳定的，即轻的流体总是位于重的流体之上. 在大气中，空气的密度几乎是随着高度单调减少的；在海洋中，海水的密度几乎是随着深度单调增加的. 因此，大气和海洋都存在着稳定的层结，其作用就是抑制垂直方向上的运动，有助于产生几乎水平的运动.

基于大气存在着稳定的层结，人们可以自然地认为：千变万化的大尺度大气运动是在平均状态($(v_\theta, v_\varphi, \dot{p}, \Phi, T) = (0, 0, 0, \bar{\Phi}(p), \bar{T}(p))$，也称为标准状态)附近发生的扰动，其中，$\bar{\Phi}(p)$, $\bar{T}(p)$满足静力平衡关系，即

$$p\frac{\partial\bar{\Phi}(p)}{\partial p} = -R\bar{T}(p).$$

下面，我们将推导方程组(1.3.1)~(1.3.3)、(1.3.6)和(1.3.7) 在平均状态$(0, 0, 0, \bar{\Phi}(p), \bar{T}(p))$附近扰动所得的方程组. 设

$$(v_\theta, v_\varphi, \dot{p}) = (0 + v'_\theta, 0 + v'_\varphi, 0 + \dot{p}'),$$

$$\Phi = \bar{\Phi}(p) + \Phi', \quad T = \bar{T}(p) + T',$$

则方程组(1.3.1)~(1.3.3)和(1.3.6)可写为：

$$\frac{\mathrm{d}v'_\theta}{\mathrm{d}t} - \frac{1}{a}v'^2_\varphi \cot\theta^* = -\frac{1}{a}\frac{\partial\Phi'}{\partial\theta^*} + 2\Omega\cos\theta^* v'_\varphi + D_\theta, \tag{1.6.1}$$

$$\frac{\mathrm{d}v'_\varphi}{\mathrm{d}t} + \frac{1}{a}v'_\theta v'_\varphi \cot\theta^* = -\frac{1}{a\sin\theta^*}\frac{\partial\Phi'}{\partial\varphi^*} - 2\Omega\cos\theta^* v'_\theta + D_\varphi, \tag{1.6.2}$$

$$p\frac{\partial \Phi'}{\partial p}=-RT', \tag{1.6.3}$$

$$\frac{\partial \dot{p}'}{\partial p}+\frac{1}{a\sin\theta^*}\left(\frac{\partial v'_\theta\sin\theta^*}{\partial\theta^*}+\frac{\partial v'_\varphi}{\partial\varphi^*}\right)=0. \tag{1.6.4}$$

将$T=\bar{T}(p)+T'$代入方程(1.3.7)，得到

$$c_p\frac{\mathrm{d}T'}{\mathrm{d}t}+c_p\frac{\partial\bar{T}(p)}{\partial p}\dot{p}-\frac{R(\bar{T}(p)+T')}{p}\dot{p}=\frac{\mathrm{d}Q}{\mathrm{d}t}.$$

因为$|T-T'|\ll\frac{p}{R\dot{p}}$, 人们可以取$\frac{R(\bar{T}(p)+T')}{p}\dot{p}\approx\frac{R\bar{T}(p)}{p}\dot{p}$. 从而，

$$c_p\frac{\mathrm{d}T'}{\mathrm{d}t}+\left(c_p\frac{\partial\bar{T}(p)}{\partial p}-\frac{R\bar{T}(p)}{p}\right)\dot{p}=\frac{\mathrm{d}Q}{\mathrm{d}t}.$$

如果$\bar{T}(p)$满足$R\left(\frac{R\bar{T}(p)}{c_p}-p\frac{\partial\bar{T}(p)}{\partial p}\right)=C^2$ (C为正的常数)，那么

$$c_p\frac{\mathrm{d}T'}{\mathrm{d}t}-\frac{c_pC^2}{pR}\dot{p}=\frac{\mathrm{d}Q}{\mathrm{d}t}. \tag{1.6.5}$$

去掉符号“′”和“*”，引入粘性，令$\frac{\mathrm{d}Q}{\mathrm{d}t}=\mu_2\Delta T+\nu_2\frac{\partial}{\partial p}[(\frac{gp}{R\bar{T}})^2\frac{\partial T}{\partial p}]+F(\theta,\varphi,p)$，我们可以把方程组(1.6.1)~(1.6.5)写为：

$$\frac{\partial \boldsymbol{v}}{\partial t}+\boldsymbol{\nabla}_{\boldsymbol{v}}\boldsymbol{v}+\omega\frac{\partial\boldsymbol{v}}{\partial p}+f\boldsymbol{k}\times\boldsymbol{v}+\mathrm{grad}\Phi-\mu_1\Delta\boldsymbol{v}-\nu_1\frac{\partial}{\partial p}\left[\left(\frac{gp}{R\bar{T}}\right)^2\frac{\partial v}{\partial p}\right]=0, \tag{1.6.6}$$

$$\mathrm{div}\boldsymbol{v}+\frac{\partial\omega}{\partial p}=0, \tag{1.6.7}$$

$$\frac{\partial\Phi}{\partial p}+\frac{bP}{p}T=0, \tag{1.6.8}$$

$$\frac{R^2}{C^2}\left(\frac{\partial T}{\partial t}+\boldsymbol{\nabla}_{\boldsymbol{v}}T+\omega\frac{\partial T}{\partial p}\right)-\frac{R}{p}\omega-\mu_2\Delta T-\nu_2\frac{\partial}{\partial p}\left[\left(\frac{gp}{R\bar{T}}\right)^2\frac{\partial T}{\partial p}\right]=F. \tag{1.6.9}$$

其中，$\omega=\dot{p}$,

$$\boldsymbol{\nabla}_{\boldsymbol{v}}\widetilde{\boldsymbol{v}}=\left(\frac{v_\theta}{a}\frac{\partial\widetilde{v_\theta}}{\partial\theta}+\frac{v_\varphi}{a\sin\theta}\frac{\partial\widetilde{v_\theta}}{\partial\varphi}-\frac{v_\varphi\widetilde{v_\varphi}}{a}\cot\theta\right)\boldsymbol{e}_\theta+\left(\frac{v_\theta}{a}\frac{\partial\widetilde{v_\varphi}}{\partial\theta}+\frac{v_\varphi}{a\sin\theta}\frac{\partial\widetilde{v_\varphi}}{\partial\varphi}+\frac{v_\varphi\widetilde{v_\theta}}{a}\cot\theta\right)\boldsymbol{e}_\varphi,$$

$$\mathrm{grad}\Phi=\frac{\partial\Phi}{a\partial\theta}\boldsymbol{e}_\theta+\frac{1}{a\sin\theta}\frac{\partial\Phi}{\partial\varphi}\boldsymbol{e}_\varphi,$$

$$\Delta\boldsymbol{v}=\left(\Delta v_\theta-\frac{2\cos\theta}{a^2\sin^2\theta}\frac{\partial v_\varphi}{\partial\varphi}-\frac{v_\theta}{a^2\sin^2\theta}\right)\boldsymbol{e}_\theta+\left(\Delta v_\varphi+\frac{2\cos\theta}{a^2\sin^2\theta}\frac{\partial v_\theta}{\partial\varphi}-\frac{v_\varphi}{a^2\sin^2\theta}\right)\boldsymbol{e}_\varphi,$$

$$\mathrm{div}\boldsymbol{v}=\mathrm{div}\,(v_\theta\boldsymbol{e}_\theta+v_\varphi\boldsymbol{e}_\varphi)=\frac{1}{a\sin\theta}\left(\frac{\partial v_\theta\sin\theta}{\partial\theta}+\frac{\partial v_\varphi}{\partial\varphi}\right),$$

$$\boldsymbol{\nabla}_{\boldsymbol{v}}T=\frac{v_\theta}{a}\frac{\partial T}{\partial\theta}+\frac{v_\varphi}{a\sin\theta}\frac{\partial T}{\partial\varphi},$$

$$\Delta T=\frac{1}{a^2\sin\theta}\left[\frac{\partial}{\partial\theta}\left(\sin\theta\frac{\partial T}{\partial\theta}\right)+\frac{1}{\sin\theta}\frac{\partial^2T}{\partial\varphi^2}\right],$$

其中$\boldsymbol{v}=v_\theta\boldsymbol{e}_\theta+v_\varphi\boldsymbol{e}_\varphi$，$\widetilde{\boldsymbol{v}}=\widetilde{v}_\theta\boldsymbol{e}_\theta+\widetilde{v}_\varphi\boldsymbol{e}_\varphi$. 在大气科学中，方程组(1.6.6)~(1.6.9)也称为**干大气原始方程组**.

对于Boussinesq近似下的海洋方程组(1.5.1)~(1.5.7)，如果不考虑盐度，取$\rho=\rho_0[1-\beta_T(T-T_0)]$，引入粘性，则可以得到如下的方程组：

$$
\begin{aligned}
&\frac{\mathrm{d}u}{\mathrm{d}t}=-\frac{1}{\rho_0}\frac{\partial p}{\partial x}+f_\beta v+\nu\Delta u,\\
&\frac{\mathrm{d}v}{\mathrm{d}t}=-\frac{1}{\rho_0}\frac{\partial p}{\partial y}-f_\beta u+\nu\Delta v,\\
&\frac{\mathrm{d}w}{\mathrm{d}t}=-\frac{1}{\rho_0}\frac{\partial p}{\partial z}-\frac{\rho}{\rho_0}g+\nu\Delta w,\\
&\frac{\partial u}{\partial x}+\frac{\partial v}{\partial y}+\frac{\partial w}{\partial z}=0,\\
&\frac{\mathrm{d}\rho}{\mathrm{d}t}=\kappa\Delta\rho.
\end{aligned}
$$

$(u,v,w,p,\rho)=(0,0,0,\bar{p}(z),\bar{\rho}(z))$是上述方程组的特解，常被称为平均状态(或标准状态). 其中，$\bar{p}(z),\bar{\rho}(z)$满足静力平衡关系，即

$$
\frac{\partial\bar{p}(z)}{\partial z}=-g\bar{\rho}(z).
$$

人们自然地会考虑在平均状态$(0,0,0,\bar{p}(z),\bar{\rho}(z))$附近发生的扰动. 下面，我们推导上面的海洋方程组在平均状态$(0,0,0,\bar{p}(z),\bar{\rho}(z))$附近扰动所得的方程组. 设

$$
(u,v,w)=(0+u',0+v',0+w'),\quad p=\bar{p}(z)+p',\quad \rho=\bar{\rho}(z)+\rho',
$$

那么，我们可以得到如下的海洋方程组：

$$
\frac{\mathrm{d}u'}{\mathrm{d}t}=-\frac{1}{\rho_0}\frac{\partial p'}{\partial x}+f_\beta v'+\nu\Delta u',\tag{1.6.10}
$$

$$
\frac{\mathrm{d}v'}{\mathrm{d}t}=-\frac{1}{\rho_0}\frac{\partial p'}{\partial y}-f_\beta u'+\nu\Delta v',\tag{1.6.11}
$$

$$
\frac{\mathrm{d}w'}{\mathrm{d}t}=-\frac{1}{\rho_0}\frac{\partial p'}{\partial z}-\frac{\rho'}{\rho_0}g+\nu\Delta w',\tag{1.6.12}
$$

$$
\frac{\partial u'}{\partial x}+\frac{\partial v'}{\partial y}+\frac{\partial w'}{\partial z}=0,\tag{1.6.13}
$$

$$
\frac{\mathrm{d}\rho'}{\mathrm{d}t}+\frac{\mathrm{d}\bar{\rho}}{\mathrm{d}z}w=\kappa\Delta\rho'+\kappa\frac{\mathrm{d}^2\bar{\rho}}{\mathrm{d}z^2}.\tag{1.6.14}
$$

如果取静力近似，即用方程$\dfrac{\partial p'}{\partial z}=-\rho' g$代替(1.6.12)，此时的方程组(1.6.10)~(1.6.14)称为同地直角坐标系下的**海洋原始方程组**.

1.7 边界条件

大气、海洋运动不仅由前面列出来的方程组所描述，而且受到边界的影响. 从数学的角度来说，必须给出一定的边界条件和初始条件，大气、海洋方程组才可能有确定的解. 所以，本节将讨论大气、海洋在边界上满足的条件.

1.大气的下边界条件

在气压坐标系下，如果把大气的下界面$p=P$(地面气压的近似值，视为常数)看做理想刚体，那么它是一个物质面，从而空气的法向速度为零，即

$$\dot{p}|_{p=P}=0. \tag{1.7.1a}$$

同样地，若采用球坐标系，令$z=r-a$，z表示海拔高度，a表示地球的半径，那么大气的下边界条件为

$$v_r|_{z=0}=0. \tag{1.7.1b}$$

若采用地形坐标系，那么大气的下边界条件为

$$\dot{\zeta}|_{\zeta=1}=0, \tag{1.7.1c}$$

其中$\zeta=\dfrac{p}{p_s}$. 如果考虑下边界面$p=P$的粘性，那么空气的速度为零，即

$$v_\theta|_{p=P}=0,\ v_\varphi|_{p=P}=0,\ \dot{p}|_{p=P}=0. \tag{1.7.2a}$$

在球坐标系下，考虑下边界面$z=0$的粘性后，大气的下边界条件为

$$v_\theta|_{z=0}=0,\ v_\varphi|_{z=0}=0,\ v_r|_{z=0}=0. \tag{1.7.2b}$$

同样地，在地形坐标系下，大气的下边界条件为

$$v_\theta|_{\zeta=1}=0,\ v_\varphi|_{\zeta=1}=0,\ \dot{\zeta}|_{\zeta=1}=0. \tag{1.7.2c}$$

(1.7.1a)~(1.7.2c)通常称为**运动学边界条件**.

在局地直角坐标系下，如果下边界面的垂直运动是由于地形$z=h(x,y)$的强迫所致，那么可以提出这样的边界条件：

$$w|_{z=h(x,y)}=\frac{\mathrm{d}h}{\mathrm{d}t}=u\frac{\partial h}{\partial x}+v\frac{\partial h}{\partial y}.$$

在球坐标系下，如果下边界面为海洋面，其气压为$p_0(\theta,\varphi,t)$，那么气压p的下边界条件为

$$p(\theta,\varphi,z,t)|_{z=0}=p_0(\theta,\varphi,t). \tag{1.7.3a}$$

如果下边界面有地形$h_s(\theta,\varphi)$，其气压为$p_s(\theta,\varphi,t)$，那么气压p的下边界条件为：

$$p(\theta,\varphi,z,t)|_{z=h_s(\theta,\varphi)}=p_s(\theta,\varphi,t). \tag{1.7.3b}$$

(1.7.3a)和(1.7.3b)称为**动力学边界条件**.

在气压坐标系下，下边界面$p=P$的热力学条件可以简单地写为：

$$\frac{\partial T}{\partial p}|_{p=P}=-\alpha_s(T-T_s).$$

其中，α_s是与湍流导热率有关的参数，依赖于下表面的特性；T_s为下表面的参照温度.

在气压坐标系下，对于(1.3.3)中的地势Φ，其下边界面的几何学条件为：

$$\Phi|_{p=P}=\Phi_s(\theta,\varphi,t).$$

2.大气的上边界条件

在实际大气中，上边界($z\to\infty$)应满足

$$\lim_{z\to+\infty}p=0.$$

根据单位截面上的垂直气柱内的总能量是有界的，可以得到条件

$$\int_0^{+\infty}\left(\frac{v_\theta^2+v_\varphi^2}{2}+c_vT+gz\right)\rho\mathrm{d}z<+\infty,$$

从而

$$当\ z\to\infty\ 时,\ \rho v_\theta^2,\rho v_\varphi^2,\rho T,\rho z\to 0, \tag{1.7.4}$$

(1.7.4)常称为物理学边界条件.

在实际应用中，人们经常使用均质大气模式，如正压模式(浅水波模式)、二维准地转模式以及多层准地转模式. 在这些模式中，人们把大气分层，并设定各层均为不可压缩均质流体. 此时，各层流体的上表面为自由面. 在局地直角坐标系下，该自由面可表示为$z=h(x,y,t)$，在该自由面上的条件为：

$$w|_{z=h}=\frac{\mathrm{d}h}{\mathrm{d}t}=\frac{\partial h}{\partial t}+u\frac{\partial h}{\partial x}+v\frac{\partial h}{\partial y}.$$

其中，w为z方向上的速度；u, v分别为x, y方向上的速度. 对于两层的交界面$z=h(x,y,t)$，在分界面上的边界条件为：

$$w_i|_{z=h}=\frac{\mathrm{d}h}{\mathrm{d}t}=\frac{\partial h}{\partial t}+u_i\frac{\partial h}{\partial x}+v_i\frac{\partial h}{\partial y},$$

其中$i=1,2$. 该条件称为分界面的运动学条件.

3.海洋的边界条件

在局地直角坐标系下，海平面的边界条件为

$$\frac{\partial v}{\partial z}|_{z=0} = h\tau,\ w|_{z=0} = 0, \tag{1.7.5}$$

$$\frac{\partial T}{\partial z}|_{z=0} = -\alpha(T - T^*), \tag{1.7.6}$$

其中v表示水平方向上的速度，w表示z方向上的速度，h为海洋的深度(假设为常数)，τ为海面上的风应力，T^*为海平面处的海水的参照温度．(1.7.5)的第一式表示海面上风应力对海水的作用，(1.7.6)表示海平面处的热量变换．海洋的侧面的边界条件可写为

$$v \cdot \mathbf{n} = 0, \frac{\partial v}{\partial \mathbf{n}} \times \mathbf{n} = 0, \tag{1.7.7}$$

$$\frac{\partial T}{\partial \mathbf{n}} = 0. \tag{1.7.8}$$

这里$\mathbf{n}$表示海洋的侧面的外法向量．(1.7.7)表示侧面上水平速度的法向分量为零，同时水平速度在这里是无滑的(no-slip)．(1.7.8)表示侧面上没有热通量．海洋底面的边界条件可以写为

$$\frac{\partial v}{\partial z}|_{z=-h} = 0, w|_{z=-h} = 0, \frac{\partial T}{\partial z} = 0.$$

第二章　准地转模式

由于描述大气、海洋运动的基本方程组和原始方程组相当复杂，人们必须寻找较为简单却能反映一些重要物理本质的模式. 1947年，Charney在文献[30]中建立了准地转模式，该模式在普林斯顿高等研究所的ENIAC计算机上首次实现的24小时数值天气预报中发挥了关键性的作用.

虽然随着大气科学的蓬勃发展及大型计算机加工处理资料和进行数值计算能力的增强, 20世纪60年代中期人们开始转向应用原始方程组(取静力近似下的模式)进行数值天气预报，但是准地转模式在大气、海洋动力学的研究和应用中仍然发挥着重要的作用. 因此, 我们将在这一章介绍各种各样的准地转模式，包括二维和三维准地转模式、多层的准地转模式以及面准地转模式.

二维和三维的准地转模式着重于研究大气海洋的某些特征，由于突出重点，数学理论比较成熟，可以将问题研究得更为透彻，比如说二维和三维的准地转模式的适定性已经基本解决，见文献[209]的第十二章和文献[11，12，63，151，152，197，198，201，202]. 人们不仅研究了二维和三维的准地转模式的波的非线性稳定性，还研究了二维和三维的准地转模式的数学合理性，见文献[134，140，151，152，153，204]及其引文.

为了描述一致位涡场($q=0$)的下表面的位温(或浮力)的演化, 人们得到了面准地转方程, 见文献[90]. Constantin P.等在文献[39]中研究了面准地转方程, 揭示了该方程(2.4.6)与三维不可压缩的Euler方程有一些重要的相似之处，而且通过计算猜测面准地转方程可能出现奇性解. 从此以后, 面准地转方程的适定性问题又成为数学研究的一个主题. 相关的研究工作可以参考文献[2，39，40，43，44，107，199，200]及其引文.

2.1 正压模式及二维准地转方程

2.1.1 正压模式

正压模式(barotropic model)，也称为旋转的浅水模式(shallow water model)，是描述带有自由面的均质不可压缩的无粘旋转浅流体的动力学的简化模式. 该模式能够刻画大气和海洋运动的一些重要特征. 应用基于正压模式的二维准地转方程, Charney、Fjörtoft和Von Neumann在普林斯顿高等研究所ENIAC计算机上成功地实现了数值天气预报. 这被称为天气预报的一场重大革命.

下面我们来推导正压模式的方程组. 设均质不可压缩的无粘旋转浅流体的自由面高度为$h(x,y,t)$（相对于参考面$z=0$），刚性的下边界由曲面$h_b(x,y)$给出. 假设运动的垂直特征长度尺度为D，水平特征长度尺度为L，而且我们考虑的是浅流体，可以进一步假设

$$\frac{D}{L}\ll 1.$$

设水平方向的速度特征尺度为U，垂直方向的速度特征尺度为W，由不可压缩流体的连续性方程

$$\frac{\partial u}{\partial x}+\frac{\partial v}{\partial y}+\frac{\partial w}{\partial z}=0,$$

这里(u,v)为水平方向上的速度，w为垂直方向上的速度，我们可以得到：

$$\frac{W}{U}\ll 1.$$

对运动方程组进行尺度分析，我们知道：用流体静力平衡方程来代替垂直方向上的运动方程是合理的. 基于上面的分析，我们可以把正压模式的基本方程组写为：

$$\frac{\partial u}{\partial t}+u\frac{\partial u}{\partial x}+v\frac{\partial u}{\partial y}+w\frac{\partial u}{\partial z}-fv=-\frac{1}{\rho}\frac{\partial p}{\partial x}, \tag{2.1.1}$$

$$\frac{\partial v}{\partial t}+u\frac{\partial v}{\partial x}+v\frac{\partial v}{\partial y}+w\frac{\partial v}{\partial z}+fu=-\frac{1}{\rho}\frac{\partial p}{\partial y}, \tag{2.1.2}$$

$$\frac{\partial p}{\partial z}=-\rho g, \tag{2.1.3}$$

$$\frac{\partial u}{\partial x}+\frac{\partial v}{\partial y}+\frac{\partial w}{\partial z}=0, \tag{2.1.4}$$

这里ρ为常数. 因为流体的上表面是自由面，下表面是刚性表面，所以，

$$w|_{z=h}=\frac{\mathrm{d}h}{\mathrm{d}t}=\frac{\partial h}{\partial t}+u\frac{\partial h}{\partial x}+v\frac{\partial h}{\partial y},$$

$$w|_{z=h_b}=\frac{\mathrm{d}h_b}{\mathrm{d}t}=u\frac{\partial h_b}{\partial x}+v\frac{\partial h_b}{\partial y}.$$

接着，我们将简化方程组(2.1.1)~(2.1.4). 把方程(2.1.3)关于z从z到h积分，可以得到：

$$p(x,y,z,t)=\rho g(h-z)+p_h,$$

其中p_h为常数，它是流体在自由面的压强，从而可以得到：

$$\frac{\partial p}{\partial x}=\rho g\frac{\partial h}{\partial x},\qquad \frac{\partial p}{\partial y}=\rho g\frac{\partial h}{\partial y}.$$

上式表明，流体的水平压强梯度力与z无关，即流体的水平加速度与z无关. 如果初始的水平速度场与z无关，那么后面的水平速度场也与z无关. 因此，我们可以把方程(2.1.1)和(2.1.2)改写为

$$\frac{\partial u}{\partial t}+u\frac{\partial u}{\partial x}+v\frac{\partial u}{\partial y}-fv=-g\frac{\partial h}{\partial x}, \tag{2.1.5}$$

$$\frac{\partial v}{\partial t}+u\frac{\partial v}{\partial x}+v\frac{\partial v}{\partial y}+fu=-g\frac{\partial h}{\partial y}. \tag{2.1.6}$$

把方程(2.1.4)关于z从h_b到h积分，得到

$$\left(\frac{\partial u}{\partial x}+\frac{\partial v}{\partial y}\right)(h-h_b)+w|_{z=h}-w|_{z=h_b}=0.$$

应用w的边界条件，可得：

$$\frac{\partial (h-h_b)}{\partial t}+u\frac{\partial (h-h_b)}{\partial x}+v\frac{\partial (h-h_b)}{\partial y}+\left(\frac{\partial u}{\partial x}+\frac{\partial v}{\partial y}\right)(h-h_b)=0,$$

即

$$\frac{\partial (h-h_b)}{\partial t}+\frac{\partial u(h-h_b)}{\partial x}+\frac{\partial v(h-h_b)}{\partial y}=0, \tag{2.1.7}$$

这里$h-h_b$表示总的深度. 人们把方程组(2.1.5)~(2.1.7)称为**正压模式的方程组**，它也称为浅水方程. 由(2.1.5)和 (2.1.6)，可得

$$\frac{\mathrm{d}(\zeta+f)}{\mathrm{d}t}=-(\zeta+f)\left(\frac{\partial u}{\partial x}+\frac{\partial v}{\partial y}\right).$$

把上式与(2.1.7)结合，人们可以得到正压模式的位涡度守恒定律：

$$\frac{\mathrm{d}}{\mathrm{d}t}\left(\frac{\zeta+f}{h-h_b}\right)=0,$$

这里$\zeta=\dfrac{\partial v}{\partial x}-\dfrac{\partial u}{\partial y}$为垂直方向上的涡度，$\dfrac{\mathrm{d}}{\mathrm{d}t}=\dfrac{\partial}{\partial t}+u\dfrac{\partial}{\partial x}+v\dfrac{\partial}{\partial y}$，$\dfrac{\zeta+f}{h-h_b}$称为位涡度.

2.1.2 二维准地转方程

无粘旋转的正压模式的方程组(2.1.5)~(2.1.7)是一个双曲系统，它包含各种各样的运动形式，既有空间尺度小的运动，又有空间尺度大的运动；既有时间上演变快的运动，也有时间上演变慢的运动. 人们利用这一模式做数值天气预报时，发现难以得到准确的预报，这是因为这一模式的数值解会出现严重歪曲短期天气预报的高频重力波. 因此，人们必须想办法对正压模式的方程组进行合理的简化处理，例如采用摄动方法（也称为小参数展开方法，WKB方法），即根据具体情况，引入合适的特征尺度，把原方程组无量纲化，再选取合适的小参数，把未知函数写为该参数的幂级数后带入原方程组，得到一些近似方程，求得近似解.

设$(0,0,D)$为方程组(2.1.5)~(2.1.7)的静态解，这里D为正的常数，(u,v,η)为下面方程组的解，

$$\frac{\partial u}{\partial t}+u\frac{\partial u}{\partial x}+v\frac{\partial u}{\partial y}-fv=-g\frac{\partial \eta}{\partial x}, \tag{2.1.8}$$

$$\frac{\partial v}{\partial t}+u\frac{\partial v}{\partial x}+v\frac{\partial v}{\partial y}+fu=-g\frac{\partial \eta}{\partial y}, \tag{2.1.9}$$

$$\frac{\partial \eta}{\partial t}+u\frac{\partial(\eta-h_b)}{\partial x}+v\frac{\partial(\eta-h_b)}{\partial y}+(D+\eta-h_b)\left(\frac{\partial u}{\partial x}+\frac{\partial v}{\partial y}\right)=0, \tag{2.1.10}$$

则$(u,v,D+\eta)$为方程组(2.1.5)~(2.1.7)的解.因此，为了得到方程组(2.1.5)~(2.1.7)的简化形式，人们可以用小参数方法简化方程组(2.1.8)~(2.1.10). 首先，把方程组(2.1.8)~(2.1.10)无量纲化. 令

$$(x,y)=L(x_1,y_1),\ t=Tt_1,\ (u,v)=U(u_1,v_1),\ \eta=N_0\eta_1,\ f=f_0f_1,$$

这里及其后面下标带1的量都是无量纲的，从而可得：

$$\frac{U}{T}\frac{\partial u_1}{\partial t_1}+\frac{U^2}{L}\left(u_1\frac{\partial u_1}{\partial x_1}+v_1\frac{\partial u_1}{\partial y_1}\right)-f_0Uf_1v_1=-g\frac{N_0}{L}\frac{\partial \eta_1}{\partial x_1},$$

$$\frac{U}{T}\frac{\partial v_1}{\partial t_1}+\frac{U^2}{L}\left(u_1\frac{\partial v_1}{\partial x_1}+v_1\frac{\partial v_1}{\partial y_1}\right)+f_0Uf_1u_1=-g\frac{N_0}{L}\frac{\partial \eta_1}{\partial y_1},$$

$$\begin{aligned}&\frac{N_0}{T}\frac{\partial \eta_1}{\partial t_1}+\frac{U}{L}\left(u_1\frac{\partial\left(N_0\eta_1-h_b\right)}{\partial x_1}+v_1\frac{\partial\left(N_0\eta_1-h_b\right)}{\partial y_1}\right)\\&+\frac{U}{L}\left(D+N_0\eta_1-h_b\right)\left(\frac{\partial u_1}{\partial x_1}+\frac{\partial v_1}{\partial y_1}\right)=0.\end{aligned}$$

在地球物理流体动力学中，大尺度运动是指那些显著地受到地球自转影响的运动，即Rossby数$\epsilon=\dfrac{U}{f_0L}\ll 1$(Rossby数表示旋转影响程度，Rossby数越小，表示受地球自转影响越大)，Kibel数$\epsilon_T=\dfrac{1}{f_0T}\ll 1$. 因为这里考虑的是大尺度运动，所以在运动方程中，局地加速度项和平流加速度项相对于科氏加速度项而言为$O(\epsilon)$项，为了使得u_1, v_1不为零，压强梯度项和科氏加速度必须相当，即

$$f_0U=g\frac{N_0}{L},\ N_0=\frac{f_0UL}{g}.$$

同样地，也可以要求局地加速度和平流加速度相当，即

$$\frac{U}{T}=\frac{U^2}{L},\ T=\frac{L}{U},\ \epsilon=\epsilon_T,$$

它也表示局地变化时间尺度和平流时间尺度相同. 因此，可以得到(2.1.8)~(2.1.10) 的无量纲化方程组：

$$\epsilon\frac{\partial u_1}{\partial t_1}+\epsilon\left(u_1\frac{\partial u_1}{\partial x_1}+v_1\frac{\partial u_1}{\partial y_1}\right)-f_1v_1=-\frac{\partial \eta_1}{\partial x_1}, \tag{2.1.11}$$

$$\epsilon\frac{\partial v_1}{\partial t_1}+\epsilon\left(u_1\frac{\partial v_1}{\partial x_1}+v_1\frac{\partial v_1}{\partial y_1}\right)+f_1u_1=-\frac{\partial \eta_1}{\partial y_1}, \tag{2.1.12}$$

$$\epsilon F\frac{\partial\eta_1}{\partial t_1}+\epsilon F\left(u_1\frac{\partial\eta_1}{\partial x_1}+v_1\frac{\partial\eta_1}{\partial y_1}\right)-\left(u_1\frac{\partial\frac{h_b}{D}}{\partial x_1}+v_1\frac{\partial\frac{h_b}{D}}{\partial y_1}\right)+\left(1+\epsilon F\eta_1-\frac{h_b}{D}\right)\left(\frac{\partial u_1}{\partial x_1}+\frac{\partial v_1}{\partial y_1}\right)=0, \tag{2.1.13}$$

其中行星Froude数$F=\dfrac{f_0^2L^2}{gD}$.

如果考虑了粘性，上表面还受到风应力的作用，设$h_b=0$，那么无量纲的正压模式为

$$\epsilon\frac{\partial u_1}{\partial t_1}+\epsilon\left(u_1\frac{\partial u_1}{\partial x_1}+v_1\frac{\partial u_1}{\partial y_1}\right)-f_1v_1=-\frac{\partial\eta_1}{\partial x_1}+E_H\left(\frac{\partial^2u_1}{\partial x_1^2}+\frac{\partial^2u_1}{\partial y_1^2}\right)+\alpha_{SW}\frac{\tau_{x_1}}{\eta_1}, \tag{2.1.11$'$}$$

$$\epsilon\frac{\partial v_1}{\partial t_1}+\epsilon\left(u_1\frac{\partial v_1}{\partial x_1}+v_1\frac{\partial v_1}{\partial y_1}\right)+f_1u_1=-\frac{\partial\eta_1}{\partial y_1}+E_H\left(\frac{\partial^2v_1}{\partial x_1^2}+\frac{\partial^2v_1}{\partial y_1^2}\right)+\alpha_{SW}\frac{\tau_{y_1}}{\eta_1}, \tag{2.1.12$'$}$$

$$\epsilon F\left(\frac{\partial\eta_1}{\partial t_1}+u_1\frac{\partial\eta_1}{\partial x_1}+v_1\frac{\partial\eta_1}{\partial y_1}\right)+(1+\epsilon F\eta_1)\left(\frac{\partial u_1}{\partial x_1}+\frac{\partial v_1}{\partial y_1}\right)=0, \tag{2.1.13$'$}$$

其中

$$E_H=\frac{A_H}{f_0L^2},\quad \alpha_{SW}=\frac{\tau_0}{f_0\rho DU},$$

A_H为水平湍流粘性系数，τ_0为风应力的大小尺度. 模式(2.1.11′) ~ (2.1.13′)可以参考文献[57]的183页.

下面，将用WKB方法求方程组(2.1.11)~(2.1.13)的近似解满足的方程组. 对于小的参数ϵ，可以把未知函数表示为ϵ的幂级数. 令

$$u_1=u_1^{(0)}+u_1^{(1)}\epsilon+u_1^{(2)}\epsilon^2+\cdots,$$

$$v_1=v_1^{(0)}+v_1^{(1)}\epsilon+v_1^{(2)}\epsilon^2+\cdots,$$

$$\eta_1=\eta_1^{(0)}+\eta_1^{(1)}\epsilon+\eta_1^{(2)}\epsilon^2+\cdots.$$

由第1.5节的β平面近似，$f=f_0+\beta_0y$, 又从上一小节的位涡度守恒定律，可知$\dfrac{\partial\zeta}{\partial y}\sim\dfrac{U}{L^2}$，$\dfrac{\partial f}{\partial y}=\beta_0$, 所以$\beta_1=\dfrac{\beta_0}{\frac{U}{L^2}}=1$, 从而

$$f=f_0+\beta_0y=f_0\left(1+\frac{\beta_0}{f_0}y\right)=f_0\left(1+\frac{\beta_1\frac{U}{L^2}}{f_0}y\right)=f_0\left(1+\epsilon\beta_1y_1\right),$$

因此

$$f_1=1+\epsilon\beta_1y_1.$$

将未知函数的ϵ幂级数展式和f_1的表达式代入方程组(2.1.11)~(2.1.13)，首先可以得到零阶近似关系：

$$v_1^{(0)}=\frac{\partial\eta_1^{(0)}}{\partial x_1},u_1^{(0)}=-\frac{\partial\eta_1^{(0)}}{\partial y_1}. \tag{2.1.14}$$

将这两个方程还原为有量纲的形式：

$$f_0v^{(0)}=g\frac{\partial\eta^{(0)}}{\partial x},f_0u^{(0)}=-g\frac{\partial\eta^{(0)}}{\partial y}.$$

它们反映了大尺度大气或海洋运动的重要特征：地转平衡（压强梯度力和科氏力的平衡）和水平无辐散（因为$\frac{\partial u^{(0)}}{\partial x}+\frac{\partial v^{(0)}}{\partial y}=0$）. 为了找到$(u_1^{(0)},v_1^{(0)},\eta_1^{(0)})$的封闭方程组，我们必须再寻找一个关系式. 如果在(2.1.13)中，$\frac{h_b}{D}$为$O(1)$项，那么

$$u_1^{(0)}\frac{\partial\frac{h_b}{D}}{\partial x_1}+v_1^{(0)}\frac{\partial\frac{h_b}{D}}{\partial y_1}=0.$$

上一关系式和(2.1.14)可以组成$(u_1^{(0)},v_1^{(0)},\eta_1^{(0)})$的封闭方程组，它描述地转运动.

当然人们还关心其他情况下的运动，例如，$\frac{h_b}{D}$为$O(\epsilon)$项，且存在$O(1)$项$\eta_b(x,y)$, 使得

$$\frac{h_b}{D}=\epsilon\eta_b.$$

此时，人们就不能只从零阶近似找到$(u_1^{(0)},v_1^{(0)},\eta_1^{(0)})$的封闭方程组. 为此，还必须利用高阶近似关系. $O(\epsilon)$项给出了一阶近似关系：

$$\frac{\partial u_1^{(0)}}{\partial t_1}+u_1^{(0)}\frac{\partial u_1^{(0)}}{\partial x_1}+v_1^{(0)}\frac{\partial u_1^{(0)}}{\partial y_1}-\beta_1y_1v_1^{(0)}-v_1^{(1)}=-\frac{\partial\eta_1^{(1)}}{\partial x_1}, \tag{2.1.15}$$

$$\frac{\partial v_1^{(0)}}{\partial t_1}+u_1^{(0)}\frac{\partial v_1^{(0)}}{\partial x_1}+v_1^{(0)}\frac{\partial v_1^{(0)}}{\partial y_1}+\beta_1y_1u_1^{(0)}+u_1^{(1)}=-\frac{\partial\eta_1^{(1)}}{\partial y_1}, \tag{2.1.16}$$

$$F\left(\frac{\partial\eta_1^{(0)}}{\partial t_1}+u_1^{(0)}\frac{\partial\eta_1^{(0)}}{\partial x_1}+v_1^{(0)}\frac{\partial\eta_1^{(0)}}{\partial y_1}\right)-\left(u_1^{(0)}\frac{\partial\eta_b}{\partial x_1}+v_1^{(0)}\frac{\partial\eta_b}{\partial y_1}\right)+\left(\frac{\partial u_1^{(1)}}{\partial x_1}+\frac{\partial v_1^{(1)}}{\partial y_1}\right)=0. \tag{2.1.17}$$

上述方程组建立了零阶近似和一阶近似的关系：在局地变化、平流变化和含β_1项中，水平运动均可以由地转关系代替，但是一阶近似不再是水平无辐散. 人们把上述一阶近似方程组所描述的运动称为正压准地转运动. 由(2.1.15)和(2.1.16)，得到

$$\frac{\partial\left(\zeta_1^{(0)}+\beta_1y_1\right)}{\partial t_1}+u_1^{(0)}\frac{\partial\left(\zeta_1^{(0)}+\beta_1y_1\right)}{\partial x_1}+v_1^{(0)}\frac{\partial\left(\zeta_1^{(0)}+\beta_1y_1\right)}{\partial y_1}$$
$$=-\left(\frac{\partial u_1^{(1)}}{\partial x_1}+\frac{\partial v_1^{(1)}}{\partial y_1}\right),$$

其中$\zeta_1^{(0)}=\frac{\partial v_1^{(0)}}{\partial x_1}-\frac{\partial u_1^{(0)}}{\partial y_1}=\left(\frac{\partial^2}{\partial x_1^2}+\frac{\partial^2}{\partial y_1^2}\right)\eta_1^{(0)}$. 将上式减去(2.1.17)，可得

$$\left(\frac{\partial}{\partial t_1}+\frac{\partial\eta_1^{(0)}}{\partial x_1}\frac{\partial}{\partial y_1}-\frac{\partial\eta_1^{(0)}}{\partial y_1}\frac{\partial}{\partial x_1}\right)\left(\zeta_1^{(0)}+\beta_1 y_1-F\eta_1^{(0)}+\eta_b\right)=0,\tag{2.1.18}$$

该方程称为二维准地转方程(two-dimensional quasi-geostrophic equation). 文献[18, 67, 177]从数学上严格证明了：二维的无粘性准地转方程是不带摩擦和外力项的旋转无粘性的浅水模式，对某些合理初始数据即当Rossby数趋于零时的合理近似.

运用小参数展开法和Ekman边界层理论，人们也可以得到带摩擦和粘性的二维准地转方程

$$\begin{aligned}&\left(\frac{\partial}{\partial t_1}+\frac{\partial\eta_1^{(0)}}{\partial x_1}\frac{\partial}{\partial y_1}-\frac{\partial\eta_1^{(0)}}{\partial y_1}\frac{\partial}{\partial x_1}\right)\left(\zeta_1^{(0)}+\beta_1 y_1-F\eta_1^{(0)}+\eta_b\right)\\&=\frac{1}{Re}\left(\frac{\partial^2\zeta_1^{(0)}}{\partial x_1^2}+\frac{\partial^2\zeta_1^{(0)}}{\partial y_1^2}\right)+\alpha_{QG}\left(\frac{\partial\tau_{y_1}}{\partial x_1}-\frac{\partial\tau_{x_1}}{\partial y_1}\right)-r_{b_1}\zeta_1^{(0)},\end{aligned}\tag{2.1.19}$$

其中$Re=\dfrac{E_H}{\epsilon}$，$\alpha_{QG}=\dfrac{\tau_0 L}{\rho DU^2}$，$r_{b_1}=\dfrac{\sqrt{E_V}}{\epsilon}$，$E_H=\dfrac{A_H}{f_0L^2}$，$E_V=\dfrac{A_V}{f_0D^2}$，$A_H$为水平湍流粘性系数，$A_V$为垂直方向上的湍流粘性系数，$\tau=(\tau_{x_1},\tau_{y_1})$为上表面的风应力. (2.1.19)的详细推导过程参见文献[159].

2.2 三维准地转方程

本节将给出由大气方程组经过简化处理后得到的三维准地转方程. 绝热无摩擦的局地直角坐标系中的干大气方程组为：

$$\frac{\mathrm{d}u}{\mathrm{d}t}=-\frac{1}{\rho}\frac{\partial p}{\partial x}+fv,\tag{2.2.1}$$

$$\frac{\mathrm{d}v}{\mathrm{d}t}=-\frac{1}{\rho}\frac{\partial p}{\partial y}-fu,\tag{2.2.2}$$

$$\frac{\mathrm{d}w}{\mathrm{d}t}=-\frac{1}{\rho}\frac{\partial p}{\partial z}-g,\tag{2.2.3}$$

$$\frac{\mathrm{d}\ln\rho}{\mathrm{d}t}+\left(\frac{\partial u}{\partial x}+\frac{\partial v}{\partial y}+\frac{\partial w}{\partial z}\right)=0,\tag{2.2.4}$$

$$p=R\rho T,\tag{2.2.5}$$

$$\frac{\mathrm{d}\ln\vartheta}{\mathrm{d}t}=0,\tag{2.2.6}$$

其中$f=f_0+\beta_0 y$，位温$\vartheta=T(\dfrac{P_0}{p})^{\frac{R}{c_p}}$表示将空气微团通过绝热过程移动到$P_0=1000hP_a$（一个标准大气压）处的温度，方程$\dfrac{\mathrm{d}\ln\vartheta}{\mathrm{d}t}=0$可由$Q=0$时的方程(1.5.13) 和位温的公式诱导而得.

方程组(2.2.1)~(2.2.6)比正压模式(2.1.5)~(2.1.7)要复杂得多. 人们至今还无法从理论和数值上计算出它的解，也就不能直接利用它进行数值天气预报. 为此，人们必须略去一些中小尺度的因素，合理地简化绝热无摩擦的大气基本方程组(2.2.1)~(2.2.6)，这样才能应用它实现数值天气预报. 首先，可以考虑(2.2.1)~(2.2.6)在其给定的静态解$(0,0,0,p_0(z),\rho_0(z),\vartheta_0(z))$附近的扰动解$(u,v,w,p+p_0(z),\rho+\rho_0(z),\vartheta+\vartheta_0(z))$所满足的简化方程组：

$$\frac{\mathrm{d}u}{\mathrm{d}t}-fv=-\frac{1}{\rho_0}\frac{\partial p}{\partial x}, \tag{2.2.7}$$

$$\frac{\mathrm{d}v}{\mathrm{d}t}+fu=-\frac{1}{\rho_0}\frac{\partial p}{\partial y}, \tag{2.2.8}$$

$$\frac{\mathrm{d}w}{\mathrm{d}t}=-\frac{1}{\rho_0}\frac{\partial p}{\partial z}-g\frac{\rho}{\rho_0}, \tag{2.2.9}$$

$$\frac{\mathrm{d}\frac{\rho}{\rho_0}}{\mathrm{d}t}+\frac{\partial u}{\partial x}+\frac{\partial v}{\partial y}+\frac{1}{\rho_0}\frac{\partial \rho_0 w}{\partial z}=0, \tag{2.2.10}$$

$$\frac{\vartheta}{\vartheta_0}=\frac{1}{\gamma}\frac{p}{p_0}-\frac{\rho}{\rho_0}, \tag{2.2.11}$$

$$\frac{\mathrm{d}\frac{\vartheta}{\vartheta_0}}{\mathrm{d}t}+\frac{N^2}{g}w=0, \tag{2.2.12}$$

其中$\gamma=\dfrac{c_p}{c_v}$（c_p, c_v出现于1.1节），$N^2=g\dfrac{\partial \ln\vartheta_0}{\partial z}$. 详细的简化过程参见文献[208]的4.4节. 接着，我们可以用小参数方法简化方程组(2.2.7)~(2.2.12). 为此，先把方程组(2.2.7)~(2.2.12)无量纲化. 令

$$(x,y)=L(x_1,y_1),\ z=Dz_1,\ t=\frac{L}{U}t_1,\ (u,v)=U(u_1,v_1),$$

$$w=N_1w_1,\ p=N_2p_1,\ \rho=N_3\rho_1,\ \vartheta=N_4\vartheta_1,\ f=f_0f_1,$$

这里及其后面下标带“1”的量都是无量纲的，N_i待定，从而可得：

$$\frac{U^2}{L}\frac{\partial u_1}{\partial t_1}+\frac{U^2}{L}\left(u_1\frac{\partial u_1}{\partial x_1}+v_1\frac{\partial u_1}{\partial y_1}\right)+\frac{UN_1}{D}w_1\frac{\partial u_1}{\partial z_1}-f_0Uf_1v_1=-\frac{N_2}{L\rho_0}\frac{\partial p_1}{\partial x_1},$$

$$\frac{U^2}{L}\frac{\partial v_1}{\partial t_1}+\frac{U^2}{L}\left(u_1\frac{\partial v_1}{\partial x_1}+v_1\frac{\partial v_1}{\partial y_1}\right)+\frac{UN_1}{D}w_1\frac{\partial v_1}{\partial z_1}+f_0Uf_1u_1=-\frac{N_2}{L\rho_0}\frac{\partial p_1}{\partial y_1},$$

$$\frac{UN_1}{L}\frac{\partial w_1}{\partial t_1}+\frac{UN_1}{L}\left(u_1\frac{\partial w_1}{\partial x_1}+v_1\frac{\partial w_1}{\partial y_1}\right)+\frac{N_1^2}{D}w_1\frac{\partial w_1}{\partial z_1}=-\frac{N_2}{D\rho_0}\frac{\partial p_1}{\partial z_1}-g\frac{N_3}{\rho_0}\rho_1,$$

$$\frac{UN_3}{L\rho_0}\frac{\partial \rho_1}{\partial t_1}+\frac{UN_3}{L\rho_0}\left(u_1\frac{\partial \rho_1}{\partial x_1}+v_1\frac{\partial \rho_1}{\partial y_1}\right)+\frac{N_1}{D}w_1\frac{\partial\frac{N_3\rho_1}{\rho_0}}{\partial z_1}+\frac{U}{L}\left(\frac{\partial u_1}{\partial x_1}+\frac{\partial v_1}{\partial y_1}\right)$$
$$+\frac{N_1}{D\rho_0}\frac{\partial \rho_0 w_1}{\partial z_1}=0,$$

$$N_4\frac{\vartheta_1}{\vartheta_0}=\frac{N_2}{\gamma}\frac{p_1}{p_0}-N_3\frac{\rho_1}{\rho_0},$$

$$\frac{UN_4}{L\vartheta_0}\frac{\partial\vartheta_1}{\partial t_1}+\frac{UN_4}{L\vartheta_0}\left(u_1\frac{\partial\vartheta_1}{\partial x_1}+v_1\frac{\partial\vartheta_1}{\partial y_1}\right)+\frac{N_1}{D}w_1\frac{\partial\dfrac{N_4\vartheta_1}{\vartheta_0}}{\partial z_1}+N_1\frac{N^2}{g}w_1=0.$$

因为空气微团轨迹的坡度不应该超过$\frac{D}{L}$，所以$N_1\leqslant\frac{D}{L}U$. 从而，在水平方向上的运动方程中，局地加速度项和平流加速度项相对于科氏加速度项而言为$O(\epsilon)$项（Rossby数$\epsilon=\frac{U}{f_0L}$）. 为了使得u_1, v_1不为零，水平气压梯度力和科氏力必须相当，即

$$f_0U=\frac{N_2}{L\rho_0},\ N_2=\rho_0f_0UL.$$

因为$p_0=\rho_0gH$，这里H为大气的标高($H=D$)，我们可从方程$N_4\frac{\vartheta_1}{\vartheta_0}=\frac{N_2}{\gamma}\frac{p_1}{p_0}-N_3\frac{\rho_1}{\rho_0}$知道$\frac{N_3}{\rho_0}=\frac{N_2}{p_0}=\frac{N_4}{\vartheta_0}$，即

$$N_3=\rho_0\frac{f_0UL}{gH}=\rho_0\mu_0^2\epsilon,\quad N_4=\vartheta_0\frac{f_0UL}{gH}=\vartheta_0\mu_0^2\epsilon,$$

其中Obukhov参数$\mu_0=\frac{L}{L_0}$，正压大气的Rossby变形半径$L_0=\frac{\sqrt{gH}}{f_0}$. 下面，我们来确定尺度$N_1$. 通过对上面方程组的最后一个方程的尺度分析和$\frac{N_1}{D}\leqslant\frac{U}{L}$，可知$N_1\frac{N^2}{g}=\frac{UN_4}{L\vartheta_0}$，即$N_1=\frac{f_0U^2}{N^2H}=\frac{f_0^2L^2}{N^2DH}\cdot\frac{DU}{L}\epsilon$. 对于大尺度的大气，可以把$\frac{f_0U^2}{N^2H}=\frac{f_0^2L^2}{N^2DH}$近似地看做1. 所以，我们令

$$N_1=\frac{DU}{L}\epsilon.$$

从而，我们可以从上面的方程组得到：

$$\begin{aligned}
&\epsilon\left(\frac{\partial u_1}{\partial t_1}+u_1\frac{\partial u_1}{\partial x_1}+v_1\frac{\partial u_1}{\partial y_1}\right)+\epsilon^2w_1\frac{\partial u_1}{\partial z_1}-f_1v_1=-\frac{\partial p_1}{\partial x_1},\\
&\epsilon\left(\frac{\partial v_1}{\partial t_1}+u_1\frac{\partial v_1}{\partial x_1}+v_1\frac{\partial v_1}{\partial y_1}\right)+\epsilon^2w_1\frac{\partial v_1}{\partial z_1}+f_1u_1=-\frac{\partial p_1}{\partial y_1},\\
&\delta^2\epsilon^2\left(\frac{\partial w_1}{\partial t_1}+u_1\frac{\partial w_1}{\partial x_1}+v_1\frac{\partial w_1}{\partial y_1}\right)+\delta^2\epsilon^3w_1\frac{\partial w_1}{\partial z_1}=-\frac{\partial p_1}{\partial z_1}+\sigma_1p_1-\rho_1,\\
&\mu_0^2\epsilon\left(\frac{\partial\rho_1}{\partial t_1}+u_1\frac{\partial\rho_1}{\partial x_1}+v_1\frac{\partial\rho_1}{\partial y_1}\right)+\mu_0^2\epsilon^2w_1\frac{\partial\rho_1}{\partial z_1}+\left(\frac{\partial u_1}{\partial x_1}+\frac{\partial v_1}{\partial y_1}\right)+\frac{\epsilon}{\rho_0}\frac{\partial\rho_0w_1}{\partial z_1}=0,\\
&\vartheta_1=\frac{1}{\gamma}p_1-\rho_1,\\
&\epsilon\left(\frac{\partial\vartheta_1}{\partial t_1}+u_1\frac{\partial\vartheta_1}{\partial x_1}+v_1\frac{\partial\vartheta_1}{\partial y_1}\right)+\epsilon^2w_1\frac{\partial\vartheta_1}{\partial z_1}+\epsilon\frac{a_0}{\mu_0^2}w_1=0,
\end{aligned}$$

其中，$\delta=\frac{D}{L}$；$a_0=\frac{N^2H}{g}$；$\sigma_1=-\frac{\partial\ln\rho_0}{\partial z_1}=\frac{\partial\ln\vartheta_0}{\partial z_1}-\frac{1}{\gamma}\frac{\partial\ln p_0}{\partial z_1}=\frac{N^2D}{g}+\frac{1}{\gamma}=a_0+\frac{1}{\gamma}$，该式可由状态方程、位温公式和$D=H$得到. 因为对于大尺度的大气，$\delta^2\ll1$, $\mu_0^2\ll1$,

所以人们在上面的方程组中略去$\delta^2\epsilon^2(\frac{\partial w_1}{\partial t_1}+u_1\frac{\partial w_1}{\partial x_1}+v_1\frac{\partial w_1}{\partial y_1})+\delta^2\epsilon^3 w_1\frac{\partial w_1}{\partial z_1}$和$\mu_0^2\epsilon(\frac{\partial \rho_1}{\partial t_1}+u_1\frac{\partial \rho_1}{\partial x_1}+v_1\frac{\partial \rho_1}{\partial y_1})+\mu_0^2\epsilon^2 w_1\frac{\partial \rho_1}{\partial z_1}$，从而得到：

$$\epsilon\left(\frac{\partial u_1}{\partial t_1}+u_1\frac{\partial u_1}{\partial x_1}+v_1\frac{\partial u_1}{\partial y_1}\right)+\epsilon^2 w_1\frac{\partial u_1}{\partial z_1}-f_1 v_1=-\frac{\partial p_1}{\partial x_1}, \tag{2.2.13}$$

$$\epsilon\left(\frac{\partial v_1}{\partial t_1}+u_1\frac{\partial v_1}{\partial x_1}+v_1\frac{\partial v_1}{\partial y_1}\right)+\epsilon^2 w_1\frac{\partial v_1}{\partial z_1}+f_1 u_1=-\frac{\partial p_1}{\partial y_1}, \tag{2.2.14}$$

$$\frac{\partial p_1}{\partial z_1}-a_0 p_1-\vartheta_1=0, \tag{2.2.15}$$

$$\frac{\partial u_1}{\partial x_1}+\frac{\partial v_1}{\partial y_1}+\frac{\epsilon}{\rho_0}\frac{\partial \rho_0 w_1}{\partial z_1}=0, \tag{2.2.16}$$

$$\epsilon\left(\frac{\partial \vartheta_1}{\partial t_1}+u_1\frac{\partial \vartheta_1}{\partial x_1}+v_1\frac{\partial \vartheta_1}{\partial y_1}\right)+\epsilon^2 w_1\frac{\partial \vartheta_1}{\partial z_1}+\epsilon\frac{1}{\mu_1^2}w_1=0, \tag{2.2.17}$$

其中斜压的Obukhov参数$\mu_1=\frac{L}{L_1}$，斜压大气的Rossby变形半径$L_1=\frac{NH}{f_0}=\frac{ND}{f_0}$. 后面将令$a_0\approx\epsilon$, $\mu_1\approx 1$，这对于大尺度的大气是合理的. 对于小的参数ϵ，可以把未知函数表示为ϵ的幂级数. 令

$$u_1=u_1^{(0)}+u_1^{(1)}\epsilon+u_1^{(2)}\epsilon^2+\cdots,$$
$$v_1=v_1^{(0)}+v_1^{(1)}\epsilon+v_1^{(2)}\epsilon^2+\cdots,$$
$$\epsilon w_1=w_1^{(1)}\epsilon+w_1^{(2)}\epsilon^2+\cdots,$$
$$p_1=p_1^{(0)}+p_1^{(1)}\epsilon+p_1^{(2)}\epsilon^2+\cdots,$$
$$\vartheta_1=\vartheta_1^{(0)}+\vartheta_1^{(1)}\epsilon+\vartheta_1^{(2)}\epsilon^2+\cdots,$$

由(2.2.13)和(2.2.14)取零阶近似，得$\frac{\partial u_1^{(0)}}{\partial x_1}+\frac{\partial v_1^{(0)}}{\partial y_1}=0$，结合该方程与(2.2.16)后得到：$\frac{1}{\rho_0}\frac{\partial \rho_0(\epsilon w_1)^{(0)}}{\partial z_1}=0$. 该式意味着：如果存在$z_1$，使得$(\epsilon w_1)^{(0)}(z_1)=0$时，那么$(\epsilon w_1)^{(0)}\equiv 0$，因此令$\epsilon w_1=w_1^{(1)}\epsilon+w_1^{(2)}\epsilon^2+\cdots$. 将未知函数的$\epsilon$幂级数展式和$f_1=1+\epsilon\beta_1 y_1$的表达式代入方程组(2.2.13)~(2.2.17)，首先可以得到零阶近似关系：

$$v_1^{(0)}=\frac{\partial p_1^{(0)}}{\partial x_1},\quad u_1^{(0)}=-\frac{\partial p_1^{(0)}}{\partial y_1},\quad \frac{\partial p_1^{(0)}}{\partial z_1}=\vartheta_1^{(0)}. \tag{2.2.18}$$

将这些方程还原为有量纲的形式：

$$f_0 v^{(0)}=\frac{1}{\rho_0}\frac{\partial p^{(0)}}{\partial x},\quad f_0 u^{(0)}=-\frac{1}{\rho_0}\frac{\partial \eta^{(0)}}{\partial y},\quad \frac{\partial\frac{p^{(0)}}{\rho_0}}{\partial z}=g\frac{\vartheta^{(0)}}{\vartheta_0}.$$

它们反映了大尺度斜压大气运动的重要特征：地转平衡（水平气压梯度力和科氏力的平衡）、静力平衡和水平无辐散（因为$\frac{\partial u^{(0)}}{\partial x}+\frac{\partial v^{(0)}}{\partial y}=0$）. 为了找到$(u_1^{(0)},v_1^{(0)},p_1^{(0)},\vartheta_1^{(0)})$的

封闭方程组，我们必须再寻找一个关系式. 为此，还必须利用高阶近似关系. $O(\epsilon)$项给出了一阶近似关系：

$$\begin{aligned}
&\frac{\partial u_1^{(0)}}{\partial t_1}+u_1^{(0)}\frac{\partial u_1^{(0)}}{\partial x_1}+v_1^{(0)}\frac{\partial u_1^{(0)}}{\partial y_1}-\beta_1 y_1 v_1^{(0)}-v_1^{(1)}=-\frac{\partial p_1^{(1)}}{\partial x_1},\\
&\frac{\partial v_1^{(0)}}{\partial t_1}+u_1^{(0)}\frac{\partial v_1^{(0)}}{\partial x_1}+v_1^{(0)}\frac{\partial v_1^{(0)}}{\partial y_1}+\beta_1 y_1 u_1^{(0)}+u_1^{(1)}=-\frac{\partial p_1^{(1)}}{\partial y_1},\\
&\frac{\partial p_1^{(1)}}{\partial z_1}-\frac{a_0}{\epsilon}p_1^{(0)}-\vartheta_1^{(1)}=0,\\
&\frac{\partial u_1^{(1)}}{\partial x_1}+\frac{\partial v_1^{(1)}}{\partial y_1}+\frac{1}{\rho_0}\frac{\partial \rho_0 w_1^{(1)}}{\partial z_1}=0,\\
&\frac{\partial \vartheta_1^{(0)}}{\partial t_1}+u_1^{(0)}\frac{\partial \vartheta_1^{(0)}}{\partial x_1}+v_1^{(0)}\frac{\partial \vartheta_1^{(0)}}{\partial y_1}+\frac{1}{\mu_1^2}w_1^{(1)}=0.
\end{aligned}$$

人们把上面的一阶近似方程组所反映的流称为斜压的准地转流(也称为连续的层化准地转流，continuously stratified quasi-geostrophic flow). 取前面两个方程的涡度方程，再利用上面方程组的第四个方程，得

$$\frac{\partial \zeta_1^{(0)}}{\partial t_1}+u_1^{(0)}\frac{\partial \zeta_1^{(0)}}{\partial x_1}+v_1^{(0)}\frac{\partial \zeta_1^{(0)}}{\partial y_1}+\beta_1 v_1^{(0)}=\frac{1}{\rho_0}\frac{\partial \rho_0 w_1^{(1)}}{\partial z_1},$$

$$\frac{\partial \vartheta_1^{(0)}}{\partial t_1}+u_1^{(0)}\frac{\partial \vartheta_1^{(0)}}{\partial x_1}+v_1^{(0)}\frac{\partial \vartheta_1^{(0)}}{\partial y_1}+\frac{1}{\mu_1^2}w_1^{(1)}=0,$$

其中$\zeta_1^{(0)}=\frac{\partial v_1^{(0)}}{\partial x}-\frac{\partial u_1^{(0)}}{\partial y}=(\frac{\partial^2}{\partial x_1^2}+\frac{\partial^2}{\partial y_1^2})p_1^{(0)}$. 由(2.2.18)和上面的方程组，得到

$$\frac{\partial q}{\partial t_1}+\frac{\partial p_1^{(0)}}{\partial x_1}\frac{\partial q}{\partial y_1}-\frac{\partial p_1^{(0)}}{\partial y_1}\frac{\partial q}{\partial x_1}=0, \tag{2.2.19}$$

其中$q=(\frac{\partial^2}{\partial x_1^2}+\frac{\partial^2}{\partial y_1^2})p_1^{(0)}+\frac{1}{\rho_0}\frac{\partial}{\partial z_1}(\mu_1^2\rho_0\frac{\partial p_1^{(0)}}{\partial z_1})+\beta_1 y_1$，称为斜压的准地转位涡度. (2.2.19)称为在无加热和摩擦作用时斜压的大气准地转方程(或三维准地转方程).

类似于(2.2.19)的推导，可从静力近似、Boussinesq近似和层结近似下的无粘海洋方程组(1.6.10)~(1.6.14)(取$\nu=0,\ \kappa=0$)得到斜压的海洋准地转方程：

$$\frac{\partial q}{\partial t_1}+\frac{\partial p_1^{(0)}}{\partial x_1}\frac{\partial q}{\partial y_1}-\frac{\partial p_1^{(0)}}{\partial y_1}\frac{\partial q}{\partial x_1}=0, \tag{2.2.20}$$

其中$q=(\frac{\partial^2}{\partial x_1^2}+\frac{\partial^2}{\partial y_1^2})p_1^{(0)}+\frac{\partial}{\partial z_1}(\frac{1}{S}\frac{\partial p_1^{(0)}}{\partial z_1})+\beta_1 y_1$, $S=(\frac{L_D}{L})^2$, $L_D=\frac{N_S D}{f_0}$, $N_S=(-\frac{g}{\bar\rho}\frac{\partial\bar\rho}{\partial z})^{\frac{1}{2}}$.

二维和三维的准地转模式的适定性已经基本解决，详细内容可参见文献[199]的第十二章和文献[11，12，63，134，151，152，197，198].

2.3 多层准地转模式

多层准地转模式(multi-layer quasi-geostrophic model)介于正压和斜压准地转模式之间，它近似地描述有限个密度均匀但彼此不同的均质流体层的大尺度运动. 它跟正压准地转模式一样是二维的，但是保留了斜压的特征. 为了简单起见，我们详细介绍两层准地转模式.

设流体由两层组成，上、下层的密度分别为常数ρ_1, ρ_2 ($\rho_1 < \rho_2$)，D为流体的总体垂直高度的特征尺度，U, L分别为运动的水平速度和长度的特征尺度. 并且，进一步假设$\epsilon = \dfrac{U}{f_0 L} \ll 1$, $\dfrac{D}{L} \ll 1$. 因为流体静力近似在两层中成立，所以上、下层中的压力可以表示为:

$$P_1 = \rho_1 g(H_1 - z) + p_1(t,x,y), \quad P_2 = \rho_1 g D_1 + \rho_2 g(H_2 - z) + p_2(t,x,y),$$

其中H_i $(i=1,2)$是第i层上界面的固定有量纲高度，D_i是静止时第i层的有量纲厚度，$D_1 = H_1 - H_2$，p_i表示压力与无运动时流体静压力值的偏差. 类似于2.1.2小节中N_0，$p_i = \rho_i f_0 U L p_{i1}$，这里$p_{i1}$是无量纲的. 由于流体是均质不可压缩的，流体的运动可由方程组(2.1.1)~(2.1.4)描述. 从而，我们可用2.1节的做法，令

$$u_{i1} = u_{i1}^{(0)} + u_{i1}^{(1)}\epsilon + u_{i1}^{(2)}\epsilon^2 + \cdots,$$

$$v_{i1} = v_{i1}^{(0)} + v_{i1}^{(1)}\epsilon + v_{i1}^{(2)}\epsilon^2 + \cdots,$$

$$p_{i1} = p_{i1}^{(0)} + p_{i1}^{(1)}\epsilon + p_{i1}^{(2)}\epsilon^2 + \cdots,$$

其中u_{i1}，v_{i1}都是与垂直方向坐标z_1无关的，取零阶近似后可得:

$$v_{i1}^{(0)} = \frac{\partial p_{i1}^{(0)}}{\partial x_1}, \quad u_{i1}^{(0)} = -\frac{\partial p_{i1}^{(0)}}{\partial y_1}. \tag{2.3.1}$$

取一阶近似后可得:

$$\frac{\partial(\zeta_{i1}^{(0)} + \beta_1 y_1)}{\partial t_1} + u_{i1}^{(0)}\frac{\partial(\zeta_{i1}^{(0)} + \beta_1 y_1)}{\partial x_1} + v_{i1}^{(0)}\frac{\partial(\zeta_{i1}^{(0)} + \beta_1 y_1)}{\partial y_1} = \frac{\partial w_{i1}^{(1)}}{\partial z_1}, \tag{2.3.2}$$

其中$\zeta_{i1}^{(0)} = \dfrac{\partial v_{i1}^{(0)}}{\partial x_1} - \dfrac{\partial u_{i1}^{(0)}}{\partial y_1} = (\dfrac{\partial^2}{\partial x_1^2} + \dfrac{\partial^2}{\partial y_1^2})p_{i1}^{(0)}$.

下面，我们将用边界条件化简(2.3.2). 为此，我们先给出边界和交界面条件. 设η_i表示第i层的上表面与H_i的偏差，则第i层的上表面的高度h_i为:

$$h_i = H_i + \eta_i = H_i + N_{0i}\eta_{i1},$$

其中η_{i1}是无量纲的. 首先，由2.1.2小节的N_0的推导，得到:

$$N_{01} = \frac{f_0 UL}{g} = \epsilon FD, \quad \eta_{11} = p_{11},$$

其中F的定义出现在2.1.2小节中. 因为在交界面$z = h_2$上$P_1 = P_2$，即

$$\rho_1 g(H_1 - H_2 - N_{02}\eta_{21}) + \rho_1 f_0 ULp_{11} = \rho_1 g(H_1 - H_2) + \rho_2 g(-N_{02}\eta_{21}) + \rho_2 f_0 ULp_{21},$$

所以得到:

$$N_{02} g(\rho_2 - \rho_1)\eta_{21} = \rho_2 f_0 ULp_{21} - \rho_1 f_0 ULp_{11}. \tag{2.3.3}$$

由于η_{21}，p_{21}和p_{11}为无量纲的量，从而得:

$$N_{02} = \frac{\rho_0 f_0 UL}{g(\rho_2 - \rho_1)} = \epsilon FD \frac{\rho_0}{\rho_2 - \rho_1},$$

其中ρ_0是流体密度的特征值（常数）. 假设

$$\frac{\rho_2 - \rho_1}{\rho_0} \ll 1,$$

由(2.3.3)得:

$$\eta_{21}^{(0)} = p_{21}^{(0)} - p_{11}^{(0)}.$$

因为

$$\begin{aligned}
w_1|_{z=h_1} &= \frac{\mathrm{d}\eta_1}{\mathrm{d}t} = \frac{\partial \eta_1}{\partial t} + u_1 \frac{\partial \eta_1}{\partial x} + v_1 \frac{\partial \eta_1}{\partial y}, \\
w_2|_{z=h_2} &= \frac{\mathrm{d}\eta_2}{\mathrm{d}t} = \frac{\partial \eta_2}{\partial t} + u_2 \frac{\partial \eta_2}{\partial x} + v_2 \frac{\partial \eta_2}{\partial y}, \\
w_2|_{z=h_3} &= \frac{\mathrm{d}h_b}{\mathrm{d}t} = u_2 \frac{\partial h_b}{\partial x} + v_2 \frac{\partial h_b}{\partial y},
\end{aligned}$$

这里$h_3 = h_b(x, y)$为下层的刚性下边界曲面，且$\frac{h_b}{D_2} = \epsilon \eta_b$，无量纲化边界和交界面条件，可得:

$$\begin{aligned}
\frac{DU}{L} w_{11}\Big|_{z_1 = \frac{h_1}{D}} &= \frac{UN_{01}}{L} \frac{\mathrm{d}\eta_{11}}{\mathrm{d}t_1} = \frac{UN_{01}}{L} \left(\frac{\partial \eta_{11}}{\partial t_1} + u_{11} \frac{\partial \eta_{11}}{\partial x_1} + v_{11} \frac{\partial \eta_{11}}{\partial y_1} \right), \\
\frac{DU}{L} w_{21}\Big|_{z_1 = \frac{h_2}{D}} &= \frac{UN_{02}}{L} \frac{\mathrm{d}\eta_{21}}{\mathrm{d}t_1} = \frac{UN_{02}}{L} \left(\frac{\partial \eta_{21}}{\partial t_1} + u_{21} \frac{\partial \eta_{21}}{\partial x_1} + v_{21} \frac{\partial \eta_{21}}{\partial y_1} \right), \\
\frac{DU}{L} w_{21}\Big|_{z_1 = \frac{h_b}{D}} &= \frac{UD_2\epsilon}{L} \frac{\mathrm{d}\eta_b}{\mathrm{d}t_1} = \frac{UD_2\epsilon}{L} \left(u_{21} \frac{\partial \eta_b}{\partial x_1} + v_{21} \frac{\partial \eta_b}{\partial y_1} \right).
\end{aligned}$$

因为水平速度场(u_{i1}, v_{i1})的零阶近似是水平无辐散的，而且流体是不可压缩的，所以

$$w_{i1} = w_{i1}^{(1)}\epsilon + w_{i1}^{(2)}\epsilon^2 + \cdots.$$

因此，可得：

$$w_{11}^{(1)}|_{z_1=\frac{h_1}{D}}=F\frac{\mathrm{d}\eta_{11}^{(0)}}{\mathrm{d}t_1},$$

$$w_{21}^{(1)}|_{z_1=\frac{h_2}{D}}=F\frac{\rho_0}{\rho_2-\rho_1}\frac{\mathrm{d}\eta_{21}^{(0)}}{\mathrm{d}t_1},$$

$$w_{21}^{(1)}|_{z_1=\frac{h_b}{D}}=\frac{D_2}{D}\frac{\mathrm{d}\eta_b}{\mathrm{d}t_1}.$$

把(2.3.2)关于z_1从h_{i+1}到h_i积分得到：

$$\left(\frac{D_1}{D}+O(\epsilon F)\right)\left(\frac{\partial}{\partial t_1}+u_{11}^{(0)}\frac{\partial}{\partial x_1}+v_{11}^{(0)}\frac{\partial}{\partial y_1}\right)\left(\zeta_{11}^{(0)}+\beta_1 y_1\right)$$
$$=F\frac{\mathrm{d}\eta_{11}^{(0)}}{\mathrm{d}t_1}-F\frac{\rho_0}{\rho_2-\rho_1}\frac{\mathrm{d}\eta_{21}^{(0)}}{\mathrm{d}t_1},$$

$$\left(\frac{D_2}{D}+\frac{O(\epsilon F)\rho_0}{\rho_2-\rho_1}\right)\left(\frac{\partial}{\partial t_1}+u_{21}^{(0)}\frac{\partial}{\partial x_1}+v_{21}^{(0)}\frac{\partial}{\partial y_1}\right)\left(\zeta_{21}^{(0)}+\beta_1 y_1\right)$$
$$=F\frac{\rho_0}{\rho_2-\rho_1}\frac{\mathrm{d}\eta_{21}^{(0)}}{\mathrm{d}t_1}-\frac{D_2}{D}\frac{\mathrm{d}\eta_b}{\mathrm{d}t_1}.$$

假设$\dfrac{F\rho_0}{\rho_2-\rho_1}=O(1)$，那么上面的方程组可以写为：

$$\left(\frac{\partial}{\partial t_1}+u_{11}^{(0)}\frac{\partial}{\partial x_1}+v_{11}^{(0)}\frac{\partial}{\partial y_1}\right)\left(\zeta_{11}^{(0)}-F_1\left(p_{11}^{(0)}-p_{21}^{(0)}\right)+\beta_1 y_1\right)=0,$$

$$\left(\frac{\partial}{\partial t_1}+u_{21}^{(0)}\frac{\partial}{\partial x_1}+v_{21}^{(0)}\frac{\partial}{\partial y_1}\right)\left(\zeta_{21}^{(0)}+F_2\left(p_{11}^{(0)}-p_{21}^{(0)}\right)+\beta_1 y_1+\eta_b\right)=0,$$

其中$F_1=\dfrac{DF}{D_1}\dfrac{\rho_0}{\rho_2-\rho_1}$，$F_2=\dfrac{DF}{D_2}\dfrac{\rho_0}{\rho_2-\rho_1}$. 若令

$$\psi_1=p_{11}^{(0)},\quad \psi_2=p_{21}^{(0)},$$

则上面的方程组可改写为：

$$\left(\frac{\partial}{\partial t_1}+\frac{\partial\psi_1}{\partial x_1}\frac{\partial}{\partial y_1}-\frac{\partial\psi_1}{\partial y_1}\frac{\partial}{\partial x_1}\right)\left(\frac{\partial^2\psi_1}{\partial x_1^2}+\frac{\partial^2\psi_1}{\partial y_1^2}-F_1(\psi_1-\psi_2)+\beta_1 y_1\right)=0,\tag{2.3.4}$$

$$\left(\frac{\partial}{\partial t_1}+\frac{\partial\psi_2}{\partial x_1}\frac{\partial}{\partial y_1}-\frac{\partial\psi_2}{\partial y_1}\frac{\partial}{\partial x_1}\right)\left(\frac{\partial^2\psi_2}{\partial x_1^2}+\frac{\partial^2\psi_2}{\partial y_1^2}+F_2(\psi_1-\psi_2)+\beta_1 y_1+\eta_b\right)=0.\tag{2.3.5}$$

这里，(2.3.4)和(2.3.5)称为在无粘性和摩擦作用条件下的两层准地转模式，它是保留斜压特征的最简单的模式(该模式中等压面与等密度面不重合). 如果考虑上表面的风应力，并考虑底面的摩擦和粘性，可以得到如下的两层准地转模式：

$$\left(\frac{\partial}{\partial t_1}+\frac{\partial\psi_1}{\partial x_1}\frac{\partial}{\partial y_1}-\frac{\partial\psi_1}{\partial y_1}\frac{\partial}{\partial x_1}\right)\left(\zeta_1-F_1(\psi_1-\psi_2)+\beta_1 y_1\right)$$
$$=\frac{1}{Re}\left(\frac{\partial^2\zeta_1}{\partial x_1^2}+\frac{\partial^2\zeta_1}{\partial y_1^2}\right)+\alpha_{QG}\left(\frac{\partial\tau_{y_1}}{\partial x_1}-\frac{\partial\tau_{x_1}}{\partial y_1}\right),\tag{2.3.4′}$$

$$\left(\frac{\partial}{\partial t_1}+\frac{\partial\psi_2}{\partial x_1}\frac{\partial}{\partial y_1}-\frac{\partial\psi_2}{\partial y_1}\frac{\partial}{\partial x_1}\right)(\zeta_2+F_2(\psi_1-\psi_2)+\beta_1 y_1+\eta_b)$$
$$=\frac{1}{Re}\left(\frac{\partial^2\zeta_2}{\partial x_1^2}+\frac{\partial^2\zeta_2}{\partial y_1^2}\right)-r_{b_2}\zeta_2, \tag{2.3.5'}$$

其中$\zeta_1=\frac{\partial^2\psi_1}{\partial x_1^2}+\frac{\partial^2\psi_1}{\partial y_1^2}$，$\zeta_2=\frac{\partial^2\psi_2}{\partial x_1^2}+\frac{\partial^2\psi_2}{\partial y_1^2}$，$Re=\frac{E_H}{\epsilon}$，$\alpha_{QG}=\frac{\tau_0 L}{\rho_0 DU^2}$，$r_{b_2}=\frac{D}{D_2}\frac{r_{b_1}}{2}$，$r_{b_1}=\frac{\sqrt{E_V}}{\epsilon}$，$E_H=\frac{A_H}{f_0L^2}$，$E_V=\frac{A_V}{f_0D^2}$，$A_H$为水平湍流粘性系数，$A_V$为垂直方向上的湍流粘性系数.

类似于(2.3.4)和(2.3.5)的推导，可以得到N层准地转模式($N\geqslant 3$)：

当$i=1$时，

$$\left(\frac{\partial}{\partial t_1}+\frac{\partial\psi_1}{\partial x_1}\frac{\partial}{\partial y_1}-\frac{\partial\psi_1}{\partial y_1}\frac{\partial}{\partial x_1}\right)\left(\frac{\partial^2\psi_1}{\partial x_1^2}+\frac{\partial^2\psi_1}{\partial y_1^2}-F_1(\psi_1-\psi_2)+\beta_1 y_1\right)=0,$$

当$i\neq 1$，N时，

$$\left(\frac{\partial}{\partial t_1}+\frac{\partial\psi_i}{\partial x_1}\frac{\partial}{\partial y_1}-\frac{\partial\psi_i}{\partial y_1}\frac{\partial}{\partial x_1}\right)\left(\frac{\partial^2\psi_i}{\partial x_1^2}+\frac{\partial^2\psi_i}{\partial y_1^2}-F_i(2\psi_i-\psi_{i-1}-\psi_{i+1})+\beta_1 y_1\right)=0,$$

当$i=N$时，

$$\left(\frac{\partial}{\partial t_1}+\frac{\partial\psi_N}{\partial x_1}\frac{\partial}{\partial y_1}-\frac{\partial\psi_N}{\partial y_1}\frac{\partial}{\partial x_1}\right)\left(\frac{\partial^2\psi_N}{\partial x_1^2}+\frac{\partial^2\psi_N}{\partial y_1^2}+F_N(\psi_{N-1}-\psi_N)+\beta_1 y_1+\eta_b\right)=0,$$

其中当$i\leqslant N-1$时，$F_i=\frac{DF}{D_i}\frac{\rho_0}{\rho_{i+1}-\rho_i}$（这里假设$\frac{\rho_0}{\rho_{i+1}-\rho_i}=\frac{\rho_0}{\rho_i-\rho_{i-1}}$）；当$i=N$时，$F_N=\frac{DF}{D_N}\frac{\rho_0}{\rho_N-\rho_{N-1}}$.

在文献[146]中，Majda和Wang得到了当$\eta_b=0$和$\frac{F_2}{F_1}$趋近于零时方程组(2.3.4)和(2.3.5)的解收敛于如下方程组的解：

$$\left(\frac{\partial}{\partial t_1}+\frac{\partial\phi_1}{\partial x_1}\frac{\partial}{\partial y_1}-\frac{\partial\phi_1}{\partial y_1}\frac{\partial}{\partial x_1}\right)\left(\frac{\partial^2\phi_1}{\partial x_1^2}+\frac{\partial^2\phi_1}{\partial y_1^2}-F_1\phi_1+\beta_1 y_1+F_1\phi_2\right)=0,$$
$$\left(\frac{\partial}{\partial t_1}+\frac{\partial\phi_2}{\partial x_1}\frac{\partial}{\partial y_1}-\frac{\partial\phi_2}{\partial y_1}\frac{\partial}{\partial x_1}\right)\left(\frac{\partial^2\phi_2}{\partial x_1^2}+\frac{\partial^2\phi_2}{\partial y_1^2}+\beta_1 y_1\right)=0.$$

Colin在文献[37]中证明了多层准地转模式的Cauchy问题的整体适定性，还证明了当多层准地转模式的层数趋近于无穷大而且每一层的厚度趋近于零时多层准地转模式的连续极限是三维准地转模式.

2.4 面准地转方程

2.4.1 面准地转方程的引入

类似于2.2节的推导, 把在静力近似和Boussinesq近似下的绝热无摩擦的大气或海洋方程组关于小的Rossby数展开, 可以得到一阶近似:

$$\partial_t\xi + J(\psi,\xi) = f\partial_z w,$$

$$\partial_t\theta + J(\psi,\theta) = -\frac{N^2}{f}w,$$

其中$\xi = \psi_{xx} + \psi_{yy}$, ψ为流函数, $J(\psi,\xi) = \psi_x\xi_y - \psi_y\xi_x$, w为垂直方向上的速度, $\theta = \psi_z$. 对于大气而言, θ是位温(它是将空气微团通过绝热过程移动到压强为1个标准大气压处的温度); 对于海洋而言, θ是浮力, f为科氏参数, N为浮力频率. 为了简单起见, 假设f和N均为常数. 消去前面两个方程中的w, 关于z做一个变换, 得到:

$$\partial_t q + J(\psi,q) = 0, \tag{2.4.1}$$

其中$q = (\partial_{xx} + \partial_{yy} + \partial_{zz})\psi$, q表示位涡. 如果边界上没有热交换, 也不考虑边界上的摩擦, 底面为平面, 方程(2.4.1)的下边界($z = 0$)条件可以写为:

$$\frac{\mathrm{d}}{\mathrm{d}t}\left(\frac{\partial\psi}{\partial z}\right) = 0,$$

即

$$\partial_t\theta + J(\psi,\theta) = 0, \tag{2.4.2}$$

这里$\theta(x,y) = \partial_z\psi|_{z=0}$.

以下的系统是(2.4.1)和(2.4.2)的一个特殊例子:

$$(\partial_{xx} + \partial_{yy} + \partial_{zz})\psi = 0, \quad z > 0, \tag{2.4.3}$$

$$\partial_t\theta + J(\psi,\theta) = 0, \quad z = 0, \tag{2.4.4}$$

$$\psi \to 0, \quad z \to \infty. \tag{2.4.5}$$

系统(2.4.3)~(2.4.5)描述了一致位涡场($q = 0$)下表面位温(浮力)的演化, 它可以用于模拟冷暖气团交界处的锋面的生成(frontogenesis). 关于系统(2.4.3)~(2.4.5)应用背景的详细描述见于文献[70].

如果$\theta(x,y)$是具体给定的, 那么通过解椭圆方程的边值问题

$$(\partial_{xx} + \partial_{yy} + \partial_{zz})\psi = 0, \quad z > 0,$$

$$\partial_z\psi|_{z=0}=\theta(x,y),$$

$$\psi\to 0,\quad z\to\infty,$$

就可以得到ψ在$z>0$中的分布. 因此, 为了研究系统(2.4.3)~(2.4.5), 可以考虑以下方程的Cauchy问题:

$$\partial_t\theta+J(\psi,\theta)=0,$$

即

$$\partial_t\theta+\boldsymbol{u}\cdot\boldsymbol{\nabla}\theta=0,\quad \text{in }\mathbb{R}^2,\tag{2.4.6}$$

其中

$$-\theta=(-\Delta)^{\frac{1}{2}}\psi,\tag{2.4.7}$$

$$\boldsymbol{u}=(u_1,u_2)=(-\psi_y,\psi_x),\tag{2.4.8}$$

$\mathbb{R}^2$可以换为二维的环面$\mathbb{T}^2$，非局部算子$(-\Delta)^{\frac{1}{2}}$ 是通过如下的Fourier变换定义的:

$$\widehat{(-\Delta)^{\frac{1}{2}}f}(\xi)=|\xi|\hat{f}(\xi),\tag{2.4.9}$$

这里

$$\hat{f}(\xi)=\frac{1}{2\pi}\int_{\mathbb{R}^2}\mathrm{e}^{-\mathrm{i}\eta\cdot\xi}f(\eta)\mathrm{d}\eta.$$

(2.4.8)可以重写为:

$$\boldsymbol{u}=(\partial_y(-\Delta)^{-\frac{1}{2}}\theta,-\partial_x(-\Delta)^{-\frac{1}{2}}\theta)=(-R_2\theta,R_1\theta),\tag{2.4.10}$$

其中R_1,R_2表示Riesz变换,

$$\widehat{R_jf}(\xi)=-\frac{\mathrm{i}\xi_j}{|\xi|}\hat{f}(\xi).$$

方程(2.4.6)称为**面准地转方程**(surface quasi-geostrophic equation).

人们研究方程(2.4.6)的另一个重要原因是: (2.4.6)与三维不可压缩的Euler 方程有一些重要的相似之处. 事实上, 将方程(2.4.6)关于y和x求导, 可以得到

$$\frac{\partial\boldsymbol{\nabla}^{\perp}\theta}{\partial t}+(\boldsymbol{u}\cdot\boldsymbol{\nabla})\boldsymbol{\nabla}^{\perp}\theta=(\boldsymbol{\nabla}\boldsymbol{u})\boldsymbol{\nabla}^{\perp}\theta.\tag{2.4.11}$$

其中$\boldsymbol{\nabla}^{\perp}\theta=\begin{pmatrix}-\theta_y\\ \theta_x\end{pmatrix}$, $(\boldsymbol{\nabla}\boldsymbol{u})=\begin{pmatrix}u_{1x}\ u_{1y}\\ u_{2x}\ u_{2y}\end{pmatrix}$, 而三维不可压缩的Euler方程的涡度形式为

$$\frac{\partial\omega}{\partial t}+(\boldsymbol{v}\cdot\boldsymbol{\nabla})\omega=(\boldsymbol{\nabla}\boldsymbol{v})\omega,\tag{2.4.12}$$

其中$\omega=\mathbf{curl}\boldsymbol{v}$, $\boldsymbol{v}=(v_1,v_2,v_3)$, $(\boldsymbol{\nabla}\boldsymbol{v})=(\partial_jv_i)$, $\partial_j=\partial_x,\partial_y,\partial_z$, $i=1,2,3$.

(2.4.11)和(2.4.12)具有一种相似的结构: 旋涡的拉伸(vortex stretching). 事实上, (2.4.7)中的流函数可以由下面的式子给出:

$$\psi(\cdot) = -\int_{\mathbb{R}^2} \frac{\theta(\cdot + \eta)}{|\eta|} \mathrm{d}\eta, \tag{2.4.13}$$

从而

$$\boldsymbol{u}(\cdot) = -\int_{\mathbb{R}^2} \frac{1}{|\eta|} \boldsymbol{\nabla}^{\perp} \theta(\cdot + \eta) \mathrm{d}\eta, \tag{2.4.14}$$

那么$(\boldsymbol{\nabla u})$的对称部分为

$$S(\cdot) = \frac{1}{2}\left[(\boldsymbol{\nabla u}) + (\boldsymbol{\nabla u})^*\right],$$

应用(2.4.14), $S(x)$可以表示为奇异积分:

$$S(\cdot) = P.V. \int_{\mathbb{R}^2} N(\hat{\eta}, (\boldsymbol{\nabla}^{\perp}\theta)(\cdot + \eta)) \frac{\mathrm{d}\eta}{|\eta|^2}, \tag{2.4.15}$$

其中$P.V.$表示积分主值, $\hat{\eta} = \dfrac{\eta}{|\eta|}$, N是两个变量的函数, 而且

$$N(\hat{\eta}, (\boldsymbol{\nabla}^{\perp}\theta)) = \frac{1}{2}\left[\hat{\eta}^{\perp} \otimes (\boldsymbol{\nabla}^{\perp}\theta)^{\perp} + (\boldsymbol{\nabla}^{\perp}\theta)^{\perp} \otimes \hat{\eta}^{\perp}\right],$$

这里$\otimes$表示张量积. 根据Biot-Savart法则, (2.4.12)中的v可以由ω表示出来, 即

$$\boldsymbol{v}(\cdot) = -\frac{1}{4\pi} \int_{\mathbb{R}^3} \left(\boldsymbol{\nabla}^{\perp} \frac{1}{|\eta|}\right) \times \omega(\cdot + \eta) \mathrm{d}\eta,$$

从而$(\boldsymbol{\nabla} v)$的对称部分为

$$S(\cdot) = \frac{1}{2}((\boldsymbol{\nabla v}) + (\boldsymbol{\nabla v})^*),$$

可以表示为奇异积分:

$$S(\cdot) = \frac{3}{4\pi} P.V. \int M(\hat{\eta}, \omega(\cdot + \eta)) \frac{\mathrm{d}\eta}{|\eta|^3}, \tag{2.4.16}$$

其中, M是两个变量的函数, 而且

$$M(\hat{\eta}, \omega) = \frac{1}{2}[\hat{\eta} \otimes (\hat{\eta} \times \omega) + (\hat{\eta} \times \omega) \otimes \hat{\eta}].$$

(2.4.15)和(2.4.16)分别是刻画(2.4.11)和(2.4.12)的旋涡的拉伸的重要量, 它们分别是(2.4.15)和(2.4.16)可能产生奇性的唯一原因, 详细的解释参见文献[39].

2.4.2 面准地转方程的一些研究成果

2.4.2.1 无耗散的面准地转方程

由系统(2.4.3)~(2.4.5)描述的准地转流的统计湍流理论的研究出现于文献[17]和[166]. 后来, Held等在文献[70]中通过数值计算研究了(2.4.3)~(2.4.5)的解的一些定性特征, 即带特殊初始值的方程(2.4.6)的解的定性特征.

在文献[39]中, Constantin P.等通过数学理论和数值实验的结合研究了无耗散的面准地转方程的Cauchy问题, 即(2.4.6)带初始条件:

$$\theta(t,x,y)|_{t=0}=\theta_0(x,y). \tag{2.4.17}$$

首先, 他们注意到: 应用证明守恒律系统的光滑解的局部存在性的方法([139, Chap. 2]), 可以得到(2.4.6)和(2.4.17)的光滑解的局部存在性, 即:

定理 2.4.1 如果$\theta_0\in H^k(\mathbb{R}^2)$, $k\geqslant 3$, 那么存在$T^*>0$, 使得$0\leqslant t<T^*$, $\theta(t,x,y)$是方程(2.4.6)的解, $\theta(t,x,y)\in H^k(\mathbb{R}^2)$, 而且, 如果$[0,T^*)$是初值问题(2.4.6)和(2.4.17)的最大解存在区间, 则当$t\to T^*$时,

$$\|\theta(\cdot,t)\|_{H^k}\to+\infty.$$

同时, 他们也得到了无耗散的面准地转方程的Cauchy问题的爆破(Blow up)准则:

定理 2.4.2 设$\theta_0\in H^k(\mathbb{R}^2)$, $k\geqslant 3$, $\theta(t,x,y)$是(2.4.6)和(2.4.17)在区间$[0,T^*)$上的唯一解, 则下列三个事件是等价的.

(i) $[0,T^*)$是(2.4.6)和(2.4.17)的最大解存在区间;

(ii) 当$T\to T^*$时, $\displaystyle\int_0^T|\nabla\theta(s)|_{L^\infty}\mathrm{d}s\to+\infty$;

(iii) 当$T\to T^*$时, $\displaystyle\int_0^T\alpha^*(s)\mathrm{d}s\to+\infty$, 其中$\alpha^*(s)=\max\limits_{x\in\mathbb{R}^2}(S(x)\xi\cdot\xi)=\max\limits_{x\in\mathbb{R}^2}\alpha(x,s)$, $S(x)$是(2.4.15)中给出的, $\xi=\dfrac{\nabla^\perp\theta}{|\nabla^\perp\theta|}$, 即为$\nabla^\perp\theta$的向上的单位向量.

(i)与(ii)的等价性的证明类似于著名的Beale-Kato-Majda准则(见于文献[10]). 定理2.4.1和定理2.4.2的结论同样适用于面准地转方程的周期问题.

虽然无耗散的面准地转方程的Cauchy问题和周期问题都存在局部的光滑解, 但是它们是否存在有限时间爆破的解仍然是一个公开问题. 为了解决这一问题, 人们试图通过数值模拟寻找有限时间爆破的解. 在文献[39]中, Constantin P.等选取

$$\theta_0=\sin x\sin y+\cos y, \tag{2.4.18}$$

通过数值模拟得到了无耗散的面准地转方程的周期问题一个形成强锋面的解, 由此猜测该解可能产生有限时间的爆破. 而且, 他们受到数值模拟结果的启发, 研究了产生爆破的位温张量的水平集的拓扑特征. 但是文献[41, 42, 156]和文献[45]分别给出了面准地转方程以(2.4.18)的θ_0为初始数据的解不会在有限时间爆破的数值和理论的证据.

据我们所知, 关于方程(2.4.6)的Cauchy问题的理论研究, 还有三个结果:

(1) Resnick在他的博士论文[169]中证明了(2.4.6)的Cauchy问题的弱解的整体存在性(但是弱解的唯一性仍然是公开问题);

(2) Cordoba D.和Fefferman在文献[47]中研究了(2.4.6)的Cauchy问题的解的增长性;

(3) Khouiner 和Titi 在文献[111]中得到了面准地转方程的周期问题的一个爆破准则, 见如下定理:

定理 2.4.3　设θ是如下问题在$[0,T^*)$上的解:

$$\frac{\partial\theta}{\partial t}+\boldsymbol{u}\cdot\boldsymbol{\nabla}\theta=0,\ \text{in}\ \Omega, \tag{2.4.19a}$$

$$(-\Delta)^{\frac{1}{2}}\psi=-\theta,\boldsymbol{\nabla}^{\perp}\psi=\boldsymbol{u},\ \text{in}\ \Omega, \tag{2.4.19b}$$

$$\theta(x,y,0)=\theta_0(x,y)\ \text{in}\ \Omega, \tag{2.4.19c}$$

$$\int_\Omega\theta=\int_\Omega\psi=\int_\Omega\boldsymbol{v}=0, \tag{2.4.19d}$$

其中$\Omega=[0,1]\times[0,1]$, ψ在x,y方向上都是周期的, 那么$\limsup\limits_{t\to T^*}\|\boldsymbol{\nabla}\theta\|_{L^2}=+\infty$, 当且仅当$\sup\limits_{[0,T^*)}\liminf\limits_{\alpha\to 0^+}\alpha^2\|\boldsymbol{\nabla}\theta^\alpha\|_{L^2}^2=\varepsilon>0$, 其中$\theta^\alpha$是(2.4.19)的无粘正则化问题的解, 即$\theta^\alpha$是如下系统的解:

$$\begin{aligned}
&(1-\alpha^2)\theta^\alpha=\tilde{\theta}^\alpha,\\
&\frac{\partial\tilde{\theta}^\alpha}{\partial t}+\operatorname{div}(\boldsymbol{u}^\alpha\theta^\alpha)=0,\\
&(-\Delta)^{-\frac{1}{2}}\psi^\alpha=\theta^\alpha,\boldsymbol{\nabla}^{\perp}\psi^\alpha=\boldsymbol{u}^\alpha,\\
&\int_\Omega\theta^\alpha=\int_\Omega\psi^\alpha=0,\\
&\theta^\alpha(x,0)=\theta_0(x),
\end{aligned}$$

其中ψ^α在x,y方向上都是周期的.

2.4.2.2 带耗散的面准地转方程

带耗散的面准地转方程为:

$$\partial_t\theta+\boldsymbol{u}\cdot\boldsymbol{\nabla}\theta+\kappa(-\Delta)^{-\alpha}\theta=0,\ \text{in}\ \Omega, \tag{2.4.20}$$

其中

$$-\theta=(-\Delta)^{\frac{1}{2}}\psi, \tag{2.4.21}$$

$$\boldsymbol{u}=(-\psi_y,\psi_x)=(-R_2\theta,R_1\theta), \tag{2.4.22}$$

$\kappa>0$, 非局部算子$(-\Delta)^\alpha(1\geqslant\alpha\geqslant 0)$是通过如下的Fourier变换定义的:

$$\widehat{(-\Delta)^\alpha\theta}(\xi)=|\xi|^{2\alpha}\hat{\theta}(\xi),$$

R_j是Riesz变换, 已在(2.4.10)下方具体给出了, Ω可以取$\mathbb{R}^2$或二维环面$\mathbb{T}^2$.

当$\alpha=\dfrac{1}{2}$时, 方程(2.4.20)由下面的系统导出:

$$(\partial_{xx}+\partial_{yy}+\partial_{zz})\psi=0, z>0, \tag{2.4.23a}$$

$$\frac{\mathrm{d}\frac{\partial\psi}{\partial z}}{\mathrm{d}t}=\frac{\mathrm{d}\theta}{\mathrm{d}t}=\frac{\partial\theta}{\partial t}+J(\psi,\theta)=-\frac{E_v^{\frac{1}{2}}}{2\varepsilon}(\partial_{xx}+\partial_{yy})\psi, z=0, \tag{2.4.23b}$$

$$\psi\to 0, z\to\infty, \tag{2.4.23c}$$

其中方程(2.4.23b)是文献[158]中的方程(6.6.10)(当$\eta_B=0, \mathscr{H}=0$时, 即下边界是平面, 且边界上没有热变换). E_v是Ekman数, ε是Rossby数, $-\dfrac{E_v^{\frac{1}{2}}}{2\varepsilon}(\partial_{xx}+\partial_{yy})\psi$表示摩擦.

下面, 我们介绍关于带耗散的面准地转方程的适定性的研究成果. Resnick在文献[169]中得到了带外力和耗散的面准地转方程的弱解的整体存在性，即如下的结果:

定理 2.4.4 设$\theta_0\in L^2(\Omega)$, $f\in L^2([0,T];H^{-\alpha}(\Omega))$, $\Omega=\mathbb{R}^2$或二维环面$\mathbb{T}^2$, 则对于任意的正数$T>0$, 初值问题

$$\partial_t\theta+\boldsymbol{u}\cdot\boldsymbol{\nabla}\theta+\kappa(-\Delta)^\alpha\theta=f, \tag{2.4.24}$$

$$\theta(x,y,0)=\theta_0(x,y), \tag{2.4.25}$$

存在弱解θ, 使得$\theta\in L^\infty([0,T];L^2(\Omega))\cap L^2([0,T];H^\alpha(\Omega))$.

Constantin P.和Wu在文献[43]中得到当$\dfrac{1}{2}<\alpha\leqslant 1$时, (2.4.24)和(2.4.25)的光滑解的整体存在性，即:

定理 2.4.5 设$\dfrac{1}{2}<\alpha\leqslant 1$, $\beta>2-2\alpha$, 如果$\theta_0\in H^\beta(\mathbb{T}^2)$, 对于$T>0$, $f\in L^2([0,T];H^{\beta-\alpha}(\mathbb{T}^2))$, $\displaystyle\int_0^T\|f(s)\|_{L^q}\mathrm{d}s<+\infty$. 其中，当$\beta\geqslant 1$时，$q=\infty$；当$\beta<1$时，$q=\dfrac{2}{1-\beta}$, 那么(2.4.24)和(2.4.25)的解满足: 对于$\forall t\leqslant T$,

$$\|(-\Delta)^{\frac{\beta}{2}}\theta(t)\|_{L^2}\leqslant C.$$

这里C与$T, \|\theta_0\|_{H^\beta}, \|f\|_{L^2([0,T];H^{\beta-\alpha})}, \displaystyle\int_0^T\|f(s)\|_{L^q}$有关.

下面给出文献[43]中定理2.4.5的证明.

证明: 把方程(2.4.24)与$(-\Delta)^\beta\theta$做L^2内积, 可得

$$\frac{1}{2}\frac{\mathrm{d}}{\mathrm{d}t}\int|(-\Delta)^{\frac{\beta}{2}}\theta|^2+\kappa\int|(-\Delta)^{\frac{\alpha+\beta}{2}}\theta|^2=-\int(\boldsymbol{u}\cdot\boldsymbol{\nabla}\theta)(-\Delta)^\beta\theta+\int(-\Delta)^\beta\theta f. \tag{2.4.26}$$

令$\Lambda=(-\Delta)^{\frac{1}{2}}$, $\dfrac{1}{p}+\dfrac{1}{q}=\dfrac{1}{2}$, $p, q>2$, 应用估计

$$\|\Lambda^{\beta-\alpha+1}(gh)\|_{L^2}\leqslant C(\|g\|_{L^q}\|\Lambda^{\beta-\alpha+1}h\|_{L^p}+\|h\|_{L^q}\|\Lambda^{\beta-\alpha+1}g\|_{L^p}),$$

Riesz算子的有界性[184]和Gagliardo-Nirenberg不等式, 得到

$$
\begin{aligned}
-\int(\boldsymbol{u}\cdot\boldsymbol{\nabla}\theta)\Lambda^{2\beta\theta} &\leqslant \|\Lambda^{\beta-\alpha}(\boldsymbol{u}\cdot\boldsymbol{\nabla}\theta)\|_{L^2}\|\Lambda^{\beta+\alpha}\theta\|_{L^2}\\
&\leqslant \|\Lambda^{\beta-\alpha}\mathrm{div}(\boldsymbol{u}\cdot\theta)\|_{L^2}\|\Lambda^{\beta+\alpha}\theta\|_{L^2}\\
&\leqslant \|\Lambda^{\beta-\alpha+1}(\boldsymbol{u}\cdot\theta)\|_{L^2}\|\Lambda^{\beta+\alpha}\theta\|_{L^2}\\
&\leqslant C(\|\Lambda^{\beta-\alpha+1}\theta\|_{L^{\frac{2}{\beta}}}\|u\|_{L^q}+\|\Lambda^{\beta-\alpha+1}u\|_{L^{\frac{2}{\beta}}}\|\theta\|_{L^q})\|\Lambda^{\beta+\alpha}\theta\|_{L^2}\\
&\leqslant C\|\Lambda^{\beta-\alpha+1}\theta\|_{L^{\frac{2}{\beta}}}\|\theta\|_{L^q}\|\Lambda^{\beta+\alpha}\theta\|_{L^2} \qquad (2.4.27)\\
&\leqslant C\|\Lambda^{2-\alpha}\theta\|_{L^2}\|\theta\|_{L^q}\|\Lambda^{\beta+\alpha}\theta\|_{L^2}\\
&\leqslant C\|\Lambda^{\beta+\alpha}\theta\|_{L^2}^{\frac{2-\alpha-\beta}{\alpha}}\|\Lambda^{\beta}\theta\|_{L^2}^{1-\frac{2-\alpha-\beta}{\alpha}}\|\theta\|_{L^q}\|\Lambda^{\beta+\alpha}\theta\|_{L^2}\\
&= C\|\Lambda^{\beta+\alpha}\theta\|_{L^2}^{\frac{2-\beta}{\alpha}}\|\Lambda^{\beta}\theta\|_{L^2}^{2-\frac{2-\beta}{\alpha}}\|\theta\|_{L^q}\\
&\leqslant \frac{\kappa}{4}\|\theta\|_{H^{\alpha+\beta}}^2+C(\kappa,\theta_0,f)\|\theta\|_{H^\beta}^2.
\end{aligned}
$$

其中在应用Gagliardo-Nirenberg不等式时用到了$\beta+\alpha>2-\alpha$, 即$\beta>2-2\alpha$, 在应用Riesz算子的有界性证明

$$
\|\Lambda^{\beta-\alpha+1}\theta\|_{L^{\frac{2}{\beta}}}\leqslant C\|\Lambda^{1-\beta+\beta+1-\alpha}\theta\|_{L^2}=C\|\Lambda^{2-\alpha}\theta\|_{L^2}^2
$$

时用到$\dfrac{\beta}{2}+\dfrac{1-\beta}{2}=\dfrac{1}{2}$, 那么$1-\beta\geqslant 0$, 即$\beta\leqslant 1$, 从而要求$\alpha>\dfrac{1}{2}$.

利用(2.4.26)、(2.4.27)和$|\int\Lambda^{2\beta}\theta f|\leqslant\dfrac{\kappa}{4}\|\Lambda^{\alpha+\beta}\theta\|_{L^2}^2+\dfrac{1}{\kappa}\|\Lambda^{\beta-\alpha}f\|_{L^2}^2$, 可得到:

$$
\frac{\mathrm{d}}{\mathrm{d}t}\int|\Lambda^\beta\theta|^2+\kappa\|\Lambda^{\alpha+\beta}\theta\|_{L^2}^2\leqslant C(\kappa,\theta_0,f)\|\theta\|_{H^\beta}^2+C\|\Lambda^{\beta-\alpha}f\|_{L^2}^2. \tag{2.4.28}
$$

应用Gronwall不等式, 从(2.4.28)可以得到: $\forall t\leqslant T$, $2-2\alpha<\beta\leqslant 1$, 都有

$$
\|\Lambda^\beta\theta(t)\|_{L^2}^2\leqslant C. \tag{2.4.29}
$$

容易证明: 对于$\forall\beta>1,\theta_0\in H^\beta(\mathbb{T}^2),\|\Lambda^\beta\theta(t)\|_{L^2}^2\leqslant C$.

注记 **2.4.6**　在证明(2.4.27)的过程中, 用到了最大值原理:

$$
\|\theta(t)\|_{L^q}\leqslant\|\theta_0\|_{L^q}+\int_0^t\|f(s)\|_{L^q}\mathrm{d}s,
$$

其中$0\leqslant t\leqslant T$. 该最大值原理最先由Resnick在文献[169]中给出并得到证明. 后来, 对于$f=0$的情形, Cordoba A.和Cordoba D.在文献[46]中给出了当$q=2^n$(n为自然数)时上面最大值原理的不同证明; 当$q\geqslant 2$时, Ju在文献[107]中给出了另外的证明.

注记 **2.4.7**　当$1\geqslant\alpha>\dfrac{1}{2}$时, 带耗散的面准地转方程(2.4.24)的光滑解整体存在. 人们把当$\alpha>\dfrac{1}{2}$时的(2.4.24)称为**带次临界耗散的面准地转方程**; 把当$\alpha=\dfrac{1}{2}$时的(2.4.24) 称

为带临界耗散的面准地转方程; 把当$0\leqslant\alpha<\dfrac{1}{2}$时的(2.4.24)称为**带超临界耗散的面准地转方程**.

带临界耗散的面准地转方程的整体适定性问题曾经是一个公开问题. 这里我们介绍一下关于这个问题的几个结果:

(1) Constantin P.等在文献[38]中得到了在$\|\theta_0\|_{L^\infty}$充分小的条件下的光滑解的整体存在性. 为了得到这一结论, 他们主要证明了下面的定理:

定理 2.4.8 如果$\theta_0\in H^2(\Omega)$, $\Omega=[0,2\pi]^2$, θ_0满足周期的边界条件, 而且存在正的常数C_∞, 使得$\|\theta_0\|_{L^\infty}\leqslant c_\infty\kappa$, 则带临界耗散的面准地转方程的初值问题

$$\begin{cases}\theta_t+\boldsymbol{u}\cdot\boldsymbol{\nabla}\theta+\kappa(-\Delta)^{\frac{1}{2}}\theta=0,\ \text{in}\ \Omega, & (2.4.30\text{a})\\ \boldsymbol{u}=(u_1,u_2)=(-R_2\theta,R_1\theta),\ \text{in}\ \Omega, & (2.4.30\text{b})\\ \theta(x,0)=\theta_0(x) & (2.4.30\text{c})\end{cases}$$

的解整体存在, 而且是唯一的, 对于$\forall t\geqslant 0$,

$$\|\theta(\cdot,t)\|_{H^2}\leqslant\|\theta_0\|_{H^2}.$$

证明: 容易证明上述的初值问题(2.4.30)存在唯一的局部解$\theta(t)\in H^2(\Omega)$, $t\in[0,T^*]$, T^*依赖于$\|\theta_0\|_{H^2(\Omega)}$. 要想得到在$\|\theta_0\|_{L^\infty}\leqslant c_\infty\kappa$下的解的整体存在性, 只要对局部解的$H^2(\Omega)$范数做关于时间一致的先验估计.

把方程(2.4.30a)与$\Delta^2\theta$做$L^2(\Omega)$的内积, 可得:

$$\frac{1}{2}\frac{\mathrm{d}}{\mathrm{d}t}\int|\Delta\theta|^2\mathrm{d}x+\kappa\int|(-\Delta)^{5/4}\theta|^2\mathrm{d}x=-\int\Delta^2\theta(\boldsymbol{u}\cdot\boldsymbol{\nabla}\theta)\mathrm{d}x.$$

应用分部积分和Hölder不等式, 可得:

$$\begin{aligned}\int\Delta^2\theta(\boldsymbol{u}\cdot\boldsymbol{\nabla}\theta)\mathrm{d}x&=2\int\boldsymbol{\nabla u}\cdot(\boldsymbol{\nabla}(\boldsymbol{\nabla}\theta))\Delta\theta\mathrm{d}x+\int(\Delta\boldsymbol{u}\cdot\boldsymbol{\nabla}\theta)\Delta\theta\mathrm{d}x\\&\leqslant C[\|\boldsymbol{\nabla u}\|_{L^3}\|\Delta\theta\|_{L^3}^2+\|\Delta\boldsymbol{u}\|_{L^3}\|\boldsymbol{\nabla}\theta\|_{L^3}\|\Delta\theta\|_{L^3}].\end{aligned}$$

根据Riesz算子的有界性

$$\|\Delta\boldsymbol{u}\|_{L^3}\leqslant C\|\Delta\theta\|_{L^3},\|\boldsymbol{\nabla u}\|_{L^3}\leqslant C\|\boldsymbol{\nabla}\theta\|_{L^3},$$

和Gagliardo-Nirenberg不等式

$$\|\boldsymbol{\nabla}\theta\|_{L^3}\leqslant C\|\Delta\theta\|_{L^3}^{7/9}\|(-\Delta)^{5/4}\theta\|_{L^2}^{2/9},\|\Delta\theta\|_{L^3}\leqslant C\|\theta\|_{L^\infty}^{1/9}\|(-\Delta)^{5/4}\theta\|_{L^2}^{8/9},$$

可得:

$$\left|\int(-\Delta)^2\theta(\boldsymbol{u}\cdot\boldsymbol{\nabla}\theta)\mathrm{d}x\right|\leqslant C\|\theta\|_{L^\infty}\|(-\Delta)^{5/4}\theta\|_{L^2}^2.$$

综合前面的不等式，可得：

$$\frac{1}{2}\frac{\mathrm{d}}{\mathrm{d}t}\int|\Delta\theta|^2\mathrm{d}x+\kappa\int|(-\Delta)^{5/4}\theta|^2\mathrm{d}x\leqslant C_\infty\|\theta\|_{L^\infty}\|(-\Delta)^{5/4}\theta\|_{L^2}^2.$$

根据文献[159]的结果：θ满足最大值原理

$$\|\theta(\cdot,t)\|_{L^\infty}\leqslant\|\theta_0\|_{L^\infty},\ 对\ \forall\ t\geqslant 0,$$

取$c_\infty=(C_\infty)^{-1}$, 可以得到：

$$\|\theta(\cdot,t)\|_{H^2}\leqslant\|\theta_0\|_{H^2}.$$

定理2.4.8证毕.

(2)Gordoba A.和Cordoba D.在文献[46]中证明了如下的定理：

定理 2.4.9　设θ是(2.4.30)当$\theta_0\in H^s(\Omega)$ $(s>\frac{3}{2})$, $\Omega=\mathbb{R}^2$或$\mathbb{T}^2$时的粘性解, 即θ是问题$\theta_t^\varepsilon+\boldsymbol{u}^\varepsilon\cdot\boldsymbol{\nabla}\theta^\varepsilon+\kappa(-\Delta)^{\frac{1}{2}}\theta^\varepsilon=\varepsilon\Delta\theta^\varepsilon,\boldsymbol{u}^\varepsilon=(-R_2\theta^\varepsilon,R_1\theta^\varepsilon),\theta^\varepsilon(x,0)=\theta_0$的解序列$\{\theta_\varepsilon\}$当$\varepsilon\to 0$时的弱极限, 则存在依赖于$\kappa$和$\theta_0$的$T_1,T_2$, $0<T_1<T_2$, 使得当$t\leqslant T_1$时, $\theta(\cdot,t)\in C^1([0,T_1);H^s(\Omega))$是(2.4.30)的解, 而且

$$\|\theta(\cdot,t)\|_{H^s}\ll\|\theta_0\|_{H^s};$$

当$t\geqslant T_2$时, $\theta(\cdot,t)\in C^1([T_2,\infty);H^s)$是(2.4.30)的解, 而且

$$\|\theta(\cdot,t)\|_{H^s}\leqslant C\|\theta_0\|_{H^s},$$

并且$\|\theta(\cdot,t)\|_{H^s}$ 关于t是单调下降的,

$$\int_{T_2}^\infty\|\theta(t)\|_{H^s}^2\mathrm{d}t<+\infty;$$

当$t\to\infty$时,

$$\|\theta(\cdot,t)\|_{H^s}=O(t^{-\frac{1}{2}}).$$

这里列举最近得到的两个关于带临界耗散的面准地转方程整体适定性的重要成果.

(1) Kiselev等在文献[112]中利用非局部最大值原理构造适当的连续模，证明了带临界耗散的面准地转方程周期问题的整体适定性.

定理 2.4.10　带临界耗散的面准地转方程的周期问题: $\theta_t+\boldsymbol{u}\cdot\boldsymbol{\nabla}\theta+\kappa(-\Delta)^{\frac{1}{2}}\theta=0$, $\theta(x,y,0)=\theta_0$, 若θ_0是光滑且周期的, 则该问题整体存在唯一且光滑的解:

$$\|\boldsymbol{\nabla}\theta\|_\infty\leqslant C\|\boldsymbol{\nabla}\theta_0\|_\infty\exp\exp c\|\theta_0\|_\infty.$$

(2) 在文献[25]中, Caffarelli和Vasseur 应用De Giorgi Nash Moser方法和调和延拓证明了弱解的正则性, 从而得到了带临界耗散的面准地转方程的Cauchy问题的整体适定性.

带超临界耗散的面准地转方程的整体适定性问题至今仍然是一个公开问题. 人们得到了该方程的Cauchy问题或周期问题在Sobolev和Besov空间的小初值解的整体存在性或大初值解的局部存在性, 这些结果可以参见文献[28, 34, 46, 95, 106, 108]. 下面，我们介绍一下这方面的几个结果.

Chae和Lee在文献[28]中得到了带临界和超临界耗散的面准地转方程的小初值解的整体存在性，他们得到的结果如下：

定理 2.4.11 设$0 \leqslant \alpha \leqslant \dfrac{1}{2}$，那么存在$\varepsilon > 0$，使得：对于任意的$\theta_0 \in B_{2,1}^{2-2\alpha}$，当$\|\theta_0\|_{\dot{B}_{2,1}^{2-2\alpha}} < \varepsilon$时，则全空间$\mathbb{R}^2$中的初值问题(2.4.24)~(2.4.25)存在唯一的整体解θ:

$$\theta \in L^\infty(0,\infty; B_{2,1}^{2-2\alpha}) \cap L^1(0,\infty; \dot{B}_{2,1}^{2-2\alpha}) \cap C(0,\infty; B_{2,1}^{\beta}),$$

这里$\beta = \max\{2-2\alpha-\delta_1, 1\}$，$\delta_1 > 0$，Besov空间$B_{2,1}^{2-2\alpha}$，$\dot{B}_{2,1}^{2-2\alpha}$的定义将在下面给出.

在证明定理2.4.11之前，先给出一些记号和Besov空间的定义，详细的内容可以参见文献[191]. 设S是速降的Schwarz函数类，任给$f \in S$，其对应的Fourier变换$\mathcal{F}(f) = \hat{f}$定义为

$$\hat{f}(\xi) = \frac{1}{(2\pi)^{n/2}} \int \mathrm{e}^{-\mathrm{i}x\cdot\xi} f(x)\mathrm{d}x.$$

设$\varphi \in S$满足

$$\mathrm{Supp}\hat{\varphi} \subset \left\{\xi \in \mathbb{R}^n \Big| \frac{1}{2} \leqslant |\xi| \leqslant 2\right\}，\text{而且当 } \frac{1}{2} < |\xi| < 2 \text{时 } \hat{\varphi}(\xi) \geqslant 0,$$

令$\hat{\varphi}_j = \hat{\varphi}(2^{-j}\xi)$，即$\varphi_j(x) = 2^{jn}\varphi(2^j x)$，调整$\hat{\varphi}$前面的系数，使得

$$\sum_{j\in\mathbb{Z}} \hat{\varphi}_j(\xi) = 1 \ \forall \xi \in \mathbb{R}^n \backslash \{0\}.$$

任给$k \in \mathbb{Z}$，通过

$$\hat{S}_k(\xi) = 1 - \sum_{j \geqslant k+1} \hat{\varphi}_j(\xi)$$

定义$S_k \in S$.

注意到

$$\mathrm{Supp}\hat{\varphi}_j \cap \mathrm{Supp}\hat{\varphi}_{j'} = \emptyset \text{ if } |j - j'| \geqslant 2.$$

设$s \in \mathbb{R}$，p，$q \in [0,\infty]$，任给$f \in S'$，记$\Delta_j f = \varphi_j * f$，那么齐次Besov半模$\|f\|_{\dot{B}_{p,q}^s}$定义为

$$\|f\|_{\dot{B}^s_{p,q}}=\begin{cases}\left[\sum\limits_{-\infty}^{\infty}2^{jqs}\|\varphi_j*f\|^q_{L^p}\right]^{\frac{1}{q}}, & \text{if } q\in[1,\infty),\\ \sup\limits_j[2^{js}\|\varphi_j*f\|_{L^p}], & \text{if } q=\infty.\end{cases}$$

齐次Besov空间$\dot{B}^s_{p,q}$是准赋范空间，其准范数为$\|\cdot\|_{\dot{B}^s_{p,q}}$. 任给$s>0$，定义非齐次Besov空间的范数为$\|f\|_{B^s_{p,q}}$，其中$f\in S'$，$\|f\|_{B^s_{p,q}}=\|f\|_{L_p}+\|f\|_{\dot{B}^s_{p,q}}$.

在定义Besov空间后，给出在证明定理2.4.11中经常用到的Besov空间基本性质的命题.

命题 2.4.12

(i) Bernstein引理: 设$f\in L^p, 1\leqslant p\leqslant\infty$, $\operatorname{supp}\hat{f}\subset\{2^{j-2}\leqslant|\xi|<2^j\}$, 那么存在正的常数$C_k$，使得下面的不等式成立:

$$C_k^{-1}2^{jk}\|f\|_{L_p}\leqslant\|D^kf\|_{L_p}\leqslant C_k2^{jk}\|f\|_{L_p}.$$

(ii) 下面的范数等价，

$$\|D^kf\|_{\dot{B}^s_{p,q}}\sim\|f\|_{\dot{B}^{s+k}_{p,q}}.$$

(iii) 设$s>0$, $q\in[1,\infty]$, 那么存在正的常数C，使得

$$\|fg\|_{\dot{B}^s_{p,q}}\leqslant C(\|f\|_{L^{p_1}}\|g\|_{\dot{B}^s_{p_2,q}}+\|g\|_{L_{r_1}}\|f\|_{\dot{B}^s_{r_2,q}}),$$

其中$p_1,r_1\in[1,\infty]$，$\dfrac{1}{p}=\dfrac{1}{p_1}+\dfrac{1}{p_2}=\dfrac{1}{r_1}+\dfrac{1}{r_2}$.

设$s_1,s_2\leqslant\dfrac{N}{p}$，$s_1+s_2>0$, $f\in\dot{B}^{s_1}_{p,1}$，$g\in\dot{B}^{s_2}_{p,1}$，那么$fg\in\dot{B}^{s_1+s_2-\frac{N}{p}}_{p,1}$，而且

$$\|fg\|_{\dot{B}^{s_1+s_2-\frac{N}{p}}_{p,1}}\leqslant C\|f\|_{\dot{B}^{s_1}_{p,1}}\|g\|_{\dot{B}^{s_2}_{p,1}}.$$

(iv) 如果s满足$s\in(-\dfrac{N}{p}-1,\dfrac{N}{p}]$，那么

$$\|[\boldsymbol{u},\Delta_q]w\|_{L^p}\leqslant C_q2^{-q(s+1)}\|\boldsymbol{u}\|_{\dot{B}^{\frac{N}{p}+1}_{p,1}}\|\boldsymbol{w}\|_{\dot{B}^s_{p,1}},$$

其中$\sum\limits_{q\in\mathbb{Z}}C_q\leqslant1$,

$$[\boldsymbol{u},\Delta_q]\boldsymbol{w}=\boldsymbol{u}\Delta_q\boldsymbol{w}-\Delta_q(\boldsymbol{u}\boldsymbol{w}).$$

(v) (嵌入定理) $\dot{B}^{\frac{N}{p}}_{p,1}(\mathbb{R}^N)$ 是一个代数，它嵌入于$C_0(\mathbb{R}^N)$. 设$s\in\mathbb{R},\varepsilon>0,p,q\in[1,\infty]$，那么

$$\dot{B}^s_{p,1}\hookrightarrow\dot{H}^s_p\hookrightarrow\dot{B}^s_{p,\infty},$$

而且

$$B^{s+\varepsilon}_{p,\infty} \hookrightarrow B^{s}_{p,q}.$$

(vi) (插值不等式) 设$s_1, s_2 \in \mathbb{R}, \theta \in [0,1]$, 那么

$$\|\boldsymbol{u}\|_{\dot{B}^{\theta s_1+(1-\theta)s_2}_{p,1}} \leqslant C\|\boldsymbol{u}\|^{\theta}_{\dot{B}^{s_1}_{p,1}} \|\boldsymbol{u}\|^{1-\theta}_{\dot{B}^{s_2}_{p,1}},$$

$$\|\boldsymbol{u}\|_{B^{\theta s_1+(1-\theta)s_2}_{p,1}} \leqslant C\|\boldsymbol{u}\|^{\theta}_{B^{s_1}_{p,1}} \|\boldsymbol{u}\|^{1-\theta}_{B^{s_2}_{p,1}}.$$

定理2.4.11的证明:

(1) 先验估计. 把算子Δ_q作用于方程(2.4.24)，得

$$\partial_t \Delta_q \theta + (\boldsymbol{u}\cdot\boldsymbol{\nabla})\Delta_q\theta + \kappa\Lambda^{2\alpha}\Delta_q\theta = -[\Delta_q, \boldsymbol{u}]\cdot\boldsymbol{\nabla}\theta. \tag{2.4.31}$$

把方程(2.4.31)与$\Delta_q\theta$做L^2的内积，再应用命题2.4.12中(iv), 可得

$$\begin{aligned}\frac{1}{2}\frac{\mathrm{d}}{\mathrm{d}t}\|\Delta_q\theta\|^2_{L^2} + C\kappa 2^{2\alpha q}\|\Delta_q\theta\|^2_{L^2} &\leqslant \|[\Delta_q,\boldsymbol{u}]\cdot\boldsymbol{\nabla}\theta\|_{L^2}\|\Delta_q\theta\|_{L^2}\\ &\leqslant C_q 2^{-(2-2\alpha)q}\|\boldsymbol{u}\|_{\dot{B}^2_{2,1}}\|\boldsymbol{\nabla}\theta\|_{\dot{B}^{1-2\alpha}_{2,1}}\|\Delta_q\theta\|_{L^2}.\end{aligned}$$

上式两端同时除以$\|\Delta_q\theta\|_{L^2}$，再乘以$2^{(2-2\alpha)q}$，最后关于q在$\mathbb{Z}$中求和，得到

$$\frac{\mathrm{d}}{\mathrm{d}t}\|\theta(t)\|_{\dot{B}^{2-2\alpha}_{2,1}} + C_1\kappa\|\theta(t)\|_{\dot{B}^2_{2,1}} \leqslant C\|\boldsymbol{u}(t)\|_{\dot{B}^2_{2,1}}\|\theta(t)\|_{\dot{B}^{2-2\alpha}_{2,1}} \leqslant C_2\|\theta(t)\|_{\dot{B}^2_{2,1}}\|\theta(t)\|_{\dot{B}^{2-2\alpha}_{2,1}}. \tag{2.4.32}$$

应用Calderon-Zygmund型不等式

$$\|\boldsymbol{u}(t)\|_{\dot{B}^2_{2,1}} \leqslant C\|\theta(t)\|_{\dot{B}^2_{2,1}}$$

和Gronwall不等式，由(2.4.32)可得

$$\sup_{0\leqslant t<\infty}\|\theta(t)\|_{\dot{B}^{2-2\alpha}_{2,1}} + C_1\kappa\int_0^\infty \|\theta(t)\|_{\dot{B}^2_{2,1}}\mathrm{d}t \leqslant \|\theta_0\|_{\dot{B}^{2-2\alpha}_{2,1}}\exp\left(C_2\int_0^\infty\|\theta(t)\|_{\dot{B}^2_{2,1}}\mathrm{d}t\right).$$

根据上式和

$$\|\theta(t)\|_{L^2} \leqslant \|\theta_0\|_{L^2},$$

得到下面的先验估计:

$$\begin{aligned}&\sup_{0\leqslant t<\infty}\|\theta(t)\|_{B^{2-2\alpha}_{2,1}} + C_1\kappa\int_0^\infty\|\theta(t)\|_{\dot{B}^2_{2,1}}\mathrm{d}t\\ \leqslant&\|\theta_0\|_{B^{2-2\alpha}_{2,1}}\exp\left(C_2\int_0^\infty\|\theta(t)\|_{\dot{B}^2_{2,1}}\mathrm{d}t\right).\end{aligned} \tag{2.4.33}$$

(2) 近似解的一致估计. 定义系列$\{\theta^n\}$满足：

$$\begin{cases}\partial_t\theta^{n+1}+(\boldsymbol{u}^n\cdot\boldsymbol{\nabla})\theta^{n+1}+\kappa\Lambda^{2\alpha}\theta^{n+1}=0, \mathbb{R}^2\times\mathbb{R}_+,\\ \boldsymbol{u}^n=\boldsymbol{\nabla}^{\perp}(-\Delta)^{-\frac{1}{2}}\theta^n,\\ \theta^{n+1}(0,x)=\theta_0^{n+1}(x)=\sum\limits_{q\leqslant n+1}\Delta_q\theta_0,\end{cases}\tag{I}$$

令$(\theta^0,u^0)=(0,0)$，再对上面的线性系统求解，可以求得所有$(\theta^n,\boldsymbol{u}^n)$. 类似于(I)中的先验估计，可得

$$\begin{aligned}&\sup_{0\leqslant t<\infty}\|\theta^{n+1}(t)\|_{\dot{B}^{2-2\alpha}_{2,1}}+C_1\kappa\int_0^\infty\|\theta^{n+1}(t)\|_{\dot{B}^2_{2,1}}\,\mathrm{d}t\\ \leqslant&\|\theta_0^{n+1}\|_{\dot{B}^{2-2\alpha}_{2,1}}\exp\left(C_2\int_0^\infty\|\theta^n(t)\|_{\dot{B}^2_{2,1}}\,\mathrm{d}t\right).\end{aligned}\tag{2.4.34}$$

下面将证明：如果$\|\theta_0\|_{B^{2-2\alpha}_{2,1}}\leqslant\varepsilon$，那么，对任意$n$，

$$\sup_{0\leqslant t<\infty}\|\theta^{n+1}(t)\|_{\dot{B}^{2-2\alpha}_{2,1}}+C_1\kappa\int_0^\infty\|\theta^{n+1}(t)\|_{\dot{B}^2_{2,1}}\,\mathrm{d}t\leqslant M\varepsilon,\tag{2.4.35}$$

其中$M>0$. 不妨设$M>1$，选取充分小的ε，使得

$$\exp\frac{C_2M\varepsilon}{C_1\kappa}\leqslant M.$$

假如$\|\theta^n\|_{L^\infty(0,T;\dot{B}^{2-2\alpha}_{2,1})}+C_1\kappa\|\theta^n\|_{L^1(0,T;\dot{B}^2_{2,1})}\leqslant M\varepsilon$，由(2.4.34)得

$$\begin{aligned}&\sup_{0\leqslant t<\infty}\|\theta^{n+1}(t)\|_{\dot{B}^{2-2\alpha}_{2,1}}+C_1\kappa\int_0^\infty\|\theta^{n+1}(t)\|_{\dot{B}^2_{2,1}}\,\mathrm{d}t\\ \leqslant&\|\theta_0^{n+1}\|_{\dot{B}^{2-2\alpha}_{2,1}}\exp\left(C_2\int_0^\infty\|\theta^n(t)\|_{\dot{B}^2_{2,1}}\,\mathrm{d}t\right)\\ \leqslant&\|\theta_0^{n+1}\|_{\dot{B}^{2-2\alpha}_{2,1}}\exp\left(\frac{C_2M\varepsilon}{C_1\kappa}\right)\leqslant M\varepsilon,\end{aligned}$$

该不等式意味着(2.4.35)成立.

(3) 近似解的收敛性. 下面将证明$\{\theta^n\}$是$L^\infty(0,\infty;B^1_{2,1})\cap L^1(0,\infty;\dot{B}^{1+2\alpha}_{2,1})$中的Cauchy收敛系列. 令$\delta\theta^{n+1}=\theta^{n+1}-\theta^n$，$\delta\boldsymbol{u}^{n+1}=\boldsymbol{u}^{n+1}-\boldsymbol{u}^n$, 那么系列$\{\delta\theta^n\}$满足

$$\begin{cases}\partial_t\delta\theta^{n+1}+(\boldsymbol{u}^n\cdot\boldsymbol{\nabla})\delta\theta^{n+1}+(\delta\boldsymbol{u}^n\cdot\boldsymbol{\nabla})\theta^n+\kappa\Lambda^{2\alpha}\delta\theta^{n+1}=0, \mathbb{R}^2\times\mathbb{R}_+,\\ \delta\boldsymbol{u}^n=\boldsymbol{\nabla}^{\perp}(-\Delta)^{-\frac{1}{2}}\delta\theta^n,\\ \delta\theta^{n+1}(0,x)=\Delta_{n+1}\theta_0,\end{cases}\tag{I$'$}$$

类似于(I)的先验估计，应用命题2.4.12中(iv)，即

$$\|[\boldsymbol{u}^n,\Delta_q]\boldsymbol{\nabla}\delta\theta^{n+1}\|_{L^2}\leqslant C_q2^{-q}\|\boldsymbol{u}^n\|_{\dot{B}^2_{2,1}}\|\boldsymbol{\nabla}\delta\theta^{n+1}\|_{\dot{B}^0_{2,1}},$$

可得

$$\frac{1}{2}\frac{\mathrm{d}}{\mathrm{d}t}\|\Delta_q\delta\theta^{n+1}\|_{L^2}^2+C_3\kappa 2^{2\alpha q}\|\Delta_q\delta\theta^{n+1}\|_{L^2}^2$$
$$\leqslant C2^{-q}\|\boldsymbol{u}^n\|_{\dot{B}^2_{2,1}}\|\delta\theta^{n+1}\|_{\dot{B}^1_{2,1}}\|\Delta_q\delta\theta^{n+1}\|_{L^2}$$
$$+C\|\Delta_q(\delta\boldsymbol{u}^n\cdot\boldsymbol{\nabla}\theta^n)\|_{L^2}\|\Delta_q\delta\theta^{n+1}\|_{L^2}.$$

上式两端同时除以$\|\Delta_q\delta\theta^{n+1}\|_{L^2}$，再乘以$2^q$，最后关于$q$在$\mathbb{Z}$中求和，得到

$$\frac{\mathrm{d}}{\mathrm{d}t}\|\delta\theta^{n+1}\|_{\dot{B}^1_{2,1}}+C_3\kappa\|\delta\theta^{n+1}\|_{\dot{B}^{1+2\alpha}_{2,1}}$$
$$\leqslant C\|\boldsymbol{u}^n\|_{\dot{B}^1_{2,1}}\|\delta\theta^{n+1}\|_{\dot{B}^1_{2,1}}+C\|(\delta\boldsymbol{u}^n\cdot\boldsymbol{\nabla})\theta^n\|_{\dot{B}^1_{2,1}}.$$

应用命题2.4.12中(iii)，即

$$\|(\delta\boldsymbol{u}^n\cdot\boldsymbol{\nabla})\theta^n\|_{\dot{B}^1_{2,1}}\leqslant C\|\delta\boldsymbol{u}^n\|_{\dot{B}^1_{2,1}}\|\boldsymbol{\nabla}\theta^n\|_{\dot{B}^1_{2,1}},$$

和Calderon-Zygmund型不等式

$$\|\delta\boldsymbol{u}^n\|_{\dot{B}^1_{2,1}}\leqslant C\|\delta\theta^n\|_{\dot{B}^1_{2,1}},$$

可得

$$\frac{\mathrm{d}}{\mathrm{d}t}\|\delta\theta^{n+1}\|_{\dot{B}^1_{2,1}}+C_3\kappa\|\delta\theta^{n+1}\|_{\dot{B}^{1+2\alpha}_{2,1}}$$
$$\leqslant C_4\|\theta^n\|_{\dot{B}^2_{2,1}}\|\delta\theta^{n+1}\|_{\dot{B}^1_{2,1}}+C_5\|\delta\theta^n\|_{\dot{B}^1_{2,1}}\|\boldsymbol{\nabla}\theta^n\|_{\dot{B}^1_{2,1}}.$$

应用Gronwall不等式，从上式得到

$$\sup_{0\leqslant t<\infty}\|\delta\theta^{n+1}(t)\|_{\dot{B}^1_{2,1}}+C_3\kappa\int_0^\infty\|\delta\theta^{n+1}\|_{\dot{B}^{1+2\alpha}_{2,1}}\mathrm{d}t$$
$$\leqslant\|\delta\theta_0^{n+1}\|_{\dot{B}^1_{2,1}}\exp\left(C_5\int_0^\infty\|\theta^n(t)\|_{\dot{B}^2_{2,1}}\mathrm{d}t\right)$$
$$+C_4\sup_{0\leqslant t<\infty}\|\delta\theta^n(t)\|_{\dot{B}^1_{2,1}}\int_0^\infty\|\theta^n(t)\|_{\dot{B}^2_{2,1}}\mathrm{d}t\exp\left(C_5\int_0^\infty\|\theta^n(\tau)\|_{\dot{B}^2_{2,1}}\mathrm{d}\tau\right).$$

根据(2.4.35)，选取充分小ε，使得

$$\exp\left(C_5\int_0^\infty\|\theta^n(t)\|_{\dot{B}^2_{2,1}}\mathrm{d}t\right)\leqslant 2,$$
$$C_4\int_0^\infty\|\theta^n(t)\|_{\dot{B}^2_{2,1}}\mathrm{d}t<\frac{1}{8},$$

其中$n\in\mathbb{N}$，那么

$$\sup_{0\leqslant t<\infty}\|\delta\theta^{n+1}(t)\|_{\dot{B}^1_{2,1}}+C_3\kappa\int_0^\infty\|\delta\theta^{n+1}(t)\|_{\dot{B}^{1+2\alpha}_{2,1}}\mathrm{d}t$$
$$\leqslant 2\|\delta\theta_0^{n+1}\|_{\dot{B}^1_{2,1}}+\frac{1}{4}\sup_{0\leqslant t<\infty}\|\delta\theta^n(t)\|_{\dot{B}^1_{2,1}}.$$

因此，重复应用上式，对于任意的正整数N，

$$\begin{aligned}&\sum_{n=1}^{N}\sup_{0\leqslant t<\infty}\|\delta\theta^{n+1}(t)\|_{\dot{B}^1_{2,1}}+C_3\kappa\sum_{n=1}^{N}\int_0^\infty\|\delta\theta^{n+1}(t)\|_{\dot{B}^{1+2\alpha}_{2,1}}\mathrm{d}t\\ \leqslant&2\sum_{n=1}^{N}\|\delta\theta_0^{n+1}\|_{\dot{B}^1_{2,1}}+\frac{1}{4}\sum_{n=2}^{N}\sup_{0\leqslant t<\infty}\|\delta\theta^{n}(t)\|_{\dot{B}^1_{2,1}}\\ \leqslant&2\sum_{n=1}^{N}\|\Delta_{n+1}\theta_0\|_{\dot{B}^1_{2,1}}+\frac{1}{4}\sum_{n=2}^{N}\sup_{0\leqslant t<\infty}\|\delta\theta^{n}(t)\|_{\dot{B}^1_{2,1}}\\ \leqslant&2C\|\theta_0\|_{\dot{B}^1_{2,1}}+\frac{1}{4}\sum_{n=2}^{N}\sup_{0\leqslant t<\infty}\|\delta\theta^{n}(t)\|_{\dot{B}^1_{2,1}}\\ \leqslant&2C\|\theta_0\|_{\dot{B}^1_{2,1}}+\cdots+\frac{2C}{4^{N-1}}\|\theta_0\|_{\dot{B}^1_{2,1}}\leqslant\frac{8C}{3}\|\theta_0\|_{\dot{B}^1_{2,1}}.\end{aligned}\tag{2.4.36}$$

把(I′)的第一个方程与$\delta\theta^{n+1}$做L^2的内积，得

$$\begin{aligned}\frac{1}{2}\frac{\mathrm{d}}{\mathrm{d}t}\|\delta\theta^{n+1}\|_{L^2}^2+\kappa\|\delta\theta^{n+1}\|_{\dot{H}^\alpha}^2&\leqslant C\|(\delta\boldsymbol{u}^n\cdot\boldsymbol{\nabla})\theta^n\|_{L^2}\|\delta\theta^{n+1}\|_{L^2}\\&\leqslant C\|\delta\boldsymbol{u}^n\|_{L^2}\|\boldsymbol{\nabla}\theta^n\|_{L^\infty}\|\delta\theta^{n+1}\|_{L^2}.\end{aligned}$$

应用命题2.4.12中(v)和Calderon-Zygmund不等式，存在$C_6>0$，使得

$$\frac{\mathrm{d}}{\mathrm{d}t}\|\delta\theta^{n+1}\|_{L^2}\leqslant C\|\delta\boldsymbol{u}^n\|_{L^2}\|\theta^n\|_{\dot{B}^2_{2,1}}\leqslant C_6\|\delta\theta^n\|_{L^2}\|\theta^n\|_{\dot{B}^2_{2,1}}.$$

在(2.4.35)中，选取充分小ε，使得$C_6\displaystyle\int_0^\infty\|\theta^n(t)\|_{\dot{B}^2_{2,1}}\mathrm{d}t<\frac{1}{4}$. 应用Gronwall不等式，得

$$\begin{aligned}\sup_{0\leqslant t<\infty}\|\delta\theta^{n+1}(t)\|_{L^2}&\leqslant\|\delta\theta_0^{n+1}\|_{L^2}+C_6\sup_{0\leqslant\tau<\infty}\|\delta\theta^n(\tau)\|_{L^2}\int_0^\infty\|\theta^n(t)\|_{\dot{B}^2_{2,1}}\mathrm{d}t\\&\leqslant\|\delta\theta_0^{n+1}\|_{L^2}+\frac{1}{4}\sup_{0\leqslant\tau<\infty}\|\delta\theta^n(\tau)\|_{L^2}.\end{aligned}$$

因此，对于任意的正整数N，

$$\begin{aligned}&\sum_{n=1}^{N}\sup_{0\leqslant t<\infty}\|\delta\theta^{n+1}(t)\|_{L^2}\leqslant\sum_{n=1}^{N}\|\delta\theta_0^{n+1}\|_{L^2}+\frac{1}{4}\sum_{n=2}^{N}\sup_{0\leqslant t<\infty}\|\delta\theta^n(t)\|_{L^2}\\ \leqslant&\sum_{n=1}^{N}\|\Delta_{n+1}\theta_0\|_{L^2}+\frac{1}{4}\sum_{n=2}^{N}\sup_{0\leqslant t<\infty}\|\delta\theta^n(t)\|_{L^2}\\ \leqslant&\|\theta_0\|_{B^1_{2,1}}+\frac{1}{4}\|\theta_0\|_{B^1_{2,1}}+\cdots+\frac{1}{4^{N-1}}\|\theta_0\|_{B^1_{2,1}}\leqslant\frac{4}{3}\|\theta_0\|_{B^1_{2,1}}.\end{aligned}\tag{2.4.37}$$

根据(2.4.36)和(2.4.37)，用迭代法可以证明$\{\theta^n\}$是$L^\infty(0,\infty;B^1_{2,1})\cap L^1(0,\infty;\dot{B}^{1+2\alpha}_{2,1})$中的Cauchy收敛系列，从而存在$\theta\in L^\infty(0,\infty;B^1_{2,1})\cap L^1(0,\infty;\dot{B}^{1+2\alpha}_{2,1})$，使得$\theta^n$在$L^\infty(0,\infty;B^1_{2,1})\cap L^1(0,\infty;\dot{B}^{1+2\alpha}_{2,1})$中收敛于$\theta$，而$\theta$是初值问题(2.4.24)~(2.4.25)的整体解. 根据(1)中

的先验估计，可知：$\theta \in L^{\infty}(0,\infty;B_{2,1}^{2-2\alpha}) \cap L^1(0,\infty;\dot{B}_{2,1}^2)$. 类似地可以证明：初值问题(2.4.24)~ (2.4.25)的整体解是唯一的.

下面证明$\theta(t)$在$B_{2,1}^{\beta}$中连续取值，其中，对于任意$\delta_1>0$，$\beta=\max\{2-2\alpha-\delta_1,1\}$，$\theta^{n+1}$满足

$$\partial_t\theta^{n+1} = -(\boldsymbol{u}^n\cdot\boldsymbol{\nabla})\theta^{n+1} - \Lambda^{2\alpha}\theta^{n+1}.$$

上式的右边属于$L^1(0,\infty;B_{2,1}^1)$. 容易证明：$\theta^{n+1}\in C([0,\infty);B_{2,1}^1)$. 因为

$$\begin{aligned}\|\theta(t)-\theta(s)\|_{B_{2,1}^1} \leqslant \|\theta(t)-\theta^{n+1}(t)\|_{B_{2,1}^1} + \|\theta^{n+1}(t)-\theta^{n+1}(s)\|_{B_{2,1}^1}\\ +\|\theta^{n+1}(s)-\theta(s)\|_{B_{2,1}^1}.\end{aligned}$$

$\theta\in C([0,\infty);B_{2,1}^1)$. 应用插值不等式，可得：$\theta\in C([0,\infty);B_{2,1}^{\beta})$, 其中对于任意$\delta_1>0$，$\beta=\max\{2-2\alpha-\delta_1,1\}$.

Ju在文献[106]中得到了面准地转方程的初值问题(2.4.24)~(2.4.25)在Sobolev空间中小初值解和局部解的存在性和唯一性，他的结果如下：

定理 2.4.13 设$\alpha\in(0,1)$, $\kappa>0$, $\Omega=\mathbb{R}^2$, $\theta_0\in H^s$.

(i)如果$s=2(1-\alpha)$, 那么存在常数$C_0>0$, 使得：对于初值问题(2.4.24)~(2.4.25)的弱解θ, 若$\|\Lambda^s\theta_0\|_{L^2}\leqslant\dfrac{\kappa}{C_0}$, 则

$$\|\Lambda^s\theta(t)\|_{L^2}\leqslant\|\Lambda^s\theta_0\|_{L^2}, \forall t>0,$$

若$\|\Lambda^s\theta_0\|_{L^2}<\dfrac{\kappa}{C_0}$, 则$\theta\in L^2(0,+\infty;H^{s+\alpha})$, 而且解$\theta$是唯一的.

(ii)如果$s\in(2(1-\alpha),2-\alpha]$,那么存在$T=T(\kappa,\|\Lambda^s\theta_0\|_{L^2})>0$, 使得：对于初值问题(2.4.24)~(2.4.25)的弱解θ,

$$\theta\in L^{\infty}(0,T;H^s)\cap L^2(0,T;H^{s+\alpha}),$$

而且，如果$\theta_0\in L^2$, 则θ是唯一的.

(iii)若$s>2-\alpha$, 则存在$T=T(\kappa,\|\theta_0\|_{L^2},\|\Lambda^s\theta_0\|_{L^2})>0$, 使得：对于初值问题(2.4.24)~(2.4.25)的弱解θ, 如果$\theta_0\in H^s\cap L^2$, 那么

$$\theta\in L^{\infty}(0,T;H^s\cap L^2)\cap L^2(0,T;H^{s+\alpha}),$$

而且解θ是唯一的.

(iv)若$s>2(1-\alpha)$, 则存在$C_0>0$, 使得：对于初值问题(2.4.24)~(2.4.25)的弱解θ，如果

$$\|\theta_0\|_{L^2}^{\frac{s-2(1-\alpha)}{s}}\|\Lambda^s\theta_0\|_{L^2}^{\frac{2(1-\alpha)}{s}}\leqslant\frac{\kappa}{C_0}, \tag{2.4.38}$$

那么, 对任意$t>0$,

$$\|\Lambda^s\theta(t)\|_{L^2}\leqslant\|\Lambda^s\theta_0\|_{L^2},$$

而且解θ是唯一的. 更进一步地, 如果不等式(2.4.38)是严格成立的, 则$\theta\in L^2(0,+\infty;H^{s+\alpha})$.

Wu在文献[199]中得到了在Besov空间中带临界和超临界耗散的面准地转方程的小初值解的整体存在性，他的结果之一如下：

定理 2.4.14　设$\kappa>0$, $0\leqslant\alpha\leqslant\frac{1}{2}$, $\Omega=\mathbb{R}^2$. 假定初始值θ_0在Besov空间$B^r_{2,\infty}$中，这里$r>2-2\alpha$, 那么存在依赖于α和r正的常数C_0, 使得: 如果

$$\|\theta_0\|_{B^r_{2,\infty}}\leqslant C_0\kappa,$$

则初值问题(2.4.24)~(2.4.25)存在唯一的整体解θ, 它满足

$$\theta\in L^\infty([0,\infty);B^r_{2,\infty})\cap L^1([0,\infty);B^{r+2\alpha}_{2,\infty})\cap \mathrm{Lip}([0,\infty);B^{r-1}_{2,\infty})\cap C([0,\infty);B^\delta_{2,\infty}),$$

这里$\delta\in[r-1,r)$, 而且

$$\text{对任意 } t\geqslant 0,\ \|\theta(\cdot,t)\|_{B^r_{2,\infty}}\leqslant C_0\kappa.$$

注记 2.4.15　因为

$$B^s_{2,1}\hookrightarrow H^s_2\hookrightarrow B^s_{2,\infty},$$

定理2.4.14意味着初值问题(2.4.24)~(2.4.25)在$B^s_{2,1}$或H^s中小初值解的整体存在性, 这里$s>2-2\alpha$.

Chen、Miao和Zhang在文献[34]中利用Bernstein不等式得到了在临界Besov空间中带临界和超临界耗散的面准地转方程解的局部存在性和小初值解的整体存在性，他们的结果改进了定理2.4.11和定理2.4.13中的(i)，该结果如下：

定理 2.4.16　设$\kappa>0$, $0<\alpha\leqslant\frac{1}{2}$, $\Omega=\mathbb{R}^2$, $2\leqslant p<+\infty$, $1\leqslant q<+\infty$. 假定初始值θ_0在Besov空间$B^\sigma_{p,q}$中，这里$\sigma=\frac{2}{p}+1-2\alpha$, 那么存在$T>0$, 使得: 初值问题(2.4.24)~(2.4.25)存在唯一的局部解θ, 它满足

$$\theta\in C([0,T);B^\sigma_{p,q})\cap\tilde{L}^1\left([0,T);\dot{B}^{\frac{2}{p}+1}_{p,q}\right),$$

这里T的下界为

$$\sup\{T'>0;\ \|(1-\exp(-\kappa c_p 2^{2\alpha j}T'))^{\frac{1}{2}}2^{j\sigma}\|\Delta_j\theta_0\|_{L^p}\|_{l^p(\mathbb{Z})}\leqslant c\kappa\},$$

常数c_p是Bernstein不等式(见文献[34])中的. 更进一步地, 存在正的常数ε, 使得: 如果$\|\theta_0\|_{\dot{B}^{\sigma}_{p,q}} \leqslant \varepsilon\kappa$, 那么初值问题(2.4.24)~(2.4.25)存在唯一的整体解θ. 空间$\tilde{L}^1([0,T);\dot{B}^{\frac{2}{p}+1}_{p,q})$的定义见[34, Definition 2.3].

注记 **2.4.17**

(i)通过嵌入

$$B^s_{2,1} \hookrightarrow H^s_2 \hookrightarrow B^s_{2,q},$$

这里$q > 2$, 我们可以看出定理2.4.16改进了定理2.4.11和2.4.13中的(i).

(ii)设$\kappa > 0$, $0 \leqslant \alpha \leqslant 1$, $\Omega = \mathbb{R}^2$, 如果$\theta(x,t)$是(2.4.24)~(2.4.25)的解, 那么$\theta^\lambda(x,t) = \lambda^{2\alpha-1}\theta(\lambda x, \lambda^{2\alpha}t)$也是初值问题(2.4.24)~(2.4.25)的解. 基于这一尺度不变性质, 人们把$B^{\sigma}_{p,q}$(这里$\sigma = \dfrac{2}{p}+1-2\alpha$)称为初值问题(2.4.24)~(2.4.25)的临界Besov空间, 把$H^{2-2\alpha}$称为初值问题(2.4.24)~(2.4.25)的临界Sobolev空间, 初值问题(2.4.24)~(2.4.25) 在空间$B^{\sigma}_{p,q}$(这里$\sigma < \dfrac{2}{p} + 1 - 2\alpha$)和$H^s$ $(s < 2 - 2\alpha)$中是不适定的.

关于带临界或超临界耗散的面准地转方程, 人们还得到了一些其他的结果, 见文献[2, 44, 107, 200].

第三章　大气、海洋原始方程组的适定性和整体吸引子

在过去五十年中，随着计算能力的显著增强和大气科学的快速发展，数值天气预报发展的物质条件已经比较成熟了，理论研究的重要性也就越来越突出[122,123,208]. 因此，人们有必要深入分析各种各样的大气、海洋动力学模式，并用合理的数学方法来研究它们，建立一定的定性理论，从而可以将理论应用于实践，建立较为准确的数值预报模式. 比如说，人们很有必要研究应用广泛的大气、海洋和耦合的大气、海洋原始方程组的定性理论，这是因为20世纪60年代起，这些方程组在数值天气预报和气候预测中发挥着重要作用.

我们这一章介绍的大气、海洋原始方程组的定性理论主要涉及这些方程组的整体适定性以及大气、海洋无穷维动力系统的吸引子的存在性. 人们利用大气、海洋原始方程组进行数值天气预报，首先关心的是这些方程组在数学上是否具有内在的逻辑统一性，即适定性. 本章的主要任务之一就是介绍一些大气、海洋原始方程组的适定性方面的结果. 如果大气、海洋原始方程组的初边值问题解存在而且唯一，那么就存在与这些方程组对应的无穷维动力系统. 为了理解大气、海洋无穷维动力系统的长时间行为，人们需要研究这些无穷维动力系统的吸引子的存在性和维数. 如果大气、海洋无穷维动力系统的整体吸引子存在，而且是有限维的，也就是说，大气、海洋系统的解集经过一段时间收缩到有限维的流形上，那么人们可以采用低阶谱截断方法将复杂的大气、海洋偏微分方程组化为常微分方程组，这样问题就变得简化多了. 研究大气吸引子还有许多具体的应用，详细内容见参考文献[115，136，137，155].

下面，我们介绍一下大气、海洋原始方程组的适定性以及大气、海洋吸引子的研究进展. 早在1979年，Zeng就在文献[209]中应用Galerkin方法讨论了不带粘性的大气原始方程组的适定性问题，得到了弱解的存在性. 20世纪90年代初，许多数学家（例如Lions J. L., Temam R.和Wang S.）开始从数学上研究大气、海洋和耦合的大气、海洋原始方程组(见文献[129，130，131，132，133，190]和其中的引文). 在文献[129]中，通过引入粘性和一些技术处理，Lions，Temam和Wang得到了干大气原始方程组的新表述. 在相空间H中，干大气原始方程组新表述的初边值问题可以简化写为：

$$
\begin{aligned}
&\frac{\mathrm{d}\boldsymbol{U}}{\mathrm{d}t}+A\boldsymbol{U}+B(\boldsymbol{U},\boldsymbol{U})+E(\boldsymbol{U})=f,\\
&\boldsymbol{U}(0)=\boldsymbol{U}_0,
\end{aligned}
$$

其中$\boldsymbol{U} = (\boldsymbol{v}, T)$，其细节可参见3.1节．在气压坐标系下，这一原始方程组的新表述与不可压流体的Navier-Stokes方程类似（当然还是有些不同，主要是：Navier-Stokes方程的非线性项是$(\boldsymbol{u}\cdot\boldsymbol{\nabla})\boldsymbol{u}$, 而大气原始方程组的新表述的非线性项含有$\left(\int_{\xi}^{1}\mathrm{div}\boldsymbol{v}\mathrm{d}\xi'\right)\dfrac{\partial \boldsymbol{v}}{\partial \xi}$，这里$\boldsymbol{u}$是Navier-Stokes方程的三维速度场，$\boldsymbol{v}$是大气中水平方向上的速度场）．利用文献[126]中解决Navier-Stokes方程的方法(即Leray-Hopf方法)，他们得到了原始方程组新表述的初边值问题弱解的整体存在性(但是，他们没有研究强解的整体存在性)．而且，在假设带垂直粘性的大气原始方程组的初边值问题强解整体存在的情况下（其中强解还必须满足H^1范数的关于时间的一致有界性），他们做出了大气整体吸引子的Hausdorff和分形维数的估计．用同样的方法，在文献[130，133]中，他们分别建立了海洋原始方程组和耦合的大气—海洋模型的一些数学理论（他们主要解决了弱解的整体存在性，在强解存在的假设下研究了整体吸引子的Hausdorff和分形维数的估计）．在文献[120，121]中，Li和Chou假设干和湿大气基本方程组强解整体存在，研究了对应问题解的渐近行为．

近年来，一些数学家开始考虑大气和海洋三维粘性原始方程组的强解的存在性、唯一性和稳定性(见文献[22，23，24，48，78，97，175，180]和其中的引文)．在文献[78]中，Guillén-González 等巧妙地利用各向异性估计来处理非线性项$\left(\int_{\xi}^{1}\mathrm{div}\boldsymbol{v}\mathrm{d}\xi'\right)\dfrac{\partial \boldsymbol{v}}{\partial \xi}$，从而在初始数据充分小的假设下得到了海洋原始方程组强解的整体存在性，而且还证明了对所有初始数据强解的局部存在性．在文献[190]中，Temam 和Ziane 研究了大气、海洋和耦合的大气、海洋原始方程组的强解的局部存在性．文献[22，23，24] 主要用于考虑无量纲Boussinesq方程组及其变形的模式(这些模式可见文献[159，175])．在文献[22]中，Cao 和Titi 考虑了三维全球地转模式的整体适定性和有限维的整体吸引子的存在性．在文献[24]中，Cao 和Titi考虑了海洋三维粘性原始方程组的整体适定性，发现了一种漂亮的方法：利用静力近似,把水平方向上的速度场$\boldsymbol{v}$分解为正压流$\bar{\boldsymbol{v}}$和斜压流$\tilde{\boldsymbol{v}}$，再经过一些复杂的计算得到了斜压流$\tilde{\boldsymbol{v}}$的L^6-范数关于时间一致的有界性．利用斜压流$\tilde{\boldsymbol{v}}$的L^6-范数关于时间一致的有界性，Cao 和Titi 完整地证明了海洋三维粘性原始方程组的强解的整体存在性、唯一性和稳定性．基于这一结果，从某种意义上人们可以说海洋三维粘性原始方程组比不可压的Navier-Stokes方程更为简单（这是与物理的观点一致的，因为海洋原始方程组是经过取静力近似而得到的）．

这一章主要介绍我们在大气和海洋原始方程组及其无穷维动力系统的研究中取得的一些结果．在3.1节，考虑大气在弱意义下的整体吸引子的存在性；在3.2节，研究大气关于通常解半群的整体吸引子的存在性；在3.3节，证明带粘性的大气原始方程组的光滑解的整体存在性；在最后一节，给出海洋原始方程组的整体适定性结果．

3.1 湿大气原始方程组弱解和轨道吸引子的存在性

在这一节中，我们首先研究湿大气原始方程组的初边值问题，并将我们得到的湿大气方程组的整体弱解和轨道吸引子的存在性在定理3.1.10和定理3.1.25中阐述出来. 在没有假设强解整体存在，也没有假设强解关于时间在某一空间的范数下一致有界的情况下，我们得到湿大气原始方程组在弱意义下的整体吸引子的存在性. 经过一些技术处理，湿大气原始方程组的初边值问题IBVP与问题3.1.5对应. 用文献[122]的方法，我们能够充分利用反映气压和密度关系的静力平衡方程，进而得到问题3.1.5弱解的整体存在性. 由于问题3.1.5整体弱解的唯一性仍然无法证明，我们不能使用基于解半群研究整体吸引子的通常方法，但是，我们将考虑关于时间平移半群的轨道吸引子和整体吸引子. 最后，我们应用文献[35,193]的方法来证明湿大气原始方程组的轨道吸引子存在性.

这一节的安排如下：在3.1.1小节，我们将引入湿大气原始方程组的新表述. 在3.1.2小节，我们将给出湿大气原始方程组的初边值问题的数学表示，并得到问题3.1.5的弱解的整体存在性. 我们将在3.1.3小节证明湿大气原始方程组的轨道吸引子和整体吸引子的存在性.

3.1.1 湿大气原始方程组

受到Lions, Temam 和Wang 在文献[129]中用的方法的启发，我们将在这一小节给出湿大气原始方程组的新表述.

类似于方程组(1.6.6)~(1.6.9)的推导，可以得到如下湿大气原始方程组:

$$\frac{\partial \boldsymbol{v}}{\partial t}+\nabla_{\boldsymbol{v}}\boldsymbol{v}+\omega\frac{\partial \boldsymbol{v}}{\partial p}+f\boldsymbol{k}\times\boldsymbol{v}+\mathrm{grad}\Phi-\mu_1\Delta\boldsymbol{v}-\nu_1\frac{\partial}{\partial p}\left[\left(\frac{gp}{R\bar{T}}\right)^2\frac{\partial \boldsymbol{v}}{\partial p}\right]=0, \tag{3.1.1}$$

$$\mathrm{div}\boldsymbol{v}+\frac{\partial\omega}{\partial p}=0, \tag{3.1.2}$$

$$\frac{\partial\Phi}{\partial p}+\frac{R}{p}(1+cq)T=0, \tag{3.1.3}$$

$$\frac{R^2}{C^2}\left(\frac{\partial T}{\partial t}+\nabla_{\boldsymbol{v}}T+\omega\frac{\partial T}{\partial p}\right)-\frac{R}{p}(1+cq)\omega-\mu_2\Delta T-\nu_2\frac{\partial}{\partial p}\left[\left(\frac{gp}{R\bar{T}}\right)^2\frac{\partial T}{\partial p}\right]=Q_1, \tag{3.1.4}$$

$$\frac{\partial q}{\partial t}+\nabla_{\boldsymbol{v}}q+\omega\frac{\partial q}{\partial p}-\mu_3\Delta q-\nu_3\frac{\partial}{\partial p}\left[\left(\frac{gp}{R\bar{T}}\right)^2\frac{\partial q}{\partial p}\right]=Q_2, \tag{3.1.5}$$

其中未知函数是$\boldsymbol{v}$, ω, Φ, T, q, $\boldsymbol{v}=(v_\theta,v_\varphi)$是水平方向上的速度，$\omega=\dfrac{\mathrm{d}p}{\mathrm{d}t}$是气压坐标系下垂直方向上的速度，$\Phi=gz$是地势，$T$是温度，$q=\dfrac{\rho_1}{\rho}$是空气中水蒸气的混合比，$\rho_1$是空气中水蒸气的密度，$f=2\Omega\cos\theta$是科氏参数, $\boldsymbol{k}$是垂直方向上的单位向量，$\bar{T}$是参考的空气温度，μ_i,ν_i,c是正的常数($i=1,2,3,c\approx0.618$)，Q_1是热源，Q_2是盐度的源，$\nabla_{\boldsymbol{v}}\boldsymbol{v}$, $\Delta\boldsymbol{v}$, ΔT, Δq, $\nabla_{\boldsymbol{v}}q$, $\nabla_{\boldsymbol{v}}T$, $\mathrm{div}\boldsymbol{v}$, $\mathrm{grad}\Phi$的定义将在3.1.2节给出.

注记 3.1.1 方程组(3.1.1)~(3.1.5)与文献[131]中的大气方程组不同，文献[131]的方程组为(3.1.1)、(3.1.2)、(3.1.5) 耦合上当$c=0$时的(3.1.3)和(3.1.4).

我们将考虑方程组(3.1.1) ~ (3.1.5)带有如下的边界条件的情况：

$$p=P:\ (\boldsymbol{v},\omega)=0,\ \frac{\partial T}{\partial p}=\tilde{\alpha}_s(T_s-T),\ \frac{\partial q}{\partial p}=\tilde{\beta}_s(q_s-q), \tag{3.1.6}$$

$$p=p_0:\ (\boldsymbol{v},\omega)=0,\ \frac{\partial T}{\partial p}=0,\ \frac{\partial q}{\partial p}=0, \tag{3.1.7}$$

其中P是地球表面的气压近似值，p_0是大气顶层的气压，假设$p_0>0$，$\tilde{\alpha}_s$，$\tilde{\beta}_s$是正的常数，T_s是地球表面上给定的温度，q_s是地球表面上给定的水蒸气的混合比.

下面我们对湿大气原始方程组的边值问题(3.1.1)~(3.1.7)进行无量纲化. 设水平方向的速度的特征尺度为U，运动的水平特征长度尺度为L，时间的特征尺度为$\frac{L}{U}$，气压的特征尺度为P，则

$$\boldsymbol{v}=U\boldsymbol{v}',\ \omega=\frac{P-p_0}{L}U\omega',\ \varPhi=U^2\varPhi',\ T=\bar{T_0}T',\ q=\bar{q_0}q',\ t=\frac{L}{U}t',$$

$$p=(P-p_0)\xi+p_0,\ R_0=\frac{U}{L\varOmega},\ Re_1=\frac{LU}{\mu_1},\ Re_2=\frac{LR^2\bar{T_0}^2}{\nu_1 Lg^2}\frac{(P-p_0)^2}{P^2},$$

$$Rt_1=\frac{LU^3}{\mu_2\bar{T_0}^2},\ Rt_2=\frac{U^3R^2}{\nu_2 Lg^2}\frac{(P-p_0)^2}{P^2},\ Rt_3=\frac{LU}{\mu_3},\ \ Rt_4=\frac{LR^2\bar{T_0}^2}{\nu_3 Lg^2}\frac{(P-p_0)^2}{P^2},$$

$$a_1=\frac{R^2\bar{T_0}^2}{C^2U^2},\ b=\frac{R\bar{T_0}(P-p_0)}{U^2P},\ \tilde{\alpha}_s=\frac{\alpha_s}{P-p_0},\ \tilde{\beta}_s=\frac{\beta_s}{P-p_0},\ T_s=\bar{T_0}\overline{T_s},$$

$$q_s=\bar{q_0}\overline{q_s},\ f'=2\cos\theta.$$

那么，方程组(3.1.1)~(3.1.5)可写为如下的无量纲形式(略去了符号′)：

$$\frac{\partial\boldsymbol{v}}{\partial t}+\nabla_{\boldsymbol{v}}\boldsymbol{v}+\omega\frac{\partial\boldsymbol{v}}{\partial\xi}+\frac{f}{R_0}\boldsymbol{k}\times\boldsymbol{v}+\mathrm{grad}\varPhi-\frac{1}{Re_1}\Delta\boldsymbol{v}-\frac{1}{Re_2}\frac{\partial}{\partial\xi}\left[\left(\frac{p\overline{T_0}}{P\overline{T}}\right)^2\frac{\partial\boldsymbol{v}}{\partial\xi}\right]=0, \tag{3.1.8}$$

$$\mathrm{div}\boldsymbol{v}+\frac{\partial\omega}{\partial\xi}=0, \tag{3.1.9}$$

$$\frac{\partial\varPhi}{\partial\xi}+\frac{bP}{p}(1+cq)T=0, \tag{3.1.10}$$

$$a_1\left(\frac{\partial T}{\partial t}+\nabla_{\boldsymbol{v}}T+\omega\frac{\partial T}{\partial\xi}\right)-\frac{bP}{p}(1+cq)\omega-\frac{1}{Rt_1}\Delta T-\frac{1}{Rt_2}\frac{\partial}{\partial\xi}\left[\left(\frac{p\overline{T_0}}{P\overline{T}}\right)^2\frac{\partial T}{\partial\xi}\right]=f_1, \tag{3.1.11}$$

$$\frac{\partial q}{\partial t}+\nabla_{\boldsymbol{v}}q+\omega\frac{\partial q}{\partial\xi}-\frac{1}{Rt_3}\Delta q-\frac{1}{Rt_4}\frac{\partial}{\partial\xi}\left[\left(\frac{p\overline{T_0}}{P\overline{T}}\right)^2\frac{\partial q}{\partial\xi}\right]=f_2, \tag{3.1.12}$$

其中R_0 是Rossby数, Re_1，Re_2 分别代表水平和垂直方向上的Reynolds数，Rt_1，Rt_2 分别代表水平和垂直方向上的热扩散系数，Rt_3，Rt_4分别是水平和垂直方向上水蒸气的扩散系数，f_1，f_2为给定的$S^2\times(0,1)$上的函数.

方程组(3.1.8)~(3.1.12)的空间区域为

$$\Omega = S^2 \times (0,1),$$

其中S^2 是二维的单位球面. 上面方程组的边界条件是

$$\xi = 1(p=P): \ (\boldsymbol{v},\omega)=0,\ \frac{\partial T}{\partial \xi}=\alpha_s(\overline{T_s}-T),\ \frac{\partial q}{\partial \xi}=\beta_s(\overline{q_s}-q), \tag{3.1.13}$$

$$\xi = 0(p=p_0): \ (\boldsymbol{v},\omega)=0,\ \frac{\partial T}{\partial \xi}=0,\ \frac{\partial q}{\partial \xi}=0. \tag{3.1.14}$$

对(3.1.9)积分，再利用边界条件(3.1.13)和(3.1.14)，我们有

$$\omega(t;\theta,\varphi,\xi)=W(\boldsymbol{v})(t;\theta,\varphi,\xi)=\int_\xi^1 \mathrm{div}\boldsymbol{v}(t;\theta,\varphi,\xi')\ \mathrm{d}\xi', \tag{3.1.15}$$

$$\int_0^1 \mathrm{div}\boldsymbol{v}\ \mathrm{d}\xi = 0. \tag{3.1.16}$$

假设Φ_s是等压面$p=P$上的未知函数，对(3.1.10)积分，我们得到

$$\Phi(t;\theta,\varphi,\xi)=\Phi_s(t;\theta,\varphi,\xi)+\int_\xi^1 \frac{bP}{p}(1+cq)T\ \mathrm{d}\xi',$$

那么，方程组(3.1.8)~(3.1.12)可以写为

$$\frac{\partial \boldsymbol{v}}{\partial t}+\boldsymbol{\nabla}_{\boldsymbol{v}}\boldsymbol{v}+W(\boldsymbol{v})\frac{\partial \boldsymbol{v}}{\partial \xi}+\frac{f}{R_0}\boldsymbol{k}\times\boldsymbol{v}+\mathrm{grad}\Phi_s+\int_\xi^1\frac{bP}{p}\mathrm{grad}(1+cq)T\ \mathrm{d}\xi'-\frac{1}{Re_1}\Delta\boldsymbol{v}$$

$$-\frac{1}{Re_2}\frac{\partial}{\partial \xi}\left[\left(\frac{p\overline{T_0}}{P\overline{T}}\right)^2\frac{\partial \boldsymbol{v}}{\partial \xi}\right]=0, \tag{3.1.17}$$

$$a_1(\frac{\partial T}{\partial t}+\boldsymbol{\nabla}_{\boldsymbol{v}}T+W(\boldsymbol{v})\frac{\partial T}{\partial \xi})-\frac{bP}{p}(1+cq)W(\boldsymbol{v})-\frac{1}{Rt_1}\Delta T-\frac{1}{Rt_2}\frac{\partial}{\partial \xi}\left[\left(\frac{p\overline{T_0}}{P\overline{T}}\right)^2\frac{\partial T}{\partial \xi}\right]=f_1, \tag{3.1.18}$$

$$\frac{\partial q}{\partial t}+\boldsymbol{\nabla}_{\boldsymbol{v}}q+W(\boldsymbol{v})\frac{\partial q}{\partial \xi}-\frac{1}{Rt_3}\Delta q-\frac{1}{Rt_4}\frac{\partial}{\partial \xi}\left[\left(\frac{p\overline{T_0}}{P\overline{T}}\right)^2\frac{\partial q}{\partial \xi}\right]=f_2, \tag{3.1.19}$$

$$\int_0^1 \mathrm{div}\boldsymbol{v}\ \mathrm{d}\xi = 0, \tag{3.1.20}$$

其中$\mathrm{grad}T$, $\mathrm{grad}\Phi_s$ 的定义将在3.1.2节给出. 方程组(3.1.17)~(3.1.20)的边界条件为

$$\xi = 1(p=P): \ \boldsymbol{v}=0,\ \frac{\partial T}{\partial \xi}=\alpha_s(\overline{T_s}-T),\ \frac{\partial q}{\partial \xi}=\beta_s(\overline{q_s}-q), \tag{3.1.21}$$

$$\xi = 0(p=p_0): \ \boldsymbol{v}=0,\ \frac{\partial T}{\partial \xi}=0,\ \frac{\partial q}{\partial \xi}=0, \tag{3.1.22}$$

初始条件为

$$\boldsymbol{U}_0=(\boldsymbol{v}_0,T_0,q_0). \tag{3.1.23}$$

我们把(3.1.17)~(3.1.23)称为湿大气原始方程组的初边值问题，记为IBVP.

3.1.2 问题IBVP弱解的整体存在性

这一小节分为四小部分：首先，我们将定义问题IBVP 的工作空间；接着，我们将给出与方程组(3.1.17)~(3.1.23) 对应的一些泛函的性质；最后两部分，我们将引入问题IBVP的弱形式并证明问题IBVP弱解的整体存在性.

3.1.2.1 一些函数空间

设$\boldsymbol{e}_\theta$, $\boldsymbol{e}_\varphi$, $\boldsymbol{e}_\xi$分别为空间区域Ω中θ, φ 和ξ方向上的单位向量，

$$\boldsymbol{e}_\theta = \frac{\partial}{\partial\theta},\ \ \boldsymbol{e}_\varphi = \frac{1}{\sin\theta}\frac{\partial}{\partial\varphi},\ \ \boldsymbol{e}_\xi = \frac{\partial}{\partial\xi}.$$

$T_{(\theta,\varphi,\xi)}\Omega$ (Ω在点(θ,φ,ξ)处的切空间)的内积和范数为

$$(X,Y)_T = X\cdot Y = X_1Y_1 + X_2Y_2 + X_3Y_3,\ \ |X|_T = (X,X)^{\frac{1}{2}},$$

其中

$$X = X_1\boldsymbol{e}_\theta + X_2\boldsymbol{e}_\varphi + X_3\boldsymbol{e}_\xi,\ Y = Y_1\boldsymbol{e}_\theta + Y_2\boldsymbol{e}_\varphi + Y_3\boldsymbol{e}_\xi \in T_{(\theta,\varphi,\xi)}\Omega.$$

空间$L^p(\Omega) := \{h; h: \Omega \to \mathbb{R}, \int_\Omega |h|^p < +\infty\}$ 的范数是$|h|_p = (\int_\Omega |h|^p)^{\frac{1}{p}}$, $1 \leqslant p < +\infty$. $L^2(T\Omega|TS^2) = \{v; v: \Omega \to TS^2\}$ 是Ω中的L^2向量场的前面两个分量所组成的空间，其中的范数为$|\boldsymbol{v}|_2 = (\int_\Omega(|v_\theta|^2 + |v_\varphi|^2))^{\frac{1}{2}}$, 这里$T\Omega, TS^2$ 分别为Ω 和S^2的切从，$\boldsymbol{v} = (v_\theta, v_\varphi)$. $C^\infty(S^2)$是由从S^2到$\mathbb{R}$光滑函数全体所组成的空间. $C^\infty(\Omega)$是由从Ω到$\mathbb{R}$光滑函数全体所组成的空间. $C^\infty(T\Omega|TS^2)$ 是Ω中的光滑向量场的前面两个分量所组成的空间. $C_0^\infty(\Omega) := \{h;\ h \in C^\infty(\Omega),\ \mathrm{supp}h$是$\Omega$的紧子集$\}$. $C_0^\infty(T\Omega|TS^2) := \{\boldsymbol{v};\ \boldsymbol{v} \in C^\infty(T\Omega|TS^2),\ \ \mathrm{supp}\boldsymbol{v}$是$\Omega$的紧子集$\}$. $H^m(\Omega)$是由本身及其所有关于$\boldsymbol{e}_\theta$, $\boldsymbol{e}_\varphi$, $\boldsymbol{e}_\xi$小于等于m阶的协变导数都在L^2的函数所组成的Sobolev空间，其中的范数为

$$\|h\|_m = \left(\int_\Omega \left(\sum_{1\leqslant k\leqslant m}\ \sum_{i_j=1,2,3;j=1,\cdots,k} |\boldsymbol{\nabla}_{i_1}\cdots\boldsymbol{\nabla}_{i_k}h|^2 + |h|^2\right)\right)^{\frac{1}{2}},$$

这里$\boldsymbol{\nabla}_1 = \boldsymbol{\nabla}_{\boldsymbol{e}_\theta}$, $\boldsymbol{\nabla}_2 = \boldsymbol{\nabla}_{\boldsymbol{e}_\varphi}$, $\boldsymbol{\nabla}_3 = \boldsymbol{\nabla}_{\boldsymbol{e}_\xi} = \dfrac{\partial}{\partial\xi}$ (协变导数算子$\boldsymbol{\nabla}_{\boldsymbol{e}_\theta}, \boldsymbol{\nabla}_{\boldsymbol{e}_\varphi}$的定义将在后面给出). $H^m(T\Omega|TS^2) = \{\boldsymbol{v};\ \boldsymbol{v} = (v_\theta, v_\varphi): \Omega \to TS^2,\ v_\theta, v_\varphi \in H^m(\Omega)\}$, 其中的范数类似于$H^m(\Omega)$，即在上面$H^m(\Omega)$的范数公式中令$h = (v_\theta, v_\varphi) = v_\theta\boldsymbol{e}_\theta + v_\varphi\boldsymbol{e}_\varphi$.

标量和向量函数的水平方向上的散度div、水平方向上的梯度$\boldsymbol{\nabla} = \mathrm{grad}$、水平方向上的协变导数$\boldsymbol{\nabla}_{\boldsymbol{v}}$ 和水平方向上的Laplace-Beltrami算子Δ的定义为：

$$\mathrm{div}\boldsymbol{v} = \mathrm{div}\,(v_\theta\boldsymbol{e}_\theta + v_\varphi\boldsymbol{e}_\varphi) = \frac{1}{\sin\theta}\left(\frac{\partial v_\theta\sin\theta}{\partial\theta} + \frac{\partial v_\varphi}{\partial\varphi}\right),$$

$$\nabla T=\mathrm{grad}T=\frac{\partial T}{\partial\theta}\boldsymbol{e}_\theta+\frac{1}{\sin\theta}\frac{\partial T}{\partial\varphi}\boldsymbol{e}_\varphi,\quad \mathrm{grad}\varPhi_s=\frac{\partial\varPhi_s}{\partial\theta}\boldsymbol{e}_\theta+\frac{1}{\sin\theta}\frac{\partial\varPhi_s}{\partial\varphi}\boldsymbol{e}_\varphi,$$

$$\nabla_{\boldsymbol{v}}\widetilde{\boldsymbol{v}}=\left(v_\theta\frac{\partial\widetilde{v}_\theta}{\partial\theta}+\frac{v_\varphi}{\sin\theta}\frac{\partial\widetilde{v}_\theta}{\partial\varphi}-v_\varphi\widetilde{v}_\varphi\cot\theta\right)\boldsymbol{e}_\theta+\left(v_\theta\frac{\partial\widetilde{v}_\varphi}{\partial\theta}+\frac{v_\varphi}{\sin\theta}\frac{\partial\widetilde{v}_\varphi}{\partial\varphi}+v_\varphi\widetilde{v}_\theta\cot\theta\right)\boldsymbol{e}_\varphi,$$

$$\nabla_{\boldsymbol{v}}T=v_\theta\frac{\partial T}{\partial\theta}+\frac{v_\varphi}{\sin\theta}\frac{\partial T}{\partial\varphi},\ \nabla_{\boldsymbol{v}}q=v_\theta\frac{\partial q}{\partial\theta}+\frac{v_\varphi}{\sin\theta}\frac{\partial q}{\partial\varphi},$$

$$\Delta T=\frac{1}{\sin\theta}\left(\frac{\partial}{\partial\theta}\left(\sin\theta\frac{\partial T}{\partial\theta}\right)+\frac{1}{\sin\theta}\frac{\partial^2T}{\partial\varphi^2}\right),$$

$$\Delta q=\frac{1}{\sin\theta}\left(\frac{\partial}{\partial\theta}\left(\sin\theta\frac{\partial q}{\partial\theta}\right)+\frac{1}{\sin\theta}\frac{\partial^2q}{\partial\varphi^2}\right),$$

$$\Delta v=\left(\Delta v_\theta-\frac{2\cos\theta}{\sin^2\theta}\frac{\partial v_\varphi}{\partial\varphi}-\frac{v_\theta}{\sin^2\theta}\right)\boldsymbol{e}_\theta+\left(\Delta v_\varphi+\frac{2\cos\theta}{\sin^2\theta}\frac{\partial v_\theta}{\partial\varphi}-\frac{v_\varphi}{\sin^2\theta}\right)\boldsymbol{e}_\varphi,$$

其中$\boldsymbol{v}=v_\theta\boldsymbol{e}_\theta+v_\varphi\boldsymbol{e}_\varphi$, $\widetilde{\boldsymbol{v}}=\widetilde{v}_\theta\boldsymbol{e}_\theta+\widetilde{v}_\varphi\boldsymbol{e}_\varphi\in C^\infty(T\varOmega|TS^2)$, $T,\ q\in C^\infty(\varOmega)$, $\varPhi_s\in C^\infty(S^2)$.

下面我们定义问题IBVP的工作空间，令

$$\widetilde{V}:=\left\{\boldsymbol{v};\ \boldsymbol{v}\in C_0^\infty(T\varOmega|TS^2),\ \int_0^1\mathrm{div}\boldsymbol{v}\ \mathrm{d}\xi=0\right\},$$

$$V_1=\ \widetilde{V}\text{关于范数}\ \|\cdot\|_1\text{的闭包},\quad V_2=H^1(\varOmega),$$

$$H_1=\ \widetilde{V}\text{关于范数}\ |\cdot|_2\text{的闭包},\quad H_2=L^2(\varOmega),$$

$$V=V_1\times V_2\times V_2,\quad H=H_1\times H_2\times H_2,$$

$$V_1^{(3)}=\ \widetilde{V}\text{关于范数}\ \|\cdot\|_3\text{的闭包},\quad V_2^{(3)}=H^3(\varOmega),$$

$$V^{(3)}=V_1^{(3)}\times V_2^{(3)}\times V_2^{(3)},\quad V^{(-3)}=(V^{(3)})',$$

其中$(V^{(3)})'$是$V^{(3)}$的对偶空间. 为了研究方程组(3.1.17)~(3.1.19)的非线性项，我们必须引入空间$V^{(3)}$ 和$V^{(-3)}$. V, V_1, V_2 的内积和范数为：

$$(\boldsymbol{v},\boldsymbol{v}_1)_{V_1}=\int_\varOmega\left(\nabla_{\boldsymbol{e}_\theta}\boldsymbol{v}\cdot\nabla_{\boldsymbol{e}_\theta}\boldsymbol{v}_1+\nabla_{\boldsymbol{e}_\varphi}\boldsymbol{v}\cdot\nabla_{\boldsymbol{e}_\varphi}\boldsymbol{v}_1+\frac{\partial\boldsymbol{v}}{\partial\xi}\frac{\partial\boldsymbol{v}_1}{\partial\xi}+\boldsymbol{v}\cdot\boldsymbol{v}_1\right),$$

$$\|\boldsymbol{v}\|_{V_1}=(\boldsymbol{v},\boldsymbol{v})_{V_1}^{\frac12},\quad\forall\boldsymbol{v},\ \boldsymbol{v}_1\in V_1,$$

$$(T,T_1)_{V_2}=\int_\varOmega\left(\mathrm{grad}T\cdot\mathrm{grad}T_1+\frac{\partial T}{\partial\xi}\frac{\partial T_1}{\partial\xi}+TT_1\right),$$

$$\|T\|_{V_2}=(T,T)_{V_2}^{\frac12},\quad\forall T,\ T_1\in V_2,$$

$$(q,q_1)_{V_2}=\int_\varOmega\left(\mathrm{grad}q\cdot\mathrm{grad}q_1+\frac{\partial q}{\partial\xi}\frac{\partial q_1}{\partial\xi}+qq_1\right),$$

$$\|q\|_{V_2}=(q,q)_{V_2}^{\frac12},\quad\forall q,\ q_1\in V_2,$$

$$(\boldsymbol{U},\boldsymbol{U}_1)_H=(\boldsymbol{v},\boldsymbol{v}_1)+(a_1T,T_1)+(q,q_1),$$

$$(\boldsymbol{U},\boldsymbol{U}_1)_V=(\boldsymbol{v},\boldsymbol{v}_1)_{V_1}+(T,T_1)_{V_2}+(q,q_1)_{V_2},$$

$$\|\boldsymbol{U}\|=(\boldsymbol{U},\boldsymbol{U})_V^{\frac{1}{2}},\ |\boldsymbol{U}|_2=(\boldsymbol{U},\boldsymbol{U})_H^{\frac{1}{2}},\ \forall\boldsymbol{U}=(\boldsymbol{v},T,q),\ \boldsymbol{U}_1=(\boldsymbol{v}_1,T_1,q_1)\in V,$$
$$\|\boldsymbol{U}\|_{(3)}=(\|\boldsymbol{v}\|_3^2+\|T\|_3^2+\|q\|_3^2)^{\frac{1}{2}},\forall\boldsymbol{U}\in V^{(3)},$$
$$(T,T_1)_{H_2}=(a_1T,T_1),\ |T|_2=(T,T)_{H_2}^{\frac{1}{2}},\ |\boldsymbol{v}|_2=(\boldsymbol{v},\boldsymbol{v})^{\frac{1}{2}},$$

这里$(\cdot,\cdot)$为H_1, H_2中的L^2内积. 由空间V, H, $V^{(-3)}$的定义，我们可知

$$V\subset H=H'\subset V'\subset V^{(-3)},$$

其中V'是空间V的对偶空间.

3.1.2.2 一些泛函及其对应算子的性质

在这部分，我们将定义与方程组(3.1.17)~(3.1.20)对应的一些泛函和算子，并给出关于这些泛函的估计.

定义泛函$\widetilde{a}_1:V_1\times V_1\to\mathbb{R}$, $\widetilde{a}_2:V_2\times V_2\to\mathbb{R}$, $\widetilde{a}_3:V_2\times V_2\to\mathbb{R}$, $\widetilde{a}:V\times V\to\mathbb{R}$ 及其对应的线性算子$A_1:V_1\to V_1'$, $A_2:V_2\to V_2'$, $A_3:V_2\to V_2'$, $A:V\to V'$分别为：

$$\begin{aligned}
&\widetilde{a}_1(\boldsymbol{v},\boldsymbol{v}_1)=(A_1\boldsymbol{v},\boldsymbol{v}_1)\\
=&\int_\Omega\left(\frac{1}{Re_1}\left(\nabla_{e_\theta}\boldsymbol{v}\cdot\nabla_{e_\theta}\boldsymbol{v}_1+\nabla_{e_\varphi}\boldsymbol{v}\cdot\nabla_{e_\varphi}\boldsymbol{v}_1+\boldsymbol{v}\cdot\boldsymbol{v}_1\right)+\frac{1}{Re_2}\left(\frac{p\overline{T_0}}{P\overline{T}}\right)^2\frac{\partial\boldsymbol{v}}{\partial\xi}\frac{\partial\boldsymbol{v}_1}{\partial\xi}\right),\\
&\widetilde{a}_2(T,T_1)=(A_2T,T_1)\\
=&\int_\Omega\left(\frac{1}{Rt_1}\mathrm{grad}T\cdot\mathrm{grad}T_1+\frac{1}{Rt_2}\left(\frac{p\overline{T_0}}{P\overline{T}}\right)^2\frac{\partial T}{\partial\xi}\frac{\partial T_1}{\partial\xi}\right)+\int_{\Gamma_1}\frac{\alpha_s}{Rt_2}\left(\frac{p\overline{T_0}}{P\overline{T}}\right)^2TT_1,\\
&\widetilde{a}_3(q,q_1)=(A_3q,q_1)\\
=&\int_\Omega\left(\frac{1}{Rt_3}\mathrm{grad}q\cdot\mathrm{grad}q_1+\frac{1}{Rt_4}\left(\frac{p\overline{q_0}}{P\overline{q}}\right)^2\frac{\partial q}{\partial\xi}\frac{\partial q_1}{\partial\xi}\right)+\int_{\Gamma_1}\frac{\beta_s}{Rt_4}\left(\frac{p\overline{q_0}}{P\overline{q}}\right)^2qq_1,\\
&\widetilde{a}(\boldsymbol{U},\boldsymbol{U}_1)=(A\boldsymbol{U},\boldsymbol{U}_1)=\widetilde{a}_1(\boldsymbol{v},\boldsymbol{v}_1)+\widetilde{a}_2(T,T_1)+\widetilde{a}_3(q,q_1),
\end{aligned}$$

这里$\varGamma_1=S^2\times 1$.

引理 3.1.2

(i) a是强制的，且连续的，$A:V\to V'$是同构，而且

$$\begin{aligned}
a(\boldsymbol{U},\boldsymbol{U}_1)\leqslant&c_1\max\left\{\frac{1}{Re_1},\frac{1}{Re_2}\right\}\|\boldsymbol{v}\|_{V_1}\|\boldsymbol{v}_1\|_{V_1}+c_2\max\left\{\frac{1}{Rt_1},\frac{1}{Rt_2},\frac{\alpha_s}{Rt_2}\right\}\|T\|_{V_2}\|T_1\|_{V_2}\\
&+c_3\max\left\{\frac{1}{Rt_3},\frac{1}{Rt_4},\frac{\beta_s}{Rt_4}\right\}\|q\|_{V_2}\|q_1\|_{V_2}\\
\leqslant&\frac{1}{R_{\min}}\|\boldsymbol{U}\|\|\boldsymbol{U}_1\|,
\end{aligned}\tag{3.1.24}$$

$$
\begin{aligned}
a(\boldsymbol{U},\boldsymbol{U}) \geqslant & c_4\min\left\{\frac{1}{Re_1},\frac{1}{Re_2}\right\}\|\boldsymbol{v}\|_{V_1}^2+c_5\min\left\{\frac{1}{Rt_1},\frac{1}{Rt_2},\frac{\alpha_s}{Rt_2}\right\}\|T\|_{V_2}^2 \\
& +c_6\min\left\{\frac{1}{Rt_3},\frac{1}{Rt_4},\frac{\beta_s}{Rt_4}\right\}\|q\|_{V_2}^2 \\
\geqslant & \frac{1}{R_{\max}}\|\boldsymbol{U}\|^2,
\end{aligned} \tag{3.1.25}
$$

其中

$$
R_{\min}=\frac{1}{\min\{c_1,c_2,c_3\}}\min\left\{Re_1,Re_2,Rt_1,Rt_2,Rt_3,Rt_4,\frac{Rt_2}{\alpha_s},\frac{Rt_4}{\beta_s}\right\},
$$

$$
R_{\max}=\frac{1}{\max\{c_4,c_5,c_6\}}\min\left\{Re_1,Re_2,Rt_1,Rt_2,Rt_3,Rt_4,\frac{Rt_2}{\alpha_s},\frac{Rt_4}{\beta_s}\right\}.
$$

在这节中，c_i 将代表正的常数并由具体的位置决定.

(ii) 同构$A:V\to V'$可以延拓为H上自共轭的无界线性算子，且有紧的逆算子$A^{-1}:H\to H$，算子A的定义域为$D(A)=V\cap(H^2(T\varOmega|TS^2)\times H^2(\varOmega)\times H^2(\varOmega))$.

证明：算子A与H_0^1上正的对称算子$-\Delta$类似. 这里我们略去了证明的细节. 证明的过程见文献[129，Lemma 2.3].

对于方程组(3.1.17)~(3.1.19)的非线性项，我们定义泛函$\widetilde{b}:V\times V\times V\to\mathbb{R}$和其对应的算子$B:H\times H\to H$为

$$
\widetilde{b}(\boldsymbol{U},\boldsymbol{U}_1,\boldsymbol{U}_2)=(B(\boldsymbol{U},\boldsymbol{U}_1),\boldsymbol{U}_2)_H=b_1(\boldsymbol{v},\boldsymbol{v}_1,\boldsymbol{v}_2)+b_2(\boldsymbol{v},T_1,T_2)+b_3(\boldsymbol{v},q_1,q_2),
$$

其中

$$
\begin{aligned}
b_1(\boldsymbol{v},\boldsymbol{v}_1,\boldsymbol{v}_2)&=\int_\varOmega\left(\boldsymbol{\nabla}_{\boldsymbol{v}}\boldsymbol{v}_1+\left(\int_\xi^1\mathrm{div}\boldsymbol{v}\,\mathrm{d}\xi'\right)\frac{\partial\boldsymbol{v}_1}{\partial\xi}\right)\cdot\boldsymbol{v}_2,\\
b_2(\boldsymbol{v},T_1,T_2)&=\int_\varOmega\left(\boldsymbol{\nabla}_{\boldsymbol{v}}T_1+\left(\int_\xi^1\mathrm{div}\boldsymbol{v}\,\mathrm{d}\xi'\right)\frac{\partial T_1}{\partial\xi}\right)T_2,\\
b_3(\boldsymbol{v},q_1,q_2)&=\int_\varOmega\left(\boldsymbol{\nabla}_{\boldsymbol{v}}q_1+\left(\int_\xi^1\mathrm{div}\boldsymbol{v}\,\mathrm{d}\xi'\right)\frac{\partial q_1}{\partial\xi}\right)q_2.
\end{aligned}
$$

令

$$
\begin{aligned}
&b_4(\boldsymbol{U},\boldsymbol{U},\boldsymbol{U}_2)=\int_\varOmega\left\{\left[\int_\xi^1\frac{bP}{p}\mathrm{grad}\,(Tcq)\,\mathrm{d}\xi'\right]\cdot\boldsymbol{v}_2-\frac{bP}{p}cqW(\boldsymbol{v})\,T_2\right\},\\
&b(\boldsymbol{U},\boldsymbol{U}_1,\boldsymbol{U}_2)=\widetilde{b}(\boldsymbol{U},\boldsymbol{U}_1,\boldsymbol{U}_2)+b_4(\boldsymbol{U},\boldsymbol{U},\boldsymbol{U}_2).
\end{aligned}
$$

引理 **3.1.3**

(i) 对任意$\boldsymbol{U}$, $\boldsymbol{U}_1\in D(A)$,

$$
b_1(\boldsymbol{v},\boldsymbol{v}_1,\boldsymbol{v}_1)=b_2(\boldsymbol{v},T_1,T_1)=b_3(\boldsymbol{v},q_1,q_1)=0,\ b_4(\boldsymbol{U},\boldsymbol{U},\boldsymbol{U})=0.
$$

(ii) 任给$\boldsymbol{U}\in D(A)$, $\boldsymbol{U}_2\in D(A)\cap V^{(3)}$，我们有

$$|b(\boldsymbol{U},\boldsymbol{U},\boldsymbol{U}_2)| \leqslant c_7\|\boldsymbol{U}\|\|\boldsymbol{U}|_2\|\boldsymbol{U}_2\|_{(3)}. \tag{3.1.26}$$

证明：(1)　对任意$\boldsymbol{U}=(\boldsymbol{v},T,q)$，$\boldsymbol{U}_1=(\boldsymbol{v}_1,T_1,q_1)\in D(A)$，我们可得

$$\boldsymbol{\nabla_v}|\boldsymbol{v}_1|^2=\boldsymbol{\nabla_v}\boldsymbol{v}_1\cdot\boldsymbol{v}_1+\boldsymbol{v}_1\cdot\boldsymbol{\nabla_v}\boldsymbol{v}_1=2\boldsymbol{\nabla_v}\boldsymbol{v}_1\cdot\boldsymbol{v}_1.$$

那么

$$\begin{aligned}
b_1(\boldsymbol{v},\boldsymbol{v}_1,\boldsymbol{v}_1)&=\int_\Omega\left(\boldsymbol{\nabla_v}\boldsymbol{v}_1\cdot\boldsymbol{v}_1+\frac{1}{2}\left(\int_\xi^1\mathrm{div}\boldsymbol{v}\,\mathrm{d}\xi'\right)\frac{\partial|\boldsymbol{v}_1|^2}{\partial\xi}\right)\\
&=\int_\Omega\left(\frac{1}{2}\boldsymbol{\nabla_v}|\boldsymbol{v}_1|^2+\frac{1}{2}\left(\int_\xi^1\mathrm{div}\boldsymbol{v}\,\mathrm{d}\xi'\right)\frac{\partial|\boldsymbol{v}_1|^2}{\partial\xi}\right)\\
&=\frac{1}{2}\int_\Omega\left[\mathrm{div}\left(\boldsymbol{v}|\boldsymbol{v}_1|^2\right)-|\boldsymbol{v}_1|^2\mathrm{div}\boldsymbol{v}+\left(\int_\xi^1\mathrm{div}\boldsymbol{v}\,\mathrm{d}\xi'\right)\frac{\partial|\boldsymbol{v}_1|^2}{\partial\xi}\right]\\
&=\frac{1}{2}\int_\Omega\left(-|\boldsymbol{v}_1|^2\mathrm{div}\boldsymbol{v}+\left(\int_\xi^1\mathrm{div}\boldsymbol{v}\,\mathrm{d}\xi'\right)\frac{\partial|\boldsymbol{v}_1|^2}{\partial\xi}\right)\\
&=-\frac{1}{2}\int_\Omega\left(|\boldsymbol{v}_1|^2\left(\mathrm{div}\boldsymbol{v}+\frac{\partial W(\boldsymbol{v})}{\partial\xi}\right)\right)+\int_\Omega|\boldsymbol{v}_1|^2\left(\int_\xi^1\mathrm{div}\boldsymbol{v}\,\mathrm{d}\xi'\right)|_{\xi=0,1}\\
&=0.
\end{aligned}$$

类似地，我们可以证明：$b_2(\boldsymbol{v},T_1,T_1)=b_3(\boldsymbol{v},q_1,q_1)=0$.

$$\begin{aligned}
b_4(\boldsymbol{U},\boldsymbol{U},\boldsymbol{U})&=\int_\Omega\left\{\left[\int_\xi^1\frac{bP}{p}\mathrm{grad}(Tcq)\mathrm{d}\xi'\right]\cdot\boldsymbol{v}-\frac{bP}{p}cqW(\boldsymbol{v})T\right\}\\
&=\int_\Omega\left\{\left[-\int_\xi^1\frac{bP}{p}(Tcq)\mathrm{d}\xi'\right]\cdot\mathrm{div}\boldsymbol{v}-\frac{bP}{p}cqW(\boldsymbol{v})T\right\}\\
&=\int_\Omega\left\{\left[-\int_\xi^1\frac{bP}{p}(Tcq)\mathrm{d}\xi'\right]\cdot\frac{\partial(\int_\xi^1\mathrm{div}\boldsymbol{v}\,\mathrm{d}\xi')}{\partial\xi}-\frac{bP}{p}cqW(\boldsymbol{v})T\right\}\\
&=\int_\Omega\left(\frac{bP}{p}TcqW(\boldsymbol{v})-\frac{bP}{p}cqW(\boldsymbol{v})T\right)=0.
\end{aligned}$$

(i) 对任意$\boldsymbol{U}=(\boldsymbol{v},T,q)$，$\boldsymbol{U}_1=(\boldsymbol{v}_1,T_1,q_1)\in D(A)$，$\boldsymbol{U}_2=(\boldsymbol{v}_2,T_2,q_2)\in D(A)\cap V^{(3)}$，

$$\begin{aligned}
&\left|\int_\Omega\left(\left(\int_\xi^1\mathrm{div}\boldsymbol{v}\,\mathrm{d}\xi'\right)\frac{\partial\boldsymbol{v}_1}{\partial\xi}\right)\cdot\boldsymbol{v}_2\right|\leqslant\int_\Omega\left|\boldsymbol{v}_1\cdot\left(\frac{\partial\boldsymbol{v}_2}{\partial\xi}\int_\xi^1\mathrm{div}\boldsymbol{v}\,\mathrm{d}\xi'+\boldsymbol{v}_2\mathrm{div}\boldsymbol{v}\right)\right|\\
\leqslant&\|\boldsymbol{v}\|_{V_1}|\boldsymbol{v}_1|_2\left|\frac{\partial\boldsymbol{v}_2}{\partial\xi}\right|_{L^\infty}\leqslant\|\boldsymbol{U}\||\boldsymbol{U}_1|_2\left|\frac{\partial\boldsymbol{U}_2}{\partial\xi}\right|_{L^\infty}\leqslant C\|\boldsymbol{U}\||\boldsymbol{U}_1|_2\|\boldsymbol{U}_2\|_{(3)},
\end{aligned}$$

这里C是正的常数. 同理，我们可推得$|b(\boldsymbol{U},\boldsymbol{U},\boldsymbol{U}_2)|\leqslant c_7\|\boldsymbol{U}\||\boldsymbol{U}|_2\|\boldsymbol{U}_2\|_{(3)}$.

对于方程组(3.1.17)~(3.1.19)的线性项，我们定义双线性泛函$e:V\times V\to\mathbb{R}$及其对应的算子$\widetilde{E}:H\to H$ 为

$$e(\boldsymbol{U},\boldsymbol{U}_1)=(\widetilde{E}\boldsymbol{U},\boldsymbol{U}_1)_H=\int_\Omega\left[\frac{f}{R_0}(\boldsymbol{k}\times\boldsymbol{v})\cdot\boldsymbol{v}_1+\left(\int_\xi^1\frac{bP}{p}\mathrm{grad}T\mathrm{d}\xi'\right)\cdot\boldsymbol{v}_1-\frac{bP}{p}W(\boldsymbol{v})T_1\right].$$

引理 **3.1.4**

(i) 对任意$\boldsymbol{U}$, $\boldsymbol{U}_1\in V$,

$$|e(\boldsymbol{U},\boldsymbol{U}_1)|\leqslant C\|\boldsymbol{U}\|\|\boldsymbol{U}_1\|, \tag{3.1.27}$$

这里C是正的常数.

(ii) 任给$\boldsymbol{U}$, $\boldsymbol{U}\in V$，我们有$|e(\boldsymbol{U},\boldsymbol{U})|=0$.

证明：引理的第一部分是显然的，所以我们略去了证明的细节．第二部分的证明与 $b_4(\boldsymbol{U},\boldsymbol{U},\boldsymbol{U})=0$ 的证明类似.

3.1.2.3 问题IBVP的弱形式

在这部分，我们将通过消去方程(3.1.17)的Φ_s来引入问题IBVP的弱形式. 这与为了得到Navier-Stokes系统的弱解的整体存在性而消去压力项的做法类似.

首先，我们齐次化T，q的边界条件(3.1.21). 由

$$\frac{\partial T'}{\partial\xi}=\alpha_s(\overline{T_s}-T'),\ \frac{\partial q'}{\partial\xi}=\beta_s(\overline{q_s}-q'),$$

得

$$T'=\overline{T_s}(1-\exp(-\alpha_s\xi)),\ \ q'=\overline{q_s}(1-\exp(-\beta_s\xi)).$$

令

$$T'_\varepsilon=T'\psi_\varepsilon(\xi),\ q'_\varepsilon=q'\psi_\varepsilon(\xi),$$

其中$0<\varepsilon<\dfrac{1}{2}$,

$$\psi_\varepsilon(\xi):=\begin{cases}1, & 1-\varepsilon\leqslant\xi\leqslant1,\\ \text{递增的}, & 1-2\varepsilon\leqslant\xi\leqslant1-\varepsilon,\\ 0, & 0\leqslant\xi\leqslant1-2\varepsilon.\end{cases}$$

然后，令$\widetilde{\boldsymbol{U}}=(\boldsymbol{v},\widetilde{T},\widetilde{q})=\boldsymbol{U}-\boldsymbol{U}'_\varepsilon=(\boldsymbol{v},T,q)-(0,T'_\varepsilon,q'_\varepsilon)$, 则问题IBVP 可以写为下面的方程组：

$$\frac{\partial\boldsymbol{v}}{\partial t}+\boldsymbol{\nabla}_{\boldsymbol{v}}\boldsymbol{v}+W(\boldsymbol{v})\frac{\partial\boldsymbol{v}}{\partial\xi}+\frac{f}{R_0}\boldsymbol{k}\times\boldsymbol{v}+\mathrm{grad}\Phi_s+\int_\xi^1\frac{bP}{p}\mathrm{grad}(1+c\widetilde{q})\widetilde{T}\ \mathrm{d}\xi'$$
$$+\int_\xi^1\frac{bP}{p}\mathrm{grad}(cq'_\varepsilon\widetilde{T}+cT'_\varepsilon\widetilde{q})\ \mathrm{d}\xi'-\frac{1}{Re_1}\boldsymbol{\Delta v}-\frac{1}{Re_2}\frac{\partial}{\partial\xi}\left[\left(\frac{p\overline{T_0}}{P\overline{T}}\right)^2\frac{\partial\boldsymbol{v}}{\partial\xi}\right]$$

$$=\widetilde{f}_1=f_1-\int_\xi^1\frac{bP}{p}\mathrm{grad}(1+cq'_\varepsilon)T'_\varepsilon\,\mathrm{d}\xi',\tag{3.1.28}$$

$$a_1\left(\frac{\partial\widetilde{T}}{\partial t}+\boldsymbol{\nabla}_{\boldsymbol{v}}\widetilde{T}+W(\boldsymbol{v})\frac{\partial\widetilde{T}}{\partial\xi}\right)+a_1\left(\boldsymbol{\nabla}_{\boldsymbol{v}}T'_\varepsilon+W(\boldsymbol{v})\frac{\partial T'_\varepsilon}{\partial\xi}\right)-\frac{bP}{p}(1+c\widetilde{q})W(\boldsymbol{v})$$
$$-\frac{bP}{p}(cq'_\varepsilon)W(\boldsymbol{v})-\frac{1}{Rt_1}\Delta\widetilde{T}-\frac{1}{Rt_2}\frac{\partial}{\partial\xi}\left[\left(\frac{p\overline{T_0}}{P\overline{\overline{T}}}\right)^2\frac{\partial\widetilde{T}}{\partial\xi}\right]$$
$$=\widetilde{f}_2=f_2+\frac{1}{Rt_1}\Delta T'_\varepsilon+\frac{1}{Rt_2}\frac{\partial}{\partial\xi}\left[\left(\frac{p\overline{T_0}}{P\overline{\overline{T}}}\right)^2\frac{\partial T'_\varepsilon}{\partial\xi}\right],\tag{3.1.29}$$

$$\frac{\partial\widetilde{q}}{\partial t}+\boldsymbol{\nabla}_{\boldsymbol{v}}\widetilde{q}+W(\boldsymbol{v})\frac{\partial\widetilde{q}}{\partial\xi}+\boldsymbol{\nabla}_{\boldsymbol{v}}q'_\varepsilon+W(\boldsymbol{v})\frac{\partial q'_\varepsilon}{\partial\xi}-\frac{1}{Rt_3}\Delta\widetilde{q}-\frac{1}{Rt_4}\frac{\partial}{\partial\xi}\left[\left(\frac{p\overline{T_0}}{P\overline{\overline{T}}}\right)^2\frac{\partial\widetilde{q}}{\partial\xi}\right]$$
$$=\widetilde{f}_3=f_3+\frac{1}{Rt_3}\Delta q'_\varepsilon+\frac{1}{Rt_4}\frac{\partial}{\partial\xi}\left[\left(\frac{p\overline{T_0}}{P\overline{\overline{T}}}\right)^2\frac{\partial q'_\varepsilon}{\partial\xi}\right],\tag{3.1.30}$$

$$\int_0^1\mathrm{div}\boldsymbol{v}\mathrm{d}\xi=0,\tag{3.1.31}$$

带边界条件和初始条件:

$$\xi=1(p=P):\ \boldsymbol{v}=0,\ \frac{\partial\widetilde{T}}{\partial\xi}+\alpha_s\widetilde{T}=0,\ \frac{\partial\widetilde{q}}{\partial\xi}+\beta_s\widetilde{q}=0,\tag{3.1.32}$$

$$\xi=0(p=p_0):\ \boldsymbol{v}=0,\ \frac{\partial\widetilde{T}}{\partial\xi}=0,\ \frac{\partial\widetilde{q}}{\partial\xi}=0,\tag{3.1.33}$$

$$\widetilde{U}_0=(\boldsymbol{v}_0,\widetilde{T_0},\widetilde{q_0}).\tag{3.1.34}$$

下面我们来引入问题IBVP的弱形式.

问题 3.1.5　对于给定的$\widetilde{f}=(\widetilde{f}_1,\widetilde{f}_2,\widetilde{f}_3)$, $\widetilde{\boldsymbol{U}}_0=(\boldsymbol{v}_0,\widetilde{T_0},\widetilde{q_0})\in H$, 寻找$\widetilde{\boldsymbol{U}}=(\boldsymbol{v},\widetilde{T},\widetilde{q})$, 使得

$$\widetilde{\boldsymbol{U}}\in L^2(0,\mathcal{T};V)\cap L^\infty(0,\mathcal{T};H),\ \forall\mathcal{T}>0,\tag{3.1.35}$$

$$\frac{\mathrm{d}}{\mathrm{d}t}(\widetilde{\boldsymbol{U}},\boldsymbol{U}_1)_H+(A\widetilde{\boldsymbol{U}},\boldsymbol{U}_1)_H+((B\widetilde{\boldsymbol{U}},\widetilde{\boldsymbol{U}}),\boldsymbol{U}_1)_H+((B\widetilde{\boldsymbol{U}},\boldsymbol{U}'_\varepsilon),\boldsymbol{U}_1)_H$$
$$+((F\widetilde{\boldsymbol{U}},\boldsymbol{U}'_\varepsilon),\boldsymbol{U}_1)_H+(\widetilde{E}\widetilde{\boldsymbol{U}},\boldsymbol{U}_1)_H=(\widetilde{f},\boldsymbol{U}_1)_H\ \text{ in }(C_0^\infty(0,\mathcal{T}))',\ \forall\boldsymbol{U}_1\in D(A)\tag{3.1.36}$$

$$\widetilde{\boldsymbol{U}}|_{t=0}=\widetilde{\boldsymbol{U}}_0\text{ in }V^{(-3)},\tag{3.1.37}$$

其中

$$((F\widetilde{\boldsymbol{U}},\boldsymbol{U}'_\varepsilon),\boldsymbol{U}_1)_H=\int_\Omega\left[\left(\int_\xi^1\frac{bP}{p}\mathrm{grad}(cq'_\varepsilon\widetilde{T}+cT'_\varepsilon\widetilde{q})\,\mathrm{d}\xi'\right)\cdot\boldsymbol{v}_1-\frac{bP}{p}(cq'_\varepsilon)W(\boldsymbol{v})T_1\right].$$

3.1.2.4 整体弱解存在性的证明

我们通过证明问题3.1.5的弱解的整体存在性得到问题IBVP的弱解的整体存在性.

引理 **3.1.6** (cf. [127, Lemma 2.1])

(i) 设$\boldsymbol{v}\in H_1$, $\int_\Omega \boldsymbol{v}\boldsymbol{v}_1=0$, $\forall \boldsymbol{v}_1\in C_0^\infty(T\Omega|TS^2)$, 那么

$$\boldsymbol{v}=\mathrm{grad}\varPhi_s,\ \varPhi_s\in (C_0^\infty(S^2))'.$$

(ii) 令$H_1^\perp$为H_1 在$L^2(T\Omega|TS^2)$中的正交补, 则

$$H_1^\perp=\left\{\boldsymbol{v};\ \boldsymbol{v}\in L^2(T\Omega|TS^2),\ \boldsymbol{v}=\mathrm{grad}l,\ l\in H^1(S^2)\right\}, \tag{3.1.38}$$

$$H_1=\left\{\boldsymbol{v};\ \boldsymbol{v}\in L^2(T\Omega|TS^2),\ \int_0^1 \mathrm{div}\boldsymbol{v}\ \mathrm{d}\xi=0\right\}, \tag{3.1.39}$$

$$V_1=\left\{\boldsymbol{v};\ \boldsymbol{v}\in H_0^1(T\Omega|TS^2),\ \int_0^1 \mathrm{div}\boldsymbol{v}\ \mathrm{d}\xi=0\right\}. \tag{3.1.40}$$

由上面的引理，我们可知：一方面，如果$\widetilde{\boldsymbol{U}}=(\boldsymbol{v},\widetilde{T},\widetilde{q})$ 是问题3.1.5的解，那么存在唯一(差个常数)的$\varPhi_s\in (C_0^\infty(S^2))'$，使得$(\boldsymbol{v},T,q,\varPhi_s)$是问题IBVP的弱解；另一方面，如果$(\boldsymbol{v},T,q,\varPhi_s)$是问题IBVP的解($(\boldsymbol{v},T,q,\varPhi_s)$是充分光滑的)，则$\widetilde{\boldsymbol{U}}=(\boldsymbol{v},\widetilde{T},\widetilde{q})$是问题3.1.5的解.

为了用Faedo-Galerkin方法解决问题3.1.5，我们需要下面一些引理.

引理 **3.1.7** 特征值问题

$$A\boldsymbol{U}=\mu\boldsymbol{U},\quad \boldsymbol{U}\in V$$

存在如下的一列特征值: $0<\mu_1<\mu_2\leqslant\mu_3\leqslant\cdots\leqslant\mu_n\leqslant\cdots$, 它们的重数是有限的, $\mu_n\to+\infty$; 第一特征值是单重的, 对应的特征函数是正的. 而且, 与上面的特征值列对应的特征函数列$\{\phi_n\}$是空间V的正交基.

证明：事实上，引理3.1.7是引理3.1.2的推论.

引理 **3.1.8** 对任意$\delta>0$, 存在$0<\varepsilon<\dfrac{1}{2}$, 使得

$$|((F\widetilde{\boldsymbol{U}},\boldsymbol{U}_\varepsilon'),\widetilde{\boldsymbol{U}})_H|\leqslant\delta\|\widetilde{\boldsymbol{U}}\|^2, \tag{3.1.41}$$

$$|((B\widetilde{\boldsymbol{U}},\boldsymbol{U}_\varepsilon'),\widetilde{\boldsymbol{U}})_H|\leqslant\delta\|\widetilde{\boldsymbol{U}}\|^2,\quad \forall\widetilde{\boldsymbol{U}}\in V. \tag{3.1.42}$$

证明：由算子F的定义，对任意$U_1\in V$,

$$\left|\left(\left(F\widetilde{\boldsymbol{U}},\boldsymbol{U}_\varepsilon'\right),\boldsymbol{U}_1\right)_H\right|$$

$$
\begin{aligned}
&=\left|\int_\Omega \left[\left(\left(\int_\xi^1 \frac{bP}{p}\mathrm{grad}\left(cq_\varepsilon'\widetilde{T}+cT_\varepsilon'\widetilde{q}\right)\,\mathrm{d}\xi'\right)\cdot \boldsymbol{v}_1-\frac{bP}{p}\left(cq_\varepsilon'\right)W\left(\boldsymbol{v}\right)T_1\right]\right|\\
&\leqslant\left|\int_\Omega \left(\int_\xi^1 \frac{bP}{p}cq_\varepsilon'\mathrm{grad}\widetilde{T}\,\mathrm{d}\xi'\right)\cdot \boldsymbol{v}_1\right|+\left|\int_\Omega \left(\int_\xi^1 \frac{bP}{p}c\widetilde{T}\mathrm{grad}q_\varepsilon'\,\mathrm{d}\xi'\right)\cdot \boldsymbol{v}_1\right|\\
&\quad+\left|\int_\Omega \left(\int_\xi^1 \frac{bP}{p}cT_\varepsilon'\mathrm{grad}\widetilde{q}\,\mathrm{d}\xi'\right)\cdot \boldsymbol{v}_1\right|+\left|\int_\Omega \left(\int_\xi^1 \frac{bP}{p}c\widetilde{q}\mathrm{grad}T_\varepsilon'\,\mathrm{d}\xi'\right)\cdot \boldsymbol{v}_1\right|\\
&\quad+\left|\int_\Omega \frac{bP}{p}cq_\varepsilon'\left(\int_\xi^1 \mathrm{div}\boldsymbol{v}\,\mathrm{d}\xi'\right)T_1\right|\\
&\leqslant I_1+I_2+I_3+I_4+I_5.
\end{aligned}
$$

由q_ε'的定义，

$$
\begin{aligned}
I_1&=\left|\int_\Omega \left(\int_\xi^1 \frac{bP}{p}cq_\varepsilon'\mathrm{grad}\widetilde{T}\,\mathrm{d}\xi'\right)\cdot \boldsymbol{v}_1\right|\\
&\leqslant 4c_8\varepsilon^2|q_\varepsilon'|_{L^\infty(S^2)}\left|\int_{S^2}\left(\int_{1-2\varepsilon}^1|\mathrm{grad}\widetilde{T}|^2\,\mathrm{d}\xi'\right)^{\frac{1}{2}}\left(\int_{1-2\varepsilon}^1|\boldsymbol{v}_1|^2\,\mathrm{d}\xi'\right)^{\frac{1}{2}}\,\mathrm{d}S^2\right|\\
&\leqslant 4c_8\varepsilon^2|q_\varepsilon'|_{L^\infty(S^2)}\|T\|_{V_2}\|\boldsymbol{v}_1\|_{V_1}\leqslant c_9\varepsilon\|U\|\|U_1\|.
\end{aligned}
$$

类似地，我们可以推得

$$
I_i\leqslant c_{8+i}\varepsilon\|\boldsymbol{U}\|\|\boldsymbol{U}_1\|,\ i=2,3,4,5.
$$

因此

$$
|((F\widetilde{\boldsymbol{U}},\boldsymbol{U}_\varepsilon'),\widetilde{\boldsymbol{U}})_H|\leqslant\delta\|\widetilde{\boldsymbol{U}}\|^2.
$$

由于(3.1.42)的证明与$I_1\leqslant c_9\varepsilon\|\boldsymbol{U}\|\|\boldsymbol{U}_1\|$的证明类似，我们省略了证明的细节.

引理 **3.1.9** (Lions-Magenes, cf. [127])　设$g\in L^\infty(0,\mathcal{T};E)$，$g(t)$在$E_0$上弱连续：$g\in C_\omega(0,\mathcal{T};E_0)$，即对任意的函数$\phi\in(E_0)'$，函数$\langle g(t),\phi\rangle$属于$C[0,\mathcal{T}]$，其中$E$，$E_0(E\subset E_0)$是Banach空间. 那么，当$0\leqslant t\leqslant\mathcal{T}$时，$g(t)\in E$，$g(t)$ 在E中是弱连续的.

现在我们可以叙述本节的一个主要结果.

定理 **3.1.10**　在问题3.1.5的假设下，对任意给定$\mathcal{T}>0$，问题3.1.5在$[0,\mathcal{T}]$ 上至少存在一个解$\widetilde{\boldsymbol{U}}=(\boldsymbol{v},\widetilde{T},\widetilde{q})$满足

$$
\widetilde{\boldsymbol{U}}_t\in L^2(0,\mathcal{T};V^{(-3)}),\tag{3.1.43}
$$

$$
\widetilde{\boldsymbol{U}}\in C_\omega(0,\mathcal{T};H).\tag{3.1.44}
$$

而且，$\widetilde{\boldsymbol{U}}$还满足能量不等式

$$
-\int_0^\infty|\widetilde{\boldsymbol{U}}(t)|_2^2\psi'(s)\mathrm{d}s+\frac{1}{R_{\max}}\int_0^\infty\|\widetilde{\boldsymbol{U}}(s)\|^2\psi(s)\mathrm{d}s\leqslant 2\int_0^\infty(\widetilde{f},\widetilde{\boldsymbol{U}}(s))_H\psi(s)\mathrm{d}s,\tag{3.1.45}
$$

这里$\psi(s) \in C_0^\infty(]0,\mathcal{T}[)$, $\psi(s) \geqslant 0$.

证明：我们将用Faedo-Galerkin方法来证明定理3.1.10．由于证明跟文献[126，Theorem 6.1]中Navier-Stokes系统的弱解的整体存在性的证明类似，我们仅给出证明的概要．

首先，我们找问题3.1.5的近似解$\widetilde{\boldsymbol{U}}_m(x,t)$，其中$\widetilde{\boldsymbol{U}}_m(x,t)=\sum_{i=1}^m \alpha_{i,m}(t)\phi_i(x)$，$\phi_i(x)$是引理3.1.7中的特征函数．$\widetilde{\boldsymbol{U}}_m$满足

$$\begin{aligned}&\frac{\mathrm{d}}{\mathrm{d}t}(\widetilde{\boldsymbol{U}}_m,\phi_i(x))_H+(A\widetilde{\boldsymbol{U}}_m,\phi_i(x))_H+((B\widetilde{\boldsymbol{U}}_m,\widetilde{\boldsymbol{U}}_m),\phi_i(x))_H+((B\widetilde{\boldsymbol{U}}_m,\boldsymbol{U}'_\varepsilon),\phi_i(x))_H\\&+((F\widetilde{\boldsymbol{U}}_m,\boldsymbol{U}'_\varepsilon),\phi_i(x))_H+(\widetilde{E}\widetilde{\boldsymbol{U}}_m,\phi_i(x))_H\\=\;&(\widetilde{f},\phi_i(x))_H,\quad i=1,2,\cdots,m,\end{aligned}\tag{3.1.46}$$

$$\widetilde{\boldsymbol{U}}_m|_{t=0}=\widetilde{\boldsymbol{U}}_{0,m},\tag{3.1.47}$$

这里$\widetilde{\boldsymbol{U}}_{0,m}\to\widetilde{\boldsymbol{U}}_0$ 强收敛在 H中．与通常做法一样[126]，由(3.1.46)和引理3.1.8，我们有

$$\frac{1}{2}\frac{\mathrm{d}}{\mathrm{d}t}|\widetilde{\boldsymbol{U}}_m(s)|_2^2+\frac{1}{R_{\max}}\|\widetilde{\boldsymbol{U}}_m(s)\|^2\leqslant\frac{1}{2R_{\max}}\|\widetilde{\boldsymbol{U}}_m(s)\|^2+(\widetilde{f},\widetilde{\boldsymbol{U}}_m(s))_H.\tag{3.1.48}$$

把(3.1.48)从0到t积分,这里$t\in]0,\mathcal{T}]$，我们可得

$$|\widetilde{\boldsymbol{U}}_m(t)|_2^2+\frac{1}{R_{\max}}\int_0^t\|\widetilde{\boldsymbol{U}}_m(s)\|^2\mathrm{d}s\leqslant|\widetilde{\boldsymbol{U}}_{0,m}|_2^2+2\int_0^t(\widetilde{f},\widetilde{\boldsymbol{U}}_m(s))_H\mathrm{d}s,\quad t\in]0,\mathcal{T}].\tag{3.1.49}$$

由Gronwall不等式和(3.1.48)，我们有

$$|\widetilde{\boldsymbol{U}}_m(t)|_2^2+c_{14}\int_0^t\|\widetilde{\boldsymbol{U}}_m(t)\|^2\mathrm{d}s\leqslant|\widetilde{\boldsymbol{U}}_{0,m}|_2^2+c_{15}\int_0^t\|\widetilde{f}(s)\|_{V'}\mathrm{d}s,\quad t\in]0,\mathcal{T}].\tag{3.1.50}$$

因此$\{\widetilde{\boldsymbol{U}}_m\}$在空间$L^2(0,\mathcal{T};V)\cap L^\infty(0,\mathcal{T};H)$中有界．可以选取子列$\{\widetilde{\boldsymbol{U}}_m\}$ (假定记号不变)，使得$\widetilde{\boldsymbol{U}}_m\to\widetilde{\boldsymbol{U}}$ $(m\to\infty)$ 弱收敛在$L^2(0,\mathcal{T};V)$中和弱*收敛在$L^\infty(0,\mathcal{T};H)$中．由紧性定理[126]，我们可以选取子列$\{\widetilde{\boldsymbol{U}}_m\}$(仍假定记号不变)，使得$\widetilde{\boldsymbol{U}}_m\to\widetilde{\boldsymbol{U}}$ $(m\to\infty)$ 强收敛在$L^2(0,\mathcal{T};H)$中．(3.1.46)取极限，我们推得: $\widetilde{\boldsymbol{U}}$是问题3.1.5的解．由引理3.1.2、3.1.3和3.2.4，我们可知$\{(\widetilde{\boldsymbol{U}}_m)_t\}$ 是 $L^2(0,\mathcal{T};V^{(-3)})$中的有界集，所以$\widetilde{\boldsymbol{U}}_t\in L^2(0,\mathcal{T};V^{(-3)})$．最后，由引理3.1.9 和$\widetilde{\boldsymbol{U}}\in C(0,\mathcal{T};V^{(-3)})$，我们有$\widetilde{\boldsymbol{U}}\in C_\omega(0,\mathcal{T};H)$.

下面我们证明能量不等式．由$\widetilde{\boldsymbol{U}}_m\to\widetilde{\boldsymbol{U}}$ $(m\to\infty)$ 强收敛在$L^2(0,\mathcal{T};H)$中，得: $|\widetilde{\boldsymbol{U}}_m|_2\to|\widetilde{\boldsymbol{U}}|_2$ $(m\to\infty)$ 强收敛在$L^2(0,\mathcal{T})$中．如有必要取子列，$|\widetilde{\boldsymbol{U}}_m|_2\to|\widetilde{\boldsymbol{U}}|_2$ $(m\to\infty)$ a. e. 在$[0,\mathcal{T}]$中．设$\psi(s)\in C_0^\infty(]0,\mathcal{T}[)$, $\psi(s)\geqslant 0$. 由(3.1.50)和 Lebesgue 控制收敛定理，我们有

$$\int_0^\infty|\widetilde{\boldsymbol{U}}_m(t)|_2^2\psi'(s)\mathrm{d}s\to\int_0^\infty|\widetilde{\boldsymbol{U}}(t)|_2^2\psi'(s)\mathrm{d}s,\quad m\to\infty.\tag{3.1.51}$$

$\widetilde{\boldsymbol{U}}_m\to\widetilde{\boldsymbol{U}}$ $(m\to\infty)$ 弱收敛在$L^2(0,\mathcal{T};V)$中意味着$\widetilde{\boldsymbol{U}}_m\psi^{\frac{1}{2}}(s)\to\widetilde{\boldsymbol{U}}\psi^{\frac{1}{2}}(s)$ $(m\to\infty)$ 弱收敛在$L^2(0,\mathcal{T};V)$中．由范数的下半弱连续性，我们可得

$$\int_0^\infty \|\widetilde{\boldsymbol{U}}(s)\|^2\psi(s)\mathrm{d}s \leqslant \liminf_{m\to\infty}\int_0^\infty \|\widetilde{\boldsymbol{U}}_m(s)\|^2\psi(s)\mathrm{d}s. \tag{3.1.52}$$

由(3.1.46)和(3.1.47)，我们有

$$-\int_0^\infty |\widetilde{\boldsymbol{U}}_m(t)|_2^2\psi'(s)\mathrm{d}s+\frac{1}{R_{\max}}\int_0^\infty \|\widetilde{\boldsymbol{U}}_m(s)\|^2\psi(s)\mathrm{d}s \leqslant 2\int_0^\infty (\widetilde{f},\widetilde{\boldsymbol{U}}_m(s))_H\psi(s)\mathrm{d}s. \tag{3.1.53}$$

由(3.1.51)，(3.1.52)和(3.1.53)取极限，我们可以得到能量不等式．定理证毕．

3.1.3 湿大气方程组的轨道和整体吸引子

这小节分为两部分：第一部分，我们将给出一些关于轨道和整体吸引子的预备知识；第二部分，我们将证明系统(3.1.28)~(3.1.33)的轨道吸引子的存在性和整体吸引子的存在性．

3.1.3.1 关于轨道吸引子的预备知识

我们回顾一下Vishik 和Chepyzhov的轨道吸引子理论，见文献[35，183]．

设E, E_0是两个Banach空间，$E\subseteq E_0$．自治的发展方程为

$$\frac{\partial u}{\partial t}=G(u), \tag{3.1.54}$$

这里G是一个微分算子．记方程(3.1.54)的一个特殊解集为 $\mathcal{K}^+$，$\mathcal{K}^+\subset C(\mathbb{R}_+;\ E_0)\cap L^\infty(\mathbb{R}_+;\ E)$． $\mathcal{K}^+$ 称为方程(3.1.54)的**轨道空间**，它的元素称为方程(3.1.54)的**轨道**．如果对$\forall u(s)\in\mathcal{K}^+$, $h\in\mathbb{R}_+$, 有$u(s+h)\in\mathcal{K}^+$，那么$\mathcal{K}^+$ 称为**平移不变的**．

平移算子$T(t)(t\geqslant 0)$在空间$C(\mathbb{R}_+;\ E_0)\cap L^\infty(\mathbb{R}_+;\ E)$上的作用定义为

$$T(t)u(s)=u(t+s),\ \forall t\geqslant 0,\ u\in C(\mathbb{R}_+;\ E_0)\cap L^\infty(\mathbb{R}_+;\ E).$$

由此, 我们有: $T(t_1+t_2)=T(t_1)T(t_2)$, 对任意 $t_1,t_2\geqslant 0$．$T(0)$是空间$C(\mathbb{R}_+;\ E_0)\cap L^\infty(\mathbb{R}_+;\ E)$上的恒同算子．半群$\{T(t)\}=\{T(t);t\geqslant 0\}$ 称为$C(\mathbb{R}_+;\ E_0)\cap L^\infty(\mathbb{R}_+;\ E)$上的**时间平移算子**．

我们在轨道空间$\mathcal{K}^+$中引入拓扑．我们称系列$\{f_n(s)\}$ ($\{f_n(s)\}\subset C(\mathbb{R}_+;\ E_0)$)在拓扑空间$C_{\rm loc}(\mathbb{R}_+;\ E_0)$中收敛于$f(s)(f(s)\in C(\mathbb{R}_+;\ E_0))$，如果

$$\max_{s\in[0,\mathcal{T}]}\|f_n(s)-f(s)\|_{E_0}\to 0,\ \text{当}\ n\to\infty,\ \forall\mathcal{T}>0, \tag{3.1.55}$$

$\mathcal{K}^+$的拓扑是由拓扑空间$C_{\rm loc}(\mathbb{R}_+;\ E_0)$诱导的. 显然，平移半群$\{T(t)\}$在空间$C_{\rm loc}(\mathbb{R}_+;\ E_0)$中连续．特别地，平移半群$\{T(t)\}$在空间$\mathcal{K}^+$中连续．集合$\varXi$在空间$\mathcal{K}^+$中有界，如果

$$\|u\|_{L^\infty(\mathbb{R}_+;\ E)} = \operatorname*{ess\,sup}_{s\geqslant 0}\|u(s)\|_E \leqslant c_{16},\ \ \forall u\in \Xi. \tag{3.1.56}$$

定义 3.1.11 集合$\Lambda\subset C(\mathbb{R}_+;\ E_0)\cap L^\infty(\mathbb{R}_+;\ E)$在$\mathcal{K}^+$中关于$C_{\rm loc}(\mathbb{R}_+;\ E_0)$ 的拓扑是吸收的，如果对任意的有界集$\Xi\subseteq\mathcal{K}^+$和$\mathcal{T}\geqslant 0$，下面的关系式成立

$$\text{当 } t\to\infty,\ \operatorname{dist}_{C(0,\mathcal{T};E_0)}(\Pi_{\mathcal{T}}T(t)\Xi, \Pi_{\mathcal{T}}\Lambda)\to 0, \tag{3.1.57}$$

这里$\Pi_{\mathcal{T}}$ 是区间$[0,\mathcal{T}]$的截断算子. 如果$u\in C(\mathbb{R}_+;\ E_0)\cap L^\infty(\mathbb{R}_+;\ E)$, 那么

$$\Pi_{\mathcal{T}}u\in C(0,\mathcal{T};\ E_0)\cap L^\infty(0,\mathcal{T};\ E),\ \ \Pi_{\mathcal{T}}u(s)=u(s)\ \ \text{对任意 } s\in[0,\mathcal{T}];$$

且

$$\operatorname{dist}_{C(0,\mathcal{T};E_0)}(\Pi_{\mathcal{T}}T(t)\Xi, \Pi_{\mathcal{T}}\Lambda)=\sup_{a\in\Xi}\inf_{b\in\Lambda}\max_{s\in[0,\mathcal{T}]}\|a(s+t)-b(s)\|_{E_0}.$$

定义 3.1.12 集合$\mathcal{H}\subseteq\mathcal{K}^+$ 称为轨道空间$\mathcal{K}^+$关于$C_{\rm loc}(\mathbb{R}_+;\ E_0)$ 拓扑的**轨道吸引子**，如果

(i) $\mathcal{H}$ 是$C_{\rm loc}(\mathbb{R}_+;\ E_0)$中的紧集，且在$L^\infty(\mathbb{R}_+;\ E)$中有界;

(ii) $\mathcal{H}$ 关于$\{T(t)\}$是严格不变的, 即

$$T(t)\mathcal{H}=\mathcal{H},\ \forall t\geqslant 0;$$

(iii) $\mathcal{H}$在轨道空间$\mathcal{K}^+$中关于$C_{\rm loc}(\mathbb{R}_+;\ E_0)$的拓扑是吸收集.

定理 3.1.13[193] 设轨道空间$\mathcal{K}^+$是平移不变的. 假定$\mathcal{K}^+$存在一个吸收集Λ, 使得$\Lambda\subseteq\mathcal{K}^+$, Λ是$C_{\rm loc}(\mathbb{R}_+;\ E_0)$中的紧子集且在$L^\infty(\mathbb{R}_+;\ E)$中是有界的, 则$\mathcal{K}^+$存在轨道吸引子$\mathcal{H}\subseteq\Lambda$, $\mathcal{H}$在$\mathcal{K}^+$中是唯一的, 而且

$$\mathcal{H}=\cap_{\mathcal{T}\geqslant 0}\overline{\cup_{t\geqslant\mathcal{T}}T(t)\Lambda}, \tag{3.1.58}$$

其中$\overline{\cup_{t\geqslant\mathcal{T}}T(t)\Lambda}$ 是集合$\cup_{t\geqslant\mathcal{T}}T(t)\Lambda$在空间中$C_{\rm loc}(\mathbb{R}_+;\ E_0)$的闭包.

现在我们回顾基于轨道吸引子的整体吸引子的定义. 首先，我们引入一些记号. 当$t\geqslant 0$时, 我们定义$\Xi(t)\subseteq E$为

$$\Xi(t)=\{u(t);\ u\in\Xi\}\subseteq E.$$

类似地，对于轨道吸引子$\mathcal{H}$，我们定义集合

$$\mathcal{H}(t)=\{u(t);\ u\in\mathcal{H}\}\subseteq E,\ \text{对任意 } t\geqslant 0.$$

我们注意到: $\mathcal{H}(t)$与时间t无关.

定义 3.1.14　一个集合$\mathcal{A}\subseteq E$ 称为方程(3.1.54)在E_0中的**整体吸引子**，如果

(i)　$\mathcal{A}$ 在E_0中是紧的，而且在E中有界；

(ii)　对于任意在$L^\infty(\mathbb{R}_+;\ E)$中有界的轨道集合$\Xi\subset\mathcal{K}^+$，下面的关系式都成立：

$$\mathrm{dist}_{E_0}(\Xi(t),\mathcal{A})\to 0,\ \text{当}\ t\to\infty; \tag{3.1.59}$$

(iii)　$\mathcal{A}$ 是满足条件(i)和(ii)的最小集合，即$\mathcal{A}$包含于任何在E_0中紧的且在E中有界的吸收集.

定理 3.1.15[193]　如果定理3.1.13的假设均成立，那么方程(3.1.54)在E_0 中存在整体吸引子$\mathcal{A}$，且$\mathcal{A}=\mathcal{H}(0)$.

注记 3.1.16　定义3.1.14 推广了通常基于解半群的(E,E_0)—整体吸引子．与方程(3.1.54) 的Cauchy问题对应的解半群存在需要一个条件：方程(3.1.54)的 Cauchy问题的解是唯一的[8,87,188]．假设对任意u_0，存在唯一的轨道$u\in\mathcal{K}^+$ 使得$u(0)=u_0$，则在E_0中（基于时间半群）整体吸引子与通常基于解半群的(E,E_0)—整体吸引子相同．我们将在定理3.1.18中来解释这一点.

在Cauchy问题

$$\frac{\partial u}{\partial t}=G(u),\ \ u(0)=u_0 \tag{3.1.60}$$

存在唯一解的假设下，由通常的方法，我们可以用公式

$$S(t)u_0=u(t),\ t\geqslant 0 \tag{3.1.61}$$

在空间E中引入与问题(3.1.60)对应的算子半群$\{S(t);t\geqslant 0\}$.

定义 3.1.17　集合$\mathcal{A}_1\subseteq E$ 称为半群$\{S(t)\}$ 作用在E上的(E,E_0)—整体吸引子，如果

(i)　$\mathcal{A}_1$ 在E_0中是紧的，且在E中有界；

(ii)　$S(t)\mathcal{A}_1=\mathcal{A}_1$，$\forall t\geqslant 0$;

(iii)　E中有界的集合$\Xi_0\subset E$ 均满足：

$$\text{当}\ t\to\infty,\ \mathrm{dist}_{E_0}(S(t)\Xi_0,\mathcal{A}_1)\to 0. \tag{3.1.62}$$

定理 3.1.18[193]　设定理3.1.15的前提条件成立，半群$\{S(t)\}$是有界的(对E中的有界集$\Xi_0\subset E$，集合$\overline{\cup_{t\geqslant 0}S(t)\Xi_0}$在$E$中有界)，那么方程(3.1.54)的$(E_0,E)$—整体吸引子$\mathcal{A}_1$ 存在，且$\mathcal{A}_1=\mathcal{A}=\mathcal{H}(0)$，其中$\mathcal{A}$ 是方程(3.1.54)在E_0中的整体吸引子.

3.1.3.2 轨道吸引子和整体吸引子的存在性

首先，我们将构造系统(3.1.28)~(3.1.33)的轨道空间$\mathcal{K}^+$. 由定理3.1.10，如果$\widetilde{\boldsymbol{U}}$是问题3.1.5的弱解，那么$\widetilde{\boldsymbol{U}}\in L^2(0,\mathcal{T};V)\cap L^\infty(0,\mathcal{T};H)$，而且$\widetilde{\boldsymbol{U}}$满足能量不等式

$$-\int_0^\infty|\widetilde{\boldsymbol{U}}(t)|_2^2\psi'(s)\mathrm{d}s+\frac{1}{R_{\max}}\int_0^\infty\|\widetilde{\boldsymbol{U}}(s)\|^2\psi(s)\mathrm{d}s\leqslant 2\int_0^\infty(\widetilde{f},\widetilde{\boldsymbol{U}}(s))_H\psi(s)\mathrm{d}s,\quad(3.1.63)$$

这里$\psi(s)\in C_0^\infty(]0,\mathcal{T}[)$, $\psi(s)\geqslant 0$. 上面的不等式可以写为

$$\frac{1}{2}\frac{\mathrm{d}}{\mathrm{d}t}|\widetilde{\boldsymbol{U}}(s)|_2^2+\frac{1}{R_{\max}}\|\widetilde{\boldsymbol{U}}(s)\|^2\leqslant\frac{1}{2R_{\max}}\|\widetilde{\boldsymbol{U}}(s)\|^2+(\widetilde{f},\widetilde{\boldsymbol{U}}(s))_H,\ s\in]0,\mathcal{T}].\quad(3.1.64)$$

定义 3.1.19 系统(3.1.28)~(3.1.33)的轨道空间$\mathcal{K}^+$由下面的函数组成:

$$\widetilde{\boldsymbol{U}}\in L^2_{\mathrm{loc}}(\mathbb{R}_+;V)\cap L^\infty(\mathbb{R}_+;H),$$

其中$\widetilde{\boldsymbol{U}}$满足如下的条件: 对任意$\mathcal{T}>0$, 函数$\Pi_{\mathcal{T}}\widetilde{\boldsymbol{U}}$是问题3.1.5在$[0,\mathcal{T}]$上的弱解，而且还满足能量不等式(3.1.63).

引理 3.1.20 [194] 设Y是一个Banach 空间，且$E\subset\subset E_0\subset Y$，这里$\subset\subset$代表紧嵌入，则我们有下面的嵌入:

$$W^{\infty,p}(0,\mathcal{T};E,Y)\subset\subset C(0,\mathcal{T};E_0),$$

这里$W^{\infty,p}(0,\mathcal{T};E,Y)=\{u(s);\ s\in(0,\mathcal{T}),u\in L^\infty(0,\mathcal{T};E),\ u_t\in L^p(0,\mathcal{T};\,Y)\}$, $p>1$, 其中的范数为

$$\|u\|_{W^{\infty,p}}=\operatorname{ess}\sup_{\mathcal{T}\geqslant s\geqslant 0}\|u\|_E+\left(\int_0^{\mathcal{T}}\|u_t(s)\|_Y^p\mathrm{d}s\right)^{\frac{1}{p}}.$$

命题 3.1.21 设$\mathcal{K}^+$是定义3.1.19中的轨道空间，则

(i) 对任意$\widetilde{\boldsymbol{U}}_0\in H$，存在轨道$\widetilde{\boldsymbol{U}}(t)\in\mathcal{K}^+$，使得$\widetilde{\boldsymbol{U}}(0)=\widetilde{\boldsymbol{U}}_0$;

(ii) $\mathcal{K}^+\subset C(\mathbb{R}_+;V^{(-3)})\cap L^\infty(\mathbb{R}_+;H)$;

(iii) $\mathcal{K}^+$是轨道不变的，即$T(t)\mathcal{K}^+\subseteq\mathcal{K}^+$.

证明：由定义3.1.19，我们可知：(i)、(ii) 是定理3.1.10和引理3.1.20的推论. 因为方程组(3.1.28)~(3.1.30)是自治的，$\mathcal{K}^+$关于时间平移半群$\{T(t)\}$是轨道不变的.

命题 3.1.22 对任意$\widetilde{\boldsymbol{U}}\in\mathcal{K}^+$，下面的不等式成立:

$$\begin{aligned}&\|T(t)\widetilde{\boldsymbol{U}}\|_{L^\infty(\mathbb{R}_+;H)}+\|T(t)\widetilde{\boldsymbol{U}}\|_{L^2(0,1;V)}+\|T(t)\widetilde{\boldsymbol{U}}_t\|_{L^2(0,1;V^{(-3)})}\\=&\operatorname{ess}\sup_{s\geqslant t}|\widetilde{\boldsymbol{U}}(s)|+\left(\int_t^{t+1}\|\widetilde{\boldsymbol{U}}(s)\|^2\mathrm{d}s\right)^{\frac{1}{2}}+\left(\int_t^{t+1}\|\widetilde{\boldsymbol{U}}_t(s)\|_{V^{(-3)}}^2\mathrm{d}s\right)^{\frac{1}{2}}\end{aligned}$$

$$\leqslant c_{22}\|\widetilde{\boldsymbol{U}}\|^2_{L^\infty(0,1;H)}\exp(-c_{23}t)+c_{24}\|\widetilde{\boldsymbol{U}}\|_{L^\infty(0,1;H)}\exp(-c_{23}t)+c_{25},\quad \forall t\geqslant 0. \tag{3.1.65}$$

为了证明命题3.1.22，我们需要下面的一般Gronwall 引理:

引理 3.1.23 [35] 设$y(s),\ \varphi(s)\in L^1_{\text{loc}}(0,\infty)$,

$$-\int_0^\infty y(s)\psi'(s)\mathrm{d}s+\alpha\int_0^\infty y(s)\psi(s)\mathrm{d}s\leqslant\int_0^\infty \varphi(s)\psi(s)\mathrm{d}s, \tag{3.1.66}$$

对任意$\psi(s)\in C_0^\infty(\mathbb{R}_+)$, $\psi(s)\geqslant 0$, 这里$\alpha\in\mathbb{R}$, 那么

$$y(t)\mathrm{e}^{\alpha t}-y(\tau)\mathrm{e}^{\alpha\mathcal{T}}\leqslant\int_{\mathcal{T}}^t\varphi(s)\mathrm{e}^{\alpha s}\mathrm{d}s,$$

对任意$t,\ \mathcal{T}\in\mathbb{R}_+\setminus\widetilde{Q}$, $t\geqslant\mathcal{T}$, 其中$\mu(\widetilde{Q})=0$, 即$\widetilde{Q}$的Lebesgue测度为零.

命题3.1.22的证明: (1) 由空间V, H, $\mathcal{K}^+$的定义, 我们有

$$c_{17}|\widetilde{\boldsymbol{U}}(s)|_2^2\leqslant\|\widetilde{\boldsymbol{U}}(s)\|^2,\ \forall\widetilde{\boldsymbol{U}}\in\mathcal{K}^+,\ s\geqslant 0. \tag{3.1.67}$$

由(3.1.63)，我们可得

$$\begin{aligned}&-\int_0^\infty|\widetilde{\boldsymbol{U}}(s)|_2^2\psi'(s)\mathrm{d}s+\frac{c_{17}}{2R_{\max}}\int_0^\infty|\widetilde{\boldsymbol{U}}(s)|_2^2\psi(s)\mathrm{d}s\\ \leqslant&\int_0^\infty(2R_{\max}\|\widetilde{f}\|^2_{V'}-\frac{1}{2R_{\max}}(\|\widetilde{\boldsymbol{U}}(s)\|^2-c_{17}|\widetilde{\boldsymbol{U}}(s)|_2^2))\psi(s)\mathrm{d}s.\end{aligned} \tag{3.1.68}$$

应用引理3.1.23，我们有下面的不等式:

$$\begin{aligned}&|\widetilde{\boldsymbol{U}}(t)|_2^2\mathrm{e}^{c_{18}t}-|\widetilde{\boldsymbol{U}}(\mathcal{T})|_2^2\mathrm{e}^{c_{18}\mathcal{T}}\\ \leqslant&\int_{\mathcal{T}}^t(2R_{\max}\|\widetilde{f}\|^2_{V'}-\frac{1}{2R_{\max}}(\|\widetilde{\boldsymbol{U}}(s)\|^2-c_{17}|\widetilde{\boldsymbol{U}}(s)|_2^2))\mathrm{e}^{c_{18}s}\mathrm{d}s,\end{aligned} \tag{3.1.69}$$

对任意$t,\ \mathcal{T}\in\mathbb{R}_+\setminus\widetilde{Q}$, $t\geqslant\mathcal{T}$, $c_{18}=\dfrac{c_{17}}{2R_{\max}}$, 这里$\mu(\widetilde{Q})=0$. 由(3.1.67)和(3.1.69), 我们得到

$$|\widetilde{\boldsymbol{U}}(t)|_2^2\mathrm{e}^{c_{18}t}-|\widetilde{\boldsymbol{U}}(\mathcal{T})|_2^2\mathrm{e}^{c_{18}\mathcal{T}}\leqslant\int_{\mathcal{T}}^t 2R_{\max}\|\widetilde{f}\|_{V'}\mathrm{e}^{c_{18}s}\mathrm{d}s. \tag{3.1.70}$$

由(3.1.70), 得

$$\|T(t)\widetilde{\boldsymbol{U}}\|_{L^\infty(\mathbb{R}_+;H)}\leqslant\|\widetilde{\boldsymbol{U}}\|_{L^\infty(0,1;H)}\exp(-c_{18}t)+c_{19},\quad\forall t\geqslant 0. \tag{3.1.71}$$

(2) 由(3.1.69)和(3.1.71), 得

$$\frac{1}{2R_{\max}}\int_t^{t+1}(\|\widetilde{\boldsymbol{U}}(s)\|^2-c_{17}|\widetilde{\boldsymbol{U}}(s)|_2^2)\mathrm{e}^{c_{18}s}\mathrm{d}s\leqslant c_{19}(\mathrm{e}^{c_{18}(t+1)}-\mathrm{e}^{c_{18}t})+|\widetilde{\boldsymbol{U}}(t)|_2^2\mathrm{e}^{c_{18}t}$$

$$\leqslant c_{19}(\mathrm{e}^{c_{18}(t+1)}-\mathrm{e}^{c_{18}t})+\|\widetilde{\boldsymbol{U}}\|^2_{L^\infty(0,1;H)}+c_{19}\mathrm{e}^{c_{18}t}\leqslant\|\widetilde{\boldsymbol{U}}\|^2_{L^\infty(0,1;H)}+c_{19}\mathrm{e}^{c_{18}(t+1)},$$

即

$$\begin{aligned}&\frac{1}{2R_{\max}}\int_t^{t+1}\|\widetilde{\boldsymbol{U}}(s)\|^2\mathrm{e}^{c_{18}s}\mathrm{d}s\\ \leqslant&c_{18}\int_t^{t+1}|\widetilde{\boldsymbol{U}}(s)|_2^2\mathrm{e}^{c_{18}s}\mathrm{d}s+\|\widetilde{\boldsymbol{U}}\|^2_{L^\infty(0,1;H)}+c_{19}\mathrm{e}^{c_{18}(t+1)}.\end{aligned}\tag{3.1.72}$$

由(3.1.71), 我们有

$$c_{18}\int_t^{t+1}|\widetilde{\boldsymbol{U}}(s)|_2^2\mathrm{e}^{c_{18}s}\mathrm{d}s\leqslant c_{18}\|\widetilde{\boldsymbol{U}}\|^2_{L^\infty(0,1;H)}+c_{19}(\mathrm{e}^{c_{18}(t+1)}-\mathrm{e}^{c_{18}t}).\tag{3.1.73}$$

结合(3.1.72)和(3.1.73), 我们得到

$$\frac{1}{2R_{\max}}\int_t^{t+1}\|\widetilde{\boldsymbol{U}}(s)\|^2\mathrm{e}^{c_{18}s}\mathrm{d}s\leqslant(c_{18}+1)\|\widetilde{\boldsymbol{U}}\|^2_{L^\infty(0,1;H)}+c_{19}(2\mathrm{e}^{c_{18}(t+1)}-\mathrm{e}^{c_{18}t}).$$

因此

$$\frac{1}{2R_{\max}}\int_t^{t+1}\|\widetilde{\boldsymbol{U}}(s)\|^2\mathrm{d}s\leqslant(c_{18}+1)\|\widetilde{\boldsymbol{U}}\|^2_{L^\infty(0,1;H)}\mathrm{e}^{-c_{18}t}+c_{19}(2\mathrm{e}^{c_{18}}-1).\tag{3.1.74}$$

(3) 由引理3.1.3、引理3.1.4、引理3.1.8和问题3.1.5的假设及(3.1.36),我们可得

$$\|\widetilde{\boldsymbol{U}}_t(s)\|_{V^{(-3)}}\leqslant\|\widetilde{\boldsymbol{U}}(s)\||\widetilde{\boldsymbol{U}}(s)|_2+c_{20}\|\widetilde{\boldsymbol{U}}(s)\|+\|\widetilde{f}\|_{V'},$$

所以

$$\begin{aligned}&\left(\int_t^{t+1}\|\widetilde{\boldsymbol{U}}_t(s)\|^2_{V^{(-3)}}\mathrm{d}s\right)^{\frac{1}{2}}\\ \leqslant&\left(\int_t^{t+1}\|\widetilde{\boldsymbol{U}}(s)\|^2|\widetilde{\boldsymbol{U}}(s)|_2^2\mathrm{d}s\right)^{\frac{1}{2}}+c_{21}+c_{21}\left(\int_t^{t+1}\|\widetilde{\boldsymbol{U}}(s)\|^2\mathrm{d}s\right)^{\frac{1}{2}}\\ \leqslant&c_{21}\|\widetilde{\boldsymbol{U}}\|_{L^\infty(t,t+1;H)}\left(\int_t^{t+1}\|\widetilde{\boldsymbol{U}}(s)\|^2\mathrm{d}s\right)^{\frac{1}{2}}+c_{21}+c_{21}\left(\int_t^{t+1}\|\widetilde{\boldsymbol{U}}(s)\|^2\mathrm{d}s\right)^{\frac{1}{2}},\\ &\forall t\geqslant 0.\end{aligned}\tag{3.1.75}$$

由(3.1.71)、(3.1.74)、(3.1.75), 存在两个正的常数c_{20}、c_{21}，使得

$$\begin{aligned}&\|T(t)\widetilde{\boldsymbol{U}}\|_{L^\infty(\mathbb{R}_+;H)}+\|T(t)\widetilde{\boldsymbol{U}}\|_{L^2(0,1;V)}+\|T(t)\widetilde{\boldsymbol{U}}_t\|_{L^2(0,1;V^{(-3)})}\\ \leqslant&c_{22}\|\widetilde{\boldsymbol{U}}\|^2_{L^\infty(0,1;H)}\exp(-c_{23}t)+c_{24}\|\widetilde{\boldsymbol{U}}\|_{L^\infty(0,1;H)}\exp(-c_{23}t)+c_{25},\quad\forall t\geqslant 0.\end{aligned}$$

定理证毕.

命题 3.1.24 设$\{\widetilde{\boldsymbol{U}}_n\}\subset\mathcal{K}^+$是$L^\infty(\mathbb{R}_+;H)$中的有界序列, 且对某一$\widetilde{\boldsymbol{U}}\in C(\mathbb{R}_+;V^{(-3)})$, 下面的关系式成立:

$$\widetilde{\boldsymbol{U}}_n \to \widetilde{\boldsymbol{U}} \ \text{ in } C_{\text{loc}}(\mathbb{R}_+;V^{(-3)}) \ \text{ 当 } \ n\to\infty,$$

则$\widetilde{\boldsymbol{U}}\in\mathcal{K}^+$.

证明：下面我们仅给出证明的概要．因为$\{\widetilde{\boldsymbol{U}}_n\}\subset\mathcal{K}^+$在$L^\infty(\mathbb{R}_+;H)$中有界，由命题3.1.22,我们可知(如有必要可取$\{\widetilde{\boldsymbol{U}}_n\}$子列)：

$$\begin{aligned}&(\widetilde{\boldsymbol{U}}_n)_t+A\widetilde{\boldsymbol{U}}_n+(B\widetilde{\boldsymbol{U}}_n,\widetilde{\boldsymbol{U}}_n)+(B\widetilde{\boldsymbol{U}}_n,\boldsymbol{U}')+(F\widetilde{\boldsymbol{U}}_n,\boldsymbol{U}')+\widetilde{E}\widetilde{\boldsymbol{U}}_n-\widetilde{f}\\ \rightharpoonup\ &(\widetilde{\boldsymbol{U}})_t+A\widetilde{\boldsymbol{U}}+(B\widetilde{\boldsymbol{U}},\widetilde{\boldsymbol{U}})+(B\widetilde{\boldsymbol{U}},\boldsymbol{U}')+(F\widetilde{\boldsymbol{U}},\boldsymbol{U}')+\widetilde{E}\widetilde{\boldsymbol{U}}-\widetilde{f}\end{aligned}$$

弱收敛在 $L^2(0,\mathcal{T};V^{(-3)})$中, 对任意 $\mathcal{T}>0$，因此$\widetilde{\boldsymbol{U}}$是问题3.1.5的弱解.

为了证明$\widetilde{\boldsymbol{U}}\in\mathcal{K}^+$，我们还必须证明：$\widetilde{\boldsymbol{U}}$满足能量不等式(3.1.63)．由$\{\widetilde{\boldsymbol{U}}_n\}\subset\mathcal{K}^+$, 对任意$n$, $\widetilde{\boldsymbol{U}}_n$满足

$$-\int_0^\infty|\widetilde{\boldsymbol{U}}_n(t)|_2^2\psi'(s)\mathrm{d}s+\frac{1}{R_{\max}}\int_0^\infty\|\widetilde{\boldsymbol{U}}_n(s)\|^2\psi(s)\mathrm{d}s\leqslant 2\int_0^\infty(\widetilde{f},\widetilde{\boldsymbol{U}}_n(s))_H\psi(s)\mathrm{d}s,$$

这里$\psi(s)\in C_0^\infty(]0,\mathcal{T}[)$, $\psi(s)\geqslant 0$．因为$\{\widetilde{\boldsymbol{U}}_n\}\subset\mathcal{K}^+$ 在$L^\infty(\mathbb{R}_+;H)$中有界, 由命题3.1.22, 如有必要可取子列, 我们可得$\widetilde{\boldsymbol{U}}_m\ \to\ \widetilde{\boldsymbol{U}}\ \ (m\ \to\ \infty)$ 弱收敛在$L^2(0,\mathcal{T};V)$中，$*$-弱收敛在$L^\infty(0,\mathcal{T};H)$中．与(3.1.53)的证明类似，我们可以在上面的不等式中取极限，从而得到能量不等式

$$-\int_0^\infty|\widetilde{\boldsymbol{U}}(t)|_2^2\psi'(s)\mathrm{d}s+\frac{1}{R_{\max}}\int_0^\infty\|\widetilde{\boldsymbol{U}}(s)\|^2\psi(s)\mathrm{d}s\leqslant 2\int_0^\infty(\widetilde{f},\widetilde{\boldsymbol{U}}(s))_H\psi(s)\mathrm{d}s.$$

命题证毕.

现在我们可以给出本节的另一个主要结果.

定理 3.1.25　如果问题3.1.5的假设成立，那么系统(3.1.28)~(3.1.33) 存在轨道吸引子$\mathcal{H}\subseteq\mathcal{K}^+$，$\mathcal{H}$ 在$\mathcal{K}^+$中是唯一的，而且$\mathcal{A}=\mathcal{H}(0)$ 是系统(3.1.28)~(3.1.33)在$V^{(-3)}$中的整体吸引子.

证明：为了应用定理3.1.13 和定理3.1.15，我们必须构造关于时间平移半群$\{T(t)\}$的吸收集Λ，这里$\Lambda\subseteq\mathcal{K}^+$，且$\Lambda$在$C_{\text{loc}}(\mathbb{R}_+;\ V^{(-3)})$中是紧的，在$L^\infty(\mathbb{R}_+;\ H)$中有界．令

$$\Lambda=\{\widetilde{\boldsymbol{U}}\in\mathcal{K}^+;\ \operatorname*{ess\,sup}_{t\geqslant 0}\{\|\widetilde{\boldsymbol{U}}\|_{L^\infty(t,t+1;H)}+\|\widetilde{\boldsymbol{U}}_t\|_{L^2(t,t+1;V^{(-3)})}\}\leqslant 3c_{25}\},\tag{3.1.76}$$

我们断言：Λ是满足定理3.1.13条件的吸收集．事实上，设$\varXi\subseteq\mathcal{K}^+$，$\varXi$ 在$L^\infty(\mathbb{R}_+;\ H)$中有界, 即

$$\|\widetilde{\boldsymbol{U}}\|_{L^\infty(\mathbb{R}_+;\ H)}=\operatorname*{ess\,sup}_{s\geqslant 0}\|\widetilde{\boldsymbol{U}}\|_E\leqslant c_{26},\quad\forall u\in\varXi.$$

由命题3.1.22，我们可知：存在$t_1 > 0$，使得$T(t)\Xi \subseteq \Lambda$ 对任意 $t \geqslant t_1$. 由Λ的定义，我们得到：Λ在$L^\infty(\mathbb{R}_+;\ H)$中有界. 由(3.1.76)，对任给$\mathcal{T} > 0$, $\Pi_{\mathcal{T}}\Lambda$在$W^{\infty,2}(0,\mathcal{T};H,V^{(-3)})$中有界. 利用引理3.1.20，我们可得：$\Pi_{\mathcal{T}}\Lambda$ 在$C(0,\mathcal{T};\ V^{(-3)})$ 中是紧的，即Λ的闭包在$C_{\text{loc}}(\mathbb{R}_+;\ V^{(-3)})$中是紧的. 下面我们证明：$\Lambda$在$C_{\text{loc}}(\mathbb{R}_+;\ V^{(-3)})$中是闭的. 设存在序列$\{\widetilde{\boldsymbol{U}}_n\} \subset \Lambda$，使得

$$\text{当}\ \ n \to \infty,\ \widetilde{\boldsymbol{U}}_n \to \widetilde{\boldsymbol{U}}\ \ \text{in}\ C_{\text{loc}}(\mathbb{R}_+;V^{(-3)}).$$

另一方面，由(3.1.76)，$\{\widetilde{\boldsymbol{U}}_n\}$在$L^\infty(\mathbb{R}_+;H)$中有界. 应用命题3.1.24，我们可得：$\widetilde{\boldsymbol{U}} \in \mathcal{K}^+$. 由范数的下半弱连续性和

$$\|\widetilde{\boldsymbol{U}}_n\|_{L^\infty(t,t+1;H)} + \|(\widetilde{\boldsymbol{U}}_n)_t\|_{L^2(t,t+1;V^{(-3)})} \leqslant 3c_{25},$$

我们有

$$\|\widetilde{\boldsymbol{U}}\|_{L^\infty(t,t+1;H)} + \|\widetilde{\boldsymbol{U}}_t\|_{L^2(t,t+1;V^{(-3)})} \leqslant 3c_{25}.$$

因此, $\widetilde{\boldsymbol{U}} \in \Lambda$, 即$\Lambda$在$C_{\text{loc}}(\mathbb{R}_+;\ V^{(-3)})$中是紧的. 利用定理3.1.13 和定理3.1.15，我们得到定理3.1.25 和轨道吸引子

$$\mathcal{H} = \cap_{\mathcal{T}\geqslant 0}\overline{\cup_{t\geqslant\mathcal{T}}T(t)\Lambda},$$

这里$\overline{\cup_{t\geqslant\mathcal{T}}T(t)\Lambda}$ 是集合$\cup_{t\geqslant\mathcal{T}}T(t)\Lambda$在空间$C_{\text{loc}}(\mathbb{R}_+;\ V^{(-3)})$中的闭包. 定理证毕.

注记 3.1.26 在引理3.1.20中，我们令$E_0 = V^{(-\delta)}$, $0 < \delta \leqslant 3$, $E = H$, $Y = V^{(-3)}$, 这里E_0是定理3.1.18中的，$V^{(-\delta)} = (V^{(\delta)})'$，$V^{(\delta)}$的定义与$V^{(3)}$类似. 然后，我们能把命题3.1.21、3.1.24 的$V^{(-3)}$替换为$V^{(-\delta)}$，因此我们得到系统(3.1.28)~(3.1.33)在$V^{(-\delta)}$中的轨道吸引子$\mathcal{H}$(这里$\mathcal{H} \subseteq \mathcal{K}^+ \subset C(\mathbb{R}_+;V^{(-\delta)}) \cap L^\infty(\mathbb{R}_+;H)$)和整体吸引子.

3.2 湿大气原始方程组强解的长时间行为

在这一节，我们的兴趣主要在于考虑湿大气原始方程组的初边值问题强解的整体存在性、唯一性、稳定性和长时间行为. 湿大气原始方程组的初边值问题被记为IBVP（这将在第3.2.1小节给出）. 我们的主要结果是定理3.2.2、定理3.2.3、命题3.2.4 和定理3.2.5：第一，我们得到问题IBVP的整体适定性；第二，通过研究强解的长时间行为，我们证明强解的H^1–范数关于时间的一致有界性，同时也证明与湿大气原始方程组的边值问题对应的解半群$\{S(t)\}_{t\geqslant 0}$在V中存在有界吸收集B_ρ（空间V的定义将在3.2.2小节给出）. 利用有界吸收集B_ρ，我们可以构造一个（弱紧的）整体吸引子$\mathcal{A}$. 由于三维不可压Navier-Stokes系统的整体适定性还没有解决，利用定理3.2.2和定理3.2.3，我们从数学上严格证明了湿大

气原始方程组比三维不可压Navier-Stokes系统来得简单. 这与物理观点是一致的(湿大气原始方程组是在取静力近似下得到的).

本节的安排如下：在3.2.1小节，我们将提出湿大气原始方程组. 我们的主要结果将在3.2.2小节列出；在3.2.3小节，我们主要做局部强解关于时间的一致先验估计. 我们将在最后的两个小节证明并给出本节的主要结果.

3.2.1 湿大气原始方程组

本节考虑的模型是在气压坐标系下无量纲的湿大气三维粘性原始方程组

$$\frac{\partial \boldsymbol{v}}{\partial t}+\nabla_{\boldsymbol{v}}\boldsymbol{v}+\omega\frac{\partial \boldsymbol{v}}{\partial \xi}+\frac{f}{R_0}\boldsymbol{k}\times\boldsymbol{v}+\mathrm{grad}\Phi-\frac{1}{Re_1}\Delta\boldsymbol{v}-\frac{1}{Re_2}\frac{\partial^2\boldsymbol{v}}{\partial\xi^2}=0, \tag{3.2.1}$$

$$\mathrm{div}\boldsymbol{v}+\frac{\partial\omega}{\partial\xi}=0, \tag{3.2.2}$$

$$\frac{\partial\Phi}{\partial\xi}+\frac{bP}{p}(1+aq)T=0, \tag{3.2.3}$$

$$\frac{\partial T}{\partial t}+\nabla_{\boldsymbol{v}}T+\omega\frac{\partial T}{\partial\xi}-\frac{bP}{p}(1+aq)\omega-\frac{1}{Rt_1}\Delta T-\frac{1}{Rt_2}\frac{\partial^2 T}{\partial\xi^2}=Q_1, \tag{3.2.4}$$

$$\frac{\partial q}{\partial t}+\nabla_{\boldsymbol{v}}q+\omega\frac{\partial q}{\partial\xi}-\frac{1}{Rt_3}\Delta q-\frac{1}{Rt_4}\frac{\partial^2 q}{\partial\xi^2}=Q_2, \tag{3.2.5}$$

其中常数a即为(1.1.5)式中的c, 常数a=0.618.

(3.2.1)~(3.2.5)的空间区域是

$$\Omega=S^2\times(0,1),$$

其中S^2是二维的单位球面. (3.2.1)~(3.2.5)的边界条件为

$$\xi=1(p=P):\ \frac{\partial\boldsymbol{v}}{\partial\xi}=0,\ \omega=0,\ \frac{\partial T}{\partial\xi}=\alpha_s(\overline{T}_s-T),\ \frac{\partial q}{\partial\xi}=\beta_s(\overline{q}_s-q), \tag{3.2.6}$$

$$\xi=0(p=p_0):\ \frac{\partial\boldsymbol{v}}{\partial\xi}=0,\ \omega=0,\ \frac{\partial T}{\partial\xi}=0,\ \frac{\partial q}{\partial\xi}=0, \tag{3.2.7}$$

其中α_s, β_s 是正的常数，$\overline{T}_s$为环境空气的温度，$\overline{q}_s$ 是给定的地球表面水蒸气的混合比. 为了简便且不失一般性，我们假设$\overline{T}_s=0$和$\overline{q}_s=0$. 如果$\overline{T}_s\neq 0$ 或$\overline{q}_s\neq 0$, 我们可以齐次化T, q的边界条件[82].

注记 3.2.1 湿大气三维粘性原始方程组的边值问题(3.2.1)~(3.2.7) 与上一节(3.1.8)~(3.1.14)主要区别在于$\boldsymbol{v}$的边界条件. 至于粘性项，为了方便，我们采用了上面的形式.

积分(3.2.2)，利用边界条件(3.2.6)和(3.2.7)，我们有

$$\omega(t;\theta,\varphi,\xi)=W(\boldsymbol{v})(t;\theta,\varphi,\xi)=\int_\xi^1\mathrm{div}\boldsymbol{v}(t;\theta,\varphi,\xi')\,\mathrm{d}\xi', \tag{3.2.8}$$

$$\int_0^1 \mathrm{div}\boldsymbol{v}\ \mathrm{d}\xi = 0. \tag{3.2.9}$$

设$\varPhi_s$为等压面$\xi=1$上的未知函数，对(3.2.3)求积分, 得

$$\varPhi(t,\theta,\varphi,\xi) = \varPhi_s(t,\theta,\varphi) + \int_\xi^1 \frac{bP}{p}(1+aq)T\ \mathrm{d}\xi'. \tag{3.2.10}$$

在这一节中, 为了方便，**我们假设常数**Re_1，Re_2，Rt_1，Rt_2，Rt_3，Rt_4**均为**1(这不会改变我们的结果)，则方程组(3.2.1)~(3.2.5)可写为：

$$\frac{\partial \boldsymbol{v}}{\partial t} + \boldsymbol{\nabla}_{\boldsymbol{v}}\boldsymbol{v} + W(\boldsymbol{v})\frac{\partial \boldsymbol{v}}{\partial \xi} + \frac{f}{R_0}\boldsymbol{k}\times\boldsymbol{v} + \mathrm{grad}\varPhi_s + \int_\xi^1 \frac{bP}{p}\mathrm{grad}[(1+aq)T]\ \mathrm{d}\xi' - \boldsymbol{\Delta v} - \frac{\partial^2 \boldsymbol{v}}{\partial \xi^2} = 0, \tag{3.2.11}$$

$$\frac{\partial T}{\partial t} + \boldsymbol{\nabla}_{\boldsymbol{v}}T + W(\boldsymbol{v})\frac{\partial T}{\partial \xi} - \frac{bP}{p}(1+aq)W(\boldsymbol{v}) - \Delta T - \frac{\partial^2 T}{\partial \xi^2} = Q_1, \tag{3.2.12}$$

$$\frac{\partial q}{\partial t} + \boldsymbol{\nabla}_{\boldsymbol{v}}q + W(\boldsymbol{v})\frac{\partial q}{\partial \xi} - \Delta q - \frac{\partial^2 q}{\partial \xi^2} = Q_2, \tag{3.2.13}$$

$$\int_0^1 \mathrm{div}\boldsymbol{v}\ \mathrm{d}\xi = 0, \tag{3.2.14}$$

这里grad$[(1+aq)T]$, grad$\varPhi_s$的定义与上一节一样. 方程组(3.2.11)~(3.2.14)的边界条件是

$$\xi = 1:\ \frac{\partial \boldsymbol{v}}{\partial \xi} = 0,\ \frac{\partial T}{\partial \xi} = -\alpha_s T,\ \frac{\partial q}{\partial \xi} = -\beta_s q, \tag{3.2.15}$$

$$\xi = 0:\ \frac{\partial \boldsymbol{v}}{\partial \xi} = 0,\ \frac{\partial T}{\partial \xi} = 0,\ \frac{\partial q}{\partial \xi} = 0; \tag{3.2.16}$$

而初始条件为

$$U|_{t=0} = (\boldsymbol{v}|_{t=0}, T|_{t=0}, q|_{t=0}) = U_0 = (\boldsymbol{v}_0, T_0, q_0). \tag{3.2.17}$$

我们称(3.2.11)~(3.2.17) 为湿大气三维粘性原始方程组的初边值问题，记为IBVP.

下面定义斜压流$\tilde{\boldsymbol{v}}$和正压流$\bar{\boldsymbol{v}}$，并找出$\tilde{\boldsymbol{v}}$和$\bar{\boldsymbol{v}}$满足的方程. 关于ξ从0到1 积分(3.2.11)，再利用边界条件(3.2.15)和(3.2.16),有

$$\begin{aligned}&\frac{\partial \bar{\boldsymbol{v}}}{\partial t} + \int_0^1 \left(\boldsymbol{\nabla}_{\boldsymbol{v}}\boldsymbol{v} + W(\boldsymbol{v})\frac{\partial \boldsymbol{v}}{\partial \xi}\right)\mathrm{d}\xi + \frac{f}{R_0}\boldsymbol{k}\times\bar{\boldsymbol{v}} + \mathrm{grad}\varPhi_s\\ &+ \int_0^1\int_\xi^1 \frac{bP}{p}\mathrm{grad}[(1+aq)T]\mathrm{d}\xi'\mathrm{d}\xi - \boldsymbol{\Delta}\bar{\boldsymbol{v}} = 0\ \ \text{in } S^2,\end{aligned} \tag{3.2.18}$$

这里$\bar{\boldsymbol{v}} = \int_0^1 \boldsymbol{v}\mathrm{d}\xi$.

记斜压流为

$$\tilde{\boldsymbol{v}} = \boldsymbol{v} - \bar{\boldsymbol{v}}.$$

我们注意到

$$\bar{\tilde{\boldsymbol{v}}} = \int_0^1 \tilde{\boldsymbol{v}} \mathrm{d}\xi = 0, \quad \boldsymbol{\nabla} \cdot \bar{\boldsymbol{v}} = 0,$$

用分部积分，得到

$$\int_0^1 W(\boldsymbol{v}) \frac{\partial \boldsymbol{v}}{\partial \xi} \mathrm{d}\xi = \int_0^1 \boldsymbol{v} \mathrm{div} \boldsymbol{v} \mathrm{d}\xi = \int_0^1 \tilde{\boldsymbol{v}} \mathrm{div} \tilde{\boldsymbol{v}} \mathrm{d}\xi, \tag{3.2.19}$$

$$\int_0^1 \boldsymbol{\nabla}_{\boldsymbol{v}} \boldsymbol{v} \mathrm{d}\xi = \int_0^1 \boldsymbol{\nabla}_{\tilde{\boldsymbol{v}}} \tilde{\boldsymbol{v}} \mathrm{d}\xi + \boldsymbol{\nabla}_{\bar{\boldsymbol{v}}} \bar{\boldsymbol{v}}. \tag{3.2.20}$$

由(3.2.18)~(3.2.20)，可得

$$\begin{aligned}&\frac{\partial \bar{\boldsymbol{v}}}{\partial t} + \boldsymbol{\nabla}_{\bar{\boldsymbol{v}}} \bar{\boldsymbol{v}} + \overline{\tilde{\boldsymbol{v}} \mathrm{div} \tilde{\boldsymbol{v}} + \boldsymbol{\nabla}_{\tilde{\boldsymbol{v}}} \tilde{\boldsymbol{v}}} + \frac{f}{R_0} \boldsymbol{k} \times \bar{\boldsymbol{v}} + \mathrm{grad} \Phi_s \\ &+ \int_0^1 \int_\xi^1 \frac{bP}{p} \mathrm{grad}[(1+aq)T] \mathrm{d}\xi' \mathrm{d}\xi - \Delta \bar{\boldsymbol{v}} = 0 \ \text{ in } S^2.\end{aligned} \tag{3.2.21}$$

从(3.2.11)中减去(3.2.21), 我们知道斜压流$\tilde{\boldsymbol{v}}$满足下面的方程和边界条件：

$$\begin{aligned}&\frac{\partial \tilde{\boldsymbol{v}}}{\partial t} - \Delta \tilde{\boldsymbol{v}} - \frac{\partial^2 \tilde{\boldsymbol{v}}}{\partial \xi^2} + \boldsymbol{\nabla}_{\tilde{\boldsymbol{v}}} \tilde{\boldsymbol{v}} + \left(\int_\xi^1 \mathrm{div} \tilde{\boldsymbol{v}} \mathrm{d}\xi'\right) \frac{\partial \tilde{\boldsymbol{v}}}{\partial \xi} + \boldsymbol{\nabla}_{\tilde{\boldsymbol{v}}} \bar{\boldsymbol{v}} + \boldsymbol{\nabla}_{\bar{\boldsymbol{v}}} \tilde{\boldsymbol{v}} - \overline{(\tilde{\boldsymbol{v}} \mathrm{div} \tilde{\boldsymbol{v}} + \boldsymbol{\nabla}_{\tilde{\boldsymbol{v}}} \tilde{\boldsymbol{v}})} + \frac{f}{R_0} \boldsymbol{k} \times \tilde{\boldsymbol{v}} \\ &+ \int_\xi^1 \frac{bP}{p} \mathrm{grad}[(1+aq)T] \mathrm{d}\xi' - \int_0^1 \int_\xi^1 \frac{bP}{p} \mathrm{grad}[(1+aq)T] \mathrm{d}\xi' \mathrm{d}\xi = 0 \ \text{ in } \Omega,\end{aligned} \tag{3.2.22}$$

$$\xi = 1 : \frac{\partial \tilde{\boldsymbol{v}}}{\partial \xi} = 0, \quad \xi = 0 : \frac{\partial \tilde{\boldsymbol{v}}}{\partial \xi} = 0. \tag{3.2.23}$$

3.2.2 本节的主要结果

在叙述本节的主要结果之前，我们定义一些函数空间.

空间$L^p(\Omega)$、$L^2(T\Omega|TS^2)$、$C^\infty(S^2)$、$C^\infty(T\Omega|TS^2)$和$H^m(\Omega)$的定义与前一节一样. 标量和向量函数水平方向上的散度div、水平方向上的梯度$\boldsymbol{\nabla} = \mathrm{grad}$、水平方向上的协变导数$\boldsymbol{\nabla}_{\boldsymbol{v}}$ 和水平方向上的Laplace-Beltrami算子Δ的定义也与上一节一样.

下面我们定义问题IBVP的工作空间. 令

$$\widetilde{\mathcal{V}_1} := \left\{ \boldsymbol{v};\ \boldsymbol{v} \in C^\infty(T\Omega|TS^2),\ \frac{\partial \boldsymbol{v}}{\partial \xi}\Big|_{\xi=0} = 0,\ \frac{\partial \boldsymbol{v}}{\partial \xi}\Big|_{\xi=1} = 0,\ \int_0^1 \mathrm{div} \boldsymbol{v} \ \mathrm{d}\xi = 0 \right\},$$

$$\widetilde{\mathcal{V}_2} := \left\{ T;\ T \in C^\infty(\Omega),\ \frac{\partial T}{\partial \xi}\Big|_{\xi=0} = 0,\ \frac{\partial T}{\partial \xi}\Big|_{\xi=1} = -\alpha_s T \right\},$$

$$\widetilde{\mathcal{V}_3} := \left\{ q;\ q \in C^\infty(\Omega),\ \frac{\partial q}{\partial \xi}\Big|_{\xi=0} = 0,\ \frac{\partial q}{\partial \xi}\Big|_{\xi=1} = -\beta_s q \right\},$$

$V_1 = \widetilde{\mathcal{V}_1}$关于范数 $\|\cdot\|_1$的闭包, V_2 和V_3 分别为$\widetilde{\mathcal{V}_2}$ 和$\widetilde{\mathcal{V}_3}$关于范数 $\|\cdot\|_1$的闭包,

$H_1 = \widetilde{\mathcal{V}_1}$关于范数 $|\cdot|_2$的闭包, $\quad H_2 = L^2(\Omega)$,

$V = V_1 \times V_2 \times V_3, \quad H = H_1 \times H_2 \times H_2.$

$V_1, V_2,, V_3, H, V$的内积和范数为

$$(\boldsymbol{v},\boldsymbol{v}_1)_{V_1}=\int_\Omega\left(\boldsymbol{\nabla}_{e_\theta}\boldsymbol{v}\cdot\boldsymbol{\nabla}_{e_\theta}\boldsymbol{v}_1+\boldsymbol{\nabla}_{e_\varphi}\boldsymbol{v}\cdot\boldsymbol{\nabla}_{e_\varphi}\boldsymbol{v}_1+\frac{\partial\boldsymbol{v}}{\partial\xi}\frac{\partial\boldsymbol{v}_1}{\partial\xi}+\boldsymbol{v}\cdot\boldsymbol{v}_1\right),$$

$$\|\boldsymbol{v}\|=(\boldsymbol{v},\boldsymbol{v})_{V_1}^{\frac{1}{2}},\quad\forall\boldsymbol{v},\ \boldsymbol{v}_1\in V_1,$$

$$(T,T_1)_{V_2}=\int_\Omega\left(\mathrm{grad}T\cdot\mathrm{grad}T_1+\frac{\partial T}{\partial\xi}\frac{\partial T_1}{\partial\xi}+TT_1\right),$$

$$\|T\|=(T,T)_{V_2}^{\frac{1}{2}},\quad\forall T,\ T_1\in V_2,$$

$$(q,q_1)_{V_3}=\int_\Omega\left(\mathrm{grad}q\cdot\mathrm{grad}q_1+\frac{\partial q}{\partial\xi}\frac{\partial q_1}{\partial\xi}+qq_1\right),$$

$$\|q\|=(q,q)_{V_3}^{\frac{1}{2}},\quad\forall q,\ q_1\in V_2,$$

$$(\boldsymbol{U},\boldsymbol{U}_1)_H=(\boldsymbol{v},\boldsymbol{v}_1)+(T,T_1)+(q,q_1),$$

$$(\boldsymbol{U},\boldsymbol{U}_1)_V=(\boldsymbol{v},\boldsymbol{v}_1)_{V_1}+(T,T_1)_{V_2}+(q,q_1)_{V_3},$$

$$\|\boldsymbol{U}\|=(\boldsymbol{U},\boldsymbol{U})_V^{\frac{1}{2}},\ |\boldsymbol{U}|_2=(\boldsymbol{U},\boldsymbol{U})_H^{\frac{1}{2}},\ \forall\boldsymbol{U}=(\boldsymbol{v},T,q),\ \boldsymbol{U}_1=(\boldsymbol{v}_1,T_1,q_1)\in V,$$

这里$(\cdot,\cdot)$代表$L^2(\Omega)$中的L^2内积.

下面我们给出本节的主要结果.

定理 3.2.2 设Q_1, $Q_2\in H^1(\Omega)$, $\boldsymbol{U}_0=(\boldsymbol{v}_0,T_0,q_0)\in V$, 则对给定$\mathcal{T}>0$, 系统(3.2.11)~(3.2.17)在区间$[0,\mathcal{T}]$中存在强解$U$. 这里系统(3.2.11)~(3.2.17)的强解的定义将在3.2.3.1小节给出.

定理 3.2.3 设Q_1, $Q_2\in H^1(\Omega)$, $\boldsymbol{U}_0=(\boldsymbol{v}_0,T_0,q_0)\in V$, 则对给定$\mathcal{T}>0$, 系统(3.2.11)~(3.2.17)的强解$U$在区间$[0,\mathcal{T}]$中是唯一的, 而且强解$U$连续地依赖初始数据.

命题 3.2.4 设Q_1, $Q_2\in H^1(\Omega)$, $\boldsymbol{U}_0=(\boldsymbol{v}_0,T_0,q_0)\in V$, 则系统(3.2.11)~(3.2.17)的强解满足: $\boldsymbol{U}\in L^\infty(0,\infty;V)$. 而且, 与系统(3.2.11)~(3.2.16)对应的解半群$\{S(t)\}_{t\geqslant 0}$在V中存在一个有界的吸收集B_δ, 即对给定$B\subset V$, 存在充分大的$t_0(B)>0$, 使得当$t\geqslant t_0$时, $S(t)B\subset B_\delta$, 其中$B_\delta=\{\boldsymbol{U};\|\boldsymbol{U}\|\leqslant\delta\}$, δ是依赖$\|Q_1\|_1$, $\|Q_2\|_1$的正的常数.

定理 3.2.5 (3.2.11)~(3.2.16)存在整体吸引子$\mathcal{A}=\cap_{s\geqslant 0}\overline{\cup_{t\geqslant s}T(t)B_\rho}$, 其中闭包是关于$V$的弱拓扑. 整体吸引子$\mathcal{A}$有以下的性质:

(i) 弱紧性: $\mathcal{A}$在V中是有界的, 且弱闭的;

(ii) 不变性: 对任意的$t\geqslant 0$, $S(t)\mathcal{A}=\mathcal{A}$;

(iii) 吸引性: 对V中任意的有界集, 当$t\to+\infty$时, 集族$S(t)B$关于V的弱拓扑收敛于$\mathcal{A}$, 即$\lim\limits_{t\to+\infty}d_V^w(S(t)B,\ \mathcal{A})=0$, 其中距离$d_V^w$是由$V$的弱拓扑所诱导的.

注记 3.2.6 整体吸引子$\mathcal{A}$还有下面的性质:

(i) 由Rellich-Kondrachov 紧嵌入定理[3], 我们可知: 对任意的$1 \leqslant p < 6$, 集族$S(t)B$关于$L^p(TR|TS^2) \times L^p(\Omega) \times L^p(\Omega)$–范数收敛于$\mathcal{A}$.

(ii) 整体吸引子$\mathcal{A}$是唯一的, 且关于V的弱拓扑是连通的.

注记 3.2.7　与三维不可压Navier-Stokes方程相比, 湿大气的三维粘性原始方程组没有垂直方向上的速度ω关于时间导数的项, 因此我们不能像三维不可压Navier-Stokes方程一样证明: V中的有界吸收集B_ρ在$H^2(TR|TS^2) \times H^2(\Omega) \times H^2(\Omega)$ 中有界(对于三维不可压Navier-Stokes方程组, 如果能够证明在$H_0^1(\Omega) \times H_0^1(\Omega) \times H_0^1(\Omega)$中存在有界吸收集, 那么人们可以证明这一有界吸收集在$H^2(\Omega) \times H^2(\Omega) \times H^2(\Omega)$中有界). 但是, 我们将在下一节证明整体吸引子$\mathcal{A}$在$V$中是紧的.

3.2.3 局部强解关于时间的一致估计

首先, 我们给出一些常用的引理.

引理 3.2.8　设$\boldsymbol{v} = (v_\theta, v_\varphi)$, $\boldsymbol{v}_1 = ((v_1)_\theta, (v_1)_\varphi) \in C^\infty(T\Omega|TS^2)$, $p \in C^\infty(S^2)$, 则:

(i)

$$\int_{S^2} p \operatorname{div} \boldsymbol{v} = -\int_{S^2} \boldsymbol{\nabla} p \cdot \boldsymbol{v},$$

特别地, $\int_{S^2} \operatorname{div} \boldsymbol{v} = 0$;

(ii)

$$\int_\Omega (-\Delta \boldsymbol{v}) \cdot \boldsymbol{v}_1 = \int_\Omega (\boldsymbol{\nabla}_{\boldsymbol{e}_\theta} \boldsymbol{v} \cdot \boldsymbol{\nabla}_{\boldsymbol{e}_\theta} \boldsymbol{v}_1 + \boldsymbol{\nabla}_{\boldsymbol{e}_\varphi} \boldsymbol{v} \cdot \boldsymbol{\nabla}_{\boldsymbol{e}_\varphi} \boldsymbol{v}_1 + \boldsymbol{v} \cdot \boldsymbol{v}_1).$$

证明: 我们可以利用水平方向上的散度div和梯度的定义以及Stokes 定理[188,197]来证明引理3.2.8的第一部分. 通过直接计算, 我们可以得到第二部分.

引理 3.2.9 (插值不等式)　设Ω_1是$\mathbb{R}^n$中的有界区域, 其边界$\partial\Omega_1$满足: $\partial\Omega_1 \in C^m$, 那么对任意$\boldsymbol{u} \in W^{m,r}(\Omega_1) \cap L^q(\Omega_1)$, $0 \leqslant l \leqslant m$,

(i) 当$m - l - \dfrac{n}{r}$ 不是非负整数时,

$$\|D^l \boldsymbol{u}\|_{L^p(\Omega_1)} \leqslant c\|\boldsymbol{u}\|^\alpha_{W^{m,r}(\Omega_1)} \|\boldsymbol{u}\|^{1-\alpha}_{L^q(\Omega_1)}, \quad \text{其中 } l, p, \alpha, m, r, q \text{ 满足}$$

$$\frac{l}{m} \leqslant \alpha \leqslant 1, 1 \leqslant r, q \leqslant \infty, \frac{1}{p} - \frac{l}{n} = \alpha\left(\frac{1}{r} - \frac{m}{n}\right) + (1-\alpha)\frac{1}{q};$$

(ii) 当$m - l - \dfrac{n}{r}$ 是非负整数时,

$$\|D^l \boldsymbol{u}\|_{L^p(\Omega_1)} \leqslant c\|\boldsymbol{u}\|^\alpha_{W^{m,r}(\Omega_1)} \|\boldsymbol{u}\|^{1-\alpha}_{L^q(\Omega_1)}, \quad \text{其中 } l, p, \alpha, m, r, q \text{ 满足}$$

$$\frac{l}{m} \leqslant \alpha < 1, 1 < r < \infty, 1 < q < \infty.$$

特别地,

(iii) 对任意$\boldsymbol{u} \in H^1(S^2)$ ($H^1(S^2)$, $L^p(S^2)$的定义, 见文献[127]),

$$\|\boldsymbol{u}\|_{L^4(S^2)} \leqslant c\|\boldsymbol{u}\|_{L^2(S^2)}^{\frac{1}{2}}\|\boldsymbol{u}\|_{H^1(S^2)}^{\frac{1}{2}}, \tag{3.2.24}$$

$$\|\boldsymbol{u}\|_{L^6(S^2)} \leqslant c\|\boldsymbol{u}\|_{L^4(S^2)}^{\frac{2}{3}}\|\boldsymbol{u}\|_{H^1(S^2)}^{\frac{1}{3}}, \tag{3.2.25}$$

$$\|\boldsymbol{u}\|_{L^8(S^2)} \leqslant c\|\boldsymbol{u}\|_{L^4(S^2)}^{\frac{1}{2}}\|\boldsymbol{u}\|_{H^1(S^2)}^{\frac{1}{2}}; \tag{3.2.26}$$

(iv) 对任意$\boldsymbol{u} \in H^1(\Omega)$,

$$\|\boldsymbol{u}\|_{L^4(\Omega)} \leqslant c\|\boldsymbol{u}\|_{L^2(\Omega)}^{\frac{1}{4}}\|\boldsymbol{u}\|_{H^1(\Omega)}^{\frac{3}{4}}. \tag{3.2.27}$$

证明: (i), (ii)的证明与$\Omega_1 = \mathbb{R}^n$的证明类似. 证明的细节，读者可以见文献[3, 71]. (3.2.24)~(3.2.26)的证明，见文献[127], Chapter 1.

引理 3.2.10 对任意$h \in C^\infty(S^2)$, $\boldsymbol{v} \in C^\infty(T\Omega|TS^2)$, 那么

$$\int_{S^2} \boldsymbol{\nabla_v} h + \int_{S^2} h\mathrm{div}\boldsymbol{v} = \int_{S^2} \mathrm{div}(h\boldsymbol{v}) = 0.$$

证明: 通过直接的计算，我们可以证明引理3.2.10.

引理 3.2.11 设$\boldsymbol{v}$, $\boldsymbol{v}_1 \in V_1$, $T \in V_2$, $q \in V_3$, 则:

(i) $\displaystyle\int_\Omega \left(\boldsymbol{\nabla_v v}_1 + \left(\int_\xi^1 \mathrm{div}\boldsymbol{v}\mathrm{d}\xi'\right)\frac{\partial \boldsymbol{v}_1}{\partial \xi}\right)\cdot \boldsymbol{v}_1 = 0,$

(ii) $\displaystyle\int_\Omega \left(\boldsymbol{\nabla_v} T + \left(\int_\xi^1 \mathrm{div}\boldsymbol{v}\mathrm{d}\xi'\right)\frac{\partial T}{\partial \xi}\right) T = 0,$

(iii) $\displaystyle\int_\Omega \left(\boldsymbol{\nabla_v} q + \left(\int_\xi^1 \mathrm{div}\boldsymbol{v}\mathrm{d}\xi'\right)\frac{\partial q}{\partial \xi}\right) q = 0,$

(iv) $\displaystyle\int_\Omega \left(\int_\xi^1 \frac{bP}{p}\mathrm{grad}[(1+aq)T]\mathrm{d}\xi' \cdot \boldsymbol{v} - \frac{bP}{p}(1+aq)W(\boldsymbol{v})T\right) = 0.$

引理3.2.11的证明，见文献[82, Lemma 3.2].

引理 3.2.12 (Minkowski 不等式) 设(X,μ), (Y,ν)是两个测度空间，$f(x,y)$ 定义在$X\times Y$空间，且是关于$\mu\times\nu$的可测函数. 如果对a.e. $y \in Y$, $f(\cdot,y) \in L^p(X,\mu)$, $1 \leqslant p \leqslant \infty$, 且$\int_Y \|f(\cdot,y)\|_{L^p(X,\mu)}\mathrm{d}\nu(y) < \infty$, 则

$$\left\|\int_Y f(\cdot,y)\mathrm{d}\nu(y)\right\|_{L^p(X,\mu)} \leqslant \int_Y \|f(\cdot,y)\|_{L^p(X,\mu)}\mathrm{d}\nu(y).$$

引理 3.2.13(一致的Gronwall引理) 设ϕ, ψ, φ为定义在$[t_0,+\infty)$的三个正的局部可积函数，使得φ'是定义在$[t_0,+\infty)$正的局部可积函数，还满足:

$$对任意\ t \geqslant t_0,\ \frac{\mathrm{d}\varphi}{\mathrm{d}t} \leqslant \phi\varphi + \psi,$$

$$\text{对任意 } t \geqslant t_0,\ \int_t^{t+r} \phi(s)\mathrm{d}s \leqslant a_1,\ \int_t^{t+r} \psi(s)\mathrm{d}s \leqslant a_2,\ \int_t^{t+r} \varphi(s)\mathrm{d}s \leqslant a_3,$$

其中r, a_1, a_2, a_3是正的常数，则

$$\text{对}\forall t \geqslant t_0,\ \varphi(t+r) \leqslant (\frac{a_3}{r} + a_2)\exp(a_1).$$

引理3.2.13的证明，见文献[188]，P.91.

3.2.3.1 强解的局部存在性

在这部分，我们将回顾湿大气三维粘性原始方程组的强解关于时间的局部存在性.

定义 3.2.14　设$\boldsymbol{U}_0 = (\boldsymbol{v}_0, T_0, q_0) \in V$，$\mathcal{T}$是正的给定时间. $\boldsymbol{U} = (\boldsymbol{v}, T, q)$ 称为系统(3.2.11)~(3.2.17)在$[0,\mathcal{T}]$上的强解. 如果$\boldsymbol{U}$在弱的意义下满足(3.2.11)~(3.2.13)，则满足:

$$\begin{aligned}
&\boldsymbol{v} \in C([0,\mathcal{T}]; V_1) \cap L^2(0,\mathcal{T}; (H^2(\Omega))^2),\\
&T \in C([0,\mathcal{T}]; V_2) \cap L^2(0,\mathcal{T}; H^2(\Omega)),\\
&q \in C([0,\mathcal{T}]; V_3) \cap L^2(0,\mathcal{T}; H^2(\Omega)),\\
&\frac{\partial \boldsymbol{v}}{\partial t} \in L^2(0,\mathcal{T}; (L^2(TR|TS^2)),\\
&\frac{\partial T}{\partial t},\ \frac{\partial q}{\partial t} \in L^2(0,\mathcal{T}; L^2(\Omega)).
\end{aligned}$$

命题 3.2.15　设Q_1，$Q_2 \in H^1(\Omega)$，$\boldsymbol{U}_0 = (\boldsymbol{v}_0, T_0, q_0) \in V$，那么存在$\mathcal{T}^* > 0$，$\mathcal{T}^* = \mathcal{T}^*(\|\boldsymbol{U}_0\|)$，使得系统(3.2.11)~(3.2.17)在$[0,\mathcal{T}^*]$ 上有强解$\boldsymbol{U}$.

证明：由于命题3.2.15的证明与文献[78, 190]中关于海洋原始方程组的强解的局部存在性的证明类似，这里我们省略了证明的细节.

为了证明系统(3.2.11)~(3.2.17)的强解的整体存在性，我们必须对命题3.2.15 得到的局部强解的H^1–范数做先验估计. 我们将证明：如果$\mathcal{T}^* < \infty$，那么强解$\boldsymbol{U}(t)$的H^1–范数在$[0,\mathcal{T}^*]$上是一致有界的.

3.2.3.2 局部强解的先验估计

$\boldsymbol{v}$, T, q的L^2估计　把方程(3.2.11)与$\boldsymbol{v}$做L^2内积，我们得到

$$\begin{aligned}
&\frac{1}{2}\frac{\mathrm{d}|\boldsymbol{v}|_2^2}{\mathrm{d}t} + \int_\Omega \left(|\nabla_{\boldsymbol{e}_\theta}\boldsymbol{v}|^2 + |\nabla_{\boldsymbol{e}_\varphi}\boldsymbol{v}|^2 + |\boldsymbol{v}|^2\right) + \int_\Omega \left|\frac{\partial \boldsymbol{v}}{\partial \xi}\right|^2\\
=& -\int_\Omega \left(\nabla_{\boldsymbol{v}}\boldsymbol{v} + W(\boldsymbol{v})\frac{\partial \boldsymbol{v}}{\partial \xi} + \frac{f}{R_0}\boldsymbol{k}\times\boldsymbol{v} + \mathrm{grad}\Phi_s\right)\cdot\boldsymbol{v}\\
&-\int_\Omega \left[\int_\xi^1 \frac{bP}{p}\mathrm{grad}\left((1+aq)T\right)\right]\cdot\boldsymbol{v}.
\end{aligned}$$

应用分部积分和(3.2.14)，由引理3.2.11和$\left(\dfrac{f}{R_0}\boldsymbol{k}\times\boldsymbol{v}\right)\cdot\boldsymbol{v}=0$, 我们得到

$$\begin{aligned}&\frac{1}{2}\frac{\mathrm{d}|\boldsymbol{v}|_2^2}{\mathrm{d}t}+\int_\Omega\left(|\boldsymbol{\nabla}_{\boldsymbol{e}_\theta}\boldsymbol{v}|^2+|\boldsymbol{\nabla}_{\boldsymbol{e}_\varphi}\boldsymbol{v}|^2+|\boldsymbol{v}|^2+\left|\frac{\partial\boldsymbol{v}}{\partial\xi}\right|^2\right)\\&=-\int_\Omega\left[\int_\xi^1\frac{bP}{p}\mathrm{grad}\left((1+aq)\,T\right)\right]\cdot\boldsymbol{v}.\end{aligned}\tag{3.2.28}$$

把方程(3.2.12)与T做$L^2(\Omega)$内积，由引理3.2.11，得

$$\frac{1}{2}\frac{\mathrm{d}|T|_2^2}{\mathrm{d}t}+\int_\Omega|\boldsymbol{\nabla}T|^2+\int_\Omega\left|\frac{\partial T}{\partial\xi}\right|^2+\alpha_s|T|_{\xi=1}|_2^2=\int_\Omega\frac{bP}{p}(1+aq)TW(\boldsymbol{v})+\int_\Omega Q_1T.\tag{3.2.29}$$

同样地, 我们有

$$\frac{1}{2}\frac{\mathrm{d}|q|_2^2}{\mathrm{d}t}+\int_\Omega|\boldsymbol{\nabla}q|^2+\int_\Omega\left|\frac{\partial q}{\partial\xi}\right|^2+\beta_s|q|_{\xi=1}|_2^2=\int_\Omega qQ_2.\tag{3.2.30}$$

由引理3.2.11，得

$$-\int_\Omega\left[\int_\xi^1\frac{bP}{p}\mathrm{grad}((1+aq)T)\mathrm{d}\xi'\right]\cdot\boldsymbol{v}+\int_\Omega\frac{bP}{p}(1+cq)TW(\boldsymbol{v})=0.$$

从而，由(3.2.28)~(3.2.30)，可得

$$\begin{aligned}&\frac{1}{2}\frac{\mathrm{d}(|\boldsymbol{v}|_2^2+|T|_2^2+|q|_2^2)}{\mathrm{d}t}+\int_\Omega(|\boldsymbol{\nabla}_{\boldsymbol{e}_\theta}\boldsymbol{v}|^2+|\boldsymbol{\nabla}_{\boldsymbol{e}_\varphi}\boldsymbol{v}|^2+|\boldsymbol{v}|^2)+\int_\Omega\left|\frac{\partial\boldsymbol{v}}{\partial\xi}\right|^2+\int_\Omega|\boldsymbol{\nabla}T|^2\\&+\int_\Omega\left|\frac{\partial T}{\partial\xi}\right|^2+\alpha_s|T|_{\xi=1}|_2^2+\int_\Omega|\boldsymbol{\nabla}q|^2+\int_\Omega\left|\frac{\partial q}{\partial\xi}\right|^2+\beta_s|q|_{\xi=1}|_2^2\\&=\int_\Omega Q_1T+\int_\Omega qQ_2.\end{aligned}\tag{3.2.31}$$

由$T(\theta,\varphi,\xi)=-\displaystyle\int_\xi^1\frac{\partial T}{\partial\xi'}\mathrm{d}\xi'+T|_{\xi=1}$, 利用Hölder 不等式和Cauchy-Schwarz 不等式, 我们有

$$|T|_2^2\leqslant2\left|\frac{\partial T}{\partial\xi}\right|_2^2+2|T|_{\xi=1}|_2^2.$$

同理,

$$|q|_2^2\leqslant2\left|\frac{\partial q}{\partial\xi}\right|_2^2+2|q|_{\xi=1}|_2^2.$$

由Young不等式, 我们有

$$\left|\int_\Omega Q_1T\right|\leqslant\varepsilon|T|_2^2+c|Q_1|_2^2,\quad\left|\int_\Omega qQ_2\right|\leqslant\varepsilon|q|_2^2+c|Q_2|_2^2.$$

这里ε是充分小的正的常数. 因此，我们可从(3.2.31)得到

$$\begin{aligned}&\frac{\mathrm{d}(|\boldsymbol{v}|_2^2+|T|_2^2+|q|_2^2)}{\mathrm{d}t}+\int_\Omega(|\nabla_{e_\theta}\boldsymbol{v}|^2+|\nabla_{e_\varphi}\boldsymbol{v}|^2+|\boldsymbol{v}|^2)+\int_\Omega\left|\frac{\partial\boldsymbol{v}}{\partial\xi}\right|^2+\int_\Omega|\nabla T|^2\\&+\int_\Omega\left|\frac{\partial T}{\partial\xi}\right|^2+\alpha_s|T|_{\xi=1}|_2^2+\int_\Omega|\nabla q|^2+\int_\Omega\left|\frac{\partial q}{\partial\xi}\right|^2+\beta_s|q|_{\xi=1}|_2^2\\&\leqslant c\int_\Omega(Q_1^2+Q_2^2).\end{aligned}\tag{3.2.32}$$

用Gronwall不等式，我们有

$$|\boldsymbol{v}|_2^2+|T|_2^2+|q|_2^2\leqslant\mathrm{e}^{-c_0t}(|\boldsymbol{v}_0|_2^2+|T_0|_2^2+|q_0|_2^2)+c(|Q_1|_2^2+|Q_2|_2^2)\leqslant E_0,\tag{3.2.33}$$

这里$c_0=\min\{\frac{1}{2},\frac{\alpha_s}{2},\frac{\beta_s}{2}\}>0$，$t\geqslant0$，$E_0$是正的常数. 利用Minkowski 不等式和Hölder 不等式，对任意$t\geqslant0$，我们有

$$\|\bar{\boldsymbol{v}}(t)\|_{L^2(S^2)}^2\leqslant|\boldsymbol{v}(t)|_2^2\leqslant\mathrm{e}^{-c_0t}(|\boldsymbol{v}_0|_2^2+|T_0|_2^2+|q_0|_2^2)+c(|Q_1|_2^2+|Q_2|_2^2)\leqslant E_0.\tag{3.2.34}$$

由(3.2.32)和(3.2.33)，我们可得

$$\begin{aligned}&c_1\int_t^{t+r}\left[\int_\Omega\left(|\nabla_{e_\theta}\boldsymbol{v}|^2+|\nabla_{e_\varphi}\boldsymbol{v}|^2+\left|\frac{\partial\boldsymbol{v}}{\partial\xi}\right|^2\right)+\int_\Omega\left(|\nabla T|^2+\left|\frac{\partial T}{\partial\xi}\right|^2+|T|^2\right)\right.\\&\left.+\int_\Omega\left(|\nabla q|^2+\left|\frac{\partial q}{\partial\xi}\right|^2+|q|^2\right)+|T|_{\xi=1}|_2^2+|q|_{\xi=1}|_2^2\right]+|U(t)|_2^2\\&\leqslant2\mathrm{e}^{-c_0t}\left(|\boldsymbol{v}_0|_2^2+|T_0|_2^2+|q_0|_2^2\right)+c(|Q_1|_2^2+|Q_2|_2^2)(2+r)\leqslant E_1,\end{aligned}\tag{3.2.35}$$

这里$c_1=\min\{\frac{1}{3},\frac{\alpha_s}{2},\frac{\beta_s}{2}\}$, $t\geqslant0$, $1\geqslant r>0$ 是给定的, E_1 是正的常数，$\int_t^{t+r}\cdot\mathrm{d}s$ 被记为$\int_t^{t+r}\cdot$. 因为

$$\int_{S^2}(|\nabla_{e_\theta}\bar{\boldsymbol{v}}|^2+|\nabla_{e_\varphi}\bar{\boldsymbol{v}}|^2)\leqslant\int_\Omega(|\nabla_{e_\theta}\boldsymbol{v}|^2+|\nabla_{e_\varphi}\boldsymbol{v}|^2),$$

由(3.2.35)，我们有

$$c_1\int_t^{t+r}\int_{S^2}\left(|\nabla_{e_\theta}\bar{\boldsymbol{v}}|^2+|\nabla_{e_\varphi}\bar{\boldsymbol{v}}|^2\right)+\|\bar{\boldsymbol{v}}\|_{L^2}^2\leqslant E_1,\forall t\geqslant0.\tag{3.2.36}$$

q的L^4估计 把方程(3.2.13)与$|q|^2q$做$L^2(\Omega)$的内积, 得到

$$\begin{aligned}&\frac{1}{4}\frac{\mathrm{d}|q|_4^4}{\mathrm{d}t}+3\int_\Omega|\nabla q|^2q^2+3\int_\Omega\left|\frac{\partial q}{\partial\xi}\right|^2q^2+\beta_s\int_{S^2}|q|_{\xi=1}|^4\\&=\int_\Omega Q_2|q|^2q-\int_\Omega\left[\nabla_{\boldsymbol{v}}q+\left(\int_\xi^1\mathrm{div}\boldsymbol{v}\mathrm{d}\xi'\right)\frac{\partial q}{\partial\xi}\right]|q|^2q.\end{aligned}$$

由引理3.2.10，得

$$\begin{aligned}&\int_{\Omega}\left(\nabla_{v}q+\left(\int_{\xi}^{1}\operatorname{div}v\mathrm{d}\xi'\right)\frac{\partial q}{\partial\xi}\right)|q|^{2}q\\=&\frac{1}{4}\int_{\Omega}\nabla_{v}q^{4}+\int_{S^{2}}\left[\int_{0}^{1}(\int_{\xi}^{1}\operatorname{div}v\mathrm{d}\xi')\mathrm{d}\left(\frac{1}{4}q^{4}\right)\right]\\=&\frac{1}{4}\int_{\Omega}(\nabla_{v}q^{4}+q^{4}\operatorname{div}v)=0.\end{aligned}$$

联合上面两个式子，可得

$$\frac{1}{4}\frac{\mathrm{d}|q|_4^4}{\mathrm{d}t}+3\int_{\Omega}|\nabla q|^2q^2+3\int_{\Omega}\left|\frac{\partial q}{\partial\xi}\right|^2q^2+\beta_s\int_{S^2}|q|_{\xi=1}|^4=\int_{\Omega}Q_2|q|^2q.$$

由于$q^4(\theta,\varphi,\xi)=-\int_{\xi}^{1}\frac{\partial q^4}{\partial\xi'}\mathrm{d}\xi'+q^4|_{\xi=1}$, 用Hölder 不等式和Cauchy-Schwarz 不等式，得到

$$\begin{aligned}|q|_4^4&\leqslant 4\int_{S^2}\left(\int_0^1\left(\int_{\xi}^1|q|^3\left|\frac{\partial q}{\partial\xi'}\right|\right)\right)+|q|_{\xi=1}|_4^4\\&\leqslant c\left(\int_{\Omega}|q|^2\left|\frac{\partial q}{\partial\xi}\right|^2\right)+\frac{1}{2}\int_{\Omega}q^4+|q|_{\xi=1}|_4^4.\end{aligned}$$

由于$\left|\int_{\Omega}Q_2|q|^2q\right|\leqslant c|Q_2|_4^4+\varepsilon|q|_4^4$，选取$\varepsilon$充分小，我们可得

$$\frac{\mathrm{d}|q|_4^4}{\mathrm{d}t}+c_2|q|_4^4\leqslant c|Q_2|_4^4,$$

这里c_2是正的常数. 由Gronwall 不等式，得

$$|q(t)|_4^4\leqslant \mathrm{e}^{-c_2t}|q_0|_4^4+c|Q_2|_4^4\leqslant E_2, \tag{3.2.37}$$

其中$t\geqslant 0$, E_2 是正的常数，而且，

$$\text{对任意 } t\geqslant 0,\ c_1\int_t^{t+r}|q|_{\xi=1}|_4^4\leqslant 2E_2. \tag{3.2.38}$$

在用各向异性估计做T的L^3和L^4估计时，我们需要用到如下的引理.

引理 3.2.16 如果$v\in V_1$, $T\in V_2$，那么:

(i) $\left\|\frac{bP}{p}\int_{\xi}^{1}\operatorname{div}v\mathrm{d}\xi'\right\|_{L^2_{(\theta,\varphi)}L^{\infty}_{\xi}}\leqslant|\operatorname{div}v|_2$;

(ii) $\|T^n\|_{L^2_{(\theta,\varphi)}L^1_{\xi}}=\left\|\left(\int_{S^2}|T^n|^2\right)^{\frac{1}{2}}\right\|_{L^1_{\xi}}\leqslant\begin{cases}\text{当 } n=2,\ c|T|_2\|T\|.\\ \text{当 } n=3,\ c|T|_4^2\|T\|.\end{cases}$

这里$\left\|\frac{bP}{p}\int_{\xi}^{1}\operatorname{div}v\mathrm{d}\xi'\right\|_{L^2_{(\theta,\varphi)}L^{\infty}_{\xi}}=\left\|\left[\int_{S^2}(\frac{bP}{p}\int_{\xi}^{1}\operatorname{div}v\mathrm{d}\xi')^2\right]^{\frac{1}{2}}\right\|_{L^{\infty}_{\xi}}$.

证明: 用Hölder不等式，我们可以证明(i). 由(3.2.24),(3.2.25)和Hölder不等式，我们可以经过证明得到(ii).

T的L^3估计　我们把方程(3.2.12)与$|T|T$做$L^2(\Omega)$的内积，然后得到

$$\frac{1}{3}\frac{\mathrm{d}|T|_3^3}{\mathrm{d}t}+2\int_\Omega|\nabla T|^2|T|+2\int_\Omega\left|\frac{\partial T}{\partial\xi}\right|^2|T|+\alpha_s\int_{S^2}|T|_{\xi=1}|^3$$
$$=\int_\Omega Q_1|T|T-\int_\Omega\left[\nabla_{\boldsymbol{v}}T+\left(\int_\xi^1\mathrm{div}\boldsymbol{v}\right)\frac{\partial T}{\partial\xi}\right]|T|T+\int_\Omega\frac{bP}{p}(1+aq)|T|T\left(\int_\xi^1\mathrm{div}\boldsymbol{v}\right).$$

应用Hölder不等式和Young不等式，我们得到

$$\left|\int_\Omega Q_1|T|T\right|\leqslant c|Q_1|_3^3+\varepsilon|T|_3^3.$$

利用Hölder不等式和引理3.2.16，可得

$$\left|\int_\Omega\frac{bP}{p}\left(\int_\xi^1\mathrm{div}\boldsymbol{v}\mathrm{d}\xi'\right)|T|T\right|\leqslant\left\|\frac{bP}{p}\int_\xi^1\mathrm{div}\boldsymbol{v}\mathrm{d}\xi'\right\|_{L^2_{(\theta,\varphi)}L^\infty_\xi}\|T^2\|_{L^2_{(\theta,\varphi)}L^1_\xi}$$
$$\leqslant c\int_\Omega(|\nabla_{\boldsymbol{e}_\varphi}\boldsymbol{v}|^2+|\nabla_{\boldsymbol{e}_\varphi}\boldsymbol{v}|^2)+c|T|_2^2\|T\|^2.$$

由Hölder 不等式、Young 不等式和$\|u\|_{L^{\frac{16}{3}}(S^2)}\leqslant c\|u\|^{\frac{3}{8}}_{L^2(S^2)}\|u\|^{\frac{5}{8}}_{H^1(S^2)}$, 对任意 $u\in H^1(S^2)$,得到

$$\left|\int_\Omega\frac{abP}{p}q\left(\int_\xi^1\mathrm{div}\boldsymbol{v}\right)|T|T\right|$$
$$\leqslant c\int_0^1\left\{\left(\int_{S^2}q^4\right)^{\frac14}\left[\int_{S^2}\left(|T|^{\frac32}\right)^{\frac{16}{3}}\right]^{\frac14}\right\}\left\|\frac{bP}{p}\int_\xi^1\mathrm{div}\boldsymbol{v}\right\|_{L^2_{(\theta,\varphi)}L^\infty_\xi}$$
$$\leqslant c|q|_4|T|_3^{\frac34}\left(\int_\Omega|T||\nabla T|^2+|T|_3^3\right)^{\frac{5}{12}}|\mathrm{div}\boldsymbol{v}|_2$$
$$\leqslant c|q|_4^{\frac{12}{7}}(1+|T|_3^3)\left[1+\int_\Omega\left(|\nabla_{\boldsymbol{e}_\theta}\boldsymbol{v}|^2+|\nabla_{\boldsymbol{e}_\varphi}\boldsymbol{v}|^2\right)\right]+\varepsilon\left(\int_\Omega|T||\nabla T|^2+|T|_3^3\right).$$

应用上面的关系式，可得

$$\frac{\mathrm{d}|T|_3^3}{\mathrm{d}t}+2\int_\Omega|\nabla T|^2|T|+2\int_\Omega|\frac{\partial T}{\partial\xi}|^2|T|+\alpha_s\int_{S^2}|T|_{\xi=1}|^3$$
$$\leqslant c|q|_4^{\frac{12}{7}}[1+\int_\Omega(|\nabla_{\boldsymbol{e}_\theta}\boldsymbol{v}|^2+|\nabla_{\boldsymbol{e}_\varphi}\boldsymbol{v}|^2)]|T|_3^3+c|Q_1|_3^3$$
$$+c(1+|q|_4^{\frac{12}{7}})\left[1+\int_\Omega(|\nabla_{\boldsymbol{e}_\theta}\boldsymbol{v}|^2+|\nabla_{\boldsymbol{e}_\varphi}\boldsymbol{v}|^2)\right]+c|T|_2^2\|T\|^2.\tag{3.2.39}$$

由引理3.2.13、(3.2.35)、(3.2.37)和$|T|_3^3\leqslant c|T|_2^{\frac32}\|T\|^{\frac32}$, 我们得到

$$|T(t+r)|_3^3$$
$$\leqslant c\left(|Q_1|_3^3+\left(1+E_2^{\frac37}\right)(1+E_1)+E_1^2+\frac{(E_0E_1)^{\frac34}}{r}\right)\exp\left(cE_2^{\frac37}(1+E_1)\right)=E_3,\tag{3.2.40}$$

这里E_3 是正的常数, $t \geqslant 0$. 由Gronwall 不等式, 我们有

$$|T(t)|_3^3 \leqslant c[|Q_1|_3^3+(1+E_2^{\frac{3}{7}})(1+E_1)+|T_0|_3^3]\exp(cE_2^{\frac{3}{7}}(1+E_1)), \text{ 对任意 } 0 \leqslant t < r. \quad (3.2.41)$$

T的L^4估计 把方程(3.2.12)与$|T|^2T$做$L^2(\Omega)$的内积，我们得到

$$\begin{aligned}&\frac{1}{4}\frac{\mathrm{d}|T|_4^4}{\mathrm{d}t}+3\int_\Omega|\nabla T|^2T^2+3\int_\Omega\left|\frac{\partial T}{\partial\xi}\right|^2T^2+\alpha_s\int_{S^2}|T|_{\xi=1}|^4\\=&\int_\Omega Q_1|T|^2T-\int_\Omega\left[\nabla_{\boldsymbol{v}}T+\left(\int_\xi^1\mathrm{div}\boldsymbol{v}\right)\frac{\partial T}{\partial\xi}\right]|T|^2T+\int_\Omega\frac{bP}{p}(1+aq)|T|^2T\left(\int_\xi^1\mathrm{div}\boldsymbol{v}\right).\end{aligned}$$

由Hölder 不等式、Minkowski 不等式和引理3.2.16，可得

$$\left|\int_\Omega\frac{bP}{p}\left(\int_\xi^1\mathrm{div}\boldsymbol{v}\mathrm{d}\xi'\right)|T|^2T\right|\leqslant c\int_\Omega(|\nabla_{\boldsymbol{e}_\varphi}\boldsymbol{v}|^2+|\nabla_{\boldsymbol{e}_\varphi}\boldsymbol{v}|^2)+c|T|_4^4\|T\|^2.$$

应用Hölder 不等式、Young 不等式和$\|u\|_{L^6(S^2)}\leqslant c\|u\|_{L^2(S^2)}^{\frac{1}{3}}\|u\|_{H^1(S^2)}^{\frac{2}{3}}$, 对任意$u\in H^1(S^2)$, 有

$$\begin{aligned}&\left|\int_\Omega\frac{abP}{p}q\left(\int_\xi^1\mathrm{div}\boldsymbol{v}\mathrm{d}\xi'\right)|T|^2T\right|\\\leqslant&c(|q|_4^4+|T|_4^4)\int_\Omega(|\nabla_{\boldsymbol{e}_\theta}\boldsymbol{v}|^2+|\nabla_{\boldsymbol{e}_\varphi}\boldsymbol{v}|^2)+\varepsilon\left(\int_\Omega|T|^2|\nabla T|^2+|T|_4^4\right).\end{aligned}$$

取ε充分小，我们从上面的关系式得到

$$\begin{aligned}&\frac{\mathrm{d}|T|_4^4}{\mathrm{d}t}+3\int_\Omega|\nabla T|^2T^2+3\int_\Omega|\frac{\partial T}{\partial\xi}|^2T^2+\alpha_s\int_{S^2}|T|_{\xi=1}|^4\\\leqslant&c[\|T\|^2+\int_\Omega(|\nabla_{\boldsymbol{e}_\theta}\boldsymbol{v}|^2+|\nabla_{\boldsymbol{e}_\varphi}\boldsymbol{v}|^2)]|T|_4^4+c|Q_1|_4^4+c(1+|q|_4^4)\int_\Omega(|\nabla_{\boldsymbol{e}_\theta}\boldsymbol{v}|^2+|\nabla_{\boldsymbol{e}_\varphi}\boldsymbol{v}|^2).\end{aligned} \quad (3.2.42)$$

根据引理3.2.13、(3.2.35)、(3.2.37)、(3.2.40)和$|T|_4^4\leqslant c|T|_3^2\|T\|^2$, 可得

$$|T(t+2r)|_4^4\leqslant c\left(|Q_1|_4^4+E_1E_2+E_1+\frac{E_1E_3^{\frac{2}{3}}}{r}\right)\exp(cE_1)=E_4, \quad (3.2.43)$$

这里E_4 是正的常数，$t\geqslant 0$. 由Gronwall 不等式, 我们可从(3.2.42)得

$$|T(t)|_4^4\leqslant c(|Q_1|_4^4+E_1E_2+E_1+|T_0|_4^4)\exp(cE_1)=C_1, \quad (3.2.44)$$

其中$C_1=C_1(\|U_0\|,\ \|Q_1\|_1,\ \|Q_2\|_1)>0$，$0\leqslant t<2r$. 由(3.2.42)和(3.2.44)，对任意$t\geqslant 0$，我们有

$$c_1\int_{t+2r}^{t+3r}|T|_{\xi=1}|_4^4\leqslant E_4^2+E_4. \quad (3.2.45)$$

$\tilde{\boldsymbol{v}}$的L^3估计 我们把方程(3.2.22)与$|\tilde{\boldsymbol{v}}|\tilde{\boldsymbol{v}}$做$L^2$的内积，然后得到

$$\frac{1}{3}\frac{\mathrm{d}|\tilde{\boldsymbol{v}}|_3^3}{\mathrm{d}t}+\int_\Omega\left[\left(|\boldsymbol{\nabla}_{\boldsymbol{e}_\theta}\tilde{\boldsymbol{v}}|^2+|\boldsymbol{\nabla}_{\boldsymbol{e}_\varphi}\tilde{\boldsymbol{v}}|^2\right)|\tilde{\boldsymbol{v}}|+\frac{4}{9}|\boldsymbol{\nabla}_{\boldsymbol{e}_\theta}|\tilde{\boldsymbol{v}}|^{\frac{3}{2}}|^2+\frac{4}{9}|\boldsymbol{\nabla}_{\boldsymbol{e}_\varphi}|\tilde{\boldsymbol{v}}|^{\frac{3}{2}}|^2+|\tilde{\boldsymbol{v}}|^3\right]$$
$$+\int_\Omega\left(|\tilde{\boldsymbol{v}}_\xi|^2|\tilde{\boldsymbol{v}}|+\frac{4}{9}|\partial_\xi|\tilde{\boldsymbol{v}}|^{\frac{3}{2}}|^2\right)$$
$$=\int_\Omega\overline{(\tilde{\boldsymbol{v}}\mathrm{div}\tilde{\boldsymbol{v}}+\boldsymbol{\nabla}_{\tilde{\boldsymbol{v}}}\tilde{\boldsymbol{v}})}\cdot|\tilde{\boldsymbol{v}}|\tilde{\boldsymbol{v}}-\int_\Omega\left(\frac{f}{R_0}\boldsymbol{k}\times\tilde{\boldsymbol{v}}\right)\cdot|\tilde{\boldsymbol{v}}|\tilde{\boldsymbol{v}}$$
$$-\int_\Omega\left(\boldsymbol{\nabla}_{\tilde{\boldsymbol{v}}}\tilde{\boldsymbol{v}}+\left(\int_\xi^1\mathrm{div}\tilde{\boldsymbol{v}}\mathrm{d}\xi'\right)\frac{\partial\tilde{\boldsymbol{v}}}{\partial\xi}\right)\cdot|\tilde{\boldsymbol{v}}|\tilde{\boldsymbol{v}}-\int_\Omega(\boldsymbol{\nabla}_{\bar{\boldsymbol{v}}}\tilde{\boldsymbol{v}})\cdot|\tilde{\boldsymbol{v}}|\tilde{\boldsymbol{v}}-\int_\Omega|\tilde{\boldsymbol{v}}|\tilde{\boldsymbol{v}}\cdot\boldsymbol{\nabla}_{\tilde{\boldsymbol{v}}}\bar{\boldsymbol{v}}$$
$$-\int_\Omega\left[\int_\xi^1\frac{bP}{p}\mathrm{grad}((1+aq)T)-\int_0^1\int_\xi^1\frac{bP}{p}\mathrm{grad}((1+aq)T)\right]\cdot|\tilde{\boldsymbol{v}}|\tilde{\boldsymbol{v}},$$

这里$\tilde{\boldsymbol{v}}_\xi=\partial_\xi\tilde{\boldsymbol{v}}$. 应用引理3.2.10和分部积分，得到

$$\begin{aligned}&\int_\Omega\left(\boldsymbol{\nabla}_{\tilde{\boldsymbol{v}}}\tilde{\boldsymbol{v}}+\left(\int_\xi^1\mathrm{div}\tilde{\boldsymbol{v}}\mathrm{d}\xi'\right)\frac{\partial\tilde{\boldsymbol{v}}}{\partial\xi}\right)\cdot|\tilde{\boldsymbol{v}}|\tilde{\boldsymbol{v}}\\
=&\frac{1}{3}\left[\int_\Omega\boldsymbol{\nabla}_{\tilde{\boldsymbol{v}}}|\tilde{\boldsymbol{v}}|^3+\int_{S^2}\left(\int_0^1\left(\int_\xi^1\mathrm{div}\tilde{\boldsymbol{v}}\mathrm{d}\xi'\right)\mathrm{d}|\tilde{\boldsymbol{v}}|^3\right)\right]\\
=&\frac{1}{3}\int_\Omega\left(\boldsymbol{\nabla}_{\tilde{\boldsymbol{v}}}|\tilde{\boldsymbol{v}}|^3+|\tilde{\boldsymbol{v}}|^3\mathrm{div}\tilde{\boldsymbol{v}}\right)\\
=&\frac{1}{3}\int_\Omega\mathrm{div}\left(|\tilde{\boldsymbol{v}}|^3\tilde{\boldsymbol{v}}\right)=0.\end{aligned}$$

由引理3.2.10，得

$$\int_\Omega\mathrm{div}\left(|\tilde{\boldsymbol{v}}|^3\bar{\boldsymbol{v}}\right)=\int_\Omega\boldsymbol{\nabla}_{\bar{\boldsymbol{v}}}|\tilde{\boldsymbol{v}}|^3+|\tilde{\boldsymbol{v}}|^3\mathrm{div}\bar{\boldsymbol{v}}=0.$$

由于$\mathrm{div}\bar{\boldsymbol{v}}=0$，从上式可得

$$\int_\Omega(\boldsymbol{\nabla}_{\bar{\boldsymbol{v}}}\tilde{\boldsymbol{v}})\cdot|\tilde{\boldsymbol{v}}|\tilde{\boldsymbol{v}}=\frac{1}{3}\int_\Omega\boldsymbol{\nabla}_{\bar{\boldsymbol{v}}}|\tilde{\boldsymbol{v}}|^3=0.$$

根据引理3.2.10, 得

$$\begin{aligned}&\int_\Omega\mathrm{div}\left(\left(|\tilde{\boldsymbol{v}}|\tilde{\boldsymbol{v}}\cdot\bar{\boldsymbol{v}}\right)\tilde{\boldsymbol{v}}\right)=\int_\Omega\boldsymbol{\nabla}_{\tilde{\boldsymbol{v}}}\left(|\tilde{\boldsymbol{v}}|\tilde{\boldsymbol{v}}\cdot\bar{\boldsymbol{v}}\right)+\int_\Omega|\tilde{\boldsymbol{v}}|\tilde{\boldsymbol{v}}\cdot\bar{\boldsymbol{v}}\mathrm{div}\tilde{\boldsymbol{v}}\\
=&\int_\Omega\left(|\tilde{\boldsymbol{v}}|\tilde{\boldsymbol{v}}\cdot\boldsymbol{\nabla}_{\tilde{\boldsymbol{v}}}\bar{\boldsymbol{v}}+\bar{\boldsymbol{v}}\cdot\boldsymbol{\nabla}_{\tilde{\boldsymbol{v}}}\left(|\tilde{\boldsymbol{v}}|\tilde{\boldsymbol{v}}\right)\right)+\int_\Omega|\tilde{\boldsymbol{v}}|\tilde{\boldsymbol{v}}\cdot\bar{\boldsymbol{v}}\mathrm{div}\tilde{\boldsymbol{v}}=0,\end{aligned}$$

从而，

$$-\int_\Omega|\tilde{\boldsymbol{v}}|\tilde{\boldsymbol{v}}\cdot\boldsymbol{\nabla}_{\tilde{\boldsymbol{v}}}\bar{\boldsymbol{v}}=\int_\Omega\bar{\boldsymbol{v}}\cdot\boldsymbol{\nabla}_{\tilde{\boldsymbol{v}}}\left(|\tilde{\boldsymbol{v}}|\tilde{\boldsymbol{v}}\right)+\int_\Omega|\tilde{\boldsymbol{v}}|\tilde{\boldsymbol{v}}\cdot\bar{\boldsymbol{v}}\mathrm{div}\tilde{\boldsymbol{v}}.$$

应用分部积分，我们得到

$$\begin{aligned}&\int_\Omega\left(\int_0^1\left(\tilde{\boldsymbol{v}}\mathrm{div}\tilde{\boldsymbol{v}}+\boldsymbol{\nabla}_{\tilde{\boldsymbol{v}}}\tilde{\boldsymbol{v}}\right)\mathrm{d}\xi\right)\cdot|\tilde{\boldsymbol{v}}|\tilde{\boldsymbol{v}}\\
=&\int_\Omega\left(\int_0^1\tilde{\boldsymbol{v}}_{\boldsymbol{e}_\theta}\tilde{\boldsymbol{v}}\mathrm{d}\xi\right)\cdot\boldsymbol{\nabla}_{\boldsymbol{e}_\theta}\left(|\tilde{\boldsymbol{v}}|\tilde{\boldsymbol{v}}\right)+\int_\Omega\left(\int_0^1\tilde{\boldsymbol{v}}_{\boldsymbol{e}_\varphi}\tilde{\boldsymbol{v}}\mathrm{d}\xi\right)\cdot\boldsymbol{\nabla}_{\boldsymbol{e}_\varphi}\left(|\tilde{\boldsymbol{v}}|\tilde{\boldsymbol{v}}\right).\end{aligned}$$

$\left(\frac{f}{R_0}\boldsymbol{k}\times\tilde{\boldsymbol{v}}\right)\cdot|\tilde{\boldsymbol{v}}|\tilde{\boldsymbol{v}}=0$意味着

$$\int_\Omega\left(\frac{f}{R_0}\boldsymbol{k}\times\tilde{\boldsymbol{v}}\right)\cdot|\tilde{\boldsymbol{v}}|\tilde{\boldsymbol{v}}=0.$$

由引理3.2.8，得

$$\begin{aligned}&-\int_\Omega\left[\int_\xi^1\frac{bP}{p}\mathrm{grad}\left((1+aq)T\right)\mathrm{d}\xi'-\int_0^1\int_\xi^1\frac{bP}{p}\mathrm{grad}\left((1+aq)T\right)\mathrm{d}\xi'\mathrm{d}\xi\right]\cdot|\tilde{\boldsymbol{v}}|\tilde{\boldsymbol{v}}\\&=\int_\Omega\left[\int_\xi^1\frac{bP}{p}(1+aq)T\mathrm{d}\xi'-\int_0^1\int_\xi^1\frac{bP}{p}(1+aq)T\mathrm{d}\xi'\mathrm{d}\xi\right]\cdot\mathrm{div}\left(|\tilde{\boldsymbol{v}}|\tilde{\boldsymbol{v}}\right).\end{aligned}$$

从上面的关系式得

$$\begin{aligned}&\frac{1}{3}\frac{\mathrm{d}|\tilde{\boldsymbol{v}}|_3^3}{\mathrm{d}t}+\int_\Omega\left[(|\boldsymbol{\nabla}_{\boldsymbol{e}_\theta}\tilde{\boldsymbol{v}}|^2+|\boldsymbol{\nabla}_{\boldsymbol{e}_\varphi}\tilde{\boldsymbol{v}}|^2)|\tilde{\boldsymbol{v}}|+\frac{4}{9}|\boldsymbol{\nabla}_{\boldsymbol{e}_\theta}|\tilde{\boldsymbol{v}}|^{\frac{3}{2}}|^2+\frac{4}{9}|\boldsymbol{\nabla}_{\boldsymbol{e}_\varphi}|\tilde{\boldsymbol{v}}|^{\frac{3}{2}}|^2+|\tilde{\boldsymbol{v}}|^3\right]\\&+\int_\Omega\left(|\tilde{\boldsymbol{v}}_\xi|^2|\tilde{\boldsymbol{v}}|+\frac{4}{9}|\partial_\xi|\tilde{\boldsymbol{v}}|^{\frac{3}{2}}|^2\right)\\&=\int_\Omega(\bar{\boldsymbol{v}}\cdot\boldsymbol{\nabla}_{\tilde{\boldsymbol{v}}}(|\tilde{\boldsymbol{v}}|\tilde{\boldsymbol{v}})+|\tilde{\boldsymbol{v}}|\tilde{\boldsymbol{v}}\cdot\bar{\boldsymbol{v}}\mathrm{div}\tilde{\boldsymbol{v}})\\&+\int_\Omega\left[\left(\int_0^1\tilde{\boldsymbol{v}}_\theta\tilde{\boldsymbol{v}}\mathrm{d}\xi\right)\cdot\boldsymbol{\nabla}_{\boldsymbol{e}_\theta}(|\tilde{\boldsymbol{v}}|\tilde{\boldsymbol{v}})+\left(\int_0^1\tilde{\boldsymbol{v}}_\varphi\tilde{\boldsymbol{v}}\mathrm{d}\xi\right)\cdot\boldsymbol{\nabla}_{\boldsymbol{e}_\varphi}(|\tilde{\boldsymbol{v}}|\tilde{\boldsymbol{v}})\right]\\&+\int_\Omega\left[\int_\xi^1\frac{bP}{p}(1+aq)T-\int_0^1\int_\xi^1\frac{bP}{p}(1+aq)T\right]\mathrm{div}\left(|\tilde{\boldsymbol{v}}|\tilde{\boldsymbol{v}}\right).\end{aligned}\tag{3.2.46}$$

应用Hölder 不等式和(3.2.46)，我们得到

$$\begin{aligned}&\frac{1}{3}\frac{\mathrm{d}|\tilde{\boldsymbol{v}}|_3^3}{\mathrm{d}t}+\int_\Omega\left[(|\boldsymbol{\nabla}_{\boldsymbol{e}_\theta}\tilde{\boldsymbol{v}}|^2+|\boldsymbol{\nabla}_{\boldsymbol{e}_\varphi}\tilde{\boldsymbol{v}}|^2)|\tilde{\boldsymbol{v}}|+\frac{4}{9}(|\boldsymbol{\nabla}_{\boldsymbol{e}_\theta}|\tilde{\boldsymbol{v}}|^{\frac{3}{2}}|^2+|\boldsymbol{\nabla}_{\boldsymbol{e}_\varphi}|\tilde{\boldsymbol{v}}|^{\frac{3}{2}}|^2)+|\tilde{\boldsymbol{v}}|^3\right]\\&+\int_\Omega(|\tilde{\boldsymbol{v}}_\xi|^2|\tilde{\boldsymbol{v}}|+\frac{4}{9}|\partial_\xi|\tilde{\boldsymbol{v}}|^{\frac{3}{2}}|^2)\\&\leqslant c\int_{S^2}(\overline{|T|}+\overline{|qT|})\left[\int_0^1|\tilde{\boldsymbol{v}}|(|\boldsymbol{\nabla}_{\boldsymbol{e}_\theta}\tilde{\boldsymbol{v}}|^2+|\boldsymbol{\nabla}_{\boldsymbol{e}_\varphi}\tilde{\boldsymbol{v}}|^2)^{\frac{1}{2}}\right]\\&\quad+c\int_{S^2}|\bar{\boldsymbol{v}}|\int_0^1|\tilde{\boldsymbol{v}}|^2\left(|\boldsymbol{\nabla}_{\boldsymbol{e}_\theta}\tilde{\boldsymbol{v}}|^2+|\boldsymbol{\nabla}_{\boldsymbol{e}_\varphi}\tilde{\boldsymbol{v}}|^2\right)^{\frac{1}{2}}+c\int_{S^2}\left(\int_0^1|\tilde{\boldsymbol{v}}|^2\right)\left[\int_0^1|\tilde{\boldsymbol{v}}|\left(|\boldsymbol{\nabla}_{\boldsymbol{e}_\theta}\tilde{\boldsymbol{v}}|^2+|\boldsymbol{\nabla}_{\boldsymbol{e}_\varphi}\tilde{\boldsymbol{v}}|^2\right)^{\frac{1}{2}}\right]\\&\leqslant c\|\bar{\boldsymbol{v}}\|_{L^4(S^2)}\left(\int_\Omega|\tilde{\boldsymbol{v}}|(|\boldsymbol{\nabla}_{\boldsymbol{e}_\theta}\tilde{\boldsymbol{v}}|^2+|\boldsymbol{\nabla}_{\boldsymbol{e}_\varphi}\tilde{\boldsymbol{v}}|^2)\right)^{\frac{1}{2}}\left(\int_{S^2}\left(\int_0^1|\tilde{\boldsymbol{v}}|^3\mathrm{d}\xi\right)^2\right)^{\frac{1}{4}}\\&\quad+c\left(\int_\Omega|\tilde{\boldsymbol{v}}|(|\boldsymbol{\nabla}_{\boldsymbol{e}_\theta}\tilde{\boldsymbol{v}}|^2+|\boldsymbol{\nabla}_{\boldsymbol{e}_\varphi}\tilde{\boldsymbol{v}}|^2)\right)^{\frac{1}{2}}\cdot\left(\int_{S^2}\left(\int_0^1|\tilde{\boldsymbol{v}}|^2\mathrm{d}\xi\right)^{\frac{5}{2}}\right)^{\frac{1}{2}}\\&\quad+c(\|\overline{|T|}\|_{L^4(S^2)}+\|\overline{|qT|}\|_{L^4(S^2)})|\tilde{\boldsymbol{v}}|_2^{\frac{1}{2}}\left[\int_\Omega|\tilde{\boldsymbol{v}}|(|\boldsymbol{\nabla}_{\boldsymbol{e}_\theta}\tilde{\boldsymbol{v}}|^2+|\boldsymbol{\nabla}_{\boldsymbol{e}_\varphi}\tilde{\boldsymbol{v}}|^2)\right]^{\frac{1}{2}}.\end{aligned}\tag{3.2.47}$$

由Minkowski不等式、Hölder 不等式和(3.2.24)，我们有

$$\left[\int_{S^2}\left(\int_0^1|\tilde{\boldsymbol{v}}|^3\mathrm{d}\xi\right)^2\right]^{\frac{1}{2}}\leqslant\int_0^1\left[\int_{S^2}(|\tilde{\boldsymbol{v}}|^{\frac{3}{2}})^4\right]^{\frac{1}{2}}\mathrm{d}\xi$$
$$\leqslant c|\tilde{\boldsymbol{v}}|_3^{\frac{3}{2}}\left(\int_0^1(\|\boldsymbol{\nabla}|\tilde{\boldsymbol{v}}|^{\frac{3}{2}}\|_{L^2}^2+\||\tilde{\boldsymbol{v}}|^{\frac{3}{2}}\|_{L^2}^2)\mathrm{d}\xi\right)^{\frac{1}{2}}.$$

由Minkowski 不等式、Hölder 不等式和

$$\|u\|_{L^5(S^2)}\leqslant c\|u\|_{L^3(S^2)}^{\frac{3}{5}}\|u\|_{H^1(S^2)}^{\frac{2}{5}},$$

对任意$u\in H^1(S^2)$，我们得到

$$\int_{S^2}\left(\int_0^1|\tilde{\boldsymbol{v}}|^2\mathrm{d}\xi\right)^{\frac{5}{2}}\leqslant\left(\int_0^1\left(\int_{S^2}|\tilde{\boldsymbol{v}}|^5\right)^{\frac{2}{5}}\mathrm{d}\xi\right)^{\frac{5}{2}}$$
$$\leqslant\left(\int_0^1\|\tilde{\boldsymbol{v}}\|_{L^3}^{\frac{6}{5}}\|\tilde{\boldsymbol{v}}\|_{H^1}^{\frac{4}{5}}\mathrm{d}\xi\right)^{\frac{5}{2}}\leqslant c\|\tilde{\boldsymbol{v}}\|^2|\tilde{\boldsymbol{v}}|_3^3.$$

由(3.2.24)，我们有

$$\|\bar{\boldsymbol{v}}\|_{L^4}\leqslant\|\bar{\boldsymbol{v}}\|_{L^2}^{\frac{1}{2}}\|\bar{\boldsymbol{v}}\|_{H^1}^{\frac{1}{2}}.$$

由Minkowski 不等式、(3.2.24)、(3.2.26)和Hölder 不等式, 我们得到

$$\|\overline{|T|}\|_{L^4(S^2)}=\left(\int_{S^2}\left(\int_0^1|T|\mathrm{d}\xi\right)^4\right)^{\frac{1}{4}}\leqslant|T|_4,$$

$$\|\overline{|qT|}\|_{L^4(S^2)}\leqslant\left(\int_{S^2}\left(\int_0^1|q|^2\mathrm{d}\xi\right)^2\left(\int_0^1|T|^2\mathrm{d}\xi\right)^2\right)^{\frac{1}{4}}\leqslant c|q|_4^{\frac{1}{2}}\|q\|^{\frac{1}{2}}|T|_4^{\frac{1}{2}}\|T\|^{\frac{1}{2}}.$$

由Young 不等式, 我们从上面的关系式推得

$$\frac{\mathrm{d}|\tilde{\boldsymbol{v}}|_3^3}{\mathrm{d}t}+\int_\Omega\left[(|\boldsymbol{\nabla}_{e_\theta}\tilde{\boldsymbol{v}}|^2+|\boldsymbol{\nabla}_{e_\varphi}\tilde{\boldsymbol{v}}|^2)|\tilde{\boldsymbol{v}}|+\frac{4}{9}|\boldsymbol{\nabla}_{e_\theta}|\tilde{\boldsymbol{v}}|^{\frac{3}{2}}|^2+\frac{4}{9}|\boldsymbol{\nabla}_{e_\varphi}|\tilde{\boldsymbol{v}}|^{\frac{3}{2}}|^2+|\tilde{\boldsymbol{v}}|^3\right]$$
$$+\int_\Omega\left(|\tilde{\boldsymbol{v}}_\xi|^2|\tilde{\boldsymbol{v}}|+\frac{4}{9}|\partial_\xi|\tilde{\boldsymbol{v}}|^{\frac{3}{2}}|^2\right)$$
$$\leqslant c(\|\bar{\boldsymbol{v}}\|_{L^2}^2\|\bar{\boldsymbol{v}}\|_{H^1}^2+\|\tilde{\boldsymbol{v}}\|^2)|\tilde{\boldsymbol{v}}|_3^3+c|T|_4^4+c|T|_4^2\|T\|^2+c(1+|q|_4^2\|q\|^2)|\tilde{\boldsymbol{v}}|_2^2.$$

由引理3.2.13、(3.2.34)~(3.2.37)、(3.2.43)和$|\tilde{\boldsymbol{v}}|_3^3\leqslant|\tilde{\boldsymbol{v}}|_2^{\frac{3}{2}}\|\tilde{\boldsymbol{v}}\|_2^{\frac{3}{2}}$, 我们得到

$$|\tilde{\boldsymbol{v}}(t+3r)|_3^3$$
$$\leqslant c(E_4+E_4^{\frac{1}{2}}E_1+2E_0(1+E_2^{\frac{1}{2}}E_1)+\frac{(4E_0E_1)^{\frac{3}{4}}}{r})\exp c(E_0E_1+2E_1)\leqslant E_5,\qquad(3.2.48)$$

其中E_5是正的常数，$t\geqslant0$.

$\tilde{v}$的L^4估计 把方程(3.2.22)与$|\tilde{v}|^2\tilde{v}$做L^2的内积，类似于(3.2.46), 我们可得

$$\begin{aligned}&\frac{1}{4}\frac{\mathrm{d}|\tilde{\boldsymbol v}|_4^4}{\mathrm{d}t}+\int_\Omega\left[\left(|\nabla_{e_\theta}\tilde{\boldsymbol v}|^2+|\nabla_{e_\varphi}\tilde{\boldsymbol v}|^2\right)|\tilde{\boldsymbol v}|^2+\frac{1}{2}|\nabla_{e_\theta}|\tilde{\boldsymbol v}|^2|^2+\frac{1}{2}|\nabla_{e_\varphi}|\tilde{\boldsymbol v}|^2|^2+|\tilde{\boldsymbol v}|^4\right]\\&+\int_\Omega\left(|\tilde{\boldsymbol v}_\xi|^2|\tilde{\boldsymbol v}|^2+\frac{1}{2}|\partial_\xi|\tilde{\boldsymbol v}|^2|^2\right)\\=&\int_\Omega\left[\bar{\boldsymbol v}\cdot\nabla_{\tilde{\boldsymbol v}}\left(|\tilde{\boldsymbol v}|^2\tilde{\boldsymbol v}\right)+|\tilde{\boldsymbol v}|^2\tilde{\boldsymbol v}\cdot\bar{\boldsymbol v}\mathrm{div}\tilde{\boldsymbol v}\right]\\&+\int_\Omega\left[\left(\int_0^1\tilde{\boldsymbol v}_\theta\tilde{\boldsymbol v}\mathrm{d}\xi\right)\cdot\nabla_{e_\theta}\left(|\tilde{\boldsymbol v}|^2\tilde{\boldsymbol v}\right)+\left(\int_0^1\tilde{\boldsymbol v}_\varphi\tilde{\boldsymbol v}\mathrm{d}\xi\right)\cdot\nabla_{e_\varphi}\left(|\tilde{\boldsymbol v}|^2\tilde{\boldsymbol v}\right)\right]\\&+\int_\Omega\left[\int_\xi^1\frac{bP}{p}(1+aq)T\mathrm{d}\xi'-\int_0^1\int_\xi^1\frac{bP}{p}(1+aq)T\mathrm{d}\xi'\mathrm{d}\xi\right]\mathrm{div}\left(|\tilde{\boldsymbol v}|^2\tilde{\boldsymbol v}\right).\end{aligned}$$

由Hölder 不等式, 可得

$$\begin{aligned}&\frac{1}{4}\frac{\mathrm{d}|\tilde{\boldsymbol v}|_4^4}{\mathrm{d}t}+\int_\Omega\left[\left(|\nabla_{e_\theta}\tilde{\boldsymbol v}|^2+|\nabla_{e_\varphi}\tilde{\boldsymbol v}|^2\right)|\tilde{\boldsymbol v}|^2+\frac{1}{2}|\nabla_{e_\theta}|\tilde{\boldsymbol v}|^2|^2+\frac{1}{2}|\nabla_{e_\varphi}|\tilde{\boldsymbol v}|^2|^2+|\tilde{\boldsymbol v}|^4\right]\\&+\int_\Omega\left(|\tilde{\boldsymbol v}_\xi|^2|\tilde{\boldsymbol v}|^2+\frac{1}{2}|\partial_\xi|\tilde{\boldsymbol v}|^2|^2\right)\\\leqslant&\, c\|\bar{\boldsymbol v}\|_{L^4}\left[\int_\Omega|\tilde{\boldsymbol v}|^2\left(|\nabla_{e_\theta}\tilde{\boldsymbol v}|^2+|\nabla_{e_\varphi}\tilde{\boldsymbol v}|^2\right)\right]^{\frac{1}{2}}\left[\int_{S^2}\left(\int_0^1|\tilde{\boldsymbol v}|^4\mathrm{d}\xi\right)^2\right]^{\frac{1}{4}}\\&+c\left[\int_\Omega|\tilde{\boldsymbol v}|^2\left(|\nabla_{e_\theta}\tilde{\boldsymbol v}|^2+|\nabla_{e_\varphi}\tilde{\boldsymbol v}|^2\right)\right]^{\frac{1}{2}}\left[\int_{S^2}\left(\int_0^1|\tilde{\boldsymbol v}|^2\mathrm{d}\xi\right)^3\right]^{\frac{1}{2}}\\&+c\left(\||\overline{T}|\|_{L^4(S^2)}+\||\overline{qT}|\|_{L^4(S^2)}\right)\left[\int_\Omega|\tilde{\boldsymbol v}|^2\left(|\nabla_{e_\theta}\tilde{\boldsymbol v}|^2+|\nabla_{e_\varphi}\tilde{\boldsymbol v}|^2\right)\right]^{\frac{1}{2}}\left[\int_{S^2}\left(\int_0^1|\tilde{\boldsymbol v}|^2\mathrm{d}\xi\right)^2\right]^{\frac{1}{4}}.\end{aligned}$$

应用Minkowski 不等式、Hölder 不等式和(3.2.24)，得到

$$\left(\int_{S^2}\left(\int_0^1|\tilde{\boldsymbol v}|^4\right)^2\right)^{\frac{1}{2}}\leqslant\int_0^1\left(\int_{S^2}\left(|\tilde{\boldsymbol v}|^2\right)^4\right)^{\frac{1}{2}}\leqslant c|\tilde{\boldsymbol v}|_4^2\left(\int_0^1\left(\|\nabla|\tilde{\boldsymbol v}|^2\|_{L^2}^2+\||\tilde{\boldsymbol v}|^2\|_{L^2}^2\right)\right)^{\frac{1}{2}}.$$

由Minkowski不等式、Hölder不等式和(3.2.25), 可得

$$\int_{S^2}\left(\int_0^1|\tilde{\boldsymbol v}|^2\mathrm{d}\xi\right)^3\leqslant\left(\int_0^1\left(\int_{S^2}|\tilde{\boldsymbol v}|^6\right)^{\frac{1}{3}}\mathrm{d}\xi\right)^3\leqslant c\|\tilde{\boldsymbol v}\|^2|\tilde{\boldsymbol v}|_4^4.$$

利用Young 不等式，从上面的关系式可得

$$\begin{aligned}&\frac{\mathrm{d}|\tilde{\boldsymbol v}|_4^4}{\mathrm{d}t}+\int_\Omega\left[\left(|\nabla_{e_\theta}\tilde{\boldsymbol v}|^2+|\nabla_{e_\varphi}\tilde{\boldsymbol v}|^2\right)|\tilde{\boldsymbol v}|^2+\frac{1}{2}|\nabla_{e_\theta}|\tilde{\boldsymbol v}|^2|^2+\frac{1}{2}|\nabla_{e_\varphi}|\tilde{\boldsymbol v}|^2|^2+|\tilde{\boldsymbol v}|^4\right]\\&+\int_\Omega\left(|\tilde{\boldsymbol v}_\xi|^2|\tilde{\boldsymbol v}|^2+\frac{1}{2}|\partial_\xi|\tilde{\boldsymbol v}|^2|^2\right)\\\leqslant&\, c\left(\|\bar{\boldsymbol v}\|_{L^2}^2\|\bar{\boldsymbol v}\|_{H^1}^2+|T|_4^2+\|\tilde{\boldsymbol v}\|^2+|q|_4^2\|q\|^2\right)|\tilde{\boldsymbol v}|_4^4+c|T|_4^2+c|T|_4^2\|T\|^2.\end{aligned}\tag{3.2.49}$$

应用引理3.2.13、(3.2.34)~(3.2.37)、(3.2.43)、(3.2.48)和$|\tilde{\boldsymbol{v}}|_4^4 \leqslant |\tilde{\boldsymbol{v}}|_3^2\|\tilde{\boldsymbol{v}}\|^2$, 我们从 (3.2.49)得到

$$\begin{aligned}&|\tilde{\boldsymbol{v}}(t+4r)|_4^4\\ \leqslant& c\left(E_4^{\frac{1}{2}}+E_1E_4^{\frac{1}{2}}+\frac{E_5^{\frac{2}{3}}E_1}{r}\right)\exp c\left(E_0E_1+E_1+E_4^{\frac{1}{2}}+E_2^{\frac{1}{2}}E_1\right)\leqslant E_6,\end{aligned}\tag{3.2.50}$$

这里E_6是正的常数，$t \geqslant 0$. 由(3.2.49)和(3.2.50), 我们有

$$\begin{aligned}&\int_{t+4r}^{t+5r}\left[\int_\Omega\left(\left(|\boldsymbol{\nabla}_{\boldsymbol{e}_\theta}\tilde{\boldsymbol{v}}|^2+|\boldsymbol{\nabla}_{\boldsymbol{e}_\varphi}\tilde{\boldsymbol{v}}|^2\right)|\tilde{\boldsymbol{v}}|^2+\frac{1}{2}|\boldsymbol{\nabla}_{\boldsymbol{e}_\theta}|\tilde{\boldsymbol{v}}|^2|^2+\frac{1}{2}|\boldsymbol{\nabla}_{\boldsymbol{e}_\varphi}|\tilde{\boldsymbol{v}}|^2|^2+|\tilde{\boldsymbol{v}}|^4\right)\right.\\ &\left.+\int_\Omega\left(|\tilde{\boldsymbol{v}}_\xi|^2|\tilde{\boldsymbol{v}}|^2+\frac{1}{2}|\partial_\xi|\tilde{\boldsymbol{v}}|^2|^2\right)\right]\leqslant E_6^2+E_6=E_7.\end{aligned}\tag{3.2.51}$$

根据Gronwall不等式和(3.2.49)，可得

$$|\tilde{\boldsymbol{v}}(t)|_4^4 \leqslant C_2,\tag{3.2.52}$$

其中$C_2 = C_2(\|U_0\|, \|Q_1\|_1, \|Q_2\|_1) > 0$，$0 \leqslant t < 4r$.

$\bar{\boldsymbol{v}}$的H^1估计　把方程(3.2.21)与$-\Delta\bar{\boldsymbol{v}}$做$L^2$的内积，我们得到

$$\begin{aligned}\frac{1}{2}\frac{\mathrm{d}\|\bar{\boldsymbol{v}}\|_{H^1}^2}{\mathrm{d}t}+\|\Delta\bar{\boldsymbol{v}}\|_{L^2}^2=&\int_{S^2}\left[\boldsymbol{\nabla}_{\bar{\boldsymbol{v}}}\bar{\boldsymbol{v}}+\int_0^1(\tilde{\boldsymbol{v}}\mathrm{div}\tilde{\boldsymbol{v}}+\boldsymbol{\nabla}_{\tilde{\boldsymbol{v}}}\tilde{\boldsymbol{v}})\mathrm{d}\xi\right]\cdot\Delta\bar{\boldsymbol{v}}\\ &+\int_{S^2}(\mathrm{grad}\varPhi_s+\frac{f}{R_0}\boldsymbol{k}\times\bar{\boldsymbol{v}})\cdot\Delta\bar{\boldsymbol{v}}+\int_{S^2}\left[\int_0^1\int_\xi^1\frac{bP}{p}\mathrm{grad}((1+aq)T)\right]\cdot\Delta\bar{\boldsymbol{v}}.\end{aligned}$$

应用Hölder 不等式、(3.2.24)和Young 不等式, 我们有

$$\begin{aligned}\left|\int_{S^2}(\boldsymbol{\nabla}_{\bar{\boldsymbol{v}}}\bar{\boldsymbol{v}}\cdot\Delta\bar{\boldsymbol{v}})\right|\leqslant& c\|\bar{\boldsymbol{v}}\|_{L^4}\left[\int_{S^2}(|\boldsymbol{\nabla}_{\boldsymbol{e}_\theta}\bar{\boldsymbol{v}}|^2+|\boldsymbol{\nabla}_{\boldsymbol{e}_\varphi}\bar{\boldsymbol{v}}|^2)^2\right]^{\frac{1}{4}}\|\Delta\bar{\boldsymbol{v}}\|_{L^2}\\ \leqslant& c(\|\bar{\boldsymbol{v}}\|_{L^2}^2+\|\bar{\boldsymbol{v}}\|_{H^1}^2+\|\bar{\boldsymbol{v}}\|_{L^2}^2\|\bar{\boldsymbol{v}}\|_{H^1}^2)\|\bar{\boldsymbol{v}}\|_{H^1}^2+\varepsilon\|\Delta\bar{\boldsymbol{v}}\|_{L^2}^2.\end{aligned}$$

由Hölder和Minkowski不等式, 得

$$\left|\int_{S^2}\left(\int_0^1(\tilde{\boldsymbol{v}}\mathrm{div}\tilde{\boldsymbol{v}}+\boldsymbol{\nabla}_{\tilde{\boldsymbol{v}}}\tilde{\boldsymbol{v}})\mathrm{d}\xi\cdot\Delta\bar{\boldsymbol{v}}\right)\right|\leqslant c\int_\Omega|\tilde{\boldsymbol{v}}|^2(|\boldsymbol{\nabla}_{\boldsymbol{e}_\theta}\tilde{\boldsymbol{v}}|^2+|\boldsymbol{\nabla}_{\boldsymbol{e}_\varphi}\tilde{\boldsymbol{v}}|^2)+\varepsilon\|\Delta\bar{\boldsymbol{v}}\|_{L^2}^2.$$

应用引理3.2.8和$\mathrm{div}\bar{\boldsymbol{v}} = 0$, 得到

$$\int_{S^2}\mathrm{grad}\varPhi_s\cdot\Delta\bar{\boldsymbol{v}}=0,\qquad\int_{S^2}\left[\int_0^1\int_\xi^1\frac{bP}{p}\mathrm{grad}((1+aq)T)\right]\cdot\Delta\bar{\boldsymbol{v}}=0.$$

选取充分小的ε, 我们可从上面的式子得到

$$\frac{\mathrm{d}\|\bar{\boldsymbol{v}}\|_{H^1}^2}{\mathrm{d}t}+\|\Delta\bar{\boldsymbol{v}}\|_{L^2}^2$$

$$\leqslant c(\|\bar{\boldsymbol{v}}\|_{L^2}^2+\|\bar{\boldsymbol{v}}\|_{H^1}^2+\|\bar{\boldsymbol{v}}\|_{L^2}^2\|\bar{\boldsymbol{v}}\|_{H^1}^2)\|\bar{\boldsymbol{v}}\|_{H^1}^2+c\int_\Omega|\tilde{\boldsymbol{v}}|^2\left(|\boldsymbol{\nabla}_{\boldsymbol{e}_\theta}\tilde{\boldsymbol{v}}|^2+|\boldsymbol{\nabla}_{\boldsymbol{e}_\varphi}\tilde{\boldsymbol{v}}|^2\right). \tag{3.2.53}$$

根据引理3.2.13、(3.2.34)~(3.2.36)和(3.2.51), 得

$$\|\bar{\boldsymbol{v}}(t+5r)\|_{H^1}^2\leqslant c\left(\frac{E_1}{r}+E_7\right)\exp c(E_0E_1+E_1)\leqslant E_8, \tag{3.2.54}$$

这里E_8是正的常数. 由Gronwall 不等式, 我们可从(3.2.53)得到

$$\|\bar{\boldsymbol{v}}(t)\|_{H^1}^2\leqslant C_3, \tag{3.2.55}$$

其中$C_3=C_3(\|U_0\|,\ \|Q_1\|_1,\ \|Q_2\|_1)>0$，$0\leqslant t<5r$.

$\boldsymbol{v}_\xi$的L^2估计 把方程(3.2.11)关于ξ求导，我们得到下面的方程

$$\begin{aligned}&\frac{\partial\boldsymbol{v}_\xi}{\partial t}-\boldsymbol{\Delta}\boldsymbol{v}_\xi-\frac{\partial^2\boldsymbol{v}_\xi}{\partial\xi^2}+\boldsymbol{\nabla}_{\boldsymbol{v}}\boldsymbol{v}_\xi+\left(\int_\xi^1\mathrm{div}\boldsymbol{v}\mathrm{d}\xi'\right)\frac{\partial\boldsymbol{v}_\xi}{\partial\xi}+\boldsymbol{\nabla}_{\boldsymbol{v}_\xi}\boldsymbol{v}\\&-(\mathrm{div}\boldsymbol{v})\frac{\partial\boldsymbol{v}}{\partial\xi}+\frac{f}{R_0}\boldsymbol{k}\times\boldsymbol{v}_\xi-\frac{bP}{p}\mathrm{grad}[(1+aq)T]=0.\end{aligned}$$

把上面的方程与$\boldsymbol{v}_\xi$做L^2的内积，我们得到

$$\begin{aligned}&\frac{1}{2}\frac{\mathrm{d}|\boldsymbol{v}_\xi|_2^2}{\mathrm{d}t}+\int_\Omega\left(|\boldsymbol{\nabla}_{\boldsymbol{e}_\theta}\boldsymbol{v}_\xi|^2+|\boldsymbol{\nabla}_{\boldsymbol{e}_\varphi}\boldsymbol{v}_\xi|^2+|\boldsymbol{v}_\xi|^2+|\frac{\partial\boldsymbol{v}_\xi}{\partial\xi}|^2\right)\\=&-\int_\Omega\left[\boldsymbol{\nabla}_{\boldsymbol{v}}\boldsymbol{v}_\xi+\left(\int_\xi^1\mathrm{div}\boldsymbol{v}\right)\frac{\partial\boldsymbol{v}_\xi}{\partial\xi}\right]\cdot\boldsymbol{v}_\xi-\int_\Omega\left[\boldsymbol{\nabla}_{\boldsymbol{v}_\xi}\boldsymbol{v}-(\mathrm{div}\boldsymbol{v})\frac{\partial\boldsymbol{v}}{\partial\xi}\right]\cdot\boldsymbol{v}_\xi\\&-\int_\Omega\left(\frac{f}{R_0}\boldsymbol{k}\times\boldsymbol{v}_\xi\right)\cdot\boldsymbol{v}_\xi+\int_\Omega\frac{bP}{p}\mathrm{grad}\left[(1+aq)\,T\right]\cdot\boldsymbol{v}_\xi.\end{aligned}$$

应用分部积分和引理3.2.10, 我们可得

$$\int_\Omega\left[\boldsymbol{\nabla}_{\boldsymbol{v}}\boldsymbol{v}_\xi+\left(\int_\xi^1\mathrm{div}\boldsymbol{v}\mathrm{d}\xi'\right)\frac{\partial\boldsymbol{v}_\xi}{\partial\xi}\right]\cdot\boldsymbol{v}_\xi=0.$$

应用分部积分、Hölder 不等式、(3.2.27)和Young 不等式, 我们有

$$\begin{aligned}&-\int_\Omega\left(\boldsymbol{\nabla}_{\boldsymbol{v}_\xi}\boldsymbol{v}-(\mathrm{div}\boldsymbol{v})\frac{\partial\boldsymbol{v}}{\partial\xi}\right)\cdot\boldsymbol{v}_\xi\leqslant c\int_\Omega|\boldsymbol{v}||\boldsymbol{v}_\xi|(|\boldsymbol{\nabla}_{\boldsymbol{e}_\theta}\boldsymbol{v}_\xi|^2+|\boldsymbol{\nabla}_{\boldsymbol{e}_\varphi}\boldsymbol{v}_\xi|^2)^{\frac{1}{2}}\\&\leqslant c|\boldsymbol{v}|_4|\boldsymbol{v}_\xi|_2^{\frac{1}{4}}\|\boldsymbol{v}_\xi\|^{\frac{3}{4}}\left(\int_\Omega\left(|\boldsymbol{\nabla}_{\boldsymbol{e}_\theta}\boldsymbol{v}_\xi|^2+|\boldsymbol{\nabla}_{\boldsymbol{e}_\varphi}\boldsymbol{v}_\xi|^2\right)\right)^{\frac{1}{2}}\leqslant\varepsilon\|\boldsymbol{v}_\xi\|^2+c|\boldsymbol{v}|_4^8|\boldsymbol{v}_\xi|_2^2.\end{aligned}$$

由引理3.2.8、Hölder 不等式和Young 不等式, 我们得到

$$\int_\Omega\frac{bP}{p}\mathrm{grad}[(1+aq)T]\cdot\boldsymbol{v}_\xi=-\int_\Omega\frac{bP}{p}(1+aq)T\mathrm{div}\boldsymbol{v}_\xi\leqslant c|T|_2^2+c|q|_4^2|T|_4^2+\varepsilon\|\boldsymbol{v}_\xi\|^2.$$

选取充分小的ε, 我们可推得

$$\frac{\mathrm{d}|\boldsymbol{v}_\xi|_2^2}{\mathrm{d}t}+\int_\Omega(|\nabla_{\boldsymbol{e}_\theta}\boldsymbol{v}_\xi|^2+|\nabla_{\boldsymbol{e}_\varphi}\boldsymbol{v}_\xi|^2+|\boldsymbol{v}_\xi|^2)+\int_\Omega\left|\frac{\partial\boldsymbol{v}_\xi}{\partial\xi}\right|^2$$
$$\leqslant c(|\bar{\boldsymbol{v}}|_{H^1}^8+|\tilde{\boldsymbol{v}}|_4^8)|\boldsymbol{v}_\xi|_2^2+c|T|_2^2+c|q|_4^4+c|T|_4^4. \tag{3.2.56}$$

由引理3.2.13、(3.2.35)、(3.2.37)、(3.2.43)、(3.2.50)和(3.2.54), 我们得到

$$|\boldsymbol{v}_\xi(t+6r)|_2^2\leqslant c\left(E_0+\frac{E_1}{r}+E_2+E_4\right)\exp c(E_6^2+E_8^4)\leqslant E_9, \tag{3.2.57}$$

这里E_9是正的常数，$t\geqslant 0$. 由(3.2.56)和(3.2.57), 我们有

$$c_1\int_{t+6r}^{t+7r}\|\boldsymbol{v}_\xi\|^2\leqslant E_9^2+E_9=E_{10}. \tag{3.2.58}$$

由Gronwall 不等式, 我们可从(3.2.56)得

$$|\boldsymbol{v}_\xi(t)|_2^2\leqslant C_4, \tag{3.2.59}$$

其中$C_4=C_4(\|U_0\|,\|Q_1\|_1,\|Q_2\|_1)>0,\ 0\leqslant t<6r.$

T_ξ、q_ξ的L^2估计　把方程(3.2.12)和(3.2.13)分别关于ξ求导，我们得到下面的方程组

$$\frac{\partial T_\xi}{\partial t}-\Delta T_\xi-\frac{\partial^2 T_\xi}{\partial\xi^2}+\nabla_{\boldsymbol{v}}T_\xi+W(\boldsymbol{v})\frac{\partial T_\xi}{\partial\xi}+\nabla_{\boldsymbol{v}_\xi}T-(\mathrm{div}\boldsymbol{v})\frac{\partial T}{\partial\xi}$$
$$+\frac{bP}{p}(1+aq)\mathrm{div}\boldsymbol{v}-\frac{abP}{p}q_\xi W(\boldsymbol{v})+\frac{bP(P-p_0)}{p^2}(1+aq)W(\boldsymbol{v})=Q_{1\xi},$$
$$\frac{\partial q_\xi}{\partial t}-\Delta q_\xi-\frac{\partial^2 q_\xi}{\partial\xi^2}+\nabla_{\boldsymbol{v}}q_\xi+W(\boldsymbol{v})\frac{\partial q_\xi}{\partial\xi}+\nabla_{\boldsymbol{v}_\xi}q-(\mathrm{div}\boldsymbol{v})\frac{\partial q}{\partial\xi}=Q_{2\xi}.$$

把上面的第一个方程与T_ξ做$L^2(\Omega)$的内积，我们得到

$$\frac{1}{2}\frac{\mathrm{d}|T_\xi|_2^2}{\mathrm{d}t}+\int_\Omega|\nabla T_\xi|^2+\int_\Omega|T_{\xi\xi}|^2-\int_{S^2}(T_\xi|_{\xi=1}\cdot T_{\xi\xi}|_{\xi=1})$$
$$=-\int_\Omega\left(\nabla_{\boldsymbol{v}}T_\xi+W(\boldsymbol{v})\frac{\partial T_\xi}{\partial\xi}\right)T_\xi-\int_\Omega\left(\nabla_{\boldsymbol{v}_\xi}T-(\mathrm{div}\boldsymbol{v})\frac{\partial T}{\partial\xi}\right)T_\xi+\int_\Omega Q_{1\xi}T_\xi$$
$$+\int_\Omega\left[-\frac{bP}{p}(1+aq)(\mathrm{div}\boldsymbol{v})-\frac{bP(P-p_0)}{p^2}(1+aq)W(\boldsymbol{v})+\frac{abP}{p}q_\xi W(\boldsymbol{v})\right]T_\xi.$$

应用分部积分、Hölder 不等式、(3.2.27)、Poincaré不等式和Young不等式，得到

$$\left|\int_\Omega\left[\nabla_{\boldsymbol{v}_\xi}T-\mathrm{div}(\boldsymbol{v})\frac{\partial T}{\partial\xi}\right]T_\xi\right|$$
$$\leqslant c\int_\Omega\left[(|\nabla_{\boldsymbol{e}_\theta}\boldsymbol{v}_\xi|^2+|\nabla_{\boldsymbol{e}_\varphi}\boldsymbol{v}_\xi|^2)^{\frac{1}{2}}|T||T_\xi|+|\boldsymbol{v}_\xi||T||\nabla T_\xi|+|\boldsymbol{v}||\nabla T_\xi||T_\xi|\right]$$
$$\leqslant\varepsilon(|T_{\xi\xi}|_2^2+|\nabla T_\xi|_2^2)+c\left[|\boldsymbol{v}_{\xi\xi}|_2^2+\int_\Omega(|\nabla_{\boldsymbol{e}_\theta}\boldsymbol{v}_\xi|^2+|\nabla_{\boldsymbol{e}_\varphi}\boldsymbol{v}_\xi|^2)\right]+c|T|_4^8|\boldsymbol{v}_\xi|_2^2$$
$$+c(|T|_4^8+|\boldsymbol{v}|_4^8)|T_\xi|_2^2.$$

应用分部积分、Hölder不等式、Minkowski不等式、Poincaré不等式、Young不等式和引理3.2.9, 我们可得

$$\begin{aligned}&\left|\int_\Omega\left[-\frac{bP}{p}(1+aq)(\mathrm{div}\boldsymbol{v})-\frac{bP(P-p_0)}{p^2}(1+aq)W(\boldsymbol{v})+\frac{abP}{p}q_\xi W(\boldsymbol{v})\right]T_\xi\right|\\ \leqslant&\varepsilon(|\nabla q_\xi|_2^2+|\nabla T_\xi|_2^2)+c|\nabla q|_2^2+c\|\boldsymbol{v}\|^2+c(|\boldsymbol{v}|_4^2+|q|_4^2)|T_\xi|_4^2\\ &+c|\boldsymbol{v}|_4^2(|q_\xi|_4^2+|q|_4^2)+c|T_\xi|_2^2\\ \leqslant&\varepsilon(|\nabla T_\xi|_2^2+|T_{\xi\xi}|_2^2)+\varepsilon(|\nabla q_\xi|_2^2+|q_{\xi\xi}|_2^2)+c(|\boldsymbol{v}|_4^8+|q|_4^8+1)|T_\xi|_2^2\\ &+c|\boldsymbol{v}|_4^8|q_\xi|_2^2+c(|\nabla q|_2^2+\|\boldsymbol{v}\|^2)+c|\boldsymbol{v}|_4^2|q|_4^2.\end{aligned}$$

取方程(3.2.12)在$\xi=1$上的迹，得

$$T_{\xi\xi}|_{\xi=1}=\frac{\partial T|_{\xi=1}}{\partial t}+(\nabla_{\boldsymbol{v}}T)|_{\xi=1}-\Delta T|_{\xi=1}-Q_1|_{\xi=1}.$$

由(3.2.15), 得

$$\begin{aligned}&-\int_{S^2}(T_\xi|_{\xi=1}T_{\xi\xi}|_{\xi=1})\\ =&\alpha_s\int_{S^2}T|_{\xi=1}\left[\frac{\partial T|_{\xi=1}}{\partial t}+(\nabla_{\boldsymbol{v}}T)|_{\xi=1}-\Delta T|_{\xi=1}-Q_1|_{\xi=1}\right]\\ =&\alpha_s\left(\frac{1}{2}\frac{\mathrm{d}|T|_{\xi=1}|_2^2}{\mathrm{d}t}+|\nabla T|_{\xi=1}|_2^2\right)+\alpha_s\int_{S^2}T|_{\xi=1}\left[(\nabla_{\boldsymbol{v}}T)|_{\xi=1}-Q_1|_{\xi=1}\right].\end{aligned}$$

根据引理3.2.10, 我们有

$$\begin{aligned}&-\alpha_s\int_{S^2}T|_{\xi=1}\left((\nabla_{\boldsymbol{v}}T)|_{\xi=1}-Q_1|_{\xi=1}\right)\\ =&\frac{\alpha_s}{2}\int_{S^2}T^2|_{\xi=1}\mathrm{div}\boldsymbol{v}|_{\xi=1}+\alpha_s\int_{S^2}(TQ_1)|_{\xi=1}\\ =&\frac{\alpha_s}{2}\int_{S^2}T^2|_{\xi=1}\left(\int_\xi^1\mathrm{div}\boldsymbol{v}_\xi\mathrm{d}\xi'+\mathrm{div}\boldsymbol{v}\right)+\alpha_s\int_{S^2}T|_{\xi=1}Q_1|_{\xi=1}\\ \leqslant&c|T|_{\xi=1}|_4^4+c\|\boldsymbol{v}_\xi\|^2+c\|\boldsymbol{v}\|^2+c|T|_{\xi=1}|_2^2+c|Q_1|_{\xi=1}|_2^2.\end{aligned}$$

我们从上面的式子推得

$$\begin{aligned}&\frac{1}{2}\frac{\mathrm{d}\left(|T_\xi|_2^2+\alpha_s|T|_{\xi=1}|_2^2\right)}{\mathrm{d}t}+\int_\Omega|\nabla T_\xi|^2+\int_\Omega|T_{\xi\xi}|^2+\alpha_s|\nabla T|_{\xi=1}|_2^2\\ \leqslant&2\varepsilon\left(|T_{\xi\xi}|_2^2+|\nabla T_\xi|_2^2\right)+\varepsilon\left(|\nabla q_\xi|_2^2+|q_{\xi\xi}|_2^2\right)+c\left(1+|T|_4^8+|\boldsymbol{v}|_4^8+|q|_4^8\right)|T_\xi|_2^2\\ &+c|\boldsymbol{v}|_4^8|q_\xi|_2^2+c\|\boldsymbol{v}_\xi\|^2+c\|\boldsymbol{v}\|^2+c|\nabla q|_2^2+c|T|_4^8|\boldsymbol{v}_\xi|_2^2+c|q|_4^2|\boldsymbol{v}|_4^2\\ &+c|T|_{\xi=1}|_4^4+c|T|_{\xi=1}|_2^2+c|Q_1|_{\xi=1}|_2^2+c|Q_1|_2^2+c|Q_{1\xi}|_2^2.\end{aligned}$$

类似于上式，

$$\frac{1}{2}\frac{\mathrm{d}\left(|q_\xi|_2^2+\beta_s|q|_{\xi=1}|_2^2\right)}{\mathrm{d}t}+\int_\Omega|\nabla q_\xi|^2+\int_\Omega|q_{\xi\xi}|^2+\beta_s|\nabla q|_{\xi=1}|_2^2$$
$$\leqslant\varepsilon\left(|\nabla q_\xi|_2^2+|q_{\xi\xi}|_2^2\right)+c\left(|\boldsymbol{v}|_4^8+|T|_4^8\right)|q_\xi|_2^2+c\|\boldsymbol{v}_\xi\|^2+c\|\boldsymbol{v}\|^2+c|q|_4^8|\boldsymbol{v}_\xi|_2^2$$
$$+c|q|_{\xi=1}|_4^4+c|q|_{\xi=1}|_2^2+c|Q_2|_{\xi=1}|_2^2+c|Q_2|_2^2+c|Q_{2\xi}|_2^2.$$

由前面的两个式子, 选取充分小的ε, 我们得到

$$\frac{\mathrm{d}\left(|T_\xi|_2^2+|q_\xi|_2^2+\beta_s|q|_{\xi=1}|_2^2+\alpha_s|T|_{\xi=1}|_2^2\right)}{\mathrm{d}t}+\int_\Omega|\nabla T_\xi|^2+\int_\Omega|T_{\xi\xi}|^2T|_{\xi=1}|_2^2$$
$$+\alpha_s|\nabla+\int_\Omega|\nabla q_\xi|^2+\int_\Omega|q_{\xi\xi}|^2+\beta_s|\nabla q|_{\xi=1}|_2^2$$
$$\leqslant c\left(1+|T|_4^8+|\boldsymbol{v}|_4^8+|q|_4^8\right)\left(|T_\xi|_2^2+|q_\xi|_2^2\right)+c\|\boldsymbol{v}_\xi\|^2+c\|\boldsymbol{v}\|^2+c\|q\|^2$$
$$+c\left(|T|_4^8+|q|_4^8\right)|\boldsymbol{v}_\xi|_2^2+c|q|_4^2|\boldsymbol{v}|_4^2+c|T|_{\xi=1}|_4^4+c|T|_{\xi=1}|_2^2+c|q|_{\xi=1}|_4^4+c|q|_{\xi=1}|_2^2$$
$$+c\left(|Q_1|_{\xi=1}|_2^2+|Q_2|_{\xi=1}|_2^2\right)+c\left(|Q_1|_2^2+|Q_{1\xi}|_2^2+|Q_2|_2^2+|Q_{2\xi}|_2^2\right).\tag{3.2.60}$$

根据引理3.2.13、(3.2.35)、(3.2.37)、(3.2.38)、(3.2.43)、(3.2.45)、(3.2.50)、(3.2.54)、(3.2.57)和(3.2.58), 我们得到

$$|T_\xi(t+7r)|_2^2+|q_\xi(t+7r)|_2^2\leqslant E_{11},\tag{3.2.61}$$

其中

$$E_{11}=c[\frac{E_1}{r}+E_1+E_2+E_4+E_4^2+E_2^{\frac{1}{2}}(E_6^{\frac{1}{2}}+E_8)+(E_4^2+E_2^2)E_9+E_{10}$$
$$+c\|Q_1\|_1^2+c\|Q_2\|_1^2]\cdot\exp c(1+E_2^2+E_4^2+E_6^2+E_8^4).$$

由(3.2.60)和(3.2.61), 我们有

$$c_1\int_{t+7r}^{t+8r}(\|T_\xi\|^2+\|q_\xi\|^2)\leqslant E_{11}^2+2E_{11}+E_1=E_{12}.\tag{3.2.62}$$

由Gronwall 不等式, 我们可从(3.2.60)得

$$|T_\xi(t)|_2^2+|q_\xi(t)|_2^2\leqslant C_5,\tag{3.2.63}$$

这里$C_5=C_5(\|U_0\|,\ \|Q_1\|_1,\ \|Q_2\|_1)>0$，$0\leqslant t<7r$.

$\boldsymbol{v}$, T, q的H^1估计　把方程(3.2.11)与$-\Delta\boldsymbol{v}$做L^2的内积，我们得到

$$\frac{1}{2}\frac{\mathrm{d}\int_\Omega(|\nabla_{\boldsymbol{e}_\theta}\boldsymbol{v}|^2+|\nabla_{\boldsymbol{e}_\varphi}\boldsymbol{v}|^2+|\boldsymbol{v}|^2)}{\mathrm{d}t}+\int_\Omega|\Delta\boldsymbol{v}|_2^2+\int_\Omega(|\nabla_{\boldsymbol{e}_\theta}\boldsymbol{v}_\xi|^2+|\nabla_{\boldsymbol{e}_\varphi}\boldsymbol{v}_\xi|^2+|\boldsymbol{v}_\xi|^2)$$
$$=\int_\Omega(\nabla_{\boldsymbol{v}}\boldsymbol{v}+W(\boldsymbol{v})\boldsymbol{v}_\xi)\cdot\Delta\boldsymbol{v}+\int_\Omega\left[\int_\xi^1\frac{bP}{p}\mathrm{grad}((1+aq)T)\right]\cdot\Delta\boldsymbol{v}$$
$$+\int_\Omega\left(\frac{f}{R_0}\boldsymbol{k}\times\boldsymbol{v}+\mathrm{grad}\Phi_s\right)\cdot\Delta\boldsymbol{v}.$$

由Hölder 不等式、(3.2.27)和Young不等式, 我们有

$$\left|\int_\Omega \nabla_{\boldsymbol{v}}\boldsymbol{v}\cdot\Delta\boldsymbol{v}\right| \leqslant \int_\Omega |\boldsymbol{v}|(|\nabla_{\boldsymbol{e}_\theta}\boldsymbol{v}|^2+|\nabla_{\boldsymbol{e}_\varphi}\boldsymbol{v}|^2)^{\frac{1}{2}}|\Delta\boldsymbol{v}|$$

$$\leqslant c(|\boldsymbol{v}|_4^8+|\boldsymbol{v}|_4^2)\int_\Omega(|\nabla_{\boldsymbol{e}_\theta}\boldsymbol{v}|^2+|\nabla_{\boldsymbol{e}_\varphi}\boldsymbol{v}|^2)+2\varepsilon(|\Delta\boldsymbol{v}|_2^2+\int_\Omega(|\nabla_{\boldsymbol{e}_\theta}\boldsymbol{v}_\xi|^2+|\nabla_{\boldsymbol{e}_\varphi}\boldsymbol{v}_\xi|^2)).$$

应用Hölder不等式、Minkowski不等式、Young不等式和(3.2.24)，我们得到

$$\left|\int_\Omega W(\boldsymbol{v})\boldsymbol{v}_\xi\cdot\Delta\boldsymbol{v}\right| \leqslant \int_{S^2}\left[\int_0^1(|\nabla_{\boldsymbol{e}_\theta}\boldsymbol{v}|^2+|\nabla_{\boldsymbol{e}_\varphi}\boldsymbol{v}|^2)^{\frac{1}{2}}\mathrm{d}\xi\int_0^1|\boldsymbol{v}_\xi||\Delta\boldsymbol{v}|\mathrm{d}\xi\right]$$

$$\leqslant c\left\{\int_0^1\left[\int_{S^2}(|\nabla_{\boldsymbol{e}_\theta}\boldsymbol{v}|^2+|\nabla_{\boldsymbol{e}_\varphi}\boldsymbol{v}|^2)\right]^{\frac{1}{2}}\cdot\left[\int_{S^2}(|\nabla_{\boldsymbol{e}_\theta}\boldsymbol{v}|^2+|\nabla_{\boldsymbol{e}_\varphi}\boldsymbol{v}|^2+|\Delta\boldsymbol{v}|^2)\right]^{\frac{1}{2}}\mathrm{d}\xi\right\}$$

$$\cdot c\left\{\int_0^1\left(\int_{S^2}|\boldsymbol{v}_\xi|^2\right)^{\frac{1}{2}}\cdot\left[\int_{S^2}(|\nabla_{\boldsymbol{e}_\theta}\boldsymbol{v}_\xi|^2+|\nabla_{\boldsymbol{e}_\varphi}\boldsymbol{v}_\xi|^2+|\boldsymbol{v}_\xi|^2)\right]^{\frac{1}{2}}\mathrm{d}\xi\right\}+\varepsilon|\Delta\boldsymbol{v}|_2^2$$

$$\leqslant 2\varepsilon|\Delta\boldsymbol{v}|_2^2+c[2|\boldsymbol{v}_\xi|_2^2+|\boldsymbol{v}_\xi|_2^4+(|\boldsymbol{v}_\xi|_2^2+1)\int_\Omega(|\nabla_{\boldsymbol{e}_\theta}\boldsymbol{v}_\xi|^2+|\nabla_{\boldsymbol{e}_\varphi}\boldsymbol{v}_\xi|^2)]\int_\Omega(|\nabla_{\boldsymbol{e}_\theta}\boldsymbol{v}|^2+|\nabla_{\boldsymbol{e}_\varphi}\boldsymbol{v}|^2),$$

$$\left|\int_\Omega\int_\xi^1\frac{bP}{p}\mathrm{grad}[(1+aq)T]\mathrm{d}\xi'\cdot\Delta\boldsymbol{v}\right|$$

$$\leqslant c\left[\int_\Omega(\int_0^1|q|^2\mathrm{d}\xi)^2\right]^{\frac{1}{2}}\left[\int_\Omega(\int_0^1|\nabla T|^2\mathrm{d}\xi)^2\right]^{\frac{1}{2}}$$

$$+c\left[\int_\Omega(\int_0^1|T|^2\mathrm{d}\xi)^2\right]^{\frac{1}{2}}\left[\int_\Omega(\int_0^1|\nabla q|^2\mathrm{d}\xi)^2\right]^{\frac{1}{2}}+c|\nabla T|_2^2+\varepsilon|\Delta\boldsymbol{v}|_2^2$$

$$\leqslant c|T|_4^2\int_0^1\left[\|\nabla q\|_{L^2}(\|\nabla q\|_{L^2}^2+\|\Delta q\|_{L^2}^2)^{\frac{1}{2}}\right]\mathrm{d}\xi+c|\nabla T|_2^2+\varepsilon|\Delta\boldsymbol{v}|_2^2$$

$$+c|q|_4^2\int_0^1\left[\|\nabla T\|_{L^2}(\|\nabla T\|_{L^2}^2+\|\Delta T\|_{L^2}^2)^{\frac{1}{2}}\right]\mathrm{d}\xi$$

$$\leqslant\varepsilon(|\Delta\boldsymbol{v}|_2^2+|\Delta T|_2^2+|\Delta q|_2^2)+c|q|_4^2|\nabla T|_2^2+c|T|_4^2|\nabla q|_2^2+c|q|_4^4|\nabla T|_2^2+c|T|_4^4|\nabla q|_2^2+c|\nabla T|_2^2.$$

我们从前面的式子得到

$$\frac{1}{2}\frac{\mathrm{d}\int_\Omega(|\nabla_{\boldsymbol{e}_\theta}\boldsymbol{v}|^2+|\nabla_{\boldsymbol{e}_\varphi}\boldsymbol{v}|^2+|\boldsymbol{v}|^2)}{\mathrm{d}t}+|\Delta\boldsymbol{v}|_2^2+\int_\Omega(|\nabla_{\boldsymbol{e}_\theta}\boldsymbol{v}_\xi|^2+|\nabla_{\boldsymbol{e}_\varphi}\boldsymbol{v}_\xi|^2+|\boldsymbol{v}_\xi|^2)$$

$$\leqslant c[|\boldsymbol{v}|_4^8+|\boldsymbol{v}|_4^2+2|\boldsymbol{v}_\xi|_2^2+|\boldsymbol{v}_\xi|_2^4+(|\boldsymbol{v}_\xi|_2^2+1)\|\boldsymbol{v}_\xi\|^2]\int_\Omega(|\nabla_{\boldsymbol{e}_\theta}\boldsymbol{v}|^2+|\nabla_{\boldsymbol{e}_\varphi}\boldsymbol{v}|^2)$$

$$+c(1+|q|_4^2+|q|_4^4)|\nabla T|_2^2+c(|T|_4^2+|T|_4^4)|\nabla q|_2^2+2\varepsilon\int_\Omega(|\nabla_{\boldsymbol{e}_\theta}\boldsymbol{v}_\xi|^2+|\nabla_{\boldsymbol{e}_\varphi}\boldsymbol{v}_\xi|^2)$$

$$+5\varepsilon|\Delta\boldsymbol{v}|_2^2+\varepsilon|\Delta T|_2^2+\varepsilon|\Delta q|_2^2+c|\nabla T|_2^2. \tag{3.2.64}$$

把方程(3.2.12)与$-\Delta T$做$L^2(\Omega)$的内积，得

$$
\begin{aligned}
&\frac{1}{2}\frac{\mathrm{d}|\nabla T|_2^2}{\mathrm{d}t}+|\Delta T|_2^2+(|\nabla T_\xi|_2^2+\alpha_s|\nabla T|_{\xi=1}|_2^2)\\
=&\int_\Omega\left(\nabla_{\boldsymbol v}T+W(\boldsymbol v)\frac{\partial T}{\partial\xi}\right)\Delta T-\int_\Omega\frac{bP}{p}(1+aq)W(\boldsymbol v)\Delta T-\int_\Omega Q_1\Delta T.
\end{aligned}
$$

与前面的推导类似, 可得

$$
\begin{aligned}
&\left|\int_\Omega \Delta T\nabla_{\boldsymbol v}T\right|\leqslant c(|\boldsymbol v|_4^8+|\boldsymbol v|_4^2)|\nabla T|_2^2+2\varepsilon(|\Delta T|_2^2+|\nabla T_\xi|_2^2),\\
&\left|\int_\Omega W(\boldsymbol v)T_\xi\Delta T\right|\leqslant \varepsilon|\Delta T|_2^2+\varepsilon|\Delta \boldsymbol v|_2^2+c[2|T_\xi|_2^2+|T_\xi|_2^4\\
&\qquad+(|T_\xi|_2^2+1)\int_\Omega|\nabla T_\xi|^2]\int_\Omega(|\nabla_{\boldsymbol e_\theta}\boldsymbol v|^2+|\nabla_{\boldsymbol e_\varphi}\boldsymbol v|^2).
\end{aligned}
$$

应用Hölder不等式、Minkowski不等式、Young不等式和(3.2.24)，得

$$
\begin{aligned}
&\left|\int_\Omega\frac{bP}{p}(1+aq)W(\boldsymbol v)\Delta T\right|\\
\leqslant& c\left(\int_\Omega|\mathrm{div}\boldsymbol v|^2\right)^{\frac12}|\Delta T|_2+c|q|_4\left(\int_\Omega\left(\int_0^1|\mathrm{div}\boldsymbol v|^2\mathrm{d}\xi\right)^2\right)^{\frac14}|\Delta T|_2\\
\leqslant&\varepsilon|\Delta T|_2^2+\varepsilon|\Delta\boldsymbol v|_2^2+c(1+|q|_4^2+|q|_4^4)\int_\Omega(|\nabla_{\boldsymbol e_\theta}\boldsymbol v|^2+|\nabla_{\boldsymbol e_\varphi}\boldsymbol v|^2).
\end{aligned}
$$

由前面的关系式, 我们得到

$$
\begin{aligned}
&\frac{1}{2}\frac{\mathrm{d}|\nabla T|_2^2}{\mathrm{d}t}+|\Delta T|_2^2+(|\nabla T_\xi|_2^2+\alpha_s|\nabla T|_{\xi=1}|_2^2)\leqslant 5\varepsilon|\Delta T|_2^2+2\varepsilon|\nabla T_\xi|_2^2+2\varepsilon|\Delta\boldsymbol v|_2^2\\
&+c[1+|q|_4^2+|q|_4^4+2|T_\xi|_2^2+|T_\xi|_2^4+(|T_\xi|_2^2+1)\int_\Omega|\nabla T_\xi|^2]\\
&\cdot\int_\Omega(|\nabla_{\boldsymbol e_\theta}\boldsymbol v|^2+|\nabla_{\boldsymbol e_\varphi}\boldsymbol v|^2)+c(|\boldsymbol v|_4^2+|\boldsymbol v|_4^8)|\nabla T|_2^2+c|Q_1|_2^2.
\end{aligned}\tag{3.2.65}
$$

类似于(3.2.65)，

$$
\begin{aligned}
&\frac{1}{2}\frac{\mathrm{d}|\nabla q|_2^2}{\mathrm{d}t}+|\Delta q|_2^2+(|\nabla q_\xi|_2^2+\beta_s|\nabla q|_{\xi=1}|_2^2)\\
\leqslant&4\varepsilon|\Delta q|_2^2+2\varepsilon|\nabla q_\xi|_2^2+\varepsilon|\Delta\boldsymbol v|_2^2+c(|\boldsymbol v|_4^2+|\boldsymbol v|_4^8)|\nabla q|_2^2+c[|q_\xi|_2^2+|q_\xi|_2^4\\
&+(|q_\xi|_2^2+1)|\nabla q_\xi|_2^2](|\nabla_{\boldsymbol e_\theta}\boldsymbol v|_2^2+|\nabla_{\boldsymbol e_\varphi}\boldsymbol v|_2^2)+c|Q_2|_2^2.
\end{aligned}\tag{3.2.66}
$$

根据(3.2.64)~(3.2.66), 选取充分小的ε，我们得到

$$
\begin{aligned}
&\frac{\mathrm{d}\left[\int_\Omega(|\nabla_{\boldsymbol e_\theta}\boldsymbol v|^2+|\nabla_{\boldsymbol e_\varphi}\boldsymbol v|^2+|\boldsymbol v|^2)+|\nabla T|_2^2+|\nabla q|_2^2\right]}{\mathrm{d}t}+|\Delta\boldsymbol v|_2^2+|\Delta T|_2^2+|\Delta q|_2^2+\\
&\int_\Omega(|\nabla_{\boldsymbol e_\theta}\boldsymbol v_\xi|^2+|\nabla_{\boldsymbol e_\varphi}\boldsymbol v_\xi|^2+|\boldsymbol v_\xi|^2)+(|\nabla T_\xi|_2^2+\alpha_s|\nabla T|_{\xi=1}|_2^2)+(|\nabla q_\xi|_2^2+\beta_s|\nabla q|_{\xi=1}|_2^2)
\end{aligned}
$$

$$\leqslant c\Big[1+|q|_4^2+|q|_4^4+|T|_4^2+|T|_4^4+|\boldsymbol{v}|_4^2+|\boldsymbol{v}|_4^8+2|\boldsymbol{v}_\xi|_2^2+|\boldsymbol{v}_\xi|_2^4+(|\boldsymbol{v}_\xi|_2^2+1)\|\boldsymbol{v}_\xi\|^2$$

$$+2|T_\xi|_2^2+|T_\xi|_2^4+(|T_\xi|_2^2+1)\int_\Omega|\nabla T_\xi|^2+2|q_\xi|_2^2+|q_\xi|_2^4+(|q_\xi|_2^2+1)\int_\Omega|\nabla q_\xi|^2\Big]$$

$$\cdot\Big[\int_\Omega(|\nabla_{\boldsymbol{e}_\theta}\boldsymbol{v}|^2+|\nabla_{\boldsymbol{e}_\varphi}\boldsymbol{v}|^2)+|\nabla T|_2^2+|\nabla q|_2^2\Big]+c|Q_1|_2^2+c|Q_2|_2^2. \tag{3.2.67}$$

由引理3.2.13、(3.2.35)、(3.2.37)、(3.2.43)、(3.2.50)、(3.2.54)、(3.2.57)、(3.2.58)、(3.2.61)和(3.2.62), 我们可得

$$|\nabla_{\boldsymbol{e}_\theta}\boldsymbol{v}(t+8r)|_2^2+|\nabla_{\boldsymbol{e}_\varphi}\boldsymbol{v}(t+8r)|_2^2+|\nabla T(t+8r)|_2^2+|\nabla q(t+8r)|_2^2\leqslant E_{13}, \tag{3.2.68}$$

这里

$$E_{13}=c(\frac{E_1}{r}+|Q_1|_2^2+|Q_2|_2^2)\cdot\exp c[1+E_2+E_4+E_6^2+E_8^4+E_9^2$$
$$+(E_9+1)E_{10}+E_{11}^2+(E_{11}+1)E_{12}].$$

由Gronwall 不等式, 我们可从(3.2.67)得到

$$|\nabla_{\boldsymbol{e}_\theta}\boldsymbol{v}(t)|_2^2+|\nabla_{\boldsymbol{e}_\varphi}\boldsymbol{v}(t)|_2^2+|\nabla T(t)|_2^2+|\nabla q(t)|_2^2\leqslant C_6, \tag{3.2.69}$$

其中$C_6=C_6(\|U_0\|,\ \|Q_1\|_1,\ \|Q_2\|_1)>0$，$0\leqslant t<8r$.

3.2.4 强解的整体存在性和唯一性

定理3.2.2的证明：由命题3.2.15，我们可用反证法来证明定理3.2.2. 事实上，设U是系统(3.2.11)~(3.2.17) 在最大区间$[0,\mathcal{T}^*]$上的一个强解. 如果$\mathcal{T}^*<+\infty$，那么$\limsup\limits_{t\to\mathcal{T}^{*-}}\|U\|=+\infty$，由(3.2.35)、(3.2.57)、(3.2.59)、(3.2.61)、(3.2.63)、(3.2.68)和(3.2.69), 我们可知: $\limsup\limits_{t\to\mathcal{T}^{*-}}\|U\|=+\infty$是不可能的. 从而，定理3.2.2得到证明.

定理3.2.3的证明：设$(\boldsymbol{v}_1,T_1,q_1)$和$(\boldsymbol{v}_2,T_2,q_2)$ 是系统(3.2.11)~(3.2.17)在区间 $[0,\mathcal{T}]$上分别与地势Φ_{s_1}、Φ_{s_2}和初始数据$((\boldsymbol{v}_0)_1,(T_0)_1,(q_0)_1)$, $((\boldsymbol{v}_0)_2,(T_0)_2,(q_0)_2)$ 对应的两个解. 定义$\boldsymbol{v}=\boldsymbol{v}_1-\boldsymbol{v}_2$, $T=T_1-T_2$, $q=q_1-q_2$, $\Phi_s=\Phi_{s_1}-\Phi_{s_2}$，那么$\boldsymbol{v}$, T, q, Φ_s 满足下面的系统:

$$\frac{\partial\boldsymbol{v}}{\partial t}-\Delta\boldsymbol{v}-\frac{\partial^2\boldsymbol{v}}{\partial\xi^2}+\nabla_{\boldsymbol{v}_1}\boldsymbol{v}+\nabla_{\boldsymbol{v}}\boldsymbol{v}_2+W(\boldsymbol{v}_1)\frac{\partial\boldsymbol{v}}{\partial\xi}+W(\boldsymbol{v})\frac{\partial\boldsymbol{v}_2}{\partial\xi}+\frac{f}{R_0}\boldsymbol{k}\times\boldsymbol{v}+\mathrm{grad}\Phi_s$$
$$+\int_\xi^1\frac{bP}{p}\mathrm{grad}T\mathrm{d}\xi'+\int_\xi^1\frac{abP}{p}\mathrm{grad}(q_1T)\mathrm{d}\xi'+\int_\xi^1\frac{abP}{p}\mathrm{grad}(qT_2)\mathrm{d}\xi'=0, \tag{3.2.70}$$

$$\frac{\partial T}{\partial t}-\Delta T-\frac{\partial^2 T}{\partial\xi^2}+\nabla_{\boldsymbol{v}_1}T+\nabla_{\boldsymbol{v}}T_2+W(\boldsymbol{v}_1)\frac{\partial T}{\partial\xi}+W(\boldsymbol{v})\frac{\partial T_2}{\partial\xi}-\frac{bP}{p}W(\boldsymbol{v})$$
$$-\frac{abP}{p}q_1W(\boldsymbol{v})-\frac{abP}{p}qW(\boldsymbol{v}_2)=0, \tag{3.2.71}$$

$$\frac{\partial q}{\partial t}-\Delta q-\frac{\partial^2 q}{\partial \xi^2}+\nabla_{v_1} q+\nabla_{v} q_2+W(v_1)\frac{\partial q}{\partial \xi}+W(v)\frac{\partial q_2}{\partial \xi}=0, \tag{3.2.72}$$

$$(v|_{t=0},T|_{t=0},q|_{t=0})=((v_0)_1-(v_0)_2,(T_0)_1-(T_0)_2,(q_0)_1-(q_0)_2),$$

$$\xi=1:\frac{\partial v}{\partial \xi}=0,\frac{\partial T}{\partial \xi}=-\alpha_s T,\frac{\partial q}{\partial \xi}=-\beta_s q,\quad \xi=0:\frac{\partial v}{\partial \xi}=0,\frac{\partial T}{\partial \xi}=0,\frac{\partial q}{\partial \xi}=0.$$

把方程(3.2.70)与v做L^2的内积，我们得到

$$\begin{aligned}&\frac{1}{2}\frac{\mathrm{d}|v|_2^2}{\mathrm{d}t}+\int_\Omega(|\nabla_{e_\theta}v|^2+|\nabla_{e_\varphi}v|^2+|v|^2)+\int_\Omega|v_\xi|^2\\
=&-\int_\Omega\left[\nabla_{v_1}v+W(v_1)\frac{\partial v}{\partial \xi}\right]\cdot v-\int_\Omega v\cdot\nabla_v v_2-\int_\Omega W(v)\frac{\partial v_2}{\partial \xi}\cdot v\\
&-\int_\Omega\left(\frac{f}{R_0}k\times v+\mathrm{grad}\varPhi_s\right)\cdot v-\int_\Omega\left(\int_\xi^1\frac{bP}{p}\mathrm{grad}T\mathrm{d}\xi'\right)\cdot v\\
&-\int_\Omega\left[\int_\xi^1\frac{abP}{p}\mathrm{grad}(q_1T)\mathrm{d}\xi'\right]\cdot v-\int_\Omega\left[\int_\xi^1\frac{abP}{p}\mathrm{grad}(qT_2)\mathrm{d}\xi'\right]\cdot v.\end{aligned}$$

由引理3.2.11, 得

$$\int_\Omega\left(\nabla_{v_1}v+W(v_1)\frac{\partial v}{\partial \xi}\right)\cdot v=0.$$

应用引理3.2.10、Hölder 不等式、Young不等式和(3.2.27), 可得

$$\begin{aligned}\left|\int_\Omega v\cdot\nabla_v v_2\right|=&\left|\int_\Omega(v_2\cdot\nabla_v v+v_2\cdot v\mathrm{div}v)\right|\leqslant c\int_\Omega|v||v_2|(|\nabla_{e_\theta}v|^2+|\nabla_{e_\varphi}v|^2)^{\frac12}\\
\leqslant&\varepsilon\int_\Omega(|\nabla_{e_\theta}v|^2+|\nabla_{e_\varphi}v|^2)+c|v|_2^{\frac12}|v_2|_4^2\|v\|^{\frac32}\leqslant 2\varepsilon\|v\|^2+c|v_2|_4^8|v|_2^2.\end{aligned}$$

由Hölder 不等式、Young 不等式、Minkowski不等式和(3.2.24), 得到

$$\begin{aligned}&\left|\int_\Omega W(v)\frac{\partial v_2}{\partial \xi}\cdot v\right|\leqslant\int_{S^2}\left[\int_0^1\left(|\nabla_{e_\theta}v|^2+|\nabla_{e_\varphi}v|^2\right)^{\frac12}\mathrm{d}\xi\int_0^1|v_{2\xi}||v|\mathrm{d}\xi\right]\\
\leqslant&\varepsilon\int_\Omega\left(|\nabla_{e_\theta}v|^2+|\nabla_{e_\varphi}v|^2\right)+c\int_0^1\left(\int_{S^2}|v_{2\xi}|^4\right)^{\frac12}\mathrm{d}\xi\int_0^1\left(\int_{S^2}|v|^4\right)^{\frac12}\mathrm{d}\xi\\
\leqslant&\varepsilon\|v\|^2+c\int_0^1\left[\|v_{2\xi}\|_{L^2}\left(\int_{S^2}\left(|\nabla_{e_\theta}v_{2\xi}|^2+|\nabla_{e_\varphi}v_{2\xi}|^2\right)\right)^{\frac12}\right]\\
&\cdot\int_0^1\left[\|v\|_{L^2}\left(\int_{S^2}\left(|\nabla_{e_\theta}v|^2+|\nabla_{e_\varphi}v|^2+|v|^2\right)\right)^{\frac12}\right]\\
\leqslant&2\varepsilon\|v\|^2+c\left[\left(|v_{2\xi}|_2^2+1\right)\int_\Omega\left(|\nabla_{e_\theta}v_{2\xi}|^2+|\nabla_{e_\varphi}v_{2\xi}|^2\right)+|v_{2\xi}|_2^2\right]|v|_2^2.\end{aligned}$$

由引理3.2.8、Hölder不等式、Young不等式、Minkowski 不等式和(3.2.24), 我们有

$$\left|\int_\Omega\left[\int_\xi^1\frac{abP}{p}\mathrm{grad}\,(qT_2)\right]\cdot\boldsymbol{v}\right|$$
$$\leqslant c\int_0^1\left(\int_{S^2}|q|^4\right)^{\frac12}\int_0^1\left(\int_{S^2}|T_2|^4\right)^{\frac12}+\varepsilon\int_\Omega\left(|\nabla_{e_\theta}\boldsymbol{v}|^2+|\nabla_{e_\varphi}\boldsymbol{v}|^2\right)$$
$$\leqslant c\left(|T_2|_4^2+|T_2|_4^4\right)|q|_2^2+\varepsilon|\nabla q|_2^2+\varepsilon\int_\Omega\left(|\nabla_{e_\theta}\boldsymbol{v}|^2+|\nabla_{e_\varphi}\boldsymbol{v}|^2\right).$$

从前面的关系式，可得

$$\frac12\frac{\mathrm{d}|\boldsymbol{v}|_2^2}{\mathrm{d}t}+\int_\Omega\left(|\nabla_{e_\theta}\boldsymbol{v}|^2+|\nabla_{e_\varphi}\boldsymbol{v}|^2+|\boldsymbol{v}|^2\right)+\int_\Omega|\boldsymbol{v}_\xi|^2$$
$$\leqslant 5\varepsilon\|\boldsymbol{v}\|^2+\varepsilon|\nabla q|_2^2+c\left(|T_2|_4^2+|T_2|_4^4\right)|q|_2^2-\int_\Omega\left(\int_\xi^1\frac{bP}{p}\mathrm{grad}T\right)\cdot\boldsymbol{v}$$
$$-\int_\Omega\left(\int_\xi^1\frac{abP}{p}\mathrm{grad}\,(q_1T)\right)\cdot\boldsymbol{v}$$
$$+c\left[|\boldsymbol{v}_2|_4^8+|\boldsymbol{v}_{2\xi}|_2^2+\left(|\boldsymbol{v}_{2\xi}|_2^2+1\right)\int_\Omega\left(|\nabla_{e_\theta}\boldsymbol{v}_{2\xi}|^2+|\nabla_{e_\varphi}\boldsymbol{v}_{2\xi}|^2\right)\right]|\boldsymbol{v}|_2^2.$$

类似于上式，

$$\frac12\frac{\mathrm{d}|T|_2^2}{\mathrm{d}t}+\int_\Omega|\nabla T|^2+\int_\Omega|T_\xi|^2+\alpha_s|T|_{\xi=1}|_2^2$$
$$\leqslant\int_\Omega\frac{bP}{p}T\left[W(\boldsymbol{v})(1+aq_1)+aqW(\boldsymbol{v}_2)\right]+3\varepsilon\|\boldsymbol{v}\|^2+3\varepsilon\|T\|^2$$
$$+c|T_2|_4^8\left(|T|_2^2+|\boldsymbol{v}|_2^2\right)+c\left[\left(|T_{2\xi}|_2^2+1\right)|\nabla T_{2\xi}|_2^2+|T_{2\xi}|_2^2\right]|T|_2^2,$$
$$\frac12\frac{\mathrm{d}|q|_2^2}{\mathrm{d}t}+\int_\Omega|\nabla q|^2+\int_\Omega|q_\xi|^2+\beta_s|q|_{\xi=1}|_2^2$$
$$\leqslant 3\varepsilon\|\boldsymbol{v}\|^2+3\varepsilon\|q\|^2+c\left[\left(|q_{2\xi}|_2^2+1\right)|\nabla q_{2\xi}|_2^2+|q_{2\xi}|_2^2\right]|q|_2^2+c|q_2|_4^8\left(|q|_2^2+|\boldsymbol{v}|_2^2\right).$$

用分部积分，我们有

$$-\int_\Omega\left(\int_\xi^1\frac{bP}{p}\mathrm{grad}T\mathrm{d}\xi'\right)\cdot\boldsymbol{v}+\int_\Omega\frac{bP}{p}W(\boldsymbol{v})\,T=0,$$
$$-\int_\Omega\left(\int_\xi^1\frac{abP}{p}\mathrm{grad}\,(q_1T)\,\mathrm{d}\xi'\right)\cdot\boldsymbol{v}+\int_\Omega\frac{abP}{p}q_1W(\boldsymbol{v})\,T=0.$$

应用Hölder不等式、Young不等式、Minkowski不等式和(3.2.24)，得

$$\left|\int_\Omega\frac{abP}{p}qW(\boldsymbol{v}_2)\,T\right|=\left|\int_\Omega\int_\xi^1\frac{abP}{p}\mathrm{grad}\,(qT)\,\mathrm{d}\xi'\cdot\boldsymbol{v}_2\right|$$
$$\leqslant c|\boldsymbol{v}_2|_4|q|_4|\nabla T|_2+c|\boldsymbol{v}_2|_4|T|_4|\nabla q|_2\leqslant c|\boldsymbol{v}_2|_4^8\left(|q|_2^2+|T|_2^2\right)+2\varepsilon\|q\|^2+2\varepsilon\|T\|^2.$$

选取充分小的ε，我们可从前面的式子得到

$$
\begin{aligned}
&\frac{\mathrm{d}\left(|\boldsymbol{v}|_2^2+|T|_2^2+|q|_2^2\right)}{\mathrm{d}t}+\int_\Omega\left(|\nabla_{e_\theta}\boldsymbol{v}|^2+|\nabla_{e_\varphi}\boldsymbol{v}|^2+|\boldsymbol{v}|^2\right)+\int_\Omega|\boldsymbol{v}_\xi|^2+\int_\Omega|\nabla T|^2\\
&+\int_\Omega|T_\xi|^2+\alpha_s|T|_{\xi=1}|_2^2+\int_\Omega|\nabla q|^2+\int_\Omega|q_\xi|^2+\beta_s|q|_{\xi=1}|_2^2\\
\leqslant &c\left[|\boldsymbol{v}_2|_4^8+|T_2|_4^8+|q_2|_4^8+|\boldsymbol{v}_{2\xi}|_2^2+\left(|\boldsymbol{v}_{2\xi}|_2^2+1\right)\int_\Omega\left(|\nabla_{e_\theta}\boldsymbol{v}_{2\xi}|^2+|\nabla_{e_\varphi}\boldsymbol{v}_{2\xi}|^2\right)\right]|\boldsymbol{v}|_2^2\\
&+c\left(|\boldsymbol{v}_2|_4^8+|T_2|_4^8+|T_{2\xi}|_2^2+\left(|T_{2\xi}|_2^2+1\right)|\nabla T_{2\xi}|_2^2\right)|T|_2^2\\
&+c\left(|\boldsymbol{v}_2|_4^8+|T_2|_4^2+|T_2|_4^4+|q_2|_4^8+|q_{2\xi}|_2^2+\left(|q_{2\xi}|_2^2+1\right)|\nabla q_{2\xi}|_2^2\right)|q|_2^2.
\end{aligned}\tag{3.2.73}
$$

应用Gronwall 不等式、定理3.2.2和(3.2.73), 我们证明了定理3.2.3.

3.2.5 关于无穷维动力系统的一些预备知识

本小节将引入无穷维动力系统的非常重要的一个概念—— 基于解半群的整体吸引子并叙述两个证明整体吸引子存在性的定理.

考虑微分方程

$$\frac{\mathrm{d}u(t)}{\mathrm{d}t}=F(u(t))\tag{3.2.74}$$

带初始条件

$$u(0)=u_0\tag{3.2.75}$$

的解，并研究当$t\to\infty$时$u(t)$的渐近行为，其中未知函数$u=u(t)$属于线性空间H(通常为相空间)，$F(u)$把H映射到自身. 有两种情况需要考虑:

(1) 当$u=u(t)\in H=R^N$时, 人们把(3.2.74)和(3.2.75)称为有限维系统.

(2) 当$u=u(t)\in H$、H为无限维Banach空间时, 人们把(3.2.74)和(3.2.75)称为**无穷维动力系统**.

定义 3.2.17　设E为Banach空间, $S(t)$为半群算子, 即有$S(t):E\to E, S(t+\tau)=S(t)\cdot S(\tau),\forall t,\tau\geqslant 0, S(0)=I$(恒等算子), 如果紧集$\mathcal{A}\subset E$满足:

(i) 不变性: 即在半群$S(t)$作用下为不变集

$$S(t)\mathcal{A}=\mathcal{A},\forall t\geqslant 0;$$

(ii) 吸引性: $\mathcal{A}$吸引E中一切有界集, 即对任何有界集$B\subset E$有

$$\operatorname{dist}(S(t)B,\mathcal{A})=\sup_{x\in B}\inf_{y\in\mathcal{A}}\|S(t)x-y\|_E\to 0, t\to\infty,$$

特别地, 当$t\to\infty$时, 从u_0出发的一切轨线$S(t)u_0$收敛于$\mathcal{A}$, 即有

$$\mathrm{dist}(S(t)u_0, \mathcal{A}) \to 0, t \to \infty,$$

那么, 紧集$\mathcal{A}$称为半群$S(t)$的**整体吸引子**.

整体吸引子的结构是很复杂的, 除了包括非线性演化方程初值问题

$$\frac{\mathrm{d}u(t)}{\mathrm{d}t} = F(u(t)), \quad u(0) = u_0$$

的简单平衡点u_0, $F(u_0) = 0$(可能是多重解)外, 还包括时间周期的轨道、拟周期解的轨道, 以及分形、奇异吸引子等，它可能不是光滑形, 但具有非整数维数.

为了给出整体吸引子的存在性定理, 我们需要引入吸收集的概念.

定义 3.2.18 对于有界集$B_0 \subset E$, 如果存在$t_0(B_0) > 0$, 使得对任何有界集$B \subset E$, 有

$$S(t)B \subset B_0, \text{对 } \forall t \geqslant t_0,$$

则称B_0为E中的**有界吸收集**.

定理 3.2.19 (参见文献[8]或[188, Theorem I.1.1]) 设E为Banach空间, $\{S(t), t \geqslant 0\}$为半群算子，$S(t) : E \to E$, $S(t+\tau) = S(t) \cdot S(\tau), t, \tau \geqslant 0, S(0) = I$, 其中$I$为恒等算子. 设半群算子$S(t)$满足以下条件:

(i) 半群算子$S(t)$在E中一致有界, 即对一切$R > 0$, 存在常数$C(R)$, 使得当$\|u\|_E \leqslant R$时, 有

$$\|S(t)u\|_E \leqslant C(R), \ \forall t \in [0, \infty);$$

(ii) 存在E中有界的吸收集B_0;

(iii) 当$t > 0$时, $S(t)$为全连续算子, 则半群$S(t)$具有紧的整体吸引子$\mathcal{A}$.

注记 3.2.20 如将条件(ii)中的有界吸收集B_0改换为存在紧的吸收集合B_0, 则条件(iii)中的$S(t)$的全连续性可改为$S(t)$为连续算子, 这时定理3.2.19 仍成立.

注记 3.2.21 可以证明上述的整体吸引子$\mathcal{A}$为吸收集B_0的ω极限集, 即有

$$\mathcal{A} = \omega(B_0) = \cup_{s \geqslant 0} \overline{\cup_{t \geqslant s} S(t) B_0},$$

其中闭包在E上取.

另一个常用的证明吸引子存在性的定理为:

定理 3.2.22 设E为Banach空间, 半群算子$S(t)$是连续的; 设存在一个开集$\boldsymbol{\mathcal{U}} \subset E$和$\boldsymbol{\mathcal{U}}$中的一个有界集$B$, 使得$B$在$\boldsymbol{\mathcal{U}}$中是吸收的; 又设$S(t)$ 满足下面两个条件之一:

(i) 算子$S(t)$对充分大的t是一致紧的, 即对每个有界集B, 存在$t = t_0(B)$, 使得

$$\cup_{t \geqslant t_0} S(t) B \tag{3.2.76}$$

在E中是相对紧的;

(ii) $S(t)=S_1(t)+S_2(t)$, 其中算子$S_1(\cdot)$对充分大的t是一致紧的(即满足条件(3.2.76)), 算子$S_2(t)$为连续映射, $S_2(t):E\to E$, 且对每个有界集$B\subset E$,

$$r_B(t)=\sup_{\varphi\in\bar{B}}\|S_2(t)\varphi\|_E\to 0, \tag{3.2.77}$$

则B的ω极限$\mathcal{A}=\omega(B)$是紧的吸引子, 它是吸收$\boldsymbol{\mathcal{U}}$中的有界集. 它是在$\boldsymbol{\mathcal{U}}$中的最大有界吸引子, 且当$\boldsymbol{\mathcal{U}}$既凸又连通时, $\mathcal{A}$是连通的.

因此, 要证明整体吸引子的存在性，是要验证定理3.2.19或定理3.2.22 的假设是否成立. 在具体的应用中，主要证明下面的3个条件:

(1) 半群算子$S(t)$的存在性.

(2) 存在一个有界或紧的吸收集.

(3) $S(t)(t>0)$为全连续算子或满足条件(3.2.76)或(3.2.77).

3.2.6 整体吸引子的存在性

命题3.2.4的证明: 由(3.2.35)、(3.2.57)、(3.2.59)、(3.2.61)、(3.2.63)、(3.2.68)和(3.2.69), 我们可知: $\boldsymbol{U}\in L^\infty(0,\infty;V)$. 由定理3.2.2 和定理3.2.3，我们可以定义与系统(3.2.11)~(3.2.16)相对应的解半群$\{S(t)\}_{t\geqslant 0}$, 其中$S(t):V\to V, S(t)\boldsymbol{U}_0=\boldsymbol{U}(t)$. 由(3.2.33)、(3.2.35)、(3.2.37)、(3.2.40)、(3.2.43)、(3.2.48)、(3.2.50)、(3.2.51)、(3.2.54)、(3.2.57)、(3.2.58)、(3.2.61)、(3.2.62)和(3.2.68)，我们可以证明：半群$\{S(t)\}_{t\geqslant 0}$ 在V中存在有界吸收集B_δ，即对任意$\boldsymbol{U}_0\in V$，存在充分大的t_0，使得$S(t)\boldsymbol{U}_0\in B_\delta$, $\forall\, t\geqslant t_0$，这里$B_\delta=\{\boldsymbol{U};\ \boldsymbol{U}\in V,\ \|\boldsymbol{U}\|\leqslant\delta\}$，$\delta$是依赖于$\|Q_1\|_1$、$\|Q_2\|_1$的正的常数.

为了证明定理3.2.5，我们需要利用下面关于半群$\{S(t)\}_{t\geqslant 0}$的性质.

命题 3.2.23　对任意$t\geqslant 0$，映射$S(t)$从V到V是弱连续的.

命题3.2.23的证明: 设$\{\boldsymbol{U}_n\}$是V中的序列，且$\boldsymbol{U}_n$在V中弱收敛于$\boldsymbol{U}$，那么$\{\boldsymbol{U}_n\}$ 在V中是有界的. 由3.2.4的先验估计，我们可知：对任意的$t\geqslant 0$，$\{S(t)\boldsymbol{U}_n\}$在V中是有界的. 所以，我们可以提取子序列$\{S(t)\boldsymbol{U}_{n_k}\}$，使得　$S(t)\boldsymbol{U}_{n_k}$在V中弱收敛于u. 由于嵌入$V\hookrightarrow L^2(T\Omega|TS^2)\times L^2(\Omega)\times L^2(\Omega)$ 是紧的，$\boldsymbol{U}_{n_k}$在$L^2(T\Omega|TS^2)\times L^2(\Omega)\times L^2(\Omega)$中强收敛于$\boldsymbol{U}$. 由(3.2.73)，我们可得: $S(t)\boldsymbol{U}_{n_k}$在$L^2(T\Omega|TS^2)\times L^2(\Omega)\times L^2(\Omega)$中强收敛于$S(t)\boldsymbol{U}$. 那么，$u=S(t)\boldsymbol{U}$. 因此，序列$\{S(t)\boldsymbol{U}_n\}$满足: $S(t)\boldsymbol{U}_{n_k}$在V中弱收敛于$S(t)\boldsymbol{U}$. 命题3.2.23得到证明.

定理3.2.5的证明: 利用命题3.2.4和命题3.2.23，我们可知: 定理3.2.5的证明与文献[188]中定理I.1.1的证明类似. 我们只要把文献[188]中定理I.1.1的证明中的“在H中强收敛”换为“在V中弱收敛”即可. 所以，我们这里省略了定理3.2.5的证明细节.

3.3 大气原始方程组的整体适定性

在这一节，我们将在前面两节的基础上考虑大气原始方程组的适定性. 本节的主要结果是定理3.3.2 和定理3.3.3. 首先，证明在初始数据的正则性比上一节弱的情况下大气原始方程组的整体适定性. 接着，我们解决大气原始方程组的光滑解的整体存在性问题. 同时，我们得到与大气原始方程组的边值问题对应的无穷维动力系统在V中紧的整体吸引子(该结果改进了上一节的结论，大大缩小了大气吸引子的范围). 虽然这里我们省略了水蒸气方程，但是本节的结果对于湿大气原始方程组仍然成立.

本节的安排如下: 在3.3.1小节给出本节的主要结果; 在3.3.2小节，我们将证明大气原始方程组的整体适定性; 最后，我们证明大气原始方程组的光滑解的整体存在性.

3.3.1 本节的主要结果

首先，我们给出干大气原始方程组的初边值问题IBVP:

$$\frac{\partial \boldsymbol{v}}{\partial t}+\nabla_{\boldsymbol{v}}\boldsymbol{v}+W(\boldsymbol{v})\frac{\partial \boldsymbol{v}}{\partial \xi}+f\boldsymbol{k}\times\boldsymbol{v}+\mathrm{grad}\Phi_s+\int_\xi^1\frac{bP}{p}\mathrm{grad}T\,\mathrm{d}\xi'-\Delta\boldsymbol{v}-\frac{\partial^2\boldsymbol{v}}{\partial\xi^2}=0, \quad (3.3.1)$$

$$\frac{\partial T}{\partial t}+\nabla_{\boldsymbol{v}}T+W(\boldsymbol{v})\frac{\partial T}{\partial \xi}-\frac{bP}{p}W(\boldsymbol{v})-\Delta T-\frac{\partial^2 T}{\partial\xi^2}=Q, \quad (3.3.2)$$

$$\int_0^1\mathrm{div}\boldsymbol{v}\,\mathrm{d}\xi=0, \quad (3.3.3)$$

$$\xi=1:\ \frac{\partial \boldsymbol{v}}{\partial\xi}=0,\ \frac{\partial T}{\partial\xi}=-\alpha_s T, \quad (3.3.4)$$

$$\xi=0:\ \frac{\partial \boldsymbol{v}}{\partial\xi}=0,\ \frac{\partial T}{\partial\xi}=0, \quad (3.3.5)$$

$$U|_{t=0}=(\boldsymbol{v}|_{t=0},T|_{t=0})=U_0=(\boldsymbol{v}_0,T_0), \quad (3.3.6)$$

为了简单起见，假设粘性系数为1.

在叙述本节的主要结果之前，我们定义IBVP的弱强解. 为此，必须如上一节一样定义斜压流$\tilde{\boldsymbol{v}}$.

$$令\bar{\boldsymbol{v}}=\int_0^1\boldsymbol{v}\mathrm{d}\xi,\ \tilde{\boldsymbol{v}}=\boldsymbol{v}-\bar{\boldsymbol{v}}.$$

那么$\tilde{\boldsymbol{v}}$满足如下的边值问题:

$$\frac{\partial\tilde{\boldsymbol{v}}}{\partial t}+\boldsymbol{\nabla}_{\tilde{\boldsymbol{v}}}\tilde{\boldsymbol{v}}+(\int_{\xi}^{1}\mathrm{div}\tilde{\boldsymbol{v}}\mathrm{d}\xi')\frac{\partial\tilde{\boldsymbol{v}}}{\partial\xi}+\boldsymbol{\nabla}_{\tilde{\boldsymbol{v}}}\overline{\boldsymbol{v}}+\boldsymbol{\nabla}_{\overline{\boldsymbol{v}}}\tilde{\boldsymbol{v}}-\overline{(\tilde{\boldsymbol{v}}\mathrm{div}\tilde{\boldsymbol{v}}+\boldsymbol{\nabla}_{\tilde{\boldsymbol{v}}}\tilde{\boldsymbol{v}})}+\frac{f}{R_0}\boldsymbol{k}\times\tilde{\boldsymbol{v}}$$
$$+\int_{\xi}^{1}\frac{bP}{p}\mathrm{grad}T\mathrm{d}\xi'-\int_{0}^{1}\int_{\xi}^{1}\frac{bP}{p}\mathrm{grad}T\mathrm{d}\xi'\mathrm{d}\xi-\Delta\tilde{\boldsymbol{v}}-\frac{\partial^2\tilde{\boldsymbol{v}}}{\partial\xi^2}=0\ \text{ in }\Omega, \tag{3.3.7}$$

$$\xi=1:\frac{\partial\tilde{\boldsymbol{v}}}{\partial\xi}=0,\ \xi=0:\frac{\partial\tilde{\boldsymbol{v}}}{\partial\xi}=0. \tag{3.3.8}$$

令

$$V=V_1\times V_2,\quad H=H_1\times H_2,$$

其中V_1, V_2, H_1和H_2的定义与上节一样. 下面，我们给出IBVP的弱强解的定义:

定义 **3.3.1**　设$Q\in H^1(\Omega)$, $\boldsymbol{U}_0=(\boldsymbol{v}_0,T_0)$满足条件: $\boldsymbol{U}_0\in H$, $\tilde{\boldsymbol{v}}_0\in L^4(T\Omega|TS^2)$, $T_0\in L^4(\Omega)$, $\partial_\xi\boldsymbol{v}_0\in L^2(T\Omega|TS^2)$, $\partial_\xi T_0\in L^2(\Omega)$, $\mathcal{T}$是给定正的时间，$\boldsymbol{U}=(\boldsymbol{v},T)$称为初边值问题(3.3.1)~(3.3.6)在$[0,\mathcal{T}]$上的**弱强解**. 如果$(\boldsymbol{v},T)$在弱的意义下满足(3.3.1)~(3.3.3), 并且

$$\begin{aligned}
&\boldsymbol{v}\in L^2(0,\mathcal{T};V_1)\cap L^\infty(0,\mathcal{T};H_1),\\
&\tilde{\boldsymbol{v}}\in L^\infty(0,\mathcal{T};L^4(T\Omega|TS^2)),\\
&\partial_\xi\boldsymbol{v}\in L^\infty(0,\mathcal{T};L^2(T\Omega|TS^2))\cap L^2(0,\mathcal{T};H^1(T\Omega|TS^2)),\\
&T\in L^\infty(0,\mathcal{T};L^4(\Omega))\cap L^2(0,\mathcal{T};V_2),\\
&\partial_\xi T\in L^\infty(0,\mathcal{T};L^2(\Omega))\cap L^2(0,\mathcal{T};H^1(\Omega)).\\
&\frac{\partial\boldsymbol{v}}{\partial t}\in L^2(0,V_1'),\ \frac{\partial T}{\partial t}\in L^2(0,\mathcal{T};V_2'),
\end{aligned}$$

这里V_i'是$V_i(i=1,\ 2)$的对偶空间.

现在我们给出本节的主要结果:

定理 **3.3.2(IBVP的弱强解的整体存在性和唯一性)**　如果$Q\in H^1(\Omega)$, $\boldsymbol{U}_0=(\boldsymbol{v}_0,T_0)$满足条件: $\boldsymbol{U}_0\in H$, $\tilde{\boldsymbol{v}}_0\in L^4(T\Omega|TS^2)$, $T_0\in L^4(\Omega)$, $\partial_\xi\boldsymbol{v}_0\in L^2(T\Omega|TS^2)$, $\partial_\xi T_0\in L^2(\Omega)$, 那么对任意给定的$\mathcal{T}>0$, 初边值问题(3.3.1)~(3.3.6)在$[0,\mathcal{T}]$上存在唯一的弱强解$U$.

定理 **3.3.3(IBVP的光滑解的整体存在性)**　设$Q\in H^1(\Omega)$, $\boldsymbol{U}_0\in V\cap(H^2(T\Omega|TS^2)\times H^2(\Omega))$, 那么, 对任意给定的$\mathcal{T}>0$, IBVP在$[0,\mathcal{T}]$上存在强解$U$, 使得$\boldsymbol{U}\in L^\infty(0,\mathcal{T};V\cap(H^2(T\Omega|TS^2)\times H^2(\Omega)))$. 更进一步, 如果$Q\in C^\infty(\Omega)$, $\boldsymbol{U}_0=(\boldsymbol{v}_0,T_0)\in V\cap(C^\infty(T\Omega|TS^2)\times C^\infty(\Omega))$, 那么, 对任意给定的$\mathcal{T}>0$, IBVP在$[0,\mathcal{T}]$上存在光滑解$U$.

注记 **3.3.4**　定理3.3.3只是给出了静力近似下且边界条件比较理想化的大气原始方程组的光滑解的整体存在性, 但是, 在实际应用中, 上、下边界条件非常复杂, 人们还无法解决一般条件（例如含有真空、上层的气压为零）下的大气方程组的整体适定性问题.

3.3.2 IBVP的整体适定性

3.3.2.1 弱强解的整体存在性

我们用Faedo-Galerkin方法证明IBVP的弱强解的整体存在性．由于证明的步骤与中三维不可压Navier-Stokes方程弱解的整体存在性的证明步骤[189,Theorem 6.1]类似，下面我们只给出近似解的先验估计．

和3.2.2节中类似的估计一样，得到下面的估计：

$$c_1\int_t^{t+r}[\|T\|^2+|T|_{\xi=1}|_2^2]+|T(t)|_2^2\leqslant 2\mathrm{e}^{-c_0t}|T_0|_2^2+3c|Q|_2^2\leqslant E_1, \tag{3.3.9}$$

$$\int_t^{t+r}(\|\boldsymbol{v}\|^2)+|\boldsymbol{v}(t)|_2^2\leqslant 2\mathrm{e}^{-ct}|\boldsymbol{v}_0|_2^2+cE_1\leqslant E_2, \tag{3.3.10}$$

$$c_1\int_t^{t+r}(\|\bar{\boldsymbol{v}}\|_{H^1}^2)+\|\bar{\boldsymbol{v}}(t)\|_{L^2}^2\leqslant E_2. \tag{3.3.11}$$

(3.3.11)意味着

$$\int_t^{t+r}|\bar{\boldsymbol{v}}|_4^4=\int_t^{t+r}\|\bar{\boldsymbol{v}}\|_{L^4}^4\leqslant\int_t^{t+r}\|\bar{\boldsymbol{v}}\|_{L^2}^2\|\bar{\boldsymbol{v}}\|_{H^1}^2\leqslant cE_2^2, \tag{3.3.12}$$

$$|T(t)|_4^4+c_1\int_t^{t+r}|T|_{\xi=1}|_4^4\leqslant 3E_3, \tag{3.3.13}$$

$$|\tilde{\boldsymbol{v}}(t)|_4^4\leqslant E_4, \tag{3.3.14}$$

其中$c_0=\min\{\frac{1}{2},\frac{\alpha_s}{2}\}$, $c_1=\min\{1,\frac{1}{3},\frac{\alpha_s}{2}\}$, $t\geqslant 0$, $1\geqslant r>0$是给定的，E_i是正的常数，记$\int_t^{t+r}\cdot\mathrm{d}s$为$\int_t^{t+r}\cdot$.

$\boldsymbol{v}_\xi$的L^2估计 把方程(3.3.1)关于ξ求导，得

$$\begin{aligned}&\frac{\partial\boldsymbol{v}_\xi}{\partial t}-\Delta\boldsymbol{v}_\xi-\frac{\partial^2\boldsymbol{v}_\xi}{\partial\xi^2}+\nabla_{\boldsymbol{v}}\boldsymbol{v}_\xi+\left(\int_\xi^1\mathrm{div}\boldsymbol{v}\right)\frac{\partial\boldsymbol{v}_\xi}{\partial\xi}+\nabla_{\boldsymbol{v}_\xi}\boldsymbol{v}-(\mathrm{div}\boldsymbol{v})\frac{\partial\boldsymbol{v}}{\partial\xi}+f\boldsymbol{k}\times\boldsymbol{v}_\xi\\&-\frac{bP}{p}\mathrm{grad}T=0.\end{aligned} \tag{3.3.15}$$

把上面的方程与$\boldsymbol{v}_\xi$做L^2的内积，得到

$$\begin{aligned}&\frac{1}{2}\frac{\mathrm{d}|\boldsymbol{v}_\xi|_2^2}{\mathrm{d}t}+\int_\Omega(|\nabla_{\boldsymbol{e}_\theta}\boldsymbol{v}_\xi|^2+|\nabla_{\boldsymbol{e}_\varphi}\boldsymbol{v}_\xi|^2+|\boldsymbol{v}_\xi|^2)+\int_\Omega\left|\frac{\partial\boldsymbol{v}_\xi}{\partial\xi}\right|^2\\&=-\int_\Omega\left[\nabla_{\boldsymbol{v}}\boldsymbol{v}_\xi+\left(\int_\xi^1\mathrm{div}\boldsymbol{v}\right)\frac{\partial\boldsymbol{v}_\xi}{\partial\xi}\right]\cdot\boldsymbol{v}_\xi-\int_\Omega\left[\nabla_{\boldsymbol{v}_\xi}\boldsymbol{v}-(\mathrm{div}\boldsymbol{v})\frac{\partial\boldsymbol{v}}{\partial\xi}\right]\cdot\boldsymbol{v}_\xi\\&\quad-\int_\Omega(f\boldsymbol{k}\times\boldsymbol{v}_\xi)\cdot\boldsymbol{v}_\xi+\int_\Omega\frac{bP}{p}\mathrm{grad}T\cdot\boldsymbol{v}_\xi.\end{aligned}$$

利用分部积分、Hölder不等式和Young不等式，得

$$
\begin{aligned}
&-\int_\Omega \left[\nabla_{v_\xi} v-(\operatorname{div} v)\frac{\partial v}{\partial \xi}\right]\cdot v_\xi \\
\leqslant & c\int_\Omega (|\tilde{v}|+|\bar{v}|)\,|v_\xi|\left(|\nabla_{e_\theta} v_\xi|^2+|\nabla_{e_\varphi} v_\xi|^2\right)^{\frac{1}{2}} \\
\leqslant & c|\tilde{v}|_4|v_\xi|_4\left[\int_\Omega \left(|\nabla_{e_\theta} v_\xi|^2+|\nabla_{e_\varphi} v_\xi|^2\right)\right]^{\frac{1}{2}} \\
&+c\int_{S^2}|\bar{v}|\left[\int_0^1 |v_\xi|\left(|\nabla_{e_\theta} v_\xi|^2+|\nabla_{e_\varphi} v_\xi|^2\right)^{\frac{1}{2}}\right] \\
\leqslant & c|\tilde{v}|_4|v_\xi|_2^{\frac{1}{4}}\|v_\xi\|^{\frac{7}{4}}+c|\bar{v}|_4\left[\int_0^1\left(\int_{S^2}|v_\xi|^4\right)^{\frac{1}{2}}\right]^{\frac{1}{2}}\|v_\xi\| \\
\leqslant & \varepsilon\|v_\xi\|^2+c\left(|\tilde{v}|_4^8+\|\bar{v}\|_{L^4}^4\right)|v_\xi|_2^2.
\end{aligned}
$$

选取充分小的ε，我们从前面的两个式子得到

$$
\begin{aligned}
&\frac{\mathrm{d}|v_\xi|_2^2}{\mathrm{d}t}+\int_\Omega\left(|\nabla_{e_\theta} v_\xi|^2+|\nabla_{e_\varphi} v_\xi|^2+|v_\xi|^2\right)+\int_\Omega\left|\frac{\partial v_\xi}{\partial \xi}\right|^2 \\
\leqslant & c\left(|\tilde{v}|_4^8+\|\bar{v}\|_{L^4}^4\right)|v_\xi|_2^2+c|T|_2^2.
\end{aligned}
\tag{3.3.16}
$$

应用一致Gronwall不等式、(3.3.9)、(3.3.10)、(3.3.12)和(3.3.14)，从上式推得

$$
|v_\xi(t+r)|_2^2\leqslant E_5, \tag{3.3.17}
$$

其中E_5是正的常数，$t\geqslant 0$. 由(3.3.16)和(3.3.17)，得

$$
c_1\int_{t+r}^{t+2r}\|v_\xi\|^2\leqslant E_5^2+E_5=E_6. \tag{3.3.18}
$$

利用Gronwall不等式和(3.3.16)，得

$$
|v_\xi(t)|_2^2\leqslant c,\ \text{对于}\ 0\leqslant t<r. \tag{3.3.19}
$$

T_ξ的L^2估计　把方程(3.3.2)关于ξ求导，得

$$
\begin{aligned}
&\frac{\partial T_\xi}{\partial t}-\Delta T_\xi-\frac{\partial^2 T_\xi}{\partial \xi^2}+\nabla_v T_\xi+W(v)\frac{\partial T_\xi}{\partial \xi}+\nabla_{v_\xi}T-(\operatorname{div} v)\frac{\partial T}{\partial \xi} \\
&+\frac{bP}{p}\operatorname{div} v+\frac{bP(P-p_0)}{p^2}W(v)=Q_\xi.
\end{aligned}
\tag{3.3.20}
$$

把上面的方程与T_ξ做$L^2(\Omega)$的内积，得

$$
\begin{aligned}
&\frac{1}{2}\frac{\mathrm{d}|T_\xi|_2^2}{\mathrm{d}t}+\int_\Omega|\nabla T_\xi|^2+\int_\Omega|T_{\xi\xi}|^2-\int_{S^2}(T_\xi|_{\xi=1}\cdot T_{\xi\xi}|_{\xi=1}) \\
=&-\int_\Omega\left[\nabla_v T_\xi+W(v)\frac{\partial T_\xi}{\partial \xi}\right]T_\xi-\int_\Omega\left[\nabla_{v_\xi}T-(\operatorname{div} v)\frac{\partial T}{\partial \xi}\right]T_\xi+\int_\Omega Q_\xi T_\xi \\
&+\int_\Omega\left[-\frac{bP}{p}(\operatorname{div} v)-\frac{bP(P-p_0)}{p}W(v)\right]T_\xi.
\end{aligned}
$$

应用分部积分、Hölder不等式、Poincaré不等式和Young 不等式，得

$$\begin{aligned}&\left|\int_\Omega\left[\nabla_{v_\xi}T-\mathrm{div}(v)\frac{\partial T}{\partial\xi}\right]T_\xi\right|\\ \leqslant& c\int_\Omega\left[(|\nabla_{e_\theta}v_\xi|^2+|\nabla_{e_\varphi}v_\xi|^2)^{\frac{1}{2}}|T||T_\xi|+|v_\xi||T||\nabla T_\xi|+(|\tilde{v}|+|\bar{v}|)|\nabla T_\xi||T_\xi|\right]\\ \leqslant&\varepsilon(|T_{\xi\xi}|_2^2+|\nabla T_\xi|_2^2)+c\left[|v_{\xi\xi}|_2^2+\int_\Omega(|\nabla_{e_\theta}v_\xi|^2+|\nabla_{e_\varphi}v_\xi|^2)\right]+c|T|_4^8|v_\xi|_2^2\\ &+c(|T|_4^8+|\tilde{v}|_4^8+\|\bar{v}\|_{L^4}^4)|T_\xi|_2^2.\end{aligned}$$

应用分部积分、Hölder不等式、Minkowski不等式、Poincaré不等式和Young 不等式，得

$$\left|\int_\Omega\left[-\frac{bP}{p}(\mathrm{div}v)-\frac{bP(P-p_0)}{p}W(v)\right]T_\xi\right|\leqslant\varepsilon\left|\nabla T_\xi\right|_2^2+c|T_\xi|_2^2+c\|v\|^2.$$

由于方程(3.3.2)在$\xi=1$的迹为

$$T_{\xi\xi}|_{\xi=1}=\frac{\partial T|_{\xi=1}}{\partial t}+(\nabla_v T)|_{\xi=1}-\Delta T|_{\xi=1}-Q|_{\xi=1},$$

根据边界条件(3.3.4)，得

$$\begin{aligned}&-\int_{S^2}(T_\xi|_{\xi=1}T_{\xi\xi}|_{\xi=1})=\alpha_s\int_{S^2}T|_{\xi=1}\left[\frac{\partial T|_{\xi=1}}{\partial t}+(\nabla_v T)|_{\xi=1}-\Delta T|_{\xi=1}-Q|_{\xi=1}\right]\\ =&\alpha_s(\frac{1}{2}\frac{\mathrm{d}|T(\xi=1)|_2^2}{\mathrm{d}t}+|\nabla T(\xi=1)|_2^2)+\alpha_s\int_{S^2}T|_{\xi=1}\left[(\nabla_v T)|_{\xi=1}-Q|_{\xi=1}\right].\end{aligned}$$

利用分部积分，得

$$\begin{aligned}&-\alpha_s\int_{S^2}T|_{\xi=1}((\nabla_v T)|_{\xi=1}-Q|_{\xi=1})\\ =&\frac{\alpha_s}{2}\int_{S^2}T^2|_{\xi=1}\mathrm{div}v|_{\xi=1}+\alpha_s\int_{S^2}(TQ)|_{\xi=1}\\ =&\frac{\alpha_s}{2}\int_{S^2}T^2|_{\xi=1}\left(\int_\xi^1\mathrm{div}v_\xi\mathrm{d}\xi'+\mathrm{div}v\right)+\alpha_s\int_{S^2}T|_{\xi=1}Q|_{\xi=1}\\ \leqslant&c|T(\xi=1)|_4^4+c\|v_\xi\|^2+c\|v\|^2+c|T(\xi=1)|_2^2+c|Q(\xi=1)|_2^2.\end{aligned}$$

选取充分小的ε，我们从前面的关系式得到

$$\begin{aligned}&\frac{\mathrm{d}(|T_\xi|_2^2+\alpha_s|T(\xi=1)|_2^2)}{\mathrm{d}t}+\int_\Omega|\nabla T_\xi|^2+\int_\Omega|T_{\xi\xi}|^2+\alpha_s|\nabla T(\xi=1)|_2^2\\ \leqslant&c(1+|T|_4^8+|\tilde{v}|_4^8+\|\bar{v}\|_{L^4}^4)|T_\xi|_2^2+c\|v_\xi\|^2+c\|v\|^2+c|T|_4^8|v_\xi|_2^2\\ &+c|T(\xi=1)|_4^4+c|T(\xi=1)|_2^2+c|Q(\xi=1)|_2^2+c|Q_\xi|_2^2.\end{aligned}\tag{3.3.21}$$

利用一致Gronwall不等式、(3.3.9)、(3.3.10)、(3.3.12)~(3.3.14)和(3.3.18)，我们从(3.3.21)得到

$$|T_\xi(t+2r)|_2^2 \leqslant E_7, \tag{3.3.22}$$

这里E_7是正的常数．根据(3.3.21)和(3.3.22)，得

$$c_1 \int_{t+2r}^{t+3r} \|T_\xi\|^2 \leqslant E_7^2 + 2E_7 + E_1 = E_8. \tag{3.3.23}$$

由Gronwall不等式和(3.3.21)，得

$$|T_\xi(t)|_2^2 \leqslant c, \tag{3.3.24}$$

其中$0 \leqslant t < 2r$.

根据前面的先验估计，我们可以得到如下的结果：

命题 3.3.5(弱强解的长时间行为)　如果$\boldsymbol{U}$是初边值问题(3.3.1)~(3.3.6) 的弱强解，那么$\boldsymbol{U}$满足: $\boldsymbol{U} \in L^\infty(0,\infty;H)$, $\partial_\xi \boldsymbol{v} \in L^\infty(0,\infty;L^2(T\Omega|TS^2))$, $\tilde{\boldsymbol{v}} \in L^\infty(0,\infty;L^4(T\Omega|TS^2))$, $T \in L^\infty(0,\infty;L^4(\Omega))$, $\partial_\xi T \in L^\infty(0,\infty;L^2(\Omega))$.

3.3.2.2 弱强解的唯一性

设$(\boldsymbol{v}_1,T_1)$和$(\boldsymbol{v}_2,T_2)$ 是系统(3.3.1)~(3.3.6)在区间$[0,\mathcal{T}]$上分别与地势Φ_{s_1}、Φ_{s_2}和初始数据$((\boldsymbol{v}_0)_1,(T_0)_1)$, $((\boldsymbol{v}_0)_2,(T_0)_2)$对应的两个解．定义$\boldsymbol{v} = \boldsymbol{v}_1 - \boldsymbol{v}_2$, $T = T_1 - T_2$, $\Phi_s = \Phi_{s_1} - \Phi_{s_2}$，那么$\boldsymbol{v}$, T, Φ_s 满足下面的系统：

$$\frac{\partial \boldsymbol{v}}{\partial t} - \Delta \boldsymbol{v} - \frac{\partial^2 \boldsymbol{v}}{\partial \xi^2} + \boldsymbol{\nabla}_{\boldsymbol{v}_1}\boldsymbol{v} + \boldsymbol{\nabla}_{\boldsymbol{v}}\boldsymbol{v}_2 + W(\boldsymbol{v}_1)\frac{\partial \boldsymbol{v}}{\partial \xi} + W(\boldsymbol{v})\frac{\partial \boldsymbol{v}_2}{\partial \xi} + f\boldsymbol{k}\times\boldsymbol{v} + \mathrm{grad}\Phi_s$$
$$+ \int_\xi^1 \frac{bP}{p}\mathrm{grad}T\mathrm{d}\xi' = 0, \tag{3.3.25}$$

$$\frac{\partial T}{\partial t} - \Delta T - \frac{\partial^2 T}{\partial \xi^2} + \boldsymbol{\nabla}_{\boldsymbol{v}_1}T + \boldsymbol{\nabla}_{\boldsymbol{v}}T_2 + W(\boldsymbol{v}_1)\frac{\partial T}{\partial \xi} + W(\boldsymbol{v})\frac{\partial T_2}{\partial \xi} - \frac{bP}{p}W(\boldsymbol{v}) = 0, \tag{3.3.26}$$

$$\boldsymbol{v}|_{t=0} = (\boldsymbol{v}_0)_1 - (\boldsymbol{v}_0)_2, \tag{3.3.27}$$

$$T|_{t=0} = (T_0)_1 - (T_0)_2, \tag{3.3.28}$$

$$\xi = 1: \ \frac{\partial \boldsymbol{v}}{\partial \xi} = 0,\ \frac{\partial T}{\partial \xi} = -\alpha_s T; \quad \mathrm{d}\xi = 0: \ \frac{\partial \boldsymbol{v}}{\partial \xi} = 0,\ \frac{\partial T}{\partial \xi} = 0. \tag{3.3.29}$$

把方程(3.3.25)与$\boldsymbol{v}$做L^2的内积，得

$$\frac{1}{2}\frac{\mathrm{d}|\boldsymbol{v}|_2^2}{\mathrm{d}t} + \int_\Omega (|\boldsymbol{\nabla}_{e_\theta}\boldsymbol{v}|^2 + |\boldsymbol{\nabla}_{e_\varphi}\boldsymbol{v}|^2 + |\boldsymbol{v}|^2) + \int_\Omega |\boldsymbol{v}_\xi|^2$$
$$= -\int_\Omega \left[\boldsymbol{\nabla}_{\boldsymbol{v}_1}\boldsymbol{v} + W(\boldsymbol{v}_1)\frac{\partial \boldsymbol{v}}{\partial \xi}\right]\cdot\boldsymbol{v} - \int_\Omega \boldsymbol{v}\cdot\left(\boldsymbol{\nabla}_{\boldsymbol{v}}\boldsymbol{v}_2 + W(\boldsymbol{v})\frac{\partial \boldsymbol{v}_2}{\partial \xi}\right)$$
$$-\int_\Omega \left(\frac{f}{R_0}\boldsymbol{k}\times\boldsymbol{v} + \mathrm{grad}\Phi_s\right)\cdot\boldsymbol{v} - \int_\Omega \left(\int_\xi^1 \frac{bP}{p}\mathrm{grad}T\right)\cdot\boldsymbol{v}.$$

利用分部积分、Hölder不等式和Young不等式，得

$$
\begin{aligned}
|\int_{\Omega} \boldsymbol{v}\cdot\boldsymbol{\nabla}_{\boldsymbol{v}}\boldsymbol{v}_2| &\leqslant c\int_{\Omega}(|\tilde{\boldsymbol{v}}_2|+|\bar{\boldsymbol{v}}_2|)|\boldsymbol{v}|(|\boldsymbol{\nabla}_{\boldsymbol{e}_\theta}\boldsymbol{v}|^2+|\boldsymbol{\nabla}_{\boldsymbol{e}_\varphi}\boldsymbol{v}|^2)^{\frac{1}{2}}\\
&\leqslant\varepsilon\int_{\Omega}(|\boldsymbol{\nabla}_{\boldsymbol{e}_\theta}\boldsymbol{v}|^2+|\boldsymbol{\nabla}_{\boldsymbol{e}_\varphi}\boldsymbol{v}|^2)+c|\tilde{\boldsymbol{v}}_2|_4^2|\boldsymbol{v}|_4^2+c\|\bar{\boldsymbol{v}}_2\|_{L^4}^2|\boldsymbol{v}|_2\|\boldsymbol{v}\|_2\\
&\leqslant\varepsilon\|\boldsymbol{v}\|_2^2+c(|\tilde{\boldsymbol{v}}_2|_4^8+\|\bar{\boldsymbol{v}}_2\|_{L^4}^4)|\boldsymbol{v}|_2^2.
\end{aligned}
$$

应用Hölder不等式、Young不等式和Minkowski不等式，可得

$$
\begin{aligned}
&\left|\int_{\Omega} W(\boldsymbol{v})\frac{\partial \boldsymbol{v}_2}{\partial\xi}\cdot\boldsymbol{v}\right|\leqslant\int_{S^2}\left[\int_0^1(|\boldsymbol{\nabla}_{\boldsymbol{e}_\theta}\boldsymbol{v}|^2+|\boldsymbol{\nabla}_{\boldsymbol{e}_\varphi}\boldsymbol{v}|^2)^{\frac{1}{2}}\mathrm{d}\xi\int_0^1|\boldsymbol{v}_{2\xi}||\boldsymbol{v}|\mathrm{d}\xi\right]\\
\leqslant&2\varepsilon\|\boldsymbol{v}\|^2+c\left[(|\boldsymbol{v}_{2\xi}|_2^2+1)\int_{\Omega}(|\boldsymbol{\nabla}_{\boldsymbol{e}_\theta}\boldsymbol{v}_{2\xi}|^2+|\boldsymbol{\nabla}_{\boldsymbol{e}_\varphi}\boldsymbol{v}_{2\xi}|^2)+|\boldsymbol{v}_{2\xi}|_2^2\right]|\boldsymbol{v}|_2^2.
\end{aligned}
$$

根据前面的关系式，得

$$
\begin{aligned}
&\frac{1}{2}\frac{\mathrm{d}|\boldsymbol{v}|_2^2}{\mathrm{d}t}+\int_{\Omega}(|\boldsymbol{\nabla}_{\boldsymbol{e}_\theta}\boldsymbol{v}|^2+|\boldsymbol{\nabla}_{\boldsymbol{e}_\varphi}\boldsymbol{v}|^2+|\boldsymbol{v}|^2)+\int_{\Omega}|\boldsymbol{v}_\xi|^2\\
\leqslant&-\int_{\Omega}\left(\int_\xi^1\frac{bP}{p}\mathrm{grad}T\mathrm{d}\xi'\right)\cdot\boldsymbol{v}+4\varepsilon\|\boldsymbol{v}\|^2\\
&+c\left[|\tilde{\boldsymbol{v}}_2|_4^8+\|\bar{\boldsymbol{v}}_2\|_{L^4}^4+|\boldsymbol{v}_{2\xi}|_2^2+(|\boldsymbol{v}_{2\xi}|_2^2+1)\|\boldsymbol{v}_{2\xi}\|^2\right]|\boldsymbol{v}|_2^2.
\end{aligned}\tag{3.3.30}
$$

把方程(3.3.26)与T做$L^2(\Omega)$的内积，得

$$
\begin{aligned}
&\frac{1}{2}\frac{\mathrm{d}|T|_2^2}{\mathrm{d}t}+\int_{\Omega}|\boldsymbol{\nabla}T|^2+\int_{\Omega}|T_\xi|^2+\alpha_s|T(\xi=1)|_2^2\\
=&-\int_{\Omega}\left[\boldsymbol{\nabla}_{\boldsymbol{v}_1}T+W(\boldsymbol{v}_1)\frac{\partial T}{\partial\xi}\right]T-\int_{\Omega}T\boldsymbol{\nabla}_{\boldsymbol{v}}T_2-\int_{\Omega}W(\boldsymbol{v})\frac{\partial T_2}{\partial\xi}T+\int_{\Omega}\frac{bP}{p}W(\boldsymbol{v})T.
\end{aligned}
$$

类似于(3.3.30)，

$$
\begin{aligned}
&\frac{1}{2}\frac{\mathrm{d}|T|_2^2}{\mathrm{d}t}+\int_{\Omega}|\boldsymbol{\nabla}T|^2+\int_{\Omega}|T_\xi|^2+\alpha_s|T(\xi=1)|_2^2\leqslant3\varepsilon\|\boldsymbol{v}\|^2+3\varepsilon\|T\|^2\\
&+c|T_2|_4^8(|T|_2^2+|\boldsymbol{v}|_2^2)+c\left[(|T_{2\xi}|_2^2+1)|\boldsymbol{\nabla}T_{2\xi}|_2^2+|T_{2\xi}|_2^2\right]|T|_2^2+\int_{\Omega}\frac{bP}{p}W(\boldsymbol{v})T.
\end{aligned}
$$

利用分部积分，得

$$
-\int_{\Omega}\left(\int_\xi^1\frac{bP}{p}\mathrm{grad}T\mathrm{d}\xi'\right)\cdot\boldsymbol{v}+\int_{\Omega}\frac{bP}{p}W(\boldsymbol{v})T=0.
$$

选取充分小的ε，我们从前面的四个关系式得到

$$
\begin{aligned}
&\frac{\mathrm{d}(|\boldsymbol{v}|_2^2+|T|_2^2)}{\mathrm{d}t}+\|\boldsymbol{v}\|^2+\int_{\Omega}|\boldsymbol{\nabla}T|^2+\int_{\Omega}|T_\xi|^2+\alpha_s|T(\xi=1)|_2^2\\
\leqslant&c\left[|\tilde{\boldsymbol{v}}_2|_4^8+\|\bar{\boldsymbol{v}}_2\|_{L^4}^4+|T_2|_4^8+|\boldsymbol{v}_{2\xi}|_2^2+(|\boldsymbol{v}_{2\xi}|_2^2+1)\|\boldsymbol{v}_{2\xi}\|^2\right]|\boldsymbol{v}|_2^2
\end{aligned}
$$

$$+c(1+|T_2|_4^8+|T_{2\xi}|_2^2+(|T_{2\xi}|_2^2+1)|\nabla T_{2\xi}|_2^2)|T|_2^2. \tag{3.3.31}$$

根据3.3.2.1的先验估计和(3.3.31)，应用Gronwall不等式，我们证明了初边值问题(3.3.1)~(3.3.6)弱强解的唯一性.

3.3.3 IBVP的光滑解的整体存在性

3.3.3.1 先验估计

下面，我们给出初边值问题(3.3.1)~(3.3.6)强解的整体存在性的结果，它可以由3.3.2节的方法得到.

命题 3.3.6 如果$Q\in H^1(\Omega)$，$\boldsymbol{U}_0=(\boldsymbol{v}_0,T_0)\in V$，那么IBVP存在唯一的整体强解$\boldsymbol{U}$，$\boldsymbol{U}\in L^\infty(0,\infty;V)$. 而且与边值问题(3.3.1)~(3.3.5)对应的解半群$\{S(t)\}_{t\geqslant 0}$在V中存在有界的吸收集B_ρ，即对任意的有界集$B\subset V$，存在充分大的$t_0(B)>0$，使得

$$S(t)B\subset B_\rho,\ 对\ \forall\, t\geqslant t_0,$$

其中$B_\rho=\{\boldsymbol{U};\|\boldsymbol{U}\|\leqslant\rho\}$，$\rho$是依赖于$\|Q\|_1$的常数.

下面，我们对强解做先验估计.

$\boldsymbol{v}_\xi$的L^3估计 把方程(3.3.15)与$|\boldsymbol{v}_\xi|\boldsymbol{v}_\xi$做$L^2$的内积，得

$$\begin{aligned}
&\frac{1}{3}\frac{\mathrm{d}|\boldsymbol{v}_\xi|_3^3}{\mathrm{d}t}+\int_\Omega\Big[\left(|\boldsymbol{\nabla}_{\boldsymbol{e}_\theta}\boldsymbol{v}_\xi|^2+|\boldsymbol{\nabla}_{\boldsymbol{e}_\varphi}\boldsymbol{v}_\xi|^2\right)|\boldsymbol{v}_\xi|+\frac{4}{9}|\boldsymbol{\nabla}_{\boldsymbol{e}_\theta}|\boldsymbol{v}_\xi|^{\frac{3}{2}}|^2+\frac{4}{9}|\boldsymbol{\nabla}_{\boldsymbol{e}_\varphi}|\boldsymbol{v}_\xi|^{\frac{3}{2}}|^2\\
&+|\boldsymbol{v}_\xi|^3\Big]+\int_\Omega\left(|\boldsymbol{v}_{\xi\xi}|^2|\boldsymbol{v}_\xi|+\frac{4}{9}|\partial_\xi|\boldsymbol{v}_\xi|^{\frac{3}{2}}|^2\right)\\
=&-\int_\Omega(f\boldsymbol{k}\times\boldsymbol{v}_\xi)\cdot|\boldsymbol{v}_\xi|\boldsymbol{v}_\xi+\int_\Omega\frac{bP}{p}\mathrm{grad}T\cdot|\boldsymbol{v}_\xi|\boldsymbol{v}_\xi\\
&-\int_\Omega\left[\boldsymbol{\nabla}_{\boldsymbol{v}}\boldsymbol{v}_\xi+\left(\int_\xi^1\mathrm{div}\boldsymbol{v}\mathrm{d}\xi'\right)\frac{\partial\boldsymbol{v}_\xi}{\partial\xi}\right]\cdot|\boldsymbol{v}_\xi|\boldsymbol{v}_\xi-\int_\Omega\left[\boldsymbol{\nabla}_{\boldsymbol{v}_\xi}\boldsymbol{v}-(\mathrm{div}\boldsymbol{v})\frac{\partial\boldsymbol{v}}{\partial\xi}\right]\cdot|\boldsymbol{v}_\xi|\boldsymbol{v}_\xi.
\end{aligned}$$

利用分部积分、Hölder不等式和Young不等式，得

$$\begin{aligned}
&-\int_\Omega\left[\boldsymbol{\nabla}_{\boldsymbol{v}_\xi}\boldsymbol{v}-(\mathrm{div}\boldsymbol{v})\frac{\partial\boldsymbol{v}}{\partial\xi}\right]\cdot|\boldsymbol{v}_\xi|\boldsymbol{v}_\xi\leqslant c\int_\Omega|\boldsymbol{v}||\boldsymbol{v}_\xi|^2(|\boldsymbol{\nabla}_{\boldsymbol{e}_\theta}\boldsymbol{v}_\xi|^2+|\boldsymbol{\nabla}_{\boldsymbol{e}_\varphi}\boldsymbol{v}_\xi|^2)^{\frac{1}{2}}\\
\leqslant&c|\boldsymbol{v}|_4\Big(\int_\Omega|\boldsymbol{v}_\xi|^{\frac{3}{2}\cdot 2}\Big)^{\frac{1}{8}}\||\boldsymbol{v}_\xi|^{\frac{3}{2}}\|^{\frac{3}{4}}\left[\int_\Omega(|\boldsymbol{\nabla}_{e_\theta}\boldsymbol{v}_\xi|^2+|\boldsymbol{\nabla}_{e_\varphi}\boldsymbol{v}_\xi|^2)|\boldsymbol{v}_\xi|\right]^{\frac{1}{2}}\\
\leqslant&\varepsilon\||\boldsymbol{v}_\xi|^{\frac{3}{2}}\|^2+\varepsilon\int_\Omega(|\boldsymbol{\nabla}_{\boldsymbol{e}_\theta}\boldsymbol{v}_\xi|^2+|\boldsymbol{\nabla}_{\boldsymbol{e}_\varphi}\boldsymbol{v}_\xi|^2)|\boldsymbol{v}_\xi|+c|\boldsymbol{v}|_4^8|\boldsymbol{v}_\xi|_3^3,\\
&\int_\Omega\frac{bP}{p}\mathrm{grad}T\cdot|\boldsymbol{v}_\xi|\boldsymbol{v}_\xi\leqslant c|T|_4^2|\boldsymbol{v}_\xi|_2+\varepsilon\int_\Omega(|\boldsymbol{\nabla}_{\boldsymbol{e}_\theta}\boldsymbol{v}_\xi|^2+|\boldsymbol{\nabla}_{\boldsymbol{e}_\varphi}\boldsymbol{v}_\xi|^2)|\boldsymbol{v}_\xi|.
\end{aligned}$$

选取充分小的ε，可从前面的关系式得：

$$\frac{\mathrm{d}|\boldsymbol{v}_\xi|_3^3}{\mathrm{d}t}+\int_\Omega\left[(|\nabla_{e_\theta}\boldsymbol{v}_\xi|^2+|\nabla_{e_\varphi}\boldsymbol{v}_\xi|^2)|\boldsymbol{v}_\xi|+\frac{4}{9}|\nabla_{e_\theta}|\boldsymbol{v}_\xi|^{\frac{3}{2}}|^2+\frac{4}{9}|\nabla_{e_\varphi}|\boldsymbol{v}_\xi|^{\frac{3}{2}}|^2+|\boldsymbol{v}_\xi|^3\right]$$
$$+\int_\Omega(|\boldsymbol{v}_{\xi\xi}|^2|\boldsymbol{v}_\xi|+\frac{4}{9}|\partial_\xi|\boldsymbol{v}_\xi|^{\frac{3}{2}}|^2)\leqslant c|\boldsymbol{v}|_4^8|\boldsymbol{v}_\xi|_3^3+c|T|_4^2|\boldsymbol{v}_\xi|_2. \tag{3.3.32}$$

根据上式，利用一致的Gronwall不等式、$|\boldsymbol{v}_\xi|_3^3\leqslant c|\boldsymbol{v}_\xi|_2^{\frac{3}{2}}\|\boldsymbol{v}_\xi\|^{\frac{3}{2}}$和命题3.3.5，得到

$$|\boldsymbol{v}_\xi(t+r)|_3^3\leqslant F_1, \tag{3.3.33}$$

其中F_1是正的常数，$t\geqslant 0$，$r>0$是给定的. 应用Gronwall不等式，可从(3.3.32)得：当$0\leqslant t<r$时，

$$|\boldsymbol{v}_\xi(t)|_3^3\leqslant c. \tag{3.3.34}$$

$\boldsymbol{v}_\xi$的L^4估计 把方程(3.3.15)与$|\boldsymbol{v}_\xi|^2\boldsymbol{v}_\xi$做$L^2$的内积，得

$$\frac{1}{4}\frac{\mathrm{d}|\boldsymbol{v}_\xi|_4^4}{\mathrm{d}t}+\int_\Omega\Big[\left(|\nabla_{e_\theta}\boldsymbol{v}_\xi|^2+|\nabla_{e_\varphi}\boldsymbol{v}_\xi|^2\right)|\boldsymbol{v}_\xi|^2+\frac{1}{2}|\nabla_{e_\theta}|\boldsymbol{v}_\xi|^2|^2+\frac{1}{2}|\nabla_{e_\varphi}|\boldsymbol{v}_\xi|^2|^2$$
$$+|\boldsymbol{v}_\xi|^4\Big]+\int_\Omega\left(|\boldsymbol{v}_{\xi\xi}|^2|\boldsymbol{v}_\xi|^2+\frac{1}{2}|\partial_\xi|\boldsymbol{v}_\xi|^2|^2\right)$$
$$=-\int_\Omega\left(f\boldsymbol{k}\times\boldsymbol{v}_\xi-\frac{bP}{p}\mathrm{grad}T\right)\cdot|\boldsymbol{v}_\xi|^2\boldsymbol{v}_\xi-\int_\Omega\left[\nabla_{\boldsymbol{v}}\boldsymbol{v}_\xi+\left(\int_\xi^1\mathrm{div}\boldsymbol{v}\mathrm{d}\xi'\right)\frac{\partial\boldsymbol{v}_\xi}{\partial\xi}\right]\cdot|\boldsymbol{v}_\xi|^2\boldsymbol{v}_\xi$$
$$-\int_\Omega\left[\nabla_{\boldsymbol{v}_\xi}\boldsymbol{v}-(\mathrm{div}\boldsymbol{v})\frac{\partial\boldsymbol{v}}{\partial\xi}\right]\cdot|\boldsymbol{v}_\xi|^2\boldsymbol{v}_\xi.$$

应用分部积分、Hölder不等式和Young不等式，得到

$$-\int_\Omega\left[\nabla_{\boldsymbol{v}_\xi}\boldsymbol{v}-(\mathrm{div}\boldsymbol{v})\frac{\partial\boldsymbol{v}}{\partial\xi}\right]\cdot|\boldsymbol{v}_\xi|^2\boldsymbol{v}_\xi\leqslant c\int_\Omega|\boldsymbol{v}||\boldsymbol{v}_\xi|^3\left(|\nabla_{e_\theta}\boldsymbol{v}_\xi|^2+|\nabla_{e_\varphi}\boldsymbol{v}_\xi|^2\right)^{\frac{1}{2}}$$
$$\leqslant c|\boldsymbol{v}|_4\left(\int_\Omega|\boldsymbol{v}_\xi|^{2\cdot 2}\right)^{\frac{1}{8}}\||\boldsymbol{v}_\xi|^2\|^{\frac{3}{4}}\left[\int_\Omega\left(|\nabla_{e_\theta}\boldsymbol{v}_\xi|^2+|\nabla_{e_\varphi}\boldsymbol{v}_\xi|^2\right)|\boldsymbol{v}_\xi|^2\right]^{\frac{1}{2}}$$
$$\leqslant\varepsilon\||\boldsymbol{v}_\xi|^2\|^2+\varepsilon\int_\Omega\left(|\nabla_{e_\theta}\boldsymbol{v}_\xi|^2+|\nabla_{e_\varphi}\boldsymbol{v}_\xi|^2\right)|\boldsymbol{v}_\xi|^2+c|\boldsymbol{v}|_4^8|\boldsymbol{v}_\xi|_4^4,$$
$$\int_\Omega\frac{bP}{p}\mathrm{grad}T\cdot|\boldsymbol{v}_\xi|^2\boldsymbol{v}_\xi\leqslant c|T|_4^4+c|\boldsymbol{v}_\xi|_4^4+\varepsilon\int_\Omega\left(|\nabla_{e_\theta}\boldsymbol{v}_\xi|^2+|\nabla_{e_\varphi}\boldsymbol{v}_\xi|^2\right)|\boldsymbol{v}_\xi|^2.$$

选取充分小的ε，我们从前面的关系式得到

$$\frac{\mathrm{d}|\boldsymbol{v}_\xi|_4^4}{\mathrm{d}t}+\int_\Omega\left[(|\nabla_{e_\theta}\boldsymbol{v}_\xi|^2+|\nabla_{e_\varphi}\boldsymbol{v}_\xi|^2)|\boldsymbol{v}_\xi|^2+\frac{1}{2}|\nabla_{e_\theta}|\boldsymbol{v}_\xi|^2|^2+\frac{1}{2}|\nabla_{e_\varphi}|\boldsymbol{v}_\xi|^2|^2+|\boldsymbol{v}_\xi|^4\right]$$
$$+\int_\Omega(|\boldsymbol{v}_{\xi\xi}|^2|\boldsymbol{v}_\xi|^2+\frac{1}{2}|\partial_\xi|\boldsymbol{v}_\xi|^2|^2)\leqslant c|T|_4^4+c(1+|\boldsymbol{v}|_4^8)|\boldsymbol{v}_\xi|_4^4. \tag{3.3.35}$$

利用一致的Gronwall不等式、$|\boldsymbol{v}_\xi|_4^4\leqslant c|\boldsymbol{v}_\xi|_3^2\|\boldsymbol{v}_\xi\|^2$和命题3.3.6，从上式得到

$$|\boldsymbol{v}_\xi(t+2r)|_4^4+\int_{t+2r}^{t+3r}\||\boldsymbol{v}_\xi|^2\|^2\leqslant F_2, \tag{3.3.36}$$

这里F_2是正的常数，$t \geqslant 0$，$r > 0$是给定的. 根据(3.3.35)，利用Gronwall不等式，可得

$$|\boldsymbol{v}_\xi(t)|_4^4 \leqslant c, \tag{3.3.37}$$

其中$0 \leqslant t < 2r$.

T_ξ的L^3估计　把(3.3.20)与$|T_\xi|T_\xi$做$L^2(\Omega)$的内积，得

$$\begin{aligned}
&\frac{1}{3}\frac{\mathrm{d}|T_\xi|_3^3}{\mathrm{d}t} + 2\int_\Omega |\boldsymbol{\nabla} T_\xi|^2|T_\xi| + 2\int_\Omega |T_{\xi\xi}|^2|T_\xi| - \int_{S^2}[(|T_\xi|T_\xi)|_{\xi=1}\cdot T_{\xi\xi}|_{\xi=1}] \\
=& -\int_\Omega \left[\boldsymbol{\nabla}_{\boldsymbol{v}} T_\xi + W(\boldsymbol{v})\frac{\partial T_\xi}{\partial \xi}\right]|T_\xi|T_\xi - \int_\Omega \left[\boldsymbol{\nabla}_{\boldsymbol{v}_\xi} T - (\mathrm{div}\boldsymbol{v})\frac{\partial T}{\partial \xi}\right]|T_\xi|T_\xi \\
&+ \int_\Omega Q_\xi|T_\xi|T_\xi + \int_\Omega \left[-\frac{bP}{p}(\mathrm{div}\boldsymbol{v}) - \frac{bP(P-p_0)}{p}W(\boldsymbol{v})\right]|T_\xi|T_\xi.
\end{aligned}$$

利用分部积分、Hölder不等式、Poincaré不等式和Young不等式，得

$$\begin{aligned}
&\left|\int_\Omega \left[\boldsymbol{\nabla}_{\boldsymbol{v}_\xi} T - (\mathrm{div}\boldsymbol{v})\frac{\partial T}{\partial \xi}\right]|T_\xi|T_\xi\right| \\
\leqslant& c|\boldsymbol{v}_\xi|_4|\boldsymbol{\nabla} T|_2\left(\int_\Omega |T_\xi|^{\frac{3}{2}\cdot\frac{16}{3}}\right)^{\frac{1}{4}} + c|\boldsymbol{v}|_4\left(\int_\Omega |T_\xi|^{\frac{3}{2}\cdot 4}\right)^{\frac{1}{4}}\left(\int_\Omega |\boldsymbol{\nabla} T_\xi|^2|T_\xi|\right)^{\frac{1}{2}} \\
\leqslant& \varepsilon\left(\int_\Omega |\boldsymbol{\nabla} T_\xi|^2|T_\xi| + \int_\Omega |T_{\xi\xi}|^2|T_\xi|\right) + c(1+|\boldsymbol{v}|_4^8)|T_\xi|_3^3 + c|\boldsymbol{v}_\xi|_4^8\|T\|^8.
\end{aligned}$$

由Hölder和Young不等式，得

$$\begin{aligned}
\left|\int_\Omega Q_\xi|T_\xi|T_\xi\right| &\leqslant c|Q_\xi|_2\left(\int_\Omega |T_\xi|^{\frac{3}{2}\cdot\frac{8}{3}}\right)^{\frac{1}{2}} \leqslant c|Q_\xi|_2\left(\||T_\xi|^{\frac{3}{2}}|_2^{\frac{5}{3}}\||T_\xi|^{\frac{3}{2}}\|\right)^{\frac{1}{2}} \\
&\leqslant \varepsilon\left(\int_\Omega |\boldsymbol{\nabla} T_\xi|^2|T_\xi| + \int_\Omega |T_{\xi\xi}|^2|T_\xi|\right) + c|T_\xi|_3^3 + c|Q_\xi|_2^3.
\end{aligned}$$

利用分部积分、Hölder不等式、Minkowski不等式、Poincaré不等式和Young不等式，得

$$\left|\int_\Omega \left[-\frac{bP}{p}(\mathrm{div}\boldsymbol{v}) - \frac{bP(P-p_0)}{p}W(\boldsymbol{v})\right]|T_\xi|T_\xi\right| \leqslant c|\boldsymbol{v}|_4^2|T_\xi|_2 + \varepsilon\int_\Omega |\boldsymbol{\nabla} T_\xi|^2|T_\xi|.$$

由(3.3.4)和$T_{\xi\xi}|_{\xi=1} = \dfrac{\partial T|_{\xi=1}}{\partial t} + (\boldsymbol{\nabla}_{\boldsymbol{v}} T)|_{\xi=1} - \Delta T|_{\xi=1} - Q|_{\xi=1}$，得

$$\begin{aligned}
&-\int_{S^2}[(|T_\xi|T_\xi)|_{\xi=1}\cdot T_{\xi\xi}|_{\xi=1}] \\
=&\alpha_s^2\left[\frac{1}{3}\frac{\mathrm{d}|T(\xi=1)|_3^3}{\mathrm{d}t} + 2\int_{S^2}(|\boldsymbol{\nabla} T|^2|T|)|_{\xi=1}\right] + \alpha_s^2\int_{S^2}[|T|T(\boldsymbol{\nabla}_{\boldsymbol{v}} T - Q)]|_{\xi=1}.
\end{aligned}$$

应用分部积分，得

$$
\begin{aligned}
&-\alpha_s^2\int_{S^2}\left[|T|T(\nabla_{\boldsymbol{v}}T-Q)\right]|_{\xi=1}\\
=&\frac{\alpha_s^2}{3}\int_{S^2}T^3|_{\xi=1}\mathrm{div}\boldsymbol{v}|_{\xi=1}+\alpha_s^2\int_{S^2}(|T|TQ)|_{\xi=1}\\
=&\frac{\alpha_s^2}{3}\int_{S^2}T^3|_{\xi=1}\left(\int_\xi^1\mathrm{div}\boldsymbol{v}_\xi\mathrm{d}\xi'+\mathrm{div}\boldsymbol{v}\right)+\alpha_s^2\int_{S^2}(|T|TQ)|_{\xi=1}\\
\leqslant& c|T|_{\xi=1}|_6^6+c\|\boldsymbol{v}_\xi\|^2+c\|\boldsymbol{v}\|^2+c|T|_{\xi=1}|_4^4+c|Q|_{\xi=1}|_2^2.
\end{aligned}
$$

取充分小的ε，得

$$
\begin{aligned}
&\frac{\mathrm{d}(|T_\xi|_3^3+\alpha_s^2|T|_{\xi=1}|_3^3)}{\mathrm{d}t}+\int_\Omega|\nabla T_\xi|^2|T_\xi|+\int_\Omega|T_{\xi\xi}|^2|T_\xi|+\alpha_s^2\int_{S^2}(|\nabla T|^2|T|)|_{\xi=1}\\
\leqslant& c(1+|\boldsymbol{v}|_4^8)|T_\xi|_3^3+c|\boldsymbol{v}_\xi|_4^8\|T\|^8+c|Q_\xi|_2^3+c|\boldsymbol{v}|_4^2|T_\xi|_2+c\|\boldsymbol{v}_\xi\|^2+c\|\boldsymbol{v}\|^2\\
&+c|T|_{\xi=1}|_6^6+c|T|_{\xi=1}|_4^4+c|Q|_{\xi=1}|_2^2.
\end{aligned}
\tag{3.3.38}
$$

利用一致的Gronwall不等式、$|T_\xi|_3^3\leqslant c|T_\xi|_2^{\frac{3}{2}}\|T_\xi\|^{\frac{3}{2}}$、(3.3.36)和命题3.3.6，从上式得到

$$
|T_\xi(t+3r)|_3^3\leqslant F_3,\tag{3.3.39}
$$

其中F_3是正的常数. 在证明(3.3.39)的过程中，我们使用了$\int_{t+2r}^{t+3r}|T|_{\xi=1}|_6^6\leqslant c$，这个不等式可以通过对$T$做$L^6$的估计得到. 由(3.3.38)，应用Gronwall不等式，得

$$
|T_\xi(t)|_3^3\leqslant c,\tag{3.3.40}
$$

其中$0\leqslant t<3r$.

T_ξ的L^4估计 把(3.3.20)与$|T_\xi|^2T_\xi$做$L^2(\Omega)$的内积，得

$$
\begin{aligned}
&\frac{1}{4}\frac{\mathrm{d}|T_\xi|_4^4}{\mathrm{d}t}+3\int_\Omega|\nabla T_\xi|^2|T_\xi|^2+3\int_\Omega|T_{\xi\xi}|^2|T_\xi|^2-\int_{S^2}\left[(|T_\xi|^2T_\xi)|_{\xi=1}\cdot T_{\xi\xi}|_{\xi=1}\right]\\
=&-\int_\Omega\left[\nabla_{\boldsymbol{v}}T_\xi+W(\boldsymbol{v})\frac{\partial T_\xi}{\partial\xi}\right]|T_\xi|^2T_\xi-\int_\Omega\left[\nabla_{\boldsymbol{v}_\xi}T-\mathrm{div}\boldsymbol{v}\frac{\partial T}{\partial\xi}\right]|T_\xi|^2T_\xi\\
&+\int_\Omega Q_\xi|T_\xi|^2T_\xi+\int_\Omega\left[-\frac{bP}{p}\mathrm{div}\boldsymbol{v}-\frac{bP(P-p_0)}{p}W(\boldsymbol{v})\right]|T_\xi|^2T_\xi.
\end{aligned}
$$

应用分部积分、Hölder不等式、Poincaré不等式和Young不等式，得

$$\left|\int_\Omega \left[\nabla_{\boldsymbol{v}_\xi} T - \mathrm{div}\boldsymbol{v}\frac{\partial T}{\partial \xi}\right]|T_\xi|^2 T_\xi\right| \leqslant c\int_\Omega (|\boldsymbol{v}_\xi||\nabla T||T_\xi|^3 + |\boldsymbol{v}||\nabla T_\xi||T_\xi|^3)$$

$$\leqslant c|\nabla T|_2\left(\int_\Omega |\boldsymbol{v}_\xi|^{2\cdot 4}\right)^{\frac{1}{8}}\left(\int_\Omega |T_\xi|^{2\cdot 4}\right)^{\frac{3}{8}} + c|\boldsymbol{v}|_4\left(\int_\Omega |T_\xi|^{2\cdot 4}\right)^{\frac{1}{4}}\left(\int_\Omega |\nabla T_\xi|^2|T_\xi|^2\right)^{\frac{1}{2}}$$

$$\leqslant \varepsilon\left(\int_\Omega |\nabla T_\xi|^2|T_\xi|^2 + \int_\Omega |T_{\xi\xi}|^2|T_\xi|^2\right) + c\left(\|T\|^{\frac{16}{3}} + |\boldsymbol{v}|_4^8\right)|T_\xi|_4^4 + c|\boldsymbol{v}_\xi|_4^4 + c\||\boldsymbol{v}_\xi|^2\|^2,$$

$$\left|\int_\Omega Q_\xi |T_\xi|^2 T_\xi\right| \leqslant c|Q_\xi|_2\left(\int_\Omega |T_\xi|^{2\cdot 3}\right)^{\frac{1}{2}}$$

$$\leqslant \varepsilon\int_\Omega (|\nabla T_\xi|^2 + |T_{\xi\xi}|^2)|T_\xi|^2 + c|T_\xi|_4^4 + c|Q_\xi|_2^4,$$

$$\left|\int_\Omega \left[-\frac{bP}{p}\mathrm{div}\boldsymbol{v} - \frac{bP(P-p_0)}{p}W(\boldsymbol{v})\right]|T_\xi|^2 T_\xi\right| \leqslant c|\boldsymbol{v}|_4^4 + c|T_\xi|_4^4 + \varepsilon\int_\Omega |\nabla T_\xi|^2|T_\xi|^2$$

类似于(3.3.38)，

$$\frac{\mathrm{d}(|T_\xi|_4^4 + \alpha_s^3|T|_{\xi=1}|_4^4)}{\mathrm{d}t} + \int_\Omega |\nabla T_\xi|^2|T_\xi|^2 + \int_\Omega |T_{\xi\xi}|^2|T_\xi|^2 + \alpha_s^3\int_{S^2} |\nabla T|_{\xi=1}|^2|T|_{\xi=1}|^2$$

$$\leqslant c(1 + \|T\|^{\frac{16}{3}} + |\boldsymbol{v}|_4^8)|T_\xi|_4^4 + c|\boldsymbol{v}_\xi|_4^4 + c\||\boldsymbol{v}_\xi|^2\|^2 + c|Q_\xi|_2^4 + c|\boldsymbol{v}|_4^4 + c\|\boldsymbol{v}_\xi\|^2 + c\|\boldsymbol{v}\|^2$$

$$+ c|T|_{\xi=1}|_8^8 + c|T|_{\xi=1}|_6^6 + c|Q|_{\xi=1}|_2^2. \tag{3.3.41}$$

应用一致的Gronwall不等式、$|T_\xi|_4^4 \leqslant c|T_\xi|_3^2\|T_\xi\|^2$、(3.3.36)、(3.3.39)和命题3.3.6，由(3.3.41)得

$$|T_\xi(t+4r)|_4^4 \leqslant F_4, \tag{3.3.42}$$

其中F_4是正的常数．在证明(3.3.42)的过程中，我们应用了可以通过对T做L^8的估计得到的不等式$\int_{t+3r}^{t+4r} |T|_{\xi=1}|_8^8 \leqslant c$．由(3.3.41)，应用Gronwall不等式，得

$$|T_\xi(t)|_4^4 \leqslant c, \tag{3.3.43}$$

这里$0 \leqslant t < 4r$．

$\boldsymbol{v}_t$的L^2估计　把(3.3.1)关于t求导，得

$$\frac{\partial \boldsymbol{v}_t}{\partial t} - \Delta \boldsymbol{v}_t - \frac{\partial^2 \boldsymbol{v}_t}{\partial \xi^2} + \nabla_{\boldsymbol{v}}\boldsymbol{v}_t + \left(\int_\xi^1 \mathrm{div}\boldsymbol{v}\right)\frac{\partial \boldsymbol{v}_t}{\partial \xi} + \nabla_{\boldsymbol{v}_t}\boldsymbol{v} + \left(\int_\xi^1 \mathrm{div}\boldsymbol{v}_t\right)\frac{\partial \boldsymbol{v}}{\partial \xi}$$

$$+ f\boldsymbol{k}\times\boldsymbol{v}_t + \mathrm{grad}\Phi_{st} + \int_\xi^1 \frac{bP}{p}\mathrm{grad}T_t = 0.$$

把上式与$\boldsymbol{v}_t$做L^2的内积，再应用分部积分，得

$$\frac{1}{2}\frac{\mathrm{d}|\boldsymbol{v}_t|_2^2}{\mathrm{d}t} + \|\boldsymbol{v}_t\|^2 = -\int_\Omega \left[\nabla_{\boldsymbol{v}_t}\boldsymbol{v} + \left(\int_\xi^1 \mathrm{div}\boldsymbol{v}_t\right)\frac{\partial \boldsymbol{v}}{\partial \xi} + \int_\xi^1 \frac{bP}{p}\mathrm{grad}T_t\right]\cdot\boldsymbol{v}_t.$$

应用分部积分、Hölder不等式、Poincaré不等式和Young不等式，得

$$
\begin{aligned}
&-\int_\Omega\left[\nabla_{v_t}v+\left(\int_\xi^1 \mathrm{div}v_t\right)\frac{\partial v}{\partial\xi}\right]\cdot v_t\\
\leqslant\, & c\int_\Omega(|v|+|v_\xi|)|v_t|(|\nabla_{e_\theta}v_t|^2+|\nabla_{e_\varphi}v_t|^2)^{\frac12}\\
\leqslant\, & c(|v|_4+|v_\xi|_4)|v_t|_2^{\frac14}\|v_t\|^{\frac34}\left[\int_\Omega(|\nabla_{e_\theta}v_t|^2+|\nabla_{e_\varphi}v_t|^2)\right]^{\frac12}\\
\leqslant\, & \varepsilon\|v_t\|^2+c(|v|_4^8+|v_\xi|_4^8)|v_t|_2^2.
\end{aligned}
$$

根据上面的两个关系式，选取充分小的ε，得到

$$
\frac{\mathrm{d}|v_t|_2^2}{\mathrm{d}t}+\|v_t\|^2\leqslant c(|v|_4^8+|v_\xi|_4^8)|v_t|_2^2+c|T_t|_2^2. \tag{3.3.44}
$$

由上式，应用一致的Gronwall不等式、(3.3.36)和命题3.3.6，得

$$
|v_t(t+5r)|_2^2+\int_{t+5r}^{t+6r}\|v_t\|^2\leqslant F_5, \tag{3.3.45}
$$

这里F_5是正的常数，$t\geqslant 0$. 在证明(3.3.45)的过程中，我们应用了$\int_{t+4r}^{t+5r}|v_t|_2^2\leqslant c$，这个不等式由把(3.3.1)与$v_t$做$L^2(\Omega)\times L^2(\Omega)$的内积然后做一些估计得到. 利用Gronwall不等式，由(3.3.44)得

$$
|v_t(t)|_2^2\leqslant c, \tag{3.3.46}
$$

其中$0\leqslant t<5r$.

T_t的L^2估计 把(3.3.2)关于t求导，得

$$
\begin{aligned}
&\frac{\partial T_t}{\partial t}-\Delta T_t-\frac{\partial^2 T_t}{\partial\xi^2}+\nabla_v T_t+\left(\int_\xi^1\mathrm{div}v\right)\frac{\partial T_t}{\partial\xi}+\nabla_{v_t}T+\left(\int_\xi^1\mathrm{div}v_t\right)\frac{\partial T}{\partial\xi}\\
&-\frac{bP}{p}\left(\int_\xi^1\mathrm{div}v_t\right)=0.
\end{aligned}
$$

把上式与T_t做$L^2(\Omega)$的内积，再应用分部积分，得

$$
\begin{aligned}
&\frac12\frac{\mathrm{d}|T_t|_2^2}{\mathrm{d}t}+\int_\Omega|\nabla T_t|^2+\int_\Omega|T_{t\xi}|^2+\alpha_s\int_{S^2}|T_t(\xi=1)|^2\\
=&-\int_\Omega\left[\nabla_{v_t}T+\left(\int_\xi^1\mathrm{div}v_t\right)\frac{\partial T}{\partial\xi}\right]T_t+\int_\Omega\frac{bP}{p}\left(\int_\xi^1\mathrm{div}v_t\right)T_t.
\end{aligned}
$$

利用分部积分、Hölder不等式、Poincaré不等式和Young不等式，得

$$
\begin{aligned}
&\left|\int_\Omega\left[\nabla_{v_t}T+\left(\int_\xi^1\mathrm{div}v_t\right)\frac{\partial T}{\partial\xi}\right]T_t\right|\\
\leqslant\, & c(|T|_4+|T_\xi|_4)|T_t|_4\|v_t\|+c|T|_4|v_t|_4|\nabla T_t|_2\\
\leqslant\, & \varepsilon\|T_t\|^2+c(|T|_4^8+|T_\xi|_4^8)|T_t|_2^2+c\|v_t\|^2+c|T|_4^8|v_t|_2^2,
\end{aligned}
$$

$$\left|\int_\Omega \frac{bP}{p}\left(\int_\xi^1 \mathrm{div}\boldsymbol{v}_t\right)T_t\right| \leqslant c|T_t|_2^2 + c\|\boldsymbol{v}_t\|_2^2.$$

选取充分小的ε，由上面的三个关系式，得到

$$\begin{aligned}&\frac{\mathrm{d}|T_t|_2^2}{\mathrm{d}t} + \int_\Omega |\boldsymbol{\nabla} T_t|^2 + \int_\Omega |T_{t\xi}|^2 + \alpha_s\int_{S^2}|T_t(\xi=1)|^2\\ \leqslant & c(1+|T|_4^8+|T_\xi|_4^8)|T_t|_2^2 + c\|\boldsymbol{v}_t\|^2 + c|T|_4^8|\boldsymbol{v}_t|_2^2.\end{aligned} \tag{3.3.47}$$

由上式，应用一致的Gronwall不等式、(3.3.42)、(3.3.45)和命题3.3.6，得

$$|T_t(t+6r)|_2^2 \leqslant F_6, \tag{3.3.48}$$

其中F_6是正的常数. 在证明(3.3.48)的过程中，我们应用$\displaystyle\int_{t+5r}^{t+6r}|T_t|_2^2 \leqslant c$，这个不等式可以通过把(3.3.2)与$T_t$做$L^2(\Omega)$的内积然后做一些估计得到. 由(3.3.47)，应用Gronwall不等式，得

$$|T_t(t)|_2^2 \leqslant c, \tag{3.3.49}$$

其中$0 \leqslant t < 6r$.

3.3.3.2 光滑解的整体存在性

首先，我们给出一个关于线性椭圆问题正则性的命题，它将用于IBVP 光滑解的整体存在性的证明中.

命题 3.3.7　设$\boldsymbol{v} \in V_1$, $\varPhi_s \in L^2(S^2)$是以下Stokes问题的解:

$$-\Delta\boldsymbol{v} - \frac{\partial^2\boldsymbol{v}}{\partial\xi^2} + \mathrm{grad}\varPhi_s = g, \tag{3.3.50}$$

$$\int_0^1 \mathrm{div}\boldsymbol{v}\ \mathrm{d}\xi = 0, \tag{3.3.51}$$

$$\xi = 1:\ \frac{\partial\boldsymbol{v}}{\partial\xi} = 0;\quad \xi = 0:\ \frac{\partial\boldsymbol{v}}{\partial\xi} = 0. \tag{3.3.52}$$

假如$g \in W^{m,\alpha}(T\Omega|TS^2)$, 则$\boldsymbol{v} \in V_1 \cap W^{2+m,\alpha}(T\Omega|TS^2)$, $\varPhi_s \in W^{1+m,\alpha}(S^2)$, 这里$1<\alpha<+\infty$, $m \geqslant 0$.

命题3.3.7的证明：把方程(3.3.50)关于ξ从0到1积分，应用边界条件(3.3.52)，得

$$-\Delta\int_0^1 \boldsymbol{v}\ \mathrm{d}\xi + \mathrm{grad}\varPhi_s = \int_0^1 f\ \mathrm{d}\xi.$$

然后，利用S^2上Stokes问题的正则性结论和椭圆方程的正则性，可以证明命题3.3.7.

下面我们给出定理3.3.3的证明.

定理3.3.3的证明：根据3.3.3.1小节中先验估计的结果，我们知道：初边值问题(3.3.1)~(3.3.6)存在唯一的强解$\boldsymbol{U} = (\boldsymbol{v}, T)$，而且$\boldsymbol{v}_\xi \in L^\infty(0,\mathcal{T};L^4(T\Omega|TS^2))$, $T_\xi \in L^\infty(0,\mathcal{T};L^4(\Omega))$, $\boldsymbol{v}_t \in L^\infty(0,\mathcal{T};L^2(T\Omega|TS^2))$, $T_t \in L^\infty(0,\mathcal{T};\ L^2(\Omega))$. 如果令

$$g = -\frac{\partial \boldsymbol{v}}{\partial t} - \nabla_{\boldsymbol{v}} \boldsymbol{v} - \left(\int_\xi^1 \mathrm{div}\boldsymbol{v}\ \mathrm{d}\xi'\right)\frac{\partial \boldsymbol{v}}{\partial \xi} - f\boldsymbol{k}\times\boldsymbol{v} - \int_\xi^1 \frac{bP}{p}\mathrm{grad}T\ \mathrm{d}\xi',$$

那么

$$-\Delta\boldsymbol{v} - \frac{\partial^2 \boldsymbol{v}}{\partial \xi^2} + \mathrm{grad}\Phi_s = g. \tag{3.3.53}$$

由于$\boldsymbol{v}\in L^\infty(0,\mathcal{T};V_1)$且$\boldsymbol{v}_\xi \in L^\infty(0,\mathcal{T};L^4(T\Omega|TS^2))$, 对任意$u\in L^4(T\Omega|TS^2)$, 我们有

$$\int_\Omega \left(\int_\xi^1 \mathrm{div}\boldsymbol{v}\ \mathrm{d}\xi'\right)\frac{\partial \boldsymbol{v}}{\partial \xi}\cdot u \leqslant c\|\boldsymbol{v}\||\boldsymbol{v}_\xi|_4|u|_4,$$

这一不等式意味着

$$\left(\int_\xi^1 \mathrm{div}\boldsymbol{v}\ \mathrm{d}\xi'\right)\frac{\partial \boldsymbol{v}}{\partial \xi} \in L^\infty(0,\mathcal{T};L^{\frac{4}{3}}(T\Omega|TS^2)).$$

因为$\boldsymbol{U}=(\boldsymbol{v},T)$是(3.3.1)~(3.3.6)的强解，而且$\boldsymbol{v}_t\in L^\infty(0,\mathcal{T};L^2)$，所以

$$(-\frac{\partial \boldsymbol{v}}{\partial t} - \nabla_{\boldsymbol{v}} \boldsymbol{v} - f\boldsymbol{k}\times\boldsymbol{v} - \int_\xi^1 \frac{bP}{p}\mathrm{grad}T\ \mathrm{d}\xi') \in L^\infty(0,\mathcal{T};L^{\frac{4}{3}}(T\Omega|TS^2)).$$

因此，

$$g \in L^\infty(0,\mathcal{T};L^{\frac{4}{3}}(T\Omega|TS^2)). \tag{3.3.54}$$

根据命题3.3.7，可知

$$\boldsymbol{v} \in L^\infty(0,\mathcal{T};V_1\cap W^{2,\frac{4}{3}}(T\Omega|TS^2)).$$

因为$W^{2,\frac{4}{3}}(T\Omega|TS^2)\subset W^{1,\frac{12}{5}}(T\Omega|TS^2)$，所以

$$\boldsymbol{v} \in L^\infty(0,\mathcal{T};V_1\cap W^{1,\frac{12}{5}}(T\Omega|TS^2)).$$

下面我们将重复应用命题3.3.7来改进(3.3.54). 由于$\boldsymbol{v}\in L^\infty(0,\mathcal{T};V_1\cap W^{1,\frac{12}{5}}(T\Omega|TS^2))$, $\boldsymbol{v}_\xi\in L^\infty(0,\mathcal{T};L^4(T\Omega|TS^2))$, 对任意$u\in L^4(T\Omega|TS^2)$，有

$$\int_\Omega \left(\int_\xi^1 \mathrm{div}\boldsymbol{v}\ \mathrm{d}\xi'\right)\frac{\partial \boldsymbol{v}}{\partial \xi}\cdot u \leqslant c\|\boldsymbol{v}\|_{W^{1,\frac{12}{5}}}|\boldsymbol{v}_\xi|_4|u|_3,$$

该不等式隐含着

$$\left(\int_\xi^1 \mathrm{div}\boldsymbol{v}\ \mathrm{d}\xi'\right)\frac{\partial \boldsymbol{v}}{\partial \xi} \in L^\infty(0,\mathcal{T};L^{\frac{3}{2}}(T\Omega|TS^2)),$$

因此

$$g \in L^{\infty}(0, \mathcal{T}; L^{\frac{3}{2}}(T\Omega|TS^2)).$$

根据命题3.3.7 和Sobolev嵌入定理，得到

$$\boldsymbol{v} \in L^{\infty}(0, \mathcal{T}; V_1 \cap W^{1,3}(T\Omega|TS^2)).$$

因为

$$\int_{\Omega}\left(\int_{\xi}^{1} \operatorname{div}\boldsymbol{v}\ \mathrm{d}\xi'\right)\frac{\partial \boldsymbol{v}}{\partial \xi}\cdot u \leqslant c\|\boldsymbol{v}\|_{W^{1,3}}|\boldsymbol{v}_{\xi}|_4|u|_{\frac{12}{5}},$$

$$W^{2,\frac{12}{7}}(T\Omega|TS^2) \subset W^{1,4}(T\Omega|TS^2),$$

所以

$$\int_{\Omega}\left(\int_{\xi}^{1} \operatorname{div}\boldsymbol{v}\ \mathrm{d}\xi'\right)\frac{\partial \boldsymbol{v}}{\partial \xi}\cdot u \leqslant c\|\boldsymbol{v}\|_{W^{1,4}}|\boldsymbol{v}_{\xi}|_4|u|_2.$$

从而：

$$g \in L^{\infty}(0, \mathcal{T}; L^2(T\Omega|TS^2)).$$

根据命题3.3.7，我们有

$$\boldsymbol{v} \in L^{\infty}(0, \mathcal{T}; V_1 \cap W^{2,2}(T\Omega|TS^2)).$$

应用椭圆的正则性理论，得到

$$T \in L^{\infty}(0, \mathcal{T}; V_2 \cap W^{2,2}(\Omega)).$$

通过反复地应用命题3.3.7，我们可以证明初边值问题(3.3.1)~(3.3.6)的光滑解的整体存在性，这里我们略去了详细的过程.

根据3.3.3.1小节中先验估计和定理3.3.3的证明，我们可以得到下面的命题：

命题 3.3.8　设$Q \in H^1(\Omega)$，$\boldsymbol{U}_0 = (\boldsymbol{v}_0, T_0) \in V \cap (H^2(T\Omega|TS^2) \times H^2(\Omega))$，则系统(3.3.1)~(3.3.6)存在唯一的强解$\boldsymbol{U}$，$\boldsymbol{U} \in L^{\infty}(0,\infty;\ V \cap (H^2(T\Omega|TS^2) \times H^2(\Omega)))$. 而且，(3.3.1)~(3.3.5)对应的解半群$\{S(t)\}_{t\geqslant 0}$ 在$V \cap (H^2(T\Omega|TS^2) \times H^2(\Omega))$中存在一个有界的吸收集$B_\rho$，即对给定$B \subset V$，存在充分大的$t_0(B) > 0$，使得当$t \geqslant t_0$时，$S(t)B \subset B_\rho$，其中$B_\delta = \{\boldsymbol{U}; \boldsymbol{U} \in V,\ \|U\| \leqslant \delta\}$，$\delta$是依赖$\|Q\|_1$的正的常数.

应用命题3.3.8，可以得到如下的结论.

推论 3.3.9　(3.3.1)~(3.3.5)存在整体吸引子$\mathcal{A} = \cap_{s\geqslant 0}\overline{\cup_{t\geqslant s}S(t)B_\rho}$，其中闭包是关于$V$的拓扑. 整体吸引子$\mathcal{A}$有下面的性质：

(i) 紧性:　$\mathcal{A}$ 在V中是紧的;

(ii) 不变性:　对任意的$t \geqslant 0$，$S(t)\mathcal{A} = \mathcal{A}$;

(iii) 吸收性: 对V中任意的有界集，当$t \to +\infty$时，集族$S(t)B$关于V的拓扑收敛于$\mathcal{A}$，即

$$\lim_{t\to+\infty} d_V(S(t)B,\ \mathcal{A}) = 0,$$

其中距离d_V是由V的拓扑所诱导的.

注记 **3.3.10** 最近，我们证明大气原始方程组的整体吸引子是有限维的，而且也可以证明该结论和定理3.3.3适用于带Dirichlet边界的大气原始方程组.

3.4 海洋原始方程组的适定性

在这一节，将证明海洋原始方程组的整体适定性，其中强解的局部存在性的证明是由Guillén-González等在文献[78]中给出的，而强解的整体存在性的证明是由Cao和Titi在文献[24]中给出的. 至于与海洋原始方程组对应的无穷维动力系统整体吸引子的存在性，可以应用3.2节的方法得到，而海洋方程组光滑解的整体存在性由3.3节的方法得到，在此不给出详细的证明.

本节的安排如下：在3.4.1小节，给出带粘性的海洋原始方程组；工作空间和本节的主要结果将在3.4.2小节列出来；最后两小节用于证明海洋原始方程组的整体适定性.

3.4.1 带粘性的海洋原始方程组

在这一部分，我们先回顾一下文献[24]考虑的模型. 在直角坐标系下，带粘性的三维海洋原始方程组可以写为(该模式实际上是海洋方程组(1.5.1)~(1.5.7)的简化形式. 关于该模式的详细推导，可以参见文献[159，175]及其后面的参考文献)：

$$\frac{\partial \boldsymbol{v}}{\partial t} + (\boldsymbol{v}\cdot\boldsymbol{\nabla})\boldsymbol{v} + w\frac{\partial \boldsymbol{v}}{\partial z} + f\boldsymbol{k}\times\boldsymbol{v} + \boldsymbol{\nabla}p - \frac{1}{Re_1}\Delta\boldsymbol{v} - \frac{1}{Re_2}\frac{\partial^2\boldsymbol{v}}{\partial z^2} = 0, \tag{3.4.1}$$

$$\frac{\partial p}{\partial z} + T = 0, \tag{3.4.2}$$

$$\mathrm{div}\boldsymbol{v} + \frac{\partial w}{\partial z} = 0, \tag{3.4.3}$$

$$\frac{\partial T}{\partial t} + \boldsymbol{v}\cdot\boldsymbol{\nabla}T + w\frac{\partial T}{\partial z} - \frac{1}{Rt_1}\Delta T - \frac{1}{Rt_2}\frac{\partial^2 T}{\partial z^2} = Q, \tag{3.4.4}$$

其中未知函数是$\boldsymbol{v}$, w, p, T, $\boldsymbol{v} = (v^{(1)}, v^{(2)})$是水平方向上的速度, w是垂直方向上的速度，p是压力，T是温度，$f = f_0+\beta y$是Coriolis参数，$\boldsymbol{k}$是垂直方向上的单位向量，Re_1, Re_2是Reynolds数，Rt_1, Rt_2分别是水平和垂直方向上的热扩散系数，Q是给定的Ω上的函数(Ω的定义将在下面给出)，$\boldsymbol{\nabla} = (\partial_x,\ \partial_y)$, $\Delta = \partial_x^2 + \partial_y^2$, $\mathrm{div}\boldsymbol{v} = \partial_x v^{(1)} + \partial_y v^{(2)}$.

假设方程组(3.4.1)~(3.4.4)的空间区域为如下的柱形区域

$$\Omega=\{(x,y,z):\ (x,y)\in M,\ \ z\in(-h(x,y),0)\},$$

这里M 是 $\mathbb{R}^2$中边界光滑的区域. 为了简单起见，设$h\equiv 1$，即设$\Omega=M\times(-1,0)$. 对于一般函数$h(x,y)$，为了得到本节的结果，需要$h(x,y)$的光滑条件，比如$h(x,y)\in C^3(\overline{M})$. 为了不失一般性，假设方程组(3.4.1)~(3.4.4)的边界条件为

$$\frac{\partial \boldsymbol{v}}{\partial z}=0,\ w=0,\ \frac{\partial T}{\partial z}=-\alpha_s T \qquad \text{on } M\times\{0\}=\Gamma_u, \tag{3.4.5}$$

$$\frac{\partial \boldsymbol{v}}{\partial z}=0,\ w=0,\ \frac{\partial T}{\partial z}=0 \qquad \text{on } M\times\{-1\}=\Gamma_b, \tag{3.4.6}$$

$$\boldsymbol{v}\cdot\mathbf{n}=0,\ \frac{\partial \boldsymbol{v}}{\partial \mathbf{n}}\times\mathbf{n}=0,\ \frac{\partial T}{\partial \mathbf{n}}=0 \qquad \text{on } \partial M\times[-1,0]=\Gamma_l, \tag{3.4.7}$$

其中α_s是正的常数，$\mathbf{n}$是侧面Γ_l的外法向量.

注记 3.4.1　*这里，不考虑盐度方程. 如果再考虑盐度，而且把边界条件*$\frac{\partial \boldsymbol{v}}{\partial z}|_{z=0}=-\alpha_s T$，$\frac{\partial T}{\partial z}|_{z=0}=0$*换为*$\frac{\partial \boldsymbol{v}}{\partial z}|_{z=0}=\tau$，$\frac{\partial T}{\partial z}|_{z=0}=-\alpha_s(T-T^*)$，*其中*$\tau$, T^**充分光滑，那么本节的结果仍然成立.*

下面，将应用边界条件(3.4.5)~(3.4.7)化简方程组(3.4.1)~(3.4.4). 关于z从-1到z积分(3.4.3)，再利用边界条件(3.4.5)、(3.4.6)，可得

$$w(t;x,y,z)=W(\boldsymbol{v})(t;x,y,z)=-\int_{-1}^{z}\mathrm{div}\boldsymbol{v}(t;x,y,z')\,\mathrm{d}z', \tag{3.4.8}$$

$$\int_{-1}^{0}\mathrm{div}\boldsymbol{v}\,\mathrm{d}z=0. \tag{3.4.9}$$

假设p_b是海底$M\times\{-1\}$上的未知函数，关于z从-1到z积分(3.4.2)，得到

$$p(t;x,y,z)=p_b(t;x,y)-\int_{-1}^{z}T\,\mathrm{d}z'. \tag{3.4.10}$$

在本节中，为了简单起见，假设Re_1，Re_2，Rt_1，Rt_2均为1. 由(3.4.8)~(3.4.10)，把方程组(3.4.1)~(3.4.4)写为

$$\frac{\partial \boldsymbol{v}}{\partial t}+(\boldsymbol{v}\cdot\boldsymbol{\nabla})\boldsymbol{v}+W(\boldsymbol{v})\frac{\partial \boldsymbol{v}}{\partial z}+f\boldsymbol{k}\times\boldsymbol{v}+\boldsymbol{\nabla}p_b-\int_{-1}^{z}\boldsymbol{\nabla}T\mathrm{d}z'-\Delta\boldsymbol{v}-\frac{\partial^2\boldsymbol{v}}{\partial z^2}=0, \tag{3.4.11}$$

$$\frac{\partial T}{\partial t}+(\boldsymbol{v}\cdot\boldsymbol{\nabla})T+W(\boldsymbol{v})\frac{\partial T}{\partial z}-\Delta T-\frac{\partial^2 T}{\partial z^2}=Q, \tag{3.4.12}$$

$$\int_{-1}^{0}\mathrm{div}\boldsymbol{v}\,\mathrm{d}z=0. \tag{3.4.13}$$

方程组(3.4.11)~(3.4.13)的边界条件为

$$\frac{\partial \boldsymbol{v}}{\partial z}=0, \quad \frac{\partial T}{\partial z}=-\alpha_s T \qquad \text{on } \Gamma_u, \tag{3.4.14}$$

$$\frac{\partial \boldsymbol{v}}{\partial z}=0, \quad \frac{\partial T}{\partial z}=0 \qquad \text{on } \Gamma_b, \tag{3.4.15}$$

$$\boldsymbol{v}\cdot\mathbf{n}=0, \quad \frac{\partial \boldsymbol{v}}{\partial \mathbf{n}}\times\mathbf{n}=0, \quad \frac{\partial T}{\partial \mathbf{n}}=0 \qquad \text{on } \Gamma_l, \tag{3.4.16}$$

初值条件为

$$\boldsymbol{U}|_{t=0}=(\boldsymbol{v}|_{t=0},T|_{t=0})=\boldsymbol{U}_0=(\boldsymbol{v}_0,T_0). \tag{3.4.17}$$

我们把(3.4.11)~(3.4.17)称为带粘性的海洋原始方程组的初边值问题，简记为IBVP.

3.4.2 本节的主要结果

首先，我们给出一些函数空间的定义. 定义Lebesgue空间$L^p(\Omega):=\{u;\ u:\Omega\to\mathbb{R},\int_\Omega|u|^p<+\infty\}$，其中的范数为$|u|_p=(\int_\Omega|u|^p)^{\frac{1}{p}}, 1\leqslant p<\infty$. 本节将把$\int_\Omega\cdot\mathrm{d}\Omega$和$\int_M\cdot\mathrm{d}M$分别记为$\int_\Omega\cdot$，$\int_M\cdot$，$H^m(\Omega)$是通常的Sobolev空间，其中的范数是

$$\|u\|_m=\left(\int_\Omega\left(\sum_{1\leqslant k\leqslant m}\ \sum_{i_j=1,2,3;j=1,\cdots,k}|\boldsymbol{\nabla}_{i_1}\cdots\boldsymbol{\nabla}_{i_k}u|^2+|u|^2\right)\right)^{\frac{1}{2}},$$

这里$\boldsymbol{\nabla}_1=\frac{\partial}{\partial x}$，$\boldsymbol{\nabla}_2=\frac{\partial}{\partial y}$，$\boldsymbol{\nabla}_3=\frac{\partial}{\partial z}$，$m$是正整数. 接下来，我们定义问题IBVP的工作空间，令

$$\widetilde{\mathcal{V}_1}:=\left\{\boldsymbol{v}\in(C^\infty(\Omega))^2;\frac{\partial\boldsymbol{v}}{\partial z}|_{z=0}=0,\frac{\partial\boldsymbol{v}}{\partial z}|_{z=-1}=0,\boldsymbol{v}\cdot\mathbf{n}|_{\Gamma_s}=0,\frac{\partial\boldsymbol{v}}{\partial\mathbf{n}}\times\mathbf{n}|_{\Gamma_s}=0,\boldsymbol{\nabla}\cdot\bar{\boldsymbol{v}}=0\right\},$$

$$\widetilde{\mathcal{V}_2}:=\left\{\ T\in C^\infty(\Omega),\ \frac{\partial T}{\partial z}|_{z=0}=-\alpha_s T,\ \frac{\partial T}{\partial z}|_{z=-1}=0,\ \frac{\partial T}{\partial\mathbf{n}}|_{\Gamma_s}=0\right\},$$

$V_1=\widetilde{\mathcal{V}_1}$关于范数 $\|\cdot\|_1$ $(\|\boldsymbol{v}\|_m^2=\|\boldsymbol{v}^{(1)}\|_m^2+\|\boldsymbol{v}^{(2)}\|_m^2)$的闭包,

$V_2=\widetilde{\mathcal{V}_2}$关于范数 $\|\cdot\|_1$的闭包,

$H_1=\widetilde{\mathcal{V}_1}$关于范数 $|\cdot|_2$的闭包,

$H_2=\widetilde{\mathcal{V}_2}$关于范数 $|\cdot|_2$的闭包,

$V=V_1\times V_2,\ H=H_1\times H_2,$

空间V_1，V_2，V的内积和范数分别为

$$
\begin{aligned}
&(\boldsymbol{v},\boldsymbol{v}_1)_{V_1}=\int_\Omega(\partial_x\boldsymbol{v}\cdot\partial_x\boldsymbol{v}_1+\partial_y\boldsymbol{v}\cdot\partial_y\boldsymbol{v}_1+\partial_z\boldsymbol{v}\cdot\partial_z\boldsymbol{v}_1+\boldsymbol{v}\cdot\boldsymbol{v}_1),\\
&\|\boldsymbol{v}\|=(\boldsymbol{v},\boldsymbol{v})_{V_1}^{\frac12},\ \ \forall\boldsymbol{v},\ \boldsymbol{v}_1\in V_1,\\
&(T,T_1)_{V_2}=\int_\Omega\left(\boldsymbol{\nabla}T\cdot\boldsymbol{\nabla}T_1+\frac{\partial T}{\partial z}\frac{\partial T_1}{\partial z}+TT_1\right),\\
&\|T\|=(T,T)_{V_2}^{\frac12},\ \ \forall T,\ T_1\in V_2,\\
&(\boldsymbol{U},\boldsymbol{U}_1)=\left(v^{(1)},v_1^{(1)}\right)+\left(v^{(2)},v_1^{(2)}\right)+(T,T_1),\\
&(\boldsymbol{U},\boldsymbol{U}_1)_V=(\boldsymbol{v},\boldsymbol{v}_1)_{V_1}+(T,T_1)_{V_2},\\
&\|\boldsymbol{U}\|=(\boldsymbol{U},\boldsymbol{U})_V^{\frac12},\ |\boldsymbol{U}|_2=(\boldsymbol{U},\boldsymbol{U})^{\frac12},\ \forall\boldsymbol{U}=(\boldsymbol{v},T),\ \boldsymbol{U}_1=(\boldsymbol{v}_1,T_1)\in V,
\end{aligned}
$$

这里$\bar{\boldsymbol{v}}=\int_{-1}^0\boldsymbol{v}\mathrm{d}z$，$(\cdot,\cdot)$ 代表$L^2(\Omega)$中的L^2内积.

在介绍主要结果之前，我们定义问题(3.4.11)~(3.4.17)的强解.

定义 3.4.2　设$Q\in H^1(\Omega)$, $\boldsymbol{U}_0=(\boldsymbol{v}_0,T_0)\in V$，$\mathcal{T}$是给定正的时间，$\boldsymbol{U}=(\boldsymbol{v},T)$称为问题(3.4.11)~(3.4.12)在$[0,\mathcal{T}]$上的**强解**. 如果它在弱的意义下满足(3.4.11)~(3.4.12)，而且

$$\boldsymbol{v}\in L^\infty(0,\mathcal{T};V_1)\cap L^2(0,\mathcal{T};H^2(\Omega)\times H^2(\Omega)),$$

$$
\begin{aligned}
&T\in L^\infty(0,\mathcal{T};V_2)\cap L^2(0,\mathcal{T};H^2(\Omega)),\\
&\frac{\partial\boldsymbol{v}}{\partial t}\in L^2(0,\mathcal{T};L^2(\Omega)\times L^2(\Omega)),\ \frac{\partial T}{\partial t}\in L^2(0,\mathcal{T};L^2(\Omega)).
\end{aligned}
$$

注记 3.4.3　在文献[24]中，强解的定义只要求

$$\frac{\partial\boldsymbol{v}}{\partial t}\in L^1(0,\mathcal{T};L^2(\Omega)\times L^2(\Omega)),\ \frac{\partial T}{\partial t}\in L^1(0,\mathcal{T};L^2(\Omega)).$$

实际上，当$Q\in H^1(\Omega)$, $\boldsymbol{U}_0=(\boldsymbol{v}_0,T_0)\in V$时，所得到的强解还满足

$$\frac{\partial\boldsymbol{v}}{\partial t}\in L^2(0,\mathcal{T};L^2(\Omega)\times L^2(\Omega)),\ \frac{\partial T}{\partial t}\in L^2(0,\mathcal{T};L^2(\Omega)).$$

命题 3.4.4　设$Q\in H^1(\Omega)$, $\boldsymbol{U}_0=(\boldsymbol{v}_0,T_0)\in V$，那么，存在$\mathcal{T}^*>0$, $\mathcal{T}^*=\mathcal{T}^*(\|\boldsymbol{U}_0\|)$，使得系统(3.4.11)~(3.4.17)在$[0,\mathcal{T}^*]$ 上有强解$\boldsymbol{U}$.

定理 3.4.5　设$Q\in H^1(\Omega)$, $\boldsymbol{U}_0=(\boldsymbol{v}_0,T_0)\in V$，那么，对给定$\mathcal{T}>0$，系统(3.4.11)~(3.4.17)在区间$[0,\mathcal{T}]$ 中存在唯一强解$\boldsymbol{U}$，强解$\boldsymbol{U}$连续地依赖初始数据.

3.4.3 强解的局部存在性

为了证明命题3.4.4，必须对系统(3.4.11)~(3.4.17)做一定的处理. 设$\boldsymbol{Y}$是如下初边值问题的解:

$$\begin{cases} \dfrac{\partial \boldsymbol{Y}}{\partial t} + \boldsymbol{\nabla} p_{b_1} - \Delta \boldsymbol{Y} - \dfrac{\partial^2 \boldsymbol{Y}}{\partial z^2} = 0, \\ \displaystyle\int_{-1}^{0} \boldsymbol{\nabla} \cdot \boldsymbol{Y} \mathrm{d}z = 0, \\ \dfrac{\partial \boldsymbol{Y}}{\partial z}|_{\Gamma_u, \Gamma_b} = 0,\ \boldsymbol{Y} \cdot \mathbf{n}|_{\Gamma_l} = 0,\ \dfrac{\partial \boldsymbol{Y}}{\partial \mathbf{n}} \times \mathbf{n}|_{\Gamma_l} = 0, \\ \boldsymbol{Y}|_{t=0} = \boldsymbol{v}_0. \end{cases}$$

如果$\boldsymbol{v}_0 \in V_1$，那么，对任意$\mathcal{T} > 0$，上述的初边值问题存在唯一的强解$\boldsymbol{Y}$：

$$\boldsymbol{Y} \in L^{\infty}(0, \mathcal{T}; V_1) \cap L^2(0, \mathcal{T}; (H^2(\Omega))^2). \tag{3.4.18}$$

关于这一结论的详细证明，可参见文献[78]. 令$\boldsymbol{u}(t) = \boldsymbol{v}(t) - \boldsymbol{Y}$，$\boldsymbol{U}(t) = (\boldsymbol{v}, T)$是(3.4.11)~(3.4.17)在$[0, \mathcal{T}]$上的强解，当且仅当$(\boldsymbol{u}, T)$是如下问题在$[0, \mathcal{T}]$ 上的强解，则

$$\frac{\partial \boldsymbol{u}}{\partial t} + [(\boldsymbol{u} + \boldsymbol{Y}) \cdot \boldsymbol{\nabla}]\,(\boldsymbol{u} + \boldsymbol{Y}) + W(\boldsymbol{u} + \boldsymbol{Y}) \frac{\partial (\boldsymbol{u} + \boldsymbol{Y})}{\partial z} + f\boldsymbol{k} \times (\boldsymbol{u} + \boldsymbol{Y})$$

$$+ \boldsymbol{\nabla} p_{b_2} - \int_{-1}^{z} \boldsymbol{\nabla} T \mathrm{d}z' - \Delta \boldsymbol{u} - \frac{\partial^2 \boldsymbol{u}}{\partial z^2} = 0, \tag{3.4.19}$$

$$\frac{\partial T}{\partial t} + [(\boldsymbol{u} + \boldsymbol{Y}) \cdot \boldsymbol{\nabla}] T + W(\boldsymbol{u} + \boldsymbol{Y}) \frac{\partial T}{\partial z} - \Delta T - \frac{\partial^2 T}{\partial z^2} = Q, \tag{3.4.20}$$

$$\int_{-1}^{0} \boldsymbol{\nabla} \cdot \boldsymbol{u}\ \mathrm{d}z = 0, \tag{3.4.21}$$

$(\boldsymbol{u}, T)$ 满足边界条件(3.4.14)~(3.4.16), (3.4.22)

$$(\boldsymbol{u}|_{t=0}, T|_{t=0}) = (0, T_0). \tag{3.4.23}$$

命题3.4.4的证明：用Faedo-Galerkin方法证明命题3.4.4，由于证明的步骤与三维不可压Navier-Stokes方程强解局部存在性的证明步骤类似，这里只给出近似解的先验估计. 设$(\boldsymbol{u}_m, T_m)$ 是(3.4.18)~(3.4.23)的近似解，其中$(\boldsymbol{u}_m, T_m) = \sum_{i=1}^{m} \alpha_{i,m}(t) \boldsymbol{\phi}_i(x)$，$\{\boldsymbol{\phi}_m\}$是空间$V$的完备正交基，则 $(\boldsymbol{u}_m, T_m)$ 满足

$$\int_{\Omega} h_m \cdot \frac{\partial \boldsymbol{u}_m}{\partial t} + \int_{\Omega} h_m \cdot \left\{ [(\boldsymbol{u}_m + \boldsymbol{Y}) \cdot \boldsymbol{\nabla}]\,(\boldsymbol{u}_m + \boldsymbol{Y}) + W(\boldsymbol{u}_m + \boldsymbol{Y}) \frac{\partial (\boldsymbol{u}_m + \boldsymbol{Y})}{\partial z} \right\}$$

$$+ \int_{\Omega} h_m \cdot [f\boldsymbol{k} \times (\boldsymbol{u}_m + \boldsymbol{Y})] - \int_{\Omega} h_m \cdot \int_{-1}^{z} \boldsymbol{\nabla} T_m \mathrm{d}z' + \int_{\Omega} h_m \cdot A_1 \boldsymbol{u}_m = 0, \tag{3.4.24}$$

$$\int_{\Omega} q_m \frac{\partial T_m}{\partial t} + \int_{\Omega} q_m \left\{ [(\boldsymbol{u}_m + \boldsymbol{Y}) \cdot \boldsymbol{\nabla}] T_m + W(\boldsymbol{u}_m + \boldsymbol{Y}) \frac{\partial T_m}{\partial z} \right\} + \int_{\Omega} q_m A_2 T_m = \int_{\Omega} q_m Q,$$

$$\boldsymbol{u}_m(0) = 0, T_m(0) = T_{0m} \to T_0 \quad \text{in } V_2, \tag{3.4.25}$$

这里$h_m \in V_{1m}$，$q_m \in V_{2m}$，$V_{1m} \times V_{2m} = \mathrm{span}\{\boldsymbol{\phi}_1, ..., \boldsymbol{\phi}_m\}$，算子$A_1$，$A_2$的定义类似于引理3.1.2算子$A_1$，$A_2$(也可以参见引理4.2.4前面的算子$A_1$，$A_2$). 下面，开始对近似解做先验估计.

T_m, $\boldsymbol{u}_m$的L^2估计 在(3.4.25)中，令$q_m = T_m$，应用分部积分，可得

$$\frac{\mathrm{d}|T_m|_2^2}{\mathrm{d}t} + c\|T_m\|^2 \leqslant c|Q|_2^2,$$

这一不等式意味着：对任意$\mathcal{T} > 0$，T_m在$L^\infty(0,\mathcal{T};L^2(\Omega)) \cap L^2(0,\mathcal{T};V_2)$中关于$m$ 一致有界. 利用Hölder不等式、插值不等式和Young不等式，可得

$$\begin{aligned}&-\int_\Omega \boldsymbol{u}_m \cdot [(\boldsymbol{Y}\cdot\boldsymbol{\nabla})\boldsymbol{u}_m + (\boldsymbol{u}_m\cdot\boldsymbol{\nabla})\boldsymbol{Y} + (\boldsymbol{Y}\cdot\boldsymbol{\nabla})\boldsymbol{Y}]\\ \leqslant&\varepsilon\|\boldsymbol{u}_m\|^2 + c(|\boldsymbol{Y}|_4^8 + \|\boldsymbol{Y}\|^4)|\boldsymbol{u}_m|_2^2 + c\|\boldsymbol{Y}\|^2,\\ &-\int_\Omega \boldsymbol{u}_m \cdot \left[W(\boldsymbol{u}_m)\frac{\partial \boldsymbol{Y}}{\partial z} + W(\boldsymbol{Y})\frac{\partial \boldsymbol{u}_m}{\partial z} + W(\boldsymbol{Y})\frac{\partial \boldsymbol{Y}}{\partial z}\right]\\ \leqslant&\varepsilon\|\boldsymbol{u}_m\|^2 + c\|\boldsymbol{Y}\|^2\|\boldsymbol{Y}\|_2^2|\boldsymbol{u}_m|_2^2 + c\|\boldsymbol{Y}\|^2.\end{aligned}$$

在(3.4.25)中，令$h_m = \boldsymbol{u}_m$，根据上面的两个关系式，

$$\int_\Omega \left[(\boldsymbol{u}_m\cdot\boldsymbol{\nabla})\boldsymbol{u}_m + W(\boldsymbol{u}_m)\frac{\partial \boldsymbol{u}_m}{\partial z}\right]\cdot \boldsymbol{u}_m = 0.$$

利用Hölder不等式和Young不等式，得到

$$\frac{\mathrm{d}|\boldsymbol{u}_m|_2^2}{\mathrm{d}t} + c\|\boldsymbol{u}_m\|^2 \leqslant c(|\boldsymbol{Y}|_4^8 + \|\boldsymbol{Y}\|^4 + \|\boldsymbol{Y}\|^2\|\boldsymbol{Y}\|_2^2)|\boldsymbol{u}_m|_2^2 + c(\|\boldsymbol{Y}\|^2 + |T_m|_2^2).$$

由(3.4.18)，我们可知：对任意$\mathcal{T} > 0$，$\boldsymbol{u}_m$在$L^\infty(0,\mathcal{T};H_1) \cap L^2(0,\mathcal{T};V_1)$中关于$m$一致有界.

$\boldsymbol{u}_m$, T_m的H^1估计 令(3.4.24)中$h_m = A_1\boldsymbol{u}_m$，得到

$$\begin{aligned}&\frac{1}{2}\frac{\mathrm{d}}{\mathrm{d}t}\|\boldsymbol{u}_m\|^2 + |A_1\boldsymbol{u}_m|_2^2\\ =&-\int_\Omega ((\boldsymbol{u}_m+\boldsymbol{Y})\cdot\boldsymbol{\nabla}\boldsymbol{u}_m)\cdot A_1\boldsymbol{u}_m - \int_\Omega ((\boldsymbol{u}_m+\boldsymbol{Y})\cdot\boldsymbol{\nabla}\boldsymbol{Y})\cdot A_1\boldsymbol{u}_m\\ &-\int_\Omega W(\boldsymbol{u}_m+\boldsymbol{Y})\partial_z\boldsymbol{u}_m\cdot A_1\boldsymbol{u}_m - \int_\Omega W(\boldsymbol{u}_m+\boldsymbol{Y})\partial_z\boldsymbol{Y}\cdot A_1\boldsymbol{u}_m\\ &+\int_\Omega \left\{-[f\boldsymbol{k}\times(\boldsymbol{u}_m+\boldsymbol{Y})] + \int_{-1}^z \boldsymbol{\nabla}T_m\mathrm{d}z'\right\}\cdot A_1\boldsymbol{u}_m = \sum_{i=1}^5 I_i.\end{aligned}$$

应用插值不等式$|\boldsymbol{u}_m|_4 \leqslant C|\boldsymbol{u}_m|_2^{1/4}\|\boldsymbol{u}_m\|^{3/4}$和(3.4.18)，可得

$$\begin{aligned}I_1 &\leqslant |A_1\boldsymbol{u}_m|_2(|\boldsymbol{u}_m|_4 + |\boldsymbol{Y}|_4)|\boldsymbol{\nabla}\boldsymbol{u}_m|_4\\ &\leqslant C|A_1\boldsymbol{u}_m|_2(\|\boldsymbol{u}_m\|^{3/4}|\boldsymbol{u}_m|_2^{1/4} + \|\boldsymbol{Y}\|^{3/4}|\boldsymbol{Y}|_2^{1/4})\|\boldsymbol{\nabla}\boldsymbol{u}_m\|^{3/4}|\boldsymbol{\nabla}\boldsymbol{u}_m|_2^{1/4}\\ &\leqslant C|A_1\boldsymbol{u}_m|_2^{7/4}(\|\boldsymbol{u}_m\| + \|\boldsymbol{Y}\|)\|\boldsymbol{u}_m\|^{1/4}\\ &\leqslant \frac{1}{10}|A_1\boldsymbol{u}_m|_2^2 + C(\|\boldsymbol{u}_m\|^8 + \|\boldsymbol{Y}\|^8)\|\boldsymbol{u}_m\|^2.\end{aligned}$$

同样地，

$$\begin{aligned}I_2 &\leqslant |A_1\boldsymbol{u}_m|_2(|\boldsymbol{u}_m|_4+|\boldsymbol{Y}|_4)|\nabla\boldsymbol{Y}|_4\\&\leqslant C|A_1\boldsymbol{u}_m|_2(\|\boldsymbol{u}_m\|^{3/4}|\boldsymbol{u}_m|_2^{1/4}+\|\boldsymbol{Y}\|^{3/4}|\boldsymbol{Y}|_2^{1/4})|\nabla\boldsymbol{Y}|_2^{1/4}\|\nabla\boldsymbol{Y}\|^{3/4}\\&\leqslant \frac{1}{10}|A_1\boldsymbol{u}_m|_2^2+C\|\boldsymbol{Y}\|^{1/2}\|\boldsymbol{Y}\|_2^{2/3}\|\boldsymbol{u}_m\|^2+C\|\boldsymbol{Y}\|^{5/2}\|\boldsymbol{Y}\|_2^{3/2}.\end{aligned}$$

应用

$$\|W(\boldsymbol{u}_m)\|_{L_z^\infty L_{x,y}^4}\leqslant C(\varOmega)|\nabla\boldsymbol{u}_m|_2^{\frac{1}{2}}\|\nabla\boldsymbol{u}_m\|^{\frac{1}{2}},$$

$$\|\boldsymbol{u}_m\|_{L_z^2L_{x,y}^4}^2\leqslant 4|\boldsymbol{u}_m|_2\|\nabla\boldsymbol{u}_m\|,$$

令$I_3=J_1+J_2$，其中$J_1=-\displaystyle\int_\varOmega(W(\boldsymbol{u}_m)\partial_z\boldsymbol{u}_m)\cdot A_1\boldsymbol{u}_m$，$J_2=-\displaystyle\int_\varOmega(W(\boldsymbol{Y})\partial_z\boldsymbol{u}_m)\cdot A_1\boldsymbol{u}_m$，可得

$$|J_1|\leqslant |A_1\boldsymbol{u}_m|_2\|W(\boldsymbol{u}_m)\|_{L_z^\infty L_{x,y}^4}\|\partial_z\boldsymbol{u}_m\|_{L_z^2L_{x,y}^4}\leqslant C|A_1\boldsymbol{u}_m|_2^2\|\boldsymbol{u}_m\|.$$

类似于J_1的估计，

$$\begin{aligned}|J_2|&\leqslant C|A_1\boldsymbol{u}_m|_2\|\boldsymbol{u}_m\|_2^{1/2}\|\boldsymbol{u}_m\|^{1/2}\|\boldsymbol{Y}\|_2^{1/2}\|\boldsymbol{Y}\|^{1/2}\\&\leqslant \frac{1}{10}|A_1\boldsymbol{u}_m|_2^2+C\|\boldsymbol{u}_m\|^{1/2}\|\boldsymbol{Y}\|^{1/2}\|\boldsymbol{Y}\|_2^{1/2},\\I_4&\leqslant(\|W(\boldsymbol{u}_m)\|_{L_z^\infty L_{x,y}^4}+\|W(\boldsymbol{Y})\|_{L_z^\infty L_{x,y}^4})\|\partial_z\boldsymbol{Y}\|_{L_z^2L_{x,y}^4}|A_1\boldsymbol{u}_m|_2\\&\leqslant C(\|\boldsymbol{u}_m\|^{1/2}\|\boldsymbol{u}_m\|_2^{1/2}+\|\boldsymbol{Y}\|^{1/2}\|\boldsymbol{Y}\|_2^{1/2})\|\boldsymbol{Y}\|^{1/2}\|\boldsymbol{Y}\|_2^{1/2}|A_1\boldsymbol{u}_m|_2\\&\leqslant \frac{1}{10}|A_1\boldsymbol{u}_m|_2^2+C\|\boldsymbol{Y}\|^2\|\boldsymbol{Y}\|_2^2\|\boldsymbol{u}_m\|^2+C\|\boldsymbol{Y}\|^2\|\boldsymbol{Y}\|_2^2.\end{aligned}$$

最后，应用Hölder不等式和Young不等式，估计I_5，得到

$$I_5\leqslant\frac{1}{10}|A_1\boldsymbol{u}_m|_2^2+C(|\boldsymbol{u}_m|_2^2+|\boldsymbol{Y}|_2^2+\|T_m\|^2).$$

由前面的不等式，可得

$$\begin{aligned}&\frac{\mathrm{d}}{\mathrm{d}t}\|\boldsymbol{u}_m\|^2+|A_1\boldsymbol{u}_m|_2^2\\&\leqslant C|A_1\boldsymbol{u}_m|_2^2\|\boldsymbol{u}_m\|+C\|\boldsymbol{u}_m\|^{10}+C(\|\boldsymbol{Y}\|^8+\|\boldsymbol{Y}\|^{1/2}\|\boldsymbol{Y}\|_2^{3/2}+\|\boldsymbol{Y}\|^2\|\boldsymbol{Y}\|_2^2)\|\boldsymbol{u}_m\|^2\\&\quad+C(\|\boldsymbol{Y}\|^{5/2}\|\boldsymbol{Y}\|_2^{3/2}+\|\boldsymbol{Y}\|^2\|\boldsymbol{Y}\|_2^2+|\boldsymbol{u}_m|_2^2+|\boldsymbol{Y}|_2^2+\|T_m\|^2).\end{aligned}\tag{3.4.26}$$

同样地，可得

$$\begin{aligned}\frac{\mathrm{d}\|T_m\|^2}{\mathrm{d}t}+\frac{1}{2}|A_2T_m|_2^2\leqslant&c(|\boldsymbol{u}_m|_2^2\|\boldsymbol{u}_m\|^6+|\boldsymbol{Y}|_2^2\|\boldsymbol{Y}\|^6)\|T_m\|^2\\&+c(\|\boldsymbol{Y}\|^2\|\boldsymbol{Y}\|_2^2+\|\boldsymbol{u}_m\|^2\|\boldsymbol{u}_m\|_2^2)\|T_m\|^2+|Q|_2^2.\end{aligned}\tag{3.4.27}$$

由于$\boldsymbol{u}_m(0)=0$和(3.4.26)，存在与m无关的$\mathcal{T}^*>0$，使得对任意$t\in[0,\mathcal{T}^*]$，$\|\boldsymbol{u}_m(t)\|$充分小．由(3.4.18)、(3.4.26)和(3.4.27)，应用证明三维不可压Navier-Stokes方程的强解局部存在性的方法，即可证明命题3.4.4.

3.4.4 强解的整体存在性和唯一性

先验估计　为了得到海洋方程组强解的整体存在性，最关键的是得到速度场的L^p $(4\leqslant p\leqslant 6)$估计，为此，需要对速度场进行分解．令$\boldsymbol{v}=\bar{\boldsymbol{v}}+\tilde{\boldsymbol{v}}$，$\bar{\boldsymbol{v}}$称为正压流，而$\tilde{\boldsymbol{v}}$称为斜压流，

$$\bar{\boldsymbol{v}}:=\int_{-1}^{0}\boldsymbol{v}\mathrm{d}z,\qquad \tilde{\boldsymbol{v}}:=\boldsymbol{v}-\bar{\boldsymbol{v}}.$$

根据(3.4.13)，有

$$\bar{\tilde{\boldsymbol{v}}}=\int_{-1}^{0}\tilde{\boldsymbol{v}}\mathrm{d}z=0,\quad \boldsymbol{\nabla}\cdot\bar{\boldsymbol{v}}=0. \tag{3.4.28}$$

下面，将根据上面的定义和方程(3.4.11) 推导$\tilde{\boldsymbol{v}}$和$\bar{\boldsymbol{v}}$满足的方程．把方程(3.4.11) 关于z从-1到0积分，再应用边界条件(3.4.14)~(3.4.16)和(3.4.28)，得到

$$\frac{\partial\bar{\boldsymbol{v}}}{\partial t}+(\bar{\boldsymbol{v}}\cdot\boldsymbol{\nabla})\bar{\boldsymbol{v}}+\overline{\tilde{\boldsymbol{v}}\mathrm{div}\tilde{\boldsymbol{v}}+(\tilde{\boldsymbol{v}}\cdot\boldsymbol{\nabla})\tilde{\boldsymbol{v}}}+f\boldsymbol{k}\times\bar{\boldsymbol{v}}+\boldsymbol{\nabla}p_s-\int_{-1}^{0}\int_{-1}^{z}\boldsymbol{\nabla}T\mathrm{d}z'\mathrm{d}z-\Delta\bar{\boldsymbol{v}}=0$$
$$\text{in } M, \tag{3.4.29}$$

把方程(3.4.11)减去(3.4.29)，可知斜压流$\tilde{\boldsymbol{v}}$满足下面的方程，

$$\begin{aligned}&\frac{\partial\tilde{\boldsymbol{v}}}{\partial t}+(\tilde{\boldsymbol{v}}\cdot\boldsymbol{\nabla})\tilde{\boldsymbol{v}}+W(\tilde{\boldsymbol{v}})\frac{\partial\tilde{\boldsymbol{v}}}{\partial z}+(\tilde{\boldsymbol{v}}\cdot\boldsymbol{\nabla})\bar{\boldsymbol{v}}+(\bar{\boldsymbol{v}}\cdot\boldsymbol{\nabla})\tilde{\boldsymbol{v}}-\overline{(\tilde{\boldsymbol{v}}\mathrm{div}\tilde{\boldsymbol{v}}+(\tilde{\boldsymbol{v}}\cdot\boldsymbol{\nabla})\tilde{\boldsymbol{v}})}+f\boldsymbol{k}\times\tilde{\boldsymbol{v}}\\&-\int_{-1}^{z}\boldsymbol{\nabla}T\mathrm{d}z'+\int_{-1}^{0}\int_{-1}^{z}\boldsymbol{\nabla}T\mathrm{d}z'\mathrm{d}z-\Delta\tilde{\boldsymbol{v}}-\frac{\partial^2\tilde{\boldsymbol{v}}}{\partial z^2}=0\ \text{ in }\varOmega,\end{aligned} \tag{3.4.30}$$

$\tilde{\boldsymbol{v}}$满足如下的边界条件，

$$\frac{\partial\tilde{\boldsymbol{v}}}{\partial z}=0\text{ on }\varGamma_u,\ \frac{\partial\tilde{\boldsymbol{v}}}{\partial z}=0\text{ on }\varGamma_b,\ \tilde{\boldsymbol{v}}\cdot\mathbf{n}=0,\ \frac{\partial\tilde{\boldsymbol{v}}}{\partial\mathbf{n}}\times\mathbf{n}=0\text{ on }\varGamma_l. \tag{3.4.31}$$

下面通过对命题3.4.4得到的系统(3.4.11)~(3.4.17)的局部解做先验估计，从而得到强解的整体存在性.

$\boldsymbol{v},T$的L^2估计　把方程(3.4.12)与T做$L^2(\varOmega)$的内积，得到

$$\begin{aligned}&\frac{1}{2}\frac{\mathrm{d}|T|_2^2}{\mathrm{d}t}+|\boldsymbol{\nabla}T|_2^2+|T_z|_2^2+\alpha_s|T(z=0)|_2^2\\&=\int_\varOmega QT-\int_\varOmega\left(\boldsymbol{v}\boldsymbol{\nabla}T-\left(\int_{-1}^{z}\boldsymbol{\nabla}\boldsymbol{v}\mathrm{d}z'\right)\frac{\partial T}{\partial z}\right)T.\end{aligned}$$

应用分部积分，得

$$\frac{1}{2}\frac{\mathrm{d}|T|_2^2}{\mathrm{d}t}+|\nabla T|_2^2+|T_z|_2^2+\alpha_s|T(z=0)|_2^2=\int_\Omega QT\leqslant |Q|_2|T|_2.$$

应用

$$|T|_2^2\leqslant 2|T_z|_2^2+2|T(z=0)|_2^2$$

和Cauchy-Schwarz不等式，有

$$\frac{\mathrm{d}|T|_2^2}{\mathrm{d}t}+2|\nabla T|_2^2+|T_z|_2^2+\alpha_s|T(z=0)|_2^2\leqslant 2(1+\frac{1}{\alpha_s})|Q|_2^2.$$

由Growall不等式，前面的两个式子意味着

$$|T|_2^2\leqslant \mathrm{e}^{-\frac{1}{2(1+1/\alpha_s)}}|T_0|_2^2+(2+2/\alpha_s)^2|Q|_2^2, \tag{3.4.32}$$

$$\int_0^t\left[|\nabla T(s)|_2^2+|T_z(s)|_2^2+\alpha_s|T(z=0)(s)|_2^2\right]\mathrm{d}s\leqslant 2(1+1/\alpha_s)|Q|_2^2t+|T_0|_2^2. \tag{3.4.33}$$

把方程(3.4.11)与$\boldsymbol{v}$做$L^2(\Omega)\times L^2(\Omega)$的内积，得

$$\begin{aligned}\frac{1}{2}\frac{\mathrm{d}|\boldsymbol{v}|_2^2}{\mathrm{d}t}+|\nabla\boldsymbol{v}|_2^2+|\boldsymbol{v}_z|_2^2=&-\int_\Omega\left[(\boldsymbol{v}\cdot\nabla)\boldsymbol{v}-\left(\int_{-1}^z\nabla\cdot\boldsymbol{v}\mathrm{d}z'\right)\frac{\partial\boldsymbol{v}}{\partial z}\right]\cdot\boldsymbol{v}\\&+\int_\Omega\left(f\boldsymbol{k}\times\boldsymbol{v}+\nabla p_s-\nabla\left(\int_{-1}^zT\mathrm{d}z'\right)\right)\cdot\boldsymbol{v}.\end{aligned}$$

利用分部积分和$\mathrm{div}\int_0^1\boldsymbol{v}\mathrm{d}z=0$，有

$$\frac{1}{2}\frac{\mathrm{d}|\boldsymbol{v}|_2^2}{\mathrm{d}t}+|\nabla\boldsymbol{v}|_2^2+|\boldsymbol{v}_z|_2^2=-\int_\Omega\int_{-1}^zT\mathrm{d}z'(\nabla\cdot\boldsymbol{v})\leqslant|T|_2|\nabla\boldsymbol{v}|_2.$$

由Cauchy-Schwarz不等式、(3.4.32)和上式，得

$$\frac{\mathrm{d}|\boldsymbol{v}|_2^2}{\mathrm{d}t}+|\nabla v|_2^2+|\boldsymbol{v}_z|_2^2\leqslant|T|_2^2\leqslant(|T_0|_2^2+(2+2/\alpha_s)|Q|_2^2).$$

根据不等式(参见文献[71, Vol. I, p55])

$$|\boldsymbol{v}|_2^2\leqslant C_M|\nabla\boldsymbol{v}|_2^2$$

和Gronwall不等式，得

$$|\boldsymbol{v}|_2^2\leqslant\mathrm{e}^{-\frac{t}{C_M}}(|\bar{\boldsymbol{v}}_0|_2^2+|\tilde{\boldsymbol{v}}_0|_2^2)+C_M\left[|T_0|_2^2+(2+2/\alpha_s)^2|Q|_2^2\right], \tag{3.4.34}$$

$$\int_0^t\left[|\nabla\boldsymbol{v}(s)|_2^2+|\boldsymbol{v}_z(s)|_2^2\right]\mathrm{d}s\leqslant(|T_0|_2^2+(2+2/\alpha_s)^2|Q|_2^2)t+2(|\bar{\boldsymbol{v}}_0|_2^2+|\tilde{\boldsymbol{v}}_0|_2^2). \tag{3.4.35}$$

由(3.4.32)~(3.4.35)，得

$$|\boldsymbol{v}(t)|_2^2+\int_0^t\left[|\nabla \boldsymbol{v}|_2^2+|\boldsymbol{v}_z|_2^2\right]\mathrm{d}s+|T(t)|_2^2+\int_0^t\left[|\nabla T|_2^2+|T_z|_2^2+\alpha_s|T(z=0)|_2^2\right]\mathrm{d}s\leqslant K_1(t),\tag{3.4.36}$$

这里

$$K_1(t)=2(1+1/\alpha_s)|Q|_2^2t+3(|\bar{\boldsymbol{v}}_0|_2^2+|\tilde{\boldsymbol{v}}_0|_2^2)+(1+C_M+t)\left[|T_0|_2^2+(2+2/\alpha_s)^2|Q|_2^2\right].$$

$\tilde{\boldsymbol{v}}$, T的L^6估计　把方程(3.4.30)与$|\tilde{\boldsymbol{v}}|^4\tilde{\boldsymbol{v}}$做$L^2(\Omega)\times L^2(\Omega)$的内积，得

$$\begin{aligned}&\frac{1}{6}\frac{\mathrm{d}|\tilde{\boldsymbol{v}}|_6^6}{\mathrm{d}t}+\int_\Omega(|\nabla\tilde{\boldsymbol{v}}|^2|\tilde{\boldsymbol{v}}|^4+|\nabla|\tilde{\boldsymbol{v}}|^2|^2|\tilde{\boldsymbol{v}}|^2)+\int_\Omega(|\tilde{\boldsymbol{v}}_z|^2|\tilde{\boldsymbol{v}}|^4+|\partial_z|\tilde{\boldsymbol{v}}|^2|^2|\tilde{\boldsymbol{v}}|^2)\\
&=-\int_\Omega\left\{(\tilde{\boldsymbol{v}}\cdot\nabla)\tilde{\boldsymbol{v}}-\left(\int_{-1}^z\nabla\cdot\tilde{\boldsymbol{v}}\mathrm{d}z'\right)\frac{\partial\tilde{\boldsymbol{v}}}{\partial z}+(\tilde{\boldsymbol{v}}\cdot\nabla)\bar{\boldsymbol{v}}+(\bar{\boldsymbol{v}}\cdot\nabla)\tilde{\boldsymbol{v}}\right.\\
&\left.\quad-\overline{[(\tilde{\boldsymbol{v}}\cdot\nabla)\tilde{\boldsymbol{v}}+(\nabla\cdot\tilde{\boldsymbol{v}})\tilde{\boldsymbol{v}}]}+f\boldsymbol{k}\times\tilde{\boldsymbol{v}}-\nabla\left(\int_{-1}^zT\mathrm{d}z'-\int_{-1}^0\int_{-1}^zT\mathrm{d}z'\mathrm{d}z\right)\right\}\cdot|\tilde{\boldsymbol{v}}|^4\tilde{\boldsymbol{v}}.\end{aligned}$$

类似于(3.2.46)的估计，应用分部积分、(3.4.28)、边界条件(3.4.14)~(3.4.16)、Cauchy-Schwarz不等式和Hölder不等式，可得

$$\begin{aligned}&\frac{1}{6}\frac{\mathrm{d}|\tilde{\boldsymbol{v}}|_6^6}{\mathrm{d}t}+\int_\Omega\left(|\nabla\tilde{\boldsymbol{v}}|^2|\tilde{\boldsymbol{v}}|^4+|\nabla|\tilde{\boldsymbol{v}}|^2|^2|\tilde{\boldsymbol{v}}|^2\right)+\int_\Omega\left(|\tilde{\boldsymbol{v}}_z|^2|\tilde{\boldsymbol{v}}|^4+|\partial_z|\tilde{\boldsymbol{v}}|^2|^2|\tilde{\boldsymbol{v}}|^2\right)\\
&\leqslant C\int_M\left[|\bar{\boldsymbol{v}}|\int_{-1}^0|\nabla\tilde{\boldsymbol{v}}||\tilde{\boldsymbol{v}}|^5\mathrm{d}z\right]+C\int_M\left[\left(\int_{-1}^0|\tilde{\boldsymbol{v}}|^2\mathrm{d}z\right)\left(\int_{-1}^0|\nabla\tilde{\boldsymbol{v}}||\tilde{\boldsymbol{v}}|^4\mathrm{d}z\right)\right]\\
&\quad+C\int_M\left[|\bar{T}|\int_{-1}^0|\nabla\tilde{\boldsymbol{v}}||\tilde{\boldsymbol{v}}|^4\mathrm{d}z\right]\\
&\leqslant C\int_M\left[|\bar{\boldsymbol{v}}|\left(\int_{-1}^0|\nabla\tilde{\boldsymbol{v}}|^2|\tilde{\boldsymbol{v}}|^4\mathrm{d}z\right)^{1/2}\left(\int_{-1}^0|\tilde{\boldsymbol{v}}|^6\mathrm{d}z\right)^{1/2}\right]\\
&\quad+C\int_M[\left(\int_{-1}^0|\tilde{\boldsymbol{v}}|^2\mathrm{d}z\right)\left(\int_{-1}^0|\nabla\tilde{\boldsymbol{v}}|^2|\tilde{\boldsymbol{v}}|^4\mathrm{d}z\right)^{1/2}\left(\int_{-1}^0|\tilde{\boldsymbol{v}}|^4\mathrm{d}z\right)^{1/2}\\
&\quad+C\int_M\left[|\bar{T}|\left(\int_{-1}^0|\nabla\tilde{\boldsymbol{v}}|^2|\tilde{\boldsymbol{v}}|^4\mathrm{d}z\right)^{1/2}\left(\int_{-1}^0|\tilde{\boldsymbol{v}}|^4\mathrm{d}z\right)^{1/2}\right]\\
&\leqslant C\|\bar{\boldsymbol{v}}\|_{L^4(M)}\left(\int_\Omega|\nabla\tilde{\boldsymbol{v}}|^2|\tilde{\boldsymbol{v}}|^4\right)^{1/2}\left(\int_M\left(\int_{-1}^0|\tilde{\boldsymbol{v}}|^6\mathrm{d}z\right)^2\right)^{1/4}\\
&\quad+C\left(\int_M\left(\int_{-1}^0|\tilde{\boldsymbol{v}}|^2\mathrm{d}z\right)^4\right)^{1/4}\left(\int_\Omega|\nabla\tilde{\boldsymbol{v}}|^2|\tilde{\boldsymbol{v}}|^4\right)^{1/2}\left(\int_M\left(\int_{-1}^0|\tilde{\boldsymbol{v}}|^4\mathrm{d}z\right)^2\right)^{1/4}\\
&\quad+C\|\bar{T}\|_{L^4(M)}\left(\int_\Omega|\nabla\tilde{\boldsymbol{v}}|^2|\tilde{\boldsymbol{v}}|^4\right)^{1/2}\left(\int_M\left(\int_{-1}^0|\tilde{\boldsymbol{v}}|^4\mathrm{d}z\right)^2\right)^{1/4}.\end{aligned}\tag{3.4.37}$$

利用Minkowski不等式，得到

$$\left(\int_M\left(\int_{-1}^0|\tilde{\boldsymbol{v}}|^6\mathrm{d}z\right)^2\right)^{1/2}\leqslant C\int_{-1}^0\left(\int_M|\tilde{\boldsymbol{v}}|^{12}\mathrm{d}x\mathrm{d}y\right)^{1/2}\mathrm{d}z.$$

由将S^2换为M的插值不等式(3.4.24)，得

$$\int_M|\tilde{\boldsymbol{v}}|^{12}\leqslant C\left(\int_M|\tilde{\boldsymbol{v}}|^6\right)\left(\int_M|\tilde{\boldsymbol{v}}|^4|\boldsymbol{\nabla}\tilde{\boldsymbol{v}}|^2\right)+\left(\int_M|\tilde{\boldsymbol{v}}|^6\right)^2.$$

根据前面的两个关系式，再利用Cauchy-Schwarz不等式，得

$$\left(\int_M\left(\int_{-1}^0|\tilde{\boldsymbol{v}}|^6\mathrm{d}z\right)^2\right)^{1/2}\leqslant C|\tilde{\boldsymbol{v}}|_6^3\left(\int_\Omega|\tilde{\boldsymbol{v}}|^4|\boldsymbol{\nabla}\tilde{\boldsymbol{v}}|^2\right)^{1/2}+|\tilde{\boldsymbol{v}}|_6^6. \tag{3.4.38}$$

类似于(3.4.38)，应用Minkowski不等式和$\|\boldsymbol{v}\|_{L^8(M)}\leqslant C\|\boldsymbol{v}\|_{L^6(M)}^{\frac{3}{4}}\|\boldsymbol{v}\|_{H^1(M)}^{\frac{1}{4}}$,得

$$\begin{aligned}\left(\int_M\left(\int_{-1}^0|\tilde{\boldsymbol{v}}|^4\mathrm{d}z\right)^2\right)^{1/2}&\leqslant C\int_{-1}^0\left(\int_M|\tilde{\boldsymbol{v}}|^8\right)^{1/2}\mathrm{d}z\\ \leqslant C\int_{-1}^0\|\tilde{\boldsymbol{v}}\|_{L^6(M)}^3(\|\boldsymbol{\nabla}\tilde{\boldsymbol{v}}\|_{L^2(M)}+\|\tilde{\boldsymbol{v}}\|_{L^2(M)})\mathrm{d}z&\leqslant C|\tilde{\boldsymbol{v}}|_6^3(|\boldsymbol{\nabla}\tilde{\boldsymbol{v}}|_2+|\tilde{\boldsymbol{v}}|_2),\end{aligned} \tag{3.4.39}$$

$$\begin{aligned}\left(\int_M\left(\int_{-1}^0|\tilde{\boldsymbol{v}}|^2\mathrm{d}z\right)^4\right)^{1/4}&\leqslant C\int_{-1}^0\left(\int_M|\tilde{\boldsymbol{v}}|^8\right)^{1/4}\mathrm{d}z\\ \leqslant C\int_{-1}^0\|\tilde{\boldsymbol{v}}\|_{L^6(M)}^{3/2}\left(\|\boldsymbol{\nabla}\tilde{\boldsymbol{v}}\|_{L^2(M)}^{1/2}+\|\tilde{\boldsymbol{v}}\|_{L^2(M)}^{1/2}\right)\mathrm{d}z&\leqslant C|\tilde{\boldsymbol{v}}|_6^{3/2}\left(|\boldsymbol{\nabla}\tilde{\boldsymbol{v}}|_2^{1/2}+|\tilde{\boldsymbol{v}}|_2^{1/2}\right).\end{aligned} \tag{3.4.40}$$

结合(3.4.37)~(3.4.40)，再利用插值不等式$\|\boldsymbol{v}\|_{L^4(M)}\leqslant C\|\boldsymbol{v}\|_{L^2(M)}^{\frac{1}{2}}\|\boldsymbol{v}\|_{H^1(M)}^{\frac{1}{2}}$、Young不等式和 Cauchy-Schwarz不等式，得到

$$\begin{aligned}&\frac{\mathrm{d}|\tilde{\boldsymbol{v}}|_6^6}{\mathrm{d}t}+\int_\Omega(|\boldsymbol{\nabla}\tilde{\boldsymbol{v}}|^2|\tilde{\boldsymbol{v}}|^4+|\boldsymbol{\nabla}|\tilde{\boldsymbol{v}}|^2|^2|\tilde{\boldsymbol{v}}|^2)+\int_\Omega(|\tilde{\boldsymbol{v}}_z|^2|\tilde{\boldsymbol{v}}|^4+|\partial_z|\tilde{\boldsymbol{v}}|^2|^2|\tilde{\boldsymbol{v}}|^2)\\ \leqslant&c(\|\bar{\boldsymbol{v}}\|_{L^2(M)}^2\|\bar{\boldsymbol{v}}\|_{H^1(M)}^2+|\boldsymbol{\nabla}\tilde{\boldsymbol{v}}|_2^2+|\tilde{\boldsymbol{v}}|_2^2)|\tilde{\boldsymbol{v}}|_6^6+c\|\bar{T}\|_{L^2(M)}^2\|\bar{T}\|_{H^1(M)}^2.\end{aligned}$$

利用Gronwall不等式，根据(3.4.36)和上式，得

$$|\tilde{\boldsymbol{v}}(t)|_6^6+\int_0^t\left(\int_\Omega|\boldsymbol{\nabla}\tilde{\boldsymbol{v}}|^2|\tilde{\boldsymbol{v}}|^4+\int_\Omega|\tilde{\boldsymbol{v}}_z|^2|\tilde{\boldsymbol{v}}|^4\right)\leqslant K_2(t), \tag{3.4.41}$$

这里

$$K_2(t)=\mathrm{e}^{K_1^2(t)}(\|\boldsymbol{v}_0\|^6+K_1^2(t)).$$

把方程(3.4.12)与$|T|^4T$做$L^2(\Omega)$的内积，得

$$\frac{1}{6}\frac{\mathrm{d}|T|_6^6}{\mathrm{d}t}+5\int_\Omega|\boldsymbol{\nabla}T|^2|T|^4+5\int_\Omega|T_z|^2|T|^4+\alpha_s|T(z=0)|_6^6$$

$$=\int_\Omega Q|T|^4T-\int_\Omega\left[(\boldsymbol{v}\cdot\boldsymbol{\nabla})T-\left(\int_{-1}^z\boldsymbol{\nabla}\cdot\boldsymbol{v}\mathrm{d}z'\right)\frac{\partial T}{\partial z}\right]|T|^4T.$$

应用分部积分、Hölder不等式和Gronwall不等式，得到

$$|T|_6^6\leqslant\|Q\|_1t+\|T_0\|. \tag{3.4.42}$$

得到了$\tilde{\boldsymbol{v}}$的L^6估计后，为了得到$\boldsymbol{v}$的L^6估计，必须对$\bar{\boldsymbol{v}}$的H^1范数做关于时间的一致估计，但是因为在(3.4.36)中已经得到了$\bar{\boldsymbol{v}}$的L^2范数一致估计，所以只要做$\boldsymbol{\nabla}\bar{\boldsymbol{v}}$的$L^2$范数一致估计，下面开始做这一工作.

$\boldsymbol{\nabla}\bar{\boldsymbol{v}}$的$L^2$估计　把方程(3.4.29)与$-\Delta\bar{\boldsymbol{v}}$做$L^2(M)\times L^2(M)$的内积，得

$$\begin{aligned}&\frac{1}{2}\frac{\mathrm{d}\|\boldsymbol{\nabla}\bar{\boldsymbol{v}}\|_{L^2(M)}^2}{\mathrm{d}t}+\|\Delta\bar{\boldsymbol{v}}\|_{L^2(M)}^2\\&=\int_M\left[(\bar{\boldsymbol{v}}\cdot\boldsymbol{\nabla})\bar{\boldsymbol{v}}+\int_{-1}^0(\tilde{\boldsymbol{v}}\mathrm{div}\tilde{\boldsymbol{v}}+(\tilde{\boldsymbol{v}}\cdot\boldsymbol{\nabla})\tilde{\boldsymbol{v}})\mathrm{d}z\right]\cdot\Delta\bar{\boldsymbol{v}}+\int_M(\mathrm{grad}p_s+f\boldsymbol{k}\times\bar{\boldsymbol{v}})\cdot\Delta\bar{\boldsymbol{v}}\\&\quad+\int_M\left(-\int_{-1}^0\int_{-1}^z\boldsymbol{\nabla}T\mathrm{d}z'\mathrm{d}z\right)\cdot\Delta\bar{\boldsymbol{v}}.\end{aligned}$$

应用Hölder不等式、$\|\boldsymbol{v}\|_{L^4(M)}\leqslant C\|\boldsymbol{v}\|_{L^2(M)}^{\frac12}\|\boldsymbol{v}\|_{H^1(M)}^{\frac12}$ 和Young不等式，得

$$\begin{aligned}&\left|\int_M((\bar{\boldsymbol{v}}\cdot\boldsymbol{\nabla})\,\bar{\boldsymbol{v}}\cdot\Delta\bar{\boldsymbol{v}})\right|\leqslant c\|\bar{\boldsymbol{v}}\|_{L^4(M)}\left(\int_M|\boldsymbol{\nabla}\bar{\boldsymbol{v}}|^4\right)^{\frac14}\|\Delta\bar{\boldsymbol{v}}\|_{L^2(M)}\\&\leqslant c\|\bar{\boldsymbol{v}}\|_{L^2(M)}^{\frac12}\|\bar{\boldsymbol{v}}\|_{H^1(M)}^{\frac12}\left(\int_M|\boldsymbol{\nabla}\bar{\boldsymbol{v}}|^2\right)^{\frac14}\left(\int_M|\boldsymbol{\nabla}\bar{\boldsymbol{v}}|^2+\|\Delta\bar{\boldsymbol{v}}\|_{L^2(M)}^2\right)^{\frac14}\|\Delta\bar{\boldsymbol{v}}\|_{L^2(M)}\\&\leqslant c\left(\|\bar{\boldsymbol{v}}\|_{L^2(M)}^2+\|\bar{\boldsymbol{v}}\|_{H^1(M)}^2+\|\bar{\boldsymbol{v}}\|_{L^2(M)}^2\|\bar{\boldsymbol{v}}\|_{H^1(M)}^2\right)\|\boldsymbol{\nabla}\bar{\boldsymbol{v}}\|_{L^2(M)}^2+\varepsilon\|\Delta\bar{\boldsymbol{v}}\|_{L^2(M)}^2.\end{aligned}$$

应用Hölder不等式和Young不等式，得

$$\begin{aligned}&\left|\int_M\int_{-1}^0(\tilde{\boldsymbol{v}}\mathrm{div}\tilde{\boldsymbol{v}}+(\tilde{\boldsymbol{v}}\cdot\boldsymbol{\nabla})\,\tilde{\boldsymbol{v}})\,\mathrm{d}z\cdot\Delta\bar{\boldsymbol{v}}\right|\leqslant\int_M\int_{-1}^0|\tilde{\boldsymbol{v}}||\boldsymbol{\nabla}\tilde{\boldsymbol{v}}|\mathrm{d}z|\Delta\bar{\boldsymbol{v}}|\\&\leqslant\left[\int_M\left(\int_{-1}^0|\tilde{\boldsymbol{v}}||\boldsymbol{\nabla}\tilde{\boldsymbol{v}}|\mathrm{d}z\right)^2\right]^{\frac14}\left[\int_M\left(\int_{-1}^0|\boldsymbol{\nabla}\tilde{\boldsymbol{v}}|\mathrm{d}z\right)^2\right]^{\frac14}\|\Delta\bar{\boldsymbol{v}}\|_{L^2(M)}\\&\leqslant c\int_\Omega|\tilde{\boldsymbol{v}}|^4|\boldsymbol{\nabla}\tilde{\boldsymbol{v}}|^2+c|\boldsymbol{\nabla}\tilde{\boldsymbol{v}}|_2^2+\varepsilon\|\Delta\bar{\boldsymbol{v}}\|_{L^2(M)}^2.\end{aligned}$$

应用分部积分、(3.4.13)和边界条件(3.4.16)，得

$$\int_M\mathrm{grad}p_s\cdot\Delta\bar{\boldsymbol{v}}=0,\quad\int_M\left(-\int_{-1}^0\int_{-1}^z\boldsymbol{\nabla}T\mathrm{d}z'\mathrm{d}z\right)\cdot\Delta\bar{\boldsymbol{v}}=0.$$

$(f\boldsymbol{k}\times\bar{\boldsymbol{v}})\cdot\Delta\bar{\boldsymbol{v}}=0$意味着

$$\int_M(f\boldsymbol{k}\times\bar{\boldsymbol{v}})\cdot\Delta\bar{\boldsymbol{v}}=0.$$

综合前面的式子，再选取充分小的ε，得到

$$\begin{aligned}&\frac{\mathrm{d}\|\nabla\bar{\boldsymbol{v}}\|^2_{L^2(M)}}{\mathrm{d}t}+\|\Delta\bar{\boldsymbol{v}}\|^2_{L^2(M)}\\ \leqslant& c(\|\bar{\boldsymbol{v}}\|^2_{L^2(M)}+\|\bar{\boldsymbol{v}}\|^2_{H^1(M)}+\|\bar{\boldsymbol{v}}\|^2_{L^2(M)}\|\bar{\boldsymbol{v}}\|^2_{H^1(M)})\|\nabla\bar{\boldsymbol{v}}\|^2_{L^2(M)}+c\int_\Omega|\tilde{\boldsymbol{v}}|^4|\nabla\tilde{\boldsymbol{v}}|^2+c|\nabla\tilde{\boldsymbol{v}}|_2^2.\end{aligned}$$

根据(3.4.36)和(3.4.41)，从上式可得

$$\|\nabla\bar{\boldsymbol{v}}(t)\|^2_{L^2(M)}+\int_0^t\|\Delta\bar{\boldsymbol{v}}(s)\|^2_{L^2(M)}\mathrm{d}s\leqslant K_3(t), \tag{3.4.43}$$

这里

$$K_3(t)=\mathrm{e}^{K_1^2(t)}(\|\boldsymbol{v}_0\|^2+K_1(t)+K_2(t)).$$

下面，开始估计$\boldsymbol{v}$, T的H^1范数，首先做$\boldsymbol{v}_z$的L^2范数关于时间的一致估计，再做∇v的L^2范数的一致估计，最后做T的H^1范数的一致估计.

$\partial_z\boldsymbol{v}$的L^2估计 把方程(3.4.11)关于z求导，得到下面的方程

$$\begin{aligned}&\frac{\partial\boldsymbol{v}_z}{\partial t}-\Delta\boldsymbol{v}_z-\frac{\partial^2\boldsymbol{v}_z}{\partial z^2}+(\boldsymbol{v}\cdot\nabla)\boldsymbol{v}_z+W(\boldsymbol{v})\frac{\partial\boldsymbol{v}_z}{\partial z}+(\boldsymbol{v}_z\cdot\nabla)\boldsymbol{v}\\ &-(\mathrm{div}\boldsymbol{v})\boldsymbol{v}_z+f\boldsymbol{k}\times\boldsymbol{v}_z-\nabla T=0,\end{aligned}$$

其中$\boldsymbol{v}_z=\partial_z\boldsymbol{v}$. 把上面的方程与$\boldsymbol{v}_z$做$L^2(\Omega)\times L^2(\Omega)$的内积，得

$$\begin{aligned}&\frac{1}{2}\frac{\mathrm{d}|\boldsymbol{v}_z|_2^2}{\mathrm{d}t}+\int_\Omega|\nabla\boldsymbol{v}_z|^2+\int_\Omega\left|\frac{\partial\boldsymbol{v}_z}{\partial z}\right|^2\\ =&-\int_\Omega\left((\boldsymbol{v}\cdot\nabla)\boldsymbol{v}_z+W(\boldsymbol{v})\frac{\partial\boldsymbol{v}_z}{\partial z}\right)\cdot\boldsymbol{v}_z-\int_\Omega((\boldsymbol{v}_z\cdot\nabla)\boldsymbol{v}-(\mathrm{div}\boldsymbol{v})\boldsymbol{v}_z)\cdot\boldsymbol{v}_z\\ &-\int_\Omega(f\boldsymbol{k}\times\boldsymbol{v}_z)\cdot\boldsymbol{v}_z-\int_\Omega\nabla T\cdot\boldsymbol{v}_z.\end{aligned}$$

由分部积分，得

$$\int_\Omega\left((v\cdot\nabla)\boldsymbol{v}_z+W(\boldsymbol{v})\frac{\partial\boldsymbol{v}_z}{\partial z}\right)\cdot\boldsymbol{v}_z=0.$$

应用分部积分、Hölder不等式、插值不等式$|\boldsymbol{v}|_3\leqslant C|\boldsymbol{v}|_2^{\frac{1}{2}}\|\boldsymbol{v}\|_1^{\frac{1}{2}}$和Young不等式，得到

$$\begin{aligned}&-\int_\Omega((\boldsymbol{v}_z\cdot\nabla)\boldsymbol{v}-(\mathrm{div}\boldsymbol{v})\boldsymbol{v}_z)\cdot\boldsymbol{v}_z\leqslant c\int_\Omega|\boldsymbol{v}||\boldsymbol{v}_z||\nabla\boldsymbol{v}_z|\\ \leqslant& c|\boldsymbol{v}|_6|\boldsymbol{v}_z|_3\left(\int_\Omega|\nabla\boldsymbol{v}_z|^2\right)^{\frac{1}{2}}\leqslant c|\boldsymbol{v}|_6|\boldsymbol{v}_z|_2^{\frac{1}{2}}\|\boldsymbol{v}_z\|^{\frac{1}{2}}\left(\int_\Omega|\nabla\boldsymbol{v}_z|^2\right)^{\frac{1}{2}}\\ \leqslant&\varepsilon\left(|\nabla\boldsymbol{v}_z|_2^2+\left|\frac{\partial\boldsymbol{v}_z}{\partial z}\right|_2^2\right)+c\left(|\nabla\bar{\boldsymbol{v}}|_2^4+|\tilde{\boldsymbol{v}}|_6^4\right)|\boldsymbol{v}_z|_2^2.\end{aligned}$$

应用分部积分、Hölder不等式和Young不等式，得

$$-\int_{\Omega}\nabla T\cdot \boldsymbol{v}_z=\int_{\Omega}T\mathrm{div}\boldsymbol{v}_z\leqslant c|T|_2^2+\varepsilon|\nabla \boldsymbol{v}_z|_2^2.$$

选取充分小的ε, 从前面的关系式得到

$$\frac{\mathrm{d}|\boldsymbol{v}_z|_2^2}{\mathrm{d}t}+\int_{\Omega}|\nabla \boldsymbol{v}_z|^2+\int_{\Omega}\left|\frac{\partial \boldsymbol{v}_z}{\partial z}\right|^2\leqslant c(|\nabla\bar{\boldsymbol{v}}|_2^4+|\tilde{\boldsymbol{v}}|_6^4)|\boldsymbol{v}_z|_2^2+c|T|_2^2.$$

根据(3.4.36)、(3.4.41)和(3.4.43)，从上式可得

$$|\boldsymbol{v}_z(t)|_2^2+\int_0^t\left(|\nabla \boldsymbol{v}_z(s)|_2^2+\left|\frac{\partial \boldsymbol{v}_z}{\partial z}(s)\right|_2^2\right)\mathrm{d}s\leqslant K_4(t), \tag{3.4.44}$$

其中

$$K_4(t)=\mathrm{e}^{(K_3^2(t)+K_2^{\frac{2}{3}}(t))t}(\|\boldsymbol{v}_0\|^2+K_1(t)).$$

$\nabla\boldsymbol{v}$的L^2估计　把方程(3.4.11)与$-\Delta\boldsymbol{v}$做$L^2(\Omega)\times L^2(\Omega)$的内积，得

$$\begin{aligned}&\frac{1}{2}\frac{\mathrm{d}|\nabla \boldsymbol{v}|_2^2}{\mathrm{d}t}+\int_{\Omega}|\Delta \boldsymbol{v}|^2+\int_{\Omega}|\nabla \boldsymbol{v}_z|^2\\=&\int_{\Omega}((\boldsymbol{v}\cdot\nabla)\boldsymbol{v}+W(\boldsymbol{v})\boldsymbol{v}_z)\cdot\Delta\boldsymbol{v}-\int_{\Omega}\left(\int_{-1}^z\nabla T\mathrm{d}z'\right)\cdot\Delta\boldsymbol{v}+\int_{\Omega}(f\boldsymbol{k}\times\boldsymbol{v}+\nabla p_s)\cdot\Delta\boldsymbol{v}.\end{aligned}$$

应用Hölder不等式、插值不等式$|\boldsymbol{v}|_3\leqslant C|\boldsymbol{v}|_2^{\frac{1}{2}}\|\boldsymbol{v}\|_1^{\frac{1}{2}}$ 和Young不等式，得

$$\begin{aligned}&\left|\int_{\Omega}(\boldsymbol{v}\cdot\nabla)\boldsymbol{v}\cdot\Delta\boldsymbol{v}\right|\leqslant\int_{\Omega}|\boldsymbol{v}||\nabla\boldsymbol{v}||\Delta\boldsymbol{v}|\leqslant c|\boldsymbol{v}|_6^2\left(\int_{\Omega}|\nabla\boldsymbol{v}|^3\right)^{\frac{2}{3}}+\varepsilon|\Delta\boldsymbol{v}|_2^2\\&\leqslant c|\boldsymbol{v}|_6^2\left(\int_{\Omega}|\nabla\boldsymbol{v}|^2\right)^{\frac{2}{4}}\left(\int_{\Omega}(|\nabla\boldsymbol{v}|^2+|\nabla\boldsymbol{v}_z|^2+|\Delta\boldsymbol{v}|^2)\right)^{\frac{2}{4}}+\varepsilon|\Delta\boldsymbol{v}|_2^2\\&\leqslant c\left(|\boldsymbol{v}|_6^2+|\boldsymbol{v}|_6^4\right)|\nabla\boldsymbol{v}|_2^2+2\varepsilon\left(|\Delta\boldsymbol{v}|_2^2+|\nabla\boldsymbol{v}_z|_2^2\right).\end{aligned}\tag{3.4.45}$$

应用Hölder不等式、Minkowski不等式、$\|\boldsymbol{v}\|_{L^4(M)}\leqslant C\|\boldsymbol{v}\|_{L^2(M)}^{\frac{1}{2}}\|\boldsymbol{v}\|_{H^1(M)}^{\frac{1}{2}}$ 和Young不等式，得

$$\begin{aligned}&\left|\int_{\Omega}W(\boldsymbol{v})\boldsymbol{v}_z\cdot\Delta\boldsymbol{v}\right|\leqslant\int_M\left(\int_{-1}^0|\nabla\boldsymbol{v}|\mathrm{d}z\int_{-1}^0|\boldsymbol{v}_z||\Delta\boldsymbol{v}|\mathrm{d}z\right)\\&\leqslant\int_M\left[\left(\int_{-1}^0|\nabla\boldsymbol{v}|^2\mathrm{d}z\right)^{\frac{1}{2}}\left(\int_{-1}^0|\boldsymbol{v}_z|^2\mathrm{d}z\right)^{\frac{1}{2}}\left(\int_{-1}^0|\Delta\boldsymbol{v}|^2\mathrm{d}z\right)^{\frac{1}{2}}\right]\\&\leqslant c\left[\int_{-1}^0\left(\int_M|\nabla\boldsymbol{v}|^4\right)^{\frac{1}{2}}\mathrm{d}z\right]\left[\int_{-1}^0\left(\int_M|\boldsymbol{v}_z|^4\right)^{\frac{1}{2}}\mathrm{d}z\right]+\varepsilon|\Delta\boldsymbol{v}|_2^2\\&\leqslant c\left[\int_{-1}^0\left(\int_M|\nabla\boldsymbol{v}|^2\right)^{\frac{1}{2}}\left(\int_M(|\nabla\boldsymbol{v}|^2+|\Delta\boldsymbol{v}|^2)\right)^{\frac{1}{2}}\mathrm{d}z\right]\end{aligned}$$

$$\cdot c\left[\int_{-1}^{0}\left(\int_M|\boldsymbol{v}_z|^2\right)^{\frac{1}{2}}\left(\int_M(|\nabla\boldsymbol{v}_z|^2+|\boldsymbol{v}_z|^2)\right)^{\frac{1}{2}}\mathrm{d}z\right]+\varepsilon|\Delta\boldsymbol{v}|_2^2$$
$$\leqslant c\left(|\nabla\boldsymbol{v}|_2^2+|\nabla\boldsymbol{v}|_2|\Delta\boldsymbol{v}|_2\right)|\boldsymbol{v}_z|_2\left(|\boldsymbol{v}_z|_2+|\nabla\boldsymbol{v}_z|_2\right)+\varepsilon|\Delta\boldsymbol{v}|_2^2$$
$$\leqslant 2\varepsilon|\Delta\boldsymbol{v}|_2^2+c\left[2|\boldsymbol{v}_z|_2^2+|\boldsymbol{v}_z|_2^4+\left(|\boldsymbol{v}_z|_2^2+1\right)|\nabla\boldsymbol{v}_z|_2^2\right]|\nabla\boldsymbol{v}|_2^2. \tag{3.4.46}$$

选取充分小ε，从前面的关系式得

$$\frac{\mathrm{d}|\nabla\boldsymbol{v}|_2^2}{\mathrm{d}t}+\int_\Omega|\Delta\boldsymbol{v}|^2+\int_\Omega|\nabla\boldsymbol{v}_z|^2$$
$$\leqslant c\left[|\boldsymbol{v}|_6^2+|\boldsymbol{v}|_6^4+2|\boldsymbol{v}_z|_2^2+|\boldsymbol{v}_z|_2^4+(|\boldsymbol{v}_z|_2^2+1)|\nabla\boldsymbol{v}_z|_2^2)\right]|\nabla\boldsymbol{v}|_2^2+c|\nabla T|_2^2.$$

根据(3.4.36)、(3.4.41)、(3.4.43)和(3.4.44)，从上式可得

$$|\nabla\boldsymbol{v}(t)|_2^2+\int_0^t(|\Delta\boldsymbol{v}(s)|_2^2+|\nabla\boldsymbol{v}_z(s)|_2^2)\mathrm{d}s\leqslant K_5(t), \tag{3.4.47}$$

其中

$$K_5(t)=\mathrm{e}^{(1+K_2^{\frac{2}{3}}(t)+K_3^{\frac{2}{3}}(t)+K_4^2(t))t+(K_4(t)+1)K_4(t)}(\|\boldsymbol{v}_0\|^2+K_1(t)).$$

T的H^1估计 把方程(3.4.12)与$-\Delta T-T_{zz}$做$L^2(\Omega)$的内积，得

$$\frac{1}{2}\frac{\mathrm{d}(|\nabla T|_2^2+|T_z|_2^2+\alpha_s|T|_{z=0}|_2^2)}{\mathrm{d}t}+|\Delta T|_2^2+(|\nabla T_z|_2^2+\alpha_s|\nabla T|_{z=0}|_2^2)+|\nabla T_{zz}|_2^2$$
$$=\int_\Omega((\boldsymbol{v}\cdot\nabla)T+W(\boldsymbol{v})\frac{\partial T}{\partial z})(\Delta T+T_{zz})-\int_\Omega Q(\Delta T+T_{zz}).$$

类似于(3.4.45),

$$\left|\int_\Omega(\boldsymbol{v}\cdot\nabla)T(\Delta T+T_{zz})\right|\leqslant c(|\boldsymbol{v}|_6^2+|\boldsymbol{v}|_6^4)|\nabla T|_2^2+2\varepsilon(|\Delta T|_2^2+|T_{zz}|_2^2+|\nabla T_z|_2^2).$$

类似于(3.4.46)，

$$|\int_\Omega W(\boldsymbol{v})T_z(\Delta T+T_{zz})|$$
$$\leqslant\int_M\left[\left(\int_{-1}^0|\nabla\boldsymbol{v}|^2\mathrm{d}z\right)^{\frac{1}{2}}\left(\int_{-1}^0|T_z|^2\mathrm{d}z\right)^{\frac{1}{2}}\left(\int_{-1}^0|\Delta T+T_{zz}|^2\mathrm{d}z\right)^{\frac{1}{2}}\right]$$
$$\leqslant c\left[\int_{-1}^0\left(\int_M|\nabla\boldsymbol{v}|^4\right)^{\frac{1}{2}}\mathrm{d}z\right]\left[\int_{-1}^0\left(\int_M|T_z|^4\right)^{\frac{1}{2}}\mathrm{d}z\right]+\varepsilon\int_\Omega|\Delta T+T_{zz}|^2$$
$$\leqslant c\left[\int_{-1}^0\left(\int_M|\nabla\boldsymbol{v}|^2\right)^{\frac{1}{2}}\left(\int_M(|\nabla\boldsymbol{v}|^2+|\Delta\boldsymbol{v}|^2)\right)^{\frac{1}{2}}\mathrm{d}z\right]$$
$$\cdot c\left[\int_{-1}^0\left(\int_M|T_z|^2\right)^{\frac{1}{2}}\left(\int_M(|\nabla T_z|^2+|T_z|^2)\right)^{\frac{1}{2}}\mathrm{d}z\right]+\varepsilon\int_\Omega|\Delta T+T_{zz}|^2$$

$$\leqslant \varepsilon\left(|\Delta T|_2^2+|\nabla T_z|_2^2+|T_{zz}|_2^2\right)+c(2|\nabla \boldsymbol{v}|_2^2+|\Delta \boldsymbol{v}|_2^2+|\nabla \boldsymbol{v}|_2^4+|\nabla \boldsymbol{v}|_2^2|\Delta \boldsymbol{v}|_2^2)|T_z|_2^2.$$

选取充分小ε，从前面的关系式可得

$$\frac{\mathrm{d}(|\nabla T|_2^2+|T_z|_2^2+\alpha_s|T|_{z=0}|_2^2)}{\mathrm{d}t}+|\Delta T|_2^2+(|\nabla T_z|_2^2+\alpha_s|\nabla T|_{z=0}|_2^2)+|\nabla T_{zz}|_2^2$$
$$\leqslant c(|\boldsymbol{v}|_6^2+|\boldsymbol{v}|_6^4)|\nabla T|_2^2+(2|\nabla \boldsymbol{v}|_2^2+|\Delta \boldsymbol{v}|_2^2+|\nabla \boldsymbol{v}|_2^4+|\nabla \boldsymbol{v}|_2^2|\Delta \boldsymbol{v}|_2^2)|T_z|_2^2+c|Q|_2^2.$$

根据(3.4.36)、(3.4.41)、(3.4.43)和(3.4.44)，从上式可得

$$|\nabla T(t)|_2^2+|T_z(t)|_2^2+\int_0^t(|\Delta T(s)|_2^2+|\nabla T_z(s)|_2^2+|\nabla T_{zz}|_2^2)\mathrm{d}s\leqslant K_6(t), \tag{3.4.48}$$

其中

$$K_6(t)=\mathrm{e}^{(1+K_2^{\frac{2}{3}}(t)+K_3^{\frac{2}{3}}(t)+K_5^2(t))t+(K_5(t)+1)K_5(t)}(\|T_0\|^2+|Q|_2^2).$$

整体存在性的证明：由命题3.4.4，我们可用反证法来证明强解的整体存在性．事实上，设U是系统(3.4.11)～(3.4.17) 在最大区间$[0,\mathcal{T}^*]$上的一个强解．如果$\mathcal{T}^*<+\infty$，那么$\limsup\limits_{t\to\mathcal{T}^{*-}}\|U\|=+\infty$，由(3.4.36)、(3.4.44)、(3.2.47)和(3.2.48)，我们可知：$\limsup\limits_{t\to\mathcal{T}^{*-}}\|U\|=+\infty$是不可能的．从而，定理3.4.5中的整体存在性得到证明．

唯一性的证明：设$(\boldsymbol{v}_1,T_1)$和$(\boldsymbol{v}_2,T_2)$是方程组(3.4.11)～(3.4.17)在区间$[0,\mathcal{T}]$上分别与p_{s_1},p_{s_2}和初始数据$((\boldsymbol{v}_0)_1,(T_0)_1)$，$((\boldsymbol{v}_0)_2,(T_0)_2)$对应的两个强解．令$\boldsymbol{v}=\boldsymbol{v}_1-\boldsymbol{v}_2$, $T=T_1-T_2$, $p_s=p_{s_1}-p_{s_2}$，那么$\boldsymbol{v}$, T, p_s满足下面的系统：

$$\frac{\partial \boldsymbol{v}}{\partial t}-\Delta \boldsymbol{v}-\frac{\partial^2 \boldsymbol{v}}{\partial z^2}+(\boldsymbol{v}_1\cdot\nabla)\boldsymbol{v}+(\boldsymbol{v}\cdot\nabla)\boldsymbol{v}_2+W(\boldsymbol{v}_1)\frac{\partial \boldsymbol{v}}{\partial z}+W(\boldsymbol{v})\frac{\partial \boldsymbol{v}_2}{\partial z}$$
$$+f\boldsymbol{k}\times\boldsymbol{v}+\nabla p_s-\int_{-1}^z\nabla T\mathrm{d}z'=0, \tag{3.4.49}$$
$$\frac{\partial T}{\partial t}-\Delta T-\frac{\partial^2 T}{\partial z^2}+(\boldsymbol{v}_1\cdot\nabla)T+(\boldsymbol{v}\cdot\nabla)T_2+W(\boldsymbol{v}_1)\frac{\partial T}{\partial z}+W(\boldsymbol{v})\frac{\partial T_2}{\partial z}=0, \tag{3.4.50}$$
$$\boldsymbol{v}|_{t=0}=(\boldsymbol{v}_0)_1-(\boldsymbol{v}_0)_2,$$
$$T|_{t=0}=(T_0)_1-(T_0)_2,$$
$$\frac{\partial \boldsymbol{v}}{\partial z}=0,\ \frac{\partial T}{\partial z}=-\alpha_s T \qquad \text{on } \Gamma_u,$$
$$\frac{\partial \boldsymbol{v}}{\partial z}=0,\ \frac{\partial T}{\partial z}=0 \qquad \text{on } \Gamma_b,$$
$$\boldsymbol{v}\cdot\mathbf{n}=0,\ \frac{\partial \boldsymbol{v}}{\partial \mathbf{n}}\times\mathbf{n}=0,\ \frac{\partial T}{\partial \mathbf{n}}=0 \qquad \text{on } \partial\Gamma_l.$$

把方程(3.4.49)与$\boldsymbol{v}$做$L^2(\Omega)\times L^2(\Omega)$的内积，得

$$\frac{1}{2}\frac{\mathrm{d}|\boldsymbol{v}|_2^2}{\mathrm{d}t}+\int_\Omega|\nabla\boldsymbol{v}|^2+\int_\Omega|\boldsymbol{v}_z|^2$$
$$=-\int_\Omega\left((\boldsymbol{v}_1\cdot\nabla)\,\boldsymbol{v}+W\left(\boldsymbol{v}_1\right)\frac{\partial\boldsymbol{v}}{\partial z}\right)\cdot\boldsymbol{v}-\int_\Omega(\boldsymbol{v}\cdot\nabla)\,\boldsymbol{v}_2\cdot\boldsymbol{v}$$
$$-\int_\Omega W\left(\boldsymbol{v}\right)\frac{\partial\boldsymbol{v}_2}{\partial z}\cdot\boldsymbol{v}-\int_\Omega(f\boldsymbol{k}\times\boldsymbol{v}+\nabla p_s)\cdot\boldsymbol{v}+\int_\Omega\left(\int_{-1}^z\nabla T\mathrm{d}z'\right)\cdot\boldsymbol{v}.$$

应用Hölder不等式、Young不等式和插值不等式$|\boldsymbol{v}|_4\leqslant C|\boldsymbol{v}|_2^{\frac14}\|\boldsymbol{v}\|_1^{\frac34}$，得

$$\left|\int_\Omega(\boldsymbol{v}\cdot\nabla)\,\boldsymbol{v}_2\cdot\boldsymbol{v}\right|=\left|\int_\Omega(\boldsymbol{v}_2\cdot(\boldsymbol{v}\cdot\nabla)\,\boldsymbol{v}+\boldsymbol{v}_2\cdot\boldsymbol{v}\mathrm{div}\boldsymbol{v})\right|\leqslant\varepsilon\int_\Omega|\nabla\boldsymbol{v}|^2+c|\boldsymbol{v}|_4^2|\boldsymbol{v}_2|_4^2$$
$$\leqslant\varepsilon\int_\Omega|\nabla\boldsymbol{v}|^2+c|\boldsymbol{v}_2|_4^2|\boldsymbol{v}|_2^{\frac12}\|\boldsymbol{v}\|^{\frac32}\leqslant2\varepsilon\int_\Omega\left(|\nabla\boldsymbol{v}|^2+|\boldsymbol{v}_z|^2\right)+c\left(|\boldsymbol{v}_2|_4^2+|\boldsymbol{v}_2|_4^8\right)|\boldsymbol{v}|_2^2.$$

类似于(3.4.46)，

$$\left|\int_\Omega W(\boldsymbol{v})\frac{\partial\boldsymbol{v}_2}{\partial z}\cdot\boldsymbol{v}\right|$$
$$\leqslant2\varepsilon\int_\Omega|\nabla\boldsymbol{v}|^2+c\left[(|\boldsymbol{v}_{2z}|_2^2+1)\int_\Omega|\nabla\boldsymbol{v}_{2z}|^2+|\boldsymbol{v}_{2z}|_2^4+|\boldsymbol{v}_{2z}|_2^2\right]|\boldsymbol{v}|_2^2.$$

由前面的关系式，得到

$$\frac{1}{2}\frac{\mathrm{d}|\boldsymbol{v}|_2^2}{\mathrm{d}t}+\int_\Omega|\nabla\boldsymbol{v}|^2+\int_\Omega|\boldsymbol{v}_z|^2$$
$$\leqslant4\varepsilon\int_\Omega(|\nabla\boldsymbol{v}|^2+|\boldsymbol{v}_z|^2)+\varepsilon|\nabla T|_2^2+c\left[1+|\boldsymbol{v}_2|_4^2+|\boldsymbol{v}_2|_4^8+(|\boldsymbol{v}_{2z}|_2^2+1)|\nabla\boldsymbol{v}_{2z}|_2^2\right.$$
$$\left.+|\boldsymbol{v}_{2z}|_2^4+|\boldsymbol{v}_{2z}|_2^2\right]|\boldsymbol{v}|_2^2.$$

把方程(3.4.50)与T做$L^2(\Omega)$的内积，得

$$\frac{1}{2}\frac{\mathrm{d}|T|_2^2}{\mathrm{d}t}+\int_\Omega|\nabla T|^2+\int_\Omega|T_z|^2+\alpha_s|T|_{z=0}|_2^2$$
$$=-\int_\Omega\left((\boldsymbol{v}_1\cdot\nabla)T+W(\boldsymbol{v}_1)\frac{\partial T}{\partial z}\right)T-\int_\Omega T(\boldsymbol{v}\cdot\nabla)T_2-\int_\Omega W(\boldsymbol{v})\frac{\partial T_2}{\partial z}T.$$

类似于(3.4.51)，

$$\frac{1}{2}\frac{\mathrm{d}|T|_2^2}{\mathrm{d}t}+\int_\Omega|\nabla T|^2+\int_\Omega|T_z|^2+\alpha_s|T|_{z=0}|_2^2$$
$$\leqslant3\varepsilon\int_\Omega(|\nabla\boldsymbol{v}|^2+|\boldsymbol{v}_z|^2)+3\varepsilon\int_\Omega(|\nabla T|^2+|T_z|^2)+c(|T_2|_4^2+|T_2|_4^8)|\boldsymbol{v}|_2^2$$
$$+c\left[|T_2|_4^2+|T_2|_4^8+(|T_{2z}|_2^2+1)|\nabla T_{2z}|_2^2+|T_{2z}|_2^4+|T_{2z}|_2^2\right]|T|_2^2. \tag{3.4.51}$$

选取充分小ε，由(3.4.51)和(3.4.51)，得

$$\frac{\mathrm{d}(|\boldsymbol{v}|_2^2+|T|_2^2)}{\mathrm{d}t}+\int_\Omega|\nabla\boldsymbol{v}|^2+\int_\Omega|\boldsymbol{v}_z|^2+\int_\Omega|\nabla T|^2+\int_\Omega|T_z|^2+\alpha_s|T|_{z=0}|_2^2$$

$$\leqslant c\left[1+|T_2|_4^2+|T_2|_4^8+|\boldsymbol{v}_2|_4^2+|\boldsymbol{v}_2|_4^8+(|\boldsymbol{v}_{2z}|_2^2+1)|\nabla \boldsymbol{v}_{2z}|_2^2+|\boldsymbol{v}_{2z}|_2^4+|\boldsymbol{v}_{2z}|_2^2\right]|\boldsymbol{v}|_2^2$$
$$+c\left[|T_2|_4^2+|T_2|_4^8+(|T_{2z}|_2^2+1)|\nabla T_{2z}|_2^2+|T_{2z}|_2^4+|T_{2z}|_2^2\right]|T|_2^2.$$

应用Gronwall不等式和前面强解整体存在性的结果，可从上式证明强解的唯一性，至此定理3.4.5证毕.

第四章　大气、海洋随机动力系统

在长期天气预报和气候预测中，随机因素的作用是至关重要的，必须把大气过程看做随机过程，此时，人们只能预报大气相关的物理量的期望、方差等. 类似地，在长期海洋预报中，也应该把海洋过程看作随机过程. 因此，人们需要研究随机的大气、海洋原始方程组和其他简化随机气候模式. 20世纪70年代，为了更加客观地预测气候变化，人们提出采用随机气候模式，建立了描述气候随机变化的Langevin方程及相应的Fokker-Planck方程[69,89,118]. 1980年后，人们建立了一些简化的海气耦合的随机气候模式, 揭示了随机力对气候系统变化的影响[77,113,163,174,207].

近十年来，人们又开始重视随机气候模式的研究. Majda及其合作者从数学上对随机气候模式做了大量的理论研究和数值计算，取得了许多重要的成果，参见文献[70，142，143，144，147]. Zhou在文献[210]中指出：起源于分子热运动的随机力是大气本身固有的属性；太阳辐射作为决定大气运动与变化的主要因子, 它的变化具有随机性, 是大气随机强迫因子, 它对气候变化具有决定性影响；地气相互作用是一个时变的非线性相互反馈的耦合过程, 形成了下边界对大气复杂的随机强迫作用. 所以，人们考虑大气运动时，必须考虑随机力、太阳辐射和地表的随机强迫等因素. 同样地，人们研究海洋运动时也必须考虑一些随机因素的影响.

在这一章，我们主要介绍大气、海洋随机动力系统的定性理论. 在4.1节，研究带随机外力、摩擦和耗散的二维准地转方程，其中随机外力代表均质流体的上表面受到的风应力；在4.2节，我们首次研究带随机力的海洋原始方程组的适定性及其对应的无穷维随机动力系统的整体吸引子的存在性，该节的结论适用于带随机力且受到太阳辐射的随机强迫的大气原始方程组；在4.3节，我们研究带随机边界的海洋原始方程组的定性理论，其中随机边界表示大气对海洋的随机强迫作用，符合把大气运动看做随机过程的情况.

4.1 二维准地转动力系统的随机吸引子

在这一节，我们考虑带随机外力、摩擦和耗散的二维准地转方程(这一方程的详细定义将在4.1.1小节给出):

$$\left(\frac{\partial}{\partial t}+\frac{\partial\psi}{\partial x}\frac{\partial}{\partial y}-\frac{\partial\psi}{\partial y}\frac{\partial}{\partial x}\right)(\Delta\psi-F\psi+\beta_0 y)=\frac{1}{Re}\Delta^2\psi-\frac{r}{2}\Delta\psi+f(x,y,t)\ \text{in}\ D, \tag{4.1.1}$$

其中D是$\mathbb{R}^2$中充分光滑(比如C^2)的有界开区域，ψ 是流函数，$\frac{1}{Re}\Delta^2\psi$ 是粘性项，$-\frac{r}{2}\Delta\psi$ 是摩擦项，$f(x,y,t)$ 是外力项，见[159，p234]或[160]. 现实的流体问题大部分都在不同外力和耗散机制的影响下的，而且耗散和外力在研究流体系统的长时间动力学中是特别重要的. 因为海洋运动的主要外力为大气风应力，如果把方程(4.1.1)看做描述海洋大尺度运动的简化模式，那么$f(x,y,t)$就是大气风应力的旋度. 通常情况下，大气变化过程可以被看做随机场，相关的内容可见[69，149，150，167，173]. 因此，把$f(x,y,t)$看做随机外力项($f(x,y,t)$的形式将在后面给出). 文献[16，19，59] 研究的方程是

$$\left(\frac{\partial}{\partial t}+\frac{\partial\psi}{\partial x}\frac{\partial}{\partial y}-\frac{\partial\psi}{\partial y}\frac{\partial}{\partial x}\right)(\Delta\psi+\beta_0 y)=\frac{1}{Re}\Delta^2\psi-\frac{r}{2}\Delta\psi+f(x,y,t)\text{ in }D,$$

其中D是$\mathbb{R}^2$中充分光滑的区域，$f(x,y,t)$是随机外力项. 他们没有考虑$-F\psi$这一项.

我们的兴趣在于研究以下动力系统的渐近行为

$$\begin{cases}\left(\dfrac{\partial}{\partial t}+\dfrac{\partial\psi}{\partial x}\dfrac{\partial}{\partial y}-\dfrac{\partial\psi}{\partial y}\dfrac{\partial}{\partial x}\right)(\Delta\psi-F\psi+\beta_0 y)=\dfrac{1}{Re}\Delta^2\psi-\dfrac{r}{2}\Delta\psi+f(x,y,t), & \text{in } D,\\ \psi(x,y,t)=0, & \text{on }\partial D,\\ \Delta\psi(x,y,t)=0, & \text{on }\partial D.\end{cases}\tag{4.1.2}$$

因为理解动力系统的渐近行为是当代数学物理的重要问题之一，而解决这一问题的方法之一是研究动力系统的整体吸引子(比如见文献[187，197，198])，因此我们的目的是要研究f在一定的假设下系统(4.1.2)的随机吸引子的存在性. 我们的主要结果是定理4.1.3和定理4.1.12. 第一，用Banach不动点方法[51]证明随机方程(4.1.1)的初边值问题的解的整体存在性和唯一性；第二，通过研究解的渐近行为，得到准地转随机动力系统的整体吸引子的存在性. 我们证明整体吸引子的存在性的方法是受到文献[49，50，68]的启发.

本节的安排如下：在4.1.1小节，我们将给出带随机外力项和耗散的二维准地转方程的模型. 在4.1.2小节，证明随机方程(4.1.1)的初边值问题的整体适定性. 在4.1.3小节，我们将介绍随机吸引子的定义以及一些预备知识. 最后，我们将证明在随机外力作用下的耗散准地转动力系统的随机吸引子的存在性.

4.1.1 模型

随机的二维准地转方程为

$$\left(\frac{\partial}{\partial t}+\frac{\partial\psi}{\partial x}\frac{\partial}{\partial y}-\frac{\partial\psi}{\partial y}\frac{\partial}{\partial x}\right)(\Delta\psi-F\psi+\beta_0 y)=\frac{1}{Re}\Delta^2\psi-\frac{r}{2}\Delta\psi+f(x,y,t),$$

其中F 是行星Froude数(这里假设$F\approx O(1)$), Re 为Reynolds数($Re\geqslant 10^2$), β_0 是Rossby 参数($\beta_0\approx O(10^{-1})$), r是Ekman耗散常数($r\approx O(1)$). $f(x,y,t)=-\frac{\mathrm{d}W}{\mathrm{d}t}$($W$的定义将在后面给出) 是Gaussian随机场，关于时间是白噪声，并满足后面的一些假设.

设$A=-\frac{1}{Re}\Delta$, $A: L^2(D)\to L^2(D)$，A的定义域为$D(A)=H^2(D)\cap H_0^1(D)$, 这里$L^2(D)$是通常的Lebesgue空间，$H^2(D)$, $H_0^1(D)$是Sobolev 空间. $|\cdot|_p$ 是空间$L^p(D)(1\leqslant p\leqslant+\infty)$的范数，$\|\cdot\|$是空间$H_0^1(D)$的范数. A是正的、自共轭的，且有紧的逆算子A^{-1}. 记$0<\lambda_1<\lambda_2\leqslant\cdots$为$A$的特征值，记$\boldsymbol{e}_1,\boldsymbol{e}_2,\cdots$为$A$的特征向量. 注意：对任意$u\in H_0^1(D)$，$\frac{1}{Re}\|u\|^2\geqslant\lambda_1|u|_2^2$. 记$\mathrm{e}^{t(-A)}, t\geqslant 0$ 为算子$-A$在空间$L^2(D)$中生成的半群.

这里假定：随机过程W关于时间是双边的Wiener过程，它的形式为

$$W(t)=\sum_{i=1}^{+\infty}\mu_i\omega_i(t)\boldsymbol{e}_i,$$

其中$\omega_1,\omega_2,\cdots$ 是完备概率空间$(\boldsymbol{\Omega},\mathcal{F},P)$ (它的期望记为E)中独立布朗运动系列，μ_i 满足

$$\sum_{j=1}^{+\infty}\frac{\mu_i^2}{\lambda_i^{\frac{1}{2}-2\beta_1}}<+\infty,\ 对某一\ \beta_1>0.$$

我们将研究带有如下边界条件(无渗透且无滑的边界条件，见文献[26] 或者[160，p34])的方程(4.1.1)：

$$\psi(x,y,t)=0,\ \text{on}\ \partial D,$$

$$\Delta\psi(x,y,t)=0,\ \text{on}\ \partial D.$$

对任意$u\in L^2(D)$, 通过求解带Dirichlet边界条件的椭圆方程

$$\begin{cases}F\psi-\Delta\psi=u,\\ \psi|_{\partial D}=0,\end{cases}$$

得到$\psi=(FI-\Delta)^{-1}u=B(u)$. 由椭圆正则性理论(比如见文献[74]), 可知$B: L^2(D)\to H_0^1(D)\cap H^2(D)$. 因此，方程(4.1.1)可以写为

$$u_t+J(\psi,u)-\beta_0\psi_x=\frac{1}{Re}\Delta u+\left(\frac{F}{Re}-\frac{r}{2}\right)u-F\left(\frac{F}{Re}-\frac{r}{2}\right)\psi+\frac{\mathrm{d}W}{\mathrm{d}t},$$

其中$\psi=B(u)$, J 是Jacobian算子，其定义为$J(\psi,u)=\frac{\partial\psi}{\partial x}\frac{\partial u}{\partial y}-\frac{\partial\psi}{\partial y}\frac{\partial u}{\partial x}$.

定义

$$G(u)=-J(\psi,u)+\beta_0\psi_x+\left(\frac{F}{Re}-\frac{r}{2}\right)u-F\left(\frac{F}{Re}-\frac{r}{2}\right)\psi.$$

下面，将考虑

$$u_t-\frac{1}{Re}\Delta u=G(u)+\frac{\mathrm{d}W}{\mathrm{d}t},\tag{4.1.3}$$

带有边界条件

$$u|_{\partial D}=0\tag{4.1.4}$$

和初始条件

$$u(x,y,0)=u_0. \tag{4.1.5}$$

注意到：边值问题(4.1.3)、(4.1.4)与动力系统(4.1.2)对应.

4.1.2 解的整体存在性和唯一性

下面记(4.1.3)~(4.1.5)为带初始条件的抽象随机微分方程

$$\begin{cases} \mathrm{d}u=-Au\mathrm{d}t+G(u)\mathrm{d}t+\mathrm{d}W, \\ u(0)=u_0. \end{cases} \tag{4.1.6}$$

线性问题

$$\begin{cases} \mathrm{d}u=-Au\mathrm{d}t+\mathrm{d}W \\ u(0)=0 \end{cases}$$

的解是唯一的，且为下面的随机卷积

$$W_A(t)=\int_0^t \mathrm{e}^{(t-s)(-A)}\mathrm{d}W(s).$$

对P-a.e. $\omega\in\Omega$(这里P-a.e.表示“依概率几乎处处”)，$W_A(t)$关于时间是连续的且取值于$D(A^{\frac{1}{4}+\beta})$ $(\beta<\beta_1)$, 特别是在$C_0(D)$ (见文献[52, 53, 68]), 这里$C_0(D):=\{u;\ u\in C(D)$, $\mathrm{supp}\ u$是D中的紧子集$\}$.

设

$$v(t)=u(t)-W_A(t),\ t\geqslant 0,$$

那么u满足(4.1.6)当且仅当v是下面问题的解

$$\begin{cases} \dfrac{\partial v}{\partial t}+Av=G(v+W_A(t)), \\ v(0)=u_0. \end{cases} \tag{4.1.7}$$

从现在开始研究方程(4.1.7). 记(4.1.7)为积分方程

$$v(t)=\mathrm{e}^{t(-A)}u_0+\int_0^t \mathrm{e}^{(t-s)(-A)}G(v+W_A)\mathrm{d}s. \tag{4.1.8}$$

如果v 满足(4.1.8), 则v称为(4.1.7)的弱解.

4.1.2.1 (4.1.7)的解的局部存在性

我们将用Banach不动点定理证明：存在$T>0$，使得积分方程(4.1.8) 在$C([0,T];L^2(D))$中存在解. 对任意$m>0$, 定义

$$\sum(m,T)=\{v\in C([0,T]\,;L^2(D));|v(t)|_2\leqslant m,\forall t\in[0,T]\}.$$

引理 4.1.1 如果对P-a.e. $\omega\in\Omega$, $u_0\in L^2(D)$ 且$m>|u_0|_2$, 那么存在T, 使得积分方程(4.1.8)在$\sum(m,T)$上有唯一的解. 而且, 对P-a.e. $\omega\in\Omega$, $v\in C((0,T];H^\alpha(D))$ $(0\leqslant\alpha<\frac{1}{2})$, 这里$H^\alpha(D)$ 是通常的Sobolev空间.

证明: 首先回顾一下半群$\mathrm{e}^{t(-A)}$的性质(见文献[157]中p69~75):

$$\mathrm{e}^{t(-A)}A^\alpha=A^\alpha\mathrm{e}^{t(-A)},$$

$$|A^\alpha\mathrm{e}^{t(-A)}u|_2\leqslant\frac{c}{t^\alpha}|u|_2,$$

$$|\mathrm{e}^{t(-A)}u|_2\leqslant c|u|_2.$$

分数阶微分算子A^α的定义, 人们可以见文献[157]中p69~75. 下面固定$\omega\in\Omega$. 设

$$Mv(t)=\mathrm{e}^{t(-A)}u_0+\int_0^t\mathrm{e}^{(t-s)(-A)}G(v(s)+W_A(s))\mathrm{d}s,$$

则

$$|Mv(t)|_2=\sup_{\varphi\in L^2(D),|\varphi|_2=1}|\langle Mv,\varphi\rangle|,$$

其中$\langle\cdot,\cdot\rangle$是$L^2(D)$中的内积,

$$\langle Mv,\varphi\rangle=\langle\mathrm{e}^{t(-A)}u_0,\varphi\rangle+\int_0^t\langle\mathrm{e}^{(t-s)(-A)}G(v+W_A),\varphi\rangle\mathrm{d}s.$$

下面假定: $\varphi\in C_0^\infty(D)$, $v+W_A\in H_0^1(D)$(对于一般的φ, $v\in L^2(D)$, 我们可以根据$C_0^\infty(D)$在$L^2(D)$中的稠密性得到所要的结论), 这里$C_0^\infty(D)$ 是由定义在D中且紧支集包含于D的无穷次可微函数组成的全体.

令

$$\begin{aligned}J=&\langle\mathrm{e}^{(t-s)(-A)}G(v+W_A),\varphi\rangle\\=&-\int_D\mathrm{e}^{(t-s)(-A)}\frac{\partial\psi}{\partial x}\frac{\partial(v+W_A)}{\partial y}\varphi+\int_D\mathrm{e}^{(t-s)(-A)}\frac{\partial\psi}{\partial y}\frac{\partial(v+W_A)}{\partial x}\varphi\\&+\int_D\mathrm{e}^{(t-s)(-A)}\left(\frac{F}{Re}-\frac{r}{2}\right)(v+W_A)\varphi-\int_D\mathrm{e}^{(t-s)(-A)}F\left(\frac{F}{Re}-\frac{r}{2}\right)\psi\varphi\\&+\beta_0\int_D\mathrm{e}^{(t-s)(-A)}(B(v+W_A))_x\varphi\\=&J_1+J_2+J_3+J_4+J_5,\end{aligned}\tag{4.1.9}$$

这里$\psi=B(v+W_A)$.

首先, 估计J_1. 应用分部积分和Hölder 不等式, 有

$$
\begin{aligned}
|J_1| &= \left|\int_D \mathrm{e}^{(t-s)(-A)}\frac{\partial\psi}{\partial x}\frac{\partial(v+W_A)}{\partial y}\varphi\right| \\
&\leqslant \left(\int_D \left|(\mathrm{e}^{(t-s)(-A)}\frac{\partial\psi}{\partial x}\varphi)_y\right|^2\right)^{\frac{1}{2}} |v+W_A|_2 \\
&\leqslant \left(\int_D \left|(\mathrm{e}^{(t-s)(-A)}\varphi)_y\frac{\partial\psi}{\partial x}+\mathrm{e}^{(t-s)(-A)}\varphi\frac{\partial^2\psi}{\partial x\partial y}\right|^2\right)^{\frac{1}{2}} |v+W_A|_2 \\
&\leqslant c\left[\left(\int_D \left|(\mathrm{e}^{(t-s)(-A)}\varphi)_y\frac{\partial\psi}{\partial x}\right|^2\right)^{\frac{1}{2}} + |\mathrm{e}^{(t-s)(-A)}\varphi|_\infty|v+W_A|_2\right]|v+W_A|_2,
\end{aligned}
$$

其中使用了$\|\psi\|_{H^2}\leqslant c|v+W_A|_2$ ($\|\cdot\|_{H^q}$, $-\infty<q<+\infty$, 是空间$H^q(D)$通常意义下的范数).

由Hölder不等式、Sobolev嵌入定理、Galiardo-Nirenberg不等式和Poincaré不等式(见文献[157]), 得到

$$
\begin{aligned}
&\left(\int_D \left|(\mathrm{e}^{(t-s)(-A)}\varphi)_y\frac{\partial\psi}{\partial x}\right|^2\right)^{\frac{1}{2}} \leqslant \left(\int_D \left|(\mathrm{e}^{(t-s)(-A)}\varphi)_y\right|^4\right)^{\frac{1}{4}}\left(\int_D\left|\frac{\partial\psi}{\partial x}\right|^4\right)^{\frac{1}{4}} \\
&\leqslant c\|(\mathrm{e}^{(t-s)(-A)}\varphi)_y\|_{H^{\frac{1}{2}}}\|\psi_x\|_{H^1} \leqslant c\|\mathrm{e}^{(t-s)(-A)}\varphi\|_{H^{\frac{3}{2}}}|v+W_A|_2 \\
&\leqslant c|A^{\frac{3}{4}}\mathrm{e}^{(t-s)(-A)}\varphi|_2|v+W_A|_2 \leqslant c(t-s)^{-\frac{3}{4}}|\varphi|_2|v+W_A|_2.
\end{aligned}
$$

与上式的推导类似, 可得

$$
\begin{aligned}
&|\mathrm{e}^{(t-s)(-A)}\varphi|_\infty|v+W_A|_2^2 \leqslant c\|\mathrm{e}^{(t-s)(-A)}\varphi\|_{H^{1+2\varepsilon_0}}|v+W_A|_2^2 \\
&\leqslant c|A^{\frac{1}{2}+\varepsilon_0}\mathrm{e}^{(t-s)(-A)}\varphi|_2|v+W_A|_2^2 \leqslant c(t-s)^{-(\frac{1}{2}+\varepsilon_0)}|\varphi|_2|v+W_A|_2^2,
\end{aligned}
$$

其中ε_0是任意的正的常数. 从而, 得到

$$
|J_1| \leqslant c(t-s)^{-\frac{3}{4}}|\varphi|_2|v+W_A|_2^2 + c(t-s)^{-(\frac{1}{2}+\varepsilon_0)}|\varphi|_2|v+W_A|_2^2.
$$

同理, 可得

$$
\begin{aligned}
|J_2| &\leqslant c(t-s)^{-\frac{3}{4}}|\varphi|_2|v+W_A|_2^2 + c(t-s)^{-\frac{1}{2}+\varepsilon_0}|\varphi|_2|v+W_A|_2^2, \\
|J_3| &\leqslant c|\mathrm{e}^{(t-s)(-A)}(v+W_A)|_2|\varphi|_2 \leqslant c|v+W_A|_2|\varphi|_2, \\
|J_4| &= \left|F\left(\frac{F}{Re}-\frac{r}{2}\right)\right|\left|\int_D \mathrm{e}^{(t-s)(-A)}\psi\varphi\right| \leqslant c|v+W_A|_2|\varphi|_2, \\
|J_5| &= \beta_0\left|\int_D \mathrm{e}^{(t-s)(-A)}(B(v+W_A))_x\varphi\right| \leqslant c|v+W_A|_2|\varphi|_2.
\end{aligned}
$$

因此, 我们得到

$$|Mv(t)|_2 \leqslant |u_0|_2 + c(t^{\frac{1}{4}} + t^{\frac{1}{2}-\varepsilon_0})|v+W_A|_2^2 + c\cdot t|v+W_A|_2. \qquad (4.1.10)$$

显然，对任意$m>|u_0|_2$, 存在$T_1>0$，使得$Mv\in\sum(m,T_1)$.

对任意v_1, $v_2\in\sum(m,T_1)$,

$$Mv_1 - Mv_2 = \int_0^t \mathrm{e}^{(t-s)(-A)}(G(v_1+W_A(s)) - G(v_2+W_A(s)))\mathrm{d}s.$$

类似于(4.1.10)的推导, 我们有

$$\begin{aligned}|Mv_1 - Mv_2|_2 \leqslant\ & c(t^{\frac{1}{4}} + t^{\frac{1}{2}-\varepsilon_0}) \sup_{0\leqslant s\leqslant t}(|v_1(s)+W_A(s)|_2 + |v_2(s)+W_A(s)|_2)\\ &\cdot \sup_{0\leqslant s\leqslant t}|v_1(s)-v_2(s)|_2 + c\cdot t\sup_{0\leqslant s\leqslant t}|v_1(s)-v_2(s)|_2.\end{aligned}$$

所以可以选取$T_2>0$，使得M是一个压缩映照.

令$T=\min\{T_1,T_2\}$，由Banach 不动点定理, 可知：积分方程(4.1.8)在$\sum(m,T)$中存在唯一解v. 而且, 像(4.1.10)的推导一样，可得：$v\in C((0,T];H^\alpha(D))$, $0\leqslant\alpha<\dfrac{1}{2}$. 事实上，像(4.1.10)的推导一样，可以证明：

$$|A^{\frac{\alpha}{2}}Mv|_2 \leqslant t^{\frac{\alpha}{2}}|u_0|_2 + c(t^{\frac{1}{4}-\frac{\alpha}{2}} + t^{\frac{1}{2}-\varepsilon_0-\frac{\alpha}{2}})|v+W_A|_2^2 + ct^{1-\frac{\alpha}{2}}|v+W_A|_2.$$

4.1.2.2 (4.1.7)的解的整体存在性

为了证明(4.1.7)的解的整体存在性，我们必须对引理4.1.1得到的局部解$v(t)$的L^2–范数做先验估计.

引理 4.1.2 如果对P-a.e. $\omega\in\Omega$, $v\in C([0,T];L^2(D))$满足方程(4.1.8), 那么

$$|v(t)|_2^2 \leqslant (|u_0|_2^2 + c\nu_\infty^4 + c\nu_\infty^2)\mathrm{e}^{c(\nu_\infty^2+1)t},$$

这里$\nu_\infty = \sup\limits_{0\leqslant t\leqslant T}|W_A(t)|_\infty$.

证明：在证明的过程中，假定$\omega\in\Omega$是固定的. 设$\{u_0^n\}\subset C_0^\infty(D)$，使得$u_0^n\to u_0$ in $L^2(D)$, $\{W_A^n\}$是一列充分光滑的随机过程，使得

$$W_A^n(t) = \int_0^t \mathrm{e}^{(t-s)(-A)}\mathrm{d}W^n(s) \to W_A(t) \text{ in } C([0,T_0]\times D) \text{ a.s. for } \omega\in\Omega,$$

这里“a.s.”代表“几乎必然”. 设v^n是引理4.1.1中得到的，当u_0换为u_0^n，W_A换为W_A^n时 (4.1.7)的弱解，从引理4.1.1的证明，可知：$v^n\in C([0,T^n];L^2(D))$，使得$T^n\to T$ (可以选取合适的

序列$\{u_0^n\}$和$\{W^n\}$，使得$T^n \geqslant T$)，而且$v^n \to v$ 强收敛在$C([0,T];L^2(D))$中. 所以，v^n是充分光滑的且满足

$$\begin{cases} \dfrac{\partial v^n}{\partial t} + Av^n = G(v^n + W_A^n(t)), \\ v^n(0) = u_0^n. \end{cases} \tag{4.1.11}$$

在(4.1.11)中以v^n做检验函数, 可得

$$\frac{1}{2}\frac{\mathrm{d}|v^n|_2}{\mathrm{d}t} + \frac{1}{Re}\|v^n\|^2 = \int_D G(v^n + W_A^n(t))v^n.$$

因为$\int_D J(B(v^n),v^n)v^n = 0, \int_D J(B(W_A^n),v^n)v^n = 0$, 有

$$\begin{aligned}
&\left|\int_D G\left(v^n + W_A^n(t)\right)v^n\right| \\
=&\Big|\int_D \big(-J\left(B\left(v^n + W_A^n(t)\right), v^n + W_A^n\right) + \beta_0\left(B\left(v^n + W_A^n\right)\right)_x \\
&+\left(\frac{F}{Re} - \frac{r}{2}\right)\cdot\left(v^n + W_A^n\right) - F\left(\frac{F}{Re} - \frac{r}{2}\right)B\left(v^n + W_A^n\right)\big)\cdot v^n\Big| \\
\leqslant&\left|\int_D J\left(B\left(W_A^n\right), W_A^n\right)v^n\right| + \left|\int_D J\left(B\left(v^n\right), W_A^n\right)v^n\right| + \left|\int_D \left(\frac{F}{Re} - \frac{r}{2}\right)(v^n + W_A^n)v^n\right| \\
&+\left|\int_D F\left(\frac{F}{Re} - \frac{r}{2}\right)B\left(v^n + W_A^n\right)v^n\right| + \beta_0\left|\int_D \left(B\left(v^n + W_A^n\right)\right)_x v^n\right| \\
=&I_1 + I_2 + I_3 + I_4 + I_5.
\end{aligned}$$

下面估计I_i $(1 \leqslant i \leqslant 5)$. 应用分部积分、Hölder 不等式和Young 不等式, 得到

$$\begin{aligned}
I_1 =& \left|\int_D J\left(B\left(W_A^n\right), W_A^n\right)v^n\right| \\
\leqslant& \left|\int_D \frac{\partial B\left(W_A^n\right)}{\partial x}W_A^n\frac{\partial v^n}{\partial y}\right| + \left|\int_D \frac{\partial B\left(W_A^n\right)}{\partial x}W_A^n\frac{\partial v^n}{\partial x}\right| \\
\leqslant& |W_A^n|_\infty\left|\frac{\partial B\left(W_A^n\right)}{\partial x}\right|_2\left|\frac{\partial v^n}{\partial y}\right|_2 + |W_A^n|_\infty\left|\frac{\partial B\left(W_A^n\right)}{\partial y}\right|_2\left|\frac{\partial v^n}{\partial x}\right|_2 \\
\leqslant& c|W_A^n|_\infty^2|W_A^n|_2^2 + \varepsilon\|v^n\|^2 \leqslant c|W_A^n|_\infty^4 + \varepsilon\|v^n\|^2,
\end{aligned}$$

这里ε是正的常数.

与上式的推导类似, 可得

$$\begin{aligned}
I_2 =&\left|\int_D J\left(B\left(v^n\right), W_A^n\right)v^n\right| \leqslant c|W_A^n|_\infty^2|v^n|_2^2 + \varepsilon\|v^n\|^2, \\
I_3 =&\left|\int_D \left(\frac{F}{Re} - \frac{r}{2}\right)\left(v^n + W_A^n\right)v^n\right| \leqslant c|v^n + W_A^n|_2|v^n|_2 \leqslant c|v^n|_2^2 + |W_A^n|_\infty^2, \\
I_4 =&\left|\int_D F\left(\frac{F}{Re} - \frac{r}{2}\right)B\left(v^n + W_A^n\right)v^n\right| \leqslant c|B\left(v^n + W_A^n\right)|_2|v^n|_2 \leqslant c|v^n|_2^2 + |W_A^n|_\infty^2, \\
I_5 =&\beta_0\left|\int_D \left(B\left(v^n + W_A^n\right)\right)_x v^n\right| \leqslant c|\left(B\left(v^n + W_A^n\right)\right)_x|_2|v^n|_2 \leqslant c|v^n|_2^2 + |W_A^n|_\infty^2.
\end{aligned}$$

从而, 选取充分小ε, 得到

$$\frac{\mathrm{d}|v^n|_2^2}{\mathrm{d}t}+\frac{1}{Re}\|v^n\|^2\leqslant c(|W_A^n|_\infty^2+1)|v^n|_2^2+c|W_A^n|_\infty^4+3|W_A^n|_\infty^2.$$

由Gronwall 不等式, 得

$$|v^n|_2^2\leqslant|u_0^n|_2^2\mathrm{e}^{\int_0^t(c|W_A^n|_\infty^2+c)\mathrm{d}s}+\int_0^t(c|W_A^n|_\infty^4+3|W_A^n|_\infty^2)\mathrm{e}^{\int_s^t(c|W_A^n|_\infty^2+c)\mathrm{d}\tau}\mathrm{d}s.$$

在上式中令$n\to\infty$, 得到

$$\begin{aligned}|v(t)|_2^2&\leqslant|u_0|_2^2\mathrm{e}^{\int_0^t(c|W_A|_\infty^2+c)\mathrm{d}s}+\int_0^t(c|W_A|_\infty^4+3|W_A|_\infty^2)\mathrm{e}^{\int_s^t(c|W_A|_\infty^2+c)\mathrm{d}\tau}\mathrm{d}s\\&\leqslant|u_0|_2^2\mathrm{e}^{(c\nu_\infty^2+c)t}+c(c\nu_\infty^4+3\nu_\infty^2)\mathrm{e}^{(c\nu_\infty^2+c)t}\leqslant(|u_0|_2^2+c\nu_\infty^4+c\nu_\infty^2)\mathrm{e}^{(c\nu_\infty^2+c)t}.\end{aligned}$$

由引理4.1.1 和引理4.1.2，我们可以得到下面的定理.

定理 4.1.3 设u_0是给定的，对P-a.e. $\omega\in\Omega$，$u_0\in L^2(D)$，那么对任意$T>0$，方程(4.1.7)存在唯一的整体解$v(x,y,t)$. 而且，对P-a.e. $\omega\in\Omega$，$v\in C((0,T];H^\alpha(D))$ $(0\leqslant\alpha<\frac{1}{2})$.

4.1.3 关于随机吸引子的预备知识

在证明二维准地转动力系统的随机吸引子的存在性之前，先回顾一下随机吸引子的定义和一些预备知识，参见文献[4，49，50].

设(X,d)是完备可分的度量空间（Polish 空间），$(\boldsymbol{\Omega},\mathcal{F},P)$为完备的概率空间，$\{\vartheta_t:\boldsymbol{\Omega}\to\boldsymbol{\Omega},t\in\mathbb{R}\}$是一族保测变换，使得$\vartheta_0=\mathrm{id}_{\boldsymbol{\Omega}}$，且对任意$t$, $s\in\mathbb{R}$，$\vartheta_{t+s}=\vartheta_t\circ\vartheta_s$. $\{\vartheta_t\}$称为$\boldsymbol{\Omega}$上的度量动力系统，它表示白噪声驱动的动力系统. 这里假定ϑ_t在P下是遍历的.

定义 4.1.4(随机动力系统) 可测映射$\psi:\mathbb{R}^+\times\boldsymbol{\Omega}\times X\to X,(t,\omega,U)\mapsto\psi(t,\omega)U$称为随机动力系统. 如果$\psi$满足如下的性质：对任意$t$, $s\in\mathbb{R}^+$，$P-\mathrm{a.s.}\ \omega\in\boldsymbol{\Omega}$，$\psi(0,\omega)=\mathrm{id}_X$，$\psi(t+s,\omega)=\psi(t,\vartheta_s\omega)\psi(s,\omega)$. 如果$\psi(t,\omega):X\longrightarrow X$是连续的，那么$\psi$称为连续的随机动力系统.

连续的随机动力系统可能由在加性白噪声作用下无穷维随机发展方程（或者方程组，它们必须存在唯一整体解）生成，也可能由存在唯一整体解的带随机系数的微分方程（组）或者随机微分方程（组）产生.

定义 4.1.5(随机紧集) 设$K:\boldsymbol{\Omega}\to 2^X$，$2^X$是$X$的所有子集全体. K称为随机紧集，如果$K(\omega)$ $P-\mathrm{a.s.}$是紧的（即$P(\omega;\omega\in\boldsymbol{\Omega},K(\omega)$是紧的$)=1$），且对任意的$U\in X$，映射$\omega\to d(U,K(\omega))$是可测的，这里$d(U,K(\omega))=\inf\limits_{U_1\in K(\omega)}d(U,U_1)$.

定义 4.1.6 设$A(\omega)$, $B(\omega)$是两个随机集,

(i)$A(\omega)$吸引$B(\omega)$，如果$\lim\limits_{t\to+\infty} d(\psi(t,\vartheta_{-t}\omega)B(\vartheta_{-t}\omega),A(\omega))=0,\ P-\text{a.s.}$.

(ii)$A(\omega)$吸收$B(\omega)$，如果存在$t_B(\omega)$，使得对任意的$t\geqslant t_B(\omega)$，$\psi(t,\vartheta_{-t}\omega)\ B(\vartheta_{-t}\omega)\subset A(\omega),\ P-\text{a.s.}$.

定义 4.1.7(随机吸引子)　随机集合$\mathcal{A}(\omega)$称为随机动力系统ψ的随机吸引子，如果下面的条件满足:

(i) $\mathcal{A}(\omega)$是随机紧的;

(ii) $\mathcal{A}(\omega)P-\text{a.s.}$是不变的，即对任意$\forall t\geqslant 0$，$\psi(t,\omega)\mathcal{A}(\omega)=\mathcal{A}(\vartheta_t\omega)$;

(iii) $\mathcal{A}(\omega)P-\text{a.s.}$吸引所有的确定的有界集合$B\subset X$，即

$$\lim_{t\to+\infty} d(\psi(t,\vartheta_{-t}\omega)B,A(\omega))=0,\ P-\text{a.s.}$$

注记 4.1.8　$\psi(t,\vartheta_{-t}\omega)U$是初始时刻$-t$的位置为$U$的轨道在时刻$t=0$的位置，无论$t$如何变化，$\psi(t,\vartheta_{-t}\omega)U$仍然是轨道在时刻$t=0$的位置. 因此，随机吸引子也称为随机拉回(pull-back)吸引子.

定理 4.1.9[49,50]　如果连续的随机动力系统ψ存在吸收所有确定的有界集合B($B\subset X$)的随机紧集$K(\omega)$，那么连续的随机动力系统ψ存在随机吸引子$\mathcal{A}(\omega)$，其中

$$\mathcal{A}(\omega)=\overline{\cup_{B\subset X}\Lambda_B(\omega)},\quad \Lambda_B(\omega)=\cap_{s\geqslant 0}\overline{\cup_{t\geqslant s}\psi(t,\vartheta_{-t}\omega)B},$$

而且，$\mathcal{A}(\omega)\subset K(\omega)$，$\mathcal{A}(\omega)$是唯一的.

4.1.4 随机吸引子的存在性

对任意$\alpha>0$，令

$$z(t)=W_A^\alpha(t)=\int_{-\infty}^t \mathrm{e}^{(t-s)(-A-\alpha)}\mathrm{d}W(s),$$

这里$W_A^\alpha(t)$是以下初边值问题的弱解

$$\begin{cases}\mathrm{d}z=(-Az-\alpha z)\mathrm{d}t+\mathrm{d}W(t),\\ z(0)=\displaystyle\int_{-\infty}^0 \mathrm{e}^{-s(-A-\alpha)}\mathrm{d}W(s).\end{cases}$$

设u是以下初值问题的弱解

$$(P_1)\begin{cases}\mathrm{d}u-\dfrac{1}{Re}\Delta u\mathrm{d}t=G(u)\mathrm{d}t+\mathrm{d}W(t),\\ u(s,w)=u_s,\\ u|_{\partial D}=0.\end{cases}$$

令$v(t)=u(t)-z(t)$，那么$v(t)$是以下问题的解

$$(P_2)\begin{cases} \mathrm{d}v = -Av + G(v+z) + \alpha z, \\ v(s,\omega) = u_s - z(s), \\ v|_{\partial D} = 0. \end{cases} \tag{4.1.12}$$

4.1.4.1 问题(P_2)的解的存在性、唯一性和正则性

为了考虑问题(P_1)解的渐近行为，必须研究关于v比定理4.1.3得到的正则性更好的性质. 因此，我们得到了以下的正则性结果.

定理 4.1.10

(i) 对任意$T>0$, P-a.e. $\omega\in\Omega$, $u_s\in L^2(D)$, 那么问题(P_2)对P-a.e. $\omega\in\Omega$在弱意义下存在唯一的解$v\in C(s,T;L^2(D))\cap L^2(s,T;H_0^1(D))$, 问题($P_1$)的解$u=v+z$满足$u\in C(s,T;L^2(D))\cap L^2(s,T;D(A^{\min\{\frac14+\beta,\frac12\}}))$ a.s. 对任意$\beta<\beta_1$, 这里β_1是在第二节的随机过程$W(t)$的定义中.

(ii) 如果$u_s\in D(A^\theta)$ a.s. 对某一 $\theta\in(0,2\beta_1)\cap(0,\dfrac12]$, 那么对$P$-a.e. $\omega\in\Omega$, $v\in C(s,T;D(A^\theta))\cap L^2(s,T;D(A^{\frac12+\theta}))$.

人们可以用典型的Faedo-Galerkin方法证明定理4.1.10(见文献[126]). 由于这一方法是标准的, 我们仅仅给出关键的先验估计.

v的能量估计 下面, 假设$\omega\in\Omega$是固定的. 在(4.1.12)中选取v作为试验函数, 可得

$$\frac12\frac{\mathrm{d}|v|_2^2}{\mathrm{d}t} + \frac{1}{Re}\|v\|^2 = \int_D G(v+z)v + \alpha\int_D zv,$$

其中

$$\int_D G(v+z)v = -\int_D [J(B(v+z),v+z)v + \beta_0(B(v+z))_x v] + \int_D\left[\left(\frac{F}{Re}-\frac{r}{2}\right)(v+z)v - F\left(\frac{F}{R_e}-\frac{r}{2}\right)B(v+z)v\right].$$

应用分部积分、Hölder 不等式和Young不等式, 得到

$$-\int_D J(B(v+z),v+z)v = \int_D J(B(v+z),v+z)z$$

$$\leqslant |(B(v+z))_x|_4|v_y|_2|z|_4 + |(B(v+z))_y|_4|v_x|_2|z|_4$$

$$\leqslant c|v+z|_2|v_y|_2|z|_4 + c|v+z|_2|v_x|_2|z|_4 \leqslant c|v|_2^2|z|_4^4 + c|z|_4^4 + 2\varepsilon\|v\|^2,$$

$$|\beta_0\int_D (B(z))_x v| \leqslant c|(B(z))_x|_2|v|_2 \leqslant c|z|_2|v|_2 \leqslant c|z|_2^2 + \varepsilon|v|_2^2.$$

与上式的推导类似，可得

$$\left|\left(\frac{F}{Re}-\frac{r}{2}\right)\int_D zv\right|\leqslant c|z|_2^2+\varepsilon|v|_2^2,\quad \left|-F\left(\frac{F}{Re}-\frac{r}{2}\right)\int_D vB(z)\right|\leqslant c|z|_2^2+\varepsilon|v|_2^2.$$

由算子B的定义和参数β_0，F，Re，r的假设, 得到

$$\beta_0\int_D (B(v))_x v+\left(\frac{F}{Re}-\frac{r}{2}\right)\int_D v^2-F\left(\frac{F}{Re}-\frac{r}{2}\right)\int_D vB(v)\leqslant 0.$$

选取充分小的$\varepsilon>0$, 可从以上的关系式得到

$$\frac{\mathrm{d}|v|_2^2}{\mathrm{d}t}+\frac{1}{Re}\|v\|^2\leqslant c|z|_4^4|v|_2^2+c|z|_2^2+c|z|_4^4. \tag{4.1.13}$$

由Poincaré 不等式$\dfrac{1}{Re}\|v\|^2\geqslant\lambda_1|v|_2^2$,得

$$\frac{\mathrm{d}|v|_2^2}{\mathrm{d}t}\leqslant\left(c|z|_4^4-\frac{\lambda_1}{R_e}\right)|v|_2^2+c|z|_2^2+c|z|_4^4.$$

所以, 对任意$t\in[s,T]$, 由Gronwall不等式, 得到

$$|v(t)|_2^2\leqslant \mathrm{e}^{\int_s^t(-\lambda_1+c|z(\tau)|_4^4)\mathrm{d}\tau}|v(s)|_2^2+\int_s^t \mathrm{e}^{\int_\sigma^t(-\lambda_1+c|z(\tau)|_4^4)\mathrm{d}\tau}(c|z|_2^2+c|z|_4^4)\mathrm{d}\sigma. \tag{4.1.14}$$

从t_1 到t_2 ($[t_1,t_2]\subset[s,T]$)积分(4.1.13), 可得

$$\frac{1}{Re}\int_{t_1}^{t_2}\|v(\tau)\|^2\mathrm{d}\tau\leqslant|v(t_1)|_2^2+\int_{t_1}^{t_2}(c|z|_4^4|v|_2^2+c|z|_2^2+c|z|_4^4)\mathrm{d}\tau. \tag{4.1.15}$$

为了对$A^\theta v$做能量估计，需要下面的引理.

引理 4.1.11[68]　对任意两个实值函数f, $g\in H^{\frac12+\theta}(D)$, $0<\theta<\dfrac12$,

$$\|fg\|_{H^{2\theta}}\leqslant\|f\|_{H^{\frac12+\theta}}\|g\|_{H^{\frac12+\theta}}.$$

$A^\theta v$的能量估计　像前面一样, $\omega\in\Omega$是固定的. 假设v是问题(P_2)的解，且$v\in C(s,T;D(A^\theta))\cap L^2(s,T;D(A^{\frac12+\theta}))$. 由于$\theta=\dfrac12$时的证明是经典的[188], 这里只证明$0<\theta<\dfrac12$.

首先得到

$$\frac12\frac{\mathrm{d}|A^\theta v|_2^2}{\mathrm{d}t}+\frac{1}{Re}|A^{\frac12+\theta}v|_2^2=\int_D A^\theta G(v+z)A^\theta v+\alpha\int_D A^\theta zA^\theta v.$$

由算子A^θ的定义、插值不等式和引理4.1.11，我们有

$$\begin{aligned}&-\int_D A^\theta J(B(v+z),v+z)A^\theta v=-\int_D J(B(v+z),v+z)A^{2\theta}v\\
\leqslant& c\left\|\frac{\partial A^{2\theta}v}{\partial y}\right\|_{H^{-2\theta}}\left\|\frac{\partial B(v+z)}{\partial x}(v+z)\right\|_{H^{2\theta}}+c\left\|\frac{\partial A^{2\theta}v}{\partial x}\right\|_{H^{-2\theta}}\left\|\frac{\partial B(v+z)}{\partial y}(v+z)\right\|_{H^{2\theta}}\\
\leqslant& c\|A^{2\theta}v\|_{H^{1-2\theta}}\left(\left\|\frac{\partial B(v+z)}{\partial x}\right\|_{H^{\frac12+\theta}}+\left\|\frac{\partial B(v+z)}{\partial y}\right\|_{H^{\frac12+\theta}}\right)\|v+z\|_{H^{\frac12+\theta}}\end{aligned}$$

$$
\begin{aligned}
&\leqslant\varepsilon|A^{\frac{1}{2}+\theta}v|_2^2+c|A^{\frac{1}{2}\theta}(v+z)|_2^2|A^{\frac{1}{4}+\frac{\theta}{2}}(v+z)|_2^2\\
&\leqslant\varepsilon|A^{\frac{1}{2}+\theta}v|_2^2+c(|A^{\theta}v|_2|v|_2+|A^{\frac{1}{2}\theta}z|_2^2)(|A^{\frac{1}{4}+\frac{\theta}{2}}v|_2^2+|A^{\frac{1}{4}+\frac{\theta}{2}}z|_2^2)\\
&\leqslant\varepsilon|A^{\frac{1}{2}+\theta}v|_2^2+c|A^{\theta}v|_2^2|v|_2^2+c|A^{\frac{1}{4}+\frac{\theta}{2}}v|_2^4+c|A^{\frac{1}{4}+\frac{\theta}{2}}z|_2^4.
\end{aligned}\tag{4.1.16}
$$

应用插值不等式和Young 不等式, 得到

$$
|A^{\frac{1}{4}+\frac{\theta}{2}}v|_2^4\leqslant c|A^{\frac{1}{4}}v|_2^2|A^{\frac{1}{4}+\theta}v|_2^2\leqslant\varepsilon|A^{\frac{1}{2}+\theta}v|_2^2+c|v|_2^2|A^{\frac{1}{2}}v|_2^2|A^{\theta}v|_2^2.
$$

可从上面的两个关系式得到

$$
\begin{aligned}
&-\int_D A^{\theta}J(B(v+z),v+z)A^{\theta}v\\
&\leqslant 2\varepsilon|A^{\frac{1}{2}+\theta}v|_2^2+c|v|_2^2|A^{\theta}v|_2^2+c|v|_2^2|A^{\frac{1}{2}}v|_2^2|A^{\theta}v|_2^2+c|A^{\frac{1}{4}+\frac{\theta}{2}}z|_2^4.
\end{aligned}
$$

由Hölder 不等式和Cauchy-Schwarz 不等式, 得

$$
\beta_0\int_D A^{\theta}(B(v+z))_xA^{\theta}v\leqslant c|A^{\theta}(B(v+z))_x|_2|A^{\theta}v|_2\leqslant c|A^{\theta}v|_2^2+c|z|_2^2.
$$

与(4.1.16)的推导类似, 我们有

$$
\left(\frac{F}{Re}-\frac{r}{2}\right)\left[\int_D(A^{\theta}(v+z)-FA^{\theta})A^{\theta}v\right]\leqslant c|A^{\theta}v|_2^2+\varepsilon|A^{\frac{1}{2}+\theta}v|_2^2+c|z|_2^2.
$$

因此，选取充分小的$\varepsilon>0$, 可得

$$
\begin{aligned}
\frac{\mathrm{d}|A^{\theta}v|_2^2}{\mathrm{d}t}+\frac{1}{Re}|A^{\frac{1}{2}+\theta}v|_2^2\leqslant{}& c|v|_2^2|A^{\frac{1}{2}}v|_2^2|A^{\theta}v|_2^2+c|A^{\theta}v|_2^2+c|v|_2^2|A^{\theta}v|_2^2\\
&+c|A^{\frac{1}{4}+\frac{\theta}{2}}z|_2^4+c|z|_2^2.
\end{aligned}
$$

由Gronwall 不等式, 对任意$t\in[s,T]$, 我们有

$$
\begin{aligned}
|A^{\theta}v(t)|_2^2\leqslant{}&\mathrm{e}^{\int_s^t(c|v|_2^2|A^{\frac{1}{2}}v|_2^2+c|v|_2^2+c)\mathrm{d}\tau}|A^{\theta}v(s)|_2^2\\
&+\int_s^t\mathrm{e}^{\int_\sigma^t(c|v|_2^2|A^{\frac{1}{2}}v|_2^2+c|v|_2^2+c)\mathrm{d}\tau}(c|z|_2^2+c|A^{\frac{1}{4}+\frac{\theta}{2}}z|_2^2)\mathrm{d}\sigma.
\end{aligned}\tag{4.1.17}
$$

而且，

$$
\begin{aligned}
\frac{1}{Re}\int_{t_1}^{t_2}|A^{\frac{1}{2}+\theta}v|_2^2\mathrm{d}\tau\leqslant{}&|A^{\theta}v(t_1)|_2^2+\int_{t_1}^{t_2}c(|v|_2^2|A^{\frac{1}{2}}v|_2^2|A^{\theta}v|_2^2\\
&+|v|_2^2|A^{\theta}v|_2^2+|A^{\theta}v|_2^2+|A^{\frac{1}{4}+\frac{\theta}{2}}z|_2^4+|z|_2^2)\mathrm{d}\tau.
\end{aligned}
$$

4.1.4.2 动力系统(4.1.2)的耗散性质

在这部分，通过研究动力系统(4.1.2)的耗散性质，我们得到这个系统的随机吸引子的存在性.

定理 4.1.12　带有一般白噪声的二维准地转方程的边值问题

$$\mathrm{d}u-\frac{1}{Re}\Delta u\mathrm{d}t=G(u)\mathrm{d}t+\mathrm{d}W(t),\ u|_{\partial D}=0,$$

在$L^2(D)$中存在随机吸引子.

证明：由取值于$D(A^{\frac{1}{4}+\beta})$ $(\beta<\beta_1)$的过程z的遍历性[53]，及其Sobolev嵌入$D(A^{\frac{1}{4}+\beta})\hookrightarrow L^4$，我们有

$$\lim_{s_0\to-\infty}\frac{1}{-s_0}\int_{s_0}^0|z(\tau)|_4^4\mathrm{d}\tau=E(|z(0)|_4^4).$$

由文献[68]的结果可知：若选取充分大的α，则$E(|z(0)|_4^4)$就充分小. 因此，选取充分大的α，我们有

$$\lim_{s\to-\infty}\frac{1}{-s}\int_s^0(-\lambda_1+c|z|_4^4)\mathrm{d}\tau=-\lambda_1+cE(|z(0)|_4^4)\leqslant-\frac{\lambda_1}{2}.$$

上式意味着：存在$S_0(\omega)$，使得当$s<S_0(\omega)$时，

$$\int_s^0(-\lambda_1+c|z|_4^4)\mathrm{d}\tau\leqslant-\frac{\lambda_1}{4}(-s).\tag{4.1.18}$$

因为$|z(s)|_2^2$和$|z(s)|_4^4$当$s\to-\infty$时最多按多项式增长[68]，所以(4.1.14) 和(4.1.18)隐含着：存在a.s.有限的随机变量$r_1(\omega)$，使得a.s.

$$|v(t)|_2^2\leqslant r_1(\omega),\ \text{对任意}\ t\in[-1,0],\tag{4.1.19}$$

这里u_s属于$L^2(D)$的有界集.

令$t_1=-1$, $t_2=0$，由(4.1.15)和(4.1.19)可知：存在a.s.有限的随机变量$r_2(\omega)$，使得a.s.

$$\int_{-1}^0\|v(\tau)\|^2\mathrm{d}\tau\leqslant r_2(\omega).\tag{4.1.20}$$

由(4.1.17), 令$t=0$, $s\in[-1,0]$, 我们有

$$\begin{aligned}|A^\theta v(0)|_2^2\leqslant&\mathrm{e}^{\int_s^0(c|v|_2^2|A^{\frac{1}{2}}v|_2^2+c)\mathrm{d}\tau}|A^\theta v(s)|_2^2\\&+\int_s^0\mathrm{e}^{\int_\sigma^0(c|v|_2^2|A^{\frac{1}{2}}v|_2^2+c)\mathrm{d}\tau}(c|z|_2^2+c|A^{\frac{1}{4}+\frac{\theta}{2}}z|_2^2)\mathrm{d}\sigma.\end{aligned}\tag{4.1.21}$$

从-1 到0关于s积分(4.1.21), 我们得到

$$
\begin{aligned}
|A^{\theta}v(0)|_2^2 \leqslant & \mathrm{e}^{\int_{-1}^{0}(c|v|_2^2|A^{\frac{1}{2}}v|_2^2+c)\mathrm{d}\tau}\int_{-1}^{0}|A^{\theta}(s)|_2^2\mathrm{d}s \\
&+\int_{-1}^{0}\mathrm{e}^{\int_{\sigma}^{0}(c|v|_2^2|A^{\frac{1}{2}}v|_2^2+c)\mathrm{d}\tau}(c|z|_2^2+c|A^{\frac{1}{4}+\frac{\theta}{2}}z|_2^2)\mathrm{d}\sigma.
\end{aligned}
\tag{4.1.22}
$$

结合(4.1.19)和(4.1.20), 由(4.1.22)可知：存在a.s.有限的随机变量$r_3(\omega)$，使得a.s.

$$
|A^{\theta}v(0)|_2^2 \leqslant r_3(\omega).
$$

为了不失一般性，我们设：$\Omega = \{\omega : \omega \in C(\mathbb{R}, D(A^{-\frac{1}{4}+\beta_1})),\ \omega(0) = 0\}$, P是Wiener测度，$W(t,\omega) = \omega(t)$, $t \in \mathbb{R}$, $\omega \in \Omega$. 这里，我们可以在Ω中定义保测且遍历的变换$(\theta_t)_{t\in\mathbb{R}}$为$\theta_s\omega(t) = \omega(t+s) - \omega(s)$, $t,\ s \in \mathbb{R}$. 定义$S(t,s,\omega)u_s = u(t,\omega)$, $\psi(t,\omega)u_0 = S(t,0,\omega)u_0$. 令$K(\omega)$是$D(A^{\theta})$中以$r_3(\omega)+|A^{\theta}z(0,\omega)|_2^2$为半径的球. $K(\omega)$是在时间为0处的紧的吸收集(因为嵌入$H^{2\theta}(D) \hookrightarrow L^2(D)$是紧的). 应用定理4.1.9，我们可以证明定理4.1.12.

4.2 带随机力的海洋方程组的整体适定性和吸引子

这一节，我们将研究带随机力和粘性的三维海洋原始方程组的整体适定性和长时间动力学，这里的随机力是关于时间的加性白噪声，它是源于分子热运动的随机力. 首先，我们证明了该海洋随机方程组的初边值问题的解的整体存在性和唯一性. 接着，我们得到了对应的海洋随机动力系统的吸引子.

本节的安排如下：在4.2.1小节，引入三维海洋随机方程组，并且介绍本节的主要结果；在4.2.2小节，我们将给出工作空间和海洋随机方程组的初边值问题的新形式；在4.2.3小节，证明海洋随机方程组的初边值问题的解的局部存在性，并对局部解做先验估计；我们将在最后的两部分证明本节的主要结果.

4.2.1 三维海洋随机方程组

在直角坐标系下，随机力作用下带粘性的三维大尺度海洋方程组为

$$
\frac{\partial \boldsymbol{v}}{\partial t} + (\boldsymbol{v}\cdot\boldsymbol{\nabla})\boldsymbol{v} + \theta\frac{\partial \boldsymbol{v}}{\partial z} + f\boldsymbol{k}\times\boldsymbol{v} + \boldsymbol{\nabla}p - \frac{1}{Re_1}\Delta\boldsymbol{v} - \frac{1}{Re_2}\frac{\partial^2 \boldsymbol{v}}{\partial z^2} = \Psi(t,x,y,z), \tag{4.2.1}
$$

$$
\frac{\partial p}{\partial z} + T = 0, \tag{4.2.2}
$$

$$
\boldsymbol{\nabla}\cdot\boldsymbol{v} + \frac{\partial \theta}{\partial z} = 0, \tag{4.2.3}
$$

$$
\frac{\partial T}{\partial t} + \boldsymbol{v}\cdot\boldsymbol{\nabla}T + \theta\frac{\partial T}{\partial z} - \frac{1}{Rt_1}\Delta T - \frac{1}{Rt_2}\frac{\partial^2 T}{\partial z^2} = Q, \tag{4.2.4}
$$

其中未知函数是$\boldsymbol{v}$, θ, p, T，$\boldsymbol{v}=(v^{(1)},v^{(2)})$为水平速度，$\theta$是垂直方向上的速度，$p$为压强，$T$为温度，$f=f_0+\beta y$为Coriolis参数，$\boldsymbol{k}$为垂直方向上的单位向量，$Re_1$, Re_2为Reynolds数，Rt_1，Rt_2分别是水平和垂直方向上的热扩散系数，$Q(x,y,z)$为给定的热源，$\boldsymbol{\nabla}=(\partial_x,\ \partial_y)$, $\Delta=\partial_x^2+\partial_y^2$. 随机力$\Psi(t,x,y,z)$将在4.2.2小节给出.

方程组(4.2.1)~(4.2.4)的空间区域为

$$\Omega=\{(x,y,z):\ (x,y)\in M\ 且\ z\in(-g(x,y),0)\},$$

其中M是$\mathbb{R}^2$中的光滑区域，g是充分光滑函数. 为了不失一般性，假定$g=1$，即$\Omega=M\times(-1,0)$. (4.2.1)~(4.2.4)的边界条件为

$$M\times\{0\}=\Gamma_u:\quad \frac{\partial \boldsymbol{v}}{\partial z}=0,\ \theta=0,\ \frac{\partial T}{\partial z}=-\alpha_u T, \tag{4.2.5}$$

$$M\times\{-1\}=\Gamma_b:\quad \frac{\partial \boldsymbol{v}}{\partial z}=0,\ \theta=0,\ \frac{\partial T}{\partial z}=0, \tag{4.2.6}$$

$$\partial M\times[-1,0]=\Gamma_l:\quad \boldsymbol{v}\cdot\mathbf{n}=0,\ \frac{\partial \boldsymbol{v}}{\partial \mathbf{n}}\times\mathbf{n}=0,\ \frac{\partial T}{\partial \mathbf{n}}=0, \tag{4.2.7}$$

这里α_u是正的常数，$\mathbf{n}$是Γ_l的外法向量.

注记 4.2.1 为了简单起见，我们略去了盐度方程. 但是，如果考虑了盐度方程，且把边界条件$\frac{\partial \boldsymbol{v}}{\partial z}|_{\Gamma_u}=0$, $\frac{\partial T}{\partial z}|_{\Gamma_u}=-\alpha_u T$换为$\frac{\partial \boldsymbol{v}}{\partial z}|_{\Gamma_u}=\tau$, $\frac{\partial T}{\partial z}|_{\Gamma_u}=-\alpha_u(T-T^*)$ (这里τ, T^*充分光滑，并满足相容性条件$\tau\cdot\mathbf{n}|_{\partial M}=0$, $\frac{\partial \tau}{\partial \mathbf{n}}\times\mathbf{n}|_{\partial M}=0$, $\frac{\partial T^*}{\partial \mathbf{n}}|_{\partial M}=0$)，本节的结果仍然成立.

本节中，我们假定常数Re_1，Re_2，Rt_1，Rt_2均为1. 把(4.2.3)关于z从-1到z积分，并应用(4.2.5)和(4.2.6)，可得

$$\theta(t,x,y,z)=\Phi(v)(t,x,y,z)=-\int_{-1}^{z}\boldsymbol{\nabla}\cdot\boldsymbol{v}(t,x,y,z')\,\mathrm{d}z', \tag{4.2.8}$$

而且，$\int_{-1}^{0}\boldsymbol{\nabla}\cdot\boldsymbol{v}\,\mathrm{d}z=0$. 设$p_b$是定义在$\Gamma_b$上的未知函数，把(4.2.2)关于$z$从$-1$到$z$ 积分,我们可以将(4.2.1)~(4.2.4)写为

$$\frac{\partial \boldsymbol{v}}{\partial t}+(\boldsymbol{v}\cdot\boldsymbol{\nabla})\boldsymbol{v}+\Phi(\boldsymbol{v})\frac{\partial \boldsymbol{v}}{\partial z}+f\boldsymbol{k}\times\boldsymbol{v}+\boldsymbol{\nabla}p_b-\int_{-1}^{z}\boldsymbol{\nabla}T\mathrm{d}z'-\Delta\boldsymbol{v}-\frac{\partial^2\boldsymbol{v}}{\partial z^2}=\Psi, \tag{4.2.9}$$

$$\frac{\partial T}{\partial t}+(\boldsymbol{v}\cdot\boldsymbol{\nabla})T+\Phi(\boldsymbol{v})\frac{\partial T}{\partial z}-\Delta T-\frac{\partial^2 T}{\partial z^2}=Q, \tag{4.2.10}$$

$$\int_{-1}^{0}\boldsymbol{\nabla}\cdot\boldsymbol{v}\,\mathrm{d}z=0. \tag{4.2.11}$$

方程组(4.2.9)~(4.2.11)的边界条件为

$$\Gamma_u: \quad \frac{\partial \boldsymbol{v}}{\partial z} = 0, \ \frac{\partial T}{\partial z} = -\alpha_u T, \tag{4.2.12}$$

$$\Gamma_b: \quad \frac{\partial \boldsymbol{v}}{\partial z} = 0, \ \frac{\partial T}{\partial z} = 0, \tag{4.2.13}$$

$$\Gamma_l: \quad \boldsymbol{v} \cdot \mathbf{n} = 0, \ \frac{\partial \boldsymbol{v}}{\partial \mathbf{n}} \times \mathbf{n} = 0, \ \frac{\partial T}{\partial \mathbf{n}} = 0, \tag{4.2.14}$$

初始条件为

$$U|_{t=t_0} = (\boldsymbol{v}|_{t=t_0}, T|_{t=t_0}) = U_{t_0} = (\boldsymbol{v}_{t_0}, T_{t_0}). \tag{4.2.15}$$

我们把方程组(4.2.9)~(4.2.15)称为带粘性的海洋随机方程组的初边值问题，记为IBVP.

下面，我们列出本节的主要结果.

定理 4.2.2(IBVP的整体适定性) 如果$Q \in H^1(\Omega)$，$U_{t_0} = (\boldsymbol{v}_{t_0}, T_{t_0}) \in V$，那么对任给$T > t_0$，初边值问题(4.2.9)~(4.2.15)在$[t_0, T]$上存在唯一的强解$U$，而且$U$连续地依赖于初始数据.

空间V、系统(4.2.9)~(4.2.15)的强解的定义和关于随机力的假设将在4.2.2小节给出.

定理 4.2.3[随机动力系统(4.2.9)~(4.2.14)的吸引子的存在性] 随机动力系统(4.2.9)~(4.2.14)存在吸引子$\mathcal{A}(\omega)$，它俘获所有始于时刻$-\infty$，经过迁移ϑ_t的作用，终于时刻$t=0$的轨道. 吸引子$\mathcal{A}(\omega)$具有如下的性质:

(i) 弱紧性: $\mathcal{A}(\omega)$在V中是有界且弱闭的;

(ii) 不变性: 对任意$t \geqslant 0$，$\psi(t,\omega)\mathcal{A}(\omega) = \mathcal{A}(\vartheta_t\omega)$;

(iii) 吸引性: 对任意V中确定的有界集B，当$t \to +\infty$时，集合$\psi(t, \vartheta_{-t}\omega)B$关于$V$的弱拓扑收敛于$\mathcal{A}(\omega)$，即

$$\lim_{t \to +\infty} \mathrm{d}_V^w(\psi(t, \vartheta_{-t}\omega)B, \mathcal{A}(\omega)) = 0, \ P-\text{a.s.}$$

其中吸引子的定义、$\vartheta_t, t \in \mathbb{R}$和$\psi(t,\omega), t \geqslant 0$将在4.2.5小节给出，距离$\mathrm{d}_V^w$是由$V$的弱拓扑诱导出来的.

4.2.2 海洋随机方程组的初边值问题IBVP的新形式

在给出海洋随机方程组的初边值问题IBVP的新形式之前，我们定义一些函数空间和辅助的Ornstein Uhlenbeck过程.

4.2.2.1 一些函数空间

$L^p(\Omega)$是通常的Lebesgue空间，其中的范数为$|\cdot|_p$，$1 \leqslant p \leqslant \infty$. $H^m(\Omega)$是通常的Sobolev空间，其中的范数为

$$\|h\|_m=\left[\int_\Omega\left(\sum_{1\leqslant k\leqslant m}\sum_{i_j=1,2,3;j=1,\cdots,k}|\nabla_{i_1}\cdots\nabla_{i_k}h|^2+|h|^2\right)\right]^{\frac{1}{2}},$$

其中m是正整数，$\nabla_1=\dfrac{\partial}{\partial x},\nabla_2=\dfrac{\partial}{\partial y},\nabla_3=\dfrac{\partial}{\partial z}$. 记$\int_\Omega\cdot\mathrm{d}\Omega$ 和$\int_M\cdot\mathrm{d}M$分别为$\int_\Omega\cdot$, $\int_M\cdot$.

下面，我们定义IBVP的工作空间. 令

$$\mathcal{V}_1:=\left\{\boldsymbol{v}\in(C^\infty(\Omega))^2;\frac{\partial\boldsymbol{v}}{\partial z}\Big|_{\Gamma_u,\Gamma_b}=0,\boldsymbol{v}\cdot\mathbf{n}\Big|_{\Gamma_l}=0,\frac{\partial\boldsymbol{v}}{\partial\mathbf{n}}\times\mathbf{n}|_{\Gamma_l}=0,\int_{-1}^0\nabla\cdot\boldsymbol{v}\mathrm{d}z=0\right\},$$

$$\mathcal{V}_2:=\left\{T\in C^\infty(\Omega);\ \frac{\partial T}{\partial z}|_{\Gamma_u}=-\alpha_uT,\ \frac{\partial T}{\partial z}|_{\Gamma_b}=0,\ \frac{\partial T}{\partial\mathbf{n}}|_{\Gamma_l}=0\right\},$$

$V_1=\widetilde{\mathcal{V}_1}$关于范数$\|\cdot\|_1$的闭包，　$V_2=\widetilde{\mathcal{V}_2}$关于范数$\|\cdot\|_1$的闭包，

$H_1=\widetilde{\mathcal{V}_1}$关于范数$|\cdot|_2$的闭包，

$V=V_1\times V_2,\qquad H=H_1\times L^2(\Omega).$

空间V, H的内积和范数为

$$(\boldsymbol{U},\boldsymbol{U}_1)_V=(\boldsymbol{v},\boldsymbol{v}_1)_{V_1}+(T,T_1)_{V_2},$$

$$(\boldsymbol{U},\boldsymbol{U}_1)=(v^{(1)},(v_1)^{(1)})+(v^{(2)},(v_1)^{(2)})+(T,T_1),$$

$$\|\boldsymbol{U}\|=(\boldsymbol{U},\boldsymbol{U})_V^{\frac{1}{2}}=(\boldsymbol{v},\boldsymbol{v})_{V_1}^{\frac{1}{2}}+(T,T)_{V_2}^{\frac{1}{2}}=\|\boldsymbol{v}\|+\|T\|,\ |\boldsymbol{U}|_2=(\boldsymbol{U},\boldsymbol{U})^{\frac{1}{2}},$$

这里$\boldsymbol{U}=(\boldsymbol{v},T)$, $\boldsymbol{U}_1=(\boldsymbol{v}_1,T_1)\in V,(\cdot,\cdot)$表示$L^2(\Omega)$中的内积.

4.2.2.2 白噪声和Ornstein-Uhlenbeck过程

在定义白噪声之前，我们定义泛函$a:V\times V\to\mathbb{R}$, $a_1:V_1\times V_1\to\mathbb{R}$, $a_2:V_2\times V_2\to\mathbb{R}$为$a(\boldsymbol{U},\boldsymbol{U}_1)=(A\boldsymbol{U},\boldsymbol{U}_1)=a_1(\boldsymbol{v},\boldsymbol{v}_1)+a_2(T,T_1)$, 这里

$$a_1(\boldsymbol{v},\boldsymbol{v}_1)=(A_1\boldsymbol{v},\boldsymbol{v}_1)=\int_\Omega\left(\nabla\boldsymbol{v}\cdot\nabla\boldsymbol{v}_1+\frac{\partial\boldsymbol{v}}{\partial z}\cdot\frac{\partial\boldsymbol{v}_1}{\partial z}\right),$$

$$a_2(T,T_1)=(A_2T,T_1)=\int_\Omega\left(\nabla T\cdot\nabla T_1+\frac{\partial T}{\partial z}\frac{\partial T_1}{\partial z}\right)+\alpha_u\int_{\Gamma_u}TT_1,$$

$A:V\to V'$, $A_1:V_1\to V_1'$, $A_2:V_2\to V_2'$为泛函a, a_1, a_2对应的算子.

引理 4.2.4

(i)　泛函a是强制的和连续的，$A:V\to V'$ 是同构的，而且

$$c\|\boldsymbol{U}\|^2\leqslant c\|\boldsymbol{v}\|^2+c\|T\|^2\leqslant a(\boldsymbol{U},\boldsymbol{U}_1)\leqslant c\|\boldsymbol{v}\|\|\boldsymbol{v}_1\|+c\|T\|\|T_1\|\leqslant c\|\boldsymbol{U}\|\|\boldsymbol{U}_1\|.$$

(ii) $A: V \to V'$可以延拓为H上的无界自共轭算子，它存在紧的逆算子$A^{-1}: H \to H$，而且$D(A) = V \cap \left[(H^2(\Omega))^2 \times H^2(\Omega)\right]$.

引理4.2.4的证明：根据$\|\boldsymbol{v}\|_{L^2}^2 \leqslant C_M \|\nabla \boldsymbol{v}\|_{L^2}^2$ (参见文献[71]中的p55)，可以证明(i)中的前半部分. 由于算子A与H_0^1上通常正的对称Laplacian算子类似，引理4.2.4的其他部分可由通常的办法来证明. 这里，我们略去了证明的细节，可以参见文献[129]中的Lemma 2.4.

记$0 < \lambda_1 < \lambda_2 \leqslant \cdots$为$A_1$的特征值，$\boldsymbol{e}_1, \boldsymbol{e}_2, \cdots$为对应的特征向量. 对任意$\boldsymbol{v} \in V_1$，$\|\boldsymbol{v}\|^2 \geqslant \lambda_1 |\boldsymbol{v}|_2^2$. 记$\mathrm{e}^{t(-A_1)}$, $t \geqslant 0$为$-A_1$在H_1上产生的半群.

在这一节，我们假定随机力$\Psi(t,x,y,z)$是关于时间的加性白噪声，它的具体形式为

$$\Psi(t,x,y,z) = G\frac{\partial W}{\partial t}, \tag{4.2.16}$$

其中导数是Itô积分意义下的，随机过程W是H_1中关于时间双边柱形过程，其形式为$W(t) = \sum_{i=1}^{+\infty} \omega_i(t,\omega)\boldsymbol{e}_i$，$G$是从$H_1$到$H^{1+2\gamma_0}(\Omega) \times H^{1+2\gamma_0}(\Omega)(\gamma_0 > 0)$ 的Hilbert-Schmidt算子，即$\sum_{i=1}^{+\infty} \|G\boldsymbol{e}_i\|_{1+2\gamma_0}^2 < +\infty$. $\omega_1, \omega_2, \cdots$是完备概率空间$(\boldsymbol{\Omega}, \mathcal{F}, P)$（期望为$E$）中一列独立标准的Brownian运动. $H^{1+2\gamma_0}(\Omega)$ 是通常的非整数阶Sobolev空间.

接着，我们将定义Ornstein-Uhlenbeck过程. 对任意$\alpha \geqslant 0$，令

$$\boldsymbol{Z}_\alpha(t) = W_{A_1}^\alpha(t) = \int_{-\infty}^t \mathrm{e}^{(t-s)(-A_1-\alpha)} G\mathrm{d}W(s) \tag{4.2.17}$$

为以下随机Stokes方程的初值问题的解

$$\mathrm{d}z = (-A_1\boldsymbol{Z} - \alpha\boldsymbol{Z})\mathrm{d}t + G\mathrm{d}W(t),$$

$\boldsymbol{Z}(0) = \int_{-\infty}^0 \mathrm{e}^{s(A_1+\alpha)} G\mathrm{d}W(s)$. 下面，为了简单起见，记$\boldsymbol{Z}_\alpha(t)$为$\boldsymbol{Z}(t)$. 阻尼项$\alpha\boldsymbol{Z}$在证明问题IBVP的整体适定性中不是必须的，但是在研究问题IBVP 的强解长时间行为中是至关重要的，所以我们从一开始就引入$\alpha\boldsymbol{Z}$.

引理 4.2.5[52,53] 如果$\boldsymbol{Z}(t)$是前面定义的Ornstein-Uhlenbeck过程，那么$\boldsymbol{Z}(t)$是具有连续轨道的平稳遍历的过程，它的值在$D(A_1^{1+\gamma})$中，这里$\gamma < \gamma_0$.

注记 4.2.6 随机力Ψ的一个例子是$\Psi = \dfrac{\partial W}{\partial t}$，其中$W$关于时间双边的有限维Brownian运动，其形式为

$$W = \sum_{i=1}^m \delta_i \omega_i(t,\omega)\boldsymbol{e}_i.$$

在上面的式子中，$\omega_1, \cdots, \omega_m$是完备概率空间$(\boldsymbol{\Omega}, \mathcal{F}, P)$（期望为$E$）中独立标准的Brownian运动，$\delta_i$是实的系数. 对于这个例子，$\boldsymbol{Z}$具有连续轨道的平稳遍历的过程，而且对任意$k \in \mathbb{N}$，过程$\boldsymbol{Z}$的值在$D(A_1^k)$中.

注记 4.2.7　Ψ的另外一个例子是$\Psi=\dfrac{\partial W}{\partial t}$, 其中$W$是关于时间双边的无穷维Brownian运动，它的形式为

$$W(t)=\sum_{i=1}^{+\infty}\mu_i\omega_i(t,\omega)\boldsymbol{e}_i.$$

这里$\omega_1,\omega_2,\cdots$是完备概率空间$(\boldsymbol{\Omega},\mathcal{F},P)$（期望为$E$）中一列独立标准的Brownian 运动，系数$\mu_i$满足$\sum\limits_{i=1}^{+\infty}\lambda_i^{1+2\gamma_0}\mu_i^2<+\infty$，对某一 $\gamma_0>0$. 对于这个例子，

$$\begin{aligned}E|A_1^{1+\gamma}\boldsymbol{Z}(t)|_2^2&=E\sum_{i=1}^{+\infty}\left|\int_{-\infty}^{t}\lambda_i^{1+\gamma}\mathrm{e}^{(t-s)(-\lambda_i-\alpha)}\mu_i\mathrm{d}\omega_i\right|^2\\&=\sum_{i=1}^{+\infty}\left|\int_{-\infty}^{t}\lambda_i^{2+2\gamma}\mathrm{e}^{2(t-s)(-\lambda_i-\alpha)}\mu_i^2\mathrm{d}s\right|=\sum_{i=1}^{+\infty}\frac{\lambda_i^{2+2\gamma}\mu_i^2}{2(\lambda_i+\alpha)}<+\infty,\ \forall\gamma<\gamma_0.\end{aligned}$$

注记 4.2.8　如果随机力$\Psi(t,x,y,z)$与变量z无关，那么过程$\boldsymbol{Z}$也与变量z无关. 对于这样的例子，为了证明IBVP的整体适定性，我们可以降低G的正则性，只须G满足一定的条件使得$\boldsymbol{Z}\in L^\infty(\mathbb{R};(H^1(M))^2)\cap L^2(\mathbb{R};(H^2(M))^2)$. 但是，在证明随机吸引子的存在性过程中，我们需要$\boldsymbol{Z}\in L^\infty(\mathbb{R};(H^2(M))^2)$.

4.2.2.3 初边值问题(4.2.9)～(4.2.15)的新形式

定义 4.2.9　对任意$\mathcal{T}>t_0$, 随机过程$\boldsymbol{U}(t,\omega)=(\boldsymbol{v},T)$ 称为初边值问题(4.2.9)～(4.2.15)在 $[t_0,\mathcal{T}]$ 上的**强解**，如果对P-a.e. $\omega\in\boldsymbol{\Omega}$, U满足

$$\begin{aligned}&\int_\Omega\boldsymbol{v}(t)\cdot\varphi_1-\int_{t_0}^{\mathcal{T}}\int_\Omega\Big\{[(\boldsymbol{v}\cdot\boldsymbol{\nabla})\varphi_1+\Phi(\boldsymbol{v})\partial_z\varphi_1]\cdot\boldsymbol{v}-\Big[(f\boldsymbol{k}\times\boldsymbol{v})\cdot\varphi_1\\&\quad+\left(\int_{-1}^{z}T\mathrm{d}z'\right)\boldsymbol{\nabla}\cdot\varphi_1\Big]\Big\}+\int_{t_0}^{\mathcal{T}}\int_\Omega\boldsymbol{v}\cdot A_1\varphi_1\\&=\int_\Omega\boldsymbol{v}_{t_0}\cdot\varphi_1+\int_\Omega[GW(t,\omega)-GW(t_0,\omega)]\cdot\varphi_1,\\&\int_\Omega T(t)\varphi_2-\int_{t_0}^{\mathcal{T}}\int_\Omega\Big\{[(\boldsymbol{v}\cdot\boldsymbol{\nabla})\varphi_2+\Phi(\boldsymbol{v})\partial_z\varphi_2]T-TA_2\varphi_2\Big\}\\&=\int_\Omega T_{t_0}\varphi_2+\int_{t_0}^{\mathcal{T}}\int_\Omega Q\varphi_2,\end{aligned}$$

对任意$t\in[t_0,\mathcal{T}]$ 和 $\varphi=(\varphi_1,\varphi_2)\in D(A_1)\times D(A_2)$，而且 $\boldsymbol{U}\in L^\infty(t_0,\mathcal{T};V)\cap L^2(t_0,\mathcal{T};(H^2(\Omega))^3)$ (如果$\boldsymbol{U}\in L^\infty(t_0,\mathcal{T};H)\cap L^2(t_0,\mathcal{T};V)$，那么$\boldsymbol{U}$称为弱解)，$\boldsymbol{U}$ 是在这些拓扑下的联合可测的过程.

设$\boldsymbol{Y}$是如以下初边值问题的解，

$$\begin{cases}\dfrac{\partial \boldsymbol{Y}}{\partial t}+\boldsymbol{\nabla} p_{b_1}-\Delta \boldsymbol{Y}-\dfrac{\partial^2 \boldsymbol{Y}}{\partial z^2}=0,\\ \dfrac{\partial \boldsymbol{Y}}{\partial z}|_{\Gamma_u,\Gamma_b}=0,\ \boldsymbol{Y}\cdot\mathbf{n}|_{\Gamma_l}=0,\ \dfrac{\partial \boldsymbol{Y}}{\partial \mathbf{n}}\times\mathbf{n}|_{\Gamma_l}=0,\\ \displaystyle\int_{-1}^{0}\boldsymbol{\nabla}\cdot\boldsymbol{Y}\mathrm{d}z=0,\\ \boldsymbol{Y}(t_0,\omega)=\boldsymbol{v}_{t_0}-\boldsymbol{Z}_{t_0}.\end{cases}$$

如果$\boldsymbol{v}_{t_0}\in V_1$，那么对任意$\mathcal{T}>t_0$和$P$-a.e. $\omega\in\boldsymbol{\Omega}$，

$$\boldsymbol{Y}\in L^\infty(t_0,\mathcal{T};V_1)\cap L^2(t_0,\mathcal{T};(H^2(\Omega))^2),\tag{4.2.18}$$

可参见文献[78].

令$\boldsymbol{u}(t)=\boldsymbol{v}(t)-\boldsymbol{Z}(t)-\boldsymbol{Y}$，随机过程$\boldsymbol{U}(t,\omega)=(\boldsymbol{v},T)$是(4.2.9)~(4.2.15)在$[t_0,\mathcal{T}]$ 上的强解，当且仅当$(\boldsymbol{u},T)$是如下问题在$[t_0,\mathcal{T}]$上的强解，

$$\begin{aligned}&\frac{\partial \boldsymbol{u}}{\partial t}+[(\boldsymbol{u}+\boldsymbol{Z}+\boldsymbol{Y})\cdot\boldsymbol{\nabla}](\boldsymbol{u}+\boldsymbol{Z}+\boldsymbol{Y})+\Phi(\boldsymbol{u}+\boldsymbol{Z}+\boldsymbol{Y})\frac{\partial(\boldsymbol{u}+\boldsymbol{Z}+\boldsymbol{Y})}{\partial z}\\&+f\boldsymbol{k}\times(\boldsymbol{u}+\boldsymbol{Z}+\boldsymbol{Y})-\alpha\boldsymbol{Z}+\boldsymbol{\nabla} p_{b_2}-\int_{-1}^{z}\boldsymbol{\nabla} T\mathrm{d}z'-\Delta\boldsymbol{u}-\frac{\partial^2\boldsymbol{u}}{\partial z^2}=0,\end{aligned}\tag{4.2.19}$$

$$\frac{\partial T}{\partial t}+[(\boldsymbol{u}+\boldsymbol{Z}+\boldsymbol{Y})\cdot\boldsymbol{\nabla}]T+\Phi(\boldsymbol{u}+\boldsymbol{Z}+\boldsymbol{Y})\frac{\partial T}{\partial z}-\Delta T-\frac{\partial^2 T}{\partial z^2}=Q,\tag{4.2.20}$$

$$\int_{-1}^{0}\boldsymbol{\nabla}\cdot\boldsymbol{u}\,\mathrm{d}z=0,\tag{4.2.21}$$

$(\boldsymbol{u},T)$ 满足边界条件(4.2.12)~(4.2.14), (4.2.22)

$$(\boldsymbol{u}|_{t=t_0},T|_{t=t_0})=(0,T_{t_0}).\tag{4.2.23}$$

定义 4.2.10 $\boldsymbol{Z}$，$\boldsymbol{Y}$如前面定义的，$T_{t_0}\in V_2$，设$\mathcal{T}$为给定的正的时间. 对P-a.e. $\omega\in\boldsymbol{\Omega}$，$(\boldsymbol{u},T)$称为初边值问题(4.2.19)~(4.2.23)在$[t_0,\mathcal{T}]$ 上的强解，如果$(\boldsymbol{u},T)$在弱的意义下满足(4.2.19)~(4.2.23)，并且使得

$$\begin{aligned}&\boldsymbol{u}\in L^\infty(t_0,\mathcal{T};V_1)\cap L^2(t_0,\mathcal{T};(H^2(\Omega))^2),\\&T\in L^\infty(t_0,\mathcal{T};V_2)\cap L^2(0,\mathcal{T};H^2(\Omega)),\\&\frac{\partial\boldsymbol{u}}{\partial t}\in L^1(0,\mathcal{T};(L^2(\Omega))^2),\ \frac{\partial T}{\partial t}\in L^1(0,\mathcal{T};L^2(\Omega)).\end{aligned}$$

注记 4.2.11

(i) 为了证明IBVP的局部适定性，我们只须研究初边值问题(4.2.19)~ (4.2.23). 但是，为了研究IBVP的整体适定性和强解的长时间行为，我们必须研究4.2.3小节的(4.2.32)~(4.2.36).

(ii) 对于几乎所有给定的过程$\boldsymbol{Z}(t)$，我们可以像研究确定方程组一样研究(4.2.19)~(4.2.23) 和下面给出的(4.2.32)~(4.2.36).

4.2.3 解的局部存在性和先验估计

4.2.3.1 解的局部存在性

由注记4.2.11可知：我们可以通过证明初边值问题(4.2.19)~(4.2.23)的解的局部存在性得到IBVP解的局部存在性．证明之前，我们回顾一下后面常用的插值不等式，见文献[3, 71]．

(1) 对$\forall h_1 \in H^1(M)$,

$$\|h_1\|_{L^4} \leqslant c\|h_1\|_{L^2}^{\frac{1}{2}}\|h_1\|_{H^1}^{\frac{1}{2}}, \tag{4.2.24}$$

$$\|h_1\|_{L^5} \leqslant c\|h_1\|_{L^3}^{\frac{3}{5}}\|h_1\|_{H^1}^{\frac{2}{5}}, \tag{4.2.25}$$

$$\|h_1\|_{L^6} \leqslant c\|h_1\|_{L^4}^{\frac{2}{3}}\|h_1\|_{H^1}^{\frac{1}{3}}. \tag{4.2.26}$$

(2)

$$|h_2|_4 \leqslant c|h_2|_2^{\frac{1}{4}}\|h_2\|_1^{\frac{3}{4}}, \quad 对\ \forall h_2 \in H^1(\Omega). \tag{4.2.27}$$

命题 4.2.12[(4.2.19)~(4.2.23)的解的局部存在性] *如果$Q \in H^1(\Omega)$，$T_{t_0} \in V_2$，那么，对P-a.e. $\omega \in \boldsymbol{\Omega}$，存在$T^* > t_0$，使得$(\boldsymbol{u}, T)$是(4.2.19)~(4.2.23)在$[t_0, T^*)$上的强解.*

在证明命题4.2.12之前，给出一个常用的引理．

引理 4.2.13 *如果$\boldsymbol{v}_1 \in V_1$，$\boldsymbol{v}_2 \in V_1$ 或 V_2，$\boldsymbol{v}_3 \in L^2(\Omega)\times L^2(\Omega)$ 或 $L^2(\Omega)$，那么*

(i) $\displaystyle \left|\int_\Omega \boldsymbol{v}_3\cdot(\boldsymbol{v}_1\cdot\boldsymbol{\nabla})\boldsymbol{v}_2\right| \leqslant c(|\boldsymbol{v}_1|_4^2+|\boldsymbol{v}_1|_4^8)|\boldsymbol{\nabla}\boldsymbol{v}_2|_2^2+\varepsilon\left[|\boldsymbol{v}_3|_2^2+\int_\Omega(|\boldsymbol{\nabla}\boldsymbol{v}_{2z}|^2+|\boldsymbol{\Delta}\boldsymbol{v}_2|^2)\right]$;

(ii) $\displaystyle \left|\int_\Omega \varPhi(\boldsymbol{v}_1)\boldsymbol{v}_{2z}\cdot\boldsymbol{v}_3\right| \leqslant c|\boldsymbol{\nabla}\boldsymbol{v}_1|_2^{\frac{1}{2}}(|\boldsymbol{\nabla}\boldsymbol{v}_1|_2^2+|\boldsymbol{\Delta}\boldsymbol{v}_1|_2^2)^{\frac{1}{4}}|\boldsymbol{v}_{2z}|_2^{\frac{1}{2}}|\boldsymbol{\nabla}\boldsymbol{v}_{2z}|_2^{\frac{1}{2}}|\boldsymbol{v}_3|_2.$

引理4.2.13的证明：由Hölder不等式、(4.2.27)和Young不等式，可得

$$\begin{aligned}\int_\Omega|\boldsymbol{v}_1||\boldsymbol{\nabla}\boldsymbol{v}_2||\boldsymbol{v}_3| &\leqslant c|\boldsymbol{v}_1|_4^2\left(\int_\Omega|\boldsymbol{\nabla}\boldsymbol{v}_2|^4\right)^{\frac{1}{2}}+\varepsilon|\boldsymbol{v}_3|_2^2\\ &\leqslant c(|\boldsymbol{v}_1|_4^2+|\boldsymbol{v}_1|_4^8)|\boldsymbol{\nabla}\boldsymbol{v}_2|_2^2+\varepsilon\left[|\boldsymbol{v}_3|_2^2+\int_\Omega(|\boldsymbol{\nabla}\boldsymbol{v}_{2z}|^2+|\boldsymbol{\Delta}\boldsymbol{v}_2|^2)\right].\end{aligned}$$

由Hölder不等式、Minkowski不等式和(4.2.24)，得到

$$\begin{aligned}&\int_M\left(\int_{-1}^0|\boldsymbol{\nabla}\boldsymbol{v}_1|\mathrm{d}z\int_{-1}^0|\boldsymbol{v}_{2z}||\boldsymbol{v}_3|\mathrm{d}z\right)\\ \leqslant&\int_M\left[\left(\int_{-1}^0|\boldsymbol{\nabla}\boldsymbol{v}_1|^2\mathrm{d}z\right)^{\frac{1}{2}}\left(\int_{-1}^0|\boldsymbol{v}_{2z}|^2\mathrm{d}z\right)^{\frac{1}{2}}\left(\int_{-1}^0|\boldsymbol{v}_3|^2\mathrm{d}z\right)^{\frac{1}{2}}\right]\\ \leqslant& c\left[\int_{-1}^0(\|\boldsymbol{\nabla}\boldsymbol{v}_1\|_{L^2}\|\boldsymbol{\nabla}\boldsymbol{v}_1\|_{H^1})\int_{-1}^0(\|\boldsymbol{v}_{2z}\|_{L^2}\|\boldsymbol{v}_{2z}\|_{H^1})\right]^{\frac{1}{2}}|\boldsymbol{v}_3|_2.\end{aligned}$$

命题4.2.12的证明： 下面，$\omega\in\boldsymbol{\Omega}$都是固定的．我们将用Faedo-Galerkin方法证明命题 4.2.12．由于证明的步骤与三维不可压Navier-Stokes方程强解的局部存在性的证明步骤[189]类似，我们只给出近似解的先验估计．设$(\boldsymbol{u}_m,T_m)$是(4.2.19)~(4.2.23)的近似解，其中$(\boldsymbol{u}_m,T_m)=\sum_{i=1}^{m}\alpha_{i,m}(t)\boldsymbol{\phi}_i(x)$，$\{\boldsymbol{\phi}_m\}$是空间$V$的完备正交基．令$\boldsymbol{e}=\boldsymbol{Z}+\boldsymbol{Y}$，则$(\boldsymbol{u}_m,T_m)$满足

$$\int_\Omega \boldsymbol{h}_m\cdot\frac{\partial\boldsymbol{u}_m}{\partial t}+\int_\Omega\boldsymbol{h}_m\cdot\left\{[(\boldsymbol{u}_m+\boldsymbol{e})\cdot\boldsymbol{\nabla}](\boldsymbol{u}_m+\boldsymbol{e})+\varPhi(\boldsymbol{u}_m+\boldsymbol{e})\frac{\partial(\boldsymbol{u}_m+\boldsymbol{e})}{\partial z}\right\}-\int_\Omega\boldsymbol{h}_m\cdot\alpha\boldsymbol{Z}$$
$$+\int_\Omega h_m\cdot[f\boldsymbol{k}\times(\boldsymbol{u}_m+\boldsymbol{e})]-\int_\Omega\boldsymbol{h}_m\cdot\int_{-1}^{z}\boldsymbol{\nabla}T_m\mathrm{d}z'+\int_\Omega\boldsymbol{h}_m\cdot A_1\boldsymbol{u}_m=0,\tag{4.2.28}$$

$$\int_\Omega q_m\frac{\partial T_m}{\partial t}+\int_\Omega q_m\left\{[(\boldsymbol{u}_m+\boldsymbol{e})\cdot\boldsymbol{\nabla}]T_m+\varPhi(\boldsymbol{u}_m+\boldsymbol{e})\frac{\partial T_m}{\partial z}\right\}+\int_\Omega q_mA_2T_m=\int_\Omega q_mQ,\tag{4.2.29}$$

$$\boldsymbol{u}_m(t_0)=0,T_m(t_0)=T_{0m}\to T_{t_0}\quad\text{in }V_2,$$

这里$\boldsymbol{h}_m\in V_{1m}$，$q_m\in V_{2m}$，$V_{1m}\times V_{2m}=\mathrm{span}\{\boldsymbol{\phi}_1,\cdots,\boldsymbol{\phi}_m\}$.

T_m，$\boldsymbol{u}_m$的L^2估计 在(4.2.29)中，$q_m=T_m$，应用分部积分和引理4.2.4，可得

$$\frac{\mathrm{d}|T_m|_2^2}{\mathrm{d}t}+c\|T_m\|^2\leqslant c|Q|_2^2.$$

这一不等式意味着：对任意$\mathcal{T}>t_0$，T_m在$L^\infty(t_0,\mathcal{T};L^2(\varOmega))\cap L^2(t_0,\mathcal{T};V_2)$中关于$m$一致有界.

与引理4.2.13的证明一样，由(4.2.27)和(4.2.24)，可得

$$\begin{aligned}&-\int_\Omega\boldsymbol{u}_m\cdot[(\boldsymbol{e}\cdot\boldsymbol{\nabla})\boldsymbol{u}_m+(\boldsymbol{u}_m\cdot\boldsymbol{\nabla})\boldsymbol{e}+(\boldsymbol{e}\cdot\boldsymbol{\nabla})\boldsymbol{e}]\\&\leqslant\varepsilon\|\boldsymbol{u}_m\|^2+c(|\boldsymbol{e}|_4^8+\|\boldsymbol{e}\|^4)|\boldsymbol{u}_m|_2^2+c\|\boldsymbol{e}\|^2,\\&-\int_\Omega\boldsymbol{u}_m\cdot\left[\varPhi(\boldsymbol{u}_m)\frac{\partial\boldsymbol{e}}{\partial z}+\varPhi(\boldsymbol{e})\frac{\partial\boldsymbol{u}_m}{\partial z}+\varPhi(\boldsymbol{e})\frac{\partial\boldsymbol{e}}{\partial z}\right]\\&\leqslant\varepsilon\|\boldsymbol{u}_m\|^2+c\|\boldsymbol{e}\|^2\|\boldsymbol{e}\|_2^2|\boldsymbol{u}_m|_2^2+c\|\boldsymbol{e}\|^2.\end{aligned}$$

在(4.2.28)中，令$\boldsymbol{h}_m=\boldsymbol{u}_m$，由上面的两个关系式得，

$$\int_\Omega\left[(\boldsymbol{u}_m\cdot\boldsymbol{\nabla})\boldsymbol{u}_m+\varPhi(\boldsymbol{u}_m)\frac{\partial\boldsymbol{u}_m}{\partial z}\right]\cdot\boldsymbol{u}_m=0,$$

由引理4.2.4、Hölder不等式和Young不等式，我们得到

$$\frac{\mathrm{d}|\boldsymbol{u}_m|_2^2}{\mathrm{d}t}+c\|\boldsymbol{u}_m\|^2\leqslant c(|\boldsymbol{e}|_4^8+\|\boldsymbol{e}\|^4+\|\boldsymbol{e}\|^2\|\boldsymbol{e}\|_2^2)|\boldsymbol{u}_m|_2^2+c(\|\boldsymbol{e}\|^2+|T_m|_2^2+|\boldsymbol{Z}|_2^2).$$

由引理4.2.5和(4.2.18)，我们可知：对任意$\mathcal{T} > t_0$，$\boldsymbol{u}_m$在$L^\infty(t_0,\mathcal{T};H_1)\cap L^2(t_0,\mathcal{T};V_1)$中关于$m$一致有界.

$\boldsymbol{u}_m, T_m$的H^1估计 与引理4.2.13的证明一样，由(4.2.27)、(4.2.24)和Young不等式，可得

$$\begin{aligned}&\left|\int_\Omega A_1\boldsymbol{u}_m\cdot[(\boldsymbol{u}_m+\boldsymbol{e})\cdot\boldsymbol{\nabla}](\boldsymbol{u}_m+\boldsymbol{e})\right|\\ \leqslant& c(|\boldsymbol{u}_m|_2^2\|\boldsymbol{u}_m\|^6+|\boldsymbol{e}|_2^2\|\boldsymbol{e}\|^6+\|\boldsymbol{e}\|^{\frac12}\|\boldsymbol{e}\|_2^{\frac32})\|\boldsymbol{u}_m\|^2+c|\boldsymbol{e}|_2^{\frac12}\|\boldsymbol{e}\|^2\|\boldsymbol{e}\|_2^{\frac32}+\varepsilon|A_1\boldsymbol{u}_m|_2^2,\\ &\left|\int_\Omega A_1\boldsymbol{u}_m\cdot\varPhi(\boldsymbol{u}_m+\boldsymbol{e})\frac{\partial(\boldsymbol{u}_m+\boldsymbol{e})}{\partial z}\right|\\ \leqslant& c\|\boldsymbol{e}\|^2\|\boldsymbol{e}\|_2^2(1+\|\boldsymbol{u}_m\|^2)+c|A_1\boldsymbol{u}_m|_2^2\|\boldsymbol{u}_m\|+\varepsilon|A_1\boldsymbol{u}_m|_2^2.\end{aligned}$$

在(4.2.28)中，令$h_m=A_1\boldsymbol{u}_m$，由上面的两个式子，应用Hölder不等式和Young不等式，得到

$$\begin{aligned}&\frac{\mathrm{d}(A_1\boldsymbol{u}_m,\boldsymbol{u}_m)}{\mathrm{d}t}+\frac12|A_1\boldsymbol{u}_m|_2^2\\ \leqslant& c|A_1\boldsymbol{u}_m|_2^2\|\boldsymbol{u}_m\|+c\|\boldsymbol{e}\|^2\|\boldsymbol{e}\|_2^2+c\|T_m\|^2+c(|\boldsymbol{e}|_2^2+|\boldsymbol{Z}|_2^2)+c(|\boldsymbol{u}_m|_2^2\|\boldsymbol{u}_m\|^6+\|\boldsymbol{e}\|^2\|\boldsymbol{e}\|_2^2\\ &+|\boldsymbol{e}|_2^2\|\boldsymbol{e}\|^6+\|\boldsymbol{e}\|^{\frac12}\|\boldsymbol{e}\|_2^{\frac32})\|\boldsymbol{u}_m\|^2.\end{aligned}\tag{4.2.30}$$

同样地，可得

$$\begin{aligned}&\frac{\mathrm{d}\|T_m\|^2}{\mathrm{d}t}+\frac12|A_2T_m|_2^2\\ \leqslant& c(|\boldsymbol{u}_m|_2^2\|\boldsymbol{u}_m\|^6+|\boldsymbol{e}|_2^2\|\boldsymbol{e}\|^6)\|T_m\|^2+c(\|\boldsymbol{e}\|^2\|\boldsymbol{e}\|_2^2+\|\boldsymbol{u}_m\|^2\|\boldsymbol{u}_m\|_2^2)\|T_m\|^2+|Q|_2^2.\end{aligned}\tag{4.2.31}$$

由于$\boldsymbol{u}_m(t_0)=0$和(4.2.30)，由引理4.2.4得：存在与m无关的$\mathcal{T}_1 > t_0$，使得对任意$t\in[t_0,\mathcal{T}_1]$，$\|\boldsymbol{u}_m(t)\|$充分小. 由(4.2.30)、(4.2.31)、引理4.2.4和4.2.5，应用证明三维不可压Navier-Stokes方程强解的局部存在性的方法，可以证明命题4.2.12成立.

4.2.3.2 (4.2.9)～(4.2.15)的局部解的先验估计

由命题4.2.12，我们得到了(4.2.9)～(4.2.15)的强解的局部存在性. 设$(\boldsymbol{v},T)$ 是(4.2.9)～(4.2.15)在$[t_0,\mathcal{T}^*)$上的强解，为了得到(4.2.9)～(4.2.15)强解的整体存在性，我们必须对局部强解$(\boldsymbol{v},T)$做先验估计. 我们将证明：如果$\mathcal{T}^* < +\infty$，那么$\limsup\limits_{t\to\mathcal{T}^{*-}}(\|\boldsymbol{v}\|+\|T\|) < +\infty$. 为了得到这个结果，需要定义正压流$\bar{\boldsymbol{w}}$ 和斜压流$\tilde{\boldsymbol{w}}$，并考虑他们的一些性质，这里$\boldsymbol{w}=\boldsymbol{v}-\boldsymbol{Z}$，$(\boldsymbol{w},T)$满足下面的初边值问题：

$$\frac{\partial\boldsymbol{w}}{\partial t}+[(\boldsymbol{w}+\boldsymbol{Z})\cdot\boldsymbol{\nabla}](\boldsymbol{w}+\boldsymbol{Z})+\varPhi(\boldsymbol{w}+\boldsymbol{Z})\frac{\partial(\boldsymbol{w}+\boldsymbol{Z})}{\partial z}+f\boldsymbol{k}\times(\boldsymbol{w}+\boldsymbol{Z})$$

$$-\alpha \boldsymbol{Z}+\nabla p_{b_3}-\int_{-1}^{z} \nabla T \mathrm{d} z'-\Delta \boldsymbol{w}-\frac{\partial^2 \boldsymbol{w}}{\partial z^2}=0, \tag{4.2.32}$$

$$\frac{\partial T}{\partial t}+[(\boldsymbol{w}+\boldsymbol{Z}) \cdot \nabla] T+\Phi(\boldsymbol{w}+\boldsymbol{Z}) \frac{\partial T}{\partial z}-\Delta T-\frac{\partial^2 T}{\partial z^2}=Q, \tag{4.2.33}$$

$$\int_{-1}^{0} \nabla \cdot \boldsymbol{w} \mathrm{d} z=0, \tag{4.2.34}$$

$(\boldsymbol{w}, T)$ 满足边界条件(4.2.12)~(4.2.14), (4.2.35)

$$\left(\boldsymbol{w}|_{t=t_0}, T|_{t=t_0}\right)=\left(\boldsymbol{v}_{t_0}-\boldsymbol{Z}_{t_0}, T_{t_0}\right). \tag{4.2.36}$$

可以像定义4.2.10一样定义初边值问题(4.2.32)~(4.2.36)的强解. 如果$(\boldsymbol{v}, T)$ 是(4.2.9)~(4.2.15) 在$[t_0, \mathcal{T}^*)$上的强解,那么,根据$(\boldsymbol{w}, T)$的定义,$(\boldsymbol{w}, T)$ 是(4.2.32)~(4.2.36) 在$[t_0, \mathcal{T}^*)$上的强解.

定义正压流为$\bar{\boldsymbol{w}}=\int_{-1}^{0} \boldsymbol{w} \mathrm{d} z$,斜压流为$\tilde{\boldsymbol{w}}=\boldsymbol{w}-\bar{\boldsymbol{w}}$. 注意到

$$\bar{\tilde{\boldsymbol{w}}}=\int_{-1}^{0} \tilde{\boldsymbol{w}} \mathrm{d} z=0, \quad \nabla \cdot \bar{\boldsymbol{w}}=0. \tag{4.2.37}$$

应用分部积分和(4.2.37),得

$$\int_{-1}^{0} \Phi(\boldsymbol{w}) \frac{\partial \boldsymbol{w}}{\partial z} \mathrm{d} z=\int_{-1}^{0} \boldsymbol{w} \nabla \cdot \boldsymbol{w} \mathrm{d} z=\int_{-1}^{0} \tilde{\boldsymbol{w}} \nabla \cdot \tilde{\boldsymbol{w}} \mathrm{d} z,$$

$$\int_{-1}^{0}(\boldsymbol{w} \cdot \nabla) \boldsymbol{w} \mathrm{d} z=\int_{-1}^{0}(\tilde{\boldsymbol{w}} \cdot \nabla) \tilde{\boldsymbol{w}} \mathrm{d} z+(\bar{\boldsymbol{w}} \cdot \nabla) \bar{\boldsymbol{w}}.$$

把(4.2.32)关于z从-1到0积分,由(4.2.35)和上面的两个关系式,得到

$$\begin{aligned}
&\frac{\partial \bar{\boldsymbol{w}}}{\partial t}-\Delta \bar{\boldsymbol{w}}+\nabla p_{b_3}+\overline{(\tilde{\boldsymbol{w}}+\tilde{\boldsymbol{Z}}) \nabla \cdot(\tilde{\boldsymbol{w}}+\tilde{\boldsymbol{Z}})+\left[(\tilde{\boldsymbol{w}}+\tilde{\boldsymbol{Z}}) \cdot \nabla\right](\tilde{\boldsymbol{w}}+\tilde{\boldsymbol{Z}})}+[(\bar{\boldsymbol{w}} \\
&+\bar{\boldsymbol{Z}}) \cdot \nabla](\bar{\boldsymbol{w}}+\bar{\boldsymbol{Z}})+f \boldsymbol{k} \times(\bar{\boldsymbol{w}}+\bar{\boldsymbol{Z}})-\alpha \bar{Z}-\int_{-1}^{0} \int_{-1}^{z} \nabla T \mathrm{d} z' \mathrm{d} z=0 \text { in } M,
\end{aligned} \tag{4.2.38}$$

$$\nabla \cdot \bar{\boldsymbol{w}}=0 \quad \text { in } M, \tag{4.2.39}$$

$$\bar{\boldsymbol{w}} \cdot \mathbf{n}=0, \ \frac{\partial \bar{\boldsymbol{w}}}{\partial \mathbf{n}} \times \mathbf{n}=0 \quad \text { on } \partial M. \tag{4.2.40}$$

把(4.2.32)减去(4.2.38),我们可知:$\tilde{\boldsymbol{w}}$满足

$$\begin{aligned}
&\frac{\partial \tilde{\boldsymbol{w}}}{\partial t}-\Delta \tilde{\boldsymbol{w}}-\frac{\partial^2 \tilde{\boldsymbol{w}}}{\partial z^2}+\left[(\tilde{\boldsymbol{w}}+\tilde{\boldsymbol{Z}}) \cdot \nabla\right](\tilde{\boldsymbol{w}}+\tilde{\boldsymbol{Z}})+\Phi(\tilde{\boldsymbol{w}}+\tilde{\boldsymbol{Z}}) \frac{\partial(\tilde{\boldsymbol{w}}+\tilde{\boldsymbol{Z}})}{\partial z} \\
&+\left[(\tilde{\boldsymbol{w}}+\tilde{\boldsymbol{Z}}) \cdot \nabla\right](\bar{\boldsymbol{w}}+\bar{\boldsymbol{Z}})+\left[(\bar{\boldsymbol{w}}+\bar{\boldsymbol{Z}}) \cdot \nabla\right](\tilde{\boldsymbol{w}}+\tilde{\boldsymbol{Z}})+f \boldsymbol{k} \times(\tilde{\boldsymbol{w}}+\tilde{\boldsymbol{Z}}) \\
&-\overline{(\tilde{\boldsymbol{w}}+\tilde{\boldsymbol{Z}}) \nabla \cdot(\tilde{\boldsymbol{w}}+\tilde{\boldsymbol{Z}})+\left[(\tilde{\boldsymbol{w}}+\tilde{\boldsymbol{Z}}) \cdot \nabla\right](\tilde{\boldsymbol{w}}+\tilde{\boldsymbol{Z}})}-\alpha \tilde{\boldsymbol{Z}}-\int_{-1}^{z} \nabla T \mathrm{d} z'
\end{aligned}$$

$$+\int_{-1}^{0}\int_{-1}^{z}\nabla T\mathrm{d}z'\mathrm{d}z=0\ \text{ in }\Omega, \tag{4.2.41}$$

$$\frac{\partial\tilde{\boldsymbol{w}}}{\partial z}=0\text{ on }\Gamma_u,\ \frac{\partial\tilde{\boldsymbol{w}}}{\partial z}=0\text{ on }\Gamma_b,\ \tilde{\boldsymbol{w}}\cdot\mathbf{n}=0,\ \frac{\partial\tilde{\boldsymbol{w}}}{\partial\mathbf{n}}\times\mathbf{n}=0\text{ on }\Gamma_l. \tag{4.2.42}$$

$T,\boldsymbol{w}$的L^2估计　把方程(4.2.33)与T做$L^2(\Omega)$的内积，应用分部积分、$T(t,x,y,z)=-\int_z^0\frac{\partial T}{\partial z'}\mathrm{d}z'+T|_{z=0}$、Hölder不等式和Cauchy-Schwarz不等式，可得

$$\frac{\mathrm{d}|T|_2^2}{\mathrm{d}t}+\int_\Omega|\nabla T|^2+\int_\Omega|\frac{\partial T}{\partial z}|^2+\alpha_u|T|_{z=0}|_2^2\leqslant c|Q|_2^2.$$

由Gronwall不等式和上式，得

$$|T(t)|_2^2\leqslant \mathrm{e}^{-ct}|T_{t_0}|_2^2+c|Q|_2^2, \tag{4.2.43}$$

这里$t\geqslant t_0$. 由前面的两个式子，对给定的$\mathcal{T}>t_0$，存在正的常数$C_1(\mathcal{T},\ \|U_{t_0}\|,\|Q\|_1)$，使得

$$\int_{t_0}^{\mathcal{T}}\left[\int_\Omega\left(|\nabla T|^2+|\frac{\partial T}{\partial z}|^2+|T|^2\right)+|T|_{z=0}|_2^2\right]+|T(t)|_2^2\leqslant C_1, \tag{4.2.44}$$

其中$t\in[t_0,\mathcal{T})$，记$\int_{t_0}^{\mathcal{T}}\cdot\mathrm{d}s$为$\int_{t_0}^{\mathcal{T}}\cdot$. 本书中$C_i(\cdot,\cdot)$将代表由括号内的量和具体位置决定的正的常数，$i\in\mathbb{N}$.

把方程(4.2.32)与$\boldsymbol{w}$做$L^2(\Omega)\times L^2(\Omega)$的内积，可得

$$\begin{aligned}&\frac{\mathrm{d}|\boldsymbol{w}|_2^2}{\mathrm{d}t}+\int_\Omega|\nabla\boldsymbol{w}|^2+\int_\Omega\left|\frac{\partial\boldsymbol{w}}{\partial z}\right|\\ \leqslant&c(|\boldsymbol{Z}|_4^8+\|\boldsymbol{Z}\|^4+\|\boldsymbol{Z}\|^2\|\boldsymbol{Z}\|_2^2)|\boldsymbol{w}|_2^2+c(\|\boldsymbol{Z}\|^2+|T|_2^2+|\boldsymbol{Z}|_2^2).\end{aligned}$$

对于$t\geqslant t_0$，由$\lambda_1|\boldsymbol{w}|_2^2\leqslant\|\boldsymbol{w}\|^2$和Gronwall不等式，我们从上式推得

$$\begin{aligned}|\boldsymbol{w}(t)|_2^2\leqslant&\mathrm{e}^{\int_{t_0}^t[-\lambda_1+c(|\boldsymbol{Z}|_4^8+\|\boldsymbol{Z}\|^4+\|\boldsymbol{Z}\|^2\|\boldsymbol{Z}\|_2^2)]\mathrm{d}\tau}|\boldsymbol{w}(t_0)|_2^2\\&+c\int_{t_0}^t\mathrm{e}^{\int_\sigma^t[-\lambda_1+c(|\boldsymbol{Z}|_4^8+\|\boldsymbol{Z}\|^4+\|\boldsymbol{Z}\|^2\|\boldsymbol{Z}\|_2^2)]\mathrm{d}\tau}(\|\boldsymbol{Z}\|^2+|T|_2^2+|\boldsymbol{Z}|_2^2)\mathrm{d}\sigma.\end{aligned} \tag{4.2.45}$$

对给定的$\mathcal{T}>t_0$，由引理4.2.5和(4.2.45)，存在$C_2(\mathcal{T},\|U_{t_0}\|,\ \|Q\|_1,\|\boldsymbol{Z}_{t_0}\|_2)$，使得

$$\int_{t_0}^{\mathcal{T}}\int_\Omega\left(|\nabla\boldsymbol{w}|^2+|\frac{\partial\boldsymbol{w}}{\partial z}|^2\right)+|\boldsymbol{w}(t)|_2^2\leqslant C_2,\ \text{for any }\ t\in[t_0,\mathcal{T}). \tag{4.2.46}$$

由Minkowski不等式和Hölder不等式，我们从上式得到

$$\int_{t_0}^{\mathcal{T}}\int_M(|\nabla\bar{\boldsymbol{w}}|^2+|\bar{\boldsymbol{w}}|^2)+\|\bar{\boldsymbol{w}}(t)\|_{L^2}^2\leqslant C_2,\forall t\in[t_0,\mathcal{T}). \tag{4.2.47}$$

T的L^4估计　把方程(4.2.33)与$|T|^2T$做$L^2(\Omega)$的内积，可得

$$\begin{aligned}&\frac{1}{4}\frac{\mathrm{d}|T|_4^4}{\mathrm{d}t}+3\int_\Omega|\boldsymbol{\nabla}T|^2|T|^2+3\int_\Omega\left|\frac{\partial T}{\partial z}\right|^2|T|^2+\alpha_u\int_M|T|_{z=0}|^4\\=&\int_\Omega Q|T|^2T-\int_\Omega\left\{[(\boldsymbol{w}+\boldsymbol{Z})\cdot\boldsymbol{\nabla}]\,T+\varPhi(\boldsymbol{w}+\boldsymbol{Z})\frac{\partial T}{\partial z}\right\}|T|^2T.\end{aligned}$$

由$T^4(t,x,y,z)=-\int_z^0\frac{\partial T^4}{\partial z'}\mathrm{d}z'+T^4|_{z=0}$、Hölder不等式和Cauchy-Schwarz不等式，可得

$$|T|_4^4\leqslant c\left(\int_\Omega|T|^2\left|\frac{\partial T}{\partial z}\right|^2\right)+\frac{1}{2}\int_\Omega T^4+|T|_{z=0}|_4^4.$$

由分部积分、Hölder不等式和Young不等式，我们从上面的两个式子得到

$$\frac{\mathrm{d}|T|_4^4}{\mathrm{d}t}+3\int_\Omega|\boldsymbol{\nabla}T|^2|T|^2+3\int_\Omega|\frac{\partial T}{\partial z}|^2|T|^2+\alpha_u\int_M|T|_{z=0}|^4\leqslant c|Q|_4^4.$$

由Gronwall不等式，得

$$|T(t)|_4^4\leqslant \mathrm{e}^{-ct}|T_{t_0}|_4^4+c|Q|_4^4\leqslant C_3,\tag{4.2.48}$$

这里$t\geqslant t_0$，C_3是正的常数.

$\tilde{\boldsymbol{w}}$的L^3估计 由分部积分，得到

$$\begin{aligned}&-\int_\Omega\left[(\tilde{\boldsymbol{w}}\cdot\boldsymbol{\nabla})\tilde{\boldsymbol{w}}-(\int_{-1}^z\boldsymbol{\nabla}\cdot\tilde{\boldsymbol{w}}\mathrm{d}z')\frac{\partial\tilde{\boldsymbol{w}}}{\partial z}\right]\cdot|\tilde{\boldsymbol{w}}|\tilde{\boldsymbol{w}}=0,\\&-\int_\Omega\{[(\bar{\boldsymbol{w}}+\bar{\boldsymbol{Z}})\cdot\boldsymbol{\nabla}]\,\tilde{\boldsymbol{w}}\}\cdot|\tilde{\boldsymbol{w}}|\tilde{\boldsymbol{w}}=\frac{1}{3}\int_\Omega|\tilde{\boldsymbol{w}}|^3\boldsymbol{\nabla}\cdot(\bar{\boldsymbol{w}}+\bar{\boldsymbol{Z}})=0,\\&-\int_\Omega\{\left[(\tilde{\boldsymbol{w}}+\tilde{\boldsymbol{Z}})\cdot\boldsymbol{\nabla}\right](\bar{\boldsymbol{w}}+\bar{\boldsymbol{Z}})\}\cdot|\tilde{\boldsymbol{w}}|\tilde{\boldsymbol{w}}\\=&\int_\Omega(\bar{\boldsymbol{w}}+\bar{\boldsymbol{Z}})\cdot\left[(\tilde{\boldsymbol{w}}+\tilde{\boldsymbol{Z}})\cdot\boldsymbol{\nabla}\right]|\tilde{\boldsymbol{w}}|\tilde{\boldsymbol{w}}+\int_\Omega|\tilde{\boldsymbol{w}}|\tilde{\boldsymbol{w}}\cdot(\bar{\boldsymbol{w}}+\bar{\boldsymbol{Z}})\boldsymbol{\nabla}\cdot(\tilde{\boldsymbol{w}}+\tilde{\boldsymbol{Z}}),\\&\int_\Omega\overline{(\tilde{\boldsymbol{w}}+\tilde{\boldsymbol{Z}})\boldsymbol{\nabla}\cdot(\tilde{\boldsymbol{w}}+\tilde{\boldsymbol{Z}})+\left[(\tilde{\boldsymbol{w}}+\tilde{\boldsymbol{Z}})\cdot\boldsymbol{\nabla}\right](\tilde{\boldsymbol{w}}+\tilde{\boldsymbol{Z}})}\cdot|\tilde{\boldsymbol{w}}|\tilde{\boldsymbol{w}}\\=&\int_\Omega\int_{-1}^0(\tilde{w}+\tilde{Z})^{(1)}(\tilde{\boldsymbol{w}}+\tilde{\boldsymbol{Z}})\mathrm{d}z\cdot\partial_x(|\tilde{\boldsymbol{w}}|\tilde{\boldsymbol{w}})\\&+\int_\Omega\int_{-1}^0(\tilde{w}+\tilde{Z})^{(2)}(\tilde{\boldsymbol{w}}+\tilde{\boldsymbol{Z}})\mathrm{d}z\cdot\partial_y(|\tilde{\boldsymbol{w}}|\tilde{\boldsymbol{w}}),\end{aligned}$$

其中$\tilde{\boldsymbol{w}}+\tilde{\boldsymbol{Z}}=((\tilde{w}+\tilde{Z})^{(1)},(\tilde{w}+\tilde{Z})^{(2)})$. 把(4.2.41)与$|\tilde{\boldsymbol{w}}|\tilde{\boldsymbol{w}}$做$L^2(\Omega)\times L^2(\Omega)$的内积，应用上面的关系式，可得

$$
\begin{aligned}
&\frac{1}{3}\frac{\mathrm{d}|\tilde{\boldsymbol{w}}|_3^3}{\mathrm{d}t}+\int_\Omega\left(|\nabla\tilde{\boldsymbol{w}}|^2|\tilde{\boldsymbol{w}}|+\frac{4}{9}|\nabla|\tilde{\boldsymbol{w}}|^{\frac{3}{2}}|^2\right)+\int_\Omega(|\partial_z\tilde{\boldsymbol{w}}|^2|\tilde{\boldsymbol{w}}|+\frac{4}{9}|\partial_z|\tilde{\boldsymbol{w}}|^{\frac{3}{2}}|^2)\\
=&\int_\Omega(\bar{\boldsymbol{w}}+\bar{\boldsymbol{Z}})\cdot\Big[(\tilde{\boldsymbol{w}}+\tilde{\boldsymbol{Z}})\cdot\nabla\Big]|\tilde{\boldsymbol{w}}|\tilde{\boldsymbol{w}}+\int_\Omega|\tilde{\boldsymbol{w}}|\tilde{\boldsymbol{w}}\cdot(\bar{\boldsymbol{w}}+\bar{\boldsymbol{Z}})\nabla\cdot(\tilde{\boldsymbol{w}}+\tilde{\boldsymbol{Z}})\\
&-\int_\Omega\Big[(\tilde{\boldsymbol{Z}}\cdot\nabla)\tilde{\boldsymbol{w}}+(\tilde{\boldsymbol{w}}\cdot\nabla)\tilde{\boldsymbol{Z}}+(\tilde{\boldsymbol{Z}}\cdot\nabla)\tilde{\boldsymbol{Z}}\Big]\cdot|\tilde{\boldsymbol{w}}|\tilde{\boldsymbol{w}}\\
&-\int_\Omega\left[\varPhi(\tilde{\boldsymbol{Z}})\frac{\partial\tilde{\boldsymbol{w}}}{\partial z}+\varPhi(\tilde{\boldsymbol{w}})\frac{\partial\tilde{\boldsymbol{Z}}}{\partial z}+\varPhi(\tilde{\boldsymbol{Z}})\frac{\partial\tilde{\boldsymbol{Z}}}{\partial z}\right]\cdot|\tilde{\boldsymbol{w}}|\tilde{\boldsymbol{w}}\\
&-\int_\Omega\{[(\bar{\boldsymbol{w}}+\bar{\boldsymbol{Z}})\cdot\nabla]\,\tilde{\boldsymbol{Z}}\}\cdot|\tilde{\boldsymbol{w}}|\tilde{\boldsymbol{w}}+\int_\Omega\int_{-1}^0(\tilde{w}+\tilde{Z})^{(1)}(\tilde{\boldsymbol{w}}+\tilde{\boldsymbol{Z}})\mathrm{d}z\cdot\partial_x(|\tilde{\boldsymbol{w}}|\tilde{\boldsymbol{w}})\\
&+\int_\Omega\int_{-1}^0(\tilde{w}+\tilde{Z})^{(2)}(\tilde{\boldsymbol{w}}+\tilde{\boldsymbol{Z}})\mathrm{d}z\cdot\partial_y(|\tilde{\boldsymbol{w}}|\tilde{\boldsymbol{w}})-\int_\Omega(f\boldsymbol{k}\times\tilde{\boldsymbol{Z}})\cdot|\tilde{\boldsymbol{w}}|\tilde{\boldsymbol{w}}\\
&-\int_\Omega\left(\int_{-1}^z T\mathrm{d}z'-\int_{-1}^0\int_{-1}^z T\mathrm{d}z'\mathrm{d}z\right)\nabla\cdot|\tilde{\boldsymbol{w}}|\tilde{\boldsymbol{w}}+\int_\Omega\alpha\tilde{\boldsymbol{Z}}\cdot|\tilde{\boldsymbol{w}}|\tilde{\boldsymbol{w}}.
\end{aligned}
$$

应用Hölder不等式，我们从上式推得，

$$
\begin{aligned}
&\frac{1}{3}\frac{\mathrm{d}|\tilde{\boldsymbol{w}}|_3^3}{\mathrm{d}t}+\int_\Omega\left(|\nabla\tilde{\boldsymbol{w}}|^2|\tilde{\boldsymbol{w}}|+\frac{4}{9}|\nabla|\tilde{\boldsymbol{w}}|^{\frac{3}{2}}|^2\right)+\int_\Omega\left(|\partial_z\tilde{\boldsymbol{w}}|^2|\tilde{\boldsymbol{w}}|+\frac{4}{9}|\partial_z|\tilde{\boldsymbol{w}}|^{\frac{3}{2}}|^2\right)\\
\leqslant& c\left(\|\bar{\boldsymbol{w}}\|_{L^4}+\|\bar{\boldsymbol{Z}}\|_{L^4}\right)\left(\int_\Omega|\nabla\tilde{\boldsymbol{w}}|^2|\tilde{\boldsymbol{w}}|\right)^{\frac{1}{2}}\left\{\left[\int_M\left(\int_{-1}^0|\tilde{\boldsymbol{w}}|^3\mathrm{d}z\right)^2\right]^{\frac{1}{4}}\right.\\
&\left.+\left[\int_M\left(\int_{-1}^0|\tilde{\boldsymbol{w}}|^2\mathrm{d}z\right)^2\right]^{\frac{1}{8}}\left[\int_M\left(\int_{-1}^0|\tilde{\boldsymbol{Z}}|^4\mathrm{d}z\right)^2\right]^{\frac{1}{8}}\right\}\\
&+c\left(\int_\Omega|\nabla\tilde{\boldsymbol{w}}|^2|\tilde{\boldsymbol{w}}|\right)^{\frac{1}{2}}|\tilde{\boldsymbol{w}}|_2^{\frac{1}{2}}\left\{\left[\int_M\left(\int_{-1}^0|\tilde{\boldsymbol{Z}}|^2\mathrm{d}z\right)^4\right]^{\frac{1}{4}}+\|\overline{T}\|_{L^4}\right\}\\
&+c\left(\int_\Omega|\nabla\tilde{\boldsymbol{w}}|^2|\tilde{\boldsymbol{w}}|\right)^{\frac{1}{2}}\left[\int_M\left(\int_{-1}^0|\tilde{\boldsymbol{w}}|^2\mathrm{d}z\right)^{\frac{5}{2}}\right]^{\frac{1}{2}}+I_1+I_2+I_3,
\end{aligned}
$$

其中

$$
\begin{aligned}
I_1=&\int_\Omega\Big\{-[(\bar{\boldsymbol{w}}+\bar{\boldsymbol{Z}})\cdot\nabla]\,\tilde{\boldsymbol{Z}}+(\bar{\boldsymbol{w}}+\bar{\boldsymbol{Z}})\,\nabla\cdot\tilde{\boldsymbol{Z}}-\Big[\left(\tilde{\boldsymbol{w}}+\tilde{\boldsymbol{Z}}\right)\cdot\nabla\Big]\,\tilde{\boldsymbol{Z}}\\
&-\varPhi\left(\tilde{\boldsymbol{Z}}\right)\frac{\partial\tilde{\boldsymbol{Z}}}{\partial z}\Big\}\cdot|\tilde{\boldsymbol{w}}|\tilde{\boldsymbol{w}},\\
I_2=&-\int_\Omega\left[\left(\tilde{\boldsymbol{Z}}\cdot\nabla\right)\tilde{\boldsymbol{w}}+\varPhi\left(\tilde{\boldsymbol{Z}}\right)\frac{\partial\tilde{\boldsymbol{w}}}{\partial z}+\varPhi\left(\tilde{\boldsymbol{w}}\right)\frac{\partial\tilde{\boldsymbol{Z}}}{\partial z}\right]\cdot|\tilde{\boldsymbol{w}}|\tilde{\boldsymbol{w}},\\
I_3=&-\int_\Omega\left(f\boldsymbol{k}\times\tilde{\boldsymbol{Z}}-\alpha\tilde{\boldsymbol{Z}}\right)\cdot|\tilde{\boldsymbol{w}}|\tilde{\boldsymbol{w}}.
\end{aligned}
$$

应用Minkowski不等式、(4.2.24)和Hölder不等式，我们可得

$$\left[\int_M\left(\int_{-1}^0|\tilde{\boldsymbol{w}}|^3\mathrm{d}z\right)^2\right]^{\frac{1}{2}}\leqslant c|\tilde{\boldsymbol{w}}|_3^{\frac{3}{2}}\left[\int_{-1}^0\left(\|\nabla|\tilde{\boldsymbol{w}}|^{\frac{3}{2}}\|_{L^2}^2+\||\tilde{\boldsymbol{w}}|^{\frac{3}{2}}\|_{L^2}^2\right)\mathrm{d}z\right]^{\frac{1}{2}}.$$

由Minkowski不等式、Hölder不等式和(4.2.25)，得到

$$\int_M\left(\int_{-1}^0|\tilde{\boldsymbol{w}}|^2\mathrm{d}z\right)^{\frac{5}{2}}\leqslant\left(\int_{-1}^0\|\tilde{\boldsymbol{w}}\|_{L^3}^{\frac{6}{5}}\|\tilde{\boldsymbol{w}}\|_{H^1}^{\frac{4}{5}}\mathrm{d}z\right)^{\frac{5}{2}}\leqslant c\|\tilde{\boldsymbol{w}}\|^2|\tilde{\boldsymbol{w}}|_3^3.$$

应用Hölder不等式和Minkowski不等式、(4.2.24)、$|\tilde{\boldsymbol{w}}|_4\leqslant|\tilde{\boldsymbol{w}}|_3^{\frac{1}{2}}\|\tilde{\boldsymbol{w}}\|^{\frac{1}{2}}$、$|\tilde{\boldsymbol{w}}|_6^6=\int_\Omega|\tilde{\boldsymbol{w}}|^{\frac{3}{2}\cdot 4}\leqslant|\tilde{\boldsymbol{w}}|_3^{\frac{3}{2}}\||\tilde{\boldsymbol{w}}|^{\frac{3}{2}}\|^3$ 和Young 不等式，得到

$$\begin{aligned}I_1\leqslant&c\left(\|\bar{\boldsymbol{w}}\|_{L^4}+\|\bar{\boldsymbol{Z}}\|_{L^4}\right)\left[\int_{-1}^0(\int_M|\nabla\tilde{\boldsymbol{Z}}|^4)^{\frac{1}{2}}\mathrm{d}z\right]^{\frac{1}{2}}|\tilde{\boldsymbol{w}}|_4^2+c|\nabla\tilde{\boldsymbol{Z}}|_2|\tilde{\boldsymbol{w}}|_6^3\\&+c|\tilde{\boldsymbol{Z}}|_6|\nabla\tilde{\boldsymbol{Z}}|_2|\tilde{\boldsymbol{w}}|_6^2+c\left[\int_{-1}^0\left(\int_M|\nabla\tilde{\boldsymbol{Z}}|^4\right)^{\frac{1}{2}}\mathrm{d}z\right]^{\frac{1}{2}}\left[\int_{-1}^0\left(\int_M|\frac{\partial\tilde{\boldsymbol{Z}}}{\partial z}|^4\right)^{\frac{1}{2}}\mathrm{d}z\right]^{\frac{1}{2}}|\tilde{\boldsymbol{w}}|_4^2\\\leqslant&\varepsilon\int_\Omega\left(|\nabla|\tilde{\boldsymbol{w}}|^{\frac{3}{2}}|^2+|\partial_z|\tilde{\boldsymbol{w}}|^{\frac{3}{2}}|^2\right)+c(1+|\boldsymbol{w}|_2^{\frac{3}{2}}\|\boldsymbol{w}\|^{\frac{3}{2}}\|\boldsymbol{Z}\|^{\frac{3}{2}}\|\boldsymbol{Z}\|_2^{\frac{3}{2}}\\&+|\boldsymbol{Z}|_2^{\frac{3}{2}}\|\boldsymbol{Z}\|^3\|\boldsymbol{Z}\|_2^{\frac{3}{2}}+\|\boldsymbol{Z}\|^4+|\boldsymbol{Z}|_6^6+\|\boldsymbol{w}\|^2)|\tilde{\boldsymbol{w}}|_3^3+c\|\boldsymbol{w}\|^{\frac{3}{2}}+c\|\boldsymbol{Z}\|^3+c\|\boldsymbol{Z}\|^2\|\boldsymbol{Z}\|_2^2+c\|\boldsymbol{w}\|^2.\end{aligned}$$

应用分部积分和Hölder不等式，得到

$$\begin{aligned}I_2\leqslant&\int_\Omega\left[\left(\int_{-1}^z|\tilde{\boldsymbol{w}}|\right)|\frac{\partial\tilde{\boldsymbol{Z}}}{\partial z}||\nabla\tilde{\boldsymbol{w}}||\tilde{\boldsymbol{w}}|+|\nabla\tilde{\boldsymbol{Z}}||\tilde{\boldsymbol{w}}|^3+\left(\int_{-1}^z|\tilde{\boldsymbol{w}}|\right)|\nabla\tilde{\boldsymbol{Z}}||\frac{\partial\tilde{\boldsymbol{w}}}{\partial z}||\tilde{\boldsymbol{w}}|\right]\\&+\int_\Omega\left[|\tilde{\boldsymbol{Z}}||\nabla\tilde{\boldsymbol{w}}||\tilde{\boldsymbol{w}}|^2+\left(\int_{-1}^z|\nabla\tilde{\boldsymbol{Z}}|\right)|\frac{\partial\tilde{\boldsymbol{w}}}{\partial z}||\tilde{\boldsymbol{w}}|^2\right]\\\leqslant&\varepsilon\int_\Omega(|\nabla\tilde{\boldsymbol{w}}|^2|\tilde{\boldsymbol{w}}|+|\partial_z\tilde{\boldsymbol{w}}|^2|\tilde{\boldsymbol{w}}|+|\nabla|\tilde{\boldsymbol{w}}|^{\frac{3}{2}}|^2+|\partial_z|\tilde{\boldsymbol{w}}|^{\frac{3}{2}}|^2)\\&+(1+|\boldsymbol{Z}|_4^8+\|\boldsymbol{Z}\|^4+\|\boldsymbol{Z}\|\|\boldsymbol{Z}\|_2^3+\|\boldsymbol{Z}\|^2\|\boldsymbol{Z}\|_2^2)|\tilde{\boldsymbol{w}}|_3^3.\end{aligned}$$

由于$I_3\leqslant c|\boldsymbol{Z}|_3^3+c|\tilde{\boldsymbol{w}}\|_3^3$，由(4.2.24)和Young不等式，我们可从前面的关系式推得

$$\begin{aligned}&\frac{\mathrm{d}|\tilde{\boldsymbol{w}}|_3^3}{\mathrm{d}t}+\int_\Omega\left(|\nabla\tilde{\boldsymbol{w}}|^2|\tilde{\boldsymbol{w}}|+\frac{4}{9}|\nabla|\tilde{\boldsymbol{w}}|^{\frac{3}{2}}|^2\right)+\int_\Omega\left(|\partial_z\tilde{\boldsymbol{w}}|^2|\tilde{\boldsymbol{w}}|+\frac{4}{9}|\partial_z|\tilde{\boldsymbol{w}}|^{\frac{3}{2}}|^2\right)\\\leqslant&c(1+\|\bar{\boldsymbol{w}}\|_{L^2}^2\|\bar{\boldsymbol{w}}\|_{H^1}^2+\|\tilde{\boldsymbol{w}}\|^2+|\boldsymbol{w}|_2^{\frac{3}{2}}\|\boldsymbol{w}\|^{\frac{3}{2}}\|\boldsymbol{Z}\|^{\frac{3}{2}}\|\boldsymbol{Z}\|_2^{\frac{3}{2}}+|\boldsymbol{Z}|_2^{\frac{3}{2}}\|\boldsymbol{Z}\|^3\|\boldsymbol{Z}\|_2^{\frac{3}{2}}\\&+\|\boldsymbol{Z}\|^2+|\boldsymbol{Z}|_4^8+\|\boldsymbol{Z}\|^4+\|\boldsymbol{Z}\|\|\boldsymbol{Z}\|_2^3+\|\boldsymbol{Z}\|^2\|\boldsymbol{Z}\|_2^2+|\boldsymbol{Z}|_6^6)|\tilde{\boldsymbol{w}}|_3^3+c\|\boldsymbol{w}\|^{\frac{3}{2}}\\&+c|\boldsymbol{w}|_2^2\|\boldsymbol{w}\|^2+c\|\boldsymbol{w}\|^2+c\|\boldsymbol{Z}\|^3+c\|\boldsymbol{Z}\|^8+c|T|_4^4+c\|\boldsymbol{Z}\|^2\|\boldsymbol{Z}\|_2^2.\end{aligned}$$

由Gronwall不等式、引理4.2.5、(4.2.46)~(4.2.48)，对任给$\mathcal{T}>t_0$，存在$C_4(\mathcal{T},\|\boldsymbol{U}_{t_0}\|,\|Q\|_1,\|\boldsymbol{Z}_{t_0}\|_2)$，使得

$$|\tilde{\boldsymbol{w}}(t)|_3^3 \leqslant C_4, \quad 对\ \forall t \in [t_0, T). \tag{4.2.49}$$

注记 **4.2.14** 在估计I_2中的$\int_\Omega \Phi(\tilde{\boldsymbol{w}})\frac{\partial \tilde{\boldsymbol{Z}}}{\partial z}\cdot|\tilde{\boldsymbol{w}}|\tilde{\boldsymbol{w}}$时，我们不能降低$\|\boldsymbol{Z}\|\|\boldsymbol{Z}\|_2^3$ 的指数3. 从而，当随机力的条件只满足$\boldsymbol{Z}\in L^\infty(\mathbb{R};V_1)\cap L^2(\mathbb{R};(H^2(\Omega))^2)$时，我们不能证明IBVP的整体适定性.

$\tilde{\boldsymbol{w}}$的L^4估计 把(4.2.41)与$|\tilde{\boldsymbol{w}}|^2\tilde{\boldsymbol{w}}$做$L^2(\Omega)\times L^2(\Omega)$的内积，经过与$\tilde{\boldsymbol{w}}$的$L^3$估计类似的计算，可得

$$\begin{aligned}
&\frac{1}{4}\frac{\mathrm{d}|\tilde{\boldsymbol{w}}|_4^4}{\mathrm{d}t}+\int_\Omega\left(|\boldsymbol{\nabla}\tilde{\boldsymbol{w}}|^2|\tilde{\boldsymbol{w}}|^2+\frac{1}{2}|\boldsymbol{\nabla}|\tilde{\boldsymbol{w}}|^2|^2\right)+\int_\Omega\left(|\partial_z\tilde{\boldsymbol{w}}|^2|\tilde{\boldsymbol{w}}|^2+\frac{1}{2}|\partial_z|\tilde{\boldsymbol{w}}|^2|^2\right)\\
\leqslant\ & c(\|\bar{\boldsymbol{w}}\|_{L^4}+\|\bar{\boldsymbol{Z}}\|_{L^4})\left(\int_\Omega|\boldsymbol{\nabla}\tilde{\boldsymbol{w}}|^2|\tilde{\boldsymbol{w}}|^2\right)^{\frac{1}{2}}\left\{\left[\int_M\left(\int_{-1}^0|\tilde{\boldsymbol{w}}|^4\mathrm{d}z\right)^2\right]^{\frac{1}{4}}\right.\\
&+\left[\int_M\left(\int_{-1}^0|\tilde{\boldsymbol{w}}|^4\mathrm{d}z\right)^2\right]^{\frac{1}{8}}\left.\left[\int_M\left(\int_{-1}^0|\tilde{\boldsymbol{Z}}|^4\mathrm{d}z\right)^2\right]^{\frac{1}{8}}\right\}\\
&+c\left(\int_\Omega|\boldsymbol{\nabla}\tilde{\boldsymbol{w}}|^2|\tilde{\boldsymbol{w}}|^2\right)^{\frac{1}{2}}\left[\int_M\left(\int_{-1}^0|\tilde{\boldsymbol{w}}|^2\mathrm{d}z\right)^2\right]^{\frac{1}{4}}\left\{\left[\int_M\left(\int_{-1}^0|\tilde{\boldsymbol{Z}}|^2\mathrm{d}z\right)^4\right]^{\frac{1}{4}}\right.\\
&\left.+c\|\overline{T}\|_{L^4}\right\}+c\left(\int_\Omega|\boldsymbol{\nabla}\tilde{\boldsymbol{w}}|^2|\tilde{\boldsymbol{w}}|^2\right)^{\frac{1}{2}}\left[\int_M\left(\int_{-1}^0|\tilde{\boldsymbol{w}}|^2\mathrm{d}z\right)^3\right]^{\frac{1}{2}}+J_1+J_2+J_3,
\end{aligned}$$

其中

$$\begin{aligned}
J_1&=-\int_\Omega\left\{\left[(\bar{\boldsymbol{w}}+\bar{\boldsymbol{Z}})\cdot\boldsymbol{\nabla}\right]\tilde{\boldsymbol{Z}}-(\bar{\boldsymbol{w}}+\bar{\boldsymbol{Z}})\boldsymbol{\nabla}\cdot\tilde{\boldsymbol{Z}}+\left[(\tilde{\boldsymbol{w}}+\tilde{\boldsymbol{Z}})\cdot\boldsymbol{\nabla}\right]\tilde{\boldsymbol{Z}}+\Phi(\tilde{\boldsymbol{Z}})\frac{\partial\tilde{\boldsymbol{Z}}}{\partial z}\right\}\cdot|\tilde{\boldsymbol{w}}|^2\tilde{\boldsymbol{w}},\\
J_2&=-\int_\Omega\left[(\tilde{\boldsymbol{Z}}\cdot\boldsymbol{\nabla})\tilde{\boldsymbol{w}}+\Phi(\tilde{\boldsymbol{Z}})\frac{\partial\tilde{\boldsymbol{w}}}{\partial z}+\Phi(\tilde{\boldsymbol{w}})\frac{\partial\tilde{\boldsymbol{Z}}}{\partial z}\right]\cdot|\tilde{\boldsymbol{w}}|^2\tilde{\boldsymbol{w}},\\
J_3&=-\int_\Omega(f\boldsymbol{k}\times\tilde{\boldsymbol{Z}}-\alpha\tilde{\boldsymbol{Z}})\cdot|\tilde{\boldsymbol{w}}|^2\tilde{\boldsymbol{w}}.
\end{aligned}$$

应用Minkowski不等式、(4.2.24)和Hölder不等式，得到

$$\left[\int_M\left(\int_{-1}^0|\tilde{\boldsymbol{w}}|^4\mathrm{d}z\right)^2\right]^{\frac{1}{2}}\leqslant c|\tilde{\boldsymbol{w}}|_4^2\left[\int_{-1}^0(\|\boldsymbol{\nabla}|\tilde{\boldsymbol{w}}|^2\|_{L^2(M)}^2+\||\tilde{\boldsymbol{w}}|^2\|_{L^2(M)}^2)\mathrm{d}z\right]^{\frac{1}{2}}.$$

同样地，由(4.2.26)，可得

$$\int_M\left(\int_{-1}^0|\tilde{\boldsymbol{w}}|^2\mathrm{d}z\right)^3\leqslant\left[\int_{-1}^0\left(\int_M|\tilde{\boldsymbol{w}}|^6\right)^{\frac{1}{3}}\mathrm{d}z\right]^3\leqslant c\|\tilde{\boldsymbol{w}}\|^2|\tilde{\boldsymbol{w}}|_4^4.$$

由Hölder不等式、Minkowski不等式、(4.2.24)、(4.2.27)、$|\tilde{\boldsymbol{w}}|_6^6\leqslant|\tilde{\boldsymbol{w}}|_4^3\||\tilde{\boldsymbol{w}}|^2\|^{\frac{3}{2}}$、$|\tilde{\boldsymbol{w}}|_8^8=|\tilde{\boldsymbol{w}}|_4^2\||\tilde{\boldsymbol{w}}|^2\|^3$和Young 不等式，我们可得

$$J_1 \leq \varepsilon \int_\Omega (|\nabla|\tilde{w}|^2|^2 + |\partial_z \tilde{w}|^2|^2) + c|w|_2^2 \|w\|^2 + c|Z|_2^2 \|Z\|^2 + \|Z\|^{\frac{8}{5}} \|Z\|_2^{\frac{8}{5}}$$
$$+ c|Z|_4^4 + c(1 + \|Z\|^{\frac{4}{3}} \|Z\|_2^{\frac{4}{3}} + \|Z\|^4 + \|Z\|^{\frac{2}{3}} \|Z\|_2^2 + \|Z\|^{\frac{8}{5}} \|Z\|_2^{\frac{8}{5}})|\tilde{w}|_4^4.$$

由分部积分和Hölder不等式，得到

$$J_2 \leq \varepsilon \int_\Omega (|\nabla \tilde{w}|^2 |\tilde{w}|^2 + |\partial_z \tilde{w}|^2 |\tilde{w}|^2 + |\nabla |\tilde{w}|^2|^2 + |\partial_z |\tilde{w}|^2|^2)$$
$$+ (1 + |Z|_4^8 + \|Z\|^4 + \|Z\| \|Z\|_2^3 + \|Z\|^2 \|Z\|_2^2)|\tilde{w}|_4^4.$$

应用(4.2.24)、Hölder不等式、Minkowski不等式和Young不等式，我们从前面的关系式推得

$$\frac{d|\tilde{w}|_4^4}{dt} + \int_\Omega (|\nabla \tilde{w}|^2 |\tilde{w}|^2 + \frac{1}{2} |\nabla |\tilde{w}|^2|^2) + \int_\Omega \left(|\partial_z \tilde{w}|^2 |\tilde{w}|^2 + \frac{1}{2} |\partial_z |\tilde{w}|^2|^2 \right)$$
$$\leq c(1 + |w|_2^2 \|w\|^2 + |Z|_2^2 \|Z\|^2 + |Z|_8^4 + \|w\|^2 + \|Z\|^4 + \|Z\|^{\frac{4}{3}} \|Z\|_2^{\frac{4}{3}}$$
$$+ \|Z\|^{\frac{2}{3}} \|Z\|_2^2 + \|Z\|^{\frac{8}{5}} \|Z\|_2^{\frac{8}{5}} + \|Z\| \|Z\|_2^3 + \|Z\|^2 \|Z\|_2^2)|\tilde{w}|_4^4$$
$$+ c|w|_2^2 \|w\|^2 + c|Z|_2^2 \|Z\|^2 + c|Z|_4^4 + c|T|_4^4 + \|Z\|^{\frac{8}{5}} \|Z\|_2^{\frac{8}{5}}.$$

由Gronwall不等式、引理4.2.5、(4.2.46)~(4.2.48)，我们可知：对任给$\mathcal{T} > t_0$，存在$C_5(\mathcal{T}, \|U_{t_0}\|, \|Q\|_1, \|Z_{t_0}\|_2)$，使得

$$\int_{t_0}^{\mathcal{T}} \int_\Omega \left[\left(|\nabla \tilde{w}|^2 |\tilde{w}|^2 + \frac{1}{2} |\nabla |\tilde{w}|^2|^2 \right) + \left(|\partial_z \tilde{w}|^2 |\tilde{w}|^2 + \frac{1}{2} |\partial_z |\tilde{w}|^2|^2 \right) \right] + |\tilde{w}(t)|_4^4 \leq C_5, \tag{4.2.50}$$

其中$t_0 \leq t < \mathcal{T}$.

$\nabla \bar{w}$的L^2估计 由引理4.2.13，得

$$\left| \int_M [(\bar{w} + \bar{Z}) \cdot \nabla](\bar{w} + \bar{Z}) \cdot \Delta \bar{w} \right|$$
$$\leq (\|\bar{w}\|_{L^2} \|\bar{w}\|_{H^1} + \|\bar{Z}\|_{L^4}^2) \|\nabla \bar{Z}\|_{L^2} \|\nabla \bar{Z}\|_{H^1}$$
$$+ c(\|\bar{w}\|_{H^1}^2 + \|\bar{w}\|_{L^2}^2 \|\bar{w}\|_{H^1}^2 + \|\bar{Z}\|_{H^1}^2 + \|\bar{Z}\|_{H^1}^4) \|\nabla \bar{w}\|_{L^2}^2 + \varepsilon \|\Delta \bar{w}\|_{L^2}^2.$$

应用Hölder不等式和Minkowski不等式，得到

$$\left| \int_M \int_{-1}^0 [\tilde{w} \nabla \cdot \tilde{w} + (\tilde{w} \cdot \nabla) \tilde{w}] dz \cdot \Delta \bar{w} \right| \leq c \int_\Omega |\nabla \tilde{w}|^2 |\tilde{w}|^2 + \varepsilon \|\Delta \bar{w}\|_{L^2}^2.$$

由Hölder不等式、$|Z|_\infty \leq c\|Z\|_2$、Minkowski不等式和(4.2.24)，得

$$\left| \int_M \int_{-1}^0 \left[\tilde{Z} \nabla \cdot \tilde{w} + (\tilde{Z} \cdot \nabla) \tilde{w} + \tilde{w} \nabla \cdot \tilde{Z} + (\tilde{w} \cdot \nabla) \tilde{Z} + \tilde{Z} \nabla \cdot \tilde{Z} + (\tilde{Z} \cdot \nabla) \tilde{Z} \right] dz \cdot \Delta \bar{w} \right|$$
$$\leq c \|Z\|_2^2 \|w\|^2 + \|Z\| \|Z\|_2 |w|_2 \|w\| + |Z|_2 \|Z\|^2 \|Z\|_2 + \varepsilon \|\Delta \bar{w}\|_{L^2}^2.$$

应用分部积分，得

$$\int_M \nabla p_{b_3}\cdot\Delta\bar{\boldsymbol{w}}=0,\quad -\int_M\int_{-1}^0\int_{-1}^z \nabla T\mathrm{d}z'\mathrm{d}z\cdot\Delta\bar{\boldsymbol{w}}=0.$$

把方程(4.2.38)与$-\Delta\bar{\boldsymbol{w}}$做$L^2(M)\times L^2(M)$的内积，由前面的关系式，应用Hölder不等式和Young不等式，选取充分小的ε，我们可得

$$\begin{aligned}&\frac{\mathrm{d}\|\nabla\bar{\boldsymbol{w}}\|_{L^2}^2}{\mathrm{d}t}+\|\Delta\bar{\boldsymbol{w}}\|_{L^2}^2\\ \leqslant\ & c(\|\bar{\boldsymbol{w}}\|_{H^1}^2+\|\bar{\boldsymbol{w}}\|_{L^2}^2\|\bar{\boldsymbol{w}}\|_{H^1}^2+\|\bar{\boldsymbol{Z}}\|_{H^1}^2+\|\bar{\boldsymbol{Z}}\|_{H^1}^4)\|\nabla\bar{\boldsymbol{w}}\|_{L^2}^2\\ &+c\int_\Omega|\nabla\tilde{\boldsymbol{w}}|^2|\tilde{\boldsymbol{w}}|^2+c\|\boldsymbol{Z}\|_2^2\|\boldsymbol{w}\|^2+\|\boldsymbol{Z}\|\|\boldsymbol{Z}\|_2|\boldsymbol{w}|_2\|\boldsymbol{w}\|+|\boldsymbol{Z}|_2\|\boldsymbol{Z}\|^2\|\boldsymbol{Z}\|_2^2+c|\boldsymbol{Z}|_2^2.\end{aligned}$$

由Gronwall不等式、引理4.2.5、(4.2.46)、(4.2.47)和(4.2.50),我们可知：对任给$\mathcal{T}>t_0$，存在$C_6(\mathcal{T},\|U_{t_0}\|,\|Q\|_1,\|\boldsymbol{Z}_{t_0}\|_2)$，使得

$$\|\nabla\bar{\boldsymbol{w}}(t)\|_{L^2}^2\leqslant C_6,\ 对\ \forall\, t\in[t_0,\mathcal{T}).\tag{4.2.51}$$

$\partial_z\boldsymbol{w}$的L^2估计　把方程(4.2.32)关于z求导，得

$$\begin{aligned}&\frac{\partial\boldsymbol{w}_z}{\partial t}-\Delta\boldsymbol{w}_z-\frac{\partial^2\boldsymbol{w}_z}{\partial z^2}+[(\boldsymbol{w}+\boldsymbol{Z})\cdot\nabla](\boldsymbol{w}_z+\boldsymbol{Z}_z)+\varPhi(\boldsymbol{w}+\boldsymbol{Z})\frac{\partial(\boldsymbol{w}_z+\boldsymbol{Z}_z)}{\partial z}\\ &+[(\boldsymbol{w}_z+\boldsymbol{Z}_z)\cdot\nabla](\boldsymbol{w}+\boldsymbol{Z})-(\boldsymbol{w}_z+\boldsymbol{Z}_z)\nabla\cdot(\boldsymbol{w}+\boldsymbol{Z})+f\boldsymbol{k}\times(\boldsymbol{w}_z+\boldsymbol{Z}_z)\\ &-\nabla T-\alpha\boldsymbol{Z}_z=0.\end{aligned}\tag{4.2.52}$$

应用分部积分、Hölder不等式、Minkowski不等式、Sobolev不等式和(4.2.27)，得到

$$\begin{aligned}&-\int_\Omega\left\{[(\boldsymbol{w}+\boldsymbol{Z})\cdot\nabla]\boldsymbol{Z}_z+\varPhi(\boldsymbol{w}+\boldsymbol{Z})\frac{\partial\boldsymbol{Z}_z}{\partial z}\right\}\cdot\boldsymbol{w}_z\\ \leqslant&|\boldsymbol{w}+\boldsymbol{Z}|_4|\nabla\boldsymbol{Z}_z|_2|\boldsymbol{w}_z|_4+\int_\Omega\left|\int_{-1}^z(\boldsymbol{w}+\boldsymbol{Z})\mathrm{d}z'\right|(|\boldsymbol{Z}_{zz}||\nabla\boldsymbol{w}_z|+|\nabla\boldsymbol{Z}_z||\boldsymbol{w}_{zz}|)\\ \leqslant&\varepsilon\|\boldsymbol{w}_z\|^2+c\|\boldsymbol{Z}\|_2^2+c|\boldsymbol{w}+\boldsymbol{Z}|_4^8|\boldsymbol{w}_z|_2^2+c\|\boldsymbol{w}+\boldsymbol{Z}\|^2\|\boldsymbol{Z}\|_{2+2\gamma}^2,\end{aligned}$$

其中$0<\gamma<\gamma_0$，γ_0是在$\varPsi$的定义中．应用分部积分、Hölder不等式、Young不等式和(4.2.27)，得

$$\begin{aligned}&-\int_\Omega\{[(\boldsymbol{w}_z+\boldsymbol{Z}_z)\cdot\nabla](\boldsymbol{w}+\boldsymbol{Z})-(\boldsymbol{w}_z+\boldsymbol{Z}_z)\nabla\cdot(\boldsymbol{w}+\boldsymbol{Z})\}\cdot\boldsymbol{w}_z\\ \leqslant&\varepsilon\|\boldsymbol{w}_z\|^2+c\|\boldsymbol{Z}\|_2^2+c|\boldsymbol{w}+\boldsymbol{Z}|_4^8|\boldsymbol{Z}_z|_2^2+c|\boldsymbol{w}+\boldsymbol{Z}|_4^8|\boldsymbol{w}_z|_2^2.\end{aligned}$$

把方程(4.2.52)与$\boldsymbol{w}_z$做$L^2(\Omega)\times L^2(\Omega)$的内积，应用Hölder不等式和Poincaré不等式，选取充分小的ε，我们从前面的关系式推得

$$\frac{\mathrm{d}|\boldsymbol{w}_z|_2^2}{\mathrm{d}t}+\int_\Omega|\nabla\boldsymbol{w}_z|^2+\int_\Omega|\frac{\partial\boldsymbol{w}_z}{\partial z}|^2\leqslant c(|\bar{\boldsymbol{w}}|_{H^1}^8+|\tilde{\boldsymbol{w}}|_4^8+|\boldsymbol{Z}|_4^8)(|\boldsymbol{w}_z|_2^2+|\boldsymbol{Z}_z|_2^2)$$
$$+c\|\boldsymbol{Z}\|_2^2+c\|\boldsymbol{w}+\boldsymbol{Z}\|^2\|\boldsymbol{Z}\|_{2+2\gamma}^2+c|T|_2^2.$$

由Gronwall不等式、引理4.2.5、(4.2.46)、(4.2.47)、(4.2.50)和(4.2.51)，我们可知：对任给$\mathcal{T}>t_0$，存在$C_7(\mathcal{T},\|U_{t_0}\|,\ \|Q\|_1,\|Z_{t_0}\|_2)$，使得

$$\int_{t_0}^{\mathcal{T}}\|\boldsymbol{w}_z\|^2+|\boldsymbol{w}_z(t)|_2^2\leqslant C_7,\ 对\ \forall\ t\in[t_0,\mathcal{T}).\tag{4.2.53}$$

$\nabla\boldsymbol{w}$的L^2估计 类似于引理4.2.13，由(4.2.27)可得

$$\left|\int_\Omega\{[(\boldsymbol{w}+\boldsymbol{Z})\cdot\nabla]\,(\boldsymbol{w}+\boldsymbol{Z})\}\cdot\Delta\boldsymbol{w}\right|$$
$$\leqslant\varepsilon(|\Delta\boldsymbol{w}|_2^2+|\nabla\boldsymbol{w}_z|_2^2)+c(|\boldsymbol{w}|_4^8+|\boldsymbol{Z}|_4^8)(|\nabla\boldsymbol{w}|_2^2+|\nabla\boldsymbol{Z}|_2^2)+c\|\boldsymbol{Z}\|_2^2,$$
$$\left|\int_\Omega[\Phi(\boldsymbol{w}+\boldsymbol{Z})(\boldsymbol{w}_z+\boldsymbol{Z}_z)]\cdot\Delta\boldsymbol{w}\right|$$
$$\leqslant\varepsilon|\Delta\boldsymbol{w}|_2^2+c\|\boldsymbol{Z}\|_2^2+c(|\boldsymbol{w}_z|_2^2+|\nabla\boldsymbol{w}_z|_2^2+|\boldsymbol{w}_z|_2^2|\nabla\boldsymbol{w}_z|_2^2)(|\nabla\boldsymbol{w}|_2^2+|\nabla\boldsymbol{Z}|_2^2)$$
$$+c(|\boldsymbol{Z}_z|_2^2+|\nabla\boldsymbol{Z}_z|_2^2+|\boldsymbol{Z}_z|_2^2|\nabla\boldsymbol{Z}_z|_2^2)(|\nabla\boldsymbol{w}|_2^2+|\nabla\boldsymbol{Z}|_2^2).$$

把方程(4.2.32)与$-\Delta\boldsymbol{w}$做$L^2(\Omega)\times L^2(\Omega)$的内积，由前面两个关系式，应用Hölder 不等式，选取充分小的ε，我们可得

$$\frac{\mathrm{d}|\nabla\boldsymbol{w}|_2^2}{\mathrm{d}t}+\int_\Omega|\Delta\boldsymbol{w}|^2+\int_\Omega|\nabla\boldsymbol{w}_z|^2$$
$$\leqslant c(|\boldsymbol{w}|_4^8+|\boldsymbol{Z}|_4^8+|\boldsymbol{w}_z|_2^2+|\nabla\boldsymbol{w}_z|_2^2+|\boldsymbol{w}_z|_2^2|\nabla\boldsymbol{w}_z|_2^2+|\boldsymbol{Z}_z|_2^2+|\nabla\boldsymbol{Z}_z|_2^2$$
$$+|\boldsymbol{Z}_z|_2^2|\nabla\boldsymbol{Z}_z|_2^2)|\nabla\boldsymbol{w}|_2^2+c|\nabla T|_2^2+c(|\boldsymbol{w}|_4^8+|\boldsymbol{Z}|_4^8+|\boldsymbol{w}_z|_2^2+|\nabla\boldsymbol{w}_z|_2^2$$
$$+|\boldsymbol{w}_z|_2^2|\nabla\boldsymbol{w}_z|_2^2+|\boldsymbol{Z}_z|_2^2+|\nabla\boldsymbol{Z}_z|_2^2+|\boldsymbol{Z}_z|_2^2|\nabla\boldsymbol{Z}_z|_2^2)|\nabla\boldsymbol{Z}|_2^2+c\|\boldsymbol{Z}\|_2^2.$$

由Gronwall不等式、引理4.2.5、(4.2.44)、(4.2.50)、(4.2.51)和(4.2.53)，我们可知：对任给$\mathcal{T}>t_0$，存在$C_8(\mathcal{T},\|U_{t_0}\|,\ \|Q\|_1,\|\boldsymbol{Z}_{t_0}\|_2)$，使得

$$\int_{t_0}^{\mathcal{T}}|\Delta\boldsymbol{w}|_2^2+|\nabla\boldsymbol{w}(t)|_2^2\leqslant C_8,\ 对\ \forall\ t\in[t_0,\mathcal{T}).\tag{4.2.54}$$

∇T, T_z的L^2估计 类似于引理4.2.13，由(4.2.27)可得

$$\left|\int_\Omega [(\boldsymbol{w}+\boldsymbol{Z})\cdot\boldsymbol{\nabla}]\,T(\Delta T+T_{zz})\right|$$
$$\leqslant c(|\boldsymbol{w}|_4^8+|\boldsymbol{Z}|_4^8)|\boldsymbol{\nabla}T|_2^2+\varepsilon(|\Delta T|_2^2+|\boldsymbol{\nabla}T_z|_2^2+|T_{zz}|_2^2),$$
$$\left|\int_\Omega \varPhi(\boldsymbol{w}+\boldsymbol{Z})T_z(\Delta T+T_{zz})\right|$$
$$\leqslant\varepsilon(|\Delta T|_2^2+|T_{zz}|_2^2+|\boldsymbol{\nabla}T_z|_2^2)+c[(|\boldsymbol{\nabla}\boldsymbol{w}|_2^4+|\boldsymbol{\nabla}\boldsymbol{w}|_2^2|\Delta\boldsymbol{w}|_2^2)$$
$$+c(|\boldsymbol{\nabla}\boldsymbol{Z}|_2^4+|\boldsymbol{\nabla}\boldsymbol{Z}|_2^2|\Delta\boldsymbol{Z}|_2^2)]|T_z|_2^2.$$

把方程(4.2.33)与$-(\Delta T+T_{zz})$做$L^2(\Omega)$的内积，由前面两个关系式，应用Hölder不等式和Young不等式，选取充分小的ε，得到

$$\frac{\mathrm{d}(|\boldsymbol{\nabla}T|_2^2+|T_z|_2^2+\alpha_u|T|_{z=0}|_2^2)}{\mathrm{d}t}+|\Delta T|_2^2+|T_{zz}|_2^2+(|\boldsymbol{\nabla}T_z|_2^2+\alpha_u|\boldsymbol{\nabla}T|_{z=0}|_2^2)$$
$$\leqslant c(|\boldsymbol{w}|_4^8+|\boldsymbol{Z}|_4^8)|\boldsymbol{\nabla}T|_2^2+c\left[(|\boldsymbol{\nabla}\boldsymbol{w}|_2^4+|\boldsymbol{\nabla}\boldsymbol{w}|_2^2|\Delta\boldsymbol{w}|_2^2)+c(|\boldsymbol{\nabla}\boldsymbol{Z}|_2^4+|\boldsymbol{\nabla}\boldsymbol{Z}|_2^2|\Delta\boldsymbol{Z}|_2^2)\right]|T_z|_2^2+c|Q|_2^2.$$

由Gronwall不等式、引理4.2.5、(4.2.44)、(4.2.50)、(4.2.51)、(4.2.53)和(4.2.54)，我们可知：对任给$\mathcal{T}>t_0$，存在$C_9(\mathcal{T},\|U_{t_0}\|,\|Q\|_1,\|\boldsymbol{Z}_{t_0}\|_2)$，使得

$$|\boldsymbol{\nabla}T(t)|_2^2+|T_z(t)|_2^2\leqslant C_9,\quad t\in[t_0,\mathcal{T}).\tag{4.2.55}$$

4.2.4 IBVP的整体适定性

定理4.2.2的证明： 第一步, **解的整体存在性.** 根据命题4.2.12，我们可以用反证法证明定理4.2.2. 事实上，设$(\boldsymbol{u},T)$为初边值问题(4.2.19)~(4.2.23)在$[0,\mathcal{T}^*)$上的强解，则$(\boldsymbol{w},T)$为初边值问题(4.2.32)~(4.2.36)在$[0,\mathcal{T}^*)$上的强解. 如果$\mathcal{T}^*<+\infty$，那么$\limsup\limits_{t\to\mathcal{T}^{*-}}(\|\boldsymbol{w}\|+\|T\|)=+\infty$, 这与关系式(4.2.44)、(4.2.46)、(4.2.53)、(4.2.54) 和(4.2.55)矛盾.

第二步, **解的唯一性.** 设$(\boldsymbol{w}_1,T_1)$和$(\boldsymbol{w}_2,T_2)$ 是(4.2.32)~(4.2.36)在$[t_0,\mathcal{T}]$上分别与 p'_{b_3}, p''_{b_3} 和初始数据$((\boldsymbol{w}_{t_0})_1,(T_{t_0})_1)$, $((\boldsymbol{w}_{t_0})_2,(T_{t_0})_2)$对应的两个强解.

令$\boldsymbol{w}=\boldsymbol{w}_1-\boldsymbol{w}_2$, $T=T_1-T_2$, $p_{b_3}=p'_{b_3}-p''_{b_3}$，则$\boldsymbol{w}$, T, p_{b_3}满足

$$\frac{\partial\boldsymbol{w}}{\partial t}-\Delta\boldsymbol{w}-\frac{\partial^2\boldsymbol{w}}{\partial z^2}+[(\boldsymbol{w}_1+\boldsymbol{Z})\cdot\boldsymbol{\nabla}]\,\boldsymbol{w}+(\boldsymbol{w}\cdot\boldsymbol{\nabla})(\boldsymbol{w}_2+\boldsymbol{Z})+\varPhi(\boldsymbol{w}_1+\boldsymbol{Z})\frac{\partial\boldsymbol{w}}{\partial z}+$$
$$\varPhi(\boldsymbol{w})\frac{\partial(\boldsymbol{w}_2+\boldsymbol{Z})}{\partial z}+f\boldsymbol{k}\times\boldsymbol{w}+\boldsymbol{\nabla}p_{b_3}-\int_{-1}^z\boldsymbol{\nabla}T\mathrm{d}z'=0,\tag{4.2.56}$$
$$\frac{\partial T}{\partial t}-\Delta T-\frac{\partial^2T}{\partial z^2}+[(\boldsymbol{w}_1+\boldsymbol{Z})\cdot\boldsymbol{\nabla}]T+(\boldsymbol{w}\cdot\boldsymbol{\nabla})T_2+\varPhi(\boldsymbol{w}_1+\boldsymbol{Z})\frac{\partial T}{\partial z}+\varPhi(\boldsymbol{w})\frac{\partial T_2}{\partial z}=0,\tag{4.2.57}$$
$$\int_{-1}^0\boldsymbol{\nabla}\cdot\boldsymbol{w}\mathrm{d}z=0,$$
$$\boldsymbol{w}|_{t=t_0}=(\boldsymbol{w}_{t_0})_1-(\boldsymbol{w}_{t_0})_2,\ T|_{t=t_0}=(T_{t_0})_1-(T_{t_0})_2,$$

$(\boldsymbol{w},T)$满足边界条件(4.2.12)~(4.2.14).

把方程(4.2.56)与$\boldsymbol{w}$做$L^2(\Omega)\times L^2(\Omega)$的内积，得

$$\begin{aligned}&\frac{1}{2}\frac{\mathrm{d}|\boldsymbol{w}|_2^2}{\mathrm{d}t}+\int_\Omega|\nabla\boldsymbol{w}|^2+\int_\Omega|\boldsymbol{w}_z|^2\\=&-\int_\Omega\{[(\boldsymbol{w}_1+\boldsymbol{Z})\cdot\nabla]\,\boldsymbol{w}+\Phi(\boldsymbol{w}_1+\boldsymbol{Z})\frac{\partial\boldsymbol{w}}{\partial z}\}\cdot\boldsymbol{w}-\int_\Omega(f\boldsymbol{k}\times\boldsymbol{w}+\nabla p_{b_3})\cdot\boldsymbol{w}\\&-\int_\Omega\left[(\boldsymbol{w}\cdot\nabla)(\boldsymbol{w}_2+\boldsymbol{K})+\Phi(\boldsymbol{w})\frac{\partial(\boldsymbol{w}_2+\boldsymbol{Z})}{\partial z}\right]\cdot\boldsymbol{w}+\int_\Omega(\int_{-1}^z\nabla T\mathrm{d}z')\cdot\boldsymbol{w}.\end{aligned}$$

应用分部积分，由引理4.2.13得到

$$\begin{aligned}&\left|\int_\Omega[(\boldsymbol{w}\cdot\nabla)(\boldsymbol{w}_2+\boldsymbol{Z})]\cdot\boldsymbol{w}\right|\\\leqslant&\varepsilon\int_\Omega(|\nabla\boldsymbol{w}|^2+|\boldsymbol{w}_z|^2)+c(|\boldsymbol{Z}|_4^8+|\boldsymbol{w}_2|_4^8)|\boldsymbol{w}|_2^2,\\&\left|\int_\Omega\Phi(\boldsymbol{w})\frac{\partial(\boldsymbol{w}_2+\boldsymbol{Z})}{\partial z}\cdot\boldsymbol{w}\right|\\\leqslant&\varepsilon\int_\Omega|\nabla\boldsymbol{w}|^2+c(|\boldsymbol{w}_{2z}|_2^2|\nabla\boldsymbol{w}_{2z}|_2^2+|\boldsymbol{w}_{2z}|_2^4+|\boldsymbol{Z}_z|_2^2|\nabla\boldsymbol{Z}_z|_2^2+|\boldsymbol{Z}_z|_2^4)|\boldsymbol{w}|_2^2.\end{aligned}$$

应用分部积分、Hölder不等式和Young不等式，我们从前面的关系式得到

$$\begin{aligned}&\frac{1}{2}\frac{\mathrm{d}|\boldsymbol{w}|_2^2}{\mathrm{d}t}+\int_\Omega|\nabla\boldsymbol{w}|^2+\int_\Omega|\boldsymbol{w}_z|^2\\\leqslant&2\varepsilon\int_\Omega(|\nabla\boldsymbol{w}|^2+|\boldsymbol{w}_z|^2)+\varepsilon|\nabla T|_2^2+c(1+|\boldsymbol{Z}|_4^8+|\boldsymbol{w}_2|_4^8+|\boldsymbol{w}_{2z}|_2^2|\nabla\boldsymbol{w}_{2z}|_2^2+|\boldsymbol{w}_{2z}|_2^4\\&+|\boldsymbol{Z}_z|_2^2|\nabla\boldsymbol{Z}_z|_2^2+|\boldsymbol{Z}_z|_2^4)|\boldsymbol{w}|_2^2.\end{aligned}$$

同样地，我们可从(4.2.57)得到

$$\begin{aligned}&\frac{1}{2}\frac{\mathrm{d}|T|_2^2}{\mathrm{d}t}+\int_\Omega|\nabla T|^2+\int_\Omega|T_z|^2+\alpha_u|T|_{z=0}|_2^2\\\leqslant&\varepsilon\int_\Omega(|\nabla\boldsymbol{w}|^2+|\boldsymbol{w}_z|^2)+\varepsilon\int_\Omega(|\nabla T|^2+|T_z|^2)\\&+c(|T_2|_4^8+|T_{2z}|_2^2|\nabla T_{2z}|_2^2+|T_{2z}|_2^4)(|\boldsymbol{w}|_2^2+|T|_2^2).\end{aligned}$$

由前面的两个关系式，选取充分小的ε，得

$$\begin{aligned}&\frac{\mathrm{d}(|\boldsymbol{w}|_2^2+|T|_2^2)}{\mathrm{d}t}+\int_\Omega(|\nabla\boldsymbol{w}|^2+|\boldsymbol{w}_z|^2)+\int_\Omega(|\nabla T|^2+|T_z|^2)+\alpha_u|T|_{z=0}|_2^2\\\leqslant&c(1+|T_2|_4^8+|\boldsymbol{Z}|_4^8+|\boldsymbol{w}_2|_4^8+|\boldsymbol{w}_{2z}|_2^2|\nabla\boldsymbol{v}_{2z}|_2^2+|\boldsymbol{w}_{2z}|_2^4+|\boldsymbol{Z}_z|_2^2|\nabla\boldsymbol{Z}_z|_2^2\\&+|\boldsymbol{Z}_z|_2^4)|\boldsymbol{w}|_2^2+c\left[|T_2|_4^8+(|T_{2z}|_2^2+1)|\nabla T_{2z}|_2^2+|T_{2z}|_2^4+|T_{2z}|_2^2\right]|T|_2^2.\end{aligned}\tag{4.2.58}$$

应用Gronwall不等式、解的整体存在性结果和(4.2.58)，我们可以证明解的唯一性.

4.2.5 随机吸引子的存在性

我们将用4.1.3小节中的定理4.1.9证明海洋随机方程组的吸引子的存在性．首先，我们构造与海洋随机方程组的边值问题(4.2.9)~(4.2.14)相对应的随机动力系统．令

$$\boldsymbol{\Omega}=\{\omega;\ \omega\in C(\mathbb{R},l^2),\ \omega(0)=0\},$$

$\mathcal{F}$是由$\boldsymbol{\Omega}$的紧开拓扑诱导出来的Borel σ-代数，P 是$(\boldsymbol{\Omega},\mathcal{F})$上的Wiener测度，记

$$(\omega_1(t,\omega),\omega_2(t,\omega),\omega_3(t,\omega),\ldots)=\omega(t).$$

定义

$$\vartheta_t\omega(s)=\omega(t+s)-\omega(t). \tag{4.2.59}$$

那么，ϑ_t 满足：对任意$t,\ s\in\mathbb{R}$，$\vartheta_{t+s}=\vartheta_t\circ\vartheta_s$，$\vartheta_t$在$P$下是遍历的．根据定理4.2.2，令

$$U(t,\omega)=S(t,s;\omega)U_s,\ (\boldsymbol{w}(t,\omega),T(t,\omega))=\phi(t,s;\omega)(\boldsymbol{w}_s,T_s),$$

其中$\boldsymbol{U}(t,\omega)=(\boldsymbol{v}(t,\omega),T(t,\omega))$ 是(4.2.9)~(4.2.15)(以$\boldsymbol{U}(s)=\boldsymbol{U}_s$为初始值)在 $[s,t]$ 上的强解, $(\boldsymbol{w},T)$ 是(4.2.32)~(4.2.36)(以$(\boldsymbol{w}_s,T_s)$为初始值)在$[s,t]$上的强解．因此，对于 $s\leqslant r\leqslant t$，$S(t,s;\omega)=S(t,r;\omega)S(r,s;\omega)$. 由于(4.2.59)，对任意 $s,t\in\mathbb{R}^+$，$\boldsymbol{U}_0\in V$，可得P–a.s.

$$S(t+s,0;\omega)\boldsymbol{U}_0=S(t,0;\vartheta_s\omega)S(s,0;\omega)\boldsymbol{U}_0.$$

定义$\psi:\mathbb{R}^+\times\boldsymbol{\Omega}\times V\to V,\ \psi(t,\omega)\boldsymbol{U}_0=S(t,0;\omega)\boldsymbol{U}_0$. 根据定理4.2.2和下面的命题4.2.16，我们知道：ψ关于V的弱拓扑是$(\boldsymbol{\Omega},\mathcal{F},P,\{\vartheta_t\}_{t\in\mathbb{R}})$上连续的随机动力系统，而且它与边值问题(4.2.9)~(4.2.14)产生的随机动力系统对应.

应用4.1.3小节中的定理4.1.9证明定理4.2.3的过程中，最关键的步骤是证明有界吸收集的存在性．我们用下面的命题来证明这一结论.

命题 4.2.15[**随机动力系统(4.2.9)~(4.2.14)的有界吸收集的存在性**]　*如果* $Q\in H^1(\Omega)$, $B_\rho=\{\boldsymbol{U};\|\boldsymbol{U}\|\leqslant\rho,U\in V\}$, *那么存在*$r_0(\omega,\|Q\|_1)$*和*$t(\omega,\rho)\leqslant -1$, *使得对任意*$t_0\leqslant t(\omega,\rho)$, $\boldsymbol{U}_{t_0}\in B_\rho$,

$$\|S(0,t_0;\omega)\boldsymbol{U}_{t_0}\|\leqslant r_0(\omega),$$

即对任意有界$B\subset V$, *存在充分大的*$-t_0(B)>0$, *使得*

$$\psi(-s,\vartheta_s\omega)B=S(0,s;\omega)B\subset B_{r_0(\omega)},\ \text{对}\ \forall\ s\leqslant t_0.$$

命题4.2.15的证明：由取值于$D(A_1^{1+\gamma})$的过程$\boldsymbol{Z}$具有遍历性，得

$$\lim_{s\to-\infty}\frac{1}{-s}\int_s^0(|\boldsymbol{Z}(\tau)|_4^8+\|\boldsymbol{Z}(\tau)\|^4+\|\boldsymbol{Z}(\tau)\|^2\|\boldsymbol{Z}(\tau)\|_2^2)\mathrm{d}\tau$$
$$=E(|\boldsymbol{Z}(0)|_4^8+\|\boldsymbol{Z}(0)\|^4+\|\boldsymbol{Z}(0)\|^2\|\boldsymbol{Z}(0)\|_2^2),$$

参见文献[53]. 根据(4.2.17)，可知：当$\alpha\to+\infty$时，$E(|\boldsymbol{Z}(0)|_4^8+\|\boldsymbol{Z}(0)\|^4+\|\boldsymbol{Z}(0)\|^2\|\boldsymbol{Z}(0)\|_2^2)\to 0$. 因此，选取充分大的$\alpha$，得

$$\lim_{s\to-\infty}\frac{1}{-s}\int_s^0\left[-\lambda_1+c(|\boldsymbol{Z}(\tau)|_4^8+\|\boldsymbol{Z}(\tau)\|^4+\|\boldsymbol{Z}(\tau)\|^2\|\boldsymbol{Z}(\tau)\|_2^2)\right]\mathrm{d}\tau\leqslant-\frac{\lambda_1}{2}.$$

上式意味着：存在$s_0(\omega)$，当$s<s_0(\omega)$时，

$$\int_s^0\left[-\lambda_1+c(|\boldsymbol{Z}(\tau)|_4^8+\|\boldsymbol{Z}(\tau)\|^4+\|\boldsymbol{Z}(\tau)\|^2\|\boldsymbol{Z}(\tau)\|_2^2)\right]\mathrm{d}\tau\leqslant-\frac{\lambda_1}{4}(-s).$$

由(4.2.16)和(4.2.44)，应用文献[67]的证明方法，可知：$\|\boldsymbol{Z}(\tau)\|^2+|T(\tau)|_2^2+|\boldsymbol{Z}(\tau)|_2^2$当$\tau\to-\infty$时至多按多项式增长. 从而，(4.2.45)和上式意味着：存在$t_0(\rho,\omega)$和a.s.有限的随机变量$R_0(\omega)$，使得a.s.

$$\text{对}\ \forall\ s\leqslant t\leqslant 0,\ |\boldsymbol{w}(t)|_2^2\leqslant R_0(\omega),\tag{4.2.60}$$

其中$s\leqslant t_0$, $(\boldsymbol{w},T)$是(4.2.32)~(4.2.36)（以$(\boldsymbol{w}_s,T_s)=(\boldsymbol{v}_s-\boldsymbol{Z}_s,T_s)$为初始值，$(\boldsymbol{v}_s,T_s)\in B_\rho$)的强解. 根据上式，我们可知：存在a.s.有限的随机变量$R_1(\omega)$，使得

$$c_2\int_t^{t+1}\left[\int_\Omega\left(|\boldsymbol{\nabla}\boldsymbol{w}|^2+|\frac{\partial\boldsymbol{w}}{\partial z}|^2+|\boldsymbol{w}|^2\right)\right]\leqslant R_1(\omega).\tag{4.2.61}$$

由一致的Gronwall引理(引理3.2.13)、$|\tilde{\boldsymbol{w}}|_3^3\leqslant|\tilde{\boldsymbol{w}}|_2^{\frac{3}{2}}\|\tilde{\boldsymbol{w}}\|_2^{\frac{3}{2}}$、(4.2.48)、(4.2.60)、(4.2.61)和引理4.2.5，可得

$$|\tilde{\boldsymbol{w}}(t+1)|_3^3\leqslant R_2(\omega),\tag{4.2.62}$$

其中$R_2(\omega)$是a.s.有限的随机变量，$t\in[s,-1]$.

同样地，由上式和$|\tilde{\boldsymbol{w}}|_4^4\leqslant|\tilde{\boldsymbol{w}}|_3^2\|\tilde{\boldsymbol{w}}\|^2$，得

$$|\tilde{\boldsymbol{w}}(t+2)|_4^4\leqslant R_3(\omega),\tag{4.2.63}$$

这里$R_3(\omega)$是a.s.有限的随机变量，$t\in[s,-2]$. 对于$t\in[s,-2]$，由(4.2.62)得到

$$\int_{t+2}^{t+3}\left[\int_\Omega\left(|\boldsymbol{\nabla}\tilde{\boldsymbol{w}}|^2|\tilde{\boldsymbol{w}}|^2+\frac{1}{2}|\boldsymbol{\nabla}|\tilde{\boldsymbol{w}}|^2|^2\right)+\int_\Omega\left(|\partial_z\tilde{\boldsymbol{w}}|^2|\tilde{\boldsymbol{w}}|^2+\frac{1}{2}|\partial_z|\tilde{\boldsymbol{w}}|^2|^2\right)\right]$$
$$\leqslant R_3(\omega)^2+R_3(\omega)=R_4(\omega).$$

从而，

$$\|\boldsymbol{\nabla}\bar{\boldsymbol{w}}(t+3)\|_{L^2}^2\leqslant R_5(\omega),$$

这里$R_5(\omega)$是a.s.有限的随机变量，$t\in[s,-3]$.

同样地，存在a.s.有限的随机变量$R_6(\omega)$, $R_7(\omega)$, $R_8(\omega)$，使得

$$|\boldsymbol{w}_z(t+4)|_2^2\leqslant R_6(\omega),\quad t\in[s,-4], \tag{4.2.64}$$

$$|\boldsymbol{\nabla w}(t+5)|_2^2\leqslant R_7(\omega),\quad t\in[s,-5], \tag{4.2.65}$$

$$|\boldsymbol{\nabla}T(t+6)|_2^2+|T_z(t+6)|_2^2\leqslant R_8(\omega),\quad t\in[s,-6]. \tag{4.2.66}$$

根据(4.2.43)、(4.2.60)、(4.2.64)~(4.2.66)，我们知道：存在$r_0(\omega)$和$t(\omega,\rho)\leqslant -1$，使得对任意$t_0\leqslant t(\omega,\rho)$, $\boldsymbol{U}_{t_0}\in B_\rho$,

$$\|S(0,t_0;\omega)\boldsymbol{U}_{t_0}\|\leqslant r_0(\omega).$$

为了证明定理4.2.3，我们还需要$\{S(t,s;\omega)\}_{t\geqslant s}$的以下性质.

命题 4.2.16　*对任意$t\geqslant s$，映射$S(t,s;\omega)$从V到V是弱连续的.*

命题4.2.16的证明：　设$\{\boldsymbol{U}_n\}$是V中的序列，且$\boldsymbol{U}_n$在V中弱收敛于$\boldsymbol{U}$，那么$\{\boldsymbol{U}_n\}$在V中是有界的. 由4.2.3节的先验估计和命题4.2.15的证明，我们可知：对任意的$t\geqslant s$, $\{S(t,s;\omega)\boldsymbol{U}_n\}$在$V$中是有界的，所以我们可以提取子序列$\{S(t,s;\omega)\boldsymbol{U}_{n_k}\}$，使得$S(t,s;\omega)\boldsymbol{U}_{n_k}$在$V$中弱收敛于$\boldsymbol{\mathcal{U}}$. 由于嵌入$V\hookrightarrow L^2(\Omega)\times L^2(\Omega)\times L^2(\Omega)$是紧的，$\boldsymbol{U}_{n_k}$在$L^2(\Omega)\times L^2(\Omega)\times L^2(\Omega)$中强收敛于$\boldsymbol{U}$. 由(4.2.58)，我们可得：$S(t,s;\omega)U_{n_k}$在$L^2(\Omega)\times L^2(\Omega)\times L^2(\Omega)$中强收敛于$S(t,s;\omega)\boldsymbol{U}$. 那么，$\boldsymbol{\mathcal{U}}=S(t,s;\omega)\boldsymbol{U}$. 因此，序列$\{S(t,s;\omega)\boldsymbol{U}_n\}$存在子序列$\{S(t,s;\omega)\boldsymbol{U}_{n_k}\}$，使得$S(t,s;\omega)\boldsymbol{U}_{n_k}$在$V$中弱收敛于$S(t,s;\omega)\boldsymbol{U}$. 命题4.2.16得到证明.

定理4.2.3的证明：　由命题4.2.15和4.2.16，应用定理4.1.9，我们可证明定理4.2.3.

4.3 具有随机边界的海洋方程组

在这一节，我们将研究带随机边界的三维海洋原始方程组的整体适定性和吸引子的存在性. 首先，我们证明该海洋随机方程组的初边值问题的解的整体存在性和唯一性. 接着，通过研究强解的长时间行为，我们得到对应的海洋随机动力系统的吸引子. 这两个结果将在定理4.3.8和定理4.3.9中给出.

本节的安排如下：在4.3.1小节，引入三维海洋原始方程组的随机边值问题；在4.3.2小节，我们将给出工作空间和海洋随机方程组的初边值问题的新形式以及本节的主要结果；在4.3.3小节，证明随机海洋方程组的初边值问题的解的整体存在性和唯一性；在最后的部分，我们证明三维海洋原始方程组的随机边值问题对应的随机动力系统的吸引子的存在性.

4.3.1 模型

本节考虑的是直角坐标系下的三维海洋原始方程组(包括盐度方程)：

$$\frac{\partial \boldsymbol{v}}{\partial t}+(\boldsymbol{v}\cdot\nabla)\boldsymbol{v}+\theta\frac{\partial \boldsymbol{v}}{\partial z}+f\boldsymbol{k}\times\boldsymbol{v}+\nabla p-\frac{1}{Re_1}\Delta\boldsymbol{v}-\frac{1}{Re_2}\frac{\partial^2\boldsymbol{v}}{\partial z^2}=0, \tag{4.3.1}$$

$$\frac{\partial p}{\partial z}+\beta_1\rho=0, \tag{4.3.2}$$

$$\nabla\cdot\boldsymbol{v}+\frac{\partial\theta}{\partial z}=0, \tag{4.3.3}$$

$$\frac{\partial T}{\partial t}+(\boldsymbol{v}\cdot\nabla)T+\theta\frac{\partial T}{\partial z}-\frac{1}{Rt_1}\Delta T-\frac{1}{Rt_2}\frac{\partial^2 T}{\partial z^2}=Q_1, \tag{4.3.4}$$

$$\frac{\partial S}{\partial t}+(\boldsymbol{v}\cdot\nabla)S+\theta\frac{\partial S}{\partial z}-\frac{1}{Rs_1}\Delta S-\frac{1}{Rs_2}\frac{\partial^2 S}{\partial z^2}=Q_2, \tag{4.3.5}$$

$$\rho=1-\beta_2(T-1)+\beta_3(S-1), \tag{4.3.6}$$

其中的未知函数是$\boldsymbol{v}$, θ, p, T, S, ρ, $\boldsymbol{v}=(v^{(1)},v^{(2)})$是水平方向上的速度，$\theta$是垂直方向上的速度，$p$是压强，$T$是温度，$S$是盐度，$\rho$是密度，$f$是Coriolis参数，$\beta_1,\beta_2,\beta_3$是正的常数，$k$是垂直方向上的单位向量，$Re_1,Re_2$是Reynolds 数，$Rt_1,Rt_2$分别是水平和垂直方向上的热扩散系数，$Rs_1,Rs_2$分别是水平和垂直方向上的盐度扩散系数，$Q_1(x,y,z)$, $Q_2(x,y,z)$是给定的函数，$\nabla=(\partial_x,\ \partial_y)$, $\Delta=\partial_x^2+\partial_y^2$.

方程组(4.3.1)~(4.3.6)的空间区域为

$$\Omega=\{(x,y,z):\ (x,y)\in M,\ z\in(-g(x,y),0)\},$$

这里M是$\mathbb{R}^2$中光滑的有界区域，g是充分光滑的函数．我们不妨假定$g=1$，那么$\Omega=M\times(-1,0)$．方程组(4.3.1)~(4.3.6)的边界条件是

$$\frac{\partial \boldsymbol{v}}{\partial z}=\tau,\ \theta=0,\ \frac{\partial T}{\partial z}=-\alpha_u T,\ \frac{\partial S}{\partial z}=0 \qquad \text{on } M\times\{0\}=\Gamma_u, \tag{4.3.7}$$

$$\frac{\partial \boldsymbol{v}}{\partial z}=0,\ \theta=0,\ \frac{\partial T}{\partial z}=0,\ \frac{\partial S}{\partial z}=0 \qquad \text{on } M\times\{-1\}=\Gamma_b, \tag{4.3.8}$$

$$\boldsymbol{v}\cdot\mathbf{n}=0,\ \frac{\partial \boldsymbol{v}}{\partial \mathbf{n}}\times\mathbf{n}=0,\ \frac{\partial T}{\partial \mathbf{n}}=0,\ \frac{\partial S}{\partial \mathbf{n}}=0 \quad \text{on } \partial M\times[-1,0]=\Gamma_l, \tag{4.3.9}$$

其中α_u是正的常数，$\mathbf{n}$是Γ_l的法向量．**在这一节中，我们假定：海面上的风应力$\boldsymbol{\tau}$是随机的，$\boldsymbol{\tau}$的形式将在下一小节给出．**

注记 4.3.1 如果把边界条件$\left.\dfrac{\partial T}{\partial z}\right|_{\Gamma_u}=-\alpha_u T$换为$\left.\dfrac{\partial T}{\partial z}\right|_{\Gamma_u}=-\alpha_u(T-T^*)$，这里$T^*$充分光滑，并满足相容性条件$\left.\dfrac{\partial T^*}{\partial \mathbf{n}}\right|_{\partial M}=0$，那么本节的结果仍然成立．

设p_b是Γ_b上的未知函数，由于

$$\theta(t,x,y,z)=\Phi(\boldsymbol{v})(t,x,y,z)=-\int_{-1}^{z}\nabla\cdot\boldsymbol{v}(t,x,y,z')\,\mathrm{d}z',$$

我们可以把(4.3.1)~(4.3.6)改写为

$$\frac{\partial \boldsymbol{v}}{\partial t}+(\boldsymbol{v}\cdot\nabla)\boldsymbol{v}+\Phi(\boldsymbol{v})\frac{\partial \boldsymbol{v}}{\partial z}+f\boldsymbol{k}\times\boldsymbol{v}+\nabla p_b+\int_{-1}^{z}\nabla(\nu_1 T-\nu_2 S)\mathrm{d}z'$$

$$-\frac{1}{Re_1}\Delta\boldsymbol{v}-\frac{1}{Re_2}\frac{\partial^2\boldsymbol{v}}{\partial z^2}=0, \tag{4.3.10}$$

$$\frac{\partial T}{\partial t}+(\boldsymbol{v}\cdot\nabla)T+\Phi(\boldsymbol{v})\frac{\partial T}{\partial z}-\frac{1}{Rt_1}\Delta T-\frac{1}{Rt_2}\frac{\partial^2 T}{\partial z^2}=Q_1, \tag{4.3.11}$$

$$\frac{\partial S}{\partial t}+(\boldsymbol{v}\cdot\nabla)S+\Phi(\boldsymbol{v})\frac{\partial S}{\partial z}-\frac{1}{Rs_1}\Delta S-\frac{1}{Rs_2}\frac{\partial^2 S}{\partial z^2}=Q_2, \tag{4.3.12}$$

$$\int_{-1}^{0}\nabla\cdot\boldsymbol{v}\,\mathrm{d}z=0, \tag{4.3.13}$$

其中$\nu_1=\beta_1\beta_2$，$\nu_2=\beta_1\beta_3$. 方程组(4.3.10)~(4.3.13)的边界条件是

$$\frac{\partial \boldsymbol{v}}{\partial z}=\tau,\ \frac{\partial T}{\partial z}=-\alpha_u T,\ \frac{\partial S}{\partial z}=0 \qquad \text{on } \Gamma_u, \tag{4.3.14}$$

$$\frac{\partial \boldsymbol{v}}{\partial z}=0,\ \ \frac{\partial T}{\partial z}=0,\ \frac{\partial S}{\partial z}=0 \qquad \text{on } \Gamma_b, \tag{4.3.15}$$

$$\boldsymbol{v}\cdot\mathbf{n}=0,\ \frac{\partial \boldsymbol{v}}{\partial \mathbf{n}}\times\mathbf{n}=0,\ \frac{\partial T}{\partial \mathbf{n}}=0,\ \frac{\partial S}{\partial \mathbf{n}}=0 \qquad \text{on } \Gamma_l, \tag{4.3.16}$$

初始条件为

$$(\boldsymbol{v}|_{t=t_0},T|_{t=t_0},S|_{t=t_0})=(\boldsymbol{v}_{t_0},T_{t_0},S_{t_0}). \tag{4.3.17}$$

4.3.2 初边值问题(4.3.10)~(4.3.17)的新形式

在给出初边值问题(4.3.10)~(4.3.17)的新形式之前，我们必须定义一些函数空间和辅助的Ornstein-Uhlenbeck过程.

4.3.2.1 一些函数空间

设$L^p(\Omega)$是通常的Lebesgue空间，其范数为$|\cdot|_p$，$1\leqslant p\leqslant\infty$. $H^m(\Omega)$是 Sobolev空间，其范数为$\|h\|_m=[\int_\Omega(\sum_{1\leqslant k\leqslant m}\sum_{i_j=1,2,3;j=1,\cdots,k}|\nabla_{i_1}\cdots\nabla_{i_k}h|^2+|h|^2)]^{\frac{1}{2}}$，这里$m$是正整数，$\nabla_1=\dfrac{\partial}{\partial x}$, $\nabla_2=\dfrac{\partial}{\partial y}$，$\nabla_3=\dfrac{\partial}{\partial z}$. 记$\int_\Omega\cdot\mathrm{d}\Omega$和$\int_M\cdot\mathrm{d}M$分别为$\int_\Omega\cdot$、$\int_M\cdot$. 令

$$\mathcal{V}_1 := \left\{\boldsymbol{w} \in (C^\infty(\Omega))^2; \left.\frac{\partial \boldsymbol{w}}{\partial z}\right|_{\Gamma_u,\Gamma_b} = 0, \boldsymbol{w}\cdot\mathbf{n}|_{\Gamma_l} = 0, \left.\frac{\partial \boldsymbol{w}}{\partial \mathbf{n}}\times\mathbf{n}\right|_{\Gamma_l} = 0, \int_{-1}^{0}\boldsymbol{\nabla}\cdot\boldsymbol{w}\mathrm{d}z = 0\right\},$$

$$\mathcal{V}_2 := \left\{T \in C^\infty(\Omega);\ \left.\frac{\partial T}{\partial z}\right|_{\Gamma_u} = -\alpha_u T,\ \left.\frac{\partial T}{\partial z}\right|_{\Gamma_b} = 0,\ \left.\frac{\partial T}{\partial \mathbf{n}}\right|_{\Gamma_l} = 0\right\},$$

$$\mathcal{V}_3 := \left\{S \in C^\infty(\Omega);\ \left.\frac{\partial S}{\partial z}\right|_{\Gamma_u} = 0,\ \left.\frac{\partial S}{\partial z}\right|_{\Gamma_b} = 0,\ \left.\frac{\partial S}{\partial \mathbf{n}}\right|_{\Gamma_l} = 0,\ \int_\Omega S = 0\right\},$$

$V_1 = \widetilde{\mathcal{V}_1}$关于范数 $\|\cdot\|_1$的闭包, V_2 和V_3 分别为$\widetilde{\mathcal{V}_2}$ 和$\widetilde{\mathcal{V}_3}$关于范数 $\|\cdot\|_1$的闭包,

$H_1 = \widetilde{\mathcal{V}_1}$关于范数 $|\cdot|_2$的闭包,

$V = V_1 \times V_2 \times V_3$,

$H = H_1 \times L^2(\Omega) \times \dot{L}^2(\Omega)$,

其中$\dot{L}^2(\Omega) = \{S; S \in L^2(\Omega),\ \int_\Omega S = 0\}$. 空间$V$, H的内积和范数为

$$(\boldsymbol{\mathcal{U}},\boldsymbol{\mathcal{U}}_1)_V = (\boldsymbol{w},\boldsymbol{w}_1)_{V_1} + (T,T_1)_{V_2} + (S,S_1)_{V_3},$$

$$(\boldsymbol{\mathcal{U}},\boldsymbol{\mathcal{U}}_1) = (w^{(1)},(w_1)^{(1)}) + (w^{(2)},(w_1)^{(2)}) + (T,T_1) + (S,S_1),$$

$$\|\boldsymbol{\mathcal{U}}\| = (\boldsymbol{w},\boldsymbol{w})_{V_1}^{\frac{1}{2}} + (T,T)_{V_2}^{\frac{1}{2}} + (S,S)_{V_3}^{\frac{1}{2}} = \|\boldsymbol{w}\| + \|T\| + \|S\|, |\boldsymbol{\mathcal{U}}|_2 = (\boldsymbol{\mathcal{U}},\boldsymbol{\mathcal{U}})^{\frac{1}{2}},$$

这里$\boldsymbol{\mathcal{U}} = (\boldsymbol{w},T,S)$, $\boldsymbol{\mathcal{U}}_1 = (\boldsymbol{w}_1,T_1,S_1) \in V$, $(\cdot,\cdot)$是$L^2(\Omega)$中的内积.

4.3.2.2 辅助的Ornstein-Uhlenbeck过程

首先，我们定义一些泛函. 令泛函$a: V\times V \to \mathbb{R}$, $a_1: V_1\times V_1 \to \mathbb{R}$, $a_2: V_2\times V_2 \to \mathbb{R}$, $a_3: V_3\times V_3 \to \mathbb{R}$和它们对应的线性算子$A: V \to V'$, $A_1: V_1 \to V_1'$, $A_2: V_2 \to V_2'$, $A_3: V_3 \to V_3'$为

$$a(\boldsymbol{\mathcal{U}},\boldsymbol{\mathcal{U}}_1) = (A\boldsymbol{\mathcal{U}},\boldsymbol{\mathcal{U}}_1) = a_1(\boldsymbol{w},\boldsymbol{w}_1) + a_2(T,T_1) + a_3(S,S_1),$$

其中

$$a_1(\boldsymbol{w},\boldsymbol{w}_1) = (A_1\boldsymbol{w},\boldsymbol{w}_1) = \int_\Omega\left(\frac{1}{Re_1}\boldsymbol{\nabla}\boldsymbol{w}\cdot\boldsymbol{\nabla}\boldsymbol{w}_1 + \frac{1}{Re_2}\frac{\partial \boldsymbol{w}}{\partial z}\cdot\frac{\partial \boldsymbol{w}_1}{\partial z}\right),$$

$$a_2(T,T_1) = (A_2T,T_1) = \int_\Omega\left(\frac{1}{Rt_1}\boldsymbol{\nabla}T\cdot\boldsymbol{\nabla}T_1 + \frac{1}{Rt_2}\frac{\partial T}{\partial z}\frac{\partial T_1}{\partial z}\right) + \frac{\alpha_u}{Rt_2}\int_{\Gamma_u}TT_1,$$

$$a_3(S,S_1) = (A_3S,S_1) = \int_\Omega\left(\frac{1}{Rs_1}\boldsymbol{\nabla}S\cdot\boldsymbol{\nabla}S_1 + \frac{1}{Rs_2}\frac{\partial S}{\partial z}\frac{\partial S_1}{\partial z}\right).$$

引理 4.3.2

(i) a是强制的、连续的，$A: V \to V'$ 是同构的，而且

$$
\begin{aligned}
&a(\mathcal{U},\mathcal{U}_1) \leqslant c\|\boldsymbol{w}\|\|\boldsymbol{w}_1\| + c\|T\|\|T_1\| + c\|S\|\|S_1\| \leqslant c\|U\|\|U_1\|, \\
&a(\mathcal{U},\mathcal{U}) \geqslant c\|\boldsymbol{w}\|^2 + c\|T\|^2 + c\|S\|^2 \geqslant c\|U\|^2.
\end{aligned}
\tag{4.3.18}
$$

(ii) $A: V \to V'$可以延拓为H上自共轭的无界线性算子，该算子有紧的逆算子$A^{-1}:$ $H \to H$，算子A的定义域为$D(A) = V \cap [(H^2(\Omega))^2 \times H^2(\Omega) \times H^2(\Omega)]$.

引理4.3.2的证明： 根据$\|\boldsymbol{w}\|_{L^2}^2 \leqslant C_M \|\boldsymbol{\nabla w}\|_{L^2}^2$(参见文献[71]中p55)和Poincaré 不等式，可以证明(4.3.18). 由于算子A与H_0^1上通常为正的对称Laplacian算子类似，引理4.3.2的其他部分可由通常的办法来证明. 这里，我们略去了证明的细节(可参见文献[129]中的Lemma 2.4).

记$0 < \lambda_1 < \lambda_2 \leqslant \cdots$为$A_1$的特征值，$\boldsymbol{e}_1, \boldsymbol{e}_2, \cdots$为对应的特征向量，这些特征向量组成了$H_1$的一组完备正交基. 对任意$\boldsymbol{w} \in V_1$，$\|\boldsymbol{w}\|^2 \geqslant \lambda_1 |\boldsymbol{w}|_2^2$. 记$\mathrm{e}^{t(-A_1)}$, $t \geqslant 0$为$-A_1$在H_1上产生的半群.

在这一节，我们假定随机风应力$\boldsymbol{\tau}(t,x,y)$是关于时间的加性白噪声，它的具体形式为

$$
\boldsymbol{\tau}(t,x,y) = G^{\frac{1}{2}} \frac{\partial \boldsymbol{W}}{\partial t}, \tag{4.3.19}
$$

其中导数是Itô积分意义下的，随机过程$\boldsymbol{W}$是$\{\boldsymbol{u}; \boldsymbol{u} \in L^2(M), \boldsymbol{u}\cdot \mathbf{n}|_{\partial M} = 0,\ \dfrac{\partial \boldsymbol{u}}{\partial \mathbf{n}} \times \mathbf{n}|_{\partial M} = 0\} = \mathrm{Span}\{\boldsymbol{f}_i\}$中关于时间的双边柱形过程，其形式为$\boldsymbol{W}(t) = \sum\limits_{i=1}^{+\infty} \omega_i(t,\omega)\boldsymbol{f}_i$, G是$L^2(M)$上的非负有界算子，$\sum\limits_{i=1}^{+\infty} \lambda_i^{2+2\gamma_0+1} |G^{\frac{1}{2}}\mathcal{D}^*\boldsymbol{e}_i|_2^2 < +\infty$，其中Wiener过程的定义出现于文献[52]. $\omega_1, \omega_2, \cdots$ 是完备概率空间$(\boldsymbol{\Omega}, \mathcal{F}, P)$ （它的期望为E）中一列独立标准的Brownian运动. $\mathcal{D}^*$是$\mathcal{D}$的对偶算子，算子$\mathcal{D}$的定义将在下面给出.

对任意$\boldsymbol{u} \in L^2(M)$，$\boldsymbol{u}\cdot \mathbf{n}|_{\partial M} = 0$，$\dfrac{\partial \boldsymbol{u}}{\partial \mathbf{n}} \times \mathbf{n}|_{\partial M} = 0$，设实数$\mu$使得椭圆边值问题

$$
\begin{cases}
-\dfrac{1}{Re_1}\Delta \boldsymbol{Y}_1 - \dfrac{1}{Re_2}\dfrac{\partial^2 \boldsymbol{Y}_1}{\partial z^2} + \boldsymbol{\nabla} p_b = \mu \boldsymbol{Y}_1, \\[2ex]
\dfrac{\partial \boldsymbol{Y}_1}{\partial z}|_{\Gamma_u} = \boldsymbol{u},\ \dfrac{\partial \boldsymbol{Y}_1}{\partial z}|_{\Gamma_b} = 0,\ \boldsymbol{Y}_1 \cdot \mathbf{n}|_{\Gamma_l} = 0,\ \dfrac{\partial \boldsymbol{Y}_1}{\partial \mathbf{n}} \times \mathbf{n}|_{\Gamma_l} = 0, \\[2ex]
\displaystyle\int_{-1}^{0} \boldsymbol{\nabla}\cdot \boldsymbol{Y}_1 \mathrm{d}z = 0,
\end{cases}
$$

存在唯一解$\boldsymbol{Y}_1 = \mathcal{D}\boldsymbol{u}$. 现在我们定义辅助的Ornstein-Uhlenbeck过程. 根据文献[53]和[54]中的相应结论，我们知道：过程

$$
\boldsymbol{Z}(t) = (-\mu + A_1)\int_{-\infty}^{t} \mathrm{e}^{(t-s)(-A_1)} \mathcal{D} G^{\frac{1}{2}} \mathrm{d}W(s) \tag{4.3.20}
$$

是如下问题的唯一Markovian广义解，

$$\begin{cases} \dfrac{\partial \boldsymbol{Z}}{\partial t} = \dfrac{1}{Re_1}\Delta \boldsymbol{Z} + \dfrac{1}{Re_2}\dfrac{\partial^2 \boldsymbol{Z}}{\partial z^2} - \nabla p_{b_1}, \\ \frac{\partial \boldsymbol{Z}}{\partial z}|_{\Gamma_u} = G^{\frac{1}{2}}\dfrac{\partial \boldsymbol{W}}{\partial t}, \ \dfrac{\partial Z}{\partial z}|_{\Gamma_b} = 0, \ \boldsymbol{Z}\cdot \mathbf{n}|_{\Gamma_l} = 0, \ \dfrac{\partial \boldsymbol{Z}}{\partial \mathbf{n}} \times \mathbf{n}|_{\Gamma_l} = 0, \\ \int_{-1}^{0} \nabla \cdot \boldsymbol{Z} \mathrm{d}z = 0, \\ \boldsymbol{Z}(0) = (-\mu + A_1)\displaystyle\int_{-\infty}^{0} \mathrm{e}^{-s(-A_1)}\mathcal{D}G^{\frac{1}{2}}\mathrm{d}W(s). \end{cases}$$

根据上面的定义，我们有下面关于过程$\boldsymbol{Z}(t)$的性质的引理.

引理 4.3.3 [53，Proposition 13.2.4] 如果$\boldsymbol{Z}(t)$是前面定义的Ornstein-Uhlenbeck过程，那么$Z(t)$是具有连续轨道的平稳遍历的过程，它的值在$H^{2+2\gamma}(\Omega) \times H^{2+2\gamma}(\Omega)$中，这里$\gamma < \gamma_0$.

为了得到随机边值问题(4.3.21)~(4.3.27) 对应的动力系统的随机吸引子，我们还必须假定Z满足

$$-\lambda_1 + cE(|Z(0)|_4^8 + \|\boldsymbol{Z}(0)\|^4 + \|\boldsymbol{Z}(0)\|^2\|\boldsymbol{Z}(0)\|_2^2) < 0. \tag{C}$$

在下面的两个例子中，如果系数δ_i和μ_i是充分小的，那么过程$\boldsymbol{Z}$满足条件(C). 条件(C)能否成立也跟λ_1的大小有关，也就是跟Re_1, Re_2, Rt_1, Rt_2, Rs_1, Rs_2 的大小有关，为此，本节中没有假设这些系数为1.

现在我们给出两个$\boldsymbol{\tau}$的例子.

注记 4.3.4 随机风应力$\boldsymbol{\tau}$的一个例子是$\boldsymbol{\tau} = \dfrac{\partial \boldsymbol{W}}{\partial t}$，其中$W$是关于时间双边的有限维Brownian运动，其形式为

$$\boldsymbol{W} = \sum_{i=1}^{m} \delta_i \omega_i(t,\omega)\boldsymbol{f}_i.$$

在上面的式子中，$\omega_1, \cdots, \omega_m$是完备概率空间$(\boldsymbol{\Omega}, \mathcal{F}, P)$（它的期望为$E$）中独立标准的Brownian 运动，$\delta_i$是实的系数. 对于这个例子，$\boldsymbol{Z}$具有连续轨道的平稳遍历的过程，而且对任意$k \in \mathbb{N}$，过程$\boldsymbol{Z}$的值在$(H^k(\Omega))^2$中.

注记 4.3.5 $\boldsymbol{\tau}$的另外一个例子是$\boldsymbol{\tau} = \dfrac{\partial W}{\partial t}$，其中$W$是关于时间双边的无穷维Brownian运动，它的形式为

$$\boldsymbol{W}(t) = \sum_{i=1}^{+\infty} \mu_i \omega_i(t,\omega)\boldsymbol{f}_i,$$

这里$\omega_1, \omega_2, \cdots$是完备概率空间$(\boldsymbol{\Omega}, \mathcal{F}, P)$（它的期望为$E$）中一列独立标准的Brownian运动，系数$\mu_i$满足$\sum\limits_{i=1}^{+\infty} \lambda_i^{3+2\gamma_0}\mu_i^2|\mathcal{D}^*\boldsymbol{e}_i|_2^2 < +\infty$，对某一 $\gamma_0 > 0$. 对于这个例子，

$$E\|\boldsymbol{Z}(t)\|_{2+2\gamma}^2 \leqslant CE\sum_{i=1}^{+\infty}\left|\int_{-\infty}^{t} \lambda_i^{2+\gamma}\mathrm{e}^{(t-s)(-\lambda_i)}\mu_i \mathrm{d}\omega_i\right|^2 |\mathcal{D}^*\boldsymbol{e}_i|_2^2$$

$$=\sum_{i=1}^{+\infty}\int_{-\infty}^{t}\lambda_i^{4+2\gamma}\mathrm{e}^{2(t-s)(-\lambda_i)}\mu_i^2\mathrm{d}s|\mathcal{D}^*\boldsymbol{e}_i|_2^2$$

$$=\sum_{i=1}^{+\infty}\frac{\lambda_i^{3+2\gamma}\mu_i^2}{2}|\mathcal{D}^*\boldsymbol{e}_i|_2^2<+\infty,\ 对任意\ \gamma<\gamma_0,$$

其中$C>0$.

4.3.2.3 初边值问题(4.3.10)~(4.3.17)的新形式

令$\boldsymbol{w}(t)=\boldsymbol{v}(t)-\boldsymbol{Z}(t)$，根据过程$\boldsymbol{Z}$的定义和(4.3.10)~(4.3.17)，得到

$$\begin{aligned}&\frac{\partial \boldsymbol{w}}{\partial t}+[(\boldsymbol{w}+\boldsymbol{Z})\cdot\boldsymbol{\nabla}](\boldsymbol{w}+\boldsymbol{Z})+\Phi(\boldsymbol{w}+\boldsymbol{Z})\frac{\partial(\boldsymbol{w}+\boldsymbol{Z})}{\partial z}+f\boldsymbol{k}\times(\boldsymbol{w}+\boldsymbol{Z})\\&+\boldsymbol{\nabla}p_{b_2}+\int_{-1}^{z}\boldsymbol{\nabla}(\nu_1T-\nu_2S)\mathrm{d}z'-\frac{1}{Re_1}\Delta\boldsymbol{w}-\frac{1}{Re_2}\frac{\partial^2\boldsymbol{w}}{\partial z^2}=0,\end{aligned}\tag{4.3.21}$$

$$\frac{\partial T}{\partial t}+[(\boldsymbol{w}+\boldsymbol{Z})\cdot\boldsymbol{\nabla}]T+\Phi(\boldsymbol{w}+\boldsymbol{Z})\frac{\partial T}{\partial z}-\frac{1}{Rt_1}\Delta T-\frac{1}{Rt_2}\frac{\partial^2T}{\partial z^2}=Q_1,\tag{4.3.22}$$

$$\frac{\partial S}{\partial t}+[(\boldsymbol{w}+\boldsymbol{Z})\cdot\boldsymbol{\nabla}]S+\Phi(\boldsymbol{w}+\boldsymbol{Z})\frac{\partial S}{\partial z}-\frac{1}{Rs_1}\Delta S-\frac{1}{Rs_2}\frac{\partial^2S}{\partial z^2}=Q_2,\tag{4.3.23}$$

$$\int_{-1}^{0}\boldsymbol{\nabla}\cdot\boldsymbol{w}\,\mathrm{d}z=0,\tag{4.3.24}$$

$$\frac{\partial \boldsymbol{w}}{\partial z}=0,\ \frac{\partial T}{\partial z}=-\alpha_uT,\ \frac{\partial S}{\partial z}=0\qquad \text{on }\Gamma_u,\tag{4.3.25}$$

$$\frac{\partial \boldsymbol{w}}{\partial z}=0,\ \frac{\partial T}{\partial z}=0,\ \frac{\partial S}{\partial z}=0\qquad \text{on }\Gamma_b,\tag{4.3.26}$$

$$\boldsymbol{w}\cdot\mathbf{n}=0,\ \frac{\partial \boldsymbol{w}}{\partial \mathbf{n}}\times\mathbf{n}=0,\ \frac{\partial T}{\partial \mathbf{n}}=0,\ \frac{\partial S}{\partial \mathbf{n}}=0\qquad \text{on }\Gamma_l,\tag{4.3.27}$$

$$(\boldsymbol{w}|_{t=t_0},T|_{t=t_0},S|_{t=t_0})=(\boldsymbol{w}_{t_0},T_{t_0},S_{t_0})=(\boldsymbol{v}_{t_0}-\boldsymbol{Z}_{t_0},T_{t_0},S_{t_0}).\tag{4.3.28}$$

在定义(4.3.21)~(4.3.28)的弱强解之前，定义斜压流$\tilde{\boldsymbol{w}}$，并找出它满足的方程. 对任意$\boldsymbol{w}\in V_1$，记斜压流为$\tilde{\boldsymbol{w}}=\boldsymbol{w}-\bar{\boldsymbol{w}}$，其中$\bar{\boldsymbol{w}}=\displaystyle\int_{-1}^{0}\boldsymbol{w}\mathrm{d}z$，则$\tilde{\boldsymbol{w}}$ 满足

$$\begin{aligned}&\frac{\partial \tilde{\boldsymbol{w}}}{\partial t}-\frac{1}{Re_1}\Delta\tilde{\boldsymbol{w}}-\frac{1}{Re_2}\frac{\partial^2\tilde{\boldsymbol{w}}}{\partial z^2}+\Big[(\tilde{\boldsymbol{w}}+\tilde{\boldsymbol{Z}})\cdot\boldsymbol{\nabla}\Big](\tilde{\boldsymbol{w}}+\tilde{\boldsymbol{Z}})+\Phi(\tilde{\boldsymbol{w}}+\tilde{\boldsymbol{Z}})\frac{\partial(\tilde{\boldsymbol{w}}+\tilde{\boldsymbol{Z}})}{\partial z}\\&+\Big[(\tilde{\boldsymbol{w}}+\tilde{\boldsymbol{Z}})\cdot\boldsymbol{\nabla}\Big](\bar{\boldsymbol{w}}+\bar{\boldsymbol{Z}})+\Big[(\bar{\boldsymbol{w}}+\bar{\boldsymbol{Z}})\cdot\boldsymbol{\nabla}\Big](\tilde{\boldsymbol{w}}+\tilde{\boldsymbol{Z}})+f\boldsymbol{k}\times(\tilde{\boldsymbol{w}}+\tilde{\boldsymbol{Z}})\\&-\overline{(\tilde{\boldsymbol{w}}+\tilde{\boldsymbol{Z}})\boldsymbol{\nabla}\cdot(\tilde{\boldsymbol{w}}+\tilde{\boldsymbol{Z}})+\Big[(\tilde{\boldsymbol{w}}+\tilde{\boldsymbol{Z}})\cdot\boldsymbol{\nabla}\Big](\tilde{\boldsymbol{w}}+\tilde{\boldsymbol{Z}})}+\int_{-1}^{z}\boldsymbol{\nabla}(\nu_1T-\nu_2S)\mathrm{d}z'\\&-\int_{-1}^{0}\int_{-1}^{z}\boldsymbol{\nabla}(\nu_1T-\nu_2S)\mathrm{d}z'\mathrm{d}z=0\ \text{ in }\Omega,\end{aligned}\tag{4.3.29}$$

$$\frac{\partial \tilde{\boldsymbol{w}}}{\partial z}=0\text{ on }\Gamma_u,\ \frac{\partial \tilde{\boldsymbol{w}}}{\partial z}=0\text{ on }\Gamma_b,\ \tilde{\boldsymbol{w}}\cdot\mathbf{n}=0,\ \frac{\partial \tilde{\boldsymbol{w}}}{\partial \mathbf{n}}\times\mathbf{n}=0\text{ on }\Gamma_l.\tag{4.3.30}$$

定义 4.3.6 设$\boldsymbol{Z}$是前面定义的过程，$\boldsymbol{\mathcal{U}}_{t_0} = (\boldsymbol{w}_{t_0}, T_{t_0}, S_{t_0})$满足: $\boldsymbol{\mathcal{U}}_{t_0} \in H$，$\tilde{\boldsymbol{w}}_{t_0} \in (L^4(\Omega))^2$，$T_{t_0}, S_{t_0} \in L^4(\Omega)$，$\partial_z \boldsymbol{w}_{t_0} \in (L^2(\Omega))^2$，$\partial_z T_{t_0}, \partial_z S_{t_0} \in L^2(\Omega)$，$\mathcal{T} > t_0$为固定的时间. 对于$P$-a.e. $\omega \in \boldsymbol{\Omega}$，$(\boldsymbol{w}, T, S)$ 称为(4.3.21)~(4.3.28)在$[t_0, \mathcal{T}]$上的弱强解，如果它在弱的意义下满足(4.3.21)~(4.3.24)，而且

$$\begin{aligned}
&\boldsymbol{w} \in L^2(t_0, \mathcal{T}; V_1) \cap L^\infty(t_0, \mathcal{T}; H_1), \quad \tilde{\boldsymbol{w}} \in L^\infty(t_0, \mathcal{T}; (L^4(\Omega))^2), \\
&\partial_z \boldsymbol{w} \in L^\infty(t_0, \mathcal{T}; (L^2(\Omega))^2) \cap L^2(t_0, \mathcal{T}; (H^1(\Omega))^2), \\
&T \in L^\infty(t_0, \mathcal{T}; L^4(\Omega)) \cap L^2(0, \mathcal{T}; V_2), S \in L^\infty(t_0, \mathcal{T}; L^4(\Omega)) \cap L^2(t_0, \mathcal{T}; V_3), \\
&\partial_z T \in L^\infty(t_0, \mathcal{T}; L^2(\Omega)) \cap L^2(t_0, \mathcal{T}; H^1(\Omega)), \\
&\partial_z S \in L^\infty(t_0, \mathcal{T}; L^2(\Omega)) \cap L^2(t_0, \mathcal{T}; H^1(\Omega)), \\
&\frac{\partial \boldsymbol{v}}{\partial t} \in L^2(t_0, V_1'), \ \frac{\partial T}{\partial t} \in L^2(t_0, \mathcal{T}; V_2'), \frac{\partial S}{\partial t} \in L^2(t_0, \mathcal{T}; V_3'),
\end{aligned}$$

其中V_i'是V_i的对偶空间，$i = 1, 2, 3$.

注记 4.3.7 对于几乎所有给定的过程$\boldsymbol{Z}(t)$，我们可以像研究确定方程组一样研究(4.3.21)~(4.3.24).

定理4.3.8[(4.3.21)~(4.3.24)的整体适定性] 如果$Q_1, Q_2 \in H^1(\Omega), \boldsymbol{\mathcal{U}}_{t_0} = (\boldsymbol{w}_{t_0}, T_{t_0}, S_{t_0})$满足: $\boldsymbol{\mathcal{U}}_{t_0} \in H$，$\tilde{\boldsymbol{w}}_{t_0} \in (L^4(\Omega))^2$，$T_{t_0}, S_{t_0} \in L^4(\Omega)$，$\partial_z \boldsymbol{w}_{t_0} \in (L^2(\Omega))^2$，$\partial_z T_{t_0}, \partial_z S_{t_0} \in L^2(\Omega)$，那么，对任给$\mathcal{T} > t_0$，初边值问题(4.3.21)~(4.3.24)在$[t_0, \mathcal{T}]$上存在唯一的弱强解$U$，而且$U$连续地依赖于初始数据.

定理4.3.9(随机吸引子的存在性) 如果辅助的Ornstein-Uhlenbeck过程Z满足条件(C)，那么边值问题(4.3.21)~(4.3.27)对应的随机动力系统存在吸引子$\mathcal{A}(\omega)$，它俘获所有起于时刻$-\infty$，经过迁移ϑ_t的作用，终于时刻$t = 0$的轨道. 随机吸引子$\mathcal{A}(\omega)$具有如下的性质:

(i) 弱紧性，$\mathcal{A}(\omega)$在V中是有界且弱闭的;

(ii) 不变性，对任意$t \geqslant 0$，$\psi(t, \omega)\mathcal{A}(\omega) = \mathcal{A}(\vartheta_t \omega)$;

(iii) 吸引性，对任意V中确定的有界集B，当$t \to +\infty$时，集合$\psi(t, \vartheta_{-t}\omega)B$ 关于V的弱拓扑收敛于$\mathcal{A}(\omega)$，即

$$\lim_{t \to +\infty} \mathrm{d}_V^{\boldsymbol{w}}(\psi(t, \vartheta_{-t}\omega)B, \mathcal{A}(\omega)) = 0, \ P-\text{a.s.}$$

其中吸引子的定义、$\vartheta_t, t \in \mathbb{R}$和$\psi(t, \omega), t \geqslant 0$将在4.3.4小节给出，距离$\mathrm{d}_V^{\boldsymbol{w}}$是由$V$的弱拓扑诱导出的.

4.3.3 带随机边界的海洋方程组的适定性

4.3.3.1 弱强解的整体存在性

我们将用Faedo-Galerkin方法证明(4.3.21)~(4.3.28)的弱强解的整体存在性. 这里我们只给出解的先验估计.

在对(4.3.21)~(4.3.28)的弱强解做先验估计之前，我们给出一个引理.

引理 4.3.10　设$\boldsymbol{v}_1 \in H^2(\Omega)\times H^2(\Omega)$, $\boldsymbol{v}_2 \in H^2(\Omega)\times H^2(\Omega)$ or $H^2(\Omega)$, $\boldsymbol{v}_3 \in L^2(\Omega)\times L^2(\Omega)$ or $L^2(\Omega)$, 那么

$$\text{(i)}\quad \left|\int_\Omega \boldsymbol{v}_3\cdot(\boldsymbol{v}_1\cdot\boldsymbol{\nabla})\boldsymbol{v}_2\right| \leqslant c(|\boldsymbol{v}_1|_4^2+|\boldsymbol{v}_1|_4^8)|\boldsymbol{\nabla}\boldsymbol{v}_2|_2^2+\varepsilon\left[|\boldsymbol{v}_3|_2^2+\int_\Omega(|\boldsymbol{\nabla}\boldsymbol{v}_{2z}|^2+|\Delta\boldsymbol{v}_2|^2)\right],$$

$$\text{(ii)}\quad \left|\int_\Omega \Phi(\boldsymbol{v}_1)\boldsymbol{v}_{2z}\cdot\boldsymbol{v}_3\right| \leqslant c|\boldsymbol{\nabla}\boldsymbol{v}_1|_2^{\frac12}(|\boldsymbol{\nabla}\boldsymbol{v}_1|_2^2+|\Delta\boldsymbol{v}_1|_2^2)^{\frac14}|\boldsymbol{v}_{2z}|_2^{\frac12}|\boldsymbol{\nabla}\boldsymbol{v}_{2z}|_2^{\frac12}|\boldsymbol{v}_3|_2,$$

其中ε是充分小的正数.

证明：应用Hölder不等式、(4.2.27)和Young不等式，得

$$\begin{aligned}\int_\Omega |\boldsymbol{v}_1||\boldsymbol{\nabla}\boldsymbol{v}_2||\boldsymbol{v}_3| &\leqslant c|\boldsymbol{v}_1|_4^2\left(\int_\Omega|\boldsymbol{\nabla}\boldsymbol{v}_2|^4\right)^{\frac12}+\varepsilon|\boldsymbol{v}_3|_2^2\\ &\leqslant c(|\boldsymbol{v}_1|_4^2+|\boldsymbol{v}_1|_4^8)|\boldsymbol{\nabla}\boldsymbol{v}_2|_2^2+\varepsilon\left[|\boldsymbol{v}_3|_2^2+\int_\Omega(|\boldsymbol{\nabla}\boldsymbol{v}_{2z}|^2+|\Delta\boldsymbol{v}_2|^2)\right].\end{aligned}$$

应用Hölder不等式、Minkowski不等式和(4.2.24)，得

$$\begin{aligned}&\int_M\left(\int_{-1}^0|\boldsymbol{\nabla}\boldsymbol{v}_1|\int_{-1}^0|\boldsymbol{v}_{2z}||\boldsymbol{v}_3|\right)\\ \leqslant&\int_M\left[\left(\int_{-1}^0|\boldsymbol{\nabla}\boldsymbol{v}_1|^2\right)^{\frac12}\left(\int_{-1}^0|\boldsymbol{v}_{2z}|^2\right)^{\frac12}\left(\int_{-1}^0|\boldsymbol{v}_3|^2\right)^{\frac12}\right]\\ \leqslant&\, c\left[\int_{-1}^0(|\boldsymbol{\nabla}\boldsymbol{v}_1|_{L^2}|\boldsymbol{\nabla}\boldsymbol{v}_1|_{H^1})\int_{-1}^0(|\boldsymbol{v}_{2z}|_{L^2}|\boldsymbol{v}_{2z}|_{H^1})\right]^{\frac12}|\boldsymbol{v}_3|_2.\end{aligned}$$

下面我们对(4.3.21)~(4.3.28)的弱强解做先验估计. 设$\omega\in\boldsymbol{\Omega}$都是固定的.

T, S, $\boldsymbol{w}$的L^2估计　把方程(4.3.22)与T做$L^2(\Omega)$的内积，再应用分部积分、$T(t,x,y,z)=-\int_z^0\frac{\partial T}{\partial z'}\mathrm{d}z'+T|_{z=0}$、Hölder不等式和Cauchy-Schwarz不等式，得到

$$\frac{\mathrm{d}|T|_2^2}{\mathrm{d}t}+\frac{1}{Rt_1}\int_\Omega|\boldsymbol{\nabla}T|^2+\frac{1}{Rt_2}\int_\Omega\left|\frac{\partial T}{\partial z}\right|^2+\frac{\alpha_u}{Rt_2}|T|_{z=0}|_2^2\leqslant c|Q_1|_2^2.$$

利用Gronwall不等式，由上式，得

$$|T(t)|_2^2 \leqslant \mathrm{e}^{-ct}|T_{t_0}|_2^2 + c|Q_1|_2^2, \tag{4.3.31}$$

这里$t \geqslant t_0$. 根据前面两式，对任给$\mathcal{T} > t_0$，存在$C_1(\mathcal{T},\ |T_{t_0}|_2,\ |Q_1|_2) > 0$，使得

$$\int_{t_0}^{\mathcal{T}} \left[\int_\Omega \left(|\nabla T|^2 + \left|\frac{\partial T}{\partial z}\right|^2 + |T|^2\right) + |T|_{z=0}|_2^2\right] + |T(t)|_2^2 \leqslant C_1, \tag{4.3.32}$$

其中$t \in [t_0, \mathcal{T})$，$\int_{t_0}^{\mathcal{T}} \cdot$表示$\int_{t_0}^{\mathcal{T}} \cdot \mathrm{d}s$.

把方程(4.3.23)与S做$L^2(\Omega)$的内积，再应用分部积分、Poincaré不等式和Gronwall 不等式，得到

$$|S(t)|_2^2 \leqslant \mathrm{e}^{-ct}|S_{t_0}|_2^2 + c|Q_2|_2^2, \tag{4.3.33}$$

这里$t \geqslant t_0$. 而且，对任给$\mathcal{T} > t_0$，存在$C_2(\mathcal{T},\ T_{t_0},\ Q_2) > 0$，使得

$$\int_{t_0}^{\mathcal{T}} \int_\Omega \left(|\nabla S|^2 + \left|\frac{\partial S}{\partial z}\right|^2 + |S|^2\right) + |S(t)|_2^2 \leqslant C_2, \tag{4.3.34}$$

其中$t \in [t_0, \mathcal{T})$.

把方程(4.3.21)与$\boldsymbol{w}$做$L^2(\Omega)\times L^2(\Omega)$的内积，再应用引理4.3.10、Hölder不等式和Young不等式，得

$$\begin{aligned}&\frac{\mathrm{d}|\boldsymbol{w}|_2^2}{\mathrm{d}t} + \frac{1}{Re_1}\int_\Omega |\nabla \boldsymbol{w}|^2 + \frac{1}{Re_2}\int_\Omega \left|\frac{\partial \boldsymbol{w}}{\partial z}\right|^2 \\ \leqslant\ & c(|\boldsymbol{Z}|_4^8 + \|\boldsymbol{Z}\|^4 + \|\boldsymbol{Z}\|^2\|\boldsymbol{Z}\|_2^2)|\boldsymbol{w}|_2^2 + c(\|\boldsymbol{Z}\|^2 + |T|_2^2 + |S|_2^2).\end{aligned}$$

利用$\lambda_1|\boldsymbol{w}|_2^2 \leqslant \|\boldsymbol{w}\|^2$和Gronwall不等式，我们得到：对于$t \geqslant t_0$，

$$\begin{aligned}|\boldsymbol{w}(t)|_2^2 \leqslant & \mathrm{e}^{\int_{t_0}^t [-\lambda_1 + c(|\boldsymbol{Z}|_4^8 + \|\boldsymbol{Z}\|^4 + \|\boldsymbol{Z}\|^2\|\boldsymbol{Z}\|_2^2)]\mathrm{d}\tau}|\boldsymbol{w}(t_0)|_2^2 \\ &+ c\int_{t_0}^t \mathrm{e}^{\int_\sigma^t [-\lambda_1 + c(|\boldsymbol{Z}|_4^8 + \|\boldsymbol{Z}\|^4 + \|\boldsymbol{Z}\|^2\|\boldsymbol{Z}\|_2^2)]\mathrm{d}\tau}(\|\boldsymbol{Z}\|^2 + |T|_2^2 + |S|_2^2)\mathrm{d}\sigma.\end{aligned} \tag{4.3.35}$$

根据引理4.3.3和上式，对任给$\mathcal{T} > t_0$，存在$C_3(\mathcal{T}, \boldsymbol{\mathcal{U}}_{t_0}, Q_1, Q_2, \boldsymbol{Z}_{t_0}) > 0$，使得

$$\int_{t_0}^{\mathcal{T}} \int_\Omega \left(|\nabla \boldsymbol{w}|^2 + \left|\frac{\partial \boldsymbol{w}}{\partial z}\right|^2\right) + |\boldsymbol{w}(t)|_2^2 \leqslant C_3,\ \ \forall\, t \in [t_0, \mathcal{T}). \tag{4.3.36}$$

利用Minkowski不等式和Hölder不等式，可从上式得到

$$\int_{t_0}^{\mathcal{T}} \int_M (|\nabla \bar{\boldsymbol{w}}|^2 + |\bar{\boldsymbol{w}}|^2) + \|\bar{\boldsymbol{w}}(t)\|_{L^2}^2 \leqslant C_3, \forall t \in [t_0, \mathcal{T}). \tag{4.3.37}$$

(4.3.37)意味着

$$\int_{t_0}^{\mathcal{T}} |\bar{\boldsymbol{v}}|_4^4 = \int_{t_0}^{\mathcal{T}} \|\bar{\boldsymbol{v}}\|_{L^4}^4 \leqslant \int_{t_0}^{\mathcal{T}} \|\bar{\boldsymbol{v}}\|_{L^2}^2\|\bar{\boldsymbol{v}}\|_{H^1}^2 \leqslant C_3^2. \tag{4.3.38}$$

$\tilde{\boldsymbol{w}}$的L^3，L^4估计　类似于(4.2.49)上面的不等式，

$$\frac{\mathrm{d}|\tilde{\boldsymbol{w}}|_3^3}{\mathrm{d}t}+\frac{1}{Re_1}\int_\Omega\left(|\boldsymbol{\nabla}\tilde{\boldsymbol{w}}|^2|\tilde{w}|+\frac{4}{9}|\boldsymbol{\nabla}|\tilde{\boldsymbol{w}}|^{\frac{3}{2}}|^2\right)+\frac{1}{Re_2}\int_\Omega\left(|\partial_z\tilde{\boldsymbol{w}}|^2|\tilde{\boldsymbol{w}}|+\frac{4}{9}|\partial_z|\tilde{\boldsymbol{w}}|^{\frac{3}{2}}|^2\right)$$
$$\leqslant c(1+\|\bar{\boldsymbol{w}}\|_{L^2}^2\|\bar{\boldsymbol{w}}\|_{H^1}^2+\|\tilde{\boldsymbol{w}}\|^2+|\boldsymbol{w}|_2^{\frac{3}{2}}\|\boldsymbol{w}\|^{\frac{3}{2}}\|\boldsymbol{Z}\|^{\frac{3}{2}}\|\boldsymbol{Z}\|_2^{\frac{3}{2}}+|\boldsymbol{Z}|_2^{\frac{3}{2}}\|\boldsymbol{Z}\|^3\|\boldsymbol{Z}\|_2^{\frac{3}{2}}$$
$$\|\boldsymbol{Z}\|^2+|\boldsymbol{Z}|_4^8+\|\boldsymbol{Z}\|^4+\|\boldsymbol{Z}\|\|\boldsymbol{Z}\|_2^3+\|\boldsymbol{Z}\|^2\|\boldsymbol{Z}\|_2^2+|\boldsymbol{Z}|_6^6)|\tilde{\boldsymbol{w}}|_3^3+c|\boldsymbol{w}|_2^2\|\boldsymbol{w}\|^2$$
$$+c\|\boldsymbol{w}\|^{\frac{3}{2}}+c\|\boldsymbol{w}\|^2+c\|\boldsymbol{Z}\|^3+c\|\boldsymbol{Z}\|^8+c|T|_2^2\|T\|^2+c|S|_2^2\|S\|^2+c\|\boldsymbol{Z}\|^2\|\boldsymbol{Z}\|_2^2,$$

该不等式意味着：存在$C_4(\mathcal{T},\boldsymbol{\mathcal{U}}_{t_0},Q_1,Q_2,\boldsymbol{Z}_{t_0})>0$，使得

$$|\tilde{\boldsymbol{w}}(t)|_3^3\leqslant C_4,\quad 对任意\ t\in[t_0,\mathcal{T}). \tag{4.3.39}$$

同样地，

$$\frac{\mathrm{d}|\tilde{\boldsymbol{w}}|_4^4}{\mathrm{d}t}+\frac{1}{Re_1}\int_\Omega\left(|\boldsymbol{\nabla}\tilde{\boldsymbol{w}}|^2|\tilde{\boldsymbol{w}}|^2+\frac{1}{2}|\boldsymbol{\nabla}|\tilde{\boldsymbol{w}}|^2|^2\right)+\frac{1}{Re_2}\int_\Omega\left(|\partial_z\tilde{\boldsymbol{w}}|^2|\tilde{\boldsymbol{w}}|^2+\frac{1}{2}|\partial_z|\tilde{\boldsymbol{w}}|^2|^2\right)$$
$$\leqslant c(1+|\boldsymbol{w}|_2^2\|\boldsymbol{w}\|^2+|\boldsymbol{Z}|_2^2\|\boldsymbol{Z}\|^2+|\boldsymbol{Z}|_8^4+\|\boldsymbol{w}\|^2+\|\boldsymbol{Z}\|^4+\|\boldsymbol{Z}\|^{\frac{4}{3}}\|\boldsymbol{Z}\|_2^{\frac{4}{3}}$$
$$+\|\boldsymbol{Z}|^{\frac{2}{3}}\|\boldsymbol{Z}\|_2^2+\|\boldsymbol{Z}\|^{\frac{8}{5}}\|\boldsymbol{Z}\|_2^{\frac{8}{5}}+\|\boldsymbol{Z}\|\|\boldsymbol{Z}\|_2^3+\|\boldsymbol{Z}\|^2\|\boldsymbol{Z}\|_2^2)|\tilde{\boldsymbol{w}}|_4^4+c|\boldsymbol{w}|_2^2\|\boldsymbol{w}\|^2$$
$$+c|\boldsymbol{Z}|_2^2\|\boldsymbol{Z}\|^2+c|\boldsymbol{Z}|_4^4+c|T|_2^2\|T\|^2+c|S|_2^2\|S\|^2+\|\boldsymbol{Z}\|^{\frac{8}{5}}\|\boldsymbol{Z}\|_2^{\frac{8}{5}}.$$

根据上面的不等式，我们知道：存在$C_5(\mathcal{T},\boldsymbol{\mathcal{U}}_{t_0},Q_1,Q_2,\boldsymbol{Z}_{t_0})>0$，使得

$$|\tilde{\boldsymbol{w}}(t)|_4^4\leqslant C_5, \tag{4.3.40}$$

这里$t_0\leqslant t<\mathcal{T}$.

$\partial_z\boldsymbol{w}$的L^2估计　把(4.3.21)关于z求导，得

$$\frac{\partial\boldsymbol{w}_z}{\partial t}-\frac{1}{Re_1}\Delta\boldsymbol{w}_z-\frac{1}{Re_2}\frac{\partial^2\boldsymbol{w}_z}{\partial z^2}+[(\boldsymbol{w}+\boldsymbol{Z})\cdot\boldsymbol{\nabla}](\boldsymbol{w}_z+\boldsymbol{Z}_z)$$
$$+\varPhi(\boldsymbol{w}+\boldsymbol{Z})\frac{\partial(\boldsymbol{w}_z+\boldsymbol{Z}_z)}{\partial z}+[(\boldsymbol{w}_z+\boldsymbol{Z}_z)\cdot\boldsymbol{\nabla}](\boldsymbol{w}+\boldsymbol{Z})-(\boldsymbol{w}_z+\boldsymbol{Z}_z)\boldsymbol{\nabla}\cdot(\boldsymbol{w}+\boldsymbol{Z})$$
$$+f\boldsymbol{k}\times(\boldsymbol{w}_z+\boldsymbol{Z}_z)+\boldsymbol{\nabla}(\nu_1T-\nu_2S)=0. \tag{4.3.41}$$

应用分部积分、Hölder不等式、Minkowski不等式、Sobolev不等式和(4.2.27)，

$$-\int_\Omega\left\{[(\boldsymbol{w}+\boldsymbol{Z})\cdot\boldsymbol{\nabla}]\boldsymbol{Z}_z+\varPhi(\boldsymbol{w}+\boldsymbol{Z})\frac{\partial\boldsymbol{Z}_z}{\partial z}\right\}\cdot\boldsymbol{w}_z$$
$$\leqslant\varepsilon\|\boldsymbol{w}_z\|^2+c\|\boldsymbol{Z}\|_2^2+c(|\tilde{\boldsymbol{w}}+\tilde{\boldsymbol{Z}}|_4^8+|\bar{\boldsymbol{w}}+\bar{\boldsymbol{Z}}|_{L^4}^4)|\boldsymbol{w}_z|_2^2+c\|\boldsymbol{w}+\boldsymbol{Z}\|^2\|\boldsymbol{Z}\|_{2+2\gamma}^2,$$
$$-\int_\Omega\{[(\boldsymbol{w}_z+\boldsymbol{Z}_z)\cdot\boldsymbol{\nabla}](\boldsymbol{w}+\boldsymbol{Z})-(\boldsymbol{w}_z+\boldsymbol{Z}_z)\boldsymbol{\nabla}\cdot(\boldsymbol{w}+\boldsymbol{Z})\}\cdot\boldsymbol{w}_z$$

$$\leqslant \varepsilon\|\boldsymbol{w}_z\|^2 + c\|\boldsymbol{Z}\|_2^2 + c(|\tilde{\boldsymbol{w}} + \tilde{\boldsymbol{Z}}|_4^8 + |\bar{\boldsymbol{w}} + \bar{\boldsymbol{Z}}|_{L^4}^4)|\boldsymbol{Z}_z|_2^2|\boldsymbol{w}_z|_2^2,$$

其中$0 < \gamma < \gamma_0$, γ_0 出现在τ的定义中. 把(4.3.41)与$\boldsymbol{w}_z$做$L^2(\Omega)\times L^2(\Omega)$的内积，应用分部积分、Hölder不等式、Poincaré不等式和前面的两个式子，再选取充分小的ε，我们得到

$$\begin{aligned}
&\frac{\mathrm{d}|\boldsymbol{w}_z|_2^2}{\mathrm{d}t} + \frac{1}{Re_1}\int_\Omega |\nabla \boldsymbol{w}_z|^2 + \frac{1}{Re_2}\int_\Omega \left|\frac{\partial \boldsymbol{w}_z}{\partial z}\right|^2 \\
\leqslant & c(|\bar{\boldsymbol{w}}|_2^2\|\bar{\boldsymbol{w}}\|_2^2 + |\boldsymbol{Z}|_4^4 + |\tilde{\boldsymbol{w}}|_4^8 + |\boldsymbol{Z}|_4^8) \\
&\cdot(|\boldsymbol{w}_z|_2^2 + |\boldsymbol{Z}_z|_2^2) + c\|\boldsymbol{Z}\|_2^2 + c\|\boldsymbol{w}+\boldsymbol{Z}\|^2\|\boldsymbol{Z}\|_{2+2\gamma}^2 + c|T|_2^2 + c|S|_2^2.
\end{aligned}$$

根据上式，应用Gronwall不等式、引理4.3.3、(4.3.32)、(4.3.34)、(4.3.37)和(4.3.40)，我们知道：对任给$\mathcal{T} > t_0$，存在$C_6(\mathcal{T},\boldsymbol{\mathcal{U}}_{t_0},Q_1,Q_2,\boldsymbol{Z}_{t_0}) > 0$，使得

$$\int_{t_0}^{\mathcal{T}} \|\boldsymbol{w}_z\|^2 + |\boldsymbol{w}_z(t)|_2^2 \leqslant C_6, \quad \forall\, t\in[t_0,\mathcal{T}). \tag{4.3.42}$$

$\partial_z T$, $\partial_z S$的L^2估计 把(4.3.22)关于z求导，得

$$\begin{aligned}
&\frac{\partial T_z}{\partial t} - \frac{1}{Rt_1}\Delta T_z - \frac{1}{Rt_2}\frac{\partial^2 T_z}{\partial z^2} + [(\boldsymbol{w}+\boldsymbol{Z})\cdot\nabla]\,T_z + \varPhi(\boldsymbol{w}+\boldsymbol{Z})\frac{\partial T_z}{\partial z} \\
&+ [(\boldsymbol{w}_z + \boldsymbol{Z}_z)\cdot\nabla]\,T - T_z\nabla\cdot(\boldsymbol{w}+\boldsymbol{Z}) = Q_{1z}.
\end{aligned} \tag{4.3.43}$$

利用分部积分、Hölder不等式、Poincaré不等式和Young不等式，得

$$\begin{aligned}
&\left|\int_\Omega [((\boldsymbol{w}_z + \boldsymbol{Z}_z)\cdot\nabla)\,T - T_z\nabla\cdot(\boldsymbol{w}+\boldsymbol{Z})]\,T_z\right| \\
\leqslant & c\int_\Omega [(|\nabla \boldsymbol{w}_z| + |\nabla \boldsymbol{Z}_z|)\,|T||T_z| + |\boldsymbol{w}_z + \boldsymbol{Z}_z||T||\nabla T_z| + (|\tilde{\boldsymbol{w}}| + |\bar{\boldsymbol{w}}| + |\boldsymbol{Z}|)\,|\nabla T_z||T_z|] \\
\leqslant & c\int_\Omega (|\nabla w_z|^2 + |\nabla \boldsymbol{Z}_z|^2) + \frac{\varepsilon}{2}|\nabla T_z|_2^2 + c\left(|T|_4^2 + |\tilde{\boldsymbol{w}}|_4^2\right)|T_z|_4^2 \\
&+ c\left(|\boldsymbol{w}_z|_4^2 + |\boldsymbol{Z}_z|_4^2\right)|T|_4^2 + c\|\bar{\boldsymbol{w}}\|_{L^4(M)}^2\int_{-1}^0\left(\int_M |T_z|^4\right)^{\frac{1}{2}} + |\boldsymbol{Z}|_4^2|T_z|_4^2 \\
\leqslant & \varepsilon\left(|T_{zz}|_2^2 + |\nabla T_z|_2^2\right) + c\left(|\boldsymbol{w}_{zz}|_2^2 + \int_\Omega |\nabla \boldsymbol{w}_z|^2\right) + c\|\boldsymbol{Z}\|_2^2 + c\|\boldsymbol{Z}\|_2^2|T|_4^2 \\
&+ c|T|_4^8|\boldsymbol{w}_z|_2^2 + c\left(|T|_4^8 + |\boldsymbol{Z}|_4^8 + |\tilde{\boldsymbol{w}}|_4^8 + \|\bar{\boldsymbol{w}}\|_{L^4(M)}^4\right)|T_z|_2^2.
\end{aligned}$$

根据(4.3.25)和方程(4.3.22)在$z=0$的迹，得到

$$\begin{aligned}
&-\frac{1}{Rt_2}\int_M (T_z|_{z=0}T_{zz}|_{z=0}) \\
=&\alpha_u\int_M T|_{z=0}\left[\frac{\partial T|_{z=0}}{\partial t} + ((\boldsymbol{w}+\boldsymbol{Z})\cdot\nabla)\,T|_{z=0} - \frac{1}{Rt_1}\Delta T|_{z=0} - Q_1|_{z=0}\right] \\
=&\alpha_u\left(\frac{1}{2}\frac{\mathrm{d}|T\,(z=0)\,|_2^2}{\mathrm{d}t} + \frac{1}{Rt_1}|\nabla T\,(z=0)\,|_2^2\right) \\
&+ \alpha_u\int_M T|_{z=0}\left[((\boldsymbol{w}+\boldsymbol{Z})\cdot\nabla)\,T|_{z=0} - Q_1|_{z=0}\right].
\end{aligned}$$

应用分部积分，得

$$
\begin{aligned}
&-\alpha_u\int_M T|_{z=0}\left[\left((\boldsymbol{w}+\boldsymbol{Z})\cdot\boldsymbol{\nabla}\right)T|_{z=0}-Q_1|_{z=0}\right]\\
=&\frac{\alpha_u}{2}\int_M T^2|_{z=0}\mathrm{div}\,(\boldsymbol{w}+\boldsymbol{Z})\,|_{z=0}+\alpha_u\int_M T|_{z=0}Q_1|_{z=0}\\
=&\frac{\alpha_u}{2}\int_M T^2|_{z=0}\left(\int_z^0\mathrm{div}\,(\boldsymbol{w}_z+\boldsymbol{Z}_z)\,\mathrm{d}z'+\mathrm{div}\,(\boldsymbol{w}+\boldsymbol{Z})\right)+\alpha_u\int_M T|_{z=0}Q_1|_{z=0}\\
\leqslant& c|T|_{z=0}|_4^4+c\|\boldsymbol{w}_z\|^2+c\|\boldsymbol{Z}\|_2^2+c\|\boldsymbol{w}\|^2+c|T|_{z=0}|_2^2+c|Q_1|_{z=0}|_2^2.
\end{aligned}
$$

把(4.3.43)与T_z做$L^2(\Omega)$的内积，应用分部积分、Hölder不等式和前面关系式，再选取充分小的ε，得到

$$
\begin{aligned}
&\frac{\mathrm{d}(|T_z|_2^2+\alpha_u|T|_{z=0}|_2^2)}{\mathrm{d}t}+\frac{1}{Rt_1}\int_\Omega|\boldsymbol{\nabla}T_z|^2+\frac{1}{Rt_2}\int_\Omega|T_{zz}|^2+\frac{\alpha_u}{R_{t1}}|\boldsymbol{\nabla}T(z=0)|_2^2\\
\leqslant& c(1+|T|_4^8+|\boldsymbol{Z}|_4^8+|\tilde{\boldsymbol{w}}|_4^8+\|\bar{\boldsymbol{w}}\|_{L^4(M)}^4)|T_z|_2^2+c\|\boldsymbol{w}_z\|^2+c\|\boldsymbol{w}\|^2+c|T|_4^8|\boldsymbol{w}_z|_2^2\\
&+c\|\boldsymbol{Z}\|_2^2+c\|\boldsymbol{Z}\|_2^2|T|_4^2+c|T|_{z=0}|_4^4+c|T|_{z=0}|_2^2+c|Q_1|_{z=0}|_2^2+c|Q_{1z}|_2^2.
\end{aligned}
$$

根据上式及前面的推导，可知：存在$C_7(\mathcal{T},\boldsymbol{\mathcal{U}}_{t_0},Q_1,Q_2,Z_{t_0})$，使得

$$
\int_{t_0}^{\mathcal{T}}\|T_z\|^2+|T_z(t)|_2^2\leqslant C_7,\quad\forall\, t\in[t_0,\mathcal{T}). \tag{4.3.44}
$$

在证明(4.3.44)的过程中，我们应用了

$$
|T(t)|_4^4+\int_t^{\mathcal{T}}|T|_{z=0}|_4^4\leqslant C,
$$

这个不等式可以通过把方程(4.3.22)与$|T|^2T$做内积然后做一些估计得到. 类似于(4.3.44)，

$$
\text{对任意}\ \ t\in[t_0,\mathcal{T}),\int_{t_0}^{\mathcal{T}}\|S_z\|^2+|S_z(t)|_2^2\leqslant C_8, \tag{4.3.45}
$$

其中$C_8(\mathcal{T},\boldsymbol{\mathcal{U}}_{t_0},Q_1,Q_2,Z_{t_0})>0$. 在证明(4.3.45)的过程中，我们用到$|S(t)|_4^4\leqslant c$.

4.3.3.2 弱强解的唯一性

设$(\boldsymbol{w}_1,T_1,S_1)$和$(\boldsymbol{w}_2,T_2,S_2)$是(4.3.21)~(4.3.27)在$[t_0,\mathcal{T}]$上分别与$p'_{b_2}$，$p''_{b_2}$ 和初始数据$((\boldsymbol{w}_{t_0})_1,(T_{t_0})_1,(S_{t_0})_1)$，$((\boldsymbol{w}_{t_0})_2,(T_{t_0})_2,(S_{t_0})_2)$对应的两个弱强解.

令$\boldsymbol{w}=\boldsymbol{w}_1-\boldsymbol{w}_2$，$T=T_1-T_2$，$S=S_1-S_2$，$p_{b_2}=p'_{b_2}-p''_{b_2}$，则$\boldsymbol{w}$，$T$，$S$，$p_{b_2}$满足：

$$
\begin{aligned}
&\frac{\partial\boldsymbol{w}}{\partial t}-\frac{1}{Re_1}\Delta\boldsymbol{w}-\frac{1}{Re_2}\frac{\partial^2\boldsymbol{w}}{\partial z^2}+\left[(\boldsymbol{w}_1+\boldsymbol{Z})\cdot\boldsymbol{\nabla}\right]\boldsymbol{w}+(\boldsymbol{w}\cdot\boldsymbol{\nabla})(\boldsymbol{w}_2+\boldsymbol{Z})\\
&+\varPhi(\boldsymbol{w}_1+\boldsymbol{Z})\frac{\partial\boldsymbol{w}}{\partial z}+\varPhi(\boldsymbol{w})\frac{\partial(\boldsymbol{w}_2+\boldsymbol{Z})}{\partial z}+f\boldsymbol{k}\times\boldsymbol{w}+\boldsymbol{\nabla}p_{b_2}
\end{aligned}
$$

$$-\int_{-1}^{z}\boldsymbol{\nabla}(\nu_1 T-\nu_2 S)\mathrm{d}z'=0, \tag{4.3.46}$$

$$\frac{\partial T}{\partial t}-\frac{1}{Rt_1}\Delta T-\frac{1}{Rt_2}\frac{\partial^2 T}{\partial z^2}+[(\boldsymbol{w}_1+\boldsymbol{Z})\cdot\boldsymbol{\nabla}]\,T+(\boldsymbol{w}\cdot\boldsymbol{\nabla})T_2+\Phi(\boldsymbol{w}_1+\boldsymbol{Z})\frac{\partial T}{\partial z}$$
$$+\Phi(\boldsymbol{w})\frac{\partial T_2}{\partial z}=0,$$

$$\frac{\partial S}{\partial t}-\frac{1}{Rs_1}\Delta S-\frac{1}{Rs_2}\frac{\partial^2 S}{\partial z^2}+[(\boldsymbol{w}_1+\boldsymbol{Z})\cdot\boldsymbol{\nabla}]\,S+(\boldsymbol{w}\cdot\boldsymbol{\nabla})S_2+\Phi(\boldsymbol{w}_1+\boldsymbol{Z})\frac{\partial S}{\partial z}$$
$$+\Phi(\boldsymbol{w})\frac{\partial S_2}{\partial z}=0,$$

$$\int_{-1}^{0}\boldsymbol{\nabla}\cdot\boldsymbol{w}\mathrm{d}z=0,$$

$$\boldsymbol{w}_{t_0}=(\boldsymbol{w}_{t_0})_1-(\boldsymbol{w}_{t_0})_2,\ T_{t_0}=(T_{t_0})_1-(T_{t_0})_2,\ S_{t_0}=(S_{t_0})_1-(S_{t_0})_2,$$

$(\boldsymbol{w},T,S)$满足边界条件(4.3.25)~(4.3.27).

把(4.3.46)与$\boldsymbol{w}$做$L^2(\Omega)\times L^2(\Omega)$的内积，得

$$\frac{1}{2}\frac{\mathrm{d}|\boldsymbol{w}|_2^2}{\mathrm{d}t}+\frac{1}{Re_1}\int_\Omega|\boldsymbol{\nabla}\boldsymbol{w}|^2+\frac{1}{Re_2}\int_\Omega|\boldsymbol{w}_z|^2$$
$$=-\int_\Omega\left\{[(\boldsymbol{w}_1+\boldsymbol{Z})\cdot\boldsymbol{\nabla}]\,\boldsymbol{w}+\Phi(\boldsymbol{w}_1+\boldsymbol{Z})\frac{\partial\boldsymbol{w}}{\partial z}\right\}\cdot\boldsymbol{w}-\int_\Omega(f\boldsymbol{k}\times\boldsymbol{w}+\boldsymbol{\nabla}p_{b_2})\cdot\boldsymbol{w}$$
$$-\int_\Omega\left[(\boldsymbol{w}\cdot\boldsymbol{\nabla})(\boldsymbol{w}_2+\boldsymbol{Z})+\Phi(\boldsymbol{w})\frac{\partial(\boldsymbol{w}_2+\boldsymbol{Z})}{\partial z}\right]\cdot\boldsymbol{w}+\int_\Omega\left[\int_{-1}^{z}\boldsymbol{\nabla}(\nu_1T-\nu_2S)\mathrm{d}z'\right]\cdot\boldsymbol{w}.$$

应用分部积分和引理4.3.10，得

$$\left|\int_\Omega[(\boldsymbol{w}\cdot\boldsymbol{\nabla})(\boldsymbol{w}_2+\boldsymbol{Z})]\cdot\boldsymbol{w}\right|$$
$$\leqslant\varepsilon\int_\Omega(|\boldsymbol{\nabla}\boldsymbol{w}|^2+|\boldsymbol{w}_z|^2)+c(|\bar{\boldsymbol{w}}|_2^2\|\bar{\boldsymbol{w}}\|^2+|\boldsymbol{Z}|_4^4+|\boldsymbol{Z}|_4^8+|\tilde{\boldsymbol{w}}_2|_4^8)|\boldsymbol{w}|_2^2,$$

$$\left|\int_\Omega\Phi(\boldsymbol{w})\frac{\partial(\boldsymbol{w}_2+\boldsymbol{Z})}{\partial z}\cdot\boldsymbol{w}\right|$$
$$\leqslant\varepsilon\int_\Omega|\boldsymbol{\nabla}\boldsymbol{w}|^2+c(|\boldsymbol{w}_{2z}|_2^2|\boldsymbol{\nabla}\boldsymbol{w}_{2z}|_2^2+|\boldsymbol{w}_{2z}|_2^4+|\boldsymbol{Z}_z|_2^2|\boldsymbol{\nabla}\boldsymbol{Z}_z|_2^2+|\boldsymbol{Z}_z|_2^4)|\boldsymbol{w}|_2^2.$$

利用分部积分、Hölder不等式和Young不等式，从前面的三个关系得到

$$\frac{1}{2}\frac{\mathrm{d}|\boldsymbol{w}|_2^2}{\mathrm{d}t}+\frac{1}{Re_1}\int_\Omega|\boldsymbol{\nabla}\boldsymbol{w}|^2+\frac{1}{Re_2}\int_\Omega|\boldsymbol{w}_z|^2$$
$$\leqslant2\varepsilon\int_\Omega(|\boldsymbol{\nabla}\boldsymbol{w}|^2+|\boldsymbol{w}_z|^2)+\varepsilon|\boldsymbol{\nabla}T|_2^2+c(1+|\bar{\boldsymbol{w}}|_2^2\|\bar{\boldsymbol{w}}\|^2+|\boldsymbol{Z}|_4^8+|\tilde{\boldsymbol{w}}_2|_4^8+|\boldsymbol{w}_{2z}|_2^2|\boldsymbol{\nabla}\boldsymbol{w}_{2z}|_2^2$$
$$+|\boldsymbol{w}_{2z}|_2^4+|\boldsymbol{Z}_z|_2^2|\boldsymbol{\nabla}\boldsymbol{Z}_z|_2^2+|\boldsymbol{Z}_z|_2^4)|\boldsymbol{w}|_2^2. \tag{4.3.47}$$

类似于(4.3.47)，

$$\frac{1}{2}\frac{\mathrm{d}|T|_2^2}{\mathrm{d}t}+\frac{1}{Rt_1}\int_\Omega|\nabla T|^2+\frac{1}{Rt_2}\int_\Omega|T_z|^2+\frac{\alpha_u}{Rt_2}|T|_{z=0}|_2^2$$
$$\leqslant\varepsilon\int_\Omega(|\nabla \boldsymbol{w}|^2+|\boldsymbol{w}_z|^2)+\varepsilon\int_\Omega(|\nabla T|^2+|T_z|^2)+c\left(|T_2|_4^8+|T_{2z}|_2^2|\nabla T_{2z}|_2^2\right.$$
$$\left.+|T_{2z}|_2^4\right)(|\boldsymbol{w}|_2^2+|T|_2^2), \tag{4.3.48}$$
$$\frac{1}{2}\frac{\mathrm{d}|S|_2^2}{\mathrm{d}t}+\frac{1}{Rs_1}\int_\Omega|\nabla S|^2+\frac{1}{Rs_2}\int_\Omega|S_z|^2$$
$$\leqslant\varepsilon\int_\Omega(|\nabla \boldsymbol{w}|^2+|\boldsymbol{w}_z|^2)+\varepsilon\int_\Omega(|\nabla S|^2+|S_z|^2)+c\left(|S_2|_4^8+|S_{2z}|_2^2|\nabla S_{2z}|_2^2\right.$$
$$\left.+|S_{2z}|_2^4\right)(|\boldsymbol{w}|_2^2+|S|_2^2). \tag{4.3.49}$$

根据(4.3.47)~(4.3.49)，选取充分小的ε，再利用Gronwall不等式和4.3.3.1小节中先验估计的结果，我们证明(4.3.21)~(4.3.27)的弱强解的唯一性.

4.3.4 随机吸引子的存在性

在这一部分，我们将证明定理4.3.9. 为此，我们先给出(4.3.21)~(4.3.28)的强解的定义和整体存在性的证明.

定义 4.3.11 设$\boldsymbol{Z}$是4.3.2小节中的Ornstein-Uhlenbeck过程，$\boldsymbol{w}_{t_0}\in V_1$，$T_{t_0}\in V_2$，$S_{t_0}\in V_3$，$\mathcal{T}>t_0$是给定的时间，对于$P$-a.e. $\omega\in\boldsymbol{\Omega}$，$(\boldsymbol{w},T,S)$称为初边值问题(4.3.21)~(4.3.28)在$[t_0,\mathcal{T}]$上的强解，如果它在弱意义下满足(4.3.21)~(4.3.24)，而且

$$\boldsymbol{w}\in L^\infty(t_0,\mathcal{T};V_1)\cap L^2(t_0,\mathcal{T};(H^2(\Omega))^2),$$
$$T\in L^\infty(t_0,\mathcal{T};V_2)\cap L^2(t_0,\mathcal{T};H^2(\Omega)),$$
$$S\in L^\infty(t_0,\mathcal{T};V_3)\cap L^2(t_0,\mathcal{T};H^2(\Omega)),$$
$$\frac{\partial \boldsymbol{w}}{\partial t}\in L^2(t_0,\mathcal{T};(L^2(\Omega))^2),\ \frac{\partial T}{\partial t},\frac{\partial S}{\partial t}\in L^2(t_0,\mathcal{T};L^2(\Omega)).$$

定理 4.3.12(强解的整体存在性) 如果$Q_1,Q_2\in H^1(\Omega)$，$\boldsymbol{\mathcal{U}}_{t_0}=(\boldsymbol{w}_{t_0},T_{t_0},S_{t_0})\in V$，那么，对任给$\mathcal{T}>t_0$，初边值问题(4.3.21)~(4.3.28)在$[t_0,\mathcal{T}]$上存在强解$U$，而且$U$连续地依赖于初始数据.

证明： 根据4.3.3小节中先验估计的结果，为了证明定理4.3.12，我们只需做$\nabla\boldsymbol{w}$，∇T，∇S的L^2 估计.

$\nabla\boldsymbol{w}$的L^2估计 类似于引理4.3.10中的不等式，

$$
\begin{aligned}
&\left|\int_\Omega \{[(\boldsymbol{w}+\boldsymbol{Z})\cdot\nabla](\boldsymbol{w}+\boldsymbol{Z})\}\cdot\Delta\boldsymbol{w}\right|\\
\leqslant&\varepsilon(|\Delta\boldsymbol{w}|_2^2+|\nabla\boldsymbol{w}_z|_2^2)+c(|\bar{\boldsymbol{w}}|_2^2\|\bar{\boldsymbol{w}}\|_2^2+|\boldsymbol{Z}|_4^4+|\tilde{\boldsymbol{w}}|_4^8+|\boldsymbol{Z}|_4^8)(|\nabla\boldsymbol{w}|_2^2+|\nabla\boldsymbol{Z}|_2^2)+c\|\boldsymbol{Z}\|_2^2,\\
&\left|\int_\Omega [\Phi(\boldsymbol{w}+\boldsymbol{Z})(\boldsymbol{w}_z+\boldsymbol{Z}_z)]\cdot\Delta\boldsymbol{w}\right|\\
\leqslant&c(|\boldsymbol{Z}_z|_2^2+|\nabla\boldsymbol{Z}_z|_2^2+|\boldsymbol{Z}_z|_2^2|\nabla\boldsymbol{Z}_z|_2^2)(|\nabla\boldsymbol{w}|_2^2+|\nabla\boldsymbol{Z}|_2^2)+\varepsilon|\Delta\boldsymbol{w}|_2^2+c\|\boldsymbol{Z}\|_2^2\\
&+c(|\boldsymbol{w}_z|_2^2+|\nabla\boldsymbol{w}_z|_2^2+|\boldsymbol{w}_z|_2^2|\nabla\boldsymbol{w}_z|_2^2)(|\nabla\boldsymbol{w}|_2^2+|\nabla\boldsymbol{Z}|_2^2).
\end{aligned}
$$

把(4.3.21)与$-\Delta\boldsymbol{w}$做$L^2(\Omega)\times L^2(\Omega)$的内积，应用Hölder不等式、$(f\boldsymbol{k}\times\boldsymbol{w})\cdot\Delta\boldsymbol{w}=0$、$\int_\Omega\nabla p_{b_2}\cdot\Delta\boldsymbol{w}=0$ 和前面的两个不等式，再选取充分小的ε，得到

$$
\begin{aligned}
&\frac{\mathrm{d}|\nabla\boldsymbol{w}|_2^2}{\mathrm{d}t}+\frac{1}{Re_1}\int_\Omega|\Delta\boldsymbol{w}|^2+\frac{1}{Re_2}\int_\Omega|\nabla\boldsymbol{w}_z|^2\\
\leqslant&c(|\boldsymbol{w}|_4^8+|\boldsymbol{Z}|_4^8+|\boldsymbol{w}_z|_2^2+|\nabla\boldsymbol{w}_z|_2^2+|\boldsymbol{w}_z|_2^2|\nabla\boldsymbol{w}_z|_2^2+|\boldsymbol{Z}_z|_2^2+|\boldsymbol{Z}_z|_2^2|\nabla\boldsymbol{Z}_z|_2^2\\
&+|\nabla\boldsymbol{Z}_z|_2^2)|\nabla\boldsymbol{w}|_2^2+c|\nabla T|_2^2+c|\nabla S|_2^2+c(|\bar{\boldsymbol{w}}|_2^2\|\bar{\boldsymbol{w}}\|_2^2+|Z|_4^4+|\tilde{\boldsymbol{w}}|_4^8+|\boldsymbol{Z}|_4^8\\
&+|\boldsymbol{w}_z|_2^2+|\nabla\boldsymbol{w}_z|_2^2+|\boldsymbol{w}_z|_2^2|\nabla\boldsymbol{w}_z|_2^2+|\boldsymbol{Z}_z|_2^2+|\nabla\boldsymbol{Z}_z|_2^2+|\boldsymbol{Z}_z|_2^2|\nabla\boldsymbol{Z}_z|_2^2)|\nabla Z|_2^2\\
&+c\|\boldsymbol{Z}\|_2^2.
\end{aligned}
$$

上面的不等式意味着：对于任给$\mathcal{T}>t_0$，存在$C_9(\mathcal{T},\boldsymbol{\mathcal{U}}_{t_0},Q_1,Q_2,\boldsymbol{Z}_{t_0})>0$，使得

$$
\int_{t_0}^{\mathcal{T}}|\Delta\boldsymbol{w}|_2^2+|\nabla\boldsymbol{w}(t)|_2^2\leqslant C_9,\quad\forall\, t\in[t_0,\mathcal{T}).\tag{4.3.50}
$$

∇T，∇S的L^2估计 类似于引理4.3.10中的不等式，

$$
\begin{aligned}
&\left|\int_\Omega[(\boldsymbol{w}+\boldsymbol{Z})\cdot\nabla]T(\Delta T)\right|\\
\leqslant&c(|\bar{\boldsymbol{w}}|_2^2\|\bar{\boldsymbol{w}}\|_2^2+|\boldsymbol{Z}|_4^4+|\tilde{\boldsymbol{w}}|_4^8+|\boldsymbol{Z}|_4^8)|\nabla T|_2^2+\varepsilon(|\Delta T|_2^2+|\nabla T_z|_2^2),\\
&\left|\int_\Omega\Phi(\boldsymbol{w}+\boldsymbol{Z})T_z(\Delta T)\right|\\
\leqslant&\varepsilon(|\Delta T|_2^2+|\nabla T_z|_2^2)+c[(|\nabla\boldsymbol{w}|_2^4+|\nabla\boldsymbol{w}|_2^2|\Delta\boldsymbol{w}|_2^2)+c(|\nabla\boldsymbol{Z}|_2^4+|\nabla\boldsymbol{Z}|_2^2|\Delta\boldsymbol{Z}|_2^2)]|T_z|_2^2.
\end{aligned}
$$

把(4.3.22)与$-\Delta T$做$L^2(\Omega)$的内积，应用Hölder不等式、Young不等式和前面的两个不等式，再选取充分小的ε，得到

$$
\begin{aligned}
&\frac{\mathrm{d}|\nabla T|_2^2}{\mathrm{d}t}+\frac{1}{Rt_1}|\Delta T|_2^2+\frac{1}{Rt_2}|\nabla T_z|_2^2+\frac{\alpha_u}{Rt_2}|\nabla T|_{z=0}|_2^2\\
\leqslant&\ c(|\bar{\boldsymbol{w}}|_2^2\|\bar{\boldsymbol{w}}\|_2^2+|\boldsymbol{Z}|_4^4+|\tilde{\boldsymbol{w}}|_4^8+|\boldsymbol{Z}|_4^8)|\nabla T|_2^2+c\left[(|\nabla\boldsymbol{w}|_2^4+|\nabla\boldsymbol{w}|_2^2|\Delta\boldsymbol{w}|_2^2)\right.\\
&\left.+c(\|\boldsymbol{Z}\|^4+\|\boldsymbol{Z}\|_2^4)\right]|T_z|_2^2+c|Q_1|_2^2.
\end{aligned}
$$

根据上式，对任给$\mathcal{T} > t_0$，存在$C_{10}(\mathcal{T}, \boldsymbol{\mathcal{U}}_{t_0}, Q_1, Q_2, \boldsymbol{Z}_{t_0}) > 0$，使得

$$|\nabla T(t)|_2^2 \leqslant C_{10},\ \forall\ \ t \in [t_0, \mathcal{T}). \tag{4.3.51}$$

同理，存在$C_{11}(\mathcal{T}, \boldsymbol{\mathcal{U}}_{t_0}, Q_1, Q_2, \boldsymbol{Z}_{t_0}) > 0$，使得

$$|\nabla S(t)|_2^2 \leqslant C_{11},\ \forall\ \ t \in [t_0, \mathcal{T}). \tag{4.3.52}$$

我们将用4.1.3小节中的定理4.1.9证明定理4.3.9，即证明带随机边界的海洋方程组的吸引子的存在性．首先，我们构造与海洋方程组的随机边值问题(4.3.21)~(4.3.27)相对应的随机动力系统．令

$$\boldsymbol{\Omega} = \{\omega;\ \omega \in C(\mathbb{R}, l^2),\ \omega(0) = 0\},$$

$\mathcal{F}$是由$\boldsymbol{\Omega}$的紧开拓扑诱导出来的Borel σ-代数，P 是$(\boldsymbol{\Omega}, \mathcal{F})$上的Wiener测度，记

$$(\omega_1(t,\omega), \omega_2(t,\omega), \omega_3(t,\omega), \cdots) = \omega(t).$$

定义

$$\vartheta_t \omega(s) = \omega(t+s) - \omega(t). \tag{4.3.53}$$

那么，ϑ_t 满足：对任意$t,\ s \in \mathbb{R}$，$\vartheta_{t+s} = \vartheta_t \circ \vartheta_s$; ϑ_t在P下是遍历的．根据定理4.3.12，令

$$\boldsymbol{\mathcal{U}}(t,\omega) = \phi(t,s;\omega)\boldsymbol{\mathcal{U}}_s,$$

其中$\boldsymbol{\mathcal{U}}(t,\omega) = (\boldsymbol{w}(t,\omega), T(t,\omega), S(t,\omega))$ 是(4.3.21)~(4.3.27)以$\boldsymbol{\mathcal{U}}(s) = \boldsymbol{\mathcal{U}}_s = (\boldsymbol{w}_s, T_s, S_s)$为初始值在$[s,t]$上的强解．因此，对于$s \leqslant r \leqslant t$，$\phi(t,s;\omega) = \phi(t,r;\omega)\phi(r,s;\omega)$．由于(4.3.53)，对任意$s, t \in \mathbb{R}^+$，$\boldsymbol{U}_0 \in V$，可得$P-$a.s.

$$\phi(t+s, 0;\omega)\boldsymbol{\mathcal{U}}_0 = \phi(t, 0;\vartheta_s\omega)\phi(s,0;\omega)\boldsymbol{\mathcal{U}}_0.$$

定义$\psi : \mathbb{R}^+ \times \boldsymbol{\Omega} \times V \to V,\ \psi(t,\omega)\boldsymbol{\mathcal{U}}_0 = \phi(t,0;\omega)\boldsymbol{\mathcal{U}}_0$．根据定理4.3.12和下面的命题4.3.14，我们知道：ψ关于V的弱拓扑是$(\boldsymbol{\Omega}, \mathcal{F}, P, \{\vartheta_t\}_{t\in\mathbb{R}})$上连续的随机动力系统，而且它与边值问题(4.3.21)~(4.3.27)产生的随机动力系统对应．

在应用4.1.3小节中的定理4.1.9证明定理4.3.9的过程中，最关键的步骤是证明有界吸收集的存在性．下面我们证明这一结论．

命题 4.3.13(有界吸收集的存在性)　*设*Q_1，$Q_2 \in H^1(\varOmega)$，$B_\rho = \{\boldsymbol{\mathcal{U}}; \|\boldsymbol{\mathcal{U}}\| \leqslant \rho, \boldsymbol{\mathcal{U}} \in V\}$，*则存在*$r_0(\omega, \|Q_1\|_1, \|Q_2\|_1)$*和*$t(\omega,\rho) \leqslant -1$，*使得对任意*$t_0 \leqslant t(\omega,\rho)$，$\boldsymbol{\mathcal{U}}_{t_0} \in B_\rho$，

$$\|\phi(0, t_0;\omega)\boldsymbol{\mathcal{U}}_{t_0}\| \leqslant r_0(\omega).$$

根据注记4.1.8，对任意有界集$B \subset V$，存在充分大的$-t_0(B) > 0$，使得

$$\psi(-s, \vartheta_s\omega)B = \phi(0, s; \omega)B \subset B_{r_0(\omega)},\ \forall\ s \leqslant t_0.$$

证明：根据取值于$D(A_1^{1+\gamma})$的过程$\boldsymbol{Z}$的遍历性，我们有

$$\begin{aligned}&\lim_{s\to-\infty}\frac{1}{-s}\int_s^0 (|\boldsymbol{Z}(\tau)|_4^8 + \|\boldsymbol{Z}(\tau)\|^4 + \|\boldsymbol{Z}(\tau)\|^2\|\boldsymbol{Z}(\tau)\|_2^2)\mathrm{d}\tau\\ =\ & E(|\boldsymbol{Z}(0)|_4^8 + \|\boldsymbol{Z}(0)\|^4 + \|\boldsymbol{Z}(0)\|^2\|\boldsymbol{Z}(0)\|_2^2).\end{aligned}$$

由条件4.3.2小节中的条件(C)，可知：存在正的常数c_0，使得

$$\lim_{s\to-\infty}\frac{1}{-s}\int_s^0 \left[-\lambda_1 + c(|\boldsymbol{Z}(\tau)|_4^8 + \|\boldsymbol{Z}(\tau)\|^4 + \|\boldsymbol{Z}(\tau)\|^2\|\boldsymbol{Z}(\tau)\|_2^2)\right]\mathrm{d}\tau \leqslant -c_0,$$

这意味着：存在$s_0(\omega)$，使得当$s < s_0(\omega)$时，

$$\int_s^0 \left[-\lambda_1 + c(|\boldsymbol{Z}(\tau)|_4^8 + \|\boldsymbol{Z}(\tau)\|^4 + \|\boldsymbol{Z}(\tau)\|^2\|\boldsymbol{Z}(\tau)\|_2^2)\right]\mathrm{d}\tau \leqslant -\frac{c_0}{2}(-s). \tag{4.3.54}$$

根据过程$\boldsymbol{Z}$的定义和(4.3.32)，用文献[68]中的证明方法，可以得到：当$\tau \to -\infty$时，$\|\boldsymbol{Z}(\tau)\|^2 + |T(\tau)|_2^2 + |\boldsymbol{Z}(\tau)|_2^2$至多按照多项式增长. 因此，(4.3.35) 和(4.3.54) 隐含着：存在$t_0(\rho, \omega)$和a.s.有限的随机变量$R_0(\omega)$，使得a.s.

$$|\boldsymbol{w}(t)|_2^2 \leqslant R_0(\omega),\ \forall\ s \leqslant t \leqslant 0, \tag{4.3.55}$$

其中$s \leqslant t_0$，$(\boldsymbol{w}, T, S)$是(4.3.21)~(4.3.27)以$(\boldsymbol{w}_s, T_s, S_s)$为初始值的强解，这里$(\boldsymbol{w}_s, T_s, S_s) \in B_\rho$. 当$s \leqslant t \leqslant -1$时，把(4.3.35)前面的不等式从$t$到$t+1$积分，由(4.3.55)可知：存在a.s.有限的随机变量$R_1(\omega)$，使得

$$c_2\int_t^{t+1}\left[\int_\Omega\left(|\nabla\boldsymbol{w}|^2 + \left|\frac{\partial\boldsymbol{w}}{\partial z}\right|^2 + |\boldsymbol{w}|^2\right)\right] \leqslant R_1(\omega). \tag{4.3.56}$$

应用一致的Gronwall不等式、$|\tilde{\boldsymbol{w}}|_3^3 \leqslant |\tilde{\boldsymbol{w}}|_2^{\frac{3}{2}}\|\tilde{\boldsymbol{w}}\|_2^{\frac{3}{2}}$、(4.3.55)、(4.3.56)和引理4.3.3，由(4.3.39)前面的不等式，得到

$$|\tilde{\boldsymbol{w}}(t+1)|_3^3 \leqslant R_2(\omega), \tag{4.3.57}$$

这里$R_2(\omega)$是a.s.有限的随机变量，$t \in [s, -1]$.

应用一致的Gronwall不等式、$|\tilde{\boldsymbol{w}}|_4^4 \leqslant |\tilde{\boldsymbol{w}}|_3^2\|\tilde{\boldsymbol{w}}\|^2$、(4.3.55)~(4.3.57)和引理4.3.3，由(4.3.40)前面的不等式，得到

$$|\tilde{\boldsymbol{w}}(t+2)|_4^4 \leqslant R_3(\omega), \tag{4.3.58}$$

其中$R_3(\omega)$是a.s.有限随机变量，$t \in [s, -2]$.

同样地，存在a.s.有限随机变量$R_4(\omega)$，$R_5(\omega)$，$R_6(\omega)$和$R_7(\omega)$，使得

$$|\boldsymbol{w}_z(t+3)|_2^2 \leqslant R_4(\omega),\ \forall\, t \in [s,-3], \tag{4.3.59}$$

$$|T_z(t+4)|_2^2 + |S_z(t+4)|_2^2 \leqslant R_5(\omega),\ \forall\, t \in [s,-4], \tag{4.3.60}$$

$$|\boldsymbol{\nabla w}(t+5)|_2^2 \leqslant R_6(\omega),\ \forall\, t \in [s,-5], \tag{4.3.61}$$

$$|\boldsymbol{\nabla} T(t+6)|_2^2 + |\boldsymbol{\nabla} S(t+6)|_2^2 \leqslant R_7(\omega),\ \forall\, t \in [s,-6]. \tag{4.3.62}$$

根据(4.3.31)、(4.3.33)、(4.3.55)和(4.3.59)~(4.3.62)，可知：存在$r_0(\omega)$和$t(\omega,\rho) \leqslant -1$，使得当$t_0 \leqslant t(\omega,\rho)$，$\boldsymbol{\mathcal{U}}_{t_0} \in B_\rho$时，

$$\|\phi(0,t_0;\omega)\boldsymbol{\mathcal{U}}_{t_0}\| \leqslant r_0(\omega).$$

为了证明定理4.3.9，我们需要以下关于$\{\phi(t,s;\omega)\}_{t\geqslant s}$的性质.

命题 4.3.14 对任意$t \geqslant s$，映射$\phi(t,s;\omega)$从V到V是弱连续的.

命题4.3.14的证明：设$\{\boldsymbol{\mathcal{U}}_n\}$是$V$中的序列，且$\boldsymbol{\mathcal{U}}_n$在$V$中弱收敛于$\boldsymbol{\mathcal{U}}^1$，那么$\{\boldsymbol{\mathcal{U}}_n\}$ 在V中是有界的. 由4.3.3和4.3.4节的先验估计和命题4.3.13的证明，我们可知：对任意的$t \geqslant s$，$\{\phi(t,s;\omega)\boldsymbol{\mathcal{U}}_n\}$在$V$中是有界的. 所以，可以提取子序列$\{\phi(t,s;\omega)\boldsymbol{\mathcal{U}}_{n_k}\}$，使得$\phi(t,s;\omega)\boldsymbol{\mathcal{U}}_{n_k}$在$V$中弱收敛于$\boldsymbol{\mathcal{U}}$. 由于嵌入$V \hookrightarrow H$是紧的，$\boldsymbol{\mathcal{U}}_{n_k}$在$H$中强收敛于$\boldsymbol{\mathcal{U}}^1$. 由(4.3.47)~(4.3.49)，我们可得：$\phi(t,s;\omega)\boldsymbol{\mathcal{U}}_{n_k}$在$H$中强收敛于$\phi(t,s;\omega)\boldsymbol{\mathcal{U}}^1$. 那么，$\boldsymbol{\mathcal{U}} = \phi(t,s;\omega)\boldsymbol{\mathcal{U}}^1$. 因此，序列$\{S(t,s;\omega)\boldsymbol{U}_n\}$存在子列$\{\phi(t,s;\omega)\boldsymbol{\mathcal{U}}_{n_k}\}$，使得$\phi(t,s;\omega)\boldsymbol{\mathcal{U}}_{n_k}$在$V$中弱收敛于$\phi(t,s;\omega)\boldsymbol{\mathcal{U}}^1$. 命题4.3.14得到证明.

定理4.3.9的证明：由命题4.3.13和4.3.14，应用定理4.1.9，定理4.3.9可得证.

第五章　稳定性和不稳定性理论

大气、海洋无穷维系统的整体吸引子一般含有稳态解，讨论它们的稳定性和不稳定性具有重要的理论意义和实际意义．本章将介绍大气、海洋中一些波动（通常是大气、海洋方程组及其简化模型的稳态解）的稳定性和不稳定性，涉及的稳定性问题有中性(neutral)稳定性、线性稳定性、形式（formal）稳定性和非线性稳定性，用到的方法有正交模方法(normal mode approach)、能量方法、变分法等．

5.1 重力波的稳定性和不稳定性

在这一部分，我们主要介绍用正交模方法(normal mode approach)判别重力内波和惯性重力内波的中性(neutral)稳定性和不稳定性，这些结果主要引用文献[208]的十一章．这里，我们解释一下重力内波、惯性重力内波和中性稳定性的概念：重力内波是在大气内部由于垂直扰动在重力作用下产生的一种波动；惯性重力内波是必须考虑Coriolis力作用的重力内波；动力系统$u_t = X(u)$的稳态解u_e(即$X(u_e) = 0$)称为中性(neutral)稳定的．如果线性算子$DX(u_e)$的谱都是纯虚数，中性(neutral)稳定是谱(spectral)稳定的特例(如果线性算子$DX(u_e)$的谱都没有严格正的实部，那么稳态解u_e称为谱稳定的)．对于Hamiltonian系统而言，它们是一样的．

5.1.1 分层流中重力内波的稳定性和不稳定性

在密度不连续的分界面系统中, 若存在速度切变(上下的速度不相同)或者上层流体的密度比下层的大时，在界面上产生的重力内波称为分界面波(interfacial waves)．我们考虑两层流体系统，并假设每层流体都是无粘和均质不可压缩的．设两层流体的分界面为$z = h_1(x, y, t)$，而流体的总深度为$H = h_1 + h_2$．下层流体($0 \leqslant z \leqslant h_1$)的密度为常数$\rho_1$，基本气流为常数$\bar{u}_1$; 上层流体($h_1 \leqslant z \leqslant H = h_1 + h_2$)的密度为常数$\rho_2$, 基本气流为常数$\bar{u}_2$.

为了简化运算, 设运动只发生在(x, z)平面, 分界面受扰动后使得

$$h_1 = H_1 + h_1^{'}, h_2 = H_2 + h_2^{'}, \tag{5.1.1}$$

$$u_j = \bar{u}_j + u_j^{'}, \omega_j = \omega_j^{'}, p_j = \bar{p}_j + p_j^{'}, \tag{5.1.2}$$

这里$j=1$代表下层，$j=2$代表上层，在本小节中，$j=1,\ 2$. 显然，$\bar{p}_j$满足静力平衡关系:

$$\frac{\partial \bar{p}_j}{\partial z}=-g\rho_j.$$

设扰动量为小量，则线性化的方程组(把受重力作用的二维不可压Navier-Stokes方程关于稳态解$(\bar{u}_j,0,\bar{p}_j)$线性化)可写为

$$\begin{cases}\left(\dfrac{\partial}{\partial t}+\bar{u}_j\dfrac{\partial}{\partial x}\right)u_j^{'}=-\dfrac{1}{\rho_j}\dfrac{\partial p_j^{'}}{\partial x},\\ \left(\dfrac{\partial}{\partial t}+\bar{u}_j\dfrac{\partial}{\partial x}\right)\omega_j^{'}=-\dfrac{1}{\rho_j}\dfrac{\partial p_j^{'}}{\partial z},\\ \dfrac{\partial u_j^{'}}{\partial x}+\dfrac{\partial \omega_j^{'}}{\partial z}=0.\end{cases}\tag{5.1.3}$$

将(5.1.3)的第一式关于z求导后减去第二式关于x的导数，再利用(5.1.3)的第三式消去$u_j^{'}$，得到

$$\left(\frac{\partial}{\partial t}+\bar{u}_j\frac{\partial}{\partial x}\right)\left(\frac{\partial^2}{\partial x^2}+\frac{\partial^2}{\partial z^2}\right)\omega_j^{'}=0.\tag{5.1.4}$$

设两层流体限制于$z=0$和$z=H$的刚壁之间，因而，上、下表面的边界条件取为

$$\omega_1^{'}|_{z=0}=0,\quad \omega_2^{'}|_{z=H}=0.\tag{5.1.5}$$

至于分界面$z=h_1\approx H_1$，类似于(2.3.3)，根据压力场连续(这类间断通常称为切向间断)，可以得到下列条件(在假设扰动量及其一阶导数均为小量的情况下，可以这样取):

$$\left[\left(\frac{\partial}{\partial t}+\bar{u}_j\frac{\partial}{\partial x}\right)(p_1^{'}-p_2^{'})+\omega_j^{'}\frac{\partial}{\partial z}(\bar{p}_1-\bar{p}_2)\right]_{z=H_1}=0.$$

利用静力平衡关系，上式可改写为

$$\left[\left(\frac{\partial}{\partial t}+\bar{u}_j\frac{\partial}{\partial x}\right)\left(p_1^{'}-p_2^{'}\right)-g\left(\rho_1-\rho_2\right)\omega_j^{'}\right]_{z=H_1}=0.\tag{5.1.6}$$

下面，在边界条件(5.1.5)和(5.1.6)下，求与方程组(5.1.4)对应的特征值问题. 设方程组(5.1.4) 的单波解(在讨论线性稳定性时，假设线性化的方程组具有简谐波的解形式的方法，称为正交模方法)为

$$\omega_j^{'}=W_j(z)\mathrm{e}^{\mathrm{i}k(x-ct)},\tag{5.1.7}$$

将上式代入方程组(5.1.4)，当$c\neq\bar{u}_j$时，得

$$\frac{\mathrm{d}^2 W_j}{\mathrm{d}z^2}-k^2W_j=0.\tag{5.1.8}$$

利用边界条件(5.1.5)，方程(5.1.8)的解可以写为

$$\begin{cases} W_1(z) = A\sinh kz, \\ W_2(z) = B\sinh k(H-z), \end{cases} \tag{5.1.9}$$

其中A, B均为任意常数.

将(5.1.9)式代入(5.1.7)式即求得ω_j', 再代入方程组(5.1.3), 可求得u_j', p_j'. 在积分时, 取积分常数为零, 于是得

$$\begin{cases} u_1' = \mathrm{i}A\cosh kz\mathrm{e}^{\mathrm{i}k(x-ct)}, \\ \omega_1' = A\sinh kz\mathrm{e}^{\mathrm{i}k(x-ct)}, \\ p_1' = \mathrm{i}\rho_1(c-\bar{u}_1)A\cosh kz\mathrm{e}^{\mathrm{i}k(x-ct)}; \end{cases} \tag{5.1.10}$$

$$\begin{cases} u_2' = -\mathrm{i}B\cosh k(H-z)\mathrm{e}^{\mathrm{i}k(x-ct)}, \\ \omega_2' = B\sinh k(H-z)\mathrm{e}^{\mathrm{i}k(x-ct)}, \\ p_2' = -\mathrm{i}\rho_2(c-\bar{u}_2)B\cosh k(H-z)\mathrm{e}^{\mathrm{i}k(x-ct)}. \end{cases} \tag{5.1.11}$$

将$p_1', p_2', \omega_1', \omega_2'$代入(5.1.6), 得

$$\left[k(c-\bar{u}_1)^2\rho_1\cosh kH_1 - g(\rho_1-\rho_2)\sinh kH_1\right]A + \left[k(c-\bar{u}_1)(c-\bar{u}_2)\rho_2\cosh kH_2\right]B = 0, \tag{5.1.12}$$

$$\left[k(c-\bar{u}_1)(c-\bar{u}_2)\rho_1\cosh kH_1\right]A + \left[k(c-\bar{u}_2)^2\rho_2\cosh kH_2 - g(\rho_1-\rho_2)\sinh kH_2\right]B = 0. \tag{5.1.13}$$

这是A, B的齐次线性代数方程组, 它有非零解的充分必要条件是A, B的系数行列式为零, 将此系数行列式展开得

$$k(c-\bar{u}_1)^2\rho_1\lambda_1 + k(c-\bar{u}_2)^2\rho_2\lambda_2 - g(\rho_1-\rho_2) = 0, \tag{5.1.14}$$

或

$$(\rho_1\lambda_1+\rho_2\lambda_2)c^2 - 2(\rho_1\lambda_1\bar{u}_1+\rho_2\lambda_2\bar{u}_2)c + \left[\rho_1\lambda_1\bar{u}_1^2+\rho_2\lambda_2\bar{u}_2^2 - \frac{g}{k}(\rho_1-\rho_2)\right] = 0, \tag{5.1.15}$$

其中

$$\lambda_1 = \coth kH_1, \quad \lambda_2 = \coth kH_2.$$

由方程(5.1.15)，得

$$c = \frac{\rho_1\lambda_1\bar{u}_1+\rho_2\lambda_2\bar{u}_2}{\rho_1\lambda_1+\rho_2\lambda_2} \pm \sqrt{\frac{g(\rho_1-\rho_2)}{k(\rho_1\lambda_1+\rho_2\lambda_2)} - \frac{\lambda_1\lambda_2\rho_1\rho_2(\bar{u}_2-\bar{u}_1)^2}{(\rho_1\lambda_1+\rho_2\lambda_2)^2}}. \tag{5.1.16}$$

令

$$\bar{u}_1 = \bar{u} - \hat{u}, \quad \bar{u}_2 = \bar{u} + \hat{u},$$

其中

$$\bar{u} = (\bar{u}_1 + \bar{u}_2)/2, \quad \hat{u} = (\bar{u}_2 - \bar{u}_1)/2,$$

$\bar{u}$表示平均基本气流, $\hat{u}$表征基本气流的垂直切变. 再令

$$\rho = \frac{\rho_1 + \rho_2}{2}, \quad \Delta\rho = \rho_1 - \rho_2.$$

由于通常情况下$\Delta\rho \ll \rho_1, \rho_2$，可以近似取$\rho \approx \rho_1 \approx \rho_2$ (注意, 这是数量上的近似, 不能因此而取$\Delta\rho = 0$, 不做这样假设，也可以从(5.1.16)式讨论界面的稳定性问题). 因此，(5.1.16)式可改写为

$$\begin{aligned} c &= \frac{\lambda_1\bar{u}_1 + \lambda_2\bar{u}_2}{\lambda_1 + \lambda_2} \pm \sqrt{\frac{g(\rho_1 - \rho_2)}{k(\lambda_1 + \lambda_2)\rho} - \frac{\lambda_1\lambda_2(\bar{u}_2 - \bar{u}_1)^2}{(\lambda_1 + \lambda_2)^2}} \\ &= \bar{u} + \frac{\lambda_2 - \lambda_1}{\lambda_2 + \lambda_1}\hat{u} \pm \sqrt{\frac{g(\rho_1 - \rho_2)}{k(\lambda_1 + \lambda_2)\rho} - \frac{4\lambda_1\lambda_2\hat{u}^2}{(\lambda_1 + \lambda_2)^2}}. \end{aligned} \tag{5.1.17}$$

由此可知，c与$\bar{u}, \hat{u}, g, k, \rho_1 - \rho_2$等有关. 而且，若根号内的数值为零或正，$c$为实数，则(5.1.7)为中性波，分层流是中性稳定的；若根号内的数值为负，c为复数，则分层流是中性不稳定的(从而也是线性不稳定的，因为c的虚部不为零，存在正的指数的增长模式). 所以，分层流中重力内波中性稳定性的充分必要条件为

$$\frac{g(\rho_1 - \rho_2)}{k(\lambda_1 + \lambda_2)\rho} - \frac{4\lambda_1\lambda_2\hat{u}^2}{(\lambda_1 + \lambda_2)^2} \begin{cases} \geqslant 0, \text{中性稳定}, \\ < 0, \text{中性不稳定}. \end{cases} \tag{5.1.18}$$

从上式可以看出：当$\rho_1 < \rho_2$, $\overline{u}_1 = \overline{u}_2 = 0$时，上下层两种流体的界面不稳定性是由于重力作用，这类不稳定性问题通常称为Rayleigh-Taylor不稳定性；当$\rho_1 > \rho_2$, $\overline{u}_1 \neq \overline{u}_2$，且(5.1.16)中的根号内的数值为负时，该界面不稳定性是由于垂直速度切变的存在，这类不稳定性问题称为Kelvin-Helmholtz不稳定性；人们有时也把$\rho_1 < \rho_2$, $\overline{\mu}_1 \neq \overline{\mu}_2$时产生的不稳定性称为Helmholtz-Taylor综合不稳定性.

注意，在本问题中

$$N^2 = \frac{g(\rho_1 - \rho_2)}{\rho H},$$

从而, Richardson数可定义为

$$Ri = (\rho_1 - \rho_2)gH/4\rho\hat{u}^2.$$

若再取

$$H_1 = H_2 = H/2,$$

则,

$$\lambda_1 = \lambda_2 = \lambda = \coth\frac{kH}{2}.$$

因此, (5.1.18)式可改写为

$$Ri\begin{cases}\geqslant \dfrac{kH}{2}\lambda = \dfrac{kH}{2}\coth\dfrac{kH}{2}, \text{中性稳定};\\ < \dfrac{kH}{2}\lambda = \dfrac{kH}{2}\coth\dfrac{kH}{2}, \text{中性不稳定}.\end{cases} \tag{5.1.19}$$

下面讨论两种特殊情况:

(1) H_1, H_2相对于波长很小的情况($kH_1 \ll 1, kH_2 \ll 1$), 此时

$$\lambda_1 \approx 1/kH_1, \lambda_2 \approx 1/kH_2.$$

从而, (5.1.17)式化为

$$c = \bar{u} + \frac{H_1 - H_2}{H_1 + H_2}\hat{u} \pm \sqrt{\frac{g(\rho_1 - \rho_2)}{\rho}\cdot\frac{H_1H_2}{H_1 + H_2} - \frac{4H_1H_2\hat{u}^2}{(H_1 + H_2)^2}}. \tag{5.1.20}$$

若取$H_1 = H_2 = H/2$, 则由上式求得

$$Ri\begin{cases}\geqslant 1, \text{中性稳定};\\ < 1, \text{中性不稳定}.\end{cases} \tag{5.1.21}$$

它称为Rayleigh定理. 这实际上就是(5.1.19)式在$kH \to 0$的极限情况.

(2) H_1, H_2相对于波长很大的情况($kH_1 \gg 1, kH_2 \gg 1$), 此时

$$\lambda_1 \approx 1, \lambda_2 \approx 1.$$

那么, (5.1.17)式化为

$$c = \bar{u} \pm \sqrt{\frac{g(\rho_1 - \rho_2)}{2k\rho} - \hat{u}^2},$$

则由上式求得

$$Ri\begin{cases}\geqslant kH/2, \text{中性稳定};\\ < kH/2, \text{中性不稳定}.\end{cases} \tag{5.1.22}$$

这就是(5.1.19)式在$kH \to \infty$的极限情况.

5.1.2 一般重力内波的稳定性

本小节将讨论三维Boussinesq方程组的重力内波的中性稳定性. 应用 Boussinesq 近似, 对于基本密度ρ_0和基本气流$(\bar{u}, 0, 0)$都随z呈连续分布的重力内波的线性化方程组可以写为

$$\begin{cases}\left(\frac{\partial}{\partial t}+\bar{u}\frac{\partial}{\partial x}\right)u'+\frac{\partial \bar{u}}{\partial z}\omega'=-\frac{1}{\rho_0}\frac{\partial p'}{\partial x},\\ \left(\frac{\partial}{\partial t}+\bar{u}\frac{\partial}{\partial x}\right)v'=-\frac{1}{\rho_0}\frac{\partial p'}{\partial y},\\ \left(\frac{\partial}{\partial t}+\bar{u}\frac{\partial}{\partial x}\right)\omega'=-\frac{1}{\rho_0}\frac{\partial p'}{\partial z}-g\frac{\rho'}{\rho_0},\\ \frac{\partial u'}{\partial x}+\frac{\partial v'}{\partial y}+\frac{\partial \omega'}{\partial z}=0,\\ \left(\frac{\partial}{\partial t}+\bar{u}\frac{\partial}{\partial x}\right)\rho'-\frac{N^2}{g}\rho_0\omega'=0,\end{cases} \tag{5.1.23}$$

其中$N^2=-\frac{g}{\rho_0}\frac{\partial \rho_0}{\partial z}$. 上面的方程组就是三维Boussinesq方程组(略去Coriolis力的三维不可压Navier-Stokes方程耦合上热力学方程，参见文献[208]第四章中的方程组(4.128))在稳态解$(\bar{u}(z),0,0,\rho_0)$ 的基础上线性化得到的.

将方程组(5.1.23)的第一式和第二式分别关于x和y求导, 然后相加并利用第四式得

$$\left(\frac{\partial}{\partial t}+\bar{u}\frac{\partial}{\partial x}\right)\left(\frac{\partial \omega'}{\partial z}\right)-\frac{\partial \bar{u}}{\partial z}\frac{\partial \omega'}{\partial x}=\frac{1}{\rho_0}\nabla_h^2 p'.$$

再将上式关于z求导, 并利用(5.1.23)的第三式且不考虑ρ_0的变化(把$\frac{\partial}{\partial z}(\frac{1}{\rho_0})$视为0), 则得

$$\left(\frac{\partial}{\partial t}+\bar{u}\frac{\partial}{\partial x}\right)\nabla^2\omega'-\frac{\partial^2 \bar{u}}{\partial z^2}\frac{\partial \omega'}{\partial x}=-\frac{g}{\rho_0}\nabla_h^2\rho'.$$

将上式再作$(\frac{\partial}{\partial t}+\bar{u}\frac{\partial}{\partial x})$运算，并利用方程组(5.1.23)的第五式得

$$\left[\left(\frac{\partial}{\partial t}+\bar{u}\frac{\partial}{\partial x}\right)^2\nabla^2-\frac{\partial^2 \bar{u}}{\partial z^2}\left(\frac{\partial}{\partial t}+\bar{u}\frac{\partial}{\partial x}\right)\frac{\partial}{\partial x}+N^2\nabla_h^2\right]\omega'=0, \tag{5.1.24}$$

其中

$$\nabla^2=\frac{\partial^2}{\partial x^2}+\frac{\partial^2}{\partial y^2}+\frac{\partial^2}{\partial z^2},\quad \nabla_h^2=\frac{\partial^2}{\partial x^2}+\frac{\partial^2}{\partial y^2}.$$

方程(5.1.24)的边界条件取为

$$\begin{cases}\frac{\partial \omega'}{\partial y}|_{y=y_1}=0,\ \frac{\partial \omega'}{\partial y}|_{y=y_2}=0,\\ \omega'|_{z=0}=0,\quad \omega'|_{z=H}=0.\end{cases} \tag{5.1.25}$$

当$\bar{u}=0$时, (5.1.24)式退化为

$$\left(\frac{\partial^2}{\partial t^2}\nabla^2+N^2\nabla_h^2\right)\omega'=0. \tag{5.1.26}$$

设$\omega'=Ae^{i(k_1x+k_2y+k_3z-\omega t)}$，由方程(5.1.26)，求得

$$\omega^2=\frac{K_h^2}{K^2}N^2,$$

其中$K^2=k_1^2+k_2^2+k_3^2$, $K_h^2=k_1^2+k_2^2$. 上式表明: 当没有基本气流时, 重力内波的稳定性完全由层结的稳定性($N^2>0$时，层结稳定)来决定. 这显然过于简单, 不过, 它也反映了层结稳定性在重力内波稳定性中的作用.

当$\bar{u}\neq 0$时, 考虑到边界条件(5.1.25)，令方程(5.1.24)的解为

$$\omega^{'}=W(z)\cos l(y-y_1)\mathrm{e}^{\mathrm{i}k(x-ct)}, \tag{5.1.27}$$

其中

$$l=2\pi/L_y,\ L_y=(y_2-y_1),$$

L_y为南北方向的波长.

将(5.1.27)代入方程(5.1.24)，得

$$(\bar{u}-c)^2\frac{\mathrm{d}^2W}{\mathrm{d}z^2}+\left[\frac{K_h^2N^2}{k^2}-(\bar{u}-c)\frac{\partial^2\bar{u}}{\partial z^2}-K_h^2(\bar{u}-c)^2\right]W=0, \tag{5.1.28}$$

其中

$$K_h=l^2+k^2.$$

这是变系数的二阶常微分方程, 人们可以在$N(z)$、c和$\bar{u}(z)$给定的情况下, 利用边界条件求解它，但我们这里着重分析稳定性的一些必要条件和确定不稳定产生时c的范围．为此，需作一些变换. 首先, 设$\bar{u}-c\neq 0$，令

$$F\equiv W/(\bar{u}-c),$$

从而，

$$\frac{\mathrm{d}W}{\mathrm{d}z}=(\bar{u}-c)\frac{\mathrm{d}F}{\mathrm{d}z}+F\frac{\partial\bar{u}}{\partial z},$$
$$\frac{\mathrm{d}^2W}{\mathrm{d}z^2}=(\bar{u}-c)\frac{\mathrm{d}^2F}{\mathrm{d}z^2}+2\frac{\partial\bar{u}}{\partial z}\frac{\mathrm{d}F}{\mathrm{d}z}+F\frac{\mathrm{d}^2\bar{u}}{\mathrm{d}z^2},$$
$$(\bar{u}-c)\frac{\mathrm{d}^2W}{\mathrm{d}z^2}=\frac{\mathrm{d}}{\mathrm{d}z}\left[(\bar{u}-c)^2\frac{\mathrm{d}F}{\mathrm{d}z}\right]+(\bar{u}-c)F\frac{\partial^2\bar{u}}{\partial z^2}.$$

将上面的关系式代入(5.1.28)，得

$$\frac{\mathrm{d}}{\mathrm{d}z}\left[(\bar{u}-c)^2\frac{\mathrm{d}F}{\mathrm{d}z}\right]+\left[\frac{K_h^2N^2}{k^2}-K_h^2(\bar{u}-c)^2\right]F=0. \tag{5.1.29}$$

若再令

$$G\equiv(\bar{u}-c)^{\frac{1}{2}}F,$$

则，

$$\frac{\mathrm{d}F}{\mathrm{d}z}=(\bar{u}-c)^{-\frac{1}{2}}\frac{\mathrm{d}G}{\mathrm{d}z}-\frac{1}{2}(\bar{u}-c)^{-\frac{3}{2}}G\frac{\partial\bar{u}}{\partial z},$$
$$(\bar{u}-c)^{\frac{3}{2}}\frac{\mathrm{d}F}{\mathrm{d}z}=(\bar{u}-c)\frac{\mathrm{d}G}{\mathrm{d}z}-\frac{1}{2}G\frac{\partial\bar{u}}{\partial z},$$
$$\frac{\mathrm{d}}{\mathrm{d}z}\left[(\bar{u}-c)\frac{\mathrm{d}G}{\mathrm{d}z}\right]=(\bar{u}-c)^{-\frac{1}{2}}\frac{\mathrm{d}}{\mathrm{d}z}\left[(\bar{u}-c)^{2}\frac{\mathrm{d}F}{\mathrm{d}z}\right]+\frac{1}{4}(\bar{u}-c)^{-1}G\left(\frac{\partial\bar{u}}{\partial z}\right)^{2}+\frac{1}{2}G\frac{\partial^{2}\bar{u}}{\partial z^{2}}.$$

将上面的关系式代入(5.1.29)，得

$$\frac{\mathrm{d}}{\mathrm{d}z}\left[(\bar{u}-c)\frac{\mathrm{d}G}{\mathrm{d}z}\right]-\left[\frac{1}{2}\frac{\partial^{2}\bar{u}}{\partial z^{2}}+K_{h}^{2}(\bar{u}-c)+\frac{\frac{1}{4}\left(\frac{\partial\bar{u}}{\partial z}\right)^{2}-\frac{K_{h}^{2}N^{2}}{k^{2}}}{\bar{u}-c}\right]G=0.\tag{5.1.30}$$

根据z方向上ω'的边界条件，可知

$$W|_{z=0,H}=F|_{z=0,H}=G|_{z=0,H}=0.\tag{5.1.31}$$

下面将应用方程(5.1.28)~(5.1.30)和边界条件(5.1.31)，讨论一般重力内波的中性不稳定性的必要条件，并求出不稳定波的增长率，得到关于不稳定波的增长率范围的Haward半圆定理．

5.1.2.1 不稳定的必要条件

将(5.1.28)取复共轭，得

$$(\bar{u}-c^{*})^{2}\frac{\mathrm{d}^{2}W^{*}}{\mathrm{d}z^{2}}+\left[\frac{K_{h}^{2}N^{2}}{k^{2}}-(\bar{u}-c^{*})\frac{\partial^{2}\bar{u}}{\partial z^{2}}-K_{h}^{2}(\bar{u}-c^{*})^{2}\right]W^{*}=0,\tag{5.1.32}$$

其中W^{*}为W的复共轭，c^{*}为c的复共轭．把W^{*}与方程(5.1.28)做L^{2}的内积减去W与方程(5.1.32) 做L^{2}的内积，再应用

$$W^{*}\frac{\mathrm{d}^{2}W}{\mathrm{d}z^{2}}-W\frac{\mathrm{d}^{2}W^{*}}{\mathrm{d}z^{2}}=\frac{\mathrm{d}}{\mathrm{d}z}\left(W^{*}\frac{\mathrm{d}W}{\mathrm{d}z}-W\frac{\mathrm{d}W^{*}}{\mathrm{d}z}\right)$$

和边界条件(5.1.31)，得

$$\int_{0}^{H}\left\{\frac{K_{h}^{2}N^{2}}{k^{2}}\left[\frac{1}{(\bar{u}-c)^{2}}-\frac{1}{(\bar{u}-c^{*})^{2}}\right]-\left(\frac{1}{\bar{u}-c}-\frac{1}{\bar{u}-c^{*}}\right)\frac{\partial^{2}\bar{u}}{\partial z^{2}}\right\}WW^{*}\mathrm{d}z=0.\tag{5.1.33}$$

注意到

$$WW^{*}=|W|^{2},$$
$$\frac{1}{\bar{u}-c}-\frac{1}{\bar{u}-c^{*}}=\frac{c-c^{*}}{|\bar{u}-c|^{2}}=\frac{2\mathrm{i}c_{i}}{|\bar{u}-c|^{2}},$$

$$\frac{1}{(\bar{u}-c)^2}-\frac{1}{(\bar{u}-c^*)^2}=\frac{[2\bar{u}-(c+c^*)](c-c^*)}{|\bar{u}-c|^4}=\frac{4\mathrm{i}(\bar{u}-c_r)c_i}{|\bar{u}-c|^4},$$

其中c_i是c的虚部，c_r是c的实部，则(5.1.33)式化为

$$c_i\int_0^H\left[\frac{2K_h^2N^2}{k^2}(\bar{u}-c_r)-|\bar{u}-c|^2\frac{\partial^2\bar{u}}{\partial z^2}\right]\frac{|W|^2}{|\bar{u}-c|^4}\mathrm{d}z=0. \tag{5.1.34}$$

因为$|W|^2/|\bar{u}-c|^4>0$，而且重力内波中性不稳定的充要条件是$c_i\neq 0$，所以上式成立要求

$$\frac{2K_h^2N^2}{k^2}(\bar{u}-c_r)-|\bar{u}-c|^2\frac{\partial^2\bar{u}}{\partial z^2}\ \text{在}\ (0,H)\ \text{改变符号}, \tag{5.1.35}$$

或者在$(0,H)$内, 至少存在一点$z=z_c$, 使得

$$\frac{2K_h^2N^2}{k^2}(\bar{u}-c_r)-|\bar{u}-c|^2\frac{\partial^2\bar{u}}{\partial z^2}=0,\ \text{在}\ z=z_c\in(0,H). \tag{5.1.36}$$

(5.1.35)式或(5.1.36)式是重力内波$(\bar{u},0,0,\rho_0)$中性不稳定的一个必要条件.

若利用方程(5.1.30)，还可以得到重力内波的另一个明显的稳定性条件. 把G的复共轭G^*与方程(5.1.30)做L^2的内积，应用

$$G^*\frac{\mathrm{d}}{\mathrm{d}z}\left[(\bar{u}-c)\frac{\mathrm{d}G}{\mathrm{d}z}\right]=\frac{\mathrm{d}}{\mathrm{d}z}\left[(\bar{u}-c)G^*\frac{\mathrm{d}G}{\mathrm{d}z}\right]-(\bar{u}-c)\left|\frac{\mathrm{d}G}{\mathrm{d}z}\right|^2$$

和边界条件(5.1.31)，得

$$\int_0^H\left\{(\bar{u}-c)\left(\left|\frac{\mathrm{d}G}{\mathrm{d}z}\right|^2+K_h^2|G|^2\right)-\frac{1}{2}\frac{\partial^2\bar{u}}{\partial z^2}|G|^2+\left[\frac{K_h^2N^2}{k^2}-\frac{1}{4}\left(\frac{\partial\bar{u}}{\partial z}\right)^2\right]\frac{|G|^2}{\bar{u}-c}\right\}\mathrm{d}z=0.$$

注意到$1/(\bar{u}-c)=(\bar{u}-c^*)/|\bar{u}-c|^2$，将上式取虚部得

$$c_i\int_0^H\left\{\left|\frac{\mathrm{d}G}{\mathrm{d}z}\right|^2+K_h^2|G|^2+\left[\frac{K_h^2N^2}{k^2}-\frac{1}{4}\left(\frac{\partial\bar{u}}{\partial z}\right)^2\right]\frac{|G|^2}{|\bar{u}-c|^2}\right\}\mathrm{d}z=0. \tag{5.1.37}$$

在上式的被积函数中, 前两项为正, 若第三项也为正或零, 即

$$\frac{K_h^2N^2}{k^2}-\frac{1}{4}\left(\frac{\partial\bar{u}}{\partial z}\right)^2\geqslant 0, \tag{5.1.38}$$

则$c_i=0$. 因而重力内波稳定，(5.1.38)是重力内波稳定的充分条件. 利用 Richardson 数的定义$Ri=\dfrac{N^2}{\left(\dfrac{\partial\bar{u}}{\partial z}\right)^2}$, 则上式可改写为

$$Ri\geqslant k^2/4K_h^2. \tag{5.1.39}$$

在$l=0$时, $K_h^2=k^2$, 上式化为

$$Ri \geqslant \frac{1}{4}. \tag{5.1.40}$$

这就是所谓的Miles定理[58]: 即在南北(y的方向上)无限宽时, 若$Ri \geqslant \frac{1}{4}$, 则重力内波是中性稳定的.

反之, 若重力内波不稳定($c_i \neq 0$), 则否定(5.1.39)式, 必然要求

$$Ri < \frac{k^2}{4K_h^2} = \frac{1}{4} \cdot \frac{1}{1+(l/k)^2} = \frac{1}{4} \cdot \frac{1}{1+(L_x/L_y)^2} < \frac{1}{4}. \tag{5.1.41}$$

上式表明: 对于不稳定的重力内波, 必须从满足上述不等式的波中去找, 即若不等式(5.1.41)满足, 则重力内波可能不稳定.

注记 5.1.1　在文献[1]中, Abarbanel等应用Energy-Casimir方法(有时也称为Arnold方法) 研究了三维层结流体中的平行切流(属于重力内波)的形式稳定性(formal stability, 该概念的定义可以见文献[94]). 这里, 我们简要地介绍一下他们的证明过程. 设$(\mathbf{u}_e(\mathbf{x}), \rho_e(\mathbf{x}))$(其中$\mathbf{u}_e(\mathbf{x}) = (u(y,z),0,0)$, $\rho_e(\mathbf{x}) = \rho(z)$, $u(y,z) = f(y)+U(z)$, $f(y) = f_0(y/L)^2, f_0 \ll U(z)$)是下面方程的解,

$$\begin{aligned}
&\frac{\partial}{\partial t}\mathbf{u} + (\mathbf{u}\cdot\boldsymbol{\nabla})\mathbf{u} = -\boldsymbol{\nabla}\rho - \rho g\hat{z}, \text{ in } \Omega,\\
&\frac{\partial}{\partial t}\rho + \mathbf{u}\cdot\boldsymbol{\nabla}\rho = 0, \text{ in } \Omega,\\
&\boldsymbol{\nabla}\cdot\mathbf{u} = 0, \text{ in } \Omega,
\end{aligned}$$

其中Ω是有界区域, $\mathbf{u}$在边界的法向部分为零, ρ在边界上为常数.

因为上面的方程组的能量

$$\int d^3\mathbf{x}\left[\frac{1}{2}|\mathbf{u}|^2 + \rho g z\right]$$

是个守恒量, 而且

$$q = (\boldsymbol{\nabla}\times\mathbf{u})\cdot\boldsymbol{\nabla}\rho$$

和ρ沿着流体元的轨道是守恒的, 所以可以得到以下的Energy-Casimir 泛函:

$$A(\mathbf{u},\rho) = \int d^3\mathbf{x}\left[\frac{1}{2}|\mathbf{u}|^2 + \rho g z + G(q,\rho) + \lambda q\right],$$

该泛函是以上方程组的守恒量. 求得以上泛函在定常解$(\mathbf{u}_e, \rho_e)$的一阶和二阶变分分别为:

$$\begin{aligned}
\delta A(\mathbf{u}_e,\rho_e) = &\int d^3\mathbf{x}\{\delta\mathbf{u}\,[\mathbf{u}_e - G_{qq}\boldsymbol{\nabla}\rho_e\times\boldsymbol{\nabla}q_e] + \delta\rho\,[gz + G_\rho(\boldsymbol{\nabla}\times\mathbf{u}_e)\cdot\boldsymbol{\nabla}G_q]\}\\
&+(\lambda+G_q)|_s\int \mathrm{d}s\hat{n}\cdot\{\delta\rho\boldsymbol{\nabla}\times\mathbf{u}_e - \boldsymbol{\nabla}\rho_e\times\boldsymbol{\nabla}\mathbf{u}_e\},
\end{aligned}$$

和

$$\delta^2 A(\mathbf{u}_e,\rho_e)=\int d^3\mathbf{x}\left\{|\delta\mathbf{u}|^2+(\delta q,\delta p)\begin{pmatrix}G_{qq} & G_{q\rho}\\ G_{q\rho} & G_{\rho\rho}\end{pmatrix}\begin{pmatrix}\delta q\\ \delta\rho\end{pmatrix}\right\}.$$

如果$G_{qq}>0$且$G_{qq}G_{\rho\rho}-G_{q\rho}^2>0$，那么定常解$(\mathbf{u}_e,\rho_e)$是形式稳定的(formally stable). 因此，Abarbanel等在文献[1]中得到了定常解$(\mathbf{u}_e,\rho_e)$是形式稳定的充分必要条件是

$$N_{Ri}(z)>1,$$

其中

$$N_{Ri}(z)=N(z)^2/\left\{\rho_z^2\partial^2\left[\frac{1}{2}U^2(z)\right]/\partial\rho^2\right\}.$$

5.1.2.2 不稳定波的增长率

对于中性不稳定波, $c_i\neq 0$, 则(5.1.37)化为

$$\int_0^H\left\{\left|\frac{\mathrm{d}G}{\mathrm{d}z}\right|^2+K_h^2|G|^2+\left[\frac{K_h^2N^2}{k^2}-\frac{1}{4}\left(\frac{\partial\bar{u}}{\partial z}\right)^2\right]\frac{|G|^2}{|\bar{u}-c|^2}\right\}\mathrm{d}z=0.$$

应用Ri的定义，可以将上式化为

$$\begin{aligned}&k^2\int_0^H|G|^2\mathrm{d}z\\&=\int_0^H\left(\frac{\partial\bar{u}}{\partial z}\right)^2\cdot\frac{K_h^2}{k^2}\left(\frac{k^2}{4K_h^2}-Ri\right)\frac{|G|^2}{|\bar{u}-c|^2}\mathrm{d}z-\int_0^H\left(\left|\frac{\mathrm{d}G}{\mathrm{d}z}\right|^2+l^2|G|^2\right)\mathrm{d}z.\end{aligned}\tag{5.1.42}$$

注意到

$$\frac{1}{|\bar{u}-c|^2}=\frac{1}{(\bar{u}-c_r)^2+c_i^2}\leqslant\frac{1}{c_i^2},$$

则由(5.1.42)式得

$$0<k^2\int_0^H|G|^2\mathrm{d}z\leqslant\frac{1}{c_i^2}\int_0^H\left(\frac{\partial\bar{u}}{\partial z}\right)^2\frac{K_h^2}{k^2}\left(\frac{k^2}{4K_h^2}-Ri\right)|G|^2\mathrm{d}z,$$

从而

$$k^2c_i^2\leqslant\max_{z\in(0,H)}\left(\frac{\partial\bar{u}}{\partial z}\right)^2\frac{K_h^2}{k^2}\left(\frac{k^2}{4K_h^2}-Ri\right).$$

根据(5.1.42)，由上式得到：不稳定重力内波的增长率应该满足

$$|kc_i|\leqslant\max_{z\in(0,H)}\left|\frac{\partial\bar{u}}{\partial z}\right|\frac{K_h}{k}\sqrt{\frac{k^2}{4K_h^2}-Ri}.\tag{5.1.43}$$

5.1.2.3 Haward半圆定理

利用方程(5.1.29), 可以得到不稳定重力内波的其他必要条件. 把F的复共轭F^*与方程(5.1.29)做L^2的内积, 应用

$$F^*\frac{\mathrm{d}}{\mathrm{d}z}\left[(\bar{u}-c)^2\frac{\mathrm{d}F}{\mathrm{d}z}\right]=\frac{\mathrm{d}}{\mathrm{d}z}\left[(\bar{u}-c)^2F^*\frac{\mathrm{d}F}{\mathrm{d}z}\right]-(\bar{u}-c)^2\left|\frac{\mathrm{d}F}{\mathrm{d}z}\right|^2$$

和边界条件, 得

$$\int_0^H\left\{(\bar{u}-c)^2\left(\left|\frac{\mathrm{d}F}{\mathrm{d}z}\right|^2+K_h^2|F|^2\right)-\frac{K_h^2N^2}{k^2}|F|^2\right\}\mathrm{d}z=0.$$

上式的实部和虚部分别是

$$\int_0^H\left[(\bar{u}-c_r)^2-c_i^2\right]\left(\left|\frac{\mathrm{d}F}{\mathrm{d}z}\right|^2+K_h^2|F|^2\right)\delta z-\int_0^H\frac{K_h^2N^2}{k^2}|F|^2\mathrm{d}z=0, \tag{5.1.44}$$

$$2c_i\int_0^H(\bar{u}-c_r)\left(\left|\frac{\mathrm{d}F}{\mathrm{d}z}\right|^2+K_h^2|F|^2\right)\mathrm{d}z=0. \tag{5.1.45}$$

由(5.1.45)式知：对于不稳定波, $c_i\neq 0$, 则要求

$$\bar{u}-c_r,\ \text{在}\ (0,H)\text{改变符号}, \tag{5.1.46}$$

或在$(0,H)$内至少存在一点$z=z_c$, 使得

$$\bar{u}(z_c)-c_r=0. \tag{5.1.47}$$

(5.1.46)式或(5.1.47)式是重力内波中性不稳定的又一个必要条件, 这意味着中性不稳定的重力内波必定存在于$\bar{u}=c_r$的临界层.

若令$\bar{u}_m$和$\bar{u}_M$分别是在$(0,H)$内$\bar{u}$的最小值和最大值，则不稳定的必要条件(5.1.46)式和(5.1.47)式可改写为

$$\bar{u}_m<c_r<\bar{u}_M. \tag{5.1.48}$$

令

$$Q\equiv\left|\frac{\mathrm{d}F}{\mathrm{d}z}\right|^2+K_h^2|F|^2\geqslant 0,$$

则(5.1.44)和(5.1.45)分别写为

$$\int_0^H\bar{u}^2Q\mathrm{d}z=(c_i^2-c_r^2)\int_0^HQ\mathrm{d}z+2\int_0^H\bar{u}c_rQ\mathrm{d}z+\int_0^H\frac{K_h^2N^2}{k^2}|F|^2\mathrm{d}z,$$

$$\int_0^H\bar{u}Q\mathrm{d}z=\int_0^Hc_rQ\mathrm{d}z.$$

由前面的两个式子，得

$$\int_0^H\bar{u}^2Q\mathrm{d}z=(c_i^2+c_r^2)\int_0^HQ\mathrm{d}z+\int_0^H\frac{K_h^2N^2}{k^2}|F|^2\mathrm{d}z. \tag{5.1.49}$$

由$(\bar{u}-\bar{u}_m)(\bar{u}-\bar{u}_M)<0$，得

$$\int_0^H\{\bar{u}^2-(\bar{u}_m+\bar{u}_M)\bar{u}+\bar{u}_m\bar{u}_M\}Q\mathrm{d}z<0.$$

综合前面的三个式子，得

$$(c_i^2+c_r^2)\int_0^H Q\mathrm{d}z+\int_0^H\frac{K_h^2N^2}{k^2}|F|^2\mathrm{d}z-\int_0^H(\bar{u}_m+\bar{u}_M)c_rQ\mathrm{d}z+\int_0^H\bar{u}_m\bar{u}_MQ\mathrm{d}z<0,$$

即

$$\int_0^H\left\{\left[c_r-\frac{1}{2}(\bar{u}_m+\bar{u}_M)\right]^2+c_i^2-\frac{1}{4}(\bar{u}_m-\bar{u}_M)^2\right\}Q\mathrm{d}z+\int_0^H\frac{K_h^2N^2}{k^2}|F|^2\mathrm{d}z<0. \quad (5.1.50)$$

对稳定层结($N^2>0$), 由此有

$$(c_r-U)^2+c_i^2<c_R^2, \quad (5.1.51)$$

其中

$$U=\frac{1}{2}(\bar{u}_m+\bar{u}_M),\ c_R^2=\hat{u}^2-\frac{\dfrac{K_h^2}{k^2}\displaystyle\int_0^H N^2|F|^2\mathrm{d}z}{\displaystyle\int_0^H Q\mathrm{d}z},\ \hat{u}=\frac{1}{2}(\bar{u}_M-\bar{u}_m).$$

(5.1.51)式说明: 在相速度c的复平面内, 不稳定重力内波的c必须位于以$(U,0)$ 为圆心、半径为c_R的上半圆内(因为可以设$k>0$，对于不稳定的重力内波，$c_i>0$). 对于稳定层结$N^2>0$, 则

$$c_R^2<\hat{u}^2.$$

这样(5.1.51)式可写为

$$(c_r-U)^2+c_i^2<\hat{u}^2. \quad (5.1.52)$$

这称为Howard半圆定理.

注记 5.1.2 Howard半圆定理定量地刻画了不稳定波的增长率，该结果可以参见文献[96]. 我们举一个关于Howard半圆定理的应用的例子. 二维Euler方程

$$\partial_t\Delta\psi+\frac{\partial\psi}{\partial y}\frac{\partial\Delta\psi}{\partial x}-\frac{\partial\psi}{\partial x}\frac{\partial\Delta\psi}{\partial y}=0$$

关于稳态解$\left(\dfrac{\partial\psi}{\partial y},-\dfrac{\partial\psi}{\partial x}\right)=(U(y),0)$的线性化方程为

$$\partial_t\Delta\psi'+U\frac{\partial\Delta\psi'}{\partial x}-\frac{\mathrm{d}^2U}{\mathrm{d}y^2}\frac{\partial\psi'}{\partial x}=0.$$

设$\psi'=\phi(y)\mathrm{e}^{\mathrm{i}k(x-ct)}$，上面的方程化为Rayleigh方程

$$(U-c)\left(\frac{\mathrm{d}^2}{\mathrm{d}y^2}-k^2\right)\phi-\frac{\mathrm{d}^2U}{\mathrm{d}y^2}\phi=0.$$

在文献[96]中，Howard也得到了稳态解$(U(y),0)$是线性不稳定的必要条件是

$$\left[c_r-\frac{1}{2}(\bar{U}_m+\bar{U}_M)\right]^2+c_i^2<\frac{1}{4}(\bar{U}_M-\bar{U}_m)^2.$$

Lin在文献[124]中应用上面的Howard半圆定理得到了满足上面的不等式是稳态解 $(U(y),0)$ 线性不稳定的充分条件.

5.1.3 一般惯性重力内波的稳定性

本小节将讨论在Coriolis力作用下的三维Boussinesq方程组的惯性重力内波的中性稳定性. 应用Boussinesq近似, 对于基本密度$\rho_0(z)$（呈连续分布）和基本气流$(\bar{u},0,0)$（$\bar{u}$为常数）的惯性重力内波的线性化方程组可以写为

$$\begin{cases}\left(\dfrac{\partial}{\partial t}+\bar{u}\dfrac{\partial}{\partial x}\right)u'-f_0v'=-\dfrac{1}{\rho_0}\dfrac{\partial p'}{\partial x},\\ \left(\dfrac{\partial}{\partial t}+\bar{u}\dfrac{\partial}{\partial x}\right)v'+f_0u'=-\dfrac{1}{\rho_0}\dfrac{\partial p'}{\partial y},\\ \left(\dfrac{\partial}{\partial t}+\bar{u}\dfrac{\partial}{\partial x}\right)\omega'=-\dfrac{1}{\rho_0}\dfrac{\partial p'}{\partial z}-g\dfrac{\rho'}{\rho_0},\\ \dfrac{\partial u'}{\partial x}+\dfrac{\partial v'}{\partial y}+\dfrac{\partial \omega'}{\partial z}=0,\\ \left(\dfrac{\partial}{\partial t}+\bar{u}\dfrac{\partial}{\partial x}\right)\rho'-\dfrac{N^2}{g}\rho_0\omega'=0,\end{cases}\tag{5.1.53}$$

其中把Coriolis参数f看做常数f_0. 上面的方程组就是在Coriolis力作用下的三维Boussinesq方程组(在Coriolis力作用下的三维不可压Navier-Stokes方程耦合上热力学方程参见文献[208]第四章中的方程组(4.128))在稳态解 $(\bar{u},0,0,\rho_0(z))$ 的基础上线性化得到的.

从方程组(5.1.53)的前两式分别消去v'和u'，得到

$$\begin{cases}\left\{\left(\dfrac{\partial}{\partial t}+\bar{u}\dfrac{\partial}{\partial x}\right)^2+I^2\right\}u'=-\left(\dfrac{\partial}{\partial t}+\bar{u}\dfrac{\partial}{\partial x}\right)\dfrac{1}{\rho_0}\dfrac{\partial p'}{\partial x}-f_0\dfrac{1}{\rho_0}\dfrac{\partial p'}{\partial y},\\ \left\{\left(\dfrac{\partial}{\partial t}+\bar{u}\dfrac{\partial}{\partial x}\right)^2+I^2\right\}v'=-\left(\dfrac{\partial}{\partial t}+\bar{u}\dfrac{\partial}{\partial x}\right)\dfrac{1}{\rho_0}\dfrac{\partial p'}{\partial y}+f_0\dfrac{1}{\rho_0}\dfrac{\partial p'}{\partial x},\end{cases}\tag{5.1.54}$$

其中

$$I^2=f_0^2.$$

将方程组(5.1.54)的第一式关于x求导, 第二式关于y求导, 并利用方程组(5.1.53) 的第四式, 得到

$$\left[\left(\frac{\partial}{\partial t}+\bar{u}\frac{\partial}{\partial x}\right)^2+I^2\right]\frac{\partial \omega'}{\partial z}=\left(\frac{\partial}{\partial t}+\bar{u}\frac{\partial}{\partial x}\right)\frac{1}{\rho_0}\nabla_h^2 p'.$$

从方程组(5.1.53)的第三、第五两式消去ρ', 得到

$$\left[\left(\frac{\partial}{\partial t}+\bar{u}\frac{\partial}{\partial x}\right)^2+N^2\right]\omega'=-\left(\frac{\partial}{\partial t}+\bar{u}\frac{\partial}{\partial x}\right)\frac{1}{\rho_0}\frac{\partial p'}{\partial z}.$$

从前面两式消去p', 且不考虑ρ_0的变化(把$\frac{\partial}{\partial z}(\frac{1}{\rho_0})$视为0), 则得到

$$\left\{\left[\left(\frac{\partial}{\partial t}+\bar{u}\frac{\partial}{\partial x}\right)^2+N^2\right]\nabla_h^2+\left[\left(\frac{\partial}{\partial t}+\bar{u}\frac{\partial}{\partial x}\right)^2+I^2\right]\frac{\partial^2}{\partial z^2}\right\}\omega'=0. \tag{5.1.55}$$

方程(5.1.55)的边界条件仍取为(5.1.25).

当$\bar{u}=0$时，(5.1.55)退化为

$$\left[\left(\frac{\partial^2}{\partial t^2}+N^2\right)\nabla_h^2+\left(\frac{\partial^2}{\partial t^2}+f_0^2\right)\frac{\partial^2}{\partial z^2}\right]\omega'=0. \tag{5.1.56}$$

设$\omega'=A\mathrm{e}^{\mathrm{i}(k_1x+k_2y+k_3z-\omega t)}$，由方程(5.1.56)，求得

$$\omega^2=\frac{K_h^2N^2+k_3^2f_0^2}{K^2}, \tag{5.1.57}$$

其中$K^2=k_1^2+k_2^2+k_3^2$，$K_h^2=k_1^2+k_2^2$. 上式说明: 当没有基本气流时, 惯性重力内波不稳定的必要条件是层结不稳定, 即

$$\text{不稳定}\ \Rightarrow N^2<0,$$

而不稳定的充分条件(即不稳定判据)为

$$K_h^2N^2+k_3^2f_0^2<0\ (N^2<0).$$

若引进水平特征尺度L和斜压Rossby变形半径L_1, 它们分别满足

$$L^2=\frac{k_3^2H^2}{K_h^2}, L_1^2=-\frac{N^2H^2}{f^2}(N^2<0).$$

如$k_3H=2\pi$, L即是水平波长. 这样, (5.1.57)式可改写为

$$\omega^2=\frac{K_h^2f^2}{K^2H^2}(L^2-L_1^2).$$

相应地, 不稳定判据可改写为

$$L<L_1.$$

它表明: 当水平尺度L小于Rossby变形半径L_1时, 惯性重力内波不稳定; 反之, 当

$$L \geqslant L_1$$

时, 惯性重力内波一定稳定.

当$\bar{u} \neq 0$时, 考虑到边界条件(5.1.25)式, 把$\omega' = A\mathrm{e}^{\mathrm{i}(k_1x+k_2y+k_3z-\omega t)}$代入方程(5.1.57), 得到

$$\omega_D^2 = \frac{K_h^2N^2 + k_3^2I^2}{K^2}, \tag{5.1.58}$$

其中

$$\omega_D = \omega - k_1\bar{u}$$

是Doppler频率.

由(5.1.58)可知: 惯性重力内波稳定的充分条件为层结构是稳定的, 即

$$N^2 > 0.$$

而惯性重力内波不稳定的必要条件是层结不稳定, 即

$$N^2 < 0.$$

惯性重力内波不稳定的充分条件则为

$$K_h^2N^2 + k_3^2I^2 < 0. \tag{5.1.59}$$

引进L和L_2, 它们分别满足

$$L^2 = k_3^2H^2/K_h^2,\ L_2^2 = -N^2H^2/I^2,$$

这样, (5.1.58)式可改写为

$$\omega_D^2 = \frac{K_h^2I^2}{K^2H^2}(L^2 - L_2^2).$$

相应地, 不稳定判据(5.1.59)改写为

$$N^2 < 0, \quad L < L_2.$$

5.2 Rossby波的不稳定性

1939年，Rossby基于理论和观测两方面的研究发现了控制天气和大气环流变化的大气长波，并且他从二维无辐散的涡度方程出发求出了长波公式，得到了与实际吻合的长

波移速和发展率，详细的内容见文献[172]．这种长波是与地面天气图所看到的高、低压相对应的．在这之后，他的学生和合作者相继提出了正压不稳定理论和斜压不稳定理论，对大气长波的产生机制做了深入研究，很好地说明了大气环流的演变．他们所建立的大气波动力学的理论体系是20世纪大气科学理论重要的研究成就．

后来，人们把大气水平扰动在Rossby参数$\beta(\beta = \dfrac{\mathrm{d}f}{\mathrm{d}y})$作用下产生的大气长波称为Rossby 波，也称为行星波(planetary waves)，它是大尺度运动的主要波动，也是影响大范围天气的主要波动．本节将主要讨论Rossby波的不稳定性：在5.2.1小节，分别应用能量积分和正交模方法推导Rossby波的不稳定性的必要条件；在5.2.2小节，讨论正压不稳定Rossby波的增长率；在5.2.3小节，讨论最简单的斜压Rossby波的不稳定性．本节的内容主要参考文献[208]的十一章和文献[159]的第七章．

5.2.1 线性不稳定性的必要条件

为了不失一般性，我们讨论三维准地转方程的稳态解的不稳定性．设$\bar{\psi}(y,z)$是以下三维准地转方程的稳态解：

$$\frac{\partial q}{\partial t}+\frac{\partial \psi}{\partial x}\frac{\partial q}{\partial y}-\frac{\partial \psi}{\partial y}\frac{\partial q}{\partial x}=0,$$

其中$q=\left(\dfrac{\partial^2}{\partial x^2}+\dfrac{\partial^2}{\partial y^2}\right)\psi+\dfrac{1}{\rho_0}\dfrac{\partial}{\partial z}\left(\dfrac{f_0^2}{N^2}\rho_0\dfrac{\partial \psi}{\partial z}\right)+\beta_0 y$．在稳态解$\bar{\psi}(y,z)$的基础上线性化以上的方程，得

$$\left(\frac{\partial}{\partial t}+\bar{u}\frac{\partial}{\partial x}\right)q'+\frac{\partial \bar{q}}{\partial y}\frac{\partial \psi'}{\partial x}=0, \tag{5.2.1}$$

其中

$$\begin{cases}\bar{u}=-\dfrac{\partial \bar{\psi}}{\partial y}, \quad q'=\nabla_h^2\psi'+\dfrac{1}{\rho_0}\dfrac{\partial}{\partial z}\left(\dfrac{f_0^2}{N^2}\rho_0\dfrac{\partial \psi'}{\partial z}\right),\\ \dfrac{\partial \bar{q}}{\partial y}=\beta_0-\dfrac{\partial^2 \bar{u}}{\partial y^2}-\dfrac{1}{\rho_0}\dfrac{\partial}{\partial z}\left(\dfrac{f_0^2}{N^2}\rho_0\dfrac{\partial \bar{u}}{\partial z}\right),\end{cases}$$

ψ'是扰动的流函数，q'是扰动的位涡．考虑区域: $0\leqslant x\leqslant 2\pi, y_1\leqslant y\leqslant y_2, 0\leqslant z\leqslant H$．除$x$方向以$2\pi$为周期外, y和z方向上的刚性边界条件是:

$$\begin{cases}v'|_{y=y_1,y_2}=0,\\ \omega'|_{z=0,H}=0,\end{cases}$$

其中ω'是垂直方向上的扰动速度，且$\omega'=-\dfrac{f_0^2}{N^2}\left(\dfrac{\partial}{\partial t}+u'\dfrac{\partial}{\partial x}+v'\dfrac{\partial}{\partial y}\right)\left(\dfrac{\partial \psi'}{\partial z}\right)$．根据$v'=\dfrac{\partial \psi'}{\partial x}$和$u'=-\dfrac{\partial \psi'}{\partial y}$，上式($\omega'$的边界条件经过线性化)化为

$$\begin{cases} \dfrac{\partial \psi'}{\partial x}\Big|_{y=y_1,y_2} = 0, \\ \left\{\left(\dfrac{\partial}{\partial t} + \bar{u}\dfrac{\partial}{\partial x}\right)\dfrac{\partial \psi'}{\partial z} - \dfrac{\partial \bar{u}}{\partial z}\dfrac{\partial \psi'}{\partial x}\right\}\Bigg|_{z=0,H} = 0. \end{cases} \tag{5.2.2}$$

将(5.2.1)与$\rho_0\psi'$做L^2的内积，应用边界条件(5.2.2)，得到

$$\begin{aligned} &\frac{\partial}{\partial t}\int_0^H\int_{y_1}^{y_2}\mathrm{d}y\mathrm{d}z\frac{\rho_0}{2}\overline{\left[\left(\frac{\partial \psi'}{\partial x}\right)^2 + \left(\frac{\partial \psi'}{\partial y}\right)^2 + \frac{f_0^2}{N^2}\left(\frac{\partial \psi'}{\partial z}\right)^2\right]} \\ =&\int_0^H\int_{y_1}^{y_2}\mathrm{d}y\mathrm{d}z\left[\rho_0\overline{\frac{\partial \psi'}{\partial x}\frac{\partial \psi'}{\partial y}}\frac{\partial \bar{u}}{\partial y} + \rho_0\frac{f_0^2}{N^2}\overline{\frac{\partial \psi'}{\partial x}\frac{\partial \psi'}{\partial z}}\frac{\partial \bar{u}}{\partial z}\right], \end{aligned} \tag{5.2.3}$$

其中上横线表示关于x积分求平均，$\overline{(\ )} = \dfrac{1}{2L_x}\displaystyle\int_{-L_x}^{L_x}(\ )\mathrm{d}x$, 这里$L_x$是扰动量$\psi'$在$x$方向上的周期. (5.2.3)的左边表示扰动场的动能和有效位能之和随时间的变化率. 扰动能量的这种增长或衰减是由(5.2.3)的右端给出的，当右端为正的时候，扰动能量是增长的；反之，是衰减的. 这取决于基本流的水平切变的不稳定过程，即

$$\overline{\frac{\partial \psi'}{\partial x}\frac{\partial \psi'}{\partial y}}\frac{\partial \bar{u}}{\partial y} > 0.$$

这称为正压不稳定，因为它可以出现在没有垂直切变的均质流体中. 另一种不稳定过程取决于基本流垂直切变的存在，即

$$\overline{\frac{\partial \psi'}{\partial x}\frac{\partial \psi'}{\partial z}}\frac{\partial \bar{u}}{\partial z} > 0,$$

由于垂直切变意味着水平温度梯度，这种过程叫斜压不稳定.

因为

$$\int_0^H\int_{y_1}^{y_2}\left[\rho_0\overline{\frac{\partial \psi'}{\partial x}\frac{\partial \psi'}{\partial y}}\frac{\partial \bar{u}}{\partial y}\right]\mathrm{d}y\mathrm{d}z = -\int_0^H\int_{y_1}^{y_2}\left[\rho_0\overline{v_0u_0}\frac{\partial \bar{u}}{\partial y}\right]\mathrm{d}y\mathrm{d}z,$$

$$\int_0^H\int_{y_1}^{y_2}\left[\rho_0\frac{f_0^2}{N^2}\overline{\frac{\partial \psi'}{\partial x}\frac{\partial \psi'}{\partial z}}\frac{\partial \bar{u}}{\partial z}\right]\mathrm{d}y\mathrm{d}z = -\int_0^H\int_{y_1}^{y_2}\left[\rho_0\frac{f_0^2}{N^2}\overline{v_0\theta_0}\frac{\partial \bar{\theta}}{\partial y}\right]\mathrm{d}y\mathrm{d}z,$$

这里$u_0 - \bar{u} = -\dfrac{\partial \psi'}{\partial y}$, $v_0 = \dfrac{\partial \psi'}{\partial x}$, $\theta_0 - \bar{\theta} = \dfrac{\partial \psi'}{\partial z}$, $\dfrac{\partial \bar{u}}{\partial z} = -\dfrac{\partial \bar{\theta}}{\partial y}$, 应用分部积分，得到

$$\begin{aligned} \frac{\partial}{\partial t}E(\psi') =& \int_0^H\int_{y_1}^{y_2}\mathrm{d}y\mathrm{d}z\left\{\bar{u}\left[\frac{\partial}{\partial y}\left(\rho_0\overline{v_0u_0}\right) - \frac{\partial}{\partial z}\left(\rho_0\frac{f_0^2}{N^2}\overline{v_0\theta_0}\right)\right]\right\} \\ &+\int_{y_1}^{y_2}\mathrm{d}y\left[\frac{f_0^2}{N^2}\bar{u}\rho_0\overline{v_0\theta_0}\right]\Bigg|_{z=0}^{z=H}, \end{aligned} \tag{5.2.4}$$

这里

$$E(\psi') = \int_0^H \int_{y_1}^{y_2} \mathrm{d}y\mathrm{d}z \frac{\rho_0}{2} \overline{\left[\left(\frac{\partial \psi'}{\partial x}\right)^2 + \left(\frac{\partial \psi'}{\partial y}\right)^2 + \frac{f_0^2}{N^2}\left(\frac{\partial \psi'}{\partial z}\right)^2\right]}.$$

由于

$$\rho_0 \overline{v_0 q'} = -\left[\frac{\partial}{\partial y}\left(\rho_0 \overline{v_0 u_0}\right) - \frac{\partial}{\partial z}\left(\rho_0 \frac{f_0^2}{N^2} \overline{v_0 \theta_0}\right)\right],$$

(5.2.4)可以改写为

$$\frac{\partial}{\partial t} E(\psi') = -\int_0^H \int_{y_1}^{y_2} \mathrm{d}y\mathrm{d}z \left(\bar{u}\rho_0 \overline{v_0 q'}\right) + \int_{y_1}^{y_2} \mathrm{d}y \left(\frac{f_0^2}{N^2} \bar{u}\rho_0 \overline{v_0 \theta_0}\right)\Big|_0^H. \tag{5.2.5}$$

设函数$\eta(x,y,z,t)$满足

$$\frac{\partial \eta}{\partial t} + \bar{u}\frac{\partial \eta}{\partial x} = v_0,$$

由(5.2.1)，得

$$\left(\frac{\partial}{\partial t} + \bar{u}\frac{\partial}{\partial x}\right) q' = -\left(\frac{\partial}{\partial t} + \bar{u}\frac{\partial}{\partial x}\right) \eta \frac{\partial \bar{q}}{\partial y}, \tag{5.2.6}$$

该方程的一个特解是

$$q' = -\eta \frac{\partial \bar{q}}{\partial y}. \tag{5.2.7}$$

由(5.2.7)和η的定义，得

$$\overline{v_0 q'} = -\left(\frac{\partial \overline{\frac{\eta^2}{2}}}{\partial t}\right) \frac{\partial \bar{q}}{\partial y}.$$

由边界条件(5.2.2)和η的定义，得

$$\overline{v_0 \theta_0}|_{z=0} = \left[\frac{\partial \bar{u}}{\partial z}\left(\frac{\partial \overline{\frac{\eta^2}{2}}}{\partial t}\right)\right]\Bigg|_{z=0}, \quad \overline{v_0 \theta_0}|_{z=H} = \left[\frac{\partial \bar{u}}{\partial z}\left(\frac{\partial \overline{\frac{\eta^2}{2}}}{\partial t}\right)\right]\Bigg|_{z=H}.$$

根据前面的两个关系式，(5.2.5)可以改写为

$$\begin{aligned}\frac{\partial}{\partial t}\Bigg\{ E(\psi') - \int_0^H \int_{y_1}^{y_2} \mathrm{d}y\mathrm{d}z \left[\rho_0 \frac{\overline{\eta^2}}{2}\left(\bar{u}\frac{\partial \bar{q}}{\partial y}\right)\right] - \int_{y_1}^{y_2} \mathrm{d}y \left(\frac{f_0^2}{N^2}\bar{u}\frac{\partial \bar{u}}{\partial z}\rho_0 \frac{\overline{\eta^2}}{2}\right)\Bigg|_{z=H} \\ + \int_{y_1}^{y_2} \mathrm{d}y \left(\frac{f_0^2}{N^2}\bar{u}\frac{\partial \bar{u}}{\partial z}\rho_0 \frac{\overline{\eta^2}}{2}\right)\Bigg|_{z=0} \Bigg\} = 0.\end{aligned} \tag{5.2.8}$$

我们从(5.2.8)可以看出：如果

$$\bar{u}\frac{\partial \bar{q}}{\partial y} \leqslant 0,$$

$$\frac{f_0^2}{N^2}\bar{u}\frac{\partial \bar{u}}{\partial z}|_{z=H} \leqslant 0,$$

$$\frac{f_0^2}{N^2}\bar{u}\frac{\partial\bar{u}}{\partial z}|_{z=0}\geqslant 0,$$

那么$\bar{\psi}$(或者说运动$\bar{u}$)对充分小扰动是稳定的，即该稳态解是线性稳定的. 因此，前面的三个条件是稳态解$\bar{u}$线性稳定的充分条件，这些条件的破坏是它线性不稳定的必要条件.

下面，将用正交模的方法来寻找稳态解不稳定的必要条件. 为了简单起见，设$N^2=$常数, 那么

$$\begin{cases} q^{'}=\boldsymbol{\nabla}_h^2\psi^{'}+\dfrac{f_0^2}{N^2}\dfrac{1}{\rho_0}\dfrac{\partial}{\partial z}\left(\rho_0\dfrac{\partial\psi^{'}}{\partial z}\right)=\boldsymbol{\nabla}_h^2\psi^{'}+\dfrac{f_0^2}{N^2}\left(\dfrac{\partial^2\psi^{'}}{\partial z^2}-\sigma_0\dfrac{\partial\psi^{'}}{\partial z}\right),\\ \dfrac{\partial\bar{q}}{\partial y}=\beta_0-\dfrac{\partial^2\bar{u}}{\partial y^2}-\dfrac{f_0^2}{N^2}\left(\dfrac{\partial^2\bar{u}}{\partial z^2}-\sigma_0\dfrac{\partial\bar{u}}{\partial z}\right),\quad \sigma_0=-\dfrac{\partial ln\rho_0}{\partial z}. \end{cases}$$

考虑到$q^{'}$的形式, 设方程(5.2.1)的解为

$$\psi^{'}=\psi(y,z)\mathrm{e}^{\mathrm{i}k(z-ct)+\sigma_0\frac{z}{2}},\tag{5.2.9}$$

将其代入方程(5.2.1)，得到

$$(\bar{u}-c)\left[\frac{\partial^2\psi}{\partial y^2}-k^2\psi+\frac{f_0^2}{N^2}\left(\frac{\partial^2\psi}{\partial z^2}-\frac{\sigma_0^2}{4}\psi\right)\right]+\frac{\partial\bar{q}}{\partial y}\psi=0.\tag{5.2.10}$$

将(5.2.9)代入边界条件(5.2.2)，得到

$$\begin{cases}\psi|_{y=y_1,y_2}=0,\\ \left[(\bar{u}-c)\dfrac{\partial\psi}{\partial z}-\dfrac{\partial\bar{u}}{\partial z}\psi\right]\Big|_{z=0,H}=0.\end{cases}\tag{5.2.11}$$

在$\bar{u}-c\neq 0$时，把ψ的复共轭ψ^*与(5.2.10)做L^2的内积，应用边界条件和

$$\begin{cases}\psi^*\dfrac{\partial^2\psi}{\partial y^2}=\dfrac{\partial}{\partial y}\left(\psi^*\dfrac{\partial\psi}{\partial y}\right)-\left|\dfrac{\partial\psi}{\partial y}\right|^2,\\ \psi^*\dfrac{\partial^2\psi}{\partial z^2}=\dfrac{\partial}{\partial z}\left(\psi^*\dfrac{\partial\psi}{\partial z}\right)-\left|\dfrac{\partial\psi}{\partial z}\right|^2,\end{cases}$$

得到

$$\begin{aligned}&\int_0^H\int_{y_1}^{y_2}\left[\left|\frac{\partial\psi}{\partial y}\right|^2+\frac{f_0^2}{N^2}\left|\frac{\partial\psi}{\partial z}\right|^2+\left(k^2+\frac{\sigma_0f_0^2}{4N^2}\right)|\psi|^2\right]\mathrm{d}y\mathrm{d}z\\ =&\frac{f_0^2}{N^2}\int_{y_1}^{y_2}\left[\frac{(\bar{u}-c^*)\partial\bar{u}/\partial z}{|\bar{u}-c|^2}|\psi|^2\right]\Bigg|_{z=0}^{z=H}\mathrm{d}y+\int_0^H\int_{y_1}^{y_2}\frac{(\bar{u}-c^*)\partial\bar{q}/\partial y}{|\bar{u}-c|^2}|\psi|^2\mathrm{d}y\mathrm{d}z,\end{aligned}\tag{5.2.12}$$

其中c^*为c的复共轭. 将上式分成实部和虚部，得到

$$\begin{aligned}&\int_0^H\int_{y_1}^{y_2}\left[2E_p-\frac{(\bar{u}-c_r)\partial q/\partial y}{|\bar{u}-c|^2}|\psi|^2\right]\mathrm{d}y\mathrm{d}z\\ =&\frac{f_0^2}{N^2}\int_{y_1}^{y_2}\left[\frac{(\bar{u}-c_r)\partial\bar{u}/\partial z}{|\bar{u}-c|^2}|\psi|^2\right]\Bigg|_{z=0}^{z=H}\mathrm{d}y,\end{aligned}\tag{5.2.13}$$

$$c_i\left\{\int_0^H\int_{y_1}^{y_2}\frac{\partial\bar{q}/\partial y}{|\bar{u}-c|^2}|\psi|^2\mathrm{d}y\mathrm{d}z+\frac{f_0^2}{N^2}\int_{y_1}^{y_2}\left(\frac{\partial\bar{u}/\partial z}{|\bar{u}-c|^2}|\psi|^2\right)\Bigg|_{z=0}^{z=H}\mathrm{d}y\right\}=0, \tag{5.2.14}$$

其中

$$E_p=\frac{1}{2}\left[\left|\frac{\partial\psi}{\partial y}\right|+\frac{f_0^2}{N^2}\left|\frac{\partial\psi}{\partial z}\right|^2+\left(k^2+\frac{\sigma_0^2f_0^2}{4N^2}\right)|\psi|^2\right]>0.$$

在准地转条件下, $u'=-\dfrac{\partial\psi'}{\partial y},v'=-\dfrac{\partial\psi'}{\partial x},\dfrac{\theta'}{\theta_0}=\dfrac{f_0}{g}\dfrac{\partial\psi'}{\partial z}$，则由(5.2.9)式可知, 扰动动能与扰动有效位能的实数值分别是

$$\begin{cases}K_p=\dfrac{1}{2}((u')^2+(v')^2)=\dfrac{1}{2}\left(\left|\dfrac{\partial\psi}{\partial y}\right|^2+k^2|\psi|^2\right),\\ A_p=\dfrac{g^2}{2N^2}(\dfrac{\theta'}{\theta_0})^2=\dfrac{f_0^2}{2N^2}\left(\left|\dfrac{\partial\psi}{\partial z}\right|^2+\dfrac{\sigma_0^2}{4}|\psi|^2\right).\end{cases}$$

因而

$$E_p=K_p+A_p,$$

其中E_p是扰动总能量. 对不稳定的Rossby波, $c_i\neq 0$, 则由(5.2.14)得到

$$\int_0^H\int_{y_1}^{y_2}\frac{\partial\bar{q}/\partial y}{|\bar{u}-c|^2}|\psi|^2\mathrm{d}y\mathrm{d}z+\frac{f_0^2}{N^2}\int_{y_1}^{y_2}\left(\frac{\partial\bar{u}/\partial z}{|\bar{u}-c|^2}|\psi|^2\right)\Bigg|_{z=0}^{z=H}\mathrm{d}y=0. \tag{5.2.15}$$

这是Rossby波线性不稳定的第一个必要条件将上式代入(5.2.13)得到

$$\int_0^H\int_{y_1}^{y_2}2E_p\mathrm{d}y\mathrm{d}z=\int_0^H\int_{y_1}^{y_2}\frac{\bar{u}\partial\bar{q}/\partial y}{|\bar{u}-c|^2}|\psi|^2\mathrm{d}y\mathrm{d}z+\frac{f_0^2}{N^2}\int_{y_1}^{y_2}\left(\frac{\bar{u}\partial\bar{u}/\partial z}{|\bar{u}-c|^2}|\psi|^2\right)\Bigg|_{z=0}^{z=H}\mathrm{d}y>0. \tag{5.2.16}$$

这是Rossby波线性不稳定的第二个必要条件. 下面将分正压、斜压两种情况来说明.

5.2.2 纯正压的线性不稳定性

在纯正压情况下, 基本流场为

$$\bar{u}=\bar{u}(y), \tag{5.2.17}$$

从而$\dfrac{\partial\bar{u}}{\partial z}=0,\dfrac{\partial^2\bar{u}}{\partial z^2}=0$. 若考虑扰动也与$z$无关的情况, 则

$$q'=\nabla_h^2\psi',\frac{\partial\bar{q}}{\partial y}=\beta_0-\frac{\partial^2\bar{u}}{\partial y^2}.$$

也就是说，此时考虑的是二维地转方程的稳态解$\bar{u}(y)$的线性不稳定性.

5.2.2.1 线性不稳定性的必要条件

在正压情况下，将(5.2.15)和(5.2.16)分别化为

$$\int_{y_1}^{y_2}\frac{\partial\bar{q}/\partial y}{|\bar{u}-c|^2}|\psi|^2\mathrm{d}y=0,$$

$$\int_{y_1}^{y_2}\left(\left|\frac{\partial\psi}{\partial y}\right|^2+k^2|\psi|^2\right)\mathrm{d}y=\int_{y_1}^{y_2}\frac{\bar{u}\partial\bar{q}/\partial y}{|\bar{u}-c|^2}|\psi|^2\mathrm{d}y>0.$$

由于$|\psi|^2>0,|\bar{u}-c|^2>0$，则上两式成立分别要求:

$$\frac{\partial\bar{q}}{\partial y}=\beta_0-\frac{\partial^2\bar{u}}{\partial y^2}\ \text{在}\ (y_1,y_2)\ \text{中必须改变正负号;}\tag{5.2.18}$$

$$\bar{u}\frac{\partial\bar{q}}{\partial y}=\bar{u}\left(\beta_0-\frac{\partial^2\bar{u}}{\partial y^2}\right)\ \text{在}\ (y_1,y_2)\ \text{上正相关.}\tag{5.2.19}$$

(5.2.18)式称为郭晓岚(Kuo H. L.)定理[115,116]，它说明正压不稳定扰动要求$\bar{u}(y)$必须使得$\beta_0-\dfrac{\partial^2\bar{u}}{\partial y^2}$在$(y_1,y_2)$的某些点上取零值. (5.2.19)称为Fjörtoft定理, 它从扰动能量上说明正压不稳定扰动能量增加要求$\bar{u}(\beta_0-\dfrac{\partial^2\bar{u}}{\partial y^2})$至少在$(y_1,y_2)$的某些区域上为正值, 即便在某些点上$\bar{u}(\beta_0-\dfrac{\partial^2\bar{u}}{\partial y^2})$为负, 但在整个区域$(y_1,y_2)$上, $\bar{u}\partial\bar{q}/\partial y$必须是正相关的. 如果不满足Fjörtoft定理, 即便郭晓岚定理成立, 但正压扰动也是稳定的, 这是因为扰动能量是减小的.

5.2.2.2 不稳定波的增长率

在纯正压的条件下, 扰动的振幅方程(5.2.10)和边界条件(5.2.11)分别化为

$$(\bar{u}-c)\left(\frac{\mathrm{d}^2\psi}{dy^2}-k^2\psi\right)+\frac{\partial\bar{q}}{\partial y}\psi=0,\tag{5.2.20}$$

$$\psi|_{y=y_1}=0,\psi|_{y=y_2}=0.\tag{5.2.21}$$

在正压条件和扰动与z无关的条件下，(5.2.13)改写为

$$\int_{y_1}^{y_2}\frac{(\bar{u}-c_r)\partial\bar{q}/\partial y}{|\bar{u}-c|^2}|\psi|^2\mathrm{d}y=\int_{y_1}^{y_2}\left(\left|\frac{\mathrm{d}\psi}{dy}\right|^2+k^2|\psi|^2\right)\mathrm{d}y.\tag{5.2.22}$$

设扰动的南北宽度为

$$d=y_2-y_1,$$

考虑到边界条件(5.2.21)，将$\psi(y)$展开为下列Fourier级数:

$$\psi(y)=\sum_{n=1}^{\infty}b_n\sin\frac{n\pi(y-y_1)}{d},$$

因而

$$\frac{\mathrm{d}\psi}{dy}=\sum_{n=1}^{\infty}\frac{n\pi}{d}b_n\cos\frac{n\pi(y-y_1)}{d}.$$

由前面的两个式子，得

$$\int_{y_1}^{y_2}|\psi|^2\mathrm{d}y=\sum_{n=1}^{\infty}b_n^2\int_{y_1}^{y_2}\sin^2\frac{n\pi(y-y_1)}{d}\mathrm{d}y=\frac{\mathrm{d}}{2}\sum_{n=1}^{\infty}b_n^2,$$

$$\begin{aligned}\int_{y_1}^{y_2}\left|\frac{\mathrm{d}\psi}{dy}\right|^2\mathrm{d}y&=\sum_{n=1}^{\infty}\left(\frac{n\pi}{d}\right)^2b_n^2\int_{y_1}^{y_2}\cos^2\frac{n\pi(y-y_1)}{d}\mathrm{d}y\\&=\frac{d}{2}\sum_{n=1}^{\infty}\left(\frac{n\pi}{d}\right)^2b_n^2\geqslant\left(\frac{\pi}{d}\right)^2\cdot\frac{d}{2}\sum_{n=1}^{\infty}b_n^2.\end{aligned}$$

根据前面的两个式子，(5.2.22)式化为

$$\int_{y_1}^{y_2}\frac{(\bar{u}-c_r)\dfrac{\partial\bar{q}}{\partial y}}{|\bar{u}-c|^2}|\psi|^2\mathrm{d}y\geqslant\left(k^2+\frac{\pi^2}{d^2}\right)\int_{y_1}^{y_2}|\psi|^2\mathrm{d}y. \tag{5.2.23}$$

又因$|\bar{u}-c|^2=(\bar{u}-c_r)^2+c_i\geqslant 2(\bar{u}-c_r)c_i$, 则上式左端

$$\begin{aligned}\int_{y_1}^{y_2}\frac{(\bar{u}-c_r)\dfrac{\partial\bar{q}}{\partial y}}{|\bar{u}-c|^2}|\psi|^2\mathrm{d}y&\leqslant\int_{y_1}^{y_2}\frac{(\bar{u}-c_r)\dfrac{\partial\bar{q}}{\partial y}}{|\bar{u}-c_r|^2}|\psi|^2\mathrm{d}y\\&\leqslant\int_{y_1}^{y_2}\frac{\left|\dfrac{\partial\bar{q}}{\partial y}\right|}{2|c_i|}|\psi|^2\mathrm{d}y\leqslant\frac{\max\limits_{(y_1,y_2)}\left|\dfrac{\partial\bar{q}}{\partial y}\right|}{2|c_i|}\int_{y_1}^{y_2}|\psi|^2\mathrm{d}y.\end{aligned} \tag{5.2.24}$$

根据(5.2.23)和(5.2.24)，得

$$\left(k^2+\frac{\pi^2}{d^2}\right)\int_{y_1}^{y_2}|\psi|^2\mathrm{d}y\leqslant\frac{\max\limits_{(y_1,y_2)}|\dfrac{\partial\bar{q}}{\partial y}|}{2|c_i|}\int_{y_1}^{y_2}|\psi|^2\mathrm{d}y. \tag{5.2.25}$$

所以

$$|c_i|\leqslant\max_{(y_1,y_2)}|\frac{\partial\bar{q}}{\partial y}|/2\left(k^2+\frac{\pi^2}{d^2}\right).$$

上式给出了正压不稳定扰动c_i的一个上限, 由此求得不稳定扰动增长率满足

$$|kc_i|\leqslant k\max_{(y_1,y_2)}|\frac{\partial\bar{q}}{\partial y}|/2\left(k^2+\frac{\pi^2}{d^2}\right). \tag{5.2.26}$$

上式右端当$k\to 0$和$k\to\infty$时都趋向于零, 这就表明: 最不稳定的波长既不会太长, 也不会太短.

5.2.2.3 半圆定理

这一部分主要估计不稳定Rossby波的移速c_r的范围. 令

$$\psi(y)=(\bar{u}-c)F(y),$$

类似于(5.1.29), 方程(5.2.20)可以改写为

$$\frac{\mathrm{d}}{\mathrm{d}y}\left[(\bar{u}-c)^2\frac{\mathrm{d}F}{\mathrm{d}y}\right]+\left[\beta_0(\bar{u}-c)-k^2(\bar{u}-c)\right]F=0, \tag{5.2.27}$$

而且

$$F|_{y=y_1}=0, F|_{y=y_2}=0. \tag{5.2.28}$$

把F的复共轭F^*与(5.2.27)做L^2的内积, 应用边界条件(5.2.28)，得

$$\int_{y_1}^{y_2}(\bar{u}-c)^2\left(\left|\frac{\mathrm{d}F}{\mathrm{d}y}\right|^2+k^2|F|^2\right)\mathrm{d}y=\int_{y_1}^{y_2}\beta_0(\bar{u}-c)|F|^2\mathrm{d}y. \tag{5.2.29}$$

上式的实部和虚部分别是

$$\int_{y_1}^{y_2}\left[(\bar{u}-c_r)^2-c_i^2\right]\left(\left|\frac{\mathrm{d}F}{\mathrm{d}y}\right|^2+k^2|F|^2\right)\mathrm{d}y=\int_{y_1}^{y_2}\beta_0(\bar{u}-c_r)|F|^2\mathrm{d}y, \tag{5.2.30}$$

$$c_i\left\{\int_{y_1}^{y_2}(\bar{u}-c_r)\left(\left|\frac{\mathrm{d}F}{\mathrm{d}y}\right|^2+k^2|F|^2\right)\mathrm{d}y-\frac{1}{2}\int_{y_1}^{y_2}\beta_0|F|^2\mathrm{d}y\right\}=0. \tag{5.2.31}$$

对不稳定扰动, $c_i\neq 0$, 则由(5.2.31)得到

$$\int_{y_1}^{y_2}(\bar{u}-c_r)\left(\left|\frac{\mathrm{d}F}{\mathrm{d}y}\right|^2+k^2|F|^2\right)\mathrm{d}y=\frac{1}{2}\int_{y_1}^{y_2}\beta_0|F|^2\mathrm{d}y. \tag{5.2.32}$$

由此求得

$$c_r=\left(\int_{y_1}^{y_2}\bar{u}Q\mathrm{d}y\Big/\int_{y_1}^{y_2}Q\mathrm{d}y\right)-\left(\frac{\beta_0}{2}\int_{y_1}^{y_2}|F|^2\mathrm{d}y\Big/\int_{y_1}^{y_2}Q\mathrm{d}y\right), \tag{5.2.33}$$

其中

$$Q\equiv\left|\frac{\mathrm{d}F}{\mathrm{d}y}\right|^2+k^2|F|^2\geqslant 0.$$

注意$\frac{\beta_0}{2}\int_{y_1}^{y_2}|\psi|^2d_y>0$, 且对$F$应用(5.2.23)前面的式子. 若设$\bar{u}_m$和$\bar{u}_M$分别是$\bar{u}$在$(y_1,y_2)$上的最小值与最大值, 则由(5.2.33)得

$$\bar{u}_m-\frac{\beta_0}{2(k^2+d^2)}<c_r<\bar{u}_M. \tag{5.2.34}$$

这就是正压不稳定Rossby波移速c_r的限制.

利用(5.2.32)式, (5.2.30)可改写为

$$\int_{y_1}^{y_2}\bar{u}^2Q\mathrm{d}y=(c_r^2+c_i^2)\int_{y_1}^{y_2}Q\mathrm{d}y+\int_{y_1}^{y_2}\beta_0\bar{u}|F|^2\mathrm{d}y. \tag{5.2.35}$$

类似于(5.1.49)的分析, 可得

$$\int_{y_1}^{y_2}\left[\bar{u}^2-(\bar{u}_m+\bar{u}_M)\bar{u}+\bar{u}_m\bar{u}_M\right]Q\mathrm{d}y\leqslant 0.$$

将(5.2.32)式和(5.2.35)代入上式，得

$$\begin{aligned}&(c_r^2+c_i^2)\int_{y_1}^{y_2}Q\mathrm{d}y+\int_{y_1}^{y_2}\beta_0\bar{u}|F|^2\mathrm{d}y-\int_{y_1}^{y_2}(\bar{u}_m+\bar{u}_M)c_rQ\mathrm{d}y\\&-\frac{\bar{u}_m+\bar{u}_M}{2}\int_{y_1}^{y_2}\beta_0|F|^2\mathrm{d}y\leqslant 0.\end{aligned}\tag{5.2.36}$$

但$\bar{u}\geqslant\bar{u}_m$, 且对$F$应用(5.2.23)前面的式子，则上式左端第二项

$$\begin{aligned}&\int_{y_1}^{y_2}\beta_0\left(\bar{u}-\frac{\bar{u}_m+\bar{u}_M}{2}\right)|F|^2\mathrm{d}y\geqslant\int_{y_1}^{y_2}\beta_0\left(\bar{u}_m-\frac{\bar{u}_m+\bar{u}_M}{2}\right)|F|^2\mathrm{d}y\\&=-\frac{\beta_0}{2}(\bar{u}_M-\bar{u}_m)\int_{y_1}^{y_2}|F|^2\mathrm{d}y\geqslant-\frac{\beta_0\left(\bar{u}_M-\bar{u}_m\right)/2}{k^2+\dfrac{\pi^2}{d^2}}\int_{y_1}^{y_2}Q\mathrm{d}y.\end{aligned}$$

这样, (5.2.36)就化为

$$\int_{y_1}^{y_2}\left\{\left[c_r-\frac{1}{2}(\bar{u}_M+\bar{u}_m)\right]^2+c_i^2-\frac{1}{4}(\bar{u}_m+\bar{u}_M)^2-\frac{\beta_0(\bar{u}_M-\bar{u}_m)/2}{k^2+\dfrac{\pi^2}{d^2}}\right\}Q\mathrm{d}y\leqslant 0,$$

由此得到

$$(c_r-U)^2+c_i^2\leqslant c_R^2,\tag{5.2.37}$$

其中

$$U=\frac{1}{2}(\bar{u}_M+\bar{u}_m), c_R^2=U^2+\frac{\beta_0}{k^2+\dfrac{\pi^2}{d^2}}\hat{u}, \hat{u}=\frac{1}{2}(\bar{u}_M-\bar{u}_m).$$

(5.2.37)就是正压不稳定Rossby波的半圆定理.

5.2.3 斜压的线性不稳定性

在纯斜压情况下, 基本流场

$$\bar{u}=\bar{u}(z),$$

那么$\dfrac{\partial\bar{u}}{\partial y}=0, \dfrac{\partial^2\bar{u}}{\partial y^2}=0$，从而

$$\frac{\partial\bar{q}}{\partial y}=\beta_0-\frac{f_0}{N^2}\left(\frac{\partial^2\bar{u}}{\partial z^2}-\sigma_0\frac{\partial\bar{u}}{\partial z}\right).$$

类似于5.2.2小节的分析，可以得到纯斜压条件下Rossby波线性不稳定的必要条件和半圆定理. 关于斜压线性不稳定的基本机制的研究，可以参见文献[30，64，116，159].

下面将应用保留斜压特征最简单的两层准地转模式讨论Rossby波的斜压中性不稳定性. 下面的内容也可以参见文献[164]. 两层准地转模式(上下层的厚度一样，底面不带拓扑，无摩擦和粘性作用)为

$$\begin{cases}\left(\dfrac{\partial}{\partial t}-\dfrac{\partial\psi_1}{\partial y}\dfrac{\partial}{\partial x}+\dfrac{\partial\psi_1}{\partial x}\dfrac{\partial}{\partial y}\right)\left[\boldsymbol{\nabla}_h^2\psi_1+F_1(\psi_2-\psi_1)\right]+\beta_0\dfrac{\partial\psi_1}{\partial x}=0,\\ \left(\dfrac{\partial}{\partial t}-\dfrac{\partial\psi_2}{\partial y}\dfrac{\partial}{\partial x}+\dfrac{\partial\psi_2}{\partial x}\dfrac{\partial}{\partial y}\right)\left[\boldsymbol{\nabla}_h^2\psi_2-F_1(\psi_2-\psi_1)\right]+\beta_0\dfrac{\partial\psi_2}{\partial x}=0,\end{cases}\tag{5.2.38}$$

其中ψ_1、ψ_2为下层和上层空气的准地转流函数. 设$(\bar\psi_1,\bar\psi_2)=(-\bar u_1y,-\bar u_2y)$ 是(5.2.38)的稳态解，其中$\bar u_1$和$\bar u_2$为常数，表示下层和上层的基本气流，$\bar u_2-\bar u_1\neq0$表征了大气斜压性. 令

$$\psi_1=-\bar u_1y+\psi_1',\psi_2=-\bar u_2y+\psi_2',$$

将其代入方程组(5.2.38), 得

$$\begin{cases}\left(\dfrac{\partial}{\partial t}+\bar u_1\dfrac{\partial}{\partial x}\right)q_1'+\left[\beta_0-F_1\left(\bar u_2-\bar u_1\right)\right]\dfrac{\partial\psi_1'}{\partial x}=-J\left(\psi_1',q_1'\right),\\ \left(\dfrac{\partial}{\partial t}+\bar u_2\dfrac{\partial}{\partial x}\right)q_2'+\left[\beta_0+F_1\left(\bar u_2-\bar u_1\right)\right]\dfrac{\partial\psi_2'}{\partial x}=-J\left(\psi_2',q_2'\right),\end{cases}$$

其中

$$q_1'=\boldsymbol{\nabla}_h^2\psi_1'+F_1(\psi_2'-\psi_1'),q_2'=\boldsymbol{\nabla}_h^2\psi_2'-F_1(\psi_2'-\psi_1').$$

去掉上面方程组右端的非线性项, 得到

$$\begin{cases}\left(\dfrac{\partial}{\partial t}+\bar u_1\dfrac{\partial}{\partial x}\right)(\boldsymbol{\nabla}_h^2\psi_1'+F_1\psi_2')-F_1\left(\dfrac{\partial}{\partial t}+\bar u_2\dfrac{\partial}{\partial x}\right)\psi_1'+\beta_0\dfrac{\partial\psi_1'}{\partial x}=0,\\ \left(\dfrac{\partial}{\partial t}+\bar u_1\dfrac{\partial}{\partial x}\right)(\boldsymbol{\nabla}_h^2\psi_2'+F_1\psi_1')-F_1\left(\dfrac{\partial}{\partial t}+\bar u_1\dfrac{\partial}{\partial x}\right)\psi_2'+\beta_0\dfrac{\partial\psi_2'}{\partial x}=0.\end{cases}\tag{5.2.39}$$

设(ψ_1',ψ_2')在x方向上是周期的，在y方向上的边界条件是齐次的，即

$$\psi_j'|_{y=y_1}=0,\psi_j'|_{y=y_2}=0\ (j=1,2),$$

则可设方程组(5.2.39)的解为

$$(\psi_1',\psi_2')=(A,B)\sin l(y-y_1)\mathrm{e}^{\mathrm{i}k(x-ct)},\tag{5.2.40}$$

其中$l=2\pi/d=2\pi/(y_2-y_1)$.

将(5.2.40)代入方程组(5.2.39), 得到

$$\begin{cases}\left[K_h^2(c-\bar u_1)+F_1(c-\bar u_2)+\beta_0\right]A-F_1(c-\bar u_1)B=0,\\ -F_1(c-\bar u_2)A+\left[K_h^2(c-\bar u_2)+F_1(c-\bar u_1)+\beta_0\right]B=0,\end{cases}\tag{5.2.41}$$

其中$K_h^2 = l^2 + k^2$. (5.2.41)是A, B的线性方程组，为了保证A, B有非零解，(5.2.41)的系数行列式必须为零，从而得到下列关于c的二次代数方程

$$ac^2 + bc + d = 0, \tag{5.2.42}$$

其中

$$\begin{cases} a = K_h^2(K_h^2 + 2F_1), b = 2\beta_0(K_h^2 + F_1) - K_h^2(K_h^2 + 2F_1)(\bar{u}_1 + \bar{u}_2), \\ d = \beta_0^2 - \beta_0(K_h^2 + F_1)(\bar{u}_1 + \bar{u}_2) + K_h^2 F_1(\bar{u}_1^2 + \bar{u}_2^2) + K_h^4 \bar{u}_1 \bar{u}_2. \end{cases}$$

令

$$\bar{u} = (\bar{u}_1 + \bar{u}_2)/2, \hat{u} = (\bar{u}_1 - \bar{u}_2)/2,$$

则方程(5.2.42)化为

$$(c - \bar{u})^2 + \frac{2\beta_0(K_h^2 + F_1)}{K_h^2(K_h^2 + 2F_1)}(c - \bar{u}) + \frac{F_1 - K_h^2 \hat{u}^2 (K_h^2 - 2F_1)}{K_h^2(K_h^2 + 2F_1)} = 0, \tag{5.2.43}$$

由此求得

$$c = \bar{u} - \frac{\beta_0}{K_h^2} \cdot \frac{K_h^2 + F_1}{K_h^2 + 2F_1} \pm \frac{\sqrt{\beta_0^2 F_1^2 - K_h^4 \hat{u}^2 (4F_1^2 - K_h^4)}}{K_h^2(K_h^2 + 2F_1)}. \tag{5.2.44}$$

从(5.2.44)可知：在两层流中, Rossby波斜压中性稳定性的充分必要条件为

$$\beta_0^2 F_1^2 - K_h^4 \hat{u}^2 (4F_1^2 - K_h^4) \begin{cases} \geqslant 0, \text{中性稳定}; \\ < 0, \text{中性不稳定}. \end{cases} \tag{5.2.45}$$

所以, β_0起稳定的作用, 风速垂直切变$\hat{u}$起不稳定的作用. 而且, 风速垂直切变数值越大, 越不易稳定. 当

$$K_h^2 \geqslant 2F_1$$

时, 波是稳定的; 只有当

$$K_h^2 < 2F_1 \tag{5.2.46}$$

时, 波才有可能中性不稳定. 如稳态解是中性不稳定的，则它也是线性不稳定的. 由$K_h^2 = 2F_1$, 取$K_h = 2\pi/L$，求得临界波长为

$$L_c = \sqrt{2}\pi/\sqrt{F_1}.$$

从而，(5.2.46)可改写为

$$L > L_c, \tag{5.2.47}$$

即只有$L > L_c$时, 波才有可能中性不稳定. (5.2.46)或(5.2.47)即是两层斜压Rossby波中性不稳定(也是线性不稳定)的必要条件. 在这个条件满足时, (5.2.45) 可以化为

$$\hat{u}\begin{cases}\leqslant \hat{u}_c, \text{稳定;}\\ > \hat{u}_c, \text{不稳定,}\end{cases} \tag{5.2.48}$$

其中

$$\hat{u}_c = \beta_0 F_1/K_h^2\sqrt{4F_1^2 - K_h^4},$$

为$\hat{u}$的临界值. 根据实际资料分析, $\hat{u}_c = 4\text{m}\cdot\text{s}^{-1}$，因而$(\bar{u}_2-\bar{u}_1)_c \approx 8\text{m}\cdot\text{s}^{-1}$. 所以, 当风速垂直切变$(\bar{u}_2-\bar{u}_1) > 8\text{m}\cdot\text{s}^{-1}$时, 才会出现中性不稳定波.

注记 5.2.1　对于二维准地转方程的稳态解，Lin在文献[125]中得到了: 对于满足一定条件的稳态解，当它是线性不稳定(存在正的增长模式)时，它也是非线性不稳定的.

5.3 Rossby波的稳定性

5.3.1 二维准地转流的稳定性

有界区域Ω中的二维准地转方程为

$$\left(\partial_t + \frac{\partial\psi}{\partial x}\frac{\partial}{\partial y} - \frac{\partial\psi}{\partial y}\frac{\partial}{\partial x}\right)\omega = 0, \tag{5.3.1}$$

其中$\omega = \Delta\psi - F\psi + f(x,y)$，$f(x,y)$含有底面拓扑和$\beta y$，边界条件为

$$\psi|_{\partial\Omega} = 0. \tag{5.3.2}$$

在上一节我们已经介绍了周期管道中的(5.3.1)的一些稳态解线性不稳定性的必要条件，本小节主要讨论(5.3.1)和(5.3.2)满足下面条件的定常解$\bar{\psi}$的非线性稳定性：

$$\bar{\psi} = Q(\bar{\omega}) \text{ in } \Omega, \quad \bar{\psi}|_{\partial\Omega} = 0, \tag{5.3.3}$$

其中$\bar{\omega} = \Delta\bar{\psi} - F\bar{\psi} + f(x,y)$，$Q$是单调的连续可微函数.

因为带边界条件(5.3.2)的二维准地转方程(5.3.1)具有两条守恒律:

(1) 能量的守恒律

$$\frac{\mathrm{d}}{\mathrm{d}t}\int_\Omega (|\nabla\psi|^2 + F|\psi|^2)\mathrm{d}x\mathrm{d}y = 0, \quad t \geqslant 0; \tag{5.3.4}$$

(2) 广义涡度拟能(enstrophy)的守恒律

$$\frac{\mathrm{d}}{\mathrm{d}t}\int_\Omega C(\omega)\mathrm{d}x\mathrm{d}y = 0, \quad t \geqslant 0, \tag{5.3.5}$$

这里C是$(-\infty,+\infty)$上任意的二阶连续可微的函数．受到Arnold研究平面理想不可压缩流(Euler流)的非线性稳定性的方法[5,6]的启发，人们可以应用Energy-Casimir方法[94]研究稳态解$\bar{\psi}$的非线性稳定性，即人们通过研究以下的Energy-Casimir泛函寻找$\bar{\psi}$的非线性稳定性的充分条件

$$EC(\psi)=\frac{1}{2}\int(|\nabla\psi|^2+F|\psi|^2)+\int C(\omega), \tag{5.3.6}$$

这里取C为二阶连续可微的函数，且$C'=Q$，根据(5.3.3)和(5.3.6)，可知：$\bar{\psi}$是泛函$EC(\psi)$的临界点．

假设F为正的常数，f为给定的函数．如果

$$Q'>0, \tag{5.3.7}$$

那么

$$EC(\psi)-EC(\bar{\psi})\geqslant\frac{1}{2}\int_{\Omega}(|\nabla(\psi-\bar{\psi})|^2+F|\psi-\bar{\psi}|^2).$$

该式意味着$\bar{\psi}$是Energy-Casimir泛函EC的最小值点．因此，$\bar{\psi}$在下面的意义下是非线性稳定的：$\forall\varepsilon>0$，存在$\delta>0$，使得：当$\|\psi_0-\bar{\psi}\|_{H^2\cap H_0^1}<\delta$时，$\psi(t)\in C([0,T),H^2(\Omega)\cap H_0^1(\Omega))$是(5.3.1)和(5.3.2)带初始条件$\psi(t)|_{t=0}=\psi_0$的解，那么，对$t\in[0,T)$，$\|\psi(t)-\bar{\psi}\|_1<\varepsilon$，这里$\|\cdot\|_1$是$H_0^1(\Omega)$的范数，$\|\psi\|_1^2=\int_\Omega|\nabla\psi|^2$，$\|\psi\|_{H^2\cap H_0^1}^2=\int_\Omega|\Delta\psi|^2$，$T>0$．同样地，如果存在充分大的$c$，使得

$$Q'<-c, \tag{5.3.8}$$

那么

$$\begin{aligned}EC(\psi)-EC(\bar{\psi})&\leqslant\frac{1}{2}\int_{\Omega}(|\nabla(\psi-\bar{\psi})|^2+F|\psi-\bar{\psi}|^2)-c\int_{\Omega}|\Delta(\psi-\bar{\psi})|^2,\\&\leqslant-c'\int_{\Omega}|\Delta(\psi-\bar{\psi})|^2,\end{aligned}$$

其中c'是正的常数．上式意味着$\bar{\psi}$是EC的最大值点，因此，$\bar{\psi}$在如下的意义下是非线性稳定的：$\forall\varepsilon>0$，存在$\delta>0$，使得：当$\|\psi_0-\bar{\psi}\|_{H^2\cap H_0^1}<\delta$时，$\psi(t)\in C([0,T),H^2(\Omega)\cap H_0^1(\Omega))$是(5.3.1)和(5.3.2) 带初始条件$\psi(t)|_{t=0}=\psi_0$的解，那么，对$t\in[0,T)$，$\|\psi(t)-\bar{\psi}\|_{H^2\cap H_0^1}<\varepsilon$，这里$T>0$．

上述的两种情况(5.3.7)和(5.3.8)分别与Arnold第一和第二稳定性定理相对应，后来许多研究(如文献[148，153，171，203，206])推广了这两种情况．在文献[153]，穆穆得到了二维准地转方程的稳态解在初始条件和参数同时扰动下的非线性稳定性的几个准则，也举了一些非线性稳定的稳态解的例子．下面，我们简要地介绍文献[153]中的两个非线性稳

定性的准则. 特别地，为了简单起见，我们仅考虑边界条件(5.3.2)，其他边界条件下的结论可以参见文献[153].

设$(\bar{\psi},\bar{\omega})$是(5.3.1)和(5.3.2)当$F=\bar{F}$、$f=\bar{f}(x,y)$时的一个稳态解(下面假定$F$为参数，$f$是可以改变的函数. 对于不同的初始数据，$F$和$f$都是不同的)，即

$$J(\bar{\psi},\bar{\omega})=0,\quad \bar{\omega}=\boldsymbol{\nabla}^2\bar{\psi}-\bar{F}\bar{\psi}+\bar{f}(x,y)\text{ in }\Omega,\ \bar{\psi}|_{\partial\Omega}=0.$$

更进一步地，假设存在$Q\in C^1[\alpha,\beta]$，使得

$$\bar{\psi}(x,y)=Q(\bar{\omega}(x,y)),(x,y)\in\Omega, \tag{5.3.9}$$

其中$\alpha=\min\limits_{(x,y)\in\Omega}\bar{\omega}(x,y)$, $\beta=\max\limits_{(x,y)\in\Omega}\bar{\omega}(x,y)$，而且$Q$是单调的，存在正的常数$C_1$和$C_2$，使得$C_1\leqslant\dfrac{\mathrm{d}Q}{\mathrm{d}\xi}\leqslant C_2$或者$C_1\leqslant-\dfrac{\mathrm{d}Q}{\mathrm{d}\xi}\leqslant C_2$，这里$\xi\in[\alpha,\beta]$. 为了不失一般性，假设$Q$可以延拓为$C^1(-\infty,+\infty)$的函数，且满足下面两个条件之一：

$$0<C_1\leqslant\mathrm{d}Q/\mathrm{d}\xi\leqslant C_2<\infty,\ \xi\in(-\infty,+\infty), \tag{5.3.10}$$

$$0<C_1\leqslant-\mathrm{d}Q/\mathrm{d}\xi\leqslant C_2<\infty,\ \xi\in(-\infty,+\infty). \tag{5.3.11}$$

由于$\bar{\psi}=Q(\bar{\omega})$，上面的两个条件可以改写为:

$$C_1=\min(\boldsymbol{\nabla}\bar{\psi}/\boldsymbol{\nabla}\bar{\omega})>0,C_2=\max(\boldsymbol{\nabla}\bar{\psi}/\boldsymbol{\nabla}\bar{\omega})<\infty, \tag{5.3.10$'$}$$

$$C_1=\min(-\boldsymbol{\nabla}\bar{\psi}/\boldsymbol{\nabla}\bar{\omega})>0,C_2=\max(-\boldsymbol{\nabla}\bar{\psi}/\boldsymbol{\nabla}\bar{\omega})<\infty, \tag{5.3.11$'$}$$

这里

$$\boldsymbol{\nabla}\bar{\psi}/\boldsymbol{\nabla}\bar{\omega}=\frac{\partial\bar{\psi}}{\partial x}\Big/\frac{\partial\bar{\omega}}{\partial x}=\frac{\partial\bar{\psi}}{\partial y}\Big/\frac{\partial\bar{\omega}}{\partial y}.$$

定义初始条件扰动$\delta\bar{\psi}$和参数扰动$\delta\bar{F}$, $\delta\bar{f}$为

$$\psi_0\equiv\bar{\psi}+\delta\bar{\psi},F\equiv\bar{F}+\delta\bar{F},f(x,y)\equiv\bar{f}(x,y)+\delta\bar{f}, \tag{5.3.12}$$

当$\bar{F}=0$时，假定$\delta\bar{F}\equiv0$；ψ是(5.3.1)和(5.3.2)带参数F, f和初始条件$\psi(0)=\psi_0(\psi_0\in H^2(\Omega)\cap H_0^1(\Omega))$ 的整体解(二维和三维准地转方程光滑解的整体存在性的证明可以参见文献[151，152]). 在条件(5.3.9) 和(5.3.10)下，可以得到以下的非线性稳定性的准则.

定理 5.3.1[153，Theorem 3.1] 如果(5.3.1)和(5.3.2)的稳态解$(\bar{\psi},\bar{\omega})$满足条件(5.3.9)和(5.3.10)，那么稳态解$\bar{\psi}$关于初始条件扰动和参数扰动(5.3.12)是非线性稳定的(Liapunov意义下的非线性稳定)，即对于任给的$\varepsilon_1>0$、$\varepsilon_2>0$, 存在$\delta>0$，使得：当

$$\int_{\Omega}\left[|\psi_0-\bar{\psi}|^2+|\boldsymbol{\nabla}(\psi_0-\bar{\psi})|^2+|\omega_0-\bar{\omega}|^2+|f-\bar{f}|^2\right]+|F-\bar{F}|^2<\delta$$

时，

$$\max_{(x,y)\in\Omega}|\psi-\bar{\psi}|<\varepsilon_1,\int_{\Omega}|\boldsymbol{\nabla}(\psi-\bar{\psi})|^2+\int_{\Omega}\bar{F}|\psi-\bar{\psi}|^2\mathrm{d}x\mathrm{d}y+\int_{\Omega}|\omega-\bar{\omega}|^2<\varepsilon_2,\ t\geqslant 0. \quad (5.3.13)$$

注记 5.3.2 由于

$$\omega-\bar{\omega}=\boldsymbol{\nabla}^2(\psi-\bar{\psi})-\bar{F}(\psi-\bar{\psi})-(F-\bar{F})\psi-(f-\bar{f}), \quad (5.3.14)$$

则(5.3.13)的第二个不等式意味着：对于任给的$\varepsilon>0$，存在$\delta>0$，使得：当

$$\int_{\Omega}\left[|\psi_0-\bar{\psi}|^2+|\boldsymbol{\nabla}(\psi_0-\bar{\psi})|^2+|\omega_0-\bar{\omega}|^2+|f-\bar{f}|^2\right]+|F-\bar{F}|^2<\delta$$

时，

$$\|\psi(t)-\bar{\psi}\|_{H^2(\Omega)}<\varepsilon,\ t\geqslant 0.$$

定理5.3.1的证明： 令

$$\begin{aligned}H(t)&=EC(\psi)-EC(\bar{\psi})\\&=\frac{1}{2}\int_{\Omega}(|\boldsymbol{\nabla}\psi|^2+F|\psi|^2)-\frac{1}{2}\int_{\Omega}(|\boldsymbol{\nabla}\bar{\psi}|^2+\bar{F}|\bar{\psi}|^2)+\int_{\Omega}[C(\omega)-C(\bar{\omega})],\end{aligned}$$

其中$C'=Q$. 用Energy-Casimir方法证明稳态解的非线性稳定性，关键的步骤是对Energy-Casimir泛函做二次变分和从$H(t)$得到一个凸性估计. 这里仅需从$H(t)$得到一个凸性估计. 应用(5.3.9)、(5.3.10)、(5.3.14)和泰勒公式，得

$$\begin{aligned}&\frac{1}{2}\int_{\Omega}(|\boldsymbol{\nabla}\psi|^2+F|\psi|^2)-\frac{1}{2}\int_{\Omega}(|\boldsymbol{\nabla}\bar{\psi}|^2+\bar{F}|\bar{\psi}|^2)+\int_{\Omega}[C(\omega)-C(\bar{\omega})]\\=&\frac{1}{2}\int_{\Omega}\left[(|\boldsymbol{\nabla}\psi|^2+F|\psi|^2)-(|\boldsymbol{\nabla}\bar{\psi}|^2+\bar{F}|\bar{\psi}|^2)\right]\\&+\int_{\Omega}\left[C'(\bar{\omega})(\omega-\bar{\omega})+\frac{C''(\omega^*)}{2}(\omega-\bar{\omega})^2\right]\\\geqslant&\frac{1}{2}\int_{\Omega}\left[|\boldsymbol{\nabla}(\psi-\bar{\psi})|^2+\bar{F}|\psi-\bar{\psi}|^2\right]+\frac{1}{2}\int_{\Omega}(F-\bar{F})|\psi|^2\\&-\int_{\Omega}\bar{\psi}\left[(F-\bar{F})\psi+(\bar{f}-f)\right]+\frac{1}{3}C_1\int_{\Omega}|\omega-\bar{\omega}|^2,\end{aligned} \quad (5.3.15)$$

其中ω^*介于ω和$\bar{\omega}$之间. 根据(5.3.4)和(5.3.5)，对于任意$t>0$，

$$H(t)=H(0). \quad (5.3.16)$$

由于C是二阶连续可微的，通过直接的计算可知：即对于任给的$\varepsilon > 0$, 存在$\delta > 0$，使得：当

$$\int_\Omega \left[|\psi_0 - \bar{\psi}|^2 + |\boldsymbol{\nabla}(\psi_0 - \bar{\psi})|^2 + |\omega_0 - \bar{\omega}|^2 + |f - \bar{f}|^2\right] + |F - \bar{F}|^2 < \delta$$

时，

$$H(0) < \varepsilon. \tag{5.3.17}$$

应用(5.3.15)、(5.3.16)和(5.3.17)，可以得到(5.3.13)的第二个不等式.

根据Sobolev嵌入定理和(5.3.14)，

$$\begin{aligned}\max_{(x,y)\in\Omega} |\psi - \bar{\psi}|^2 &\leqslant c\int_\Omega |\boldsymbol{\nabla}^2(\psi - \bar{\psi}) - \bar{F}(\psi - \bar{\psi})|^2 \\ &\leqslant c[\int_\Omega (|\omega - \bar{\omega}|^2 + |F - \bar{F}|^2|\psi|^2 + |f - \bar{f}|^2), \quad t \geqslant 0,\end{aligned}$$

这里c是与Ω的大小有关的正的常数. 从而，可以得到(5.3.13)的第一个不等式. 定理5.3.1证毕.

同样地，在(5.3.9)、(5.3.11)和C_1充分大的条件下，可以得到如下的非线性稳定性的准则.

定理 5.3.3[153，Theorem 3.2]　如果$(\bar{\psi}, \bar{\omega})$ 满足条件(5.3.9)和(5.3.11)，而且

$$C_1 \bar{\lambda}_1 > 1, \tag{5.3.18}$$

那么$\bar{\psi}$是非线性稳定的(定理5.3.1中定义的非线性稳定)，其中$\bar{\lambda}_1$是以下特征值问题的第一特征值:

$$-\boldsymbol{\nabla}^2\bar{\psi} + \bar{F}\bar{\psi} = \bar{\lambda}\bar{\psi} \text{ in } \Omega, \quad \bar{\psi}|_{\partial\Omega} = 0.$$

证明： 应用(5.3.9)、(5.3.11)、(5.3.14)和泰勒公式，得

$$\begin{aligned}&\frac{1}{2}\int_\Omega (|\boldsymbol{\nabla}\psi|^2 + F|\psi|^2) - \frac{1}{2}\int_\Omega (|\boldsymbol{\nabla}\bar{\psi}|^2 + \bar{F}|\bar{\psi}|^2) + \int_\Omega [C(\omega) - C(\bar{\omega})] \\ =&\frac{1}{2}\int_\Omega \left[(|\boldsymbol{\nabla}\psi|^2 + F|\psi|^2) - (|\boldsymbol{\nabla}\bar{\psi}|^2 + \bar{F}|\bar{\psi}|^2)\right] + \int_\Omega \left[C'(\bar{\omega})(\omega - \bar{\omega}) + \frac{C''(\omega^*)}{2}(\omega - \bar{\omega})^2\right] \\ \leqslant&\frac{1}{2}\int_\Omega \left[|\boldsymbol{\nabla}(\psi - \bar{\psi})|^2 + \bar{F}|\psi - \bar{\psi}|^2\right] + \frac{1}{2}\int_\Omega (F - \bar{F})|\psi|^2 - \int_\Omega \bar{\psi}\left[(F - \bar{F})\psi + (\bar{f} - f)\right] \\ &- \frac{C_1 - \varepsilon}{2}\int_\Omega |\omega - \bar{\omega}|^2,\end{aligned} \tag{5.3.19}$$

其中ω^*介于ω和$\bar{\omega}$之间. 根据$\bar{\lambda}_1$的定义，得到

$$\int_\Omega |\boldsymbol{\nabla}^2(\psi - \bar{\psi}) - \bar{F}(\psi - \bar{\psi})|^2 \geqslant \bar{\lambda}_1^2 \int_\Omega |\psi - \bar{\psi}|^2. \tag{5.3.20}$$

应用分部积分和Young不等式，得到

$$\int_{\Omega}(|\nabla(\psi-\bar{\psi})|^2+\bar{F}|(\psi-\bar{\psi})|^2)\leqslant\frac{\mu}{2}\int_{\Omega}|\psi-\bar{\psi}|^2+\frac{1}{2\mu}\int_{\Omega}|\nabla^2(\psi-\bar{\psi})-\bar{F}(\psi-\bar{\psi})|^2,\quad(5.3.21)$$

其中μ为任意正的常数. 联合(5.3.20)和(5.3.21)，并取μ为$\bar{\lambda}_1$，得到

$$\frac{1}{2}\int_{\Omega}(|\nabla(\psi-\bar{\psi})|^2+\bar{F}|(\psi-\bar{\psi})|^2)\leqslant\frac{1}{2\bar{\lambda}_1}\int_{\Omega}|\nabla^2(\psi-\bar{\psi})-\bar{F}(\psi-\bar{\psi})|^2.\quad(5.3.22)$$

根据(5.3.14)、(5.3.19)和(5.3.22)，可以得到定理5.3.3.

注记 **5.3.4** 如果泛函$EC(\psi)$在$\bar{\psi}$处是二阶连续可微的，从定理5.3.1和定理5.3.3的证明过程，我们可以看出：当C_2为$+\infty$时，定理5.3.1和定理5.3.3仍然成立；定理5.3.1中C_1为任意正的常数(可以充分小)，如果$Q'>0$，只能得到类似于(5.3.7)情形下的非线性稳定；定理5.3.1中C_1必须充分大(大于$\bar{\lambda}_1$)，所以C_1的大小与区域Ω的大小和参数$\bar{F}$有关.

下面，我们举一个非线性稳定的稳态解$\bar{\psi}$例子，该例子出现于文献[60].

例子 **5.3.5** 令

$$Q(\xi)=\tan\xi,\quad -\frac{\pi}{2}<\xi<\frac{\pi}{2},$$

如果$f(x,y)$是有界的函数，根据文献[186, Theorem 1.2]和文献[205, Corollary 26.13]，可以证明：椭圆方程的边值问题

$$\Delta\psi-F\psi+f(x,y)=\arctan(\psi),\ \psi|_{\Omega}=0,$$

存在唯一的$\bar{\psi}$，详细的证明过程可以参见文献[60]. 如果$\bar{\omega}=\Delta\bar{\psi}-F\bar{\psi}+f(x,y)$取值在$(-\frac{\pi}{2},\frac{\pi}{2})$中的一个闭区间，那么，根据定理5.3.1，$\bar{\psi}$是非线性稳定的.

5.3.2 鞍点型的二维准地转流的稳定性

这部分主要讨论二维准地转方程的鞍点型定常解的稳定性，该结果出现于文献[203]. 对于Hamiltonian系统的Energy-Casimir泛函非极小或极大的临界点，Arnold已经注意到：这类稳态解不一定都是不稳定的[7]. 在文献[203]中，Wolansky和Ghil巧妙地利用对偶变分方法得到了一类鞍点型定常二维准地转流的线性稳定性.

周期管道中的二维准地转方程为

$$\left(\partial_t+\frac{\partial\psi}{\partial x}\frac{\partial}{\partial y}-\frac{\partial\psi}{\partial y}\frac{\partial}{\partial x}\right)\omega=0,\quad(5.3.23)$$

其中$\omega=\Delta\psi-F\psi+h(y),\ 0\leqslant y\leqslant 1$，

$$\psi|_{y=0}=0,\psi|_{y=1}=c\ (c\ \text{为常数}),\ \psi\ \text{在}x\text{的方向上是周期为}L\text{的函数},\quad(5.3.24)$$

$h(y)$含有底面拓扑和地球旋转的影响βy. 这里主要研究(5.3.23)和(5.3.24)的定常解$\bar{\psi}(y)$,

$$\bar{\psi} = Q(\bar{\omega}), \tag{5.3.25}$$

其中$\bar{\omega} = \Delta\bar{\psi} - F\bar{\psi} + h(y)$, Q是单调的连续可微函数.

因为带边界条件(5.3.24)的准地转方程(5.3.23)具有两个守恒律, 由上一小节可知: 人们可以应用Energy-Casimir方法研究二维准地转流的非线性稳定性，即人们通过研究如下的Energy-Casimir泛函寻找(5.3.23)和(5.3.24) 的定常解的非线性稳定性的充分条件

$$EC(\psi) = \frac{1}{2}\int_0^1\int_0^L (|\nabla\psi|^2 + F|\psi|^2) + \int_0^1\int_0^L C(\omega), \tag{5.3.26}$$

这里C为二阶连续可微的函数, $C' = Q$. 根据(5.3.26)，可知$\bar{\psi}(y)$是泛函$EC(\psi)$的临界点. 当$Q' > 0(Q' < -c$，c为充分大的正数), 则$\bar{\psi}$是EC的最小(大)值点, 由Arnold第一或第二稳定性定理, $\bar{\psi}$是非线性稳定的. 然而, 如果$Q' < 0$, 且$\bar{\psi}$是EC的鞍点型的临界点(即不存在充分大的c，使得$Q' < -c$)，那么人们就不能利用Arnold第一或第二稳定性定理来判断$\bar{\psi}$的稳定性.

记$\alpha(y) = -g'(\bar{\psi}) > 0, g = Q^{-1}$, 则

$$E(\phi) = \langle EC''_{\psi}(\phi), \phi\rangle = -\int_0^1\int_0^L \frac{1}{\alpha(y)}(\Delta\phi - F\phi)^2 + \int_0^1\int_0^L (|\nabla\phi|^2 + F|\phi|^2), \tag{5.3.27}$$

这里$E(\phi)$是泛函$EC(\psi)$在点$\bar{\psi}$处的二阶变分. 因为$Q' < 0$, 但不存在充分大的c, 使得上式的二阶变分是负定的, 所以无法确定$\bar{\psi}$是稳定或不稳定的. 下面我们分析泛函

$$E(\phi) = -\int_0^1\int_0^L \frac{1}{\alpha(y)}(\Delta\phi - F\phi + \alpha(y)\phi)(\Delta\phi - F\phi),$$

从而确定$\bar{\psi}$满足什么样的条件, $\bar{\psi}$在一定意义下是稳定的.

设$\phi_{k,j}(x,y) = \theta_j^k(y)\mathrm{e}^{\pm 2\pi \mathrm{i} k \frac{x}{L}}$是特征值问题

$$-(\partial_{xx} + \partial_{yy})\phi + F\phi = \mu\alpha(y)\phi,\ \phi|_{y=0,1} = 0,\ \phi\text{在}x\text{方向上是周期为}L\text{的函数}, \tag{5.3.28}$$

与特征值μ_j^k对应的特征值, 那么$\phi_{k,j}$是空间L_p^2的一组完备正交基, 这里L_p^2是x 方向上周期为L且平方可积的函数全体, 其内积为

$$\langle\phi_1, \phi_2\rangle = \int_0^1 \alpha(y)\int_0^L \phi_1\phi_2 \mathrm{d}x\mathrm{d}y.$$

从而，$\theta_j^k(y)$是特征值问题

$$-\theta_{yy} + \left[F - \mu\alpha(y) + \left(\frac{2\pi k}{L}\right)^2\right]\theta = 0,\ \theta|_{y=0,1} = 0,$$

与特征值μ_j^k对应的特征函数, θ_j^k是正交的. 由Sturm-Liouville定理, 对于固定的$k \geqslant 0$, $0 < \mu_0^k < \mu_1^k < \cdots < \mu_j^k \to \infty$. 又由比较定理

$$\mu_j^k > \mu_j^l, \forall j \geqslant 0, k > l, \text{ 且当 } k \to \infty\text{时}, \mu_0^k \to \infty.$$

若$\mu_0^0 > 1$, 则$\mu_j^k > 1$, $\forall k, j \geqslant 0$,

$$E(\phi_{k,j}) = -\int_0^1\int_0^L (\mu_j^k)^2\alpha(y)\phi_{k,j}^2 + \int_0^1\int_0^L \mu_j^k\alpha(y)\phi_{k,j}^2 < 0,$$

从而$\forall \phi \in X$,

$$E(\phi) < 0 = E(0). \tag{5.3.29}$$

该式意味着0是$E(\phi)$在X中的极大值点，其中$X = H_{0,p}^1 \cap H_p^2$，$H_{0,p}^1$ 是$C_{0,p}^\infty$(x方向上周期为L、在$y = 0, 1$处为0的光滑函数的全体)在H^1范数下完备化的空间，$H_p^2 \subset L_p^2$是二阶导数可积的函数全体所构成的Sobolev空间. 由于$E(\phi)$是泛函$EC(\psi)$在点$\bar{\psi}$处的二阶变分，根据(5.3.29)，$EC(\psi)$在点$\bar{\psi}$处的二阶变分是负定的，因此$\bar{\psi}$是形式稳定的(formal stability)(形式稳定的定义见文献[94])，从而是线性稳定的. 事实上，根据μ_j^k的定义(5.3.28)，得到

$$\int_0^1\int_0^L \frac{1}{a(y)}|\nabla^2\phi - \bar{F}\phi|^2 \geqslant (\mu_0^0)^2\int_0^1\int_0^L a(y)|\phi|^2,$$

应用分部积分和Young不等式，得到

$$\int_0^1\int_0^L (|\nabla\phi|^2 + \bar{F}|\phi|^2) \leqslant \frac{\mu}{2}\int_0^1\int_0^L a(y)|\phi|^2 + \frac{1}{2\mu}\int_0^1\int_0^L \frac{1}{a(y)}|\nabla^2\phi - \bar{F}\phi|^2,$$

其中μ为任意正的常数. 联合上面的两个式子，并取μ为μ_0^0，得到

$$\int_0^1\int_0^L (|\nabla\phi|^2 + \bar{F}|\phi|^2) \leqslant \frac{1}{\mu_0^0}\int_0^1\int_0^L \frac{1}{a(y)}|\nabla^2\phi - \bar{F}\phi|^2,$$

从而

$$E(\phi) - E(0) \leqslant -(1 - \frac{1}{\mu_0^0})\int_0^1\int_0^L \frac{1}{\alpha(y)}|\Delta\phi - F\phi|^2. \tag{5.3.30}$$

但是通常情况下$0 < \mu_0^0 < 1$, 此时可设

$$0 < \mu_0^0 < \mu_1^0 < \mu_2^0 < \cdots < \mu_n^0 \leqslant 1 < \mu_{n+1}^0 < \cdots,$$

而且$\exists L_0 > 0$, 使得当$L \leqslant L_0$时,

$$\mu_0^k > 1, k \geqslant 1,$$

该式可由当$k \to \infty$时$\mu_0^k \to +\infty$得到. 从而，当$0 \leqslant j \leqslant n$时，

$$E(\phi_{0,j}) = -\int_0^1\int_0^L (\mu_j^0)^2\alpha(y)\phi_{0,j}^2 + \int_0^1\int_0^L \mu_j^0\alpha(y)\phi_{0,j}^2 \geqslant 0,$$

但是当$j \geqslant n+1, k \geqslant 0$时,

$$E(\phi_{k,j}) = -\int_0^1\int_0^L (\mu_j^k)^2\alpha(y)\phi_{k,j}^2 + \int_0^1\int_0^L \mu_j^k\alpha(y)\phi_{k,j}^2 < 0.$$

因此, 0不是E的极大值点. 此时, ψ_0是$EC(\psi)$的鞍点型的临界点.

虽然0不是E的极大值点，但是可以运用对偶变分原理, 求E的支撑泛函(supporting functional)D (其中用到Legendre变换)，使得0是D在空间Y(下面取$Y = H_{0,p}^1$)中的极大值点. 因为

$$E(\phi) = \int_0^1\int_0^L \left(-\frac{1}{\alpha(y)}|\xi_\phi|^2 - 2\phi\xi_\phi\right) - \int_0^1\int_0^L (|\nabla\phi|^2 + F\phi^2),$$

设

$$D(\phi) = -\int_0^1\int_0^L (|\nabla\phi|^2 + F\phi^2) + \sup_{\xi\in L_2^p\cap X_0}\int_0^1\int_0^L \left(-\frac{1}{\alpha(y)}|\xi|^2 - 2\phi\xi\right),$$

其中$\xi_\phi = \Delta\phi - F\phi$,

$$\phi \in X_0 = X \cap \left\{\phi; \int_0^1\int_0^L \theta_j^0(y)(\Delta\phi - F\phi) = 0, 1 \leqslant j \leqslant n\right\}.$$

$\int_0^1\int_0^L \theta_j^0(y)(\Delta\phi - F\phi) = 0$ 是下面线性化方程的守恒量. 下面我们计算$D(\phi)$的表达式. 对于$\forall\ \xi \in L_p^2$, 则$\xi - \sum_{j=0}^n \langle\xi, \theta_j^0\rangle\theta_j^0 \in L_2^p \cap X_0$. 因此，

$$\begin{aligned} D(\phi) = &-\int_0^1\int_0^L (|\nabla\phi|^2 + F\phi^2) \\ &+ \sup_{\xi\in L_p^2}\int_0^1\int_0^L \left[-\frac{1}{\alpha(y)}\left(\xi - \sum_{j=0}^n\langle\xi,\theta_j^0\rangle\theta_j^0\right)^2 - 2\phi\left(\xi - \sum_{j=0}^n\langle\xi,\theta_j^0\rangle\theta_j^0\right)\right]. \end{aligned}$$

对于泛函

$$\int_0^1\int_0^L \left[-\frac{1}{\alpha(y)}\left(\xi - \sum_{j=0}^n\langle\xi,\theta_j^0\rangle\theta_j^0\right)^2 - 2\phi\left(\xi - \sum_{j=0}^n\langle\xi,\theta_j^0\rangle\theta_j^0\right)\right], \tag{5.3.31}$$

关于ξ求Frechet导数, 知$\xi = \sum_{j=0}^n\langle\xi,\theta_j^0\rangle\theta_j^0 - \alpha(y)\phi + \sum_{j=0}^n\langle\phi,\theta_j^0\rangle\alpha\theta_j^0$是泛函(5.3.31)的极大值点. 若$\phi \in X_0$，则$\xi - \sum_{j=0}^n\langle\xi,\theta_j^0\rangle\theta_j^0 = -\alpha(y)\phi$，因此

$$D(\phi)=-\int_0^1\int_0^L(|\nabla\phi|^2+F\phi^2-\alpha(y)|\phi|^2)-\sum_{j=0}^{n}\langle\phi,\theta_j^0\rangle^2,$$

$D(\phi)\geqslant E(\phi), \forall\phi\in X_0$, $D(0)=E(0)=0$，而且$D(\phi)<0$. 事实上，在$\mathrm{Span}\{\theta_j^0\}_{j=0}^{j=n}$在$Y$的正交补空间中, D是负定的，而对于$\phi\in\mathrm{Span}\{\theta_j^0\}_{j=0}^{j=n}$，可令

$$\phi=\beta_0\theta_0^0+\cdots+\beta_n\theta_n^0,$$

那么

$$D(\phi)=\sum_{j=0}^{n}(1-\mu_j^0)\beta_j^2-\sum_{j=0}^{n}\beta_j^2<0.$$

通过前面的分析, 我们可知: 如果存在$L_0>0$, 当$L\leqslant L_0$时, $0<\mu_0^0<\mu_1^0<\mu_2^0<\cdots<\mu_n^0<1<\mu_{n+1}^0<\cdots$, 那么, 对于$\phi\in X_0$,

$$\begin{aligned}E(\phi)-E(0)&\leqslant D(\phi)-D(0)\\&\leqslant-\int_0^1\int_0^L(|\nabla\phi|^2+F|\phi|^2+\int_0^1\int_0^L\alpha(y)\phi^2\\&\leqslant-\int_0^1\int_0^L(|\nabla\phi|^2+F|\phi|^2)+\frac{1}{\mu_{n+1}^0}\int_0^1\int_0^L(|\nabla\phi|^2+F|\phi|^2)\\&\leqslant\left(-1+\frac{1}{\mu_{n+1}^0}\right)\int_0^1\int_0^L(|\nabla\phi|^2+F|\phi|^2).\end{aligned}$$

因为$E(\phi)$是线性化方程

$$\partial_t(\Delta\phi-F\phi)-\bar{\psi}'(y)\partial_x\left[\Delta\phi-F\phi-g'(\bar{\psi})\phi\right]=0 \tag{5.3.32}$$

的守恒量, 其中$\phi|_{y=0,1}=0$, ϕ在x方向上是周期为L的函数，所以$\bar{\psi}$关于扰动$\psi-\bar{\psi}\in X$($\psi-\bar{\psi}$是线性化方程(5.3.32)的解)是线性稳定的, 即

$$\forall\,\varepsilon>0,\exists\delta>0,\ 当\ \|\psi(0)-\bar{\psi}\|_X<\delta,\psi-\bar{\psi}\in X_0,\ 则\ \|\psi(t)-\bar{\psi}\|_Y<\varepsilon. \tag{5.3.33}$$

特别地, 如果$\mu_0^0>1$, 那么$X_0=X$.

注记 5.3.6 事实上, 也可以得到类似于(5.3.30)的式子, 从而可以将(5.3.33)中的$\|\psi(t)-\bar{\psi}\|_Y<\varepsilon$改为$\|\psi(t)-\bar{\psi}\|_X<\varepsilon$, 从而$\bar{\psi}$在通常的意义下是线性稳定的.

综上所述，可以得到如下的结论:

定理 5.3.7 如果$\bar{\psi}(y)$是(5.3.23)和(5.3.24)的稳态解，而且存在单调下降的连续可微函数Q, 使得

$$\bar{\psi}=Q(\bar{\omega}),$$

更进一步地，设存在$L_0>0$，使得当$L\leqslant L_0$时，特征值问题

$$-\theta_{yy}+\left[F-\mu\alpha(y)+\left(\frac{2\pi k}{L}\right)^2\right]\theta=0,\ \theta|_{y=0,1}=0$$

的特征值μ_j^k满足：

$$\mu_0^k>1, k\geqslant 1,$$

那么，$\bar{\psi}(y)$在(5.3.33)的意义下是线性稳定的.

最后，我们给出一个注记.

注记 5.3.8 在本节中，我们仅介绍了应用Energy-Casimir方法研究二维准地转流的稳定性. 人们也用这一方法研究多层、三维准地转流和其他的一些大气、海洋科学中重要的基本流的稳定性，例如文献[94，134，154，206]所示. 在文献[206]，曾庆存应用支配大气运动的非线性方程组和变分原理研究了大量重要的大气运动(包括正压的、斜压的准地转流以及非地转流，这些流既有稳态的，也有非稳态的)的非线性稳定性和不稳定性，他从支配某类大气运动的非线性方程组得到一些守恒律，构造适当的Energy-Casimir泛函，通过求Energy-Casimir泛函的一阶变分，得到Energy-Casimir泛函的临界点，再通过研究Energy-Casimir泛函的二阶变分，得到一些重要的非线性稳定性的充分条件和非线性不稳定性的必要条件，详细的内容参见文献[206].

5.4 Rayleigh-Bénard对流的临界Rayleigh数

Rayleigh-Bénard对流问题是流体力学中的一个经典问题. 在刚性边界条件下，郭岩和韩永前应用变分法找到了临界的Rayleigh数. 他们证明了：当$R_a<R_a^*$时，静止的稳态解是非线性渐近稳定的，而当$R_a>R_a^*$时，该解是非线性不稳定的，该解结果见于文献[81]. 这里可以看到一种从线性不稳定到非线性不稳定的证明方法.

人们从实验、数值模拟和理论分析角度对薄层流体在底面受热产生的Rayleigh-Bénard对流问题做了大量的研究[21,29,55,72,91,103,104,138,185]. 取 Boussinesq 近似，人们可以得到描述Rayleigh-Bénard对流的初边值问题[29]:

$$\partial_t \boldsymbol{v}+(\boldsymbol{v}\cdot\boldsymbol{\nabla})\boldsymbol{v}+\frac{1}{\rho_0}\boldsymbol{\nabla}p=\nu\Delta\boldsymbol{v}+g\left[\alpha(T-T_0)-1\right]\mathbf{e}_z, \tag{5.4.1}$$

$$\boldsymbol{\nabla}\cdot\boldsymbol{v}=0, \tag{5.4.2}$$

$$\partial_t T+(\boldsymbol{v}\cdot\boldsymbol{\nabla})T=\kappa\Delta T, \tag{5.4.3}$$

$$\boldsymbol{v}|_{z=0,h}=0, T|_{z=0}=T_1,\ T|_{z=h}=T_2, \boldsymbol{v}, T\text{在 } x,\ y \text{ 方向上的周期为}2\pi h, \tag{5.4.4}$$

$$\boldsymbol{v}|_{t=0}=\boldsymbol{v}_0(x,y,z),\ T|_{t=0}=T_0(x,y,z), \tag{5.4.5}$$

其中$\boldsymbol{v}=(v_1,v_2,v_3)$是流体的速度场，$p$是压力，$\nu$是粘性，$\alpha$ 是正的常数，$\mathbf{e}_z=(0,0,1)$是向上的单位向量，T是温度，κ是热扩散系数，T_0是参考的温度值，ρ_0是温度为T_0时的密度，$T_1>T_2$.

初边值问题(5.4.1)~(5.4.5)具有如下静止的稳态解：

$$\boldsymbol{v}_s\equiv 0,\ p_s=-g\rho_0+g\alpha\left[(T_s-T_0)z+\frac{T_2-T_1}{2h}z^2\right],\ T_s=T_1+\frac{T_2-T_1}{h}z. \tag{5.4.6}$$

设(5.4.1)~(5.4.5)在以上稳态解附近的扰动解为

$$\boldsymbol{v}=\boldsymbol{v}_s+\boldsymbol{u},\ p=p_s+P,\ T=T_s+\theta,$$

则可以得到：

$$\begin{aligned}
&\partial_t\boldsymbol{u}+(\boldsymbol{u}\cdot\boldsymbol{\nabla})\boldsymbol{u}+\frac{1}{\rho_0}\boldsymbol{\nabla}P=\nu\Delta\boldsymbol{u}+g\alpha\theta\mathbf{e}_z,\\
&\boldsymbol{\nabla}\cdot\boldsymbol{u}=0,\\
&\partial_t\theta+(\boldsymbol{u}\cdot\boldsymbol{\nabla})\theta+\frac{T_2-T_1}{h}\boldsymbol{u}\cdot\mathbf{e}_z=\kappa\Delta\theta,\\
&\boldsymbol{u}|_{z=0,h}=0,\theta|_{z=0,h}=0,\boldsymbol{u},\theta\text{在 }x,\ y\text{ 方向上的周期为}2\pi h,\\
&\boldsymbol{u}|_{t=0}=\boldsymbol{u}_0(x,y,z),\ \theta|_{t=0}=\theta_0(x,y,z).
\end{aligned}$$

选取h为垂直方向上长度的特征尺度，$(gh)^{1/2}$为速度的特征尺度，$(h/g)^{1/2}$为时间的特征尺度，$\rho_0 gh$为压力的特征尺度，T_1-T_2为温度的特征尺度，可以得到上面的初边值问题的无量纲形式：

$$\partial_t\boldsymbol{u}+(\boldsymbol{u}\cdot\boldsymbol{\nabla})\boldsymbol{u}+\boldsymbol{\nabla}P=\mu_1\Delta\boldsymbol{u}+\mu_1\mu_2R_a\theta\mathbf{e}_z,\qquad \boldsymbol{\nabla}\cdot\boldsymbol{u}=0, \tag{5.4.7}$$

$$\partial_t\theta+(\boldsymbol{u}\cdot\boldsymbol{\nabla})\theta+\boldsymbol{u}\cdot\mathbf{e}_z=\mu_2\Delta\theta, \tag{5.4.8}$$

$$\boldsymbol{u}|_{t=0}=\boldsymbol{u}_0(x,y,z),\quad \theta|_{t=0}=\theta_0(x,y,z), \tag{5.4.9}$$

$$\boldsymbol{u}|_{z=0,h}=0,\ \theta|_{z=0,h}=0,\ \boldsymbol{u},\ \theta\text{在 }x,\ y\text{ 方向上的周期为}2\pi, \tag{5.4.10}$$

这里$\mu_1=\dfrac{\nu}{g^{1/2}h^{3/2}}$, $\mu_2=\dfrac{\kappa}{g^{1/2}h^{3/2}}$, Rayleigh数为

$$R_a\equiv\frac{\alpha(T_1-T_2)}{\mu_1\mu_2}>0. \tag{5.4.11}$$

为了刻画稳态解(5.4.6)的稳定性和不稳定性，引入下面临界的 Rayleigh 数 R_a^*. 对于任意$k\geqslant 1$, 设$\Theta_k(z)$是如下变分问题的极小化子

$$R(k)=\min_{\Theta\in B,k^2\int_0^1(|\partial_z\Theta|^2+k^2|\Theta|^2)\mathrm{d}z=1,}\int_0^1|(\partial_z^2-k^2)^2\Theta|^2\mathrm{d}z,$$

这里B是

$$\left\{\Theta_k\in H^4,\ \Theta_k\Big|_{z=0,1}=(\partial_z^2-k^2)\Theta_k\Big|_{z=0,1}=\partial_z(\partial_z^2-k^2)\Theta_k\Big|_{z=0,1}=0\right\}.$$

定义临界的Rayleigh数为

$$R_a^*=\min_{k\neq 0}\{R(k)\},\tag{5.4.12}$$

人们已经用线性理论的方法[29,55,72,91]和非线性能量方法解决了Rayleigh-Bénard 对流的稳定性问题. 郭岩和韩永前在文献[81]中刻画出Rayleigh-Bénard对流的临界 Rayleigh 数.

在5.4.1小节，证明稳态解(5.4.6)当$R_a<R_a^*$时是线性稳定的，而当$R_a>R_a^*$时稳态解(5.4.6)是线性不稳定的. 通过精细地研究适当的变分问题得到一组完备的正交函数，从而可以得到(5.4.7)~(5.4.10)线性化方程组的解. 在5.4.2小节，用半群的方法证明:稳态解(5.4.6)当 $R_a<R_a^*$时是非线性稳定的. 在5.4.3小节，用半群的方法证明:稳态解(5.4.6)当$R_a>R_a^*$时是非线性不稳定的. 而且，非线性不稳定的动力学可以由5.4.1小节中的线性化 Boussinesq 系统的最快增长模式刻画出来. 稳态解(5.4.6)的非线性不稳定性的证明是基于文献[79，80]给出的一般框架.

下面，给出本节用到的一些记号的定义. 令$(0,2\pi)^2=(0,2\pi)\times(0,2\pi)$, $(E)^3=E\times E\times E$，这里E是任给的Banach空间. 设H是

$$\{(u_1,u_2,u_3)|\ u_1,u_2,u_3\in C_{per}^\infty((0,2\pi)^2;C_0^\infty(0,1));\partial_x u_1+\partial_y u_2+\partial_z u_3=0\}$$

关于$(L^2(Q))^3$的范数的完备化空间，其中$Q=(0,2\pi)^2\times(0,1)$.

$$V=\{(u_1,u_2,u_3)\in H^1(Q)\cap L^2_{per}((0,2\pi)^2;H_0^1(0,1));\partial_x u_1+\partial_y u_2+\partial_z u_3=0\},$$

其内积和范数与$(H^1(Q))^3$的一样.

5.4.1 线性稳定性

这一小节将研究在稳态解(5.4.6)附近扰动得到的线性Boussinesq系统

$$\partial_t\boldsymbol{u}+\boldsymbol{\nabla}P=\mu_1\Delta\boldsymbol{u}+R_a\mu_1\mu_2\theta\mathbf{e}_z,\ \boldsymbol{\nabla}\cdot\boldsymbol{u}=0,\ \partial_t\theta-u_3=\mu_2\Delta\theta,\tag{5.4.13}$$

带初始条件(5.4.9)和边界条件(5.4.10)，把(5.4.13)改写为

$$\partial_t(\boldsymbol{u},\theta)=L(\boldsymbol{u},\theta).\tag{5.4.14}$$

这里将对线性系统(5.4.14)做完备和精确的线性分析.

引理 **5.4.1** 特征值问题:

$$-\lambda \boldsymbol{u} + \boldsymbol{\nabla} P = \mu_1 \Delta \boldsymbol{u} + R_a \mu_1 \mu_2 \theta \mathbf{e}_z, \quad \boldsymbol{\nabla} \cdot \boldsymbol{u} = 0, \quad -\lambda \theta - \boldsymbol{u}_3 = \mu_2 \Delta \theta, \tag{5.4.15}$$

存在可数的特征值$\lambda_1 \leqslant \lambda_2 \leqslant \lambda_3 \leqslant \cdots$, 相应的特征函数$[\boldsymbol{u}_k, \theta_k]_{k=1}^{\infty}$ 关于内积

$$\langle [\boldsymbol{u}, \theta], [\tilde{\boldsymbol{u}}, \tilde{\theta}] \rangle = (\boldsymbol{u}, \tilde{\boldsymbol{u}}) + R_a \mu_1 \mu_2 (\theta, \tilde{\theta}) \tag{5.4.16}$$

组成一组正交基, 其中$[\boldsymbol{u}_1, P_1, \theta_1]$ 是光滑的. 而且, 对于初始条件$[\boldsymbol{u}^0, \theta^0] \in L^2$, 如果

$$[\boldsymbol{u}^0, \theta^0] = \sum_k \gamma_k [\boldsymbol{u}_k, \theta_k],$$

那么线性化Boussinesq系统(5.4.14)的解可以表示为

$$\mathrm{e}^{Lt} [\boldsymbol{u}^0, \theta^0] = \sum_k \gamma_k \mathrm{e}^{-\lambda_k t} [\boldsymbol{u}_k, \theta_k], \tag{5.4.17}$$

特别地, 存在$C > 0$, 使得

$$||\mathrm{e}^{Lt} [\boldsymbol{u}^0, \theta^0]|| \leqslant C \mathrm{e}^{-\lambda_1 t} || [\boldsymbol{u}^0, \theta^0] ||. \tag{5.4.18}$$

证明: 首先回顾一下$L^2_{R_a}$的内积(5.4.16)、H和V的定义. 考虑特征值问题

$$-\lambda \boldsymbol{u} = \mu_1 \mathcal{P} \Delta \boldsymbol{u} + R_a \mu_1 \mu_2 \mathcal{P}\{\theta \mathbf{e}_z\}, \quad -\lambda \theta = \mu_2 \Delta \theta + u_3, \tag{5.4.19}$$

其中$\mathcal{P}$表示投影$\{L^2(Q)\}^3 \to H$. 显然，根据内积(5.4.16)的定义，对于充分大的λ_0，算子

$$\begin{pmatrix} (\mu_1 \Delta - \lambda_0) I & R_a \mu_1 \mu_2 \mathbf{e}_z^t \\ \mathbf{e}_z & (\mu_2 \Delta - \lambda_0) \end{pmatrix}^{-1}$$

是把$L^2_{R_a}(Q) \cap \{H \times L^2\}$映到自身的有界的、紧的、对称的线性算子. 根据紧的对称算子的理论，存在实的有限重的特征值$\lambda_1 \leqslant \lambda_2 \leqslant \cdots \leqslant \lambda_k \leqslant \cdots$，其对应的特征函数$\{(u_k, \theta_k)\}_{k=1}^{\infty}$组成空间$L^2_{R_a}(Q)$的一组完备的正交基. 如下变分问题的极小化子$(u_{\lambda_1}, \theta_{\lambda_1})$，

$$\min_{(U,\Theta) \in A} F(U, \Theta) = \min_{(U,\Theta) \in A} \int_Q \left(\mu_1 |\boldsymbol{\nabla} U|^2 + R_a \mu_1 \mu_2^2 |\boldsymbol{\nabla} \Theta|^2 - 2 R_a \mu_1 \mu_2 U_3 \Theta \right) \mathrm{d}x \mathrm{d}y \mathrm{d}z,$$

是(5.4.19)的弱解，其中函数空间A是

$$\left\{ U \in V, \Theta \in H^1(Q) \cap L^2_{per}((0, 2\pi)^2; H^1_0(0,1)), \quad 且\ ||U||^2 + R_a \mu_1 \mu_2 ||\Theta||^2 = 1 \right\}.$$

由于泛函$F(U, \Theta)$是强制的和凸的，至少存在特征值问题(5.4.19)的一个解 $(u_1, \theta_1) \in A$. 根据文献[71]中的引理1.1，存在压力场$P_1 \in L^2_{per}((0, 2\pi)^2; L^2(0,1))$，使得$(u_1, P_1, \theta_1)$是

当$\lambda=\lambda_1$时(5.4.15)的弱解．根据周期的边界条件，(u_1,P_1,θ_1)满足当$\lambda=\lambda_1$时在区域$\Omega=\{(x,y,z)|-2\pi<x,y<4\pi,\quad 0<z<1\}$中的特征值问题(5.4.15)．根据文献[71]中的定理5.1，可知$u_1\in(H^3_{per}((0,2\pi)^2;H^3(0,1)))^3\cap V$，$P_1\in H^2_{per}((0,2\pi)^2;H^2(0,1))$．利用椭圆方程的弱解的正则性理论[74]，有$\theta_1\in H^3_{per}((0,2\pi)^2;H^3(0,1)\cap H^1_0(0,1))$．应用bootstrap方法，得到：$u_1\in(H^{m+1}_{per}((0,2\pi)^2;H^{m+1}(0,1)))^3\cap V$, $P_1\in H^m_{per}((0,2\pi)^2;H^m(0,1))$, $\theta_1\in H^{m+1}_{per}((0,2\pi)^2;\ H^{m+1}(0,1)\cap H^1_0(0,1))$, $\forall m\geqslant 2$.

利用前面的结果，可以得到(5.4.17)和(5.4.18).

引理 5.4.2　设R_a^*是(5.4.12)中定义的Rayleigh数，如果$R_a<R_a^*$，那么$\lambda_1>0$; 如果$R_a>R_a^*$，则$\lambda_1<0$.

证明:　为了构造(5.4.15)的特征函数，只须找到$\boldsymbol{u}$的第三个分量和θ. 事实上，把(5.4.13)的第一方程取旋度，令$\boldsymbol{\omega}=(\omega_1,\omega_2,\omega_3)=\mathbf{curl}\,\boldsymbol{u}=\boldsymbol{\nabla}\times\boldsymbol{u}$，得

$$\partial_t\boldsymbol{\omega}=\mu_1\Delta\omega+R_a\mu_1\mu_2(\boldsymbol{\nabla}\times\mathbf{e}_z)\theta.$$

把上面的方程取旋度，得

$$\partial_t(\boldsymbol{\nabla}\times\boldsymbol{\omega})=-\partial_t\Delta\boldsymbol{u}=-\mu_1\Delta^2\boldsymbol{u}+R_a\mu_1\mu_2\Big(\boldsymbol{\nabla}\times(\boldsymbol{\nabla}\times\mathbf{e}_z)\Big)\theta.$$

由于速度场的水平部分(u_1,u_2)可以由u_3和ω_3表示[29], 特征值问题(5.4.15)等价于

$$-\lambda\omega_3=\mu_1\Delta\omega_3,\ -\lambda\Delta u_3=\mu_1\Delta^2u_3+R_a\mu_1\mu_2(\partial_x^2+\partial_y^2)\theta,\ -\lambda\theta=\mu_2\Delta\theta+u_3. \tag{5.4.20}$$

通过研究下面关于$U_3(z)$和$\Theta(z)$的约化变分问题，可以得到特征值问题(5.4.15)的特征函数. 对于$k\geqslant 1$，定义

$$\begin{aligned}F_3(U_3,\Theta,R_a)\equiv\int_0^1&\left[\mu_1|\partial_z^2U_3-k^2U_3|^2+R_a\mu_1\mu_2^2k^2(|\partial_z\Theta|^2+k^2|\Theta^2|)\right.\\&\left.-2R_a\mu_1\mu_2k^2U_3\Theta\right]\mathrm{d}z,\end{aligned}\tag{5.4.21}$$

然后考虑极值问题

$$\lambda(R_a)=\min_{(U,\Theta)\in A_3}F_3(U_3,\Theta,R_a),\tag{5.4.22}$$

其中

$$A_3=\Big\{U_3\in H_0^2,\ \Theta\in H_0^1,\ \int_0^1(|\partial_zU_3|^2+k^2|U_3|^2+R_a\mu_1\mu_2k^2|\Theta|^2)\mathrm{d}z=1\Big\}.$$

应用标准的方法可以证明: 极值问题(5.4.22)存在极小化子$[U_3,\Theta]$, 它满足Euler-Lagrange方程

$$-\lambda(R_a)(\partial_z^2-k_0^2)U_3=\mu_1(\partial_z^2-k^2)^2U_3-R_a\mu_1\mu_2k^2\Theta,\tag{5.4.23}$$

$$-\lambda(R_a)\Theta = \mu_2(\partial_z^2 - k^2)\Theta + U_3, \tag{5.4.24}$$

带有边界条件$U_3\Big|_{z=0,1} = \partial_z U_3\Big|_{z=0,1} = 0,\ \Theta\Big|_{z=0,1} = 0$. 通过直接的计算，可知：当$\lambda = \lambda(R_a)$时，特征值问题(5.4.15)的解是

$$\left(-\frac{1}{k_0}\partial_z U_3(z)\sin(k_0 x),\quad 0,\quad U_3(z)\cos(k_0 x),\quad \Theta(z)\cos(k_0 x)\right)$$

首先证明：如果$R_a > R_a^*$，则$\lambda_1 \leqslant \lambda(R_a) < 0$. 根据(5.4.12)，存在$k_0 \geqslant 1$，使得

$$R(k_0) = \min_{\Theta\in B,\ k_0^2\int_0^1(|\partial_z\Theta|^2+k_0^2|\Theta|^2)\mathrm{d}z=1,} \int_0^1 |(\partial_z^2 - k_0^2)^2\Theta|^2\mathrm{d}z < R_a.$$

由于算子$(\partial_z^2 - k_0^2)^{-1} : L^2(0,1) \to L^2(0,1)$ 是有界的、紧的、对称的线性算子，特征值$0 < R(k_0)$是实的和有限重的，而且极值问题$R(k_0)$存在极小化子$\Theta_{k_0} \in B$. 令

$$U_{3,k_0} \equiv -\mu_2(\partial_z^2 - k_0^2)\Theta_{k_0},$$

将$[U_{3,k_0}, \Theta_{k_0}]$代入(5.4.21)，得

$$\begin{aligned}
&\lambda(R_a)\int_0^1 (|\partial_z U_{3,k_0}|^2 + k^2|U_{3,k_0}|^2 + R_a\mu_1\mu_2 k_0^2|\Theta|^2)\mathrm{d}z \\
\leqslant &\int_0^1 \{\mu_1|(\partial_z^2 - k_0^2)U_{3,k_0}|^2 + R_a\mu_1\mu_2[\mu_2 k_0^2(|\partial_z\Theta_{k_0}|^2 + k_0^2|\Theta_{k_0}^2|) \\
&-2k_0^2 U_{3,k_0}\Theta_{k_0}]\} \\
= &\mu_1\mu_2^2\int_0^1 \left[|(\partial_z^2 - k_0^2)^2\Theta_{k_0}|^2 - R_a k_0^2(|\partial_z\Theta_{k_0}|^2 + k_0^2|\Theta_{k_0}|^2)\right]\mathrm{d}z \\
< &\mu_1\mu_2^2\int_0^1 \left[|(\partial_z^2 - k_0^2)^2\Theta_{k_0}|^2 - R(k_0)k_0^2(|\partial_z\Theta_{k_0}|^2 + k_0^2|\Theta_{k_0}|^2)\right]\mathrm{d}z = 0.
\end{aligned}$$

因此，$\lambda(R_a) < 0$.

假定$R_a < R_a^*$，下面将用反证法证明$\lambda_1 > 0$. 设$\lambda_1 \leqslant 0$，则(5.4.20)的第一个方程意味着：$\boldsymbol{\omega} = 0$，从而相应的特征函数$[u_3, \theta]$满足(5.4.20)的后面两个方程，或者(5.4.23)和(5.4.24). 这意味着：对于$k \geqslant 1$，

$$\lambda(R_a) \leqslant \lambda_1 \leqslant 0.$$

令$\tilde\Theta = \sqrt{R_a}\Theta$，得

$$\lambda(R_a) = \min_{\int_0^1(|\partial_z U_3|^2+k^2|U_3|^2+\mu_1\mu_2 k^2|\tilde\Theta|^2)\mathrm{d}z=1} F_3(U_3, \tilde\Theta, R_a), \tag{5.4.25}$$

其中

$$F_3(U_3, \tilde\Theta, R_a) = \int_0^1 \Big[\mu_1|\partial_z^2 U_3 - k^2 U_3|^2 + \mu_1\mu_2^2 k_0^2(|\partial_z\tilde\Theta|^2 + k^2|\tilde\Theta^2|)$$

$$-2\sqrt{R_a}\mu_1\mu_2 k^2 U_3\tilde{\Theta}\Big]\,\mathrm{d}z.$$

作为Rayleigh数R_a的函数，$\lambda(R_a)$是R_a的连续函数. 事实上，对于任意两个Rayleigh数R_{a_1}和R_{a_2}，可以选取相应的两个极小化子$[U_1,\Theta_1]$和$[U_2,\Theta_2]$. 由上面F_3的表达式，得到

$$|F_3(U_1,\tilde{\Theta}_1,R_{a_1})-F_3(U_1,\tilde{\Theta}_1,R_{a_2})|\leqslant C|R_{a_1}-R_{a_2}|,$$

$$|F_3(U_2,\tilde{\Theta}_2,R_{a_2})-F_3(U_2,\tilde{\Theta}_2,R_{a_1})|\leqslant C|R_{a_1}-R_{a_2}|.$$

上面的两个式子意味着:

$$\lambda(R_{a_1})=F_3(U_1,\tilde{\Theta}_1,R_{a_1})<\lambda(R_{a_2})+C|R_{a_1}-R_{a_2}|.$$

同样地，可得

$$\lambda(R_{a_2})=F_3(U_2,\tilde{\Theta}_2,R_{a_2})<\lambda(R_{a_1})+C|R_{a_1}-R_{a_2}|.$$

从而得到$\lambda(R_a)$的连续性. 令上面F_3的表达式中$U_3=\tilde{\Theta}$，得

$$\lim_{R_a\to\infty}\lambda(R_a)=-\infty.$$

该式意味着: 对于任意$k\geqslant 1$，存在$R_a^0(k)\leqslant R_a$，使得

$$\lambda(R_a^0(k))=0.$$

记极值问题(5.4.25)的极小化子为$\left[U_3^0,\Theta^0\right]$，它满足当$\lambda(R_a^0(k))=0$时(5.4.20)的后面两个方程,即

$$0=\mu_1(\partial_z^2-k^2)^2U_3^0-R_a^0\mu_1\mu_2k^2\Theta^0,$$
$$0=\mu_2(\partial_z^2-k^2)\Theta^0+U_3^0.$$

上面两个方程等价于

$$-(\partial_z^2-k^2)^4\Theta^0-R_a^0(k)k^2(\partial_z^2-k^2)\Theta^0=0.$$

上式意味着$R_a^0\,(k)\geqslant R(k)$. 因此，由(5.4.12)，

$$R_a\geqslant R_a^0\,(k)\geqslant R_a^*$$

是自相矛盾的. 从而，证明了引理.

5.4.2 $R_a < R_a^*$时的非线性稳定性

定理 5.4.3 如果Rayleigh数$R_a < R_a^*$, 那么(5.4.6)中的稳态解$(\boldsymbol{u}_s, P_s, T_s)$ 关于$C(0,\infty; L^2(Q))$的范数是无条件非线性稳定的，关于 $C(0,\infty; H^2(Q)) \cap W_\infty^1(0,\infty; L^2(Q))$ 的范数是非线性稳定的.

证明: $(\boldsymbol{u}_s, P_s, T_s)$ 关于$C(0,\infty; L^2(Q))$的范数的无条件非线性稳定性的证明出现于文献[72]. 事实上，把(5.4.7)与$\boldsymbol{u}$做L^2的内积，再加上把(5.4.8)与θ 做L^2的内积，可以得到

$$\|\boldsymbol{u}(t)\|_{L^2}^2 + \|\theta(t)\|_{L^2}^2 \leqslant (\|\boldsymbol{u}_0\|_{L^2}^2 + \|\theta_0\|_{L^2}^2) e^{-2\tilde{\lambda}_1 t},$$

其中$\tilde{\lambda}_1$的定义将在下面给出.

下面，证明$(\boldsymbol{u}_s, P_s, T_s)$关于范数$C(0,\infty; H^2(Q)) \cap W_\infty^1(0,\infty; L^2(Q))$ 的非线性稳定性. 令

$$\mathcal{A} = \begin{pmatrix} (\mu_1 \mathcal{P}\Delta) I & 0 \\ 0 & \mu_2 \Delta \end{pmatrix}, \quad \mathcal{B} = \begin{pmatrix} 0 & \sqrt{R_a \mu_1 \mu_2}\, \mathbf{e}_z^t \\ \sqrt{R_a \mu_1 \mu_2}\, \mathbf{e}_z & 0 \end{pmatrix},$$

其中$\mathbf{e}_z = (0,0,1)$，I是3×3的单位矩阵. 如果$\tilde{\lambda}$ 是特征值问题

$$(\mathcal{A} + \mathcal{B}) \left[\tilde{\boldsymbol{u}}, \tilde{\theta}\right] = -\tilde{\lambda} \left[\tilde{\boldsymbol{u}}, \tilde{\theta}\right], \tag{5.4.26}$$

的特征值，$\left[\tilde{\boldsymbol{u}}, \tilde{\theta}\right]$ 是相应的特征函数，则$\lambda = \tilde{\lambda}$ 是(5.4.15)的特征值，$[\boldsymbol{u}, \theta] = \left[\tilde{\boldsymbol{u}}, \tilde{\theta}/\sqrt{R_a \mu_1 \mu_2}\right]$ 是相应的特征函数. 同样地，如果λ 是(5.4.15)的特征值, $[\boldsymbol{u}, \theta]$ 是相应的特征函数，那么$\tilde{\lambda} = \lambda$ 是(5.4.26)的特征值，$\left[\tilde{\boldsymbol{u}}, \tilde{\theta}\right] = [\boldsymbol{u}, \sqrt{R_a \mu_1 \mu_2}\, \theta]$ 是相应的特征函数. 因此，$\tilde{\lambda}_1 = \lambda_1 > 0$.

$\mathcal{A} + \mathcal{B}$是解析半群$\mathrm{e}^{t(\mathcal{A}+\mathcal{B})} : H \times L^2(Q) \to H \times L^2(Q)$的无穷小生成元，

$$\|\mathrm{e}^{t(\mathcal{A}+\mathcal{B})}\| \leqslant C\mathrm{e}^{-\lambda_1 t}, \quad \forall t > 0, \tag{5.4.27}$$

$$\|(-\mathcal{A} - \mathcal{B})^{1/2} \mathrm{e}^{t(\mathcal{A}+\mathcal{B})}\| \leqslant Ct^{-1/2} \mathrm{e}^{-\lambda_1 t}, \quad \forall t > 0, \tag{5.4.28}$$

这些结果可以参见文献[157,162]. 由于$(-\mathcal{A} - \mathcal{B})^{-1}:\ H \times L^2(Q) \to H \times L^2(Q)$，$\mathcal{A}(-\mathcal{A} - \mathcal{B})^{-1}:\ H \times L^2(Q) \to H \times L^2(Q)$是自共轭有界的线性算子，所以，$\forall t > 0$, $[u, \theta] \in H \times L^2(Q)$,

$$\begin{aligned} &\|(-\mathcal{A})^{1/2} \mathrm{e}^{t(\mathcal{A}+\mathcal{B})} [u, \theta]\| \\ =&\left[(-\mathcal{A})(-\mathcal{A} - \mathcal{B})^{-1} (-\mathcal{A} - \mathcal{B})^{1/2} \mathrm{e}^{t(\mathcal{A}+\mathcal{B})} [\boldsymbol{u}, \theta],\ (-\mathcal{A} - \mathcal{B})^{1/2} \mathrm{e}^{t(\mathcal{A}+\mathcal{B})} [\boldsymbol{u}, \theta]\right]^{1/2} \\ \leqslant&\|\mathcal{A}(-\mathcal{A} - \mathcal{B})^{-1}\|^{1/2}\, \|(-\mathcal{A} - \mathcal{B})^{1/2} \mathrm{e}^{t(\mathcal{A}+\mathcal{B})} [\boldsymbol{u}, \theta]\| \\ \leqslant&Ct^{-1/2} \mathrm{e}^{-\lambda_1 t} \|[\boldsymbol{u}, \theta]\|. \end{aligned} \tag{5.4.29}$$

方程(5.4.7)和(5.4.8)可以改写为

$$\begin{aligned}&\left(\boldsymbol{u}(t),\ \sqrt{R_a\mu_1\mu_2}\,\theta(t)\right)\\&=\mathrm{e}^{t(\mathcal{A}+\mathcal{B})}(\boldsymbol{u}_0,\ \sqrt{R_a\mu_1\mu_2}\,\theta_0)\\&\quad-\int_0^t \mathrm{e}^{(t-s)(\mathcal{A}+\mathcal{B})}\Big[(\boldsymbol{u}\cdot\boldsymbol{\nabla})\boldsymbol{u}(s),\ (\boldsymbol{u}\cdot\boldsymbol{\nabla})(\sqrt{R_a\mu_1\mu_2}\,\theta(s))\Big]\mathrm{d}s.\end{aligned}\tag{5.4.30}$$

应用(5.4.27)、(5.4.29)和(5.4.30)，得到

$$\begin{aligned}&\|\boldsymbol{u}(t)\|_{L^2}+\|\theta(t)\|_{L^2}\\&\leqslant C_1\mathrm{e}^{-\lambda_1 t}\Big(\|\boldsymbol{u}_0\|_{L^2}+\|\theta_0\|_{L^2}\Big)+C_2\int_0^t \mathrm{e}^{-\lambda_1(t-s)}\Big(\|(\boldsymbol{u}\cdot\boldsymbol{\nabla})\boldsymbol{u}(s)\|_{L^2}+\|(\boldsymbol{u}\cdot\boldsymbol{\nabla})\theta(s)\|_{L^2}\Big)\mathrm{d}s\\&\leqslant C_1\Big(\|\boldsymbol{u}_0\|_{L^2}+\|\theta_0\|_{L^2}\Big)+C_2\sup_{0\leqslant s\leqslant T}\Big(\|\boldsymbol{u}(s)\|_{H^2}^2+\|\theta(s)\|_{H^2}^2\Big),\quad \forall T\geqslant t,\end{aligned}$$

$$\begin{aligned}&\|\Delta\boldsymbol{u}(t)\|_{L^2}+\|\Delta\theta(t)\|_{L^2}\\&\leqslant C_1\mathrm{e}^{-\lambda_1 t}\Big(\|\Delta\boldsymbol{u}_0\|_{L^2}+\|\Delta\theta_0\|_{L^2}\Big)\\&\quad+C_2\int_0^t (t-s)^{-1/2}\mathrm{e}^{-\lambda_1(t-s)}\Big(\|\boldsymbol{\nabla}\{(\boldsymbol{u}\cdot\boldsymbol{\nabla})\boldsymbol{u}(s)\}\|_{L^2}+\|\boldsymbol{\nabla}\{(\boldsymbol{u}\cdot\boldsymbol{\nabla})\theta(s)\}\|_{L^2}\Big)\mathrm{d}s\\&\leqslant C_1\Big(\|\Delta\boldsymbol{u}_0\|_{L^2}+\|\Delta\theta_0\|_{L^2}\Big)+C_2\sup_{0\leqslant s\leqslant T}\Big(\|\boldsymbol{u}(s)\|_{H^2}^2+\|\theta(s)\|_{H^2}^2\Big),\quad \forall T\geqslant t.\end{aligned}$$

设

$$E(T)=\sup_{0\leqslant s\leqslant T}\Big(\|\boldsymbol{u}(s)\|_{H^2}+\|\theta(s)\|_{H^2}\Big),$$

由前面的两个关系式，得到

$$E(T)\leqslant C_1\Big(\|\boldsymbol{u}_0\|_{H^2}+\|\theta_0\|_{H^2}\Big)+C_2E^2(T),\quad \forall T\geqslant 0,\tag{5.4.31}$$

其中C_1和C_2是与T无关的正的常数．因此，由(5.4.31)可知：如果$\|\boldsymbol{u}_0\|_{H^2}+\|\theta_0\|_{H^2}$是充分小，那么(5.4.7)和(5.4.8)存在唯一的解$(\boldsymbol{u},\theta)\in C\Big([0,\infty);\ \big(H^2(Q)\big)^4\Big)$，使得

$$\|\boldsymbol{u}(t)\|_{H^2}+\|\theta(t)\|_{H^2}\leqslant 2C_1\Big(\|\boldsymbol{u}_0\|_{H^2}+\|\theta_0\|_{H^2}\Big).\quad \forall t\geqslant 0.$$

定理证毕．

5.4.3 $R_a>R_a^*$时的非线性不稳定性

下面研究稳态解(5.4.6)的非线性不稳定性．首先回顾一下证明从线性不稳定到非线性不稳定的一个重要引理．

引理 **5.4.4**[79]　设L是Banach空间X(其中的范数为$\|\cdot\|$)上的线性算子，e^{tL}是X上的强连续的半群，而且，存在$C_L>0$和$\lambda>0$，使得

$$\|\mathrm{e}^{tL}\|_{(X,X)} \leqslant C_L \mathrm{e}^{t\lambda}.$$

设$N(y)$是X上的非线性算子，$|||\cdot|||$是X的另外一个范数，存在正的常数C_N，使得：对于$y \in X$，$|||y||| < \infty$，

$$\|N(y)\| \leqslant C_N |||y|||^2.$$

设$y(t)$是以下方程的解:

$$y' = Ly + N(y),$$

$|||y(t)|||^2 \leqslant \sigma$，而且存在$C_\sigma > 0$，使得：对于任意$\varepsilon > 0$，存在$C_\varepsilon > 0$，使得

$$\frac{\mathrm{d}}{\mathrm{d}t}|||y(t)||| \leqslant \varepsilon|||y(t)||| + C_\sigma|||y(t)||| + C_\varepsilon\|y(t)\|. \tag{5.4.32}$$

设$y^\delta(0) = \delta y_0$，$\|y_0\| = 1$，$|||y_0||| < \infty$，β_0是固定的充分小的常数，则存在常数$C > 0$，使得：如果

$$0 \leqslant t \leqslant T^\delta \equiv \frac{1}{\lambda}\log\frac{\beta_0}{\delta},$$

那么

$$\|y(t) - \delta \mathrm{e}^{tL} y_0\| \leqslant C\big(|||y_0|||^2 + 1\big)\delta^2 \mathrm{e}^{2\lambda t}.$$

特别地，如果存在常数C_p，使得$\|\delta \mathrm{e}^{tL} y_0\| \geqslant C_p \delta \mathrm{e}^{\lambda t}$，那么，存在$T^{esc} \leqslant T^\delta$，使得

$$\|y(T^{esc})\| \geqslant \tau_0 > 0,$$

其中τ_0依赖于$C_L, C_N, C_\sigma, C_p, \lambda, y_0, \sigma$，但是与$\delta$无关.

为了应用上面的引理证明稳态解(5.4.6)的非线性不稳定性，必须选取恰当的Sobolev范数$|||\cdot|||$，再设法得到估计式(5.4.32). 设$\|\cdot\| = \|\cdot\|_{L^2}$，$D_{x,y}^k = \sum\limits_{k_1+k_2=k} \partial_x^{k_1}\partial_y^{k_2}$，

$$E_0 = \|\boldsymbol{u}(t)\|^2 + \|\theta(t)\|^2,$$

$$E_k = E_0 + \|\boldsymbol{\nabla}\boldsymbol{u}(t)\|^2 + \|\boldsymbol{\nabla}\theta(t)\|^2 + \|D_{x,y}^k \boldsymbol{\nabla}\boldsymbol{u}(t)\|^2 + \|D_{x,y}^k \boldsymbol{\nabla}\theta(t)\|^2.$$

引理 5.4.5 设$k \geqslant 2$，则有

$$\|(\boldsymbol{u}\cdot\boldsymbol{\nabla})\boldsymbol{u}\| + \|(\boldsymbol{u}\cdot\boldsymbol{\nabla})\theta\| \leqslant CE_k.$$

证明： 应用Sobolev嵌入定理和Hölder不等式，得

$$\boldsymbol{u}^2(x,y,z,t) = 2\int_0^z \boldsymbol{u}_z\boldsymbol{u}(x,y,s,t)\mathrm{d}s \leqslant C\int_0^z \|\boldsymbol{u}_z(\cdot,s,t)\|_{H_{x,y}^2}\|\boldsymbol{u}(\cdot,s,t)\|_{H_{x,y}^2}\mathrm{d}s,$$

$$\|\boldsymbol{u}(t)\|_{L^\infty} \leqslant C(\|\boldsymbol{u}(t)\| + \|(\partial_x^2 + \partial_y^2)\boldsymbol{u}(t)\| + \|\partial_z\boldsymbol{u}(t)\| + \|(\partial_x^2 + \partial_y^2)\partial_z\boldsymbol{u}(t)\|).$$

利用乘法不等式[14]，可以得到

$$\|(\boldsymbol{u}\cdot\nabla)\boldsymbol{u}\|+\|(\boldsymbol{u}\cdot\nabla)\theta\|\leqslant\|\boldsymbol{u}\|_{L^\infty}(\|\nabla\boldsymbol{u}\|+\|\nabla\theta\|)\leqslant CE_k.$$

在证明上一不等式的过程中用到下面的估计

$$\|\nabla D_{x,y}^{k-l}\boldsymbol{u}\|\leqslant C\|\nabla\boldsymbol{u}\|^{l/k}\|\nabla D_{x,y}^{k}\boldsymbol{u}\|^{(k-l)/k},\ \forall 1\leqslant l\leqslant k-1.$$

引理 5.4.6 设$k\geqslant 3$，则有

$$\frac{\mathrm{d}}{\mathrm{d}t}E_k\leqslant\varepsilon E_k+CE_k^2+C_\varepsilon E_0,\quad\forall\varepsilon>0.$$

证明：把(5.4.7)与$\boldsymbol{u}$做L^2的内积，(5.4.8)与θ做L^2的内积，得

$$\begin{aligned}&\frac{\mathrm{d}}{\mathrm{d}t}\|\boldsymbol{u}\|^2+2\mu_1\|\nabla\boldsymbol{u}\|^2\leqslant 2R_a\|u_3\|\|\theta\|,\\&\frac{\mathrm{d}}{\mathrm{d}t}\|\theta\|^2+2\mu_2\|\nabla\theta\|^2\leqslant 2\|u_3\|\|\theta\|.\end{aligned}$$

把(5.4.7)与$\boldsymbol{u}_t$做L^2的内积，(5.4.8)与$\Delta\theta$做L^2的内积，得

$$\frac{\mathrm{d}}{\mathrm{d}t}\mu_1\|\nabla\boldsymbol{u}\|^2+2\|\boldsymbol{u}_t\|^2\leqslant 2\|(\boldsymbol{u}\cdot\nabla)\boldsymbol{u}\|^2+\|\partial_t u_3\|^2+C\|\theta\|^2,$$

$$\frac{\mathrm{d}}{\mathrm{d}t}\|\nabla\theta\|^2+2\mu_2\|\Delta\theta\|^2\leqslant C\|(\boldsymbol{u}\cdot\nabla)\theta\|^2+\mu_2\|\Delta\theta\|^2+C\|u_3\|^2.$$

把(5.4.7)与$D_{x,y}^{2k}\boldsymbol{u}_t$做$L^2$的内积，(5.4.8)与$D_{x,y}^{2k}\Delta\theta$做$L^2$的内积，得

$$\begin{aligned}&\frac{\mathrm{d}}{\mathrm{d}t}\mu_1\|\nabla D_{x,y}^k\boldsymbol{u}\|^2+2\|D_{x,y}^k\boldsymbol{u}_t\|^2\leqslant 2\|D_{x,y}^k\{(\boldsymbol{u}\cdot\nabla)\boldsymbol{u}\}\|^2+\|D_{x,y}^k\boldsymbol{u}_t\|^2+C\|D_{x,y}^k\theta\|^2,\\&\frac{\mathrm{d}}{\mathrm{d}t}\|\nabla D_{x,y}^k\theta\|^2+2\mu_2\|\Delta D_{x,y}^k\theta\|^2\leqslant C\|D_{x,y}^k\{(\boldsymbol{u}\cdot\nabla)\theta\}\|^2+\mu_2\|\Delta D_{x,y}^k\theta\|^2+C\|D_{x,y}^k\boldsymbol{u}\|^2.\end{aligned}$$

应用Hölder's不等式、Sobolev嵌入定理、乘法不等式[14]和引理5.4.5，得到

$$\begin{aligned}&\|D_{x,y}^k\{(\boldsymbol{u}\cdot\nabla)\boldsymbol{u}\}\|\leqslant C\sum_{l=0}^{k-2}\|D_{x,y}^l\boldsymbol{u}\|_{L^\infty}\|D_{x,y}^{k-l}\nabla\boldsymbol{u}\|\\&+2\|D_{x,y}^{k-1}\boldsymbol{u}\|_{L_z^\infty(0,1;L_{x,y}^2)}\|D_{x,y}\nabla\boldsymbol{u}\|_{L_z^2(0,1;L_{x,y}^\infty)}+2\|D_{x,y}^k\boldsymbol{u}\|_{L_z^\infty(0,1;L_{x,y}^2)}\|\nabla\boldsymbol{u}\|_{L_z^2(0,1;L_{x,y}^\infty)}\\&\leqslant CE_k+C\|D_{x,y}^{k-1}\boldsymbol{u}\|_{H_z^1(0,1;L_{x,y}^2)}\|D_{x,y}\nabla\boldsymbol{u}\|_{L_z^2(0,1;H_{x,y}^2)}\\&+C\|D_{x,y}^k\boldsymbol{u}\|_{H_z^1(0,1;L_{x,y}^2)}\|\nabla\boldsymbol{u}\|_{L_z^2(0,1;H_{x,y}^2)}\leqslant CE_k,\\&\|D_{x,y}^k\{(\boldsymbol{u}\cdot\nabla)\theta\}\|\\&\leqslant C\sum_{l=0}^{k-2}\|D_{x,y}^l\boldsymbol{u}\|_{L^\infty}\|\nabla D_{x,y}^{k-l}\theta\|_{L^2}+C\|D_{x,y}^{k-1}\boldsymbol{u}\|_{L_z^\infty(0,1;L_{x,y}^2)}\|D_{x,y}\nabla\theta\|_{L_z^2(0,1;L_{x,y}^\infty)}\end{aligned}$$

$$
\begin{aligned}
&+C\|D_{x,y}^k\boldsymbol{u}\|_{L_z^\infty(0,1;L_{x,y}^2)}\|\boldsymbol{\nabla}\theta\|_{L_z^2(0,1;L_{x,y}^\infty)}\\
\leqslant\ & C\|D_{x,y}^{k-1}\boldsymbol{u}\|_{H_z^1(0,1;L_{x,y}^2)}\|D_{x,y}\boldsymbol{\nabla}\theta\|_{L_z^2(0,1;H_{x,y}^2)}+CE_k+C\|D_{x,y}^k\boldsymbol{u}\|_{H_z^1(0,1;L_{x,y}^2)}\|\boldsymbol{\nabla}\theta\|_{L_z^2(0,1;H_{x,y}^2)}\\
\leqslant\ & CE_k,
\end{aligned}
$$

这里用到了

$$
\|\boldsymbol{\nabla}D_{x,y}^{k-l}\theta\|\leqslant C\|\boldsymbol{\nabla}\theta\|^{l/k}\|\boldsymbol{\nabla}D_{x,y}^k\theta\|^{(k-l)/k},\quad \forall 1\leqslant l\leqslant k-1.
$$

同时注意到，

$$
\begin{aligned}
&C\|D_{x,y}^k\boldsymbol{u}\|^2+C\|D_{x,y}^k\theta\|^2\\
\leqslant & C\|D_{x,y}^{k+1}\boldsymbol{u}\|^{2k/(k+1)}\|\boldsymbol{u}\|^{2/(k+1)}+C\|D_{x,y}^{k+1}\theta\|^{2k/(k+1)}\|\theta\|^{2/(k+1)}\\
\leqslant & \varepsilon\{\|D_{x,y}^{k+1}\boldsymbol{u}\|^2+\|D_{x,y}^{k+1}\theta\|^2\}+C_\varepsilon\{\|\boldsymbol{u}\|^2+\|\theta\|^2\}.
\end{aligned}
$$

综合前面的所有不等式，可以得到引理5.4.6.

因为当$R_a>R_a^*$时$\lambda_1<0$，所以存在$k^*\geqslant 1$，使得$\lambda^*=\lambda(R_a)<0$，这里$\lambda(R_a)$是当$k=k^*$时(5.4.22)中定义的极小值，$-\lambda^*>0$是所谓的最快的增长率，令$[U_k,\ \Theta_k]$是极值问题(5.4.22)的极小化子.

定义 5.4.7 定义初始扰动的generic profile为

$$
\left[\tilde{\boldsymbol{u}},\tilde{\theta}\right]=(\tilde{u}_1,\tilde{u}_2,\tilde{u}_3,\tilde{\theta})=\sum_{k_1^2+k_2^2=k^2}\Big(V_{1,k_1,k_2},\ V_{2,k_1,k_2},\ v_{k_1,k_2}U_k(z),\ \vartheta_{k_1,k_2}\Theta_k(z)\Big)\mathrm{e}^{\mathrm{i}k_1x+\mathrm{i}k_2y},
$$

其中如果 $k_1^2+k_2^2=(k^*)^2$，那么 v_{k_1,k_2} 和 ϑ_{k_1,k_2} 至少一个是非零的；$V_{1,0,0}=V_{2,0,0}=0$,

$$
V_{1,k_1,k_2}=\frac{ik_1}{k^2}v_{k_1,k_2}\partial_zU_k(z),\quad \forall\, k_1^2+k_2^2=k^2\geqslant 1,
$$

$$
V_{2,k_1,k_2}=\frac{ik_2}{k^2}v_{k_1,k_2}\partial_zU_k(z),\quad \forall\, k_1^2+k_2^2=k^2\geqslant 1.
$$

综合应用引理5.4.4、引理5.4.5和引理5.4.7，可以得到下面的定理.

定理 5.4.8 设Rayleigh数$R_a>R_a^*$，$[\boldsymbol{u}^\delta,\theta^\delta]$是(5.4.7)~ (5.4.10)以

$$
[\boldsymbol{u}^\delta(0),\theta^\delta(0)]=\delta\left[\tilde{\boldsymbol{u}},\tilde{\theta}\right]
$$

为初始数据的解，这里$\left[\tilde{\boldsymbol{u}},\tilde{\theta}\right]$是上面定义的generic profile，$\left\|\left[\tilde{\boldsymbol{u}},\tilde{\theta}\right]\right\|=1$，则对于充分小的$\delta\leqslant\delta_0$，$0\leqslant t\leqslant T^\delta$,

$$
\begin{aligned}
&\|\left[\boldsymbol{u}^\delta(t),\ \theta^\delta(t)\right]-\sum_{k_1^2+k_2^2=(k^*)^2}\delta\mathrm{e}^{tL}\Big(V_{1,k_1,k_2},\ V_{2,k_1,k_2},\ v_{k_1,k_2}U_k(z),\ \vartheta_{k_1,k_2}\Theta_k(z)\Big)\\
&\cdot\mathrm{e}^{\mathrm{i}k_1x+ik_2y}\|\leqslant C\left\{1+\left(\left\|\left[\boldsymbol{\nabla}\tilde{\boldsymbol{u}},\boldsymbol{\nabla}\tilde{\theta}\right]\right\|^2+\left\|\left[\partial_x^k\boldsymbol{\nabla}\tilde{\boldsymbol{u}},\partial_x^k\boldsymbol{\nabla}\tilde{\theta}\right]\right\|^2\right)\right\}\delta^2\mathrm{e}^{-2\lambda^*t},\ k\geqslant 3,
\end{aligned}
$$

这里$\| [\boldsymbol{u},\theta] \| = \|u_1\| + \|u_2\| + \|u_3\| + \|\theta\|$.

注记 **5.4.9**　注意到：$\mathrm{e}^{tL}(V_{1,k_1,k_2},\ V_{2,k_1,k_2}, v_{k_1,k_2}U_k(z), \vartheta_{k_1,k_2}\Theta_k(z)) \cdot \mathrm{e}^{\mathrm{i}k_1x+\mathrm{i}k_2y}$ 是(5.4.17)中具体给出的. 显然，如果$k_1^2 + k_2^2 = (k^*)^2$，v_{k_1,k_2}和ϑ_{k_1,k_2} 至少一个非零，那么，存在正的常数C，使得

$$\|\mathrm{e}^{tL}\Big(V_{1,k_1,k_2},\ V_{2,k_1,k_2},\ v_{k_1,k_2}U_k(z),\ \vartheta_{k_1,k_2}\Theta_k(z)\Big)\mathrm{e}^{\mathrm{i}k_1x+\mathrm{i}k_2y}\| \geqslant C\mathrm{e}^{-\lambda^* t}.$$

因此，根据引理5.4.4和定理5.4.8，稳态解(u_s, P_s, T_s)是非线性不稳定的.

根据引理5.4.4~5.4.6，选取$|||\cdot||| = E_k^{1/2}$和$\|\cdot\| = E_0^{1/2}$，可以证明定理5.4.8.

参考文献

[1] ABARBANEL H D I, HOLM D D, MARSDEN J E, etc. Richardson number criterion for the nonlinear stability of the three-dimensional stratified flow. Phys. Rev. Lett., 1984, 52(26): 2352–2355.

[2] ABIDI H, HMIDI T. On the global well-posedness of the critical quasi-geostrophic equation. SIAM J. Math. Anal., 2008, 40(1): 167–185.

[3] ADAMS R A. Sobolev Space. New York: Academic Press, 1975.

[4] ARNOLD L. Random Dynamical System. Springer Monographs in Mathematics. Berlin: Springer-Verlag, 1998.

[5] ARNOLD V I. Conditions for nonlinear stability. of the stationary plane curvilinear flows of an ideal fluid. Doklady Mat. Nauk., 1965, 162(5): 773–777.

[6] ARNOLD V I. On an a priori estimate in the theory of hydrodynamic stability. English Transl: Am. Math. Soc. Transl., 1969, 19: 267–269.

[7] ARNOLD V I. Mathematical Methods of Classical Mechanics. Berlin: Springer, 1989.

[8] BABIN A V, VISHIK M I. Attractors of Evolution Equations. Amsterdam: North Holland, 1992.

[9] BARCILON V. Stability of a non-divergent Ekman layer. Tellus, 1965, 17: 53–68.

[10] BEALE J, KATO T, MAJDA A. Remarks on breakdown of smooth solutions for the 3-D Euler equations. Comm. Math. Phys., 1984, 94: 61–66.

[11] BENNETT A F, KLOEDEN P E. The simplified quasi-geostrophic equations: existence and uniqueness of strong solutions. Mathematika, 1980, 27: 287–311.

[12] BENNETT A F, KLOEDEN P E. The dissipative quasi-geostrophic equations. Mathematika, 1981, 28: 265–285.

[13] BENZI R, PARISI G, SUTERA A, etc. Stochastic resonance in climatic change. Tellus, 1982, 34: 10–16.

[14] BESOV O V, IL'IN V P, NIKOL'SKII S M. Integral Representations of Functions and Imbedding Theorems. Vol. I, J. Wiley, New York, 1978.

[15] BJERKNES V. Das Problem von der Wettervorhersage, betrachtet vom Standpunkt der Mechanik und der Physik. Meteor. Z., 1904, 21: 1–7.

[16] BLÖMKER D, DUAN J, WANNER T. Enstrophy dynamics of stochastically forced large-scale geophysical flows. J. Math. Phys., 2002, 43(5): 2616–2626.

[17] BLUMEN W. Theory of wave interactions and two-dimensional turbulence. Uniform potential vorticity flow. Part I. J. Atmos. Sci., 1978, 35: 774–783.

[18] BOURGEOIS A J, BEALE J T. Validity of the quasi-geostrophic model for large-scale flow in the atmosphere and ocean. SIAM J. Math. Anal., 1994, 25: 1023–1068.

[19] BRANNAN J R, DUAN J, WANNER T. Dissipative quasi-geostrophic dynamics under random forcing. J. Math. Anal. Appl., 1998, 228: 221–233.

[20] BRYAN K. A numerical method for the study of the circulation of the world ocean. J. Comput. Phys., 1969, 4(3): 347–376.

[21] BUSSE F H. Transition to turbulence in Rayleigh-Bénard convection, in Hydrodynamic Instabilities and the Transition to Turbulence. 2nd ed. H. L. Swinney and J. P. Gollub, eds., Berlin: Springer-Verlag, 1985.

[22] CAO C, TITI E S. Global well-posedness and finite-dimensional global attractor for a 3-D planetary geostrophic viscous model. Comm. Pure Appl. Math, 2003, 56: 198–233.

[23] CAO C, TITI E S, ZIANE M. A “horizontal” hyper-diffusion 3-D thermocline planetary geostrophic model: well-posedness and long-time behavior. Nonlinearity, 2004, 17: 1749–1776.

[24] CAO C, TITI E S. Global well-posedness of the three-dimensional viscous primitive equations of large-scale ocean and atmosphere dynamics. Ann. Math., 2007, 166: 245–267.

[25] CAFFARELLI L, VASSEUR A. Drift diffusion equations with fractional diffusion and the quasi-geostroophic equation. 2006, ArXiv: Math. AP/0608447, to appear in Annals Math.

[26] CESSI P, IERLEY G R. Symmetry-breaking multiple equilibria in quasi-geostrophic wind-driven flows. J. Phys. Ocean., 1995, 25: 1196–1205.

[27] CHAE D. On the regularity conditions for the dissipative quasi-geostrophic equations. SIAM J. Math. Anal., 2006, 37(5): 1649–1656.

[28] CHAE D, LEE J. Global well-posedness in the super-critical dissipative quasi-geostrophic equations. Comm. Math. Phys., 2003, 233(2): 297–311.

[29] CHANDRASEKHAR S. Hydrodynamic and Hydromagnetic Stability. Oxford: Oxford University Press, 1961.

[30] CHARNEY J G. The dynamics of long waves in a baroclinic westerly current. J. Meteor., 1947, 4: 135–163.

[31] CHARNEY J G, FJÖRTOFT R, VON NEUMANN J. Numerical integration of the barotropic vorticity equation. Tellus, 1950, 2: 237–254.

[32] CHARNEY J G, PHILLIPS N A. Numerical integration of the quasi-geostrophic equations for barotropic simple baroclinic flows. J. Meteor., 1953, 10: 71–99.

[33] CHARVE F. Global well posedness and asymptotics for a geophysical fluid system. Comm. PDE, 2005, 29(11/12), 1919–1940.

[34] CHEN Q, MIAO C, ZHANG Z. A new Bernstein's inequality and the 2D dissipative quasi-geostrophic Equation. Comm. Math. Phys., 2007, 271(3): 821–838.

[35] CHEPYZHOV V V, VISHIK M I. Evolution equations and their trajectory attractors. J. Math. Pures Appl., 1997, 2: 913–964.

[36] CHOU J F. Long Term Weather Prediction (in Chinese). Beijing: Meteorology Press, 1986.

[37] COLIN L. The Cauchy problem and the continuous limit for the multilayer model in geophysical fluid dynamics. SIAM J. Math. Anal., 1997, 28(3): 516–529.

[38] CONSTANTIN P, CORDOBA D, WU J. On the critical dissipative quasi-geostrophic equation. Indiana Univ. Math. J., 2001, 50(Special Issue): 97–107.

[39] CONSTANTIN P, MAJDA A, TABAK E. Formation of strong fronts in the 2-D quasi-geostrophic thermal active scalar. Nonlinearity, 1994, 7: 1495–1533.

[40] CONSTANTIN P, MAJDA A, TABAK E. Singular front formation in a model for quasigeostrophic flow. Phys. Fluids, 1994, 6: 9–11.

[41] CONTANTIN P, NIE Q, SCHORGHOFER N. Nonsingular surface quasi-geostrophic flows. Phys Lett. A, 1998, 241(3): 168–172.

[42] CONTANTIN P, NIE Q, SCHORGHOFER N. Front formation in atctive scalar. Phys. Rev. E., 1999, 60(3): 2858–2863.

[43] CONSTANTIN P, WU J. Behavior of solutions of 2D quasi-geostrophic equations. SIAM J. Math. Anal., 1999, 30: 937–948.

[44] CONSTANTIN P, WU J. Regularity of Hölder continuous Solutions of the supercritical quasi-geostrophic equation. Ann. I. H. Poincaré-AN, 2008, 25: 1103–1110.

[45] CORDOBA D. Nonexistence of simple hyperbolic blow-up for the quasi-geostrophic equation. Ann. Math., 1998, 148: 1135–1152.

[46] CORDOBA A, CORDOBA D. A maximum principle applied to quasi-geostrophic equations. Comm. Math. Phys., 2004, 249: 511-528.

[47] CORDOBA D, FEFFERMAN C. Growth of solutions for QG and 2D Euler equations. J. Am. Math. Soc., 2002, 15(3): 665–670.

[48] COX M D. A Primitive Equation, Three-Dimensional Model of the Ocean. (GFDL ocean group, technical report) Princeton: Geophysical Fluid Dynamics Laboratory, 1984.

[49] CRAUEL H, DEBUSSCHE A, FLANDOLI F. Random attractors. J. Dyn. Diff. Eq., 1997, 29(2): 307–341.

[50] CRAUEL H, FLANDOLI F. Attractors of random dynamics systems. Prob. Th. Rel. Fields, 1994, 100: 365–393.

[51] DA PRATO G, DEBUSSCHE A, TEMAM R. Stochastic Burger's equations. Nonl. Diff. Eq. Appl., 1994, 1: 389–402.

[52] DA PRATO G, ZABCZYK J. Stochastic Equations in Infinite Dimensions, Encyclopedia of Mathematics and its Application. Cambridge: Cambridge University Press, 1993.

[53] DA PRATO G, ZABCZYK J. Ergodicity for Infinite Dimensional Systems. London Mathematical Society Lecture Note Series 229. Cambridge: Cambridge Univ. Press, 1996.

[54] DA PRATO G, ZABCZYK J. Evolution Equations with white-noise boundary conditions. Stocha. and Stocha. Reports, 1993, 42(3/4): 167–182.

[55] DAVIS S H. On the principle of exchange of stabilities. Proc. Roy. Soc. London A, 1969, 310: 341–358.

[56] DESJARDINS B, GRENIER E. Linear instability implies nonlinear instability for various types of viscous boundary layers. Ann. I. H. Poincare-AN, 2003, 20(1): 87–106.

[57] DIJKSTRA A HENK. Nonlinear Physical Oceanography: A Dynamical Systems Approach to the Large Scale Ocean Circulation and ElNiño. 2nd Revised and Enlarged Edition. Berlin/ New York: Springer, 2005.

[58] DRAZIN P G, REID W H. Hydrodynamic Stability. Cambridge: Cambridge Univ. Press, 1981.

[59] DUAN J, KLOEDEN P E, SCHMALFUSS B. Exponential stability of the quasi-geostrophic equation under random perturbations. Prog. Probability, 2001, 49: 241–256.

[60] DUAN J, HOLM D D, LI K. Variational methods and nonlinear quasigeostrophic waves. Phys. Fluid, 1999, 11(14): 875–879.

[61] DUDIS J J, DAVIS S H. Energy stability of the buoyancy boundary layer. J. Fluid Mech., 1971, 47(2): 381–403.

[62] DUDIS J J, DAVIS S H. Energy stability of the Ekman boundary layer. J. Fluid Mech., 1971, 47(2): 405–413.

[63] DUTTON J A. The nonlinear quasi-geostrophic equation: existence and uniqueness of solutions on a bounded domain. J. Atmos. Sci, 1974, 31: 422–433.

[64] EADY E T. Long waves and cyclone waves. Tellus, 1949, 1: 33–52.

[65] EKMAN V W. On the influence of the earth's rotation on ocean currents. Arkiv Matem. Astr. Fysik(Stockholm), 1962, 1–52.

[66] EPSTEIN E S. Stochastic dynamic prediction. Tellus, 1969, 21(66), 739–759.

[67] EMBID P F, MAJDA A J. Averaging over fast gravity waves for geophysical flows with arbitrary potential vorticity. Comm. in PDE., 1996, 21: 619–658.

[68] FLANDOLI F. Dissipativity and invariant measures for stochastic Navier-Stokes equations. Nonl. Diff. Eq. Appl., 1994, 1(4): 403–423.

[69] FRANKIGNOUL C, HASSELMANN K.Stochastic climate models II: Application to sea-surface temperature anomalies and thermocline variability. Tellus, 1977, 29: 289–305.

[70] FRANZKE C, MAJDA A J. VANDEN-EIJNDEN E. Low-order stochastic mode reduction for a realistic barotropic model climate. J. Atmos. Sci., 2005, 62: 1722–1745.

[71] GALDI G P. An Introduction to the Mathematical Theory of the Navier-Stokes Equations. Vol. I. New York: Springer-Verlag, 1994.

[72] GALDI G P, STRAUGHAN B. Exchange of stabilities, symmetry and nonlinear stability. Arch. Rational Mech. Anal. 1985, 89(3): 211–228.

[73] GIGA Y, INUI K, MAHALOV A, etc. Rotating Navier-Stokes equations in $\mathbb{R}^3_+$ with initial data non-decreasing at infinity: the Ekman boundary layer problem. Arch. Rational Mech. Anal., 2007, 186(2): 177–224.

[74] GILBARG D, TRUDINGER N S. Elliptic Partial Differential Equations of the Second Order. 2nd Ed., Berlin/New York: Springer-Verlag, 2001.

[75] GILL A E. The boundary-layer regime for convection in a rectangular cavity. J. Fluid Mech., 1966, 26(3): 515–536.

[76] GILL A E. Atmosphere-ocean Dynamics. Canifornia: Academic Press, 1982.

[77] GRIFFIES S M, TZIPERMAN E. A linear thermohaline oscillator driven by stochastic atmospheric forcing. J. Climate, 1995, 8(10): 2440–2453.

[78] GUILLÉN-GONZÁLEZ F, MASMOUDI N, RODRÍGUEZ-BELLIDO M A. Anisotropic estimates and strong solutions for the primitive equations. Diff. Int. Equ., 2001, 14: 1381–1408.

[79] GUO Y, HALLSTROM C, SPIRN D. Dynamics near unstable, interfacial fluids. Comm. Math. Phys., 2007, 270(3): 635–689.

[80] GUO Y, STRAUSS W A. Instability of periodic BGK equilibria. Comm. Pure Appl. Math. 2006, 48(8): 861–894.

[81] GUO Y, HAN Y. Critical Rayleigh Number in Rayleigh-Bénard Convection. Quart. Appl. Math., 2010, 68: 149–160.

[82] GUO B, HUANG D. Existence of weak solutions and trajectory attractors for the moist atmospheric equations in geophysics. J. Math. Phys., 2006, 47(8): 083508.

[83] GUO B, HUANG D. 3D stochastic primitive equations of the large-scale ocean: global well-posedness and attractors. Comm. Math. Phys., 2009, 286(2): 697–723.

[84] GUO B, HUANG D. On the 3D viscous primmitive equations of the large-scale atmosphere. Acta Math. Sci, 2009, 29(4): 846–866.

[85] GUO B, HUANG D. Existence and stability of steady waves for the Hasegawa-Mima equation. Bound. Val. Prob., 2009, doi:10.1155/2009/509801.

[86] GUO B, HUANG D. On the primitive equations of the large-scale ocean with stochastic boundary. Diff. Int. Equ., 2010, 23(3,4): 373–398.

[87] HALE J K. Asymptotic Behavior of Dissipative Systems. Math, Surveys Monographs, Amer. Math. Soc., Vol. 25, Providence, R. I., 1988.

[88] HALTINER G J, WILLIAMS R T. Numerical Prediction and Dynamic Meteorology. 2nd edition. New York: John Wiley and Sons, 1980.

[89] HASSELMANN K. Stochastic climate models. Part I: Theory. Tellus, 1976, 28: 473–485.

[90] HELD I M, PIERREHUMBERT R T, GERNER S, etc. Surface quasi-geostrophic dynamics. J. Fluid Mech., 1995, 282: 1–20.

[91] HERRON I H. On the principle of exchange of stabilities in Rayleigh-Bénard convection. SIAM J. Appl. Math., 2000, 61(4): 1362–1368.

[92] HESS M, HIEBER M, MAHALOV A, etc. Nonlinear stability of Ekman boundary layers. Konstanzer Schriften in Mathematic and Informatik, Nr. 242, Feb, 2008.

[93] HMIDI T, KERAANI S. Global solutions of the super-critical 2D quasi-geostrophic equations in Besov spaces. Adv, Math., 2007, 214: 618–638.

[94] HOLM D D, MARSDEN R T, RATIU T, etc. Nonlinear stability of fluid and plasma equilibria. Phys. Rep., 1985, 123(1/2): 1–116.

[95] HOLTON J R. An Introduction to Dynamic Meteorology. Third Edition. Elsevier Academic Press, 1992.

[96] Howard LN. Note on a paper of John W. Miles. J. Fluid Mech., 1961, 10(4): 509–512.

[97] HU C, TEMAM R, ZIANE M. The primitive equations on the large scale ocean under the small depth hypothesis. Disc. Cont. Dyn. Sys., 2003, 9(1): 97–131.

[98] HUANG D, GUO B. On two-dimensional large-scale primitive equations in oceanic dynamics (I), (II). Applied Mathematics and Mechanics, 2007, 28(5): 521–538.

[99] HUANG D, GUO B, HAN Y. Random attractors for a quasi-geostrophic dynamical system under stochastic forcing. Int. J. Dyn. Syst. Differ. Equ., 2008, 3(1): 147–154.

[100] HUANG D, GUO B. On the existence of atmospheric attractors. Science in China Series D: Earth Science, 2008, 51(3): 469–480.

[101] HUANG H, GUO B. Existence of the solutions and the attractors for the large-scale atmospheric equations. Science in China Series D: Earth Science (in Chinese), 206, 36(4): 392–400.

[102] ITOO H, KURIHARA Y, ASAI T, etc. Numerical test of finite-difference form of primitive equations for barotropic case. J. Meteo. Soc. Japan, 1962, 40(2).

[103] JEFFREYS H. The stability of a layer of fluid heated from below. Phil. Mag. 1926, 2(10): 833–844.

[104] JOSEPH D D. On the stability of the Boussinesq equations. Arch. Rational Mech. Anal. 1965, 20(1): 59–71.

[105] JOSEPH D D. Nonlinear stability of the Boussinesq equations by the method of energy. Arch. Rational Mech. Anal., 1966, 22(3): 163–184.

[106] JU N. Existence and uniqueness of the solution to the dissipative 2D quasi-geostrophic equations in the Sobolev Space. Comm. Math. Phys., 2004, 251(2): 365–376.

[107] JU N. The maximum principle and the global attractor for the dissipative 2D quasi-geostrophic equations. Comm. Math. Phys., 2005, 255(1): 161–181.

[108] JU N. Global solutions to the two dimensional quasi-geostrophic equation with critical or super-critical dissipation. Math. Ann., 2006, 334(3): 627–642.

[109] KASAHARA A. Computational aspects of numerical models for weather prediction and Climate simulation. Methods Comput. Phys., 1977, 17: 1–66.

[110] KASAHARA A, WASHINGTON W M. NCAR global general circulation model of the atmosphere. Mon. Wea. Rec., 1967, 95(7): 389–402.

[111] KHOUIDER B, TITI E S. An inviscid regularization for the surface quasi-geostrophic equation. Comm. Pure Appl. Math., 2008, 61(10): 1331–1346.

[112] KISELEV A, NAZAROV F, VOLBERG A. Global well-posedness for the critical 2D dissipative quasi-geostrophic equation. Invent. Math., 2007, 167(3):445–453.

[113] KLEEMAN R, MOORE A. A theory for the limitation of ENSO predictability due to stochastic atmospheric transients. J. Atmos. Sci., 1997, 54(6): 753–767.

[114] KUKAVICA I, ZIANE M. Existence of strong solutions of the primitive equations of the ocean with Dirichlet boundary conditions. Nonlinearity, 2007, 20: 2739–2753.

[115] KUO H L. Dynamics instability of two-dimensional non-divergent flow in a barotropic atmosphere. J. Meteor., 1949, 6: 105–122.

[116] KUO H L. Dynamics of quasi-geostrophic flows and instability theory. Adv. Appl. Mech., 1973, 13: 247–330.

[117] KURIHARA Y, TULEYA R E. Structure of a tropical cyclone development in a three-dimensional numerical simulation model. J. Atmos. Sci., 1974, 31(4): 893–919.

[118] LEITH C E. Climate response and fluctuation dissipation. J. Atmos. Sci., 1975, 32: 2022–2026.

[119] LEITH C E. Nonlinear normal mode initialization and quasi-geostrophic theory. J. Atmos. Sci., 1980, 37: 958–968.

[120] LI J, CHOU J. Existence of atmosphere attractor. Science in China (Series D), 1997, 40(2): 215–224.

[121] LI J, CHOU J. Asymptotic behavior of solutions of the moist atmospheric equations. Acta Meteor. Sinica, 1998, 56(2): 61–72(in Chinese).

[122] LI J, CHOU J.The qualitative theory on the dynamical equations of atmospheric motion and its applications. Chinese J. of Atmos. Sci., 1998, 22(4): 348–360.

[123] LI J, CHOU J. The global analysis theory of climate system and its applications. Chinese Sci. Bull., 2003, 48(10): 1034–1039.

[124] LIN Z. Instability of some ideal plane flows. SIAM J. Math. Anal., 2003, 35(2): 318–356.

[125] LIN Z. Nonlinear instability of some ideal plane flows. Int. Math. Res. Not., 2004, 41: 2147–2178.

[126] LIONS J L. Quelques méthodes de résolutions des problèmes aux limites nonlinéaires. Paris: Dunod, 1969.

[127] LIONS J L. AND MAGENES E. Problèmes aux limites non homogènes et applications. Paris: Dunod, 1968.

[128] LIONS J L, MANLEY O, TEMAN R, etc. Physical interpretation of the attractor for a simple model of atmospheric circulation. J. Atmos. Sci., 1997, 54(9): 1137–1143.

[129] LIONS J L, TEMAM R, WANG S. New formulations of the primitive equations of atmosphere and applications. Nonlinearity, 1992, 5: 237–288.

[130] LIONS J L, TEMAM R, WANG S. On the equations of the large-scale ocean. Nonlinearity, 1992, 5: 1007–1053.

[131] LIONS J L, TEMAM R, WANG S. Models of the coupled atmosphere and ocean(CAO I). Computational Mechanics Advance, 1993, 1: 5–54.

[132] LIONS J L, TEMAM R, WANG S. Numerical analysis of the coupled models of atmosphere and ocean(CAO II). Computational Mechanics Advance, 1993, 1(11): 55–119.

[133] LIONS J L, TEMAM R, WANG S. Mathematical theory for the coupled atmosphere-ocean models(CAO III). J. Math. Pures Appl., 1995, 74: 105–163.

[134] LIU Y, MU M. SHEPHERD T G. Nonlinear stability of continuously stratified quasi-geostrophic flow. J. Fluid Mech., 1996, 325: 419–439.

[135] LORENZ E N. Energy and numerical weather prediction. Tellus, 1960, 12(4): 364–373.

[136] LORENZ E N. Dimension of weather and climate attractors. Nature, 1991, 353: 241–244.

[137] LORENZ E N. An attractor embedded in the atmosphere. Tellus, 2006,58A: 425–429.

[138] LUNARDI A. Analytic Semigroups and Optimal Regularity in Parabolic Problems. Progress in Nonlinear Differential Equations and Their Applications 16. Basel, Boston, Berlin: Birkhäuser, 1995.

[139] MAJDA A. Compressible Fluid Flow and Systems of Conservation Laws in Several Space Variables. Appl. Math. Sci. Vol. 53, New York: Springer, 1984.

[140] MAJDA A. Introduction to PDEs and Waves for the Atmosphere and Ocean. Courant Lecture Notes Mathematics, Vol. 9, 2003.

[141] MAJDA A, TIMOFEYEV I, VANDEN-EIJNDEN E. Models for stochastic climate prediction. Proc. Nati. Acad. Sci. U.S.A., 1999, 96: 14687–14691.

[142] MAJDA A, TIMOFEYEV I, VANDEN-EIJNDEN E. A mathematical framework for stochastic climate models. Comm. Pure Appl. Math, 2001, 54(8): 891–974.

[143] MAJDA A, TIMOFEYEV I, VANDEN-EIJNDEN E. A priori tests of a stochastic model reduction strategy. Physica D., 2002, 170: 206–252.

[144] MAJDA A, TIMOFEYEV I, VANDEN-EIJNDEN E. Systematic strategies for stochastic mode reduction in climate. J. Atmos. Sci., 2003, 60: 1705–1722.

[145] MAJDA A, TABAK E G. A two-dimensional model for quasigeostrophic flow: comparison with the two-dimensional euler flow. Physical D: Nonlinear Phenomena, 1996, 98: 515–522.

[146] MAJDA A, WANG X. Validity of the one and one-half layer quasi-geostrophic model and effective topography. Comm. PDE, 2005, 30: 1305–1314.

[147] MAJDA A, WANG X. The emergence of large-scale coherent structure under small-scale random bombardments. Comm. Pure Appl. Math, 2001, 59: 467–500.

[148] MCINTYRE M E, SHEPHERD T G. An exact local conservation theorem for finite-amplitude disturbances to non-parallel shear flows with remarks on Hamiltonian structure and on Arnold's stability theorems. J. Fluid Mech., 1987, 181: 527–565.

[149] MÜLLER P. Stochastic forcing of quasi-geostrophic eddies. Stochastic Modelling in Physical Oceanography, R. J. Adler, P. Müller and B. L. Rozovskii, Eds, Boston: Birkhäuser, 1996.

[150] MIKOLAJEWICZ U, MAIER-REIMER E. Internal secular variability in an OGCM. Climate Dyn., 1990, 4: 145–156.

[151] MU M. Global classical solutions of initial-boundary value problems for nonlinear vorticity equation and its applications. Acta Math. Scientia, 1986, 6: 201–218.

[152] MU M. Global classical solutions of initial-boundary value problems for generalized vorticity equations. Scientia Sinica (Ser. A), 1987, 30: 359–371.

[153] MU M. Nonlinear stability of two-dimensional quasigeostrophic motions. Geophys. Astrophys. Fluid Dyn., 1992, 65: 57–76.

[154] MU M. Nonlinear stability criteria for motions of multilayer quasigeostrophic flow. Scientia Sinica (Ser. B), 1991, 34(12): 1516–1528.

[155] NICOLIS C, NICOLIS G. Is there a climatic attractor. Nature, 1984, 311: 529–532.

[156] OHKITAMI K, YAMADA M. Inviscid and inviscid-limit behavior of a surface quasi-geostrophic flow. Phys. Fluids, 1997, 9(4): 876–882.

[157] PAZY A. Semigroup of Linear Operators and Applications to Partial Differential Equations. Applied Mathematical Sciences 44, Berlin/New York: Springer - Verlag, 1983.

[158] PEDLOSKY J. Geophysical Fluid Dynamics. 1st Edition. Berlin/New York: Springer-Verlag, 1979.

[159] PEDLOSKY J. Geophysical Fluid Dynamics. 2nd Edition. Berlin/New York: Springer-Verlag, 1987.

[160] PEDLOSKY J. Ocean Circulation Theory. Berlin/New York: Springer-Verlag, 1996.

[161] PEIXOTO J P, OORT A H. Physics of Climate. New York/Berlin/Herdelberg: Springer-Verlag, 1992.

[162] PELLEW M A, SOUTHWELL R V. On maintained convection motion in a fluid heated from below. Proc. Roy. Soc. London A, 1940, 176(966): 312–343.

[163] PENLAND C, MATROSOVA L. A balance condition for stochastic numerical models with applications to El Niño-Southern oscillation. J. Climate, 1994, 7(9): 1352–1372.

[164] PHILLIPS N A. Energy transformations and meridional circulations associated with simple baroclinic waves in a two-level quasi-geostrophic model. Tellus, 1954, 6(3): 273–286.

[165] PHILLIPS O M. On the generation of waves by turbulent winds. J. Fluid Mech., 1957, 2(5): 417–445.

[166] PIERREHUMBERT R T, HELD I M, SWANSON K L. Spectra of local and nonlocal two-dimensional turbulence. Chaos, Solitons, and Fractals, 1994, 4(6): 1111–1116.

[167] RAYLEIGH LORD. On the stability, or instability, of certain fluid motions. Proc. London Math. Soc., 1879, 11(1): 57–72.

[168] REISER H. Baroclinic forecasting with the primitive equation. Proc. Int. Symp. on Num. Weather Pred. in Tokyo, Tokyo, 1962.

[169] RESNICK S G. Dynamical problems in nonlinear advective partial differential equation. Ph.D. Thesis, University of Chicago, 1995.

[170] RICHARDSON L F. Weather Prediction by Numerical Process. Cambridge: Cambridge University Press, 1922(reprinted Dover, New York, 1965).

[171] RIPA R. Arnold's second stability theorem for the equivalent barotropic model. J. Fluid Mech., 1993, 257: 597–605.

[172] ROSSBY C G. Relation between variations in the intensity of the zonal circulation of the atmosphere and the displacements of the semi-permanent centers of action. J. Mar. Res., 1939, 2: 38–55.

[173] RUBENSTEIN D. A spectral model of wind-forced internal waves. J. Phys. Oceanogr., 1994, 24(4): 819–831.

[174] SALTZMAN B. Stochastically-driven climatic fluctuation in the sea-ice, ocean temperature, CO_2 feedback system. Tellus, 1981, 34(2): 97–112.

[175] SAMELSON R, TEMAM R, WANG S. Some mathematical properties of the planetary geostrophic equations for large-scale ocean circulation. Appl. Anal., 1998, 70(1/2): 147–173.

[176] SAMELSON R, TEMAM R, WANG C, etc. Surface pressure Poisson equation formulation of the primitive equations: numerical schemes. SIAM J. Numer Anal., 2003, 41(3): 1163–1194.

[177] SCHOCHET S. Singular limits in bounded domains for quasilinear symmetric hyperbolic systems having a vorticity equation. J. Diff. Eqns., 1987, 68(3): 400–428.

[178] SERRIN J. On the stability of viscous fluid motions. Arch. Rational Mech. Anal., 1959, 3(1): 1–13.

[179] SHEN J, WANG S. A fast and accurate numerical scheme for the primitive equations of the atmosphere. SIAM J. Numer. Anal., 1999, 36(3): 719–737.

[180] SHEPHERD T G. Rigorous bounds on the nonlinear saturation of instabilities to parallel shear flows. J. Fluid Mech., 1988, 196: 291–322.

[181] SHUMAN F G, HOVERMALE J B. A Six-level primitive equation model. J. Appl. Meteor, 1968, 7: 525–531.

[182] SIMONNET E, TACHIM T MEDJO, TEMAM R. Barotropic-baroclinic formulation of the primitive equations of the ocean. Appl. Anal., 2003, 82(5): 439–456.

[183] SMAGORINSKY J. General circulation experiments with the primitive equations. I. the basic experiment, Mon. Wea. Rev., 1963, 91(3): 99–164.

[184] STEIN E M. Singular Integrals and Differentiability Properties of Functions. Princeton, NJ: Princeton University Press, 1970.

[185] STRAUGHAN B. The Energy Method, Stability, and Nonlinear Convection. Appl. Math. Sci. Vol. 91, New York: Springer-Velag, 1992.

[186] STRUWE M. Variational Methods: Applications to Nonlinear Partial Differential Equations and Hamiltonian Systems. New York: Springer-Velag, 1990.

[187] TANABE H. Functional Analytic Methods for Partial Differential Equations. Monographs and textbook in pure and applied mathematics: Vol. 204. Marcel Dekker, INC., New York, 1997.

[188] TEMAM R. Infinite-Dimensional Dynamical Systems in Mechanics and Physics. 2nd ed. Appl. Math. Ser., Vol. 68. New York: Springer-Verlag, 1997.

[189] TEMAM R. Navier-Stokes Equation: Theory and Numerical Analysis. Revised Edition. North-Holland, 1984.

[190] TEMAM R, ZIANE M. Some mathematical problems in geophysical fluid dynamics. Handbook of Mathematical Fluid Dynamics, 2005, 3: 535–658.

[191] TRIEBEL H. Theory of Function Spaces. Basel-Boston: Birkhäuser, 1983.

[192] VALLIS G K. Atmospheric and Oceanic Fluid Dynamics: Fundamental and Large-Scale Circulation. Cambridge: Cambridge Univ. Press, 2006.

[193] VISHIK M I, CHEPYZHOV V V. Trajectory and global attractors of three-dimensional Navier-Stokes systems. Math. Notes, 2002, 71(1/2): 177–193.

[194] VISHIK M I, CHEPYZHOV V V. Averaging of trajectory attractors of evolution equations with rapidly oscillating terms. Russian Acad. Sci. Sb. Math., 2001, 192(1): 16–53.

[195] WASHINGTON W M, PARKINSON C L. An Introduction to Three-Dimensional Climate Modelling. Oxford: Oxford Univ. Press, 1986.

[196] WASHINGTON W M, SEMTNER A J, etc. A general circulation experiment with a coupled atmosphere. ocean and sea ice model. J. Phys. Oceanogr., 1980, 10(12): 1887–1908.

[197] WANG S. On the 2-D model of large-scale atmospheric motion: well-posedness and attractors. Nonlinear Anal. Theo. Math. Appl., 1992, 18(1): 17–60.

[198] WANG S. Attractors for the 3-D baroclinic quasi-geostrophic equations of large-scale atmosphere. J. of Math. Anal. Appl., 1992, 165(1): 266–286.

[199] WU J. Global solutions of the 2D dissipative quasi-geostrophic equations in Besov spaces. SIAM J. Math. Anal., 2005, 36(3): 1014–1030.

[200] WU J. The two-dimensional quasi-geostrophic equation with critical or supercritical dissipation. Nonlinearity, 2005, 18(1): 139–154.

[201] WOLANSKY G. Existence, uniqueness, and stability of stationary barotropic flow with forcing and dissipation. Comm. Pure Appl. Math., 1988, 41(1): 19–46.

[202] WOLANSKY G. The barotropic vorticity equation under forcing and dissipation: bifurcations of nonsymmetric responses and multiplicity of solutions. SIAM J. Appl. Math., 1989, 49(6): 1585–1607.

[203] WOLANSKY G, GHIL M. Stability of quasi-geostrophic flow in a periodic channel. Phys. Letters A, 1995, 202(1): 111–116.

[204] YAMASAKI M. Numerical Simulation of tropical cyclone development with the use of primitive equations. J. Meteor. Soc. Japan, 1968, 46(3): 178–201.

[205] ZEIDLER E. Nonlinear Functional Analysis and its Application. Vol. II. Berlin: Springer, 1990.

[206] ZENG Q C. Variational principle of instability of atmospheric motions. Adv. Atmos. Sci., 1989, 6(2): 137–172.

[207] 李麦村, 黄嘉佑. 关于海温准三年及准半年周期振荡的随机气候模式. 气象学报, 1984, 42(2): 168–176.

[208] 刘式适, 刘式达. 大气动力学. 北京：北京大学出版社，1991.

[209] 曾庆存. 数值天气预报的数学物理基础. 第一卷. 北京：科学出版社, 1979.

[210] 周秀骥. 大气随机动力学与可预报性. 气象学报. 2005, 63(5): 806–811.